單位系統及重要轉換因于

U0068759

下表顯示最重要的單位系統。mks 系統又稱爲國際單位系統（*SI*），而同時使用的簡寫有 sec (取代 s)、gm (取代 g) 和 nt (取代 N）。

單位系統	長度	質量	時間	力
cgs 系統	公分 (cm)	公克 (g)	秒 (s)	達因
mks 系統	公尺 (m)	公斤 (kg)	秒 (s)	牛頓 (nt)
工程系統	呎 (ft)	斯勒格 (slug)	秒 (s)	磅 (lb)

1 吋 (in.) = 2.540000 公分 (cm)　　　　　1 呎 (ft) = 12 吋 (in.) = 30.480000 公分 (cm)

1 碼 (yd) = 3 呎 (ft) = 91.440000 公分 (cm)　　1 哩 (mi) = 5280 呎 (ft) = 1.609344 公里 (km)

1 浬 = 6080 呎 (ft) = 1.853184 公里 (km)

1 畝 = 4840 平方碼 (yd^2) = 4046.8564 平方公尺 (m^2)

1 平方哩 (mi^2) = 640 畝 = 2.5899881 平方公里 (km^2)

1 液量盎司 = 1/128 加侖 (美制) = 231/128 立方吋 $(in.^3)$ = 29.573730 立方公分 (cm^3)

1 加侖 (美制) = 4 夸脫 (liq) = 8 品脫 (liq) = 128 液量盎司 = 3785.4118 立方公分 (cm^3)

1 加侖 (英制) = 1.200949 加侖 (美制) = 4546.087 立方公分 (cm^3)

1 斯勒格 (slug) = 14.59390 公斤 (kg)

1 磅 (lb) = 4.448444 牛頓 (nt)　　　　　　1 牛頓 (nt) = 10^5 達因

1 英制熱量單位 (Btu) = 1054.35 焦耳　　　1 焦耳 = 10^7 耳格

1 卡洛里 (cal) = 4.1840 焦耳

1 仟瓦小時 (kWh) = 3414.4 英制熱量單位 (Btu) = 3.6 · 10^6 焦耳

1 馬力 (hp) = 2542.48 Btu/h = 178.298 cal/sec = 0.74570 仟瓦 (kW)

1 仟瓦 (kW) = 1000 瓦 (W) = 3414.43 Btu/h = 238.662 cal/s

$°F = °C · 1.8 + 32$　　　　　　　　　$1° = 60′ = 3600″ = 0.017453293$ 弳

有關更進一步的詳細說明，請參考，如 D. Halliday, R. Resnick, and J. Walker, *Fundamentals of Physics.*9th ed., Hoboken, N. J:Wiley, 2011。亦可參考 AN American National Standard, ASTM/IEEE Standard Metric Practice, Institute of Electrical and Electronics Engineers, Inc. (IEEE), 445 Hoes Lane, Piscataway, N. J. 08854, website at www.ieee.org.

微分

$(cu)' = cu'$ （ c 常數 ）

$(u + v)' = u' + v'$

$(uv)' = u'v + uv'$

$\left(\dfrac{u}{v}\right)' = \dfrac{u'v - uv'}{v^2}$

$\dfrac{du}{dx} = \dfrac{du}{dy} \cdot \dfrac{dy}{dx}$ （ 連鎖律 ）

$(x^n)' = nx^{n-1}$

$(e^x)' = e^x$

$(e^{ax})' = ae^{ax}$

$(a^x)' = a^x \ln a$

$(\sin x)' = \cos x$

$(\cos x)' = -\sin x$

$(\tan x)' = \sec^2 x$

$(\cot x)' = -\csc^2 x$

$(\sinh x)' = \cosh x$

$(\cosh x)' = \sinh x$

$(\ln x)' = \dfrac{1}{x}$

$(\log_a x)' = \dfrac{\log_a e}{x}$

$(\arcsin x)' = \dfrac{1}{\sqrt{1 - x^2}}$

$(\arccos x)' = -\dfrac{1}{\sqrt{1 - x^2}}$

$(\arctan x)' = \dfrac{1}{1 + x^2}$

$(\text{arccot}\, x)' = -\dfrac{1}{1 + x^2}$

積分

$\int uv'\, dx = uv - \int u'v\, dx$ （ 部分 ）

$\int x^n\, dx = \dfrac{x^{n+1}}{n + 1} + c$ （ $n \neq -1$ ）

$\int \dfrac{1}{x}\, dx = \ln |x| + c$

$\int e^{ax}\, dx = \dfrac{1}{a} e^{ax} + c$

$\int \sin x\, dx = -\cos x + c$

$\int \cos x\, dx = \sin x + c$

$\int \tan x\, dx = -\ln |\cos x| + c$

$\int \cot x\, dx = \ln |\sin x| + c$

$\int \sec x\, dx = \ln |\sec x + \tan x| + c$

$\int \csc x\, dx = \ln |\csc x - \cot x| + c$

$\int \dfrac{dx}{x^2 + a^2} = \dfrac{1}{a} \arctan \dfrac{x}{a} + c$

$\int \dfrac{dx}{\sqrt{a^2 - x^2}} = \arcsin \dfrac{x}{a} + c$

$\int \dfrac{dx}{\sqrt{x^2 + a^2}} = \text{arcsinh} \dfrac{x}{a} + c$

$\int \dfrac{dx}{\sqrt{x^2 - a^2}} = \text{arccosh} \dfrac{x}{a} + c$

$\int \sin^2 x\, dx = \tfrac{1}{2}x - \tfrac{1}{4} \sin 2x + c$

$\int \cos^2 x\, dx = \tfrac{1}{2}x + \tfrac{1}{4} \sin 2x + c$

$\int \tan^2 x\, dx = \tan x - x + c$

$\int \cot^2 x\, dx = -\cot x - x + c$

$\int \ln x\, dx = x \ln x - x + c$

$\int e^{ax} \sin bx\, dx$
$\qquad = \dfrac{e^{ax}}{a^2 + b^2} (a \sin bx - b \cos bx) + c$

$\int e^{ax} \cos bx\, dx$
$\qquad = \dfrac{e^{ax}}{a^2 + b^2} (a \cos bx + b \sin bx) + c$

高等工程數學 (下) (第十版)

Advanced Engineering Mathematics, 10/E

Erwin Kreyszig   原著

陳常侃・江大成   編譯
江昭曈・黃柏文   審閱

John Wiley & Sons, Inc.

全華圖書股份有限公司

序 言

本書 (上下冊) 目的與架構

本書對**工程數學**做了清楚、完整及最新的介紹，目的是要為工程、物理、數學、計算機科學及其它相關科系的學生，介紹在**應用數學**中，與解決實際問題關係最密切的部分。研習本書唯一的先修課程為初等微積分 (在封面內頁及附錄 3，我們為讀者提供了基本微積分的簡單整理)。

本書上下冊內容涵蓋七個部分 (A 至 C 部分收錄於上冊，D 至 F 部分收錄於下冊)：

A 常微分方程式 (ODEs)，見 1－6 章

B 線性代數、向量微積分，見 7－10 章

C 傅立葉分析、偏微分方程式 (PDE)，見 11、12 章

D 複變分析，見 13－18 章

E 數值分析，見 19－21 章

F 最佳化、圖形，見 22－23 章

本書的各部分保持相互獨立，此外，單獨各章亦盡可能保持獨立，我們讓老師在**選擇教材上保有最大的彈性**，以符合各自所需。

本書四個隱藏的主題

工程數學的驅動力是快速進展的科技，不斷出現新的領域——通常來自數個不同學門。電動車、太陽能、風能、綠色製造、奈米技術、風險管理、生物技術、生醫工程、電腦視覺、機器人、太空旅行、通訊系統、綠色後勤、運輸系統、財物工程、經濟學及其它許多的領域都在快速進展中。這對工程數學有何意義？工程師必須要能夠面對各種不同領域的問題，並建立其模型，這就引導出本書四個隱藏主題中的第一個。

1. **模型化**是一個程序，在工程、物理、電算科學、生物、化學、環境科學、經濟學等各種領域中，要將真實物理世界的情況或其它的觀測數據，轉換成數學模型所必經的程序。此種數學模型可以是微分方程組，例如族群控制 (4.5 節)，或是要將污染物對環境破壞最小化的線性規劃問題 (22.2–22.4 節)。

   下一步就是用本書中所介紹的眾多方法，**求解此數學問題**。

   第三步是**詮釋數學結果**，用物理或其它的專業術語來表示結果，以看出它們在實際上的意義與蘊涵。

   最後，我們可能要**做出決策**，這可能是工業性的或是**對公共政策的建議**。例如，族群控制模型可能會表示出應禁漁三年。

2. **明智的使用功能強大之數值方法與統計軟體**的重要性與日俱增。在工程或工業界的專案中，對於極端複雜系統的模型，可能包括有數以萬計甚至更多的方程式，他們須要使用這類軟體。不過我們的做法一貫是，讓教師自行決定要使用電腦到何種程度，可以從完全不用或極少用到廣泛使用，以下有更多說明。

3. **工程數學之美。**工程數學建立在相對而言甚少的基本觀念之上，但卻包含了強大的統合原理。當它們明顯可見時，我們就會指出來，例如在 4.1 節中，我們將混合問題由一個水槽「長」到兩個水槽，在電路問題中由一個迴路到兩個迴路，在此同時由一個 ODE 變成兩個 ODE。這是數學模型吸引人的一例，因為問題的加大，反應為增加 ODE 的數目。

4. **清楚區別主題內容的概念架構。**例如複變分析就不是一個單一架構的領域，而是由三個相異數學學派所組成，每個學派都有不同的方法，我們都清楚標示。第一種方法是用 Cauchy 積分公式解複變積分 (第 13 和 14 章)，第二種方法使用 Laurent 級數並以殘值積分解複變積分 (第 15 和 16 章)，最後我們用幾何方法的保角映射解邊界值問題 (第 17 和 18 章)。

修訂及新的特色

- 第 1 章關於一階 ODE 部分重寫，更強調模型化過程，用新的方塊圖闡釋 1.1 節的概念。提早在 1.2 節介紹 Euler 法，讓學生熟悉數值方法。在 1.3 節加入更多可分離 ODE 的例子。

- 在第 2 章部分，關於二階 ODE，我們做了以下修改：為便於閱讀，重寫了 2.4 節第一部分關於建立質點－彈簧系統的內容；部分改寫 2.5 節關於 Euler–Cauchy 方程式的部分。

- 相當程度的縮短了第 5 章，ODE 的級數解。特殊函數：結合 5.1 和 5.2 節成為「冪級數法」的一節，減少 5.4 節 Bessel 方程式 (第一類) 的內容，刪除 5.7 節 (Sturm–Liouville 問題) 及 5.8 節 (正交特徵函數展開) 並將相關內容移到第 11 章。

- 對於**基底**的新定義 (7.4 節)。

- 在 7.9 節，則是全新關於**線性轉換之合成**的部分及兩個例題。同時就公理與向量空間的關聯，更詳細的解釋公理的角色。

- 新的表 (第 8 章「線性代數：矩陣特徵值問題」開頭部分) 指出特徵值問題出現在本書的章節。在 8.1 節開始部分，對特徵值做更多直觀的說明。

- 經由適當的區別簡併的情況，對**叉積** (在向量微分部分) 做更好的定義 (在 9.3 節)。

- **第 11 章的傅立葉分析大幅調整：**11.2 和 11.3 節合併為一節 (11.2 節)，刪除原本關於複數傅立葉級數的 11.4 節，並加入新的 11.5 節 (Sturm–Liouville 問題) 和 11.6 節 (正交級數)。在習題集 11.9 中加入新的關於**離散傅立葉轉換的習題**。

- **新的 12.5 節**，經由建立熱傳方程式，以得到空間中一物體之熱傳模型。建立 PDE 模型是比較困難的，所以我們將建立模型的過程，和求解的過程分開 (在 12.6 節)。

- **數值方法簡介**經過改寫使它表達的更清楚；新加入關於數字捨入的例題 1。19.3 節的內插法則刪去了較不重要的中央差分公式，改列參考文獻。

- 在 22.3 節加入了很長且帶有歷史說明的註腳，以記念**單體法**的發明人 George Dantzig。

- **旅行推銷員問題**現在更妥善的描述成「困難」問題，典型的組合最佳化 (23.2 節)。在 23.6 節 (網路流量) 中更小心的解釋如何計算一個 cut set 的容量。

致謝

在此我要感謝我以前的多位老師、同事與學生們，他們在本書的準備過程中給予許多直接與間接的幫助，特別是目前這個版本。我也從與工程師、物理學家、數學家與電腦科學家的討論以及他們的意見當中，獲益甚多。我們特別想要提到的有 Y. A. Antipov、R. Belinski、S. L. Campbell、R. Carr、P. L. Chambré、Isabel F. Cruz、Z. Davis、D. Dicker、L. D. Drager、D. Ellis、W. Fox、A. Goriely、R. B. Guenther、J. B. Handley、N. Harbertson、A. Hassen、V. W. Howe、H. Kuhn、K. Millet、J. D. Moore、W. D. Munroe、A. Nadim、B. S. Ng、J. N. Ong、P. J. Pritchard、W. O. Ray、Venkat V. S. S. Sastry、L. F. Shampine、H. L. Smith、Roberto Tamassia、A. L. Villone、H. J. Weiss、A. Wilansky、Neil M. Wigley and L. Ying; Maria E. 和 Jorge A. Miranda, JD 等教授，以上均來自美國；還要感謝 Wayne H. Enright、Francis. L. Lemire、James J. Little、David G. Lowe、Gerry McPhail、Theodore S. Norvell, and R. Vaillancourt; Jeff Seiler 和 David Stanley 等教授，以上來自加拿大；以及來自歐洲的 Eugen Eichhorn、Gisela Heckler、Dr. Gunnar Schroeder, 和 Wiltrud Stiefenhofer 等教授。此外，我們要感謝 John B. Donaldson、Bruce C. N. Greenwald、Jonathan L. Gross、Morris B. Holbrook、John R. Kender、Bernd Schmitt 和 Nicholaiv Villalobos 等教授，以上來自紐約哥倫比亞大學；以及 Pearl Chang、Chris Gee、Mike Hale、Joshua Jayasingh 等博士、MD, David Kahr、Mike Lee、R. Richard Royce、Elaine Schattner、MD, Raheel Siddiqui、Robert Sullivan、MD, Nancy Veit 和 Ana M. Kreyszig, JD，以上來自紐約市。我們同時也要感激 Ottawa 的 Carleton 大學和紐約 Columbia 大學讓我們使用相關設施。

同時我們還要感謝 John Wiley and Sons，尤其是發行人 Laurie Rosatone、編輯 Shannon Corliss、產品編輯 Barbara Russiello、媒體編輯 Melissa Edwards、文字與封面設計 Madelyn Lesure，以及攝影編輯 Sheena Goldstein，感謝他們的投入與奉獻。依此脈絡，我們也要感謝校稿 Beatrice Ruberto、WordCo 製作索引，和 PreMedia 的 Joyce Franzen 以及 PreMedia Global 他們負責本版的排版。

全世界各地的讀者先前所提的改進建議，都在此新版本的準備過程中加以評估。我們將會非常樂意接受您對本書其他的意見與建議。

KREYSZIG

目 錄

PART D

複數分析
(Complex Analysis)

複數分析在熱傳導、流體力學和靜電學等領域中有許多的應用。藉由引入複數與複數函數，可以把我們熟知的「實數微積分」延伸成「複數微積分」。雖然有許多觀念可以從微積分直接套用至複數分析，但兩者之間還是有個明顯的差異。舉例來說，解析函數 (analytic functions)，它們是複數分析中的「好函數」(在某個整域中可微分)，其各階導數均存在；對微積分而言可不是這麼一回事，實變數的實數值函數可能只會有某些特定階數的導數。因此，在某特定的面向中，有些在實數微積分中不太好解的問題，在複數分析中卻是好解得多。複數分析在應用數學中的重要性有以下的三大理由：

1.　二維的位勢問題可以透過解析函數方法加以模型化，並求得解答。之所以會如此是因為解析函數的實數和虛部滿足兩個實變數的 Laplace 方程式。

2.　在應用領域中有許多困難的積分 (實數或是複數)，我們可以使用複數積分的方法優雅地解出。

3.　在工程數學中的大部分函數都是解析函數，若將這些函數當作單一複變數的函數來進行研究，能夠讓我們對這些函數的性質有更深入的了解，並且能了解到這些函數在複數中的相互關係，而這樣的相互關係在實數微積分中是看不到的。

CHAPTER 13

複數與複數函數、複數微分 (Complex Numbers and Functions. Complex Differentiation)

我們由討論**複數 (complex numbers)** 和它們在**複數平面 (complex plane)** 上的幾何呈現開始，展開從「實數微積分」到「複數微積分」的轉移。然後，我們在第 13.3 節中討論**解析函數 (analytic functions)**。我們之所以會希望函數是解析函數的原因為，它們在某定義域中是可微分的，而且複數分析的運算可以套用在它們上面，這意味著它們是「有用的函數」。因此，最重要的方程式為在第 13.4 節中的 Cauchy-Riemann 方程式，因為它們可用來檢驗複數函數是否具有解析性。除此之外，我們將證明 Cauchy-Riemann 方程式與重要的 **Laplace 方程式 (Laplace equation)** 有關聯。

　　本章其餘各節致力於說明初等複數函數的特性 (指數函數、三角函數、雙曲線函數和對數函數)。這些函數是將微積分中常用的實數函數加以一般化而來。在實際操作這些函數時，了解其詳細的特性是有其絕對的必要性，這一點正如同它們在微積分的實數對應版本一樣。

　　本章之先修課程：初等微積分。

　　參考文獻與習題解答：附錄 1 的 D 部分及附錄 2。

13.1 複數和它們的幾何呈現

本節內容對於學生來說應該不陌生，故可將之作為一複習教材。

　　歷史上很早就發現有些方程式無實數解，像 $x^2 = -1$ 或 $x^2 - 10x + 40 = 0$，因而導致複數[1]概念的誕生。根據定義，一個**複數** z 是由實數 x 和 y 所組成的有序數對 (x, y)，可以寫成下列形式

$$z = (x, y)$$

其中 x 稱為 z 的**實部 (real part)**，y 則稱為 z 的**虛部 (imaginary part)**，寫成

$$x = \operatorname{Re} z, \quad y = \operatorname{Im} z$$

---

[1] 第一個為了這個原因而使用複數的人是義大利數學家 GIROLAMO CARDANO (1501–1576)，這一位數學家找到了求解三次方程式的公式解。「複數」這個名詞則是由 CARL FRIEDRICH GAUSS (參見第 5.4 節的註腳) 引進，他也為複數的廣泛使用預先鋪好了道路。

根據定義，兩個複數是**相等的**，若且唯若兩個複數的實部相等，而且虛部也相等。

$(0, 1)$ 稱為**單位虛數 (imaginary unit)**，並且以 i 標記之，

(1) $$i = (0, 1)$$

13.1.1　加法、乘法、符號 $z = x + iy$

兩個複數 $z_1 = (x_1, y_1)$ 和 $z_2 = (x_2, y_2)$ 的**加法運算**可以定義成

(2) $$z_1 + z_2 = (x_1, y_1) + (x_2, y_2) = (x_1 + x_2, y_1 + y_2)$$

乘法運算則可以定義為

(3) $$z_1 z_2 = (x_1, y_1)(x_2, y_2) = (x_1 x_2 - y_1 y_2, x_1 y_2 + x_2 y_1)$$

事實上，這兩個定義意味著

$$(x_1, 0) + (x_2, 0) = (x_1 + x_2, 0)$$

和

$$(x_1, 0)(x_2, 0) = (x_1 x_2, 0)$$

上述結果與實數 x_1 和 x_2 的加法運算以及乘法運算的情形一樣。所以複數是將實數加以「**延伸**」而來，我們因此可以寫成

$$(x, 0) = x \quad 同樣地 \quad (0, y) = iy$$

因為利用式 (1) 與乘法的定義，可得到

$$iy = (0, 1)y = (0, 1)(y, 0) = (0 \cdot y - 1 \cdot 0, \quad 0 \cdot 0 + 1 \cdot y) = (0, y)$$

結合上述符號和加法運算，我們有 $(x, y) = (x, 0) + (0, y) = x + iy$。

事實上，複數 $z = (x, y)$ 可以寫成

(4) $$z = x + iy$$

或寫成 $z = x + yi$，例如，$17 + 4i$ (而非 $i4$)。

因為電機工程師需要用 i 來表示電流，所以他們通常使用 j 而不是 i 來代表虛數。

如果 $x = 0$，則 $z = iy$，我們稱其為**純虛數 (pure imaginary)**。此外，由式 (1) 和式 (3) 可得到

(5) $$i^2 = -1$$

這是因為根據乘法運算的定義，$i^2 = ii = (0, 1)(0, 1) = (-1, 0) = -1$。

以標準符號式 (4) 來表示，**加法運算**可以寫成 [參見式 (2)]

$$(x_1 + iy_1) + (x_2 + iy_2) = (x_1 + x_2) + i(y_1 + y_2)$$

針對**複數乘法運算**，標準符號還可導致出以下簡易的結果。透過逐項相乘，並且利用 $i^2 = -1$ 的結果 [參見式 (3)]：

$$(x_1 + iy_1)(x_2 + iy_2) = x_1 x_2 + ix_1 y_2 + iy_1 x_2 + i^2 y_1 y_2$$
$$= (x_1 x_2 - y_1 y_2) + i(x_1 y_2 + x_2 y_1)$$

這與式 (3) 的結果一樣。對複數而言，上述的結果顯示 $x + iy$ 比起 (x, y) 是更為實用的符號。

　　如果讀者對向量有所了解，讀者應可看出來式 (2) 是向量的加法運算，但乘法運算式 (3) 在一般的向量代數運算中，卻找不到相對應的運算。

例題　**1**　**實部、虛部、複數之和與積**

令 $z_1 = 8 + 3i$、$z_2 = 9 - 2i$，那麼 $\operatorname{Re} z_1 = 8$、$\operatorname{Im} z_1 = 3$、$\operatorname{Re} z_2 = 9$、$\operatorname{Im} z_2 = -2$ 且

$$z_1 + z_2 = (8 + 3i) + (9 - 2i) = 17 + i,$$
$$z_1 z_2 = (8 + 3i)(9 - 2i) = 72 + 6 + i(-16 + 27) = 78 + 11i$$

13.1.2　減法運算、除法運算

減法運算和**除法運算**分別定義成加法與乘法的逆運算。因此，差 (**difference**) $z = z_1 - z_2$ 是使得 $z_1 = z + z_2$ 能成立的複數，所以根據式 (2)，

(6)
$$z_1 - z_2 = (x_1 - x_2) + i(y_1 - y_2)$$

商 (**quotient**) $z = z_1/z_2$ $(z_2 \neq 0)$ 是使得 $z_1 = zz_2$ 能成立的複數。如果讓這個方程式左右兩邊的實部與虛部相等，並且設定 $z = x + iy$，則可得到 $x_1 = x_2 x - y_2 y$、$y_1 = y_2 x + x_2 y$。其解為

(7*)
$$z = \frac{z_1}{z_2} = x + iy, \quad x = \frac{x_1 x_2 + y_1 y_2}{x_2^2 + y_2^2}, \quad y = \frac{x_2 y_1 - x_1 y_2}{x_2^2 + y_2^2}$$

在導出上式的過程中，我們有運用到一項**有用的規則**，那就是對 z_1/z_2 的分子和分母分別乘以 $x_2 - iy_2$，並且加以簡化：

(7)
$$z = \frac{x_1 + iy_1}{x_2 + iy_2} = \frac{(x_1 + iy_1)(x_2 - iy_2)}{(x_2 + iy_2)(x_2 - iy_2)} = \frac{x_1 x_2 + y_1 y_2}{x_2^2 + y_2^2} + i\frac{x_2 y_1 - x_1 y_2}{x_2^2 + y_2^2}$$

例題　**2**　**複數的差與商**

對於 $z_1 = 8 + 3i$ 和 $z_2 = 9 - 2i$，我們有 $z_1 - z_2 = (8+3i) - (9-2i) = -1 + 5i$ 和

$$\frac{z_1}{z_2} = \frac{8 + 3i}{9 - 2i} = \frac{(8+3i)(9+2i)}{(9-2i)(9+2i)} = \frac{66 + 43i}{81 + 4} = \frac{66}{85} + \frac{43}{85}i$$

讀者可利用乘法運算反推出 $8 + 3i$ 來檢驗除法運算的結果。

與實數滿足交換律、結合律和分配律一樣，複數也滿足這些定律 (參見習題集)。

13.1.3 複數平面

以上的課程內容探討的是複數的代數運算。現在開始將探討複數的幾何呈現，該概念非常的重要。首先選擇兩個互相垂直的座標軸，水平的 x 軸稱爲**實軸 (real axis)**，垂直的 y 軸稱爲**虛軸 (imaginary axis)**。在兩個座標軸上，選定相同的單位長度 (圖 318)。這樣的座標系統稱爲**笛卡兒座標系統 (Cartesian coordinate system)**。

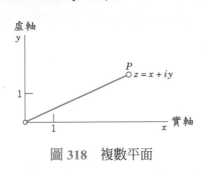

圖 318　複數平面

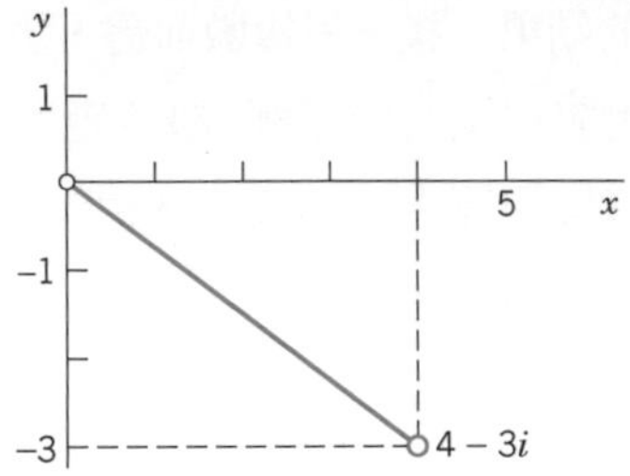

圖 319　呈現在複數平面中的複數 $4 - 3i$

現在將一個給定的複數 $z = (x, y) = x + iy$，表示成具有座標值 x 和 y 的點 P。利用這種方式讓複數呈現在其中的 xy 平面，稱爲**複數平面 (complex plane[2])**。圖 319 顯示了以這種方式呈現一個複數的例子。

我們將以簡潔的說法「**在複數平面中的點 z**」來代替「在複數平面中由 z 所代表的點」，這樣並不會造成誤解。

現在加法和減法運算分別可清楚地呈現在圖 320 和圖 321 中。

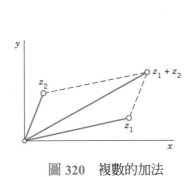

圖 320　複數的加法

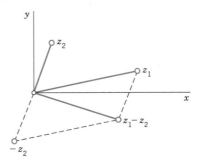

圖 321　複數的減法

13.1.4 共軛複數

複數 $z = x + iy$ 的**共軛複數 (complex conjugate)** $\bar{z}$ 被定義爲

$$\bar{z} = x - iy$$

---

[2] 爲了要紀念法國數學家 JEAN ROBERT ARGAND (1768–1822)，這種圖形有時候也稱爲**阿岡圖 (Argand diagram)**，這位數學家生於日內瓦，後來在巴黎擔任圖書館員。他關於複數平面的論文出現於 1806 年，這是在挪威籍數學家 CASPAR WESSEL (1745–1818) 所撰寫的類似研究報告發表九年後才刊出。

此一共軛關係可以透過幾何方式將點 z 相對於 x 軸加以反射而得。在圖 322 中，$z = 5 + 2i$ 和其共軛複數 $\overline{z} = 5 - 2i$ 顯示了這種關係。

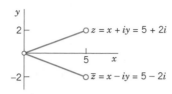

圖 322　共軛複數

共軛複數的重要性在於，它能將複數轉變成實數。事實上，利用乘法運算可得 $z\overline{z} = x^2 + y^2$（請驗證之！）。利用加法運算和減法運算，則分別可得到 $z + \overline{z} = 2x$、$z - \overline{z} = 2iy$。透過以上的運算方式，我們可獲得複數 $z = x + iy$ 之實部 x 和虛部 y（不是 iy），的重要公式：

(8)
$$\operatorname{Re} z = x = \frac{1}{2}(z + \overline{z}), \qquad \operatorname{Im} z = y = \frac{1}{2i}(z - \overline{z})$$

如果 z 是實數，即 $z = x$，則根據 $\overline{z}$ 的定義可以知道 $\overline{z} = z$，反之亦然。共軛數的處理很容易，因為我們有

(9)
$$\overline{(z_1 + z_2)} = \overline{z}_1 + \overline{z}_2, \qquad \overline{(z_1 - z_2)} = \overline{z}_1 - \overline{z}_2,$$
$$\overline{(z_1 z_2)} = \overline{z}_1 \overline{z}_2, \qquad \overline{\left(\frac{z_1}{z_2}\right)} = \frac{\overline{z}_1}{\overline{z}_2}$$

例題 3　式 (8) 和式 (9) 的示範說明

令 $z_1 = 4 + 3i$、$z_2 = 2 + 5i$。根據式 (8)，

$$\operatorname{Im} z_1 = \frac{1}{2i}[(4 + 3i) - (4 - 3i)] = \frac{3i + 3i}{2i} = 3$$

此外，利用下列計算式，可以驗證式 (9) 中的乘法公式

$$\overline{(z_1 z_2)} = \overline{(4 + 3i)(2 + 5i)} = \overline{(-7 + 26i)} = -7 - 26i,$$
$$\overline{z}_1 \overline{z}_2 = (4 - 3i)(2 - 5i) = -7 - 26i$$

習題集　13.1

1. **i 的冪次**　請證明 $i^2 = -1$、$i^3 = -i$、$i^4 = 1$、$i^5 = i$、… 而且 $1/i = -i$、$1/i^2 = -1$、$1/i^3 = i$、…。

2. **旋轉**　就幾何意義而言，乘以 i 代表在複數平面上逆時針旋轉 $\pi/2$（90°）。請藉由畫出 $z = 1 + i$、$z = -1 + 2i$、$z = 4 - 3i$ 的 z、iz 和旋轉的角度，來驗證前面這一句話。

3. **除法**　試驗證式 (7) 中的計算。請把式 (7) 套用至 $(26 - 18i)/(6 - 2i)$。

4. **共軛複數的定律**　請驗證式 (9)，其中 $z_1 = -11 + 10i$、$z_2 = -1 + 4i$。

5. **純虛數**　試證明 $z = x + iy$ 是純虛數，若且唯若 $\overline{z} = -z$。

6. **乘法**　如果兩個複數的乘積等於零，請證明其中至少有一個數必須等於零。

7. **乘法與加法的定律**　試從相對應的實數定律，推導出下列與複數有關的定律。

$$z_1 + z_2 = z_2 + z_1 、 z_1 z_2 = z_2 z_1 \quad (交換律)$$

$$(z_1 + z_2) + z_3 = z_1 + (z_2 + z_3) \quad (結合律)$$

$$(z_1 z_2) z_3 = z_1 (z_2 z_3) \quad (結合律)$$

$$z_1 (z_2 + z_3) = z_1 z_2 + z_1 z_3 \quad (分配律)$$

$$0 + z = z + 0 = z$$

$$z + (-z) = (-z) + z = 0 \quad z \cdot 1 = z$$

8–15　複數算術

令 $z_1 = -2 + 5i$、$z_2 = 3 - i$，請求出下列各式 (表示成 $x + iy$ 的形式)，並且寫出詳細解題過程：

8. $z_1 z_2$,　$\overline{(z_1 z_2)}$　　9. $\mathrm{Re}(z_1^2)$, $(\mathrm{Re}\, z_1)^2$

10. $\mathrm{Re}(1/z_2^2)$,　$1/\mathrm{Re}(z_2^2)$

11. $(z_1 - z_2)^2/16$,　$(z_1/4 - z_2/4)^2$

12. z_1/z_2,　z_2/z_1

13. $(z_1 + z_2)(z_1 - z_2)$,　$z_1^2 - z_2^2$

14. $\overline{z_1}/\overline{z_2}$,　$\overline{(z_1/z_2)}$

15. $4(z_1 + z_2)/(z_1 - z_2)$

16–20　令 $z = x + iy$。請用 x 和 y 求解，並寫出詳細解題過程：

16. $\mathrm{Im}(1/z)$,　$\mathrm{Im}(1/z^2)$

17. $\mathrm{Re}\, z^4 - (\mathrm{Re}\, z^2)^2$

18. $\mathrm{Re}\,[(1+i)^{16} z^2]$

19. $\mathrm{Re}(z/\overline{z})$,　$\mathrm{Im}(z/\overline{z})$

20. $\mathrm{Im}(1/\overline{z}^2)$

13.2 複數的極座標式、冪次與根 (Polar Form of Complex Numbers. Powers and Roots)

如果除了 xy 座標之外，我們也運用定義如下的極座標 r、θ，可使得複數平面變得更加有用，並且能更進一步的了解複數的算術運算

(1)
$$x = r\cos\theta, \qquad y = r\sin\theta$$

此時 $z = x + iy$ 採取的是所謂的**極座標式 (polar form)**

(2)
$$z = r(\cos\theta + i\sin\theta)$$

r 稱為 z 的**絕對值 (absolute value)** 或**模數 (modulus)**，並且表示成 $|z|$。故

(3)
$$|z| = r = \sqrt{x^2 + y^2} = \sqrt{z\bar{z}}$$

從幾何的角度而言，$|z|$ 代表由原點到點 z 的距離 (圖 323)。同理，$|z_1 - z_2|$ 代表兩個點 z_1 與 z_2 之間的距離 (圖 324)。

θ 稱為 z 的**幅角 (argument)**，記為 $\arg z$，而且我們有 $\theta = \arg z$ 以及 (圖 323)，

(4)
$$\tan\theta = \frac{y}{x} \qquad\qquad (z \neq 0)$$

就幾何意義而言，θ 是圖 323 中從正 x 軸到 OP 間的有向角。在這裡，如同在微積分中一樣，**所有角度的度量均以弳 (radius) 為單位，而且設定以逆鐘方向為正值。**

當 $z = 0$ 時，角度 θ 是未定義的 (為什麼？) 對於一個給定的 $z \neq 0$ 而言，這個角度值可以增減 2π 的整數倍，因為餘弦函數和正弦函數具有週期為 2π 的週期性。但對於給定的 $z \neq 0$，我們通常會想要指定一個唯一的 arg z 值。基於這個理由，我們通常會利用下列的雙重不等式來定義 arg z 的**主值** (principal value) Arg z (A 為大寫！)

(5)
$$-\pi < \text{Arg } z \leq \pi$$

然後，對於正實數 $z = x$ 而言，其 Arg $z = 0$，而對負實數 z 而言，例如 $z = -4$，其 Arg $z = \pi$ (不是 $-\pi$！)。當處理複數根時，複數對數 (第 13.7 節)，以及特定積分式時，主值式 (5) 將顯得很重要。很明顯地，對於一個給定的 $z \neq 0$，arg z 的其他值為 arg $z =$ Arg $z \pm 2n\pi$ ($n = \pm 1, \pm 2, \cdots$)。

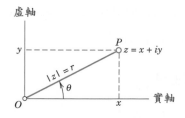
圖 323　複數平面，一個複數的極座標式

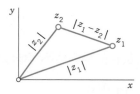
圖 324　在複數平面中兩個點之間的距離

例題　1　複數的極座標式、主值 Arg z

$z = 1 + i$ (圖 325) 的極座標式為 $z = \sqrt{2}(\cos \frac{1}{4}\pi + i \sin \frac{1}{4}\pi)$，故得到

$$|z| = \sqrt{2}, \quad \text{arg } z = \frac{1}{4}\pi \pm 2n\pi \quad (n = 0, 1, \cdots) \quad \text{且} \quad \text{Arg } z = \frac{1}{4}\pi \quad (\text{主值})$$

同樣地，$z = 3 + 3\sqrt{3}i = 6(\cos \frac{1}{3}\pi + i \sin \frac{1}{3}\pi)$、$|z| = 6$ 且 Arg $z = \frac{1}{3}\pi$。 ■

注意！在使用式 (4) 時，因為 $\tan \theta$ 的週期是 π，使得 z 和 $-z$ 的幅角具有相同正切值，故必須要注意 z 所在的象限。例如：例如：對於 $\theta_1 = \arg(1 + i)$ 和 $\theta_2 = \arg(-1 - i)$，我們有 $\tan \theta_1 = \tan \theta_2 = 1$。

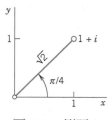
圖 325　例題 1

三角不等式

對實數而言，不等式 $x_1 < x_2$ 是有意義的，但是在複數中，並沒有一個能夠對複數進行排序的自然方式，所以在複數中這樣的不等式是沒有意義的。然而，在各絕對值 (它們是實數！) 之間的不等式關係，例如像是 $|z_1| < |z_2|$ (其意義是，z_1 比 z_2 更靠近原點)，則相當重要。複變分析中有一個很常用到的數學式是**三角不等式** (triangle inequality)

(6)
$$|z_1 + z_2| \leq |z_1| + |z_2|$$
(圖 326)

這個數學式經常使用到。此不等式可由下列三頂點的觀察得知：0、z_1 和 $z_1 + z_2$ 為三角形 (圖 326) 的三個頂點，其邊長分別是 $|z_1|$、$|z_2|$ 和 $|z_1 + z_2|$，在這種情形下，其中一邊的長度不可能超過其餘兩邊長度的和，那麼上面的不等式就很自然地可以推論出來。這個不等式的證明，將留給讀者作為練習 (習題 33) (如果 z_1 和 z_2 位於通過原點的相同直線上，則這個三角形將會退化)。

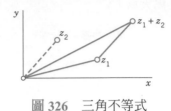

圖 326　三角不等式

利用歸納法，可以由式 (6) 獲得**廣義三角不等式** (generalized triangle inequality)

(6*)
$$|z_1 + z_2 + \cdots + z_n| \le |z_1| + |z_2| + \cdots + |z_n|$$

也就是說，複數和的絕對值不可能超過各複數絕對值的和。

例題　2　三角不等式

如果 $z_1 = 1 + i$、$z_2 = -2 + 3i$，則 (試畫出其圖形！)

$$|z_1 + z_2| = |-1 + 4i| = \sqrt{17} = 4.123 < \sqrt{2} + \sqrt{13} = 5.020$$ ∎

13.2.1　極座標式的乘法與除法

讓我們從「幾何」的觀點，來了解複數乘法與除法的意義。令

$$z_1 = r_1(\cos\theta_1 + i\sin\theta_1) \quad 和 \quad z_2 = r_2(\cos\theta_2 + i\sin\theta_2)$$

乘法　利用第 13.1 節式 (3)，上述兩個複數的乘積可以寫成

$$z_1 z_2 = r_1 r_2 [(\cos\theta_1 \cos\theta_2 - \sin\theta_1 \sin\theta_2) + i(\sin\theta_1 \cos\theta_2 + \cos\theta_1 \sin\theta_2)]$$

由正弦函數和餘弦函數的和角公式 [附錄 A3.1 式 (6)]，可以得到

(7)
$$z_1 z_2 = r_1 r_2 [\cos(\theta_1 + \theta_2) + i\sin(\theta_1 + \theta_2)]$$

在式 (7) 兩邊取絕對值以後，可以看到，若干個複數的乘積的絕對值，等於各複數的絕對值的**乘積**。

(8)
$$|z_1 z_2| = |z_1||z_2|$$

在式 (7) 兩邊取幅角，其結果顯示，若干個複數乘積的幅角，等於各複數的幅角和，

(9)
$$\arg(z_1 z_2) = \arg z_1 + \arg z_2 \qquad (可加 2\pi 整數倍)$$

除法　我們有 $z_1 = (z_1/z_2)z_2$，所以 $|z_1| = |(z_1/z_2)z_2| = |z_1/z_2||z_2|$，而且對此式除以 $|z_2|$ 後，可得到

(10)
$$\left|\frac{z_1}{z_2}\right| = \frac{|z_1|}{|z_2|} \qquad (z_2 \ne 0)$$

同理，arg z_1 = arg $[(z_1/z_2)z_2]$ = arg (z_1/z_2) + arg z_2，而且對此式減去 arg z_2 後，可得到

(11)
$$\arg \frac{z_1}{z_2} = \arg z_1 - \arg z_2$$
(可加 2π 整數倍)

結合式 (10) 和式 (11)，可得到類似式 (7) 的下式

(12)
$$\frac{z_1}{z_2} = \frac{r_1}{r_2}[\cos(\theta_1 - \theta_2) + i\sin(\theta_1 - \theta_2)]$$

如果要更了解這個公式，請注意它是絕對值為 r_1/r_2，而且幅角為 $\theta_1 - \theta_2$ 的複數其極座標式。但是在式 (10) 和式 (11) 中已經看到，這些值是 z_1/z_2 的絕對值和幅角，以及 z_1 和 z_2 的極座標式。

例題 3　公式 (8)–(11) 的解說

令 $z_1 = -2 + 2i$、$z_2 = 3i$，則 $z_1 z_2 = -6 - 6i$、$z_1/z_2 = \frac{2}{3} + \left(\frac{2}{3}\right)i$。所以 (畫出圖形)，

$$|z_1 z_2| = 6\sqrt{2} = 3\sqrt{8} = |z_1||z_2|, \qquad |z_1/z_2| = 2\sqrt{2}/3 = |z_1|/|z_2|$$

對於幅角而言，可以得到 Arg $z_1 = 3\pi/4$、Arg $z_2 = \pi/2$，

$$\text{Arg}(z_1 z_2) = -\frac{3\pi}{4} = \text{Arg } z_1 + \text{Arg } z_2 - 2\pi, \qquad \text{Arg}\left(\frac{z_1}{z_2}\right) = \frac{\pi}{4} = \text{Arg } z_1 - \text{Arg } z_2 \qquad ∎$$

例題 4　z 的整數冪次 (Integer powers)、棣莫弗公式 (De Moivre's formula)

當 $z_1 = z_2 = z$ 時，從式 (8) 和式 (9) 可以利用歸納法求出，對於 $n = 0, 1, 2, \cdots$，

(13)
$$z^n = r^n (\cos n\theta + i\sin n\theta)$$

同樣地，當 $z_1 = 1$ 且 $z_2 = z^n$ 時，式 (12) 可以給出式 (13) 在 $n = -1, -2, \cdots$ 時的情況。當 $|z| = r = 1$ 時，公式 (13) 會變成**棣莫弗公式**[3]

(13*)
$$(\cos\theta + i\sin\theta)^n = \cos n\theta + i\sin n\theta$$

我們可以利用 $\cos\theta$ 和 $\sin\theta$ 的冪次來表示出 $\cos n\theta$ 和 $\sin n\theta$。例如，當 $n = 2$ 時，公式的左側會變成 $\cos^2\theta + 2i\cos\theta\sin\theta - \sin^2\theta$。當 $n = 2$ 時，對式 (13*) 的兩側同時取實部和虛部，結果可得到以下常見的公式

$$\cos 2\theta = \cos^2\theta - \sin^2\theta, \quad \sin 2\theta = 2\cos\theta\sin\theta$$

這證明了，複數方法常常能簡化實數公式的推導過程。讀者可試試 $n = 3$ 的情形。　∎

---

[3] 法國數學家棣莫弗 ABRAHAM DE MOIVRE (1667–1754) 率先將複數使用在三角幾何中，而且對機率理論也相當有貢獻 (參見第 24.8 節)。

13.2.2　根

如果 $z = w^n$ $(n = 1, 2, \cdots)$，則對於每一個 w 值，總是會有相對應的 z 值存在。相反地，對於每個給定的 z，其中 $z \neq 0$，總是恰好有 n 個不同的 w 值相對應。這 n 個值的每一個都稱為 z 的 **n 次方根** (**nth root**)，而且寫成

$$(14) \qquad w = \sqrt[n]{z}$$

所以此符號具有**多值性** (**multivalued**)，也就是說，具有 n 個值。$\sqrt[n]{z}$ 的 n 個值可由下列方法求得。先把 z 和 w 寫成下列的極座標式

$$z = r(\cos\theta + i\sin\theta) \quad 和 \quad w = R(\cos\phi + i\sin\phi)$$

然後，利用棣莫弗公式 (現在幅角的符號為 ϕ 而不是 θ)，方程式 $w^n = z$ 變成

$$w^n = R^n(\cos n\phi + i\sin n\phi) = z = r(\cos\theta + i\sin\theta)$$

等式兩側的絕對值必須相等；因此 $R^n = r$，$R = \sqrt[n]{r}$，其中 $\sqrt[n]{r}$ 是正實數 (絕對值必然是非負值！)，所以能夠被唯一地決定。令幅角 $n\phi$ 等於 θ，並且請回想一下，θ 能任意加上 2π 的整數倍數，可得到

$$n\phi = \theta + 2k\pi \quad 因此 \quad \phi = \frac{\theta}{n} + \frac{2k\pi}{n}$$

其中 k 是一個整數。對於 $k = 0, 1, \cdots, n-1$，共可得到 n 個不同的 w 值。再接下去的整數將會產生先前已經得到的值。例如，$k = n$ 會有 $2k\pi/n = 2\pi$，因此，產生的 w 將會等同於 $k = 0$ 所得之值，其餘以此類推。所以，當 $z \neq 0$ 時，$\sqrt[n]{z}$ 具有下列 n 個不同的值，

$$(15) \qquad \sqrt[n]{z} = \sqrt[n]{r}\left(\cos\frac{\theta + 2k\pi}{n} + i\sin\frac{\theta + 2k\pi}{n}\right)$$

其中 $k = 0, 1, \cdots, n-1$，這 n 個值位於圓心為原點、半徑為 $\sqrt[n]{r}$ 的圓上，並且正是一個正 n 邊形的各頂點。當選取 $\arg z$ 的主值，而且在式 (15) 中選定 $k = 0$ 時，所得到 $\sqrt[n]{z}$ 的值稱為 $w = \sqrt[n]{z}$ 的**主值** (**principal value**)。

在式 (15) 中，令 $z = 1$，則有 $|z| = r = 1$ 及 $\mathrm{Arg}\, z = 0$。然後由式 (15) 可得

$$(16) \qquad \sqrt[n]{1} = \cos\frac{2k\pi}{n} + i\sin\frac{2k\pi}{n} \qquad\qquad k = 0, 1, \cdots, n-1$$

這 n 個值稱為**單位 1 的 n 次方根** (**nth roots of unity**)。它們位於半徑為 1 而且圓心為 0 的圓上，這種圓簡稱為**單位圓** (**unit circle**) (該圓使用得非常頻繁！)。圖 327-329 顯示了 $\sqrt[3]{1} = 1$、$-\frac{1}{2} \pm \frac{1}{2}\sqrt{3}i$、$\sqrt[4]{1} = \pm 1$、$\pm i$ 和 $\sqrt[5]{1}$ 的情形。

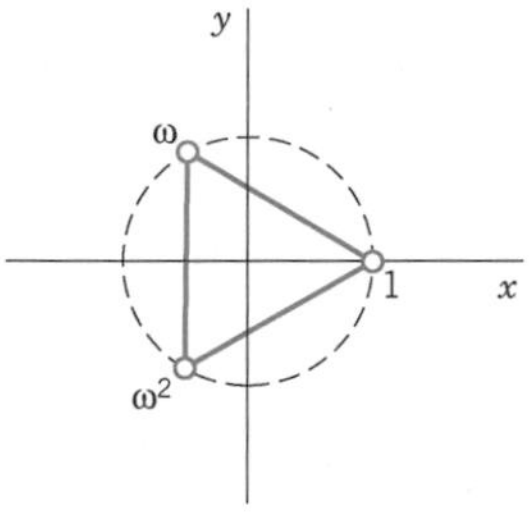

圖 327　$\sqrt[3]{1}$ 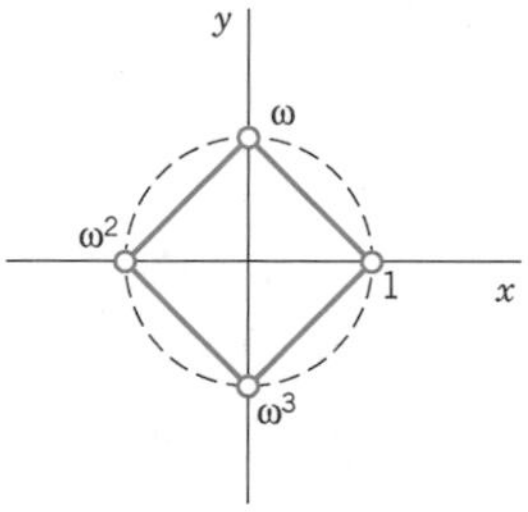　　　　圖 328　$\sqrt[4]{1}$ 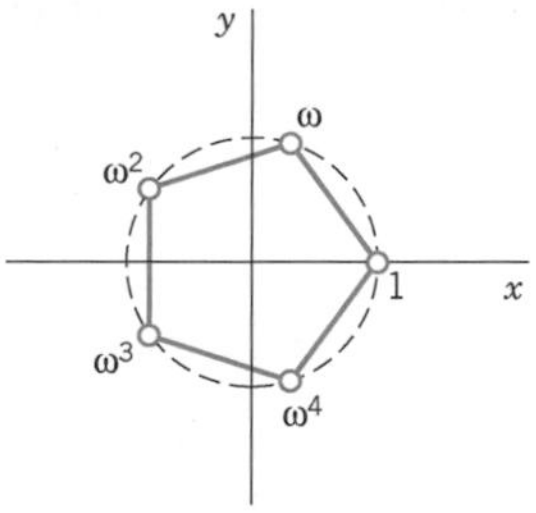　　　　圖 329　$\sqrt[5]{1}$

如果 ω 代表式 (16) 中對應到 $k = 1$ 的值，則 $\sqrt[n]{1}$ 的 n 個值可以寫成

$$1,\ \omega,\ \omega^2,\ \cdots,\ \omega^{n-1}$$

更一般化的寫法為，如果 w_1 是任意複數 $z\,(\neq 0)$ 的任何一個 n 次方根，則在式 (15) 中 $\sqrt[n]{z}$ 的 n 個值為

(17) $$w_1,\ w_1\omega,\ w_1\omega^2,\ \cdots,\ w_1\omega^{n-1}$$

這是因為將 w_1 乘以 ω^k 所對應的幾何意義是把 w_1 的幅角增加 $2k\pi/n$。公式 (17) 啟發我們去運用單位根，並且也顯示了它們好用的地方。

習題集　13.2

1–8　**極座標式**

請以極座標式寫出這些複數，並且像圖 325 那樣在複數平面上畫出這些複數。因為極座標式經常需要使用到，所以請讀者非常仔細地做完下列習題。請寫出詳細解題過程。

1.　$1 + i$

2.　$-2 + 2i$

3.　$2i,\ -2i$

4.　-4

5.　$\dfrac{\sqrt{2} + i/3}{-\sqrt{8} - 2i/3}$

6.　$\dfrac{\sqrt{5} - 10i}{-\frac{1}{2}\sqrt{5} + 5i}$

7.　$1 + \frac{1}{2}\pi i$

8.　$\dfrac{7 + 4i}{3 - 2i}$

9–14　**主幅角**

試求下列幅角的主值，並且像圖 325 那樣在複數平面上畫出這些主值。

9.　$1 - i$

10.　$-5,\ -5 - i,\ -5 + i$

11.　$\sqrt{3} \pm i$

12.　$-\pi - \pi i$

13.　$(1 - i)^{20}$

14.　$-1 + 0.1i,\ -1 - 0.1i$

15–18　**轉換成 $x + iy$**

將下列複數寫成 $x + iy$ 的形式，並且畫在複數平面上。

15.　$4\left(\cos\dfrac{\pi}{2} - i\sin\dfrac{\pi}{2}\right)$

16.　$6\left(\cos\dfrac{1}{3}\pi + i\sin\dfrac{1}{3}\pi\right)$

17.　$\sqrt{8}\left(\cos\dfrac{3\pi}{4} + i\sin\dfrac{3\pi}{4}\right)$

18.　$\sqrt{50}\left(\cos\dfrac{3}{4}\pi + i\sin\dfrac{3}{4}\pi\right)$

根

19.　**CAS 專題**　**單位根和它們的圖形**　試寫一程式計算這些根，且在單位圓上描繪出這些點。將這程式運用到 $z^n = 1$ 上，其中 $n = 2, 3, \cdots, 10$。然後利用內文最後所提及的概念，將這個程式擴展到任意根的情形，請把程式運用在您自選的例題上。

20.　**團隊專題**　**方根**

(a)　證明 $w = \sqrt{z}$ 具有下列兩根

(18) $$w_1 = \sqrt{r}\left[\cos\dfrac{\theta}{2} + i\sin\dfrac{\theta}{2}\right],$$
$$w_2 = \sqrt{r}\left[\cos\left(\dfrac{\theta}{2} + \pi\right) + i\sin\left(\dfrac{\theta}{2} + \pi\right)\right]$$
$$= -w_1$$

(b) 請從式 (18) 求出在實際應用上通常會更有用的公式

(19) $\sqrt{z} = \pm\left[\sqrt{\frac{1}{2}(|z|+x)} + (\text{sign } y)\,i\sqrt{\frac{1}{2}(|z|+x)}\right]$

其中當 $y \geq 0$ 時，$\text{sign } y = 1$；而當 $y < 0$ 時，$\text{sign } y = -1$，而且正數其所有方根都選正號的。提示：利用附錄 A3.1 中的式 (10)，並且設定 $x = \theta/2$。

(c) 請利用式 (18) 和式 (19)，求出 $-14i$、$-9 - 40i$ 和 $1+\sqrt{48i}$ 的方根，並且對解題過程加以評論。

(d) 請做一些更為深入的例題，並且套用一個方法來檢查你的答案。

[21–27]   根

試求下列各題所有的根，並且畫在複數平面上。

21. $\sqrt[3]{1-i}$ **22.** $\sqrt[3]{3+4i}$

23. $\sqrt[3]{343}$ **24.** $\sqrt[4]{-4}$

25. $\sqrt[4]{i}$ **26.** $\sqrt[8]{1}$ **27.** $\sqrt[5]{-1}$

[28–31]   方程式

請求解並且畫出下列方程式的所有解。請寫出詳細過程。

28. $z^2 - (6-2i)z + 17 - 6i = 0$

29. $z^2 - z + 1 + i = 0$

30. $z^4 + 324 = 0$，然後運用所求之解，將 $z^4 + 324$ 分解成二次項因式，且這些因式的係數必須是**實數**。

31. $z^4 - 6iz^2 + 16 = 0$

[32–35]   不等式和等式

32. 三角不等式   用 $z_1 = 3 + i$ 和 $z_2 = -2 + 4i$ 驗證 (6)。

33. 三角不等式   試證明式 (6)。

34. Re 和 Im   證明 $|\text{Re } z| \leq |z|$、$|\text{Im } z| \leq |z|$。

35. 平行四邊形恆等式   請證明並解釋為何有此一名稱。

$|z_1 + z_2|^2 + |z_1 - z_2|^2 = 2(|z_1|^2 + |z_2|^2)$

13.3 導數、解析函數 (Derivative. Analytic Function)

正如同我們在研究微積分或實變分析時，需要一些如定義域、鄰域、函數、極限、連續性、導數等等的概念，研究複變分析時也是不可避免。但因為函數是位於複數平面上，所以相關的概念會和實變分析中的情況不同，或是會稍微比較困難一點。本節可以看成是一份參考教材，在本節中所引入的概念會是 Part D 剩下部分所需要的基礎。

13.3.1 圓與圓盤、半平面

單位圓 (unit circle) $|z| = 1$ (圖 330) 已經在第 13.2 節出現過。圖 331 所示，則是一個半徑為 ρ、圓心於 a 的一般圓形。其方程式為

$$|z - a| = \rho$$

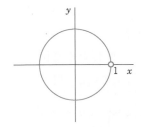

圖 330 單位圓

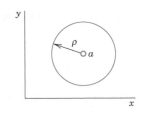

圖 331 複數平面中的圓

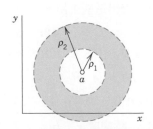

圖 332 複數平面中的圓環

這是因為它是所有與 a 的距離 $|z-a|$ 等於 ρ 之所有 z 所形成的集合。根據這個定義，此圓的內部可以表示成 $|z-a|<\rho$，稱為「**開圓盤區域 (open circular disk)**」；其內部加上圓本身可以表示成 $|z-a|\leq\rho$，稱為「**閉圓盤區域 (closed circular disk)**」；而其外部則可以表示成 $|z-a|>\rho$。舉例來說，請畫出當 $a=1+i$ 而且 $\rho=2$ 時的圓形，即可使您確實了解上述不等式的含意。

　　開圓盤區域 $|z-a|<\rho$ 也稱為 a 的**鄰域 (neighborhood)**，或者，更精確的說法是，a 的 ρ 鄰域。而且 a 有無限多個這種鄰域，每一個都對應一個 ρ (>0) 值，而且根據定義，a 是每一個鄰域的其中一點！

　　在近代文獻中，任何含有 a 其 ρ 鄰域的集合，也稱為 a 的鄰域。

　　圖 332 顯示了一個**開圓環區域 (open annulus)** $\rho_1<|z-a|<\rho_2$，稍後我們會需要這種幾何構造。這是與 a 的距離 $|z-a|$ 大於 ρ_1，但是小於 ρ_2 之所有 z 所形成的集合。同樣地，**閉圓環區域 (closed annulus)** 為 $\rho_1\leq|z-a|\leq\rho_2$，它比上述的開圓環還多含有兩個圓。

半平面 (half-plane)　(開) 上半平面代表滿足 $y>0$ 之所有的 $z=x+iy$ 點所形成的集合。同樣地，條件 $y<0$ 定義了下半平面，$x>0$ 代表右半平面，而且 $x<0$ 代表左半平面。

13.3.2　參考用的主題：在複數平面中的集合概念

為了能對一些特殊的集合進行討論，首先介紹幾個與集合有關，而且在第 13-18 章都會用到的一般概念；請記住，在需要參考資料時，讀者可以在這裡找到相關資料。

　　所謂複數平面中的**點集合 (point set)**，意思是說，由有限多個點或無限多個點所形成之任何方式的聚集。其例子有二次方程式的解、一條直線上的點、圓形內部的點，以及剛才討論過的幾個集合。

　　如果集合 S 的每一個點都具有一個鄰域，而且這個鄰域的所有點也都屬於 S，則這個集合稱為**開 (open)** 集合。舉例來說，圓形或方形內部的點會形成一個開集合，而且右半平面 Re $z=x>0$ 的點也是如此。

　　如果集合 S 的任何兩個點，都可以利用一條由有限多直線段所組成的折線連接起來，而且這些直線段的所有點也都屬於集合 S，則這個集合 S 稱為是**連通的 (connected)**。如果一個開集合是連通的，則這個集合稱為**整域 (domain)**。因此，開圓盤區域和開圓環區域是整域。如果將一個開方形區域的一條對角線移除，那麼它就不是整域，因為該集合已經不是連通的了 (為什麼？)

　　在複數平面中，一個集合 S 的**補集合 (complement)**，是這個複數平面中**不屬於** S 的所有點所形成的集合。一個集合 S 若其補集合是開集合，則 S 為**閉 (closed)** 集合，例如，在單位圓內部和單位圓上的所有點形成一個閉集合 (「閉單位圓盤」)，因為其補集 $|z|>1$ 是開集合。

　　考慮集合 S 的某個點，若該點的每個鄰域都會包含屬於和不屬於 S 的點，則該點稱為集合 S 的**邊界點**，舉例來說，一個圓環的邊界點指的是其兩個邊界圓上的點。很顯然地，如果集合 S 是開集合，則 S 不會包含任何邊界點；如果 S 是閉集合，則所有邊界點都屬於。集合 S 的所有邊界點形成的集合，稱為 S 的**邊界 (boundary)**。

　　一個**區域 (region)** 是一個包含一個整域，或許還會包含該整域之一些或全部邊界點的集合。警告！「整域」是用於代表開連通集合的一個現代名詞。不過，有些作者仍然將整域稱為「區域」，另外有些作者則沒有嚴格區分這兩個名詞。

13.3.3　複變函數

複變數分析處理的是，在某些整域中可以加以微分的複變函數。所以，我們首先應該解釋所謂的複變函數指的是什麼，然後定義複數中的極限和導數的概念。這裡的討論類似於在微積分中的討論。不過，因為這個討論過程中，將顯示出在實數微積分和複數微積分之間，有一些令人感興趣的基本差異，所以仍然需要給予相當的注意。

　　請回想一下在微積分中，定義在實數集合 S(通常是一個區間) 上的**實數函數** f，是將 S 中的每一個 x 指定一個實數 $f(x)$ 的規則，這個 $f(x)$ 稱為在 x 上的 f 值。在複數中，S 則是一個**複數**集合。而且定義在 S 上的**函數** f，是將 S 中的每一個 z 指定一個複數 w 的規則，其中 w 稱為在 z 上的 f 值。我們可以將此函數寫成

$$w = f(z)$$

在這裡，z 可以在 S 中變動，所以稱為**複變數 (complex variable)**。集合 S 稱為 f 的**定義域** (domain of definition，或簡寫成 **domain**)(在大部分情形下，S 將會是開集合，而且也是連通集合，因此其定義與原先的整域定義，大部分情形下是相同的)。

　　例如：$w = f(z) = z^2 + 3z$ 是一個對於所有 z 都有定義的複數函數；換言之，其定義域 S 是整個複數平面。

　　函數 f 全部的值所形成的集合，稱為 f 的**值域 (range)**。

　　w 是複數，而且可將其寫成 $w = u + iv$，其中 u 和 v 分別是實數和虛部。此時，w 會隨著 $z = x + iy$ 變動。所以 u 變成是 x 和 y 的實數函數，而 v 也是如此。因此可將前述的複數函數寫成

$$w = f(z) = u(x, y) + iv(x, y)$$

這顯示出一個複數函數 $f(z)$，等同於**一對實數函數** $u(x, y)$ 和 $v(x, y)$，其中每個實數函數都會隨著兩個實變數 x 和 y 變動。

例題　**1**　**一個複變數的函數**

令 $w = f(z) = z^2 + 3z$。試求 u 和 v，並且計算出 f 在 $z = 1 + 3i$ 的值。

解

$u = \operatorname{Re} f(z) = x^2 - y^2 + 3x$ 而 $v = 2xy + 3y$。此外，

$$f(1 + 3i) = (1 + 3i)^2 + 3(1 + 3i) = 1 - 9 + 6i + 3 + 9i = -5 + 15i$$

這顯示 $u(1, 3) = -5$ 且 $v(1, 3) = 15$，請利用 u 和 v 的式子檢驗這結果。　■

例題　**2**　**一個複變數的函數**

令 $w = f(z) = 2iz + 6\overline{z}$。試求 u 和 v，並且計算出 f 在 $z = \frac{1}{2} + 4i$ 的值。

解

由 $f(z) = 2i(x + iy) + 6(x - iy)$ 可知 $u(x, y) = 6x - 2y$ 且 $v(x, y) = 2x - 6y$。此外，

$$f(\frac{1}{2} + 4i) = 2i(\frac{1}{2} + 4i) + 6(\frac{1}{2} - 4i) = i - 8 + 3 - 24i = -5 - 23i$$

像例題 1 中所做的那樣，檢驗這個結果。　　　　　　　　　　　　　　　　　　　■

關於符號和術語的評論

1. 嚴格來說，$f(z)$ 代表 f 在 z 處的值，但是這樣做是在談論函數 $f(z)$(而非談論函數 f) 時的一種方便的語言濫用，因此它也同時寫出了獨立變數的符號。

2. 按照一般的方式，假定所有函數都具有**單一值關係 (single-valued relations)**：對於 S 中的每個 z，都只會有一個值 $w = f(z)$ 與它相對應 (但是，就像微積分中的情形一樣，若干個不同的 z 當然可以對應相同的值 $w = f(z)$)。根據這個假定，本書將不會使用「多值函數 (multivalued function)」這個名詞 (但在某些複變數分析的書中會用該名詞) 來代表一種多值關係，所謂多值關係指的是，一個 z 對應到一個以上的 w 值的關係。

13.3.4　極限、連續性

當 z 趨近某一點 z_0 時，一個函數 $f(z)$ 被稱為具有**極限 (limit)** l，我們把該情況寫成

(1)
$$\lim_{z \to z_0} f(z) = l$$

如果函數 f 在 z_0 的某個鄰域中是有定義的 (但有可能在 z_0 本身處沒有定義)，而且如果對於所有「緊靠 (close)」z_0 的所有 z 而言，f 的值都「緊靠」著一個 l 值；更精確的說法是，若對於每個正實數 ϵ，我們都可以找到一個正實數 δ，使得圓盤 $|z - z_0| < \delta$ (圖 333) 內的所有 $z \neq z_0$ 的點均有

(2)
$$|f(z) - l| < \epsilon$$

從幾何的觀點來看，函數 $f(z)$ 具有極限 l 的條件為，對於 δ 圓盤內的每個 $z \neq z_0$ 的點，f 的值都位於圓盤式 (2) 內。

　　就形式上而言，這個定義與微積分中的定義類似，但是仍然存在著很大差別。我們應該記得在實數的情形下，x 只能沿著實數線趨近 x_0，但是在複數的情形下，由定義可以知道，z 能從複數平面中的**任何方向**趨近 z_0。在後面的討論中，這一點是相當重要的。

　　如果一個極限是存在的，則它必然是唯一的 (參見團隊專題 24)。

　　如果 $f(z_0)$ 有定義，而且下式成立，則函數 $f(z)$ 在 $z = z_0$ 處是**連續的**

(3)
$$\lim_{z \to z_0} f(z) = f(z_0)$$

請注意，根據極限的定義，上式意謂著 $f(z)$ 在 z_0 的某些鄰域中是有定義的。

　　若 $f(z)$ 在一整域中的每一點上都是連續的，則稱 $f(z)$ 在這整域中是連續的。

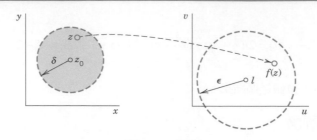

圖 333　極限

13.3.5　導數

複變函數 f 在點 z_0 處的**導數 (derivative)** 表示成 $f'(z_0)$，其定義如下

(4)
$$f'(z_0) = \lim_{\Delta z \to 0} \frac{f(z_0 + \Delta z) - f(z_0)}{\Delta z}$$

其前提是這個極限是存在的。此時 f 在 z_0 處是**可微分的 (differentiable)**。令 $\Delta z = z - z_0$，可得到 $z = z_0 + \Delta z$，式 (4) 會變成以下形式

(4')
$$f'(z_0) = \lim_{z \to z_0} \frac{f(z) - f(z_0)}{z - z_0}$$

現在要討論一個**重點**。請記住，根據極限的定義，$f(z)$ 在 z_0 的一個鄰域中是有定義的，而且在式 (4') 中的 z 可以從複數平面中的任何方向**趨近** z_0。所以，在 z_0 處的可微分性意味著，不論 z 沿著什麼路徑趨近 z_0，式 (4') 中的商總是會趨近某個特定值，而且所有這些值都相等。這一點相當重要，讀者應該記住它。

例題　3　可微分性、導數

函數 $f(z) = z^2$ 對所有 z 都是可微分的，且其導數為 $f'(z) = 2z$，其推導過程如下

$$f'(z) = \lim_{\Delta z \to 0} \frac{(z + \Delta z)^2 - z^2}{\Delta z} = \lim_{\Delta z \to 0} \frac{z^2 + 2z\Delta z + (\Delta z)^2 - z^2}{\Delta z} = \lim_{\Delta z \to 0} (2z + \Delta z) = 2z$$
　■

其**微分法**則與實數微積分中一樣，這是因為它們的證明就形式而言是相同的緣故。因此，對於任何可微分函數 f 和 g，以及任何常數 c 而言，我們可以得到

$$(cf)' = cf', \ (f+g)' = f' + g', \ (fg)' = f'g + fg', \ \left(\frac{f}{g}\right)' = \frac{f'g - fg'}{g^2}$$

同樣地，也有微分的鏈鎖法則，以及冪次法則 $(z^n)' = nz^{n-1}$ (n 是整數)。

　　而且，若 $f(z)$ 在 z_0 處是可微分的，則它在 z_0 處是連續的 (參見團隊專題 24)。

例題　4　$\bar{z}$ 是不可微分的

讓人驚訝的是，有許多的複數函數在任何一點都沒有導數。舉例來說，$f(z) = \bar{z} = x - iy$ 就是這樣一個函數。為了說明這個函數確實如此，我們令 $\Delta z = \Delta x + i\Delta y$，然後藉此得到

(5)
$$\frac{f(z+\Delta z)-f(z)}{\Delta z}=\frac{\overline{(z+\Delta z)}-\overline{z}}{\Delta z}=\frac{\overline{\Delta z}}{\Delta z}=\frac{\Delta x-i\Delta y}{\Delta x+i\Delta y}$$

如果 $\Delta y=0$，上式的結果會等於 $+1$。如果 $\Delta x=0$，上式的結果會等於 -1。因此，在圖 334 中，式 (5) 沿著路徑 I 會趨近 $+1$，但是沿著路徑 II，則趨近 -1。所以，根據定義，當 $\Delta z\to0$ 時，式 (5) 的極限在任何 z 處都不存在。 ■

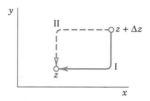

圖 334　式 (5) 中的路徑

例題 4 可能讓人感到驚訝，不過它僅僅說明了，複數函數的可微分性具有一個相當嚴苛的要求。

　　本證明所使用的觀念 (z 由不同方向趨近) 相當的基本，在下一節中還會用到此一觀念。

13.3.6　解析函數

複變數分析關心的是「解析函數」的理論和應用，該種函數在某個整域中是可微分的，因而使得我們可以在該整域中進行「複數的微積分運算」。解析函數的定義如下。

定 義

解析性 (Analyticity)

如果函數 $f(z)$ 在一個整域 D 中的所有點上，都是有定義的，而且也是可微分的，則函數 $f(z)$ 在此整域 D 中是一個解析 (analytic) 函數。若 $f(z)$ 在 z_0 的一鄰域中是解晰的，則稱 $f(z)$ 在點 $z=z_0$ 處為解晰的。

此外，一個**解析函數**的意思是該函數在某個整域中是解析函數。

所以，$f(z)$ 在 z_0 處具有解析性，其意義是，在 z_0 的某個鄰域中的每一點上 (包含 z_0 本身，這是因為根據定義，z_0 是它的所有鄰域的一點)，$f(z)$ 都具有導數。這個概念是受到下列事實的啓發而產生：如果一個函數僅僅在單一點處 z_0 是可微分的，而不是在 z_0 的全部某個鄰域中是可微分的，那麼解析性這個概念就實務上而言無法讓人引起興趣。團隊專題 24 將提供一個相關例子。

　　關於在 D 中是解析的，現在有一個更摩登的名詞，即在 D 中是全純的 (holomorphic)。

例題　5　**多項式、有理函數**

非負值整數冪次函數 $1, z, z^2, \cdots$ 在整個複數平面中都是解析的，而且**多項式**也是如此，所謂多項式是具有下列型式的函數，

$$f(z)=c_0+c_1z+c_2z^2+\cdots+c_nz^n$$

其中 $c_0,\cdots,c_n$ 是複數常數。

　　我們稱兩個多項式 $g(z)$ 和 $h(z)$ 的商

$$f(z) = \frac{g(z)}{h(z)}$$

為**有理函數 (rational function)**。f 在除了使 $h(z) = 0$ 的點之外均為解析的；此處已假設 g 和 h 的共同因式已經消去。

　　在後面幾節和後面幾章中，將會更進一步的討論許多解析函數。　　■

這一節討論的幾個概念是延伸自微積分中我們所熟悉的概念。其中最重要的是解析函數的概念，這個概念與複變數分析有密不可分的關係。雖然有許多簡單的函數不是解析的，但是其餘大部分的函數仍然是解析的，它們構成了在數學中讓人感到最為驚艷的一個領域，這些讓人驚艷的函數在工程學和物理學中非常的有用。

習題集　13.3

1–8　在實務上讓人感興趣的曲線和區域
試求由下式所指定的集合，並且把該集合畫在複數平面上。

1. $|z + 1 - 2i| \le \frac{1}{4}$　　**2.** $0 < |z| < 1$

3. $\frac{\pi}{2} < |z - 1 + 2i| < \pi$

4. $-\pi < \operatorname{Im} z < \pi$　　**5.** $|\arg z| < \frac{\pi}{3}$

6. $\operatorname{Re}(1/z) < 1$　　**7.** $\operatorname{Re} z \le -1$

8. $|z + i| \ge |z - i|$

9. **撰寫專題　在複數平面中的集合**　針對內文中有關複數平面集合的部分，以自己的話寫出一份報告，然後加入自己的例題來示範說明之。

複變數函數和它們的導數

10–12　**函數值**　請求出 $\operatorname{Re} f$ 和 $\operatorname{Im} f$ 另外也求出它們在給定點 z 處的值。

10. $f(z) = 5z^2 - 12z + 3 + 2i$ 在 $4 - 3i$

11. $f(z) = 1/(1 + z)$ 在 $1 - i$

12. $f(z) = (z - 1)/(z + 1)$ 在 $2i$

13. CAS 專題　畫出函數圖形　試求 $\operatorname{Re} f$、$\operatorname{Im} f$ 和 $|f|$，並且將它們繪製成 z 平面上方的圖形。另外也請在相同圖形中，畫出 $\operatorname{Re} f(z) = $ 常數和 $\operatorname{Im} f(z) = $ 常數這兩個曲線族系，然後在另一個圖形中畫出曲線族系 $|f(z)| = $ 常數，其中 **(a)** $f(z) = z^2$，**(b)** $f(z) = 1/z$，**(c)** $f(z) = z^4$。

14–17　**連續性**　回答下列問題，並且提出你的理由：如果 $f(0) = 0$，則 $f(z)$ 在 $z = 0$ 處是否是連續的？且當 $z \ne 0$ 時，函數 f 會等於什麼？

14. $(\operatorname{Re} z^2)/|z|$　　**15.** $|z|^2 \operatorname{Im}(1/z)$

16. $(\operatorname{Im} z^2)/|z|^2$　　**17.** $(\operatorname{Re} z)/(1 - |z|)$

18–23　**微分**　求出以下函數在特定處的導數

18. $(z - i)/(z + i)$ 在 i 處

19. $(z - 2i)^3$ 在 $5 + 2i$ 處

20. $(1.5z + 2i)/(3iz - 4)$ 在任意的 z 處。請解釋所得結果。

21. $i(1 - z)^n$ 在 0 處

22. $(iz^3 + 3z^2)^3$ 在 $2i$ 處

23. $z^3/(z - i)^3$ 在 $-i$ 處

24. 團隊專題　極限、連續性、導數

(a) 極限　試證明式 (1) 相當於下列這一對關係式
$$\lim_{z \to z_0} \operatorname{Re} f(z) = \operatorname{Re} l, \quad \lim_{z \to z_0} \operatorname{Im} f(z) = \operatorname{Im} l$$

(b) 極限　如果 $\lim_{z \to z_0} f(x)$ 存在，請證明這個極限是唯一的。

(c) 連續性　如果 $z_1, z_2, \cdots$ 是複數數列，且滿足 $\lim_{n \to \infty} z_n = a$，假設 $f(z)$ 在 $z = a$ 處是連續的，請證明 $\lim_{n \to \infty} f(z_n) = f(a)$。

(d) 連續性　如果 $f(z)$ 在 z_0 處是可微分的，請證明 $f(z)$ 在 z_0 處是連續的。

(e) 可微分性 試證明 $f(z) = \text{Re } z = x$ 在任何 z 處都不可微分。讀者能夠找出其他這樣的函數嗎？

(f) 可微分性 試證明 $f(z) = |z|^2$ 只有在 $z = 0$ 處是可微分的；所以在整個複數平面上，它都不是解析的。

25. 撰寫專題 和微積分作比較 針對本節的第二個部分，也就是從複變函數處開始的內文，做一份總結整理，並指出哪些在概念上很類似於微積分，而哪些並不同於微積分。

13.4 Cauchy–Riemann 方程式、Laplace 方程式 (Cauchy–Riemann Equations. Laplace's Equation)

正如同我們在前一節中所見，要在任意複數函數上做複數分析 (也就是說，「在複數中的微積分」)，我們要求函數必須要在某個整域中是解析的，也就是說，它在該整域中是可微分的。

在這一章中，**Cauchy–Riemann 方程式是最重要的方程式**，而且此方程式是複變數分析所賴以建立的支柱之一。它們為下列的複數函數提供了一個判斷準則，可判定函數是否具有解析性

$$w = f(z) = u(x, y) + iv(x, y)$$

簡單的說，f 在一個整域 D 中是解析的，若且唯若 u 和 v 的一階偏導數在 D 中的任何一點，都滿足下列兩個 **Cauchy–Riemann 方程式 (Cauchy–Riemann equations**[4]**)**

(1)
$$u_x = v_y, \quad u_y = -v_x$$

這裡的 $u_x = \partial u / \partial x$ 和 $u_y = \partial u / \partial y$ (對 v 而言也是如此) 是偏導數的常用的符號。在定理 1 和 2 中會有這個陳述其精確的公式表示。

例如：$f(z) = z^2 = x^2 - y^2 + 2ixy$ 對所有 z 而言，都是解析的 (參見第 13.3 節例題 3)，而且 $u = x^2 - y^2$ 和 $v = 2xy$ 滿足式 (1)，也就是說，$u_x = 2x = v_y$ 以及 $u_y = -2y = -v_x$。後文將會提供更多例子。

---

[4] 法國數學家 AUGUSTIN-LOUIS CAUCHY (請參見第 2.5 節) 以及兩位德國數學家 BERNHARD RIEMANN (1826–1866) KARL WEIERSTRASS (1815–1897；參見第 15.5 節) 是複變數分析的奠基者。Riemann 在高斯 (請參見第 5.4 節) 的指導下，於 Gottingen 獲得博士學位，而且 Riemann 也是在 Gottingen 從事教學工作，直到他去世為止。令人婉惜的是，他去世時只有 39 歲。他在複變數分析中導入積分的概念，讓複數函數也能像基本微積分中一樣使用積分，並在微分方程式、數論和數學物理等領域中做出重大的貢獻。他也開拓了所謂里曼幾何學 (Riemannian geometry) 這個領域，愛因斯坦就是利用這種幾何學，建構其相對論；請參見附錄 1 中的參考文獻. [GenRef9]。

定理 1

Cauchy–Riemann 方程式

令 $f(z) = u(x, y) + iv(x, y)$ 在點 $z = x + iy$ 的某個鄰域中,都是有定義的,而且都是連續的,並且令 $f(z)$ 在 z 這個點上是可微分的。那麼在該點上,u 和 v 的一階偏導數是存在的,而且滿足 Cauchy–Riemann 方程式 (1)。

　　所以,如果 $f(z)$ 在整域 D 中是解析的,則上述這些偏導數也會存在,而且在 D 的所有點上都會滿足式 (1)。

證明

根據假設,導數 $f'(z)$ 在 z 處是存在的。它可以利用下式求出

(2)
$$f'(z) = \lim_{\Delta z \to 0} \frac{f(z + \Delta z) - f(z)}{\Delta z}$$

證明過程所使用的觀念非常簡單。根據複數中的極限定義 (第 13.3 節),我們可以令 Δz 沿著 z 的鄰域中的任何路徑趨近零。因此,我們可以選擇圖 335 的兩條路徑 I 和 II,並且令所得到的結果相等。在比較等式的實部後,得到第一個 Cauchy–Riemann 方程式,然後再比較等式的虛部,此時則可得到第二個 Cauchy–Riemann 方程式,所使用的證明技巧如下。

　　令 $\Delta z = \Delta x + i\Delta y$,則 $z + \Delta z = x + \Delta x + i(y + \Delta y)$,而且利用 u 和 v 表示以後,式 (2) 中的導數可變成

(3)
$$f'(z) = \lim_{\Delta z \to 0} \frac{[u(x + \Delta x, y + \Delta y) + iv(x + \Delta x, y + \Delta y)] - [u(x, y) + iv(x, y)]}{\Delta x + i\Delta y}$$

我們首先選擇圖 335 的路徑 I。因此先讓 $\Delta y \to 0$,然後讓 $\Delta x \to 0$。在 Δy 變成零以後,$\Delta z = \Delta x$。此時,如果先寫出兩個 u 項,然後再寫出兩個 v 項,則式 (3) 變成

$$f'(z) = \lim_{\Delta x \to 0} \frac{u(x + \Delta x, y) - u(x, y)}{\Delta x} + i \lim_{\Delta x \to 0} \frac{v(x + \Delta x, y) - v(x, y)}{\Delta x}$$

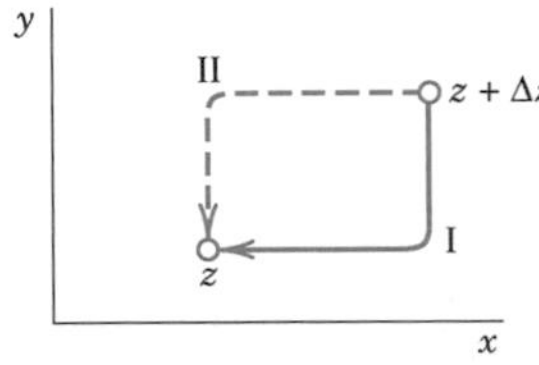

圖 335　在式 (2) 中的路徑

既然 $f'(z)$ 存在,上式右側的兩個實數極限也存在。根據定義,它們是 u 和 v 相對於 x 的偏導數。所以 $f(z)$ 的導數 $f'(z)$ 可以寫成

(4)
$$f'(z) = u_x + iv_x$$

　　同理，如果選擇圖 335 的路徑 II，那麼先讓 $\Delta x \to 0$，然後再讓 $\Delta y \to 0$。在 Δx 變成零以後，$\Delta z = i\Delta y$，從式 (3) 我們可以得到

$$f'(z) = \lim_{\Delta y \to 0} \frac{u(x, y + \Delta y) - u(x, y)}{i\Delta y} + i \lim_{\Delta y \to 0} \frac{v(x, y + \Delta y) - v(x, y)}{i\Delta y}$$

既然 $f'(z)$ 存在，所以上式右側的極限也會存在，而且結果將會產生 u 和 v 相對於 y 的偏導數；留意 $1/i = -i$，因此我們可得到

(5)　　　　　　　　　　　　　　　$f'(z) = -iu_y + v_y$

因此，導數 $f'(z)$ 的存在性意味著式 (4) 和式 (5) 中四個偏導數的存在性。將式 (4) 和式 (5) 的實部 u_x 和 v_y 劃上等號，可得到 Cauchy–Riemann 方程式 (1) 的第一個方程式。然後令虛部相等，可得到第二個方程式。至此已經證明這個定理的第一個陳述，而且根據解析性的定義，這隱含著第二個陳述也會成立。

在計算導數 $f'(z)$ 時，公式 (4) 和 (5) 也相當實用。

例題　1　Cauchy–Riemann 方程式

對所有 z 而言，$f(z) = z^2$ 是解析的。據此可以推論得到，Cauchy–Riemann 方程式必須滿足 (前面已經驗證過)。

　　對於 $f(z) = \bar{z} = x - iy$ 而言，我們得到 $u = x$、$v = -y$，而且可以看出 Cauchy–Riemann 方程式的第二個方程式成立，即 $u_y = -v_x = 0$，但是第一個方程式則不成立：$u_x = 1 \neq v_y = -1$。我們的結論是，$f(z) = \bar{z}$ 不是解析函數，這證實了第 13.3 節的例題 4。請注意計算過程簡短了許多！

因為對於一個函數要成為解析的函數，Cauchy–Riemann 方程式不只是必要條件，而且也是充分條件，所以 Cauchy–Riemann 方程式在複數分析中是十分重要的。更精確地說，下列定理是成立的。

定理　2

Cauchy–Riemann 方程式

如果兩個實變數 x 和 y 的兩個實數值連續函數 $u(x, y)$ 和 $v(x, y)$，具有**連續的**一階偏導數，而且這些偏導數在某個整域 D 中滿足 Cauchy–Riemann 方程式，則複數函數 $f(z) = u(x, y) + iv(x, y)$ 在整域 D 中是解析的。

這個定理的證明比定理 1 的證明更為複雜，所以本書將它歸類成選讀部分 (請參見附錄 4)。

　　透過 Cauchy–Riemann 方程式，我們現在可以很容易地判斷某個給定的函數是否是解析函數，所以定理 1 和定理 2 在實務上相當重要。

例題　2　Cauchy–Riemann 方程式、指數函數

試問 $f(z) = u(x, y) + iv(x, y) = e^x(\cos y + i\sin y)$ 是否是解析函數？

解

經過整理以後，我們有 $u = e^x \cos y$、$v = e^x \sin y$，且在微分之後得到

$$u_x = e^x \cos y, \qquad v_y = e^x \cos y$$
$$u_y = -e^x \sin y, \qquad v_x = e^x \sin y$$

它們滿足 Cauchy–Riemann 方程式，所以對於所有 z 而言，$f(z)$ 是解析的 ($f(z)$ 是 e^x 的複數版本)。∎

例題 3　絕對值為常數的解析函數是一個常數函數

Cauchy–Riemann 方程式也能用以推導解析函數的一般性質。

　　舉例來說，請證明如果 $f(z)$ 在某個整域中是解析的，而且在 D 中，$|f(z)| = k = $ 常數，則在整域 D 中，$f(z) = $ 常數 (在第 18.6 節證明定理 3 時，此陳述將會發揮關鍵性作用)。

解

根據假設，$|f|^2 = |u + iv|^2 = u^2 + v^2 = k^2$。利用微分運算

$$uu_x + vv_x = 0,$$
$$uu_y + vv_y = 0$$

現在利用 Cauchy–Riemann 方程式第一個方程式的 $v_x = -u_y$，以及第二個方程式的 $v_y = u_x$，得到

(6)
(a)　$uu_x - vu_y = 0,$
(b)　$uu_y - vu_x = 0$

為了將 u_y 移除掉，將式 (6a) 乘以 u，接著將式 (6b) 乘以 v，然後將兩式相加。同樣地，為了移除 u_x，將式 (6a) 乘以 $-v$，接著將式 (6b) 乘以 u，然後將兩式相加。這兩個運算過程產生了

$$(u^2 + v^2)u_x = 0$$
$$(u^2 + v^2)u_y = 0$$

如果 $k^2 = u^2 + v^2 = 0$，則 $u = v = 0$；所以 $f = 0$。如果 $k^2 = u^2 + v^2 \neq 0$，則 $u_x = u_y = 0$。所以利用 Cauchy–Riemann 方程式，我們可以得到 $u_x = v_y = 0$。這意謂著 $u = $ 常數，且 $v = $ 常數；所以 $f = $ 常數。 ∎

我們想提醒讀者，如果使用極座標式 $z = r(\cos\theta + i\sin\theta)$，且令 $f(z) = u(r, \theta) + iv(r, \theta)$，則 **Cauchy–Riemann 方程式變成** (習題 1)

(7)
$$u_r = \frac{1}{r}v_\theta,$$
$$v_r = -\frac{1}{r}u_\theta$$
$(r > 0)$

13.4.1　Laplace 方程式、調和函數 (Laplace's Equation. Harmonic Functions)

複數分析在工程數學中之所以具有相當的重要性，主要原因在於，解析函數的實部和虛部將會符合物理學中最重要的偏微分方程式——Laplace 方程式。Laplace 方程式經常出現在引力、靜電學、流體流動以及熱傳導等領域中 (參見第 12 與 18 章)。

定理 3

Laplace 方程式

如果 $f(z) = u(x, y) + iv(x, y)$ 在某個整域 D 中是解析的，則 u 和 v 在整域 D 中都會滿足 **Laplace 方程式** (Laplace's equation)

(8)
$$\nabla^2 u = u_{xx} + u_{yy} = 0$$

(∇^2 讀成「nabla squared」) 以及

(9)
$$\nabla^2 v = v_{xx} + v_{yy} = 0$$

而且在 D 中具有連續的二階偏導數。

證明

把 $u_x = v_y$ 左右對 x 微分，以及把 $u_y = -v_x$ 左右對 y 微分，結果得到

(10)
$$u_{xx} = v_{yx}, \quad u_{yy} = -v_{xy}$$

已知解析函數的導數也是解析的，稍後將會證明這一點 (在第 14.4 節)。這意味著，u 和 v 具有連續的所有階次偏導數；其中特別的是，混合的二階偏導數是相等的：$v_{yx} = v_{xy}$。將式 (10) 的兩式相加，結果可以得到式 (8)。同樣地，如果把 $u_x = v_y$ 左右對 y 微分，接著把 $u_y = -v_x$ 左右對 x 微分，然後將兩個微分結果相減，並且利用 $u_{xy} = u_{yx}$，則可以得到式 (9)。　∎

具有連續二階偏導數的 Laplace 方程式的解，稱為**調和函數** (harmonic functions)，有關它的理論稱為**位勢理論** (potential theory) (也請參見第 12.11 節)。因此，一個解析函數的實部和虛部均為調和函數。

　　如果兩個調和函數 u 和 v 在整域 D 中滿足 Cauchy–Riemann 方程式，則它們是在 D 中的某個解析函數 f 的實部和虛部。此時，v 稱為是 u 在 D 中的**調和共軛函數** (harmonic conjugate function) (當然，此處所用的共軛與 $\bar{z}$ 所使用的「共軛」絕對無關)。

例題 4　**如何利用 Cauchy–Riemann 方程式求出調和共軛函數**

試驗證 $u = x^2 - y^2 - y$ 在整個複數平面上是調和函數，並且找出 u 的調和共軛函數 v。

解

經由直接計算可以知道 $\nabla^2 u = 0$。現在，$u_x = 2x$ 且 $u_y = -2y - 1$。因為 Cauchy–Riemann 方程式的緣故，u 的共軛函數 v 必須滿足

$$v_y = u_x = 2x, \quad v_x = -u_y = 2y + 1$$

將上式的第一式對 y 進行積分，並把所得結果對 x 進行微分，可以得到

$$v = 2xy + h(x), \quad v_x = 2y + \frac{dh}{dx}$$

將此結果與第二式加以比較，顯示 $dh/dx = 1$，於是得到 $h(x) = x + c$ 的結果。$v = 2xy + x + c$ (c 是任意實數常數) 是所給定 u 的最一般調和共軛函數。相對應的解析函數是

$$f(z) = u + iv = x^2 - y^2 - y + i(2xy + x + c) = z^2 + iz + ic$$

■

例題 4 說明了欲求一個給定的調和函數的共軛函數，我們可以唯一地決定到一個任意實數常數的程度，其中這個常數是與共軛函數呈現加法的關係。

　　Cauchy–Riemann 方程式是本章最重要的方程式。它們與 Laplace 方程式的關係，開啓了工程和物理應用的大門，第 18 章將會說明這一點。

習題集　13.4

1. 以極座標式呈現的 Cauchy–Riemann 方程式　試由式 (1) 推導出式 (7)。

2–11　**Cauchy–Riemann 方程式**

下列函數是否爲解析的？[利用式 (1) 或式 (7)]

2. $f(z) = iz\bar{z}$

3. $f(z) = e^{-x}\cos(y) - ie^{-x}\sin(y)$

4. $f(z) = e^x(\cos y - i\sin y)$

5. $f(z) = \mathrm{Re}(z^2) - i\,\mathrm{Im}(z^2)$

6. $f(z) = 1/(z - z^5)$　**7.** $f(z) = -i/z^4$

8. $f(z) = \mathrm{Arg}\, z$

9. $f(z) = 3\pi^2/(z^3 + 4\pi^2 z)$

10. $f(z) = \ln|z| + i\mathrm{Arg}\, z$

11. $f(z) = \sin(x)\cosh(y) + i\cos(x)\sinh(y)$

12–19　**調和函數**

試問下列函數是調和函數嗎？如果答案是肯定的，則請求出相對應的解析函數 $f(z) = u(x, y) + iv(x, y)$。

12. $u = x^3 + y^3$　　**13.** $u = -2xy$

14. $v = xy$　　**15.** $u = -\dfrac{x}{x^2 + y^2}$

16. $u = \sin x \cosh y$　**17.** $v = (2x - 1)y$

18. $u = x^3 - 3xy^2$

19. $v = e^{-x}\sin 2y$

20. Laplace 方程式　請詳細地推導出式 (9)。

21–24　請求出能使給定的函數成爲調和函數的 a 和 b 值，並且求出一個調和共軛函數。

21. $u = e^{-\pi x}\cos ay$

22. $u = \cos ax \cosh 2y$

23. $u = ax^3 + bxy$

24. $u = \cosh ax \cos y$

25. CAS 專題　等位線　請寫一個程式，畫出調和函數 u 的等位線 $u =$ 常數，而且這個程式還必須能在相同座標上，畫出 u 的調和共軛函數 v。請將此程式應用於：**(a)** $u = x^2 - y^2$、$v = 2xy$，**(b)** $u = x^3 - 3xy^2$、$v = 3x^2y - y^3$。

26. 請把在上一個習題中的程式應用於 $u = e^x\cos y$、$v = e^x\sin y$，以及你自己的一個例子上。

27. 調和函數　試證明若 u 是調和函數，且 v 是 u 的調和共軛函數，則 u 是$-v$ 的調和共軛函數。

28. 舉出一個例子來示範習題 27。

29. 兩個有關導數的進一步公式　式 (4)、(5) 和 (11) (如下所示)，有時會有需要用到，請推導

(11) $f'(z) = u_x - iu_y,\quad f'(z) = v_y + iv_x$

30. 團隊專題　$f(z) =$ 常數 的條件　令 $f(z)$ 是解析的。證明下列每個條件都是 $f(z) =$ 常數 的充分條件。

(a) $\mathrm{Re}\, f(z) =$ 常數

(b) $\mathrm{Im}\, f(z) =$ 常數

(c) $f'(z) = 0$

(d) $|f(z)| =$ 常數　(參見例題 3)

13.5 指數函數 (Exponential Function)

本章剩下的幾節,將討論基本的初級複數函數,其中包括指數函數、三角函數和對數等等。這些函數是在微積分中已經熟悉之函數的對應版本,當 $z = x$ 是實數時,這些複數函數就會簡化成微積分中我們熟悉的函數。在整個複數應用中,這些函數是不可或缺的,而且這些函數的其中一些也具有令人感興趣的性質,這些性質是相對應的實數函數版本所無法提供的。

　　本節將以最重要的解析函數,複變**指數函數 (exponential function)**,作為開始,其形式如下,

$$e^z \quad \text{也常寫成} \quad \exp z$$

e^z 可以用實數函數 e^x、$\cos y$ 和 $\sin y$ 定義成

(1)
$$e^z = e^x (\cos y + i \sin y)$$

這個定義是受到以下的事實所啓發:e^z 是以自然的方式,從微積分中的實變數指數函數 e^x 加以**推展**而來。也就是說:

(A) 當 $y = 0$ 時,$\cos y = 1$ 且 $\sin y = 0$,故對於實數 $z = x$ 而言,$e^z = e^x$。

(B) 對於所有 z 而言,e^z 是具有解析性的 (第 13.4 節例題 2 已經證明過)。

(C) e^z 的導數是 e^z,也就是說

(2)
$$(e^z)' = e^z$$

這可以由第 13.4 節式 (4) 推論而來,

$$(e^z)' = (e^x \cos y)_x + i(e^x \sin y)_x = e^x \cos y + i e^x \sin y = e^z$$

評論　此定義使得討論變得相當簡單。如果以 z 代替 x,我們可以利用熟悉的級數 $1 + x + x^2/2! + x^3/3! + \cdots$ 來定義 e^z,但如此一來,就需要先討論複數級數 (在第 15.4 節我們將說明此種關聯)。

深層的性質　對所有 z,都具有解析性的函數 $f(z)$,稱爲**全函數 (entire function)**。因此,是 e^z 全函數。如同微積分中的情形一般,下列**函數關係 (functional relation)**

(3)
$$e^{z_1 + z_2} = e^{z_1} e^{z_2}$$

對任何的 $z_1 = x_1 + iy_1$ 和 $z_2 = x_2 + iy_2$ 而言都成立。事實上,利用式 (1),

$$e^{z_1} e^{z_2} = e^{x_1}(\cos y_1 + i \sin y_1)e^{x_2}(\cos y_2 + i \sin y_2)$$

因爲對這些**實數**函數而言,$e^{x_1} e^{x_2} = e^{x_1 + x_2}$,所以透過餘弦函數和正弦函數的和角公式 (與第 13.2 節中的公式相類似),我們看到結果爲

$$e^{z_1}e^{z_2} = e^{x_1+x_2}[\cos(y_1+y_2)+i\sin(y_1+y_2)] = e^{z_1+z_2}$$

正如我們所主張。式 (3) 有一個有趣的特例，即 $z_1 = x$ 且 $z_2 = iy$ 時；此時

(4) $$e^z = e^x e^{iy}$$

此外，當 $z = iy$ 時，可由式 (1) 推論得到下列所謂的 **Euler 公式 (Euler formula)**

(5) $$e^{iy} = \cos y + i\sin y$$

所以，一個複數的**極座標形式 (polar form)**，$z = r(\cos\theta + i\sin\theta)$，可以寫成

(6) $$z = re^{i\theta}$$

由式 (5) 可以得到

(7) $$e^{2\pi i} = 1$$

以及下列重要公式 (試驗證它們！)

(8) $$e^{\pi i/2} = i, \quad e^{\pi i} = -1, \quad e^{-\pi i/2} = -i, \quad e^{-\pi i} = -1$$

由式 (5) 還可以得到

(9) $$|e^{iy}| = |\cos y + i\sin y| = \sqrt{\cos^2 y + \sin^2 y} = 1$$

換言之，對純虛數的指數而言，指數函數的絕對值為 1，讀者最好能記住這個結果。由式 (1) 和式 (9) 可以知道

(10) $$|e^z| = e^x \quad \text{因此} \quad \arg e^z = y \pm 2n\pi \quad (n = 0, 1, 2, \cdots)$$

這是因為 $|e^z| = e^x$ 顯示出式 (1) 實際上是以極座標形式表示出 e^z 的緣故。

從式 (10) 中的 $|e^z| = e^x \neq 0$，可知對於所有的 z 而言，

(11) $$e^x \neq 0 \qquad\qquad 對於所有的 z$$

所以，這裡所擁有的是一個永遠不會為零的全函數，這恰好與 (非常數的) 多項式形成對比，後者雖然也是全函數 (參見第 13.3 節例題 5)，但是總是可以找到零值，讀者在代數中可以找到這一點的證明。

具有週期為 $2\pi i$ 的週期性，

(12) $$e^{z+2\pi i} = e^z \qquad\qquad 對於所有的 z$$

上式是根據式 (1) 以及 $\cos y$ 和 $\sin y$ 的週期性而來。故所有 $w = e^z$ 可能出現的數值，都已經出現在下列的寬度 2π 的長直狀區域中，

(13) $$-\pi < y \leq \pi \qquad\qquad (圖 336)$$

這個無限長的條狀區域稱爲 e^z 的**基礎區域 (fundamental region)**。

例題　1　函數值、方程式的解

利用式 (1) 所進行的數值計算並不會產生任何問題。舉例而言，請讀者驗證下式

$$e^{1.4-0.6i} = e^{1.4}(\cos 0.6 - i\sin 0.6) = 4.055(0.8253 - 0.5646i) = 3.347 - 2.289i$$

$$|e^{1.4-1.6i}| = e^{1.4} = 4.055, \qquad \text{Arg } e^{1.4-0.6i} = -0.6$$

爲了示範式 (3)，請計算下列兩個指數的乘積

$$e^{2+i} = e^2(\cos 1 + i\sin 1) \quad 和 \quad e^{4-i} = e^4(\cos 1 - i\sin 1)$$

並且驗證它等於 $e^2 e^4(\cos^2 1 + \sin^2 1) = e^6 = e^{(2+i)+(4-i)}$。

　　如果想要求解方程式 $e^z = 3 + 4i$，首先要注意　$|e^z| = e^x = 5$，$x = \ln 5 = 1.609$ 是所有解的實部。現在，既然 $e^x = 5$，

$$e^x \cos y = 3, \quad e^x \sin y = 4, \quad \cos y = 0.6, \quad \sin y = 0.8, \quad y = 0.927$$

解答：$z = 1.609 + 0.927i \pm 2n\pi i$　$(n = 0, 1, 2, \cdots)$，這些解有無限多個 (由於 e^z 的週期性)。它們都位於垂直線 $x = 1.609$ 上，與相鄰的解的位置都相距 2π。 ◼

總結：$e^z = \exp z$ 的許多性質與 e^x 的性質相當類似；但前者具有 $2\pi i$ 的週期性則是一個例外，此性質隱含著基礎區域的概念。請記住，e^z 是**全函數** (讀者還記得全函數的意義嗎？)

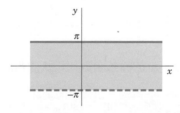

圖 336　指數函數 e^z 在 z 平面中的基礎區域

習題集　13.5

1.　e^z 是全函數　請證明之。

2–7　**函數值**　請以 $u + iv$ 和 $|e^z|$ 的形式計算 e^z，其中 z 等於：

2.　$3 + 4i$　　　　**3.**　$2\pi i(1 - i)$

4.　$0.6 - 1.8i$　　**5.**　$1 - 3\pi i$

6.　$11\pi i / 2$　　　**7.**　$\sqrt{3} - \dfrac{\pi}{2} i$

8–13　**極座標形式**　試用式 (6) 寫出下列複數的極座標形式：

8.　$\sqrt[n]{z}$　　　　**9.**　$3 - 4i$

10.　$\sqrt{i}, \ \sqrt{-i}$　　**11.**　$-\dfrac{3}{2}$

12.　$1/(1 - z)$　　　**13.**　$1 - i$

14–17　**實部和虛部**　試求下列複數的實部和虛部：

14.　$e^{-\pi z}$　　　**15.**　$\exp(-z^2)$

16.　$e^{1/z}$　　　　**17.**　$\exp(z^3)$

18.　**團隊專題**　指數函數更深一層的性質

　　(a)　**解析性**　試證明 e^z 是全函數。$e^{1/z}$、$e^{\bar{z}}$ 是全函數嗎？e^z 是全函數嗎？$e^x(\cos ky + i\sin ky)$ 是全函

數嗎？(利用 Cauchy - Riemann 方程式)。

(b) 特殊值　試求滿足下列性質的所有 z：(i) e^z 是實數，(ii) $|e^{-z}| < 1$，(iii) $e^{\bar{z}} = \overline{e^z}$。

(c) 調和函數　試證明 $u = e^{xy} \cos (x^2/2 - y^2/2)$ 是一個調和函數，並且求出它的一個共軛。

(d) 唯一性　讓人感到興趣的是，利用兩項性質 $f(x + i0) = e^x$ 和 $f'(z) = f(z)$，可以唯一地決定出其解是 $f(z) = e^z$，其中假設 f 是全函數。請利用 Cauchy–Riemann 方程式證明這個敘述為眞。

$\boxed{19\text{--}22}$　**方程式**　請求出下列方程式的所有解，並且在複數平面上畫出這些解。

19. $e^z = 1$　　　　　**20.** $e^z = 4 + 3i$

21. $e^z = 0$　　　　　**22.** $e^z = -2$

13.6 三角和雙曲函數、Euler 公式 (Trigonometric and Hyperbolic Functions. Euler's Formula)

就像在第 13.5 節中，將實數 e^x 推展到複數 e^z，現在要將熟悉的**實變數三角函數**推展到**複變數三角函數**。利用下列的 Euler 公式 (第 13.5 節)，就可以完成這項任務，

$$e^{ix} = \cos x + i \sin x, \qquad e^{-ix} = \cos x - i \sin x$$

藉由加法與減法運算，可以得到下列**實變數餘弦函數與正弦函數**

$$\cos x = \frac{1}{2}(e^{ix} + e^{-ix}), \qquad \sin x = \frac{1}{2i}(e^{ix} - e^{-ix})$$

這啓發我們進行下列有關複數 $z = x + iy$ 的餘弦函數和正弦函數的定義：

(1) $$\cos z = \frac{1}{2}(e^{iz} + e^{-iz}), \qquad \sin z = \frac{1}{2i}(e^{iz} - e^{-iz})$$

特別值得注意的是，在複變數中，一些在實變數中不太相關的函數卻會共同出現。這並不是孤立事件，而是典型的一般例子，而且它顯示出利用複數執行運算的優點。

此外，就像在微積分中一樣，定義

(2) $$\tan z = \frac{\sin z}{\cos z}, \qquad \cot z = \frac{\cos z}{\sin z}$$

和

(3) $$\sec z = \frac{1}{\cos z}, \qquad \csc z = \frac{1}{\sin z}$$

因爲 e^z 是全函數，所以 $\cos z$ 與 $\sin z$ 也是全函數。$\tan z$ 與 $\sec z$ 則不是全函數；但除了在 $\cos z$ 爲零的位置以外，這兩個函數是具有解析性的；而除了在 $\sin z$ 爲零的點以外，$\cot z$ 和 $\csc z$ 是具有解析性的。利用 $(e^z)' = e^z$ 和式 (1) 到式 (3)，我們可以很快地推導出有關導數的公式；

(4)　　　　　　　　　　$(\cos z)' = -\sin z, \quad (\sin z)' = \cos z, \quad (\tan z)' = \sec^2 z$

等等。方程式式 (1) 也顯示，Euler 公式 (Euler's formula) 在以複數作為變數時也是有效的：

(5)　　　　　　　　　　$e^{iz} = \cos z + i \sin z$　　　　　　　　　　對於所有的 z

　　在計算數值時，要用到 $\cos z$ 和 $\sin z$ 的實部與虛部，而且在呈現所考慮函數的性質時，它們也能提供必要的幫助。本節接下來將以一個典型的例題解說這一點。

例題　1　**實部和虛部、絕對值、週期性**

試證明

(6)
(a)　$\cos z = \cos x \cosh y - i \sin x \sinh y$
(b)　$\sin z = \sin x \cosh y + i \cos x \sinh y$

和

(7)
(a)　$|\cos z|^2 = \cos^2 x + \sinh^2 y$
(b)　$|\sin z|^2 = \sin^2 x + \sinh^2 y$

並且舉出這些公式的一些應用。

解

由式 (1) 可以知道

$$
\begin{aligned}
\cos z &= \frac{1}{2}(e^{i(x+iy)} + e^{-i(x+iy)}) \\
&= \frac{1}{2}e^{-y}(\cos x + i \sin x) + \frac{1}{2}e^{y}(\cos x - i \sin x) \\
&= \frac{1}{2}(e^{y} + e^{-y})\cos x - \frac{1}{2}i(e^{y} - e^{-y})\sin x
\end{aligned}
$$

既然從微積分可以知道下式，所以上式會產生式 (6a) 的結果

(8)　　　　　　$\cosh y = \frac{1}{2}(e^{y} + e^{-y}), \qquad \sinh y = \frac{1}{2}(e^{y} - e^{-y})$

同理也可以證明式 (6b)。由式 (6a) 和 $\cosh^2 y = 1 + \sinh^2 y$，可得到

$$|\cos z|^2 = (\cos^2 x)(1 + \sinh^2 y) + \sin^2 x \sinh^2 y$$

因為 $\sin^2 x + \cos^2 x = 1$，所以由上式可以得到式 (7a)，同樣地方式也能證明式 (7b)。

　　舉例來說，$\cos(2 + 3i) = \cos 2 \cosh 3 - i \sin 2 \sinh 3 = -4.190 - 9.109i$。

　　由式 (6) 可以看出，$\sin z$ 和 $\cos z$ 具有**週期為 2π 的週期性**，此點與實變數函數的情形一樣。然後根據這個結果，可以推論出來，$\tan z$ 和 $\cot z$ 的具有週期為 π 的週期性。

公式 (7) 指出了實變數和複變數餘弦函數與正弦函數之間的根本差異；雖然 $|\cos x| \leq 1$ 和 $|\sin x| \leq 1$，但是複變數餘弦函數和正弦函數已經**不再是有界的**；在 $y \to \infty$ 時，$\sinh y \to \infty$，所以它們的值會趨近無窮大。

例題 **2** 方程式的解、$\cos z$ 與 $\sin z$ 的零點

試求解 (a) $\cos z = 5$ (沒有實數解！)，(b) $\cos z = 0$，(c) $\sin z = 0$。

解

(a) 利用式 (1)，將它乘以 e^{iz} 以後，可以得到 $e^{2iz} - 10e^{iz} + 1 = 0$。這是以 e^{iz} 為未知數的二次方程式，其解為 (將其近似值取到小數點第三位)

$$e^{iz} = e^{-y+ix} = 5 \pm \sqrt{25-1} = 9.899 \quad 和 \quad 0.101$$

因此，$e^{-y} = 9.899$ 或 0.101、$e^{ix} = 1$、$y = \pm 2.292$、$x = 2n\pi$。解答：$z = \pm 2n\pi \pm 2.292i$ $(n = 0, 1, 2, \cdots)$。讀者能夠從式 (6a) 得到這個解嗎？

(b) 由式 (7a) 可以知道，$\cos x = 0$、$\sinh y = 0$，所以 $y = 0$。解答：$z = \pm \frac{1}{2}(2n+1)\pi$ $(n = 0, 1, 2, \cdots)$。

(c) 由式 (7b) 可以知道，$\sin x = 0$、$\sinh y = 0$。解答：$z = \pm n\pi$ $(n = 0, 1, 2, \cdots)$。

所以，$\cos z$ 和 $\sin z$ 的零值解就是實變數餘弦函數和正弦函數的零值解。

一般性公式 這裡的一般性公式是指在**實數三角函數**中成立，但在複數變數也能成立的幾個公式。從定義就能很快推導出它們，我們特別提起下列的和角公式

(9)
$$\cos(z_1 \pm z_2) = \cos z_1 \cos z_2 \mp \sin z_1 \sin z_2$$
$$\sin(z_1 \pm z_2) = \sin z_1 \cos z_2 \pm \sin z_2 \cos z_1$$

以及以下公式

(10)
$$\cos^2 z + \sin^2 z = 1$$

在習題集中，將收集更多有用的公式。

13.6.1 雙曲函數

複數**雙曲餘弦函數**與**正弦函數**，可以由下列公式加以定義

(11)
$$\cosh z = \frac{1}{2}(e^z + e^{-z}), \qquad \sinh z = \frac{1}{2}(e^z - e^{-z})$$

這個公式的產生是由我們熟悉的實變數定義所啟發 [參見式 (8)]。這些函數都是全函數，其導數為，

(12)
$$(\cosh z)' = \sinh z, \qquad (\sinh z)' = \cosh z$$

其形式與實變數情形很類似。其他的雙曲函數可以定義如下

(13)
$$\tanh z = \frac{\sinh z}{\cosh z}, \qquad \coth z = \frac{\cosh z}{\sinh z},$$
$$\operatorname{sech} z = \frac{1}{\cosh z}, \qquad \operatorname{csch} = \frac{1}{\sinh z}$$

複數的三角函數與雙曲函數具有密切的關聯性 如果在式 (11) 中，將 z 以 iz 取代，然後利用式 (1)，結果可以得到

(14)
$$\cosh iz = \cos z, \quad \sinh iz = i \sin z$$

同樣地，如果在式 (1) 中，將 z 以 iz 取代，然後利用式 (11)，可以反過來求得

(15)
$$\cos iz = \cosh z, \quad \sin iz = i \sinh z$$

在這裡我們再次獲得的情況為：在實數情況中不相關的實數函數，其複數版本是相關的，這再度指出以複變數進行操作的優點，如此將可以讓我們獲得更為統一的公式形式，而且也能更深入了解特殊函數。這是複變分析對工程師和物理學家變得如此重要的主要原因之一。

習題集 13.6

1–4 **雙曲函數的公式**
試證明

1. $\cosh z = \cosh x \cos y + i \sinh x \sin y$
   $\sinh z = \sinh x \cos y + i \cosh x \sin y$

2. $\cosh(z_1 + z_2) = \cosh z_1 \cosh z_2 + \sinh z_1 \sinh z_2$
   $\sinh(z_1 + z_2) = \sinh z_1 \cosh z_2 + \cosh z_1 \sinh z_2$

3. $\cosh^2 z - \sinh^2 z = 1$, $\cosh^2 z + \sinh^2 z = \cosh 2z$

4. **全函數** 試證明 $\cos z$、$\sin z$、$\cosh z$ 和 $\sinh z$ 是全函數。

5. **調和函數** 請透過微分運算，證明 $\operatorname{Im} \cos z$ 和 $\operatorname{Re} \sin z$ 是調和函數。

6–12 **函數值** 試計算下列各題的函數值，表示成 $u + iv$ 的形式

6. $\sin \frac{\pi}{2} i$　　7. $\cos(-i)$, $\sin(-i)$

8. $\cos \pi i$, $\cosh \pi i$

9. $\cosh(-2 + i)$, $\cos(-1 - 2i)$

10. $\sinh(3 + 4i)$, $\cosh(3 + 4i)$

11. $\sin \frac{\pi}{4} i$, $\cos\left(\frac{\pi}{2} - \frac{\pi}{4} i\right)$

12. $\cos \frac{1}{2} \pi i$, $\cos\left[\frac{1}{2} \pi(1 + i)\right]$

13–15 **方程式和不等式** 試利用相關定義，證明：

13. $\cos z$ 是偶函數，$\cos(-z) = \cos z$；$\sin z$ 是奇函數，$\sin(-z) = -\sin z$。

14. $|\sinh y| \le |\cos z| \le \cosh y$、
    $|\sinh y| \le |\sin z| \le \cosh y$，
    請證明複數正弦函數和複數餘弦函數，在整個複數平面中並不是有界的。

15. $\sin z_1 \cos z_2 = \frac{1}{2}[\sin(z_1 + z_2) + \sin(z_1 - z_2)]$

16–19 **方程式** 試求出下列方程式所有的解。

16. $\sin z = 100$　　17. $\cosh 2z = 0$

18. $\cosh z = -1$　　19. $\sinh z = 0$

20. **Re tan z、Im tan z**。請證明
$$\operatorname{Re} \tan z = \frac{\sin x \cos x}{\cos^2 x + \sinh^2 y},$$
$$\operatorname{Im} \tan z = \frac{\sinh y \cosh y}{\cos^2 x + \sinh^2 y}$$

13.7 對數、一般冪次、主值 (Logarithm. General Power. Principal Value)

最後一種要介紹的函數是**複數對數**，它比實數對數 (可以視為一種特殊情形) 更複雜，就歷史而言，它曾經困擾數學家一段時間 (所以如果讀者一開始對它覺得困惑，請務必要有耐心，並且加倍仔細研讀本節，當然，或許它對你並不構成困擾)。

$z = x + iy$ 的**自然對數 (natural logarithm)** 表示成 $\ln z$ (有時候也會表示成 $\log z$)，而且它可以定義為指數函數的反函數；也就是，在 $z \neq 0$ 的前題下，$w = \ln z$ 可以用下列關係式加以定義，

$$e^w = z$$

(請注意，$z = 0$ 是不可能發生的，因為對於所有的 w，$e^w \neq 0$；請參見第 13.5 節)。如果令 $w = u + iv$ 且 $z = re^{i\theta}$，則上式變成

$$e^w = e^{u+iv} = re^{i\theta}$$

現在，由第 13.5 節可知，e^{u+iv} 具有絕對值 e^u 以及幅角 v，這些值必須等於上式右側的絕對值和幅角：

$$e^u = r, \quad v = \theta$$

由 $e^u = r$ 可求出 $u = \ln r$，其中 $\ln r$ 是正值 $r = |z|$ 的**實數**自然對數。因此，$w = u + iv = \ln z$ 可以由下式求出

(1) $$\boxed{\ln z = \ln r + i\theta} \qquad (r = |z| > 0 \text{、} \theta = \arg z)$$

現在，要提出一個重點 (在實數微積分中並沒有類似情形)。因為 z 的幅角可以任意加上 2π 的整數倍數，因此複數自然對數 $\ln z \, (z \neq 0)$ 具有無限多個值。

對應於主值 $\mathrm{Arg}\, z$ (參見第 13.2 節) 的 $\ln z$ 值，可以表示成 $\mathrm{Ln}\, z$ (Ln 寫成大寫字母 L)，而且稱為 $\ln z$ 的**主值 (principal value)**。因此

(2) $$\boxed{\mathrm{Ln}\, z = \ln |z| + i\mathrm{Arg}\, z} \qquad (z \neq 0)$$

對給定的 $z \, (\neq 0)$ 而言，$\mathrm{Arg}\, z$ 的唯一性意味著 $\mathrm{Ln}\, z$ 是單一值的，換言之，在這種情形下的複數對數變成了一般的單值函數。因為其他的 $\arg z$ 值與這個主值相差 2π 的整數倍數，所以 $\ln z$ 的其他值可以表示成

(3) $$\boxed{\ln z = \mathrm{Ln}\, z \, \pm \, 2n\pi i} \qquad (n = 1, 2, \cdots)$$

它們都具有相同實部，而其虛部彼此相差 2π 的整數倍數。

如果 z 是正實數，則 $\mathrm{Arg}\, z = 0$，而且此時 $\mathrm{Ln}\, z$ 與微積分中所看到的實數自然對數完全相同。如果 z 是負實數 (微積分中的自然對數沒有定義這種情形！)，則 $\mathrm{Arg}\, z = \pi$，而且

$$\mathrm{Ln}\, z = \ln |z| + \pi i \qquad (z \text{ 是負實數})$$

由式 (1) 和 $e^{\ln r} = r$，其中 r 是正實數，可以得到

(4a)
$$e^{\ln z} = z$$

這符合一般的預期，但是因為 $\arg(e^z) = y \pm 2n\pi$ 是多值的，所以下式也是如此

(4b)
$$\ln(e^z) = z \pm 2n\pi i \qquad\qquad n = 0, 1, \cdots$$

例題　1　自然對數、主值

$$\ln 1 = 0, \pm 2\pi i, \pm 4\pi i, \cdots \qquad\qquad \mathrm{Ln}\, 1 = 0$$

$$\ln 4 = 1.386294 \pm 2n\pi i \qquad\qquad \mathrm{Ln}\, 4 = 1.386294$$

$$\ln(-1) = \pm \pi i, \pm 3\pi i, \pm 5\pi i, \cdots \qquad \mathrm{Ln}\,(-1) = \pi i$$

$$\ln(-4) = 1.386294 \pm (2n+1)\pi i \qquad \mathrm{Ln}\,(-4) = 1.386294 + \pi i$$

$$\ln i = \pi i/2, -3\pi/2, 5\pi i/2, \cdots \qquad \mathrm{Ln}\, i = \pi i/2$$

$$\ln 4i = 1.386294 + \pi i/2 \pm 2n\pi i \qquad \mathrm{Ln}\, 4i = 1.386294 + \pi i/2$$

$$\ln(-4i) = 1.386294 - \pi i/2 \pm 2n\pi i \qquad \mathrm{Ln}\,(-4i) = 1.386294 - \pi i/2$$

$$\ln(3-4i) = \ln 5 + i\arg(3-4i) \qquad \mathrm{Ln}\,(3-4i) = 1.609438 - 0.927295i$$

$$= 1.609438 - 0.927295i \pm 2n\pi i \qquad (\text{圖 337})$$

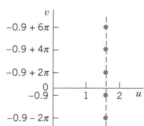

圖 337　例題 1 中 $\ln(3-4i)$ 的某些值

自然對數中我們熟悉的幾個關係，在複數情形下仍然成立，那就是，

(5)　　　　　(a) $\ln(z_1 z_2) = \ln z_1 + \ln z_2$,　　(b) $\ln(z_1/z_2) = \ln z_1 - \ln z_2$

但這些關係應該在下列意義下加以了解：等式一邊的每一個值都包含在另一邊的值中；請參見下一個例題。

例題　2　在複數中的函數關係式 (5) 的解說

令

$$z_1 = z_2 = e^{\pi i} = -1$$

如果選取下列主值

$$\mathrm{Ln}\, z_1 = \mathrm{Ln}\, z_2 = \pi i,$$

則當我們這樣寫 $\ln(z_1 z_2) = \ln 1 = 2\pi i$ 這個數學式時，式 (5a) 是成立的；但是，當選取的是主值時，$\mathrm{Ln}(z_1 z_2) = \mathrm{Ln}\, 1 = 0$，式 (5a) 並不成立。

定理　1

對數的解析性

對於每一個 $n = 0,\ \pm 1,\ \pm 2, \cdots$，公式 (3) 所定義的函數，除了在 0 處和在負實數軸上以外，都是解析的，而且其導數為

(6) $$(\ln z)' = \frac{1}{z}$$ （z 不爲零或負實數）

證明

我們將證明 Cauchy–Riemann 方程式是滿足的。由式 (1)–(3)，可以得到

$$\ln z = \ln r + i(\theta + c) = \frac{1}{2}\ln(x^2 + y^2) + i\left(\arctan\frac{y}{x} + c\right)$$

其中常數 c 是 2π 的整數倍數。利用微分運算

$$u_x = \frac{x}{x^2 + y^2} = v_y = \frac{1}{1 + (y/x)^2} \cdot \frac{1}{x}$$

$$u_y = \frac{y}{x^2 + y^2} = -v_x = -\frac{1}{1 + (y/x)^2}\left(-\frac{y}{x^2}\right)$$

所以 Cauchy–Riemann 方程式成立。[請在極座標的形式下，經由利用這些方程式，證實這一點，自從在習題 (第 13.4 節) 中證明過它以後，就沒有使用過這種情形下的 Cauchy–Riemann 方程式]。現在，由第 13.4 節中的式 (4) 可給出式 (6)

$$(\ln z)' = u_x + iv_x = \frac{x}{x^2 + y^2} + i\frac{1}{1 + (y/x)^2}\left(-\frac{y}{x^2}\right) = \frac{x - iy}{x^2 + y^2} = \frac{1}{z} \qquad ■$$

式 (3) 中無限多個函數的每一個都稱爲對數的一個**分枝 (branch)**。負實數軸則稱爲**分枝切割 (branch cut)**，而且它通常繪製成如圖 338 所示的樣子。$n = 0$ 時的分枝稱爲 $\ln z$ 的**主分枝 (principal branch)**。

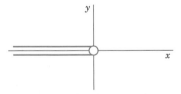

圖 338　$\ln z$ 的分枝切割

13.7.1　一般冪次

複數 $z = x + iy$ 的一般冪次可以用下列公式加以定義

(7) $$z^c = e^{c\ln z}$$ （c 複數、$z \neq 0$）

因爲 $\ln z$ 具有無限多個值，所以一般而言 z^c 也是多值的。其中的下列特殊值

$$z^c = e^{c \, \text{Ln} \, z}$$

稱為 z^c 的**主值 (principal value)**。

如果 $c = n = 1, 2, \cdots$，則 z^n 是單一值的，而且與平常 z 的 n 次方完全一樣。如果 $c = -1, -2, \cdots$，則情形也是類似的。

如果 $c = 1/n$，其中 $n = 2, 3, \cdots$，則

$$z^c = \sqrt[n]{z} = e^{(1/n)\ln z} \qquad\qquad (z \neq 0)$$

這個指數部分可以確定到 $2\pi i/n$ 的倍數的程度，因而我們得到 n 個不同的 n 次方根的值，這與第 13.2 節的結果彼此吻合。如果 $c = p/q$，其中 p 和 q 都是正整數，則情形類似，而且 z^c 只具有個數有限的不同值。然而，如果 c 是實數無理數，或是真正的複數，則 z^c 具有無限多個值。

| 例題　3　一般冪次

$$i^i = e^{i \ln i} = \exp(i \ln i) = \exp\left[i\left(\frac{\pi}{2} i \pm 2n\pi i \right) \right] = e^{-(\pi/2)\mp 2n\pi}$$

所有這些值都是實數，而且主值 $(n = 0)$ 是 $e^{-\pi/2}$。

同理，經由以指數形式直接計算並且加以乘開，結果得到

$$(1+i)^{2-i} = \exp[(2-i)\ln(1+i)] = \exp[(2-i)\{\ln\sqrt{2} + \frac{1}{4}\pi i \pm 2n\pi i\}]$$

$$= 2e^{\pi/4 \pm 2n\pi}[\sin(\frac{1}{2}\ln 2) + i\cos(\frac{1}{2}\ln 2)]$$

對於正實數 $z = x$，數學式 z^c 即為 $e^{c \ln x}$，其中 $\ln x$ 是基礎的實數自然對數 [如果以我們所定義的概念來看，那就是主值 $\text{Ln} \, z \, (z = x > 0)$]，這基本上是一種大家**慣用的方式**。此外，如果 $z = e$，其中 e 是自然對數的基底，則 $z^c = e^c$ 傳統上可以視為從第 13.5 節的式 (1) 所得到的唯一值。

由式 (7) 可以看出，對於任何複數 a 而言，

(8)　　　　　　　　　　$$a^z = e^{z \ln a}$$

現在，我們已經介紹過在實際工作中所需要的複數函數，這些函數中有些是全函數 $(e^z$、$\cos z$、$\sin z$、$\cosh z$、$\sinh z)$ (第 13.5 節)，有些除了在某些特定點之外都是解析的 $(\tan z$、$\cot z$、$\tanh z$、$\coth z)$，而且其中一個 $(\ln z)$ 將分解成無窮多個函數，其中每一個函數除了在 0 處與在負實數軸上之外，都是解析的。

有關**反三角函數 (inverse trigonometric)** 和**反雙曲函數 (inverse hyperbolic functions)**，請參見習題集。

習題集 **13.7**

1–4 檢驗課文內容

1. 檢驗例題 1 中的計算結果。

2. 用 $z_1 = -i$ 和 $z_2 = -1$，檢驗式 (5)。

3. 利用極座標型式的 Cauchy–Riemann 方程式 (第 13.4 節) 來證明 $\operatorname{Ln} z$ 的解析性。

4. 證明式 (4a) 和式 (4b)。

複數自然對數 $\ln z$

5–11 **主值 Ln z** 當 z 等於下列各值時，試求出 $\operatorname{Ln} z$：

5. -7 **6.** $8 + 8i$

7. $8 - 8i$ **8.** $1 \pm i$

9. $0.6 - 0.8i$ **10.** $-15 \pm 0.1i$

11. $-ei^2$

12–16 **ln z 的所有值** 請求出下列 $\ln z$ 的所有值，並且將其中一些畫在複數平面上。

12. $\ln e$ **13.** $\ln 1$

14. $\ln(-5)$ **15.** $\ln(e^i)$

16. $\ln(4 - 3i)$

17. 試證明 $\ln(i^2)$ 的值所形成的集合，和 $2\ln i$ 的值所形成的集合是不同的。

18–21 **方程式** 試求解下列各題的 z：

18. $\ln z = \pi i/2$ **19.** $\ln z = 4 - 3i$

20. $\ln z = e + \pi i$ **21.** $\ln z = 0.4 + 0.2i$

22–28 **一般冪次** 試求出下列各題的主值，並且寫出詳細過程。

22. $(2i)^{2i}$ **23.** $(1 + i)^{1-i}$

24. $(1 - i)^{1+i}$ **25.** $(-3)^{3-i}$

26. $(i)^{i/2}$ **27.** $(-1)^{2-i}$

28. $(3 + 4i)^{1/3}$

29. 從習題 23 的解該如何處理，才能求出習題 24 的解？

30. **團隊專題 反三角和雙曲函數** 根據定義，反正弦函數 $w = \arcsin z$ 是造成 $\sin w = z$ 的關係式。**反餘弦函數** $w = \arccos z$ 是造成 $\cos w = z$ 的關係式。其餘的**反正切、反餘切、反雙曲正弦**等函數，其定義和標記方式則是類似的 (請注意，所有這些關係式都是**多值的**)。試利用 $\sin w = (e^{iw} - e^{-iw})/(2i)$ 和類似的 $\cos w$ 等函數表示方式，證明下列各式：

(a) $\arccos z = -i\ln(z + \sqrt{z^2 - 1})$

(b) $\arcsin z = -i\ln(iz + \sqrt{1 - z^2})$

(c) $\operatorname{arccosh} z = \ln(z + \sqrt{z^2 - 1})$

(d) $\operatorname{arcsinh} z = \ln(z + \sqrt{z^2 + 1})$

(e) $\arctan z = \dfrac{i}{2}\ln\dfrac{i + z}{i - z}$

(f) $\operatorname{arctanh} z = \dfrac{1}{2}\ln\dfrac{1 + z}{1 - z}$

(g) 請證明 $w = \arcsin z$ 具有無限多個值，而且如果 w_1 是這些值其中一個，則其餘的值具有 $w_1 \pm 2n\pi$ 和 $\pi - w_1 \pm 2n\pi$ 的形式，其中 $n = 0, 1, \cdots$ ($w = u + iv = \arcsin z$ 的主值被定義成具有如下的值的關係：
如果 $v \geq 0$，則 $-\pi/2 \leq u \leq \pi/2$；
如果 $v < 0$，則 $-\pi/2 < u < \pi/2$)。

第 13 章　複習題

1. 把 $4 + 7i$ 除以 $-1 + 2i$ 用乘法來檢驗所得結果。

2. 做複數除法時，若先把兩數各取其共軛複數再除，商會有何變化？若先把兩數各取其絕對值再除，商會有何變化？

3. 試以極座標式表示習題 1 中的兩個複數，然後求出它們幅角的主值。

4. 試從記憶中直接陳述導數的定義。它看起來像微積分中的導數定義。但是請問其間所存在的很大差別是什麼？

5. 何謂解析函數？

6. 一個函數有可能在某個點處是可微分的，但是在該點處卻不是解析的嗎？如果你的答案是肯定的，請提出一個例子。

7. 陳述 Cauchy–Riemann 方程式。為何它們有非常基礎的重要性？

8. 試討論 e^z、$\cos z$、$\sin z$、$\cosh z$、$\sinh z$ 這些函數之間的關係。

9. $\ln z$ 比 $\ln x$ 複雜許多，說明其理由，舉出一些例子。

10. 如何定義一般冪次方？請舉出一個例子。把它表示成 $x + iy$ 的形式。

11–16　**複數**　請求出下列各題，以 $x + iy$ 的形式表示其結果，並且寫出詳細解題過程：

11. $(4 + 5i)^2$

12. $(1 - i)^{10}$

13. $1/(3 - 4i)$

14. $\sqrt{i}$

15. $(1 - i)/(1 + i)$

16. $e^{\pi i/2}$, $e^{-\pi i/2}$

17–20　**極座標形式**　請以主幅角，將下列各題表示成極座標式：

17. $2 - 2i$

18. $12 + i$, $12 - i$

19. $-5i$

20. $0.6 + 0.8i$

21–24　**根**　求出並畫出下列各題的所有值：

21. $\sqrt[4]{625}$

22. $\sqrt{-32i}$

23. $\sqrt[4]{-1}$

24. $\sqrt[3]{1}$

25–30　**解析函數**　當 u 或 v 如下列各題所給定時，請求出 $f(z) = u(x, y) + iv(x, y)$。用 Cauchy–Riemann 方程式檢驗其解析性。

25. $u = -xy$

26. $v = y/(x^2 + y^2)$

27. $v = -e^{-3x}\sin 3y$

28. $u = \cos 3x \cosh 3y$

29. $u = \exp(-(x^2 - y^2)/2) \cos xy$

30. $v = \cos 2x \sinh 2y$

31–35　**特殊函數值**　試求出下列各題的值：

31. $\cos (5 - 2i)$

32. $\mathrm{Ln}\,(0.6 + 0.8i)$

33. $\tan (1 + i)$

34. $\sinh (1 + \pi i)$, $\sin (1 + \pi i)$

35. $\sinh (\pi - \pi i)$

第 13 章摘要　複數與函數、複數微分

複數可以表示成下列形式，

(1) $$z = x + iy = re^{i\theta} = r(\cos\theta + i\sin\theta)$$

$r = |z| = \sqrt{x^2 + y^2}$, $\theta = \arctan(y/x)$，有關於它們的算術運算，以及它們在複數平面上的幾何呈現方式，請參見第 13.1 和 13.2 節。

如果複數函數 $f(z) = u(x, y) + iv(x, y)$ 在整域 D 中的每一點都具有**導數** (第 13.3 節)

(2)
$$f'(z) = \lim_{\Delta z \to 0} \frac{f(z + \Delta z) - f(z)}{\Delta z}$$

則這個函數在整域 D 中是**解析**的。此外,如果 $f(z)$ 在某個點 z_0 的鄰域中 (不僅僅是在 z_0 處而已) 都具有導數,則這個函數在點 $z = z_0$ 處是解析的。

如果 $f(z)$ 在 D 中是解析的,則 $u(x, y)$ 和 $v(x, y)$ 在 D 中的每一點都滿足下列 (很重要的!) **Cauchy–Riemann 方程式** (第 13.4 節)

(3)
$$\frac{\partial u}{\partial x} = \frac{\partial v}{\partial y}, \qquad \frac{\partial u}{\partial y} = -\frac{\partial v}{\partial x}$$

而且此時 u 和 v 在 D 中的每一點,也都滿足下列 **Laplace 方程式**

(4)
$$u_{xx} + u_{yy} = 0, \qquad v_{xx} + v_{yy} = 0$$

如果 $u(x, y)$ 和 $v(x, y)$ 在 D 中是連續的,而且也具有**連續的**偏導數,而且這些偏導數在 D 中滿足式 (3),則 $f(z) = u(x, y) + iv(x, y)$ 在 D 中是解析的,請參見第 13.4 節 (第 18 章將探討有關 Laplace 方程式和複數分析的更多主題)。

複數指數函數 (第 13.5 節)

(5)
$$e^z = \exp z = e^x(\cos y + i \sin y)$$

在 $z = x$ ($y = 0$ 時),會簡化成 e^x。它具有週期為 $2\pi i$ 的週期性,且導數是 e^z。

複數三角函數為 (第 13.6 節)

(6)
$$\cos z = \frac{1}{2}(e^{iz} + e^{-iz}) = \cos x \cosh y - i \sin x \sinh y$$
$$\sin z = \frac{1}{2i}(e^{iz} - e^{-iz}) = \sin x \cosh y + i \cos x \sinh y$$

而且

$$\tan z = (\sin z)/\cos z, \qquad \cot z = 1/\tan z \qquad 等等$$

雙曲函數為 (第 13.6 節)

(7)
$$\cosh z = \frac{1}{2}(e^z + e^{-z}) = \cos iz, \qquad \sinh z = \frac{1}{2}(e^z - e^{-z}) = -i \sin iz$$

等等。式 (5) 到式 (7) 的各函數都是**全函數**,換言之,它們在複數平面的每一點上都是解析的。

自然對數是 (第 13.7 節)

(8)
$$\ln z = \ln |z| + i \arg z = \ln |z| + i\text{Arg } z \pm 2n\pi i$$

其中 $z \neq 0$,而且 $n = 0, 1, \cdots$。Arg z 是 arg z 的**主值**,換言之,$-\pi < \text{Arg } z \leq \pi$ 我們可看出,ln z 具有無限多個值。如果選定 $n = 0$,則可以得到 ln z 的**主值** Ln z;因此,Ln $z = \ln |z| + i\text{Arg } z$。

一般冪次的定義是 (第 13.7 節)

(9)
$$z^c = e^{c \ln z} \qquad\qquad (c \text{ 為複數} \cdot z \neq 0)$$

CHAPTER 14

複數積分 (Complex Integration)

第 13 章立下了研究複變分析的基石，內容包含了在複數平面上的複數、極限和微分，並且介紹了解析性此一最重要的概念。若一複變函數在某個整域中可微分，那麼該函數在該整域中是解析的。複變分析處理的就是解析函數以及它們的應用。在第 13.4 節中的 Cauchy–Riemann 方程式，是整個第 13 章的核心，提供了一個方法來檢驗一個函數是否是解析的。在該節次中，我們也看到了解析函數滿足 Laplace 方程式，Laplace 方程式是物理學中最重要的 PDE。

我們現在考慮複數微積分的下一個部分，也就是說，我們將討論複數積分的第一個方法。複數積分第一個方法的核心為非常重要的 **Cauchy 積分定理 (Cauchy integral theorem)** (亦稱為 Cauchy-Goursat 定理)，我們會在第 14.2 節中討論。此定理之所以重要的原因為，它隱含著在第 14.3 節中的 **Cauchy 積分公式 (Cauchy integral formula)**，該公式讓我們可以計算含有一個解析的積分運算元的積分。而且，Cauchy 積分公式可顯示出解析函數其所有高階導數的存在性，這是一個令人驚訝的結果。故從這個角度來看，複數解析函數的行為比實數函數簡單許多，後者的導數可能只存在到某一特定階數，超過此特定階數的導數則不存在。

有幾個理由讓複數積分很吸引人。就理論上的理由而言，解析函數的某些基本性質若利用其他方法實在很難加以證明。這包括了剛剛提及之所有高階導數的存在性。在複數平面上的積分運算是很重要的，其中一個主要的實務原因為，某些特定的實數積分式，利用實數積分運算的方式並無法求得其解，但利用複數積分的方式卻可輕易解出。

最後，在處理特殊函數時，複數積分扮演了一定的角色，這類特殊函數包括 gamma 函數 (參見 [GenRef1])、誤差函數以及各種多項式 (參見 [GenRef10])。這些函數常運用於解決物理的問題。

複數積分的第二個方法是留數積分 (integration by residues)，本書把它置於第 16 章來討論。

本章之先修課程：第 13 章。

短期課程可以省略的章節：14.1、14.5。

參考文獻與習題解答：附錄 1 的 D 部分、附錄 2。

14.1 複數平面上的線積分 (Line Integral in the Complex Plane)

與實數微積分一樣，我們將複數積分區分爲定積分和不定積分，後者即爲反導數。**不定積分** **(indefinite integral)** 是一個滿足下列性質的函數：此函數的導數在某個區域中，等於給定的解析函數。經由將已知的微分公式予以反向轉化，就可以求出許多種的不定積分。

複數定積分稱爲 (複數) **線積分** **(line integral)**。它們被表示成下列形式

$$\int_C f(z)\, dz$$

在此積分中，**被積函數** **(integrand)** $f(z)$ 在一個給定的曲線 C 上，或在這個曲線的某個部分 (也就是弧，但爲簡化起見，本書將這兩種情形都稱爲「**曲線**」) 上，進行積分運算。複數平面中的這個曲線 C 稱爲**積分路徑** **(path of integration)**。我們可以使用下列的參數表示法來代表 C，

(1) $\qquad\qquad\qquad z(t) = x(t) + iy(t) \qquad\qquad\qquad\qquad (a \le t \le b)$

其中 t 增加的方位稱爲曲線 C 的**正方位** **(positive sense)**，而且我們會說曲線 C 是利用式 (1) 加以**定向** **(oriented)**。

舉例來說， $z(t) = t + 3it$ （$0 \le t \le 2$）代表直線 $y = 3x$ 的一部分 （線段）。函數 $z(t) = 4\cos t + 4i\sin t$ （$-\pi \le t \le \pi$）代表圓 $|z| = 4$，等等。後面將會提供更多例子。

假設 C 是一條**平滑曲線** **(smooth curve)**，也就是說，C 在每一點上都具有連續且非零的導數，

$$\dot{z}(t) = \frac{dz}{dt} = \dot{x}(t) + i\dot{y}(t)$$

就幾何意義而言，這代表 C 在每一點上都具有連續的轉向切線，我們可以從下列定義推導出來，

$$\dot{z}(t) = \lim_{\Delta t \to 0} \frac{z(t + \Delta t) - z(t)}{\Delta t} \qquad\qquad \text{(圖 339)}$$

既然撇號 ′ 已用於表示相對於 z 的導數，那麼這裡使用小圓點代表對 t 的導數。

14.1.1　複數線積分的定義

此定義方式與微積分中的方法類似。考慮複數平面上以式 (1) 所表示的一條平滑曲線 C，而且令 $f(z)$ 是 (至少) 在 C 的每一點上，都有加以定義的連續函數。現在利用下列各點，將式 (1) 中的區間 $a \le t \le b$ 予以細分或**分割** **(partition)**，

$$t_0(=a),\quad t_1,\quad \cdots,\quad t_{n-1},\quad t_n(=b)$$

其中 $t_0 < t_1 < \cdots < t_n$。針對這組分割，有一組由下列各點對曲線 C 進行的分割相對應，

$$z_0,\quad z_1,\quad \cdots,\quad z_{n-1},\quad z_n(=Z) \qquad\qquad \text{(圖 340)}$$

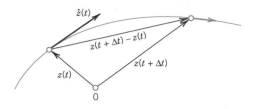
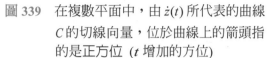
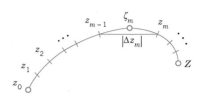

圖 339　在複數平面中，由 $\dot{z}(t)$ 所代表的曲線
　　　　C 的切線向量，位於曲線上的箭頭指
　　　　的是正方位 (t 增加的方位)

圖 340　複數線積分

其中 $z_j = z(t_j)$。在 C 的一組分割結果的每一區段上，選擇任意一點，例如，在 z_0 和 z_1 之間選擇點 ζ_1 (換言之，$\zeta_1 = z(t)$，其中 t 滿足 $t_0 \le t \le t_1$)，在 z_1 和 z_2 之間選擇點 ζ_2，以此類推。然後，得到具有下列形式的和

(2)
$$S_n = \sum_{m=1}^{n} f(\zeta_m)\Delta z_m \quad \text{其中} \quad \Delta z_m = z_m - z_{m-1}$$

接著採取完全獨立的方式，針對每一個 $n = 2, 3, \cdots$，執行上述工作，但在進行分割時，必須使得在 $n \to \infty$ 時，最大的 $|\Delta t_m| = |t_m - t_{m-1}|$ 要趨近於零。這意味著最大的 $|\Delta z_m|$ 也會趨近於零。事實上，它不會大於曲線 C 從 z_{m-1} 到 z_m 的弧長，且此弧長會趨近於零，這是因爲平滑曲線 C 的弧長是 t 的連續函數所造成。由此而得到的複數數列 $S_2, S_3, \cdots$ 的極限，稱爲 $f(z)$ 在積分路徑 C 上的**線積分 (line integral)** (或簡稱爲積分)，而此時路徑的方位是由式 (1) 所指定的。此線積分可表示成

(3)
$$\int_C f(z)\, dz \quad \text{或寫成} \quad \oint_C f(z)\, dz$$

式 (3) 中的第二個數學式是在 C 爲**閉合路徑 (closed path)** (終點 Z 與初始點 z_0 重合的路徑，例如，一個圓，或外型像 8 這樣的曲線) 的情形下才使用。

一般性假設　複數線性積分的所有積分路徑，都會被假設成是**分段平滑的 (piecewise smooth)**，也就是說，它們是由有限多個平滑曲線以首尾相連的方式所組成。

14.1.2　由定義所直接隱含的基本性質

1. **線性**　積分是線性運算 **(linear operation)**，換言之，我們可以將積分和項一項接著一項地執行積分運算，並且可以將常數因數從積分符號中取出，放到積分符號之外。這意謂著，如果 f_1 和 f_2 在路徑 C 上的積分結果是存在的，則 $k_1 f_1 + k_2 f_2$ 的積分結果在相同路徑上也是存在的，而且

(4)
$$\int_C [k_1 f_1(z) + k_2 f_2(z)]\, dz = k_1 \int_C f_1(z)\, dz + k_2 \int_C f_2(z)\, dz$$

2. 使**相同**路徑上之積分運算的**方位倒轉 (sense reversal)**，即從 z_0 到 Z (左邊) 變成從 Z 到 z_0 (右邊)，這將會使積分結果增加一個負號，

(5) $$\int_{z_0}^{Z} f(z)\,dz = -\int_{Z}^{z_0} f(z)\,dz$$

3. 積分路徑的分割 (partition of path) (請參見圖 341)

(6) $$\int_C f(z)\,dz = \int_{C_1} f(z)\,dz + \int_{C_2} f(z)\,dz$$

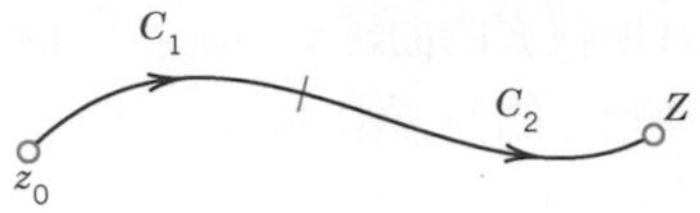

圖 **341** 路徑的分割 [公式 (6)]

14.1.3 複數線積分的存在性

$f(z)$ 是連續的，以及 C 是片段平滑的假設，可推得線積分式 (3) 的存在性。下列討論可看出這一點。

如同前一章，令 $f(z) = u(x,y) + iv(x,y)$ ，且設

$$\zeta_m = \xi_m + i\eta_m \quad 和 \quad \Delta z_m = \Delta x_m + i\Delta y_m$$

則式 (2) 可以寫成

(7) $$S_n = \sum (u + iv)(\Delta x_m + i\Delta y_m)$$

其中 $u = u(\zeta_m, \eta_m)$ 、 $v = v(\zeta_m, \eta_m)$ ，且 m 從 1 到 n 求和。在執行完乘法運算以後，可以將 S_n 分成四項的和：

$$S_n = \sum u\Delta x_m - \sum v\Delta y_m + i\left[\sum u\Delta y_m + \sum v\Delta x_m\right]$$

這些和項都是實數。因爲 f 是連續的，所以 u 與 v 是連續的。因此，如果以前述的方式令 n 趨近無窮大，則最大的 Δx_m 和 Δy_m 都將趨近於零，且等式右側的每一個和項都會變成一個實數線積分：

(8) $$\begin{aligned}\lim_{n\to\infty} S_n &= \int_C f(z)\,dz \\ &= \int_C u\,dx - \int_C v\,dy + i\left[\int_C u\,dy + \int_C v\,dx\right]\end{aligned}$$

此結果顯示，在上述有關 f 和 C 的假設之下，線積分式 (3) 的運算結果是存在的，且其值與分割方式的選取以及中間點 ζ_m 的選取是無關的。 ■

14.1.4 第一種計算方法：不定積分與代入極限

在微積分中有一種利用下列熟知的公式計算定積分的方法，我們現在要討論的方法與它類似

$$\int_a^b f(x)\,dx = F(b) - F(a)$$

其中 $[F'(x) = f(x)]$ 。

　　此方法比即將要討論的下一個方法簡單，但是它只適合用於解析函數。爲了要將這個方法形式化，需要下列概念。

　　如果整域 D 中的每條**簡單閉合曲線 (simple closed curve)** (不會自我相交的閉合曲線)，所圍的點全是屬於 D 的點，則整域 D 稱爲**單連通 (simply connected)**。

　　舉例來說，圓盤是單連通整域 (第 13.3 節)，然而，圓環則不是 (請解釋之！)

定理 1

解析函數的不定積分

令 $f(z)$ 在一個單連通整域 D 中是解析函數。則在整域 D 中，存在 $f(z)$ 的不定積分，即在 D 中存在一個 $F(z)$ 能使得 $F'(z) = f(z)$ 的解析函數，且如果 z_0 和 z_1 是 D 中的兩個點，則對於在 D 中連接這兩點的所有路徑，都可得到

(9)
$$\int_{z_0}^{z_1} f(z)\, dz = F(z_1) - F(z_0) \qquad [F'(z) = f(z)]$$

(注意，因爲對於從 z_0 到 z_1 的所有路徑 C 而言，計算結果都會得到相同值，所以在積分式中，可以利用 z_0 和 z_1 取代 C)。

下節將證明本定理會成立。

　　在例題 5 中將會看到，定理 1 中的**單連通性是必要的條件**。

　　因爲解析函數是我們關切的重點所在，而且也因爲對於一個給定的 $f(z) = F'(z)$，微分公式在求出 $F(z)$ 時通常會有幫助，所以現在要討論的方法就實務上而言，非常能引起我們的興趣。

　　如果 $f(z)$ 是全函數 (第 13.5 節)，則可取 D 爲複數平面 (它當然是單連通的)。

例題 1　$\displaystyle\int_0^{1+i} z^2\, dz = \frac{1}{3} z^3 \Big|_0^{1+i} = \frac{1}{3}(1+i)^3 = -\frac{2}{3} + \frac{2}{3}i$ ∎

例題 2　$\displaystyle\int_{-\pi i}^{\pi i} \cos z\, dz = \sin z \Big|_{-\pi i}^{\pi i} = 2\sin \pi i = 2i \sinh \pi = 23.097i$ ∎

例題 3　$\displaystyle\int_{8+\pi i}^{8-3\pi i} e^{z/2}\, dz = 2e^{z/2} \Big|_{8+\pi i}^{8-3\pi i} = 2(e^{4-3\pi i/2} - e^{4+\pi i/2}) = 0$ ∎

這是因爲 e^z 具有週期爲 $2\pi i$ 的週期性。

例題 4　$\displaystyle\int_{-i}^{i} \frac{dz}{z} = \mathrm{Ln}\, i - \mathrm{Ln}(-i) = \frac{i\pi}{2} - \left(-\frac{i\pi}{2}\right) = i\pi$ 此處，D 是不包含 0 和負實數軸 ($\mathrm{Ln}\, z$ 在該處不是解析的) 的複數平面。很顯然地，D 是單連通整域。 ∎

14.1.5　第二種計算方法：利用路徑的表示法

此方法並不侷限於解析函數，它可以應用在任何連續的複數函數上。

定理　2

利用路徑進行積分

令 C 是表示成 $z = z(t)$ 的分段平滑路徑，其中 $a \le t \le b$。令 $f(z)$ 為在 C 上的連續函數，則

(10)
$$\int_C f(z)\,dz = \int_a^b f[z(t)]\dot{z}(t)\,dt \qquad\left(\dot{z} = \frac{dz}{dt}\right)$$

證明

利用式 (8) 的實數線積分表示法，可以求出式 (10) 的左側，接著我們將證明式 (10) 的右側也會等於式 (8)。我們有 $z = x + iy$，因此 $\dot{z} = \dot{x} + i\dot{y}$。在此證明過程中，我們將 $u[x(t), y(t)]$ 簡寫成 u，且將 $v[x(t), y(t)]$ 簡寫成 v。我們也有 $dx = \dot{x}\,dt$ 和 $dy = \dot{y}\,dt$。結果，在式 (10) 中

$$
\begin{aligned}
\int_a^b f[z(t)]\dot{z}(t)\,dt &= \int_a^b (u + iv)(\dot{x} + i\dot{y})\,dt \\
&= \int_C [u\,dx - v\,dy + i(u\,dy + v\,dx)] \\
&= \int_C (u\,dx - v\,dy) + i\int_C (u\,dy + v\,dx)
\end{aligned}
$$

註解：當證明複數線積分時，在式 (7) 和式 (8) 中，我們是以實數線積分作為參照。如果你想要避免這種情形，你可以選定式 (10) 作為複數線積分的*定義*。

應用定理 2 的步驟

(A) 以 $z(t)$（$a \le t \le b$）的形式表示路徑 C。

(B) 計算導數 $\dot{z}(t) = dz / dt$。

(C) 以 $z(t)$ 替換 $f(z)$ 中的每個 z (所以，以 $x(t)$ 替換 x，以 $y(t)$ 替換 y)。

(D) 將 $f[z(t)]\dot{z}(t)$ 相對於 t 積分，從 a 積分到 b。

例題　5　**一個基本結果：$1/z$ 繞著單位圓的積分運算**

我們將證明：經由將 $1/z$ 逆時針繞著單位圓 (半徑為 1，圓心在 0 的圓曲線；請參見第 13.3 節) 進行積分，可以得到

(11)
$$\oint_C \frac{dz}{z} = 2\pi i \qquad (C \text{ 是單位圓，逆時針方向})。$$

這是一個會經常需要用到的**重要結果**。

解

(A) 利用下式，代表第 13.3 節圖 330 的單位圓 C，

$$z(t) = \cos t + i\sin t = e^{it} \qquad (0 \le t \le 2\pi)$$

如此一來逆時鐘方向的積分，對應於 t 從 0 增加到 2π。

(B) 由微分運算，得到 $\dot{z}(t) = ie^{it}$（鏈鎖法則！）

(C) 在代入以後，$f(z(t)) = 1/z(t) = e^{-it}$。

(D) 由式 (10) 得到下列結果

$$\oint_C \frac{dz}{z} = \int_0^{2\pi} e^{-it} i e^{it}\ dt = i \int_0^{2\pi} dt = 2\pi i$$

請讀者利用 $z(t) = \cos t + i \sin t$ 檢驗這個結果。

在定理 1 中，單連通性是必要的條件。定理 1 中，對於任何閉路徑，因為 $z_1 = z_0$，將使得 $F(z_1) - F(z_0) = 0$，所以由式 (9) 得到結果都是 0。對 $1/z$ 而言，在 $z = 0$ 處不是解析的。但是，任何含有單位圓的單連通整域必定含括 $z = 0$，故定理 1 並不適用；雖然 $1/z$ 在圓環區域中 $\frac{1}{2} < |z| < \frac{3}{2}$ 是解析的，但是這樣的條件還不足夠，主要是因為圓環不是單連通區域！ ■

例題　6　　具有整數冪次 m 的 $1/z^m$ 的積分運算

令 $f(z) = (z - z_0)^m$，其中 m 是整數且 z_0 是常數。繞著半徑為 ρ、圓心在 z_0 的圓 C，以逆時針方向進行積分 (圖 342)。

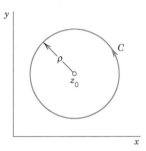

圖 342　例題 6 中的路徑

解

以下列形式來代表 C

$$z(t) = z_0 + \rho(\cos t + i \sin t) = z_0 + \rho e^{it} \qquad (0 \le t \le 2\pi)$$

則我們有

$$(z - z_0)^m = \rho^m e^{imt}, \quad dz = i\rho e^{it}\ dt$$

並可得

$$\oint_C (z - z_0)^m\ dz = \int_0^{2\pi} \rho^m e^{imt} i\rho e^{it}\ dt = i\rho^{m+1} \int_0^{2\pi} e^{i(m+1)t}\ dt$$

利用第 13.6 節的 Euler 公式 (5)，上式的右側等於

$$i\rho^{m+1}\left[\int_0^{2\pi} \cos(m+1)t\ dt + i \int_0^{2\pi} \sin(m+1)t\ dt \right]$$

如果 $m = -1$，則得到 $\rho^{m+1} = 1$、$\cos 0 = 1$、$\sin 0 = 0$，上式的結果變成 $2\pi i$。對於 $m \neq -1$ 的整數，因為在一個長度為 2π 的區間進行積分，此長度恰好等於正弦和餘弦函數的週期，故兩積分式的結果都等於零，因此整個結果變成

(12)
$$\oint_C (z - z_0)^m \, dz = \begin{cases} 2\pi i & (m = -1), \\ 0 & (m \neq -1 \text{ 且為整數}) \end{cases}$$

與路徑的相依性　現在有一個非常重要的事實。如沿著不同的路徑，從點 z_0 到點 z_1 對給定函數 $f(z)$ 積分，則一般而言積分值會不同。換句話說，**複數線積分不僅與路徑的端點有關，一般來說也與所選擇的路徑本身有關**。下一個例題可以讓我們對這種現象有初步印象，下節則會對這種現象進行更有系統的討論。

例題　7　　非解析函數的積分、路徑的相依性

從 0 到 $1 + 2i$ 對 $f(z) = \text{Re } z = x$，沿著下列路徑進行積分：(a) 沿著圖 343 中的 C^*，(b) 沿著由 C_1 和 C_2 所組成的路徑 C。

解

(a) C^* 可以表示成 $z(t) = t + 2it$　（$0 \leq t \leq 1$）。因此，在路徑 C^* 上，$\dot{z}(t) = 1 + 2i$ 且 $f[z(t)] = x(t) = t$。然後進行計算

$$\int_{C^*} \text{Re } z \, dz = \int_0^1 t(1 + 2i) \, dt = \frac{1}{2}(1 + 2i) = \frac{1}{2} + i$$

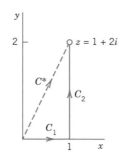

圖 343　例題 7 中的路徑

(b) 此時路徑變成

$$C_1 : z(t) = t, \quad \dot{z}(t) = 1, \quad f(z(t)) = x(t) = t \quad (0 \leq t \leq 1)$$

$$C_2 : z(t) = 1 + it, \quad \dot{z}(t) = i, \quad f(z(t)) = x(t) = 1, \quad (0 \leq t \leq 2)$$

利用式 (6) 所得計算結果為

$$\int_C \text{Re } z \, dz = \int_{C_1} \text{Re } z \, dz + \int_{C_2} \text{Re } z \, dz = \int_0^1 t \, dt + \int_0^2 1 \cdot i \, dt = \frac{1}{2} + 2i$$

請注意，此結果與 (a) 小題的結果不同。

14.1.6　積分運算的界限、*ML* 不等式

估算複數線積分的絕對值，有時會有經常性的需要，其基本公式是

(13)
$$\left| \int_C f(z)\, dz \right| \le ML$$
(ML 不等式)

L 是 C 的長度，而且 M 是能使 C 上每一點都滿足　$|f(z)| \le M$ 的常數。

<u>證明</u>

對式 (2) 取絕對值，並且運用第 13.2 節的廣義不等式 (6*)，得到

$$|S_n| = \left| \sum_{m=1}^{n} f(\zeta_m)\Delta z_m \right| \le \sum_{m=1}^{n} |f(\zeta_m)||\Delta z_m| \le M \sum_{m=1}^{n} |\Delta z_m|$$

在上式中，$|\Delta z_m|$ 是端點分別為 z_{m-1} 和 z_m 的弦長度 (參見圖 340)。所以，上式右側和，代表各弦的折線長度和 L^*，其中各弦的端點是 $z_0, z_1, \cdots, z_n\,(=Z)$。如果 n 趨近無限大，採取的是讓最大的　$|\Delta t_m|$ 趨近於零，因此也會讓　$|\Delta z_m|$　趨近於零的方式來進行，則根據曲線長度的定義，L^* 會趨近於曲線 C 的長度。利用這項結果，就可以推論出式 (13)。　■

從式 (13) 並無法看出積分其實際的絕對值與界限　ML　是如何的接近，但是這不會形成在應用式 (13) 時的障礙。此刻，將以簡單的例子來解釋式 (13) 的實際應用。

例題　8　積分結果的估算

試求出下列積分的絕對值上界

$$\int_C z^2\, dz \qquad C 是從 0 到 1 + i 的直線段，圖 344$$

解

在路徑 C 上，$L = \sqrt{2}$ 且　$|f(z)| = |z^2| \le 2$，然後利用式 (13) 可得到下列結果

$$\left| \int_C z^2\, dz \right| \le 2\sqrt{2} = 2.8284$$

此積分結果的絕對值是　$|-\frac{2}{3} + \frac{2}{3}i| = \frac{2}{3}\sqrt{2} = 0.9428$　(參見例題 1)。　■

關於積分的總結　利用積分路徑的表示式 (1)，可以經由式 (10) 計算 $f(z)$ 的線積分。如果 $f(z)$ 是解析的，則如同微積分中一樣，使用式 (9) 的不定積分，會讓計算過程更簡化 (我們會在下節證明之)。

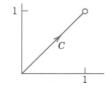

圖 344　例題 8 中的路徑

1–10　請求出並畫出下列各題所指定的路徑

1. $z(t) = (1 + \frac{1}{4}i)t$, $(1 \le t \le 6)$

2. $z(t) = 3 + i + (1 - i)t$, $(0 \le t \le 3)$

3. $z(t) = t + 4t^2 i$, $(0 \le t \le 1)$

4. $z(t) = t + (1 - t)^2 i$, $(-1 \le t \le 1)$

5. $z(t) = 2 - 2i + \sqrt{5}e^{-it}$, $(0 \le t \le 2\pi)$

6. $z(t) = 1 + i + e^{-\pi it}$, $(0 \le t \le 2)$

7. $z(t) = 1 + 2e^{\pi it/4}$, $(0 \le t \le 2)$

8. $z(t) = 5e^{-it}$, $(0 \le t \le \pi/2)$

9. $z(t) = t + i(1 - t)^3$, $(-2 \le t \le 2)$

10. $z(t) = 2\cos t + i\sin t$, $(0 \le t \le 2\pi)$

11–20　求出下列各題所指定路徑的參數法表示並畫出。

11. 從 $(-1, 2)$ 到 $(1, 4)$ 的直線段

12. 沿著軸從 $(0, 0)$ 到 $(2, 1)$

13. 從 $(5, -1)$ 到 $(-3, -1)$ 之 $|z - 4 + i| = 4$ 的上半部

14. 單位圓，順時針方向

15. $4x^2 - y^2 = 4$，經過 $(0, 2)$ 的分支

16. 橢圓 $4x^2 + 9y^2 = 36$，逆時針方向

17. $|z + a - ib| = r$，順時針方向

18. $y = 1/x$ 從 $(1, 1)$ 到 $(5, \frac{1}{5})$

19. 拋物線 $y = 1 - \frac{1}{2}x^2$ $(-2 \le x \le 2)$

20. $4(x - 2)^2 + 5(y + 1)^2 = 20$

21–30　積分運算

試利用第一種方法進行積分運算；或說明第一種方法為什麼不適用，並使用第二種方法求積分。寫出詳細過程。

21. $\int_C \text{Re}\, z\, dz$，其中 C 是從 $1 + i$ 到 $5 + 5i$ 的最短路徑

22. $\int_C \text{Re}\, z\, dz$，其中 C 是從 $1 + i$ 到 $3 + 3i$ 的拋物線 $y = 1 + \frac{1}{2}(x - 1)^2$

23. $\int_C e^z\, dz$，其中 C 是從 $\pi/2i$ 到 πi 的最短路徑

24. $\int_C \cos 2z\, dz$，C 為半圓 $|z| = \pi$、$x \ge 0$，從 $-\pi i$ 到 πi

25. $\int_C z \exp(z^2)\, dz$，C 從 1 沿著雙軸到 i

26. $\int_C (z + z^{-1})dz$，C 為單位圓，逆時針方向

27. $\int_C \sec^2 z\, dz$，從 $\pi/4$ 到 $\pi i/4$ 的任意路徑

28. $\int_C \left(\frac{5}{z - 2i} - \frac{6}{(z - 2i)^2} \right) dz$，$C$ 是圓 $|z - 2i| = 4$，順時針方向

29. $\int_C \text{Im}\, z^2\, dz$，積分路徑是逆時針方向繞著頂點為 0、1、i 的三角形。

30. $\int_C \text{Re}\, z^2\, dz$，積分路徑是順時針方向繞著頂點為 0、i、$1 + i$、1 的正方形。

31. CAS 專題　積分　試寫出與兩種積分方法有關的程式。將程式應用在自己選擇的問題上。你能夠將所寫的程式結合成單一程式，並讓這個程式可以判斷，在一個給定的問題中，應該使用哪一個方法？

32. 方位反轉　請針對 $f(z) = z^2$ 驗證式 (5)，其中 C 是從 $-1 - i$ 到 $1 + i$ 的線段。

33. 路徑分割　請針對 $f(z) = 1/z$ 驗證式 (6)，其中 C_1 是單位圓的上半部，C_2 是單位圓的下半部。

34. 團隊實驗　積分

(a) 比較　請撰寫一份簡短報告，內容為比較兩種積分方法的要點。

(b) 比較　試利用定理 1 計算 $\int_C f(z)\, dz$，並且利用定理 2，檢查其結果，其中：

(i) $f(z) = z^4$ 而且 C 是在右半平面，從 $-2i$ 到 $2i$ 的半圓 $|z| = 2$，

(ii) $f(z) = e^{2z}$ 而 C 是從 0 到 $1 + 2i$ 的最短路徑。

(c) 路徑的連續形變　請利用具有共同端點的一個路徑族系進行實驗，例如，

$z(t) = t + ia \sin t$、$0 \le t \le \pi$，其中 a 是實數參數。對非解析函數 ($\mathrm{Re}\, z$、$\mathrm{Re}\,(z^2)$ 等等) 加以積分，並且探討積分結果如何隨著 a 改變。然後使用自己選擇的解析函數再做一次 (寫出詳細過程)。比較兩者的異同，並且加以評論。

(d) 路徑的連續形變　試選出另一個路徑族系，例如，半橢圓 $z(t) = a\cos t + i\sin t$、$-\pi/2 \le t \le \pi/2$，然後就像 (c) 小題一樣，進行實驗。

35. **ML 不等式**　試求出習題 21 中，積分式的絕對值的上限。

14.2　Cauchy 積分定理 (Cauchy's Integral Theorem)

此節為本章的焦點。我們已經在第 14.1 節看到，函數 $f(z)$ 的線積分結果不僅與路徑端點有關，而且也與路徑本身的選擇有關，這種相依性會使情況變得複雜。所以能夠用於判斷**不會**發生這種情形的條件，具有相當的重要性。判斷的條件就是，如果 $f(z)$ 在整域 D 中是解析的，以及如果 D 是單連通的 (參見第 14.1 節，或下面的課文內容)，則積分結果將會與路徑的選擇無關，但與積分路徑的端點仍然有關。此結果 (定理 2) 可以從 Cauchy 積分定理推導出來，再加上 Cauchy 積分定理還可以推導出其他基本結果，因而使得 **Cauchy 積分定理變成本章最重要的定理**，而且在整個複數分析中，它也是很根本的定理。

讓我們再重提一次在第 14.1 節中單連通的定義，並加以解說，然後說明一些相關細節。

1. **簡單閉合路徑 (simple closed path)** (定義於第 14.1 節中) 是一個不會與本身相交或碰觸的封閉路徑，如圖 345 所示。例如，圓是簡單閉合路徑，但是外形像 8 這樣的曲線則不是。

簡單　　　　　　簡單　　　　　　非簡單　　　　　　非簡單

圖 345　閉合路徑

2. 在複數平面中的**單連通整域 (simply connected domain)** D 是一個滿足下列性質的整域 (第 13.3 節)：在 D 中，每條簡單閉合路徑所圈圍的點，都是屬於整域 D 的點。例如：圓 (「開圓盤」)、橢圓或任何簡單閉合路徑的內部。一個不是單連通的整域，稱為**多重連通 (multiply connected)**。例如：圓環 (第 13.3 節)，沒有中心點的圓盤，例如，$0 < |z| < 1$。也請參見圖 346。

更精確的說法是，如果一個**有界整域 (bounded domain)** D (亦即，一個完全位於某個圓之內的整域，且此圓是以原點為圓心) 的邊界是由 p 個閉連通集合所組成，而且這些集合之間並沒有共同交點，則這個整域稱為 **p 重連通 (p-fold connected)**。這些集合可以是曲線、線段 (segment) 或單獨一點 (例如像是在 $0 < |z| < 1$ 中的 $z = 0$，此時 $p = 2$)。因此，D 具有 $p-1$ 個「**洞**」，這裡所指的「洞」可以是一線段，或者甚至是單一點。所以，圓環是二重連通 ($p = 2$)。

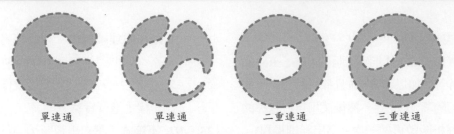

圖 346 單連通和多重連通整域

定理 1

Cauchy 積分定理

如果 $f(z)$ 在一個單連通整域 D 中是解析的,則對於 D 中每一條閉合路徑而言,

(1) $$\oint_C f(z)\, dz = 0$$ 參見圖 347

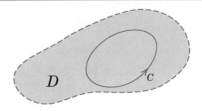

圖 347 Cauchy 積分定理

在證明本定理之前,考慮一些例題,以便實際了解其所指為何。簡單閉合路徑有時稱為**圍線** (*contour*),而在這樣的路徑上所進行的積分,稱為**圍線積分 (contour integral)**。因此,式 (1) 和下面的例題將涉及圍線積分。

例題 1 全函數

對任何閉合路徑而言,

$$\oint_C e^z\, dz = 0, \quad \oint_C \cos z\, dz = 0, \quad \oint_C z^n\, dz = 0 \quad (n = 0, 1, \cdots)$$

這是因為這些函數是全函數的緣故 (對於所有 z 而言是解析的)。

例題 2 在圍線外面的點會使得 $f(x)$ 非解析

$$\oint_C \sec z\, dz = 0, \quad \oint_C \frac{dz}{z^2 + 4} = 0$$

其中 C 是單位圓,$\sec z = 1/\cos z$ 在 $z = \pm\pi/2, \pm 3\pi/2, \cdots$ 這些點上不是解析的,但是所有這些點都位於 C 的外面,沒有任何一點位於 C 上,或位於 C 的內部。同理,對於第二個積分而言,其被積函數在 $z = \pm 2i$ 上不是解析的,但是這些點也位於 C 的外面。

例題　3　非解析函數

$$\oint_C \bar{z}\,dz = \int_0^{2\pi} e^{-it} i e^{it}\,dt = 2\pi i$$

其中 $C: z(t) = e^{it}$ 是單位圓。因為 $f(z) = \bar{z}$ 不是解析的，所以此結果並沒有與 Cauchy 積分定理相衝突。

例題　4　解析性是充分條件而非必要條件

$$\oint_C \frac{dz}{z^2} = 0$$

其中 C 是單位圓。因為 $f(z) = 1/z^2$ 在 $z = 0$ 處並不是解析的，所以這個結果並不是根據 Cauchy 積分定理而來。所以，對於要使式 (1) 為真而言，「f 在整域 D 中是解析函數」這個條件，是充分條件，而不是必要條件。

例題　5　單連通性的根本性

$$\oint_C \frac{dz}{z} = 2\pi i$$

上述結果是當積分運算是繞著單位圓逆時針進行時而得 (參見第 14.1 節)。此 C 是位於 $\frac{1}{2} < |z| < \frac{3}{2}$ 的圓環區域中，而且 $1/z$ 在這個區域中是解析的，但是這個整域並非單連通的，因而使得 Cauchy 積分定理不能適用。因此，**D 為單連通整域是很根本的條件**。

　　換言之，根據 Cauchy 積分定理，如果 $f(z)$ 在簡單閉合路徑 C 上，以及在 C 內部的每一點，都毫無例外是解析的，請注意，即使是單獨一個點都不能例外，則式 (1) 成立。在這個例子中，引起麻煩的位置是 $z = 0$ 處，在此位置上，$1/z$ 不是解析的。

證明

在證明積分定理時，Cauchy 有做另外一個假設，即導數 $f'(z)$ 是連續的 (此假設為真，但需再進一步證明)。他的證明過程如下。從第 14.1 節式 (8) 可以得到

$$\oint_C f(z)\,dz = \oint_C (u\,dx - v\,dy) + i \oint_C (u\,dy + v\,dx)$$

既然 $f(z)$ 在 D 中是解析的，所以導數 $f'(z)$ 在 D 中是存在的。因為假設 $f'(z)$ 是連續的，所以第 13.4 節中的式 (4) 與 (5) 意味著 u 和 v 在 D 中具有連續的偏導數。因此，葛林定理 (第 10.4 節) (以 u 與 $-v$ 取代 F_1 和 F_2) 在這裡是可以適用的，而且由葛林定理可以得到

$$\oint_C (u\,dx - v\,dy) = \iint_R \left(-\frac{\partial v}{\partial x} - \frac{\partial u}{\partial y} \right) dx\,dy$$

其中，R 是由 C 所圍住的區域。Cauchy–Riemann 方程式的第二個方程式顯示，上式右側的被積函數恆等於零。所以，在左側的積分式也等於零。依照同樣的方式，利用 Cauchy–Riemann 方程式的第一個方程式可以推導出，上列公式的最後一個積分也等於零，至此完成 Cauchy 定理的證明。　　■

雖然 **Goursat 的證明不需要 $f'(z)$ 是連續的** [1] 這個條件，但是其證明過程卻複雜許多。本書將該證明歸類為選讀部分，並且將它收錄在附錄 4。

14.2.1 路徑的獨立性

從前一節知道，若從點 z_1 到點 z_2 對函數 $f(z)$ 進行線積分，一般其結果不僅會與端點 z_1 和 z_2 有關，也會與積分路徑 C 有關。描述出「在什麼條件下，積分運算結果不會隨著路徑改變而改變」，是很重要的任務。這個工作啟發了下列概念的產生。如果對於 D 中的 z_1 和 z_2 而言，$f(z)$ 的積分值僅與起始點 z_1 和終止點 z_2 有關 (積分值當然也會與 $f(z)$ 有關)，而不會與在 D 中所選擇的路徑有關 [因而使得在 D 中，從點 z_1 到點 z_2 的每一條路徑，都會使 $f(z)$ 的積分產生相同的值]，則稱 $f(z)$ 的積分**在整域 D 中與路徑彼此獨立**。

定理　2

路徑的獨立性

如果 $f(z)$ 在一個單連通整域中是解析的，則 $f(z)$ 的積分結果與在 D 中的路徑無關。

證明

令 z_1 和 z_2 是 D 中的兩個任意點。考慮在 D 中由 z_1 到 z_2 的兩個路徑 C_1 和 C_2，而且就如同在圖 348 中一樣，這兩個路徑除了兩個端點以外，沒有其他共同點。以 C_2^* 表示與 C_2 方位相反的路徑 (圖 349)。從 z_1 沿著 C_1 積分到 z_2，然後再沿著 C_2^* 積分回到 z_1。這是一條簡單閉合路徑，而且在此定理所做的假設之下，Cauchy 積分定理可以適用，因而產生零的結果：

$$(2') \qquad \int_{C_1} f\, dz + \int_{C_2^*} f\, dz = 0 \quad \text{因此} \quad \int_{C_1} f\, dz = -\int_{C_2^*} f\, dz$$

但是，如果以相反方向從 z_1 積分到 z_2，上式右側的負號將會消失，這顯示 $f(z)$ 沿著 C_1 和 C_2 的積分結果會相等，

$$(2) \qquad \int_{C_1} f(z)\, dz = \int_{C_2} f(z)\, dz \qquad \text{(圖 348)}$$

對於只有端點是共同點的路徑而言，上式已經可以證明這個定理。對於有更多其它共同點的路徑而言，將上面的論證過程應用到每一個「環路」(介於兩個相鄰共同點之間的 C_1 和 C_2 部分；在圖 350 中，有四個環路)。對於具有無限多個共同點的路徑而言，就需要額外的論證，在此不打算討論。

---

[1] ÉDOUARD GOURSAT (1858–1936) 是一位法國數學家，他在複變分析和 PDE 上有重大的貢獻。Cauchy 在 1825 年發表這個定理，但 Goursat 把該條件移除 (請參見 *Transactions Amer. Math Soc.*, vol. 1, 1900)，是相當重要的，因為，舉例來說，解析函數的導數也是解析的。就是因為如此，Cauchy 積分定理也稱為 Cauchy–Goursat 定理。

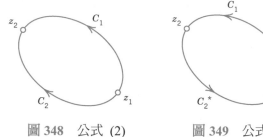 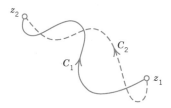

圖 348　公式 (2)　　　　圖 349　公式 (2')　　　　圖 350　具有更多共同點的路徑

14.2.2　路徑變形原理

這個觀念與路徑的獨立性有關。我們可以想像式 (2) 中的路徑 C_2，是藉著連續移動 C_1 (端點固定！)
直到它與 C_2 重合為止所得到。圖 351 顯示了無限多條中間路徑的其中兩條，對於這些路徑，積分
結果總是獲得相同數值 (因為定理 2 的緣故)。故我們可以總結出積分路徑的一個連續變形過程，
不過此過程中，端點將保持固定。只要經過變形的路徑永遠只選擇 $f(z)$ 在其上是解析函數的點，
則積分結果將維持相同數值。此方式稱為**路徑變形原理** (principle of deformation of path)。

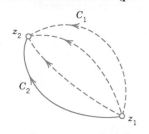

圖 351　路徑的連續變形

| 例題　6 | 一個基本結果：整數冪次的積分 |

從第 14.1 節的例題 6 和路徑變形原理，可以推論得到

(3)
$$\oint (z-z_0)^m\, dz = \begin{cases} 2\pi i & (m=-1) \\ 0 & (m \neq -1 \text{ 且為整數}) \end{cases}$$

上式是繞著第 14.1 節例題 6 所指定的路徑內，**任何圈繞著 z_0 的簡單閉合路徑**，所進行的逆時針方
向積分運算。

　　事實上，第 14.1 節例題 6 中的圓 $|z-z_0|=\rho$，可以用像剛才所指出的方式那樣，分成兩個
步驟連續變形成被指定的路徑，也就是說，首先針對一個半圓進行連續變形，然後再針對另一個
半圓連續變形 (請畫出圖形)。

14.2.3　不定積分的存在性

現在要證明，在前一節所提及的不定積分法 [第 14.1 節公式 (9)] 是正確無誤的。其證明過程需要
用到 Cauchy 積分定理。

定理 3

不定積分的存在性

如果 $f(z)$ 在一個單連通整域 D 中是解析的，則在 D 中存在著一個 $f(z)$ 的不定積分 $F(z)$，此 $F(z)$ 在 D 中是解析的，其中 $F'(z) = f(z)$，而且對於在 D 中，連結 D 中任何兩個點 z_0 和 z_1 的所有路徑而言，$f(z)$ 從 z_0 到 z_1 的積分式可以利用第 14.1 節的公式 (9) 加以計算。

證明

Cauchy 積分定理的條件有符合。所以，$f(z)$ 從 D 中任何一點 z_0 到 D 中任何一點 z 的積分結果，與在 D 中的積分路徑無關。我們讓 z_0 保持固定。這個積分結果會變成 z 的函數，將此函數表示成 $F(z)$，所以

(4)
$$F(z) = \int_{z_0}^{z} f(z^*)\, dz^*$$

此函數可以唯一地決定。現在要證明函數 $F(z)$ 在 D 中是解析的，且 $F'(z) = f(z)$。此證明所需要的觀念如下。利用式 (4)，寫出差商 (difference quotient)

(5)
$$\frac{F(z + \Delta z) - F(z)}{\Delta z} = \frac{1}{\Delta z}\left[\int_{z_0}^{z+\Delta z} f(z^*)\, dz^* - \int_{z_0}^{z} f(z^*)\, dz^* \right] = \frac{1}{\Delta z} \int_{z}^{z+\Delta z} f(z^*)\, dz^*$$

將式 (5) 減去 $f(z)$，且證明當 $\Delta z \to 0$ 時，上式所得將趨近於零，證明的詳細過程如下。

　　保持 z 為固定。然後在 D 中選擇 $z + \Delta z$，使得端點為 z 和 $z + \Delta z$ 的整個線段都位於 D 中 (圖 352)。因為 D 是一個整域，使得這個整域會含有 z 的一個鄰域，所以這樣的選擇是可以做得到的，我們利用這個線段當作式 (5) 的積分路徑。接著再減去 $f(z)$，因為 z 保持固定，所以 $f(z)$ 是常數。因此，我們可以寫成

$$\int_{z}^{z+\Delta z} f(z)\, dz^* = f(z) \int_{z}^{z+\Delta z} dz^* = f(z)\Delta z \quad \text{因此} \quad f(z) = \frac{1}{\Delta z} \int_{z}^{z+\Delta z} f(z)\, dz^*$$

透過上述技巧，並且利用式 (5)，可以得到下列單一積分式：

$$\frac{F(z+\Delta z) - F(z)}{\Delta z} - f(z) = \frac{1}{\Delta z} \int_{z}^{z+\Delta z} [f(z^*) - f(z)]\, dz^*$$

因為 $f(z)$ 是解析的，所以它是連續的 [參見第 13.3 節團隊專題 (24d)]。在給定一個 $\epsilon > 0$ 的情形下，可以找到一個 $\delta > 0$，使得當 $|z^* - z| < \delta$ 時，$|f(z^*) - f(z)| < \epsilon$。所以，在令 $|\Delta z| < \delta$ 以後，發覺由 ML 不等式 (第 14.1 節) 可以得到

$$\left| \frac{F(z+\Delta z) - F(z)}{\Delta z} - f(z) \right| = \frac{1}{|\Delta z|} \left| \int_{z}^{z+\Delta z} [f(z^*) - f(z)]\, dz^* \right| \leq \frac{1}{|\Delta z|} \epsilon\, |\Delta z| = \epsilon$$

根據極限和導數的定義，上式可以證明

$$F'(z) = \lim_{\Delta z \to 0} \frac{F(z+\Delta z) - F(z)}{\Delta z} = f(z)$$

因為 z 是 D 中的任何一點，所以這意味著，$F(z)$ 在 D 中是解析的，而且 $F(z)$ 是 $f(z)$ 在 D 中的不定積分即反導數，其關係可以寫成

$$F(z) = \int f(z)\,dz$$

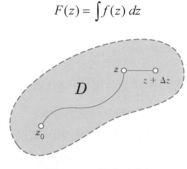

圖 352　積分路徑

此外，如果 $G'(z) = f(z)$，則在 D 中，$F'(z) - G'(z) \equiv 0$；所以，在 D 中 $F(z) - G(z)$ 是常數 (參見習題集 13.4 團隊專題 30)。換言之，$f(z)$ 的兩個不定積分只可以相差一個常數。在第 14.1 節式 (9) 中，這個常數將會抵銷，因而使得我們可以使用 $f(z)$ 的任何不定積分。至此，定理 3 已經得到證明。

14.2.4　多重連通整域的 Cauchy 積分定理

Cauchy 積分定理也可以應用於多重連通整域。首先，我們針對**雙連通整域 (doubly connected domain)** D 解釋這種應用關係，其中 D 的外部邊界曲線是 C_1，內部邊界曲線是 C_2 (圖 353)。如果函數 $f(z)$ 在任何包含 D，以及 D 的邊界曲線的整域 D^* 中都是解析的，則

(6)
$$\oint_{C_1} f(z)\,dz = \oint_{C_2} f(z)\,dz$$
(圖 353)

上式的兩個積分式都採用逆時針方向進行積分 (或是兩者同時採用順時針方向進行積分，而且不管 C_2 的所有內部是否都屬於 D^*)。

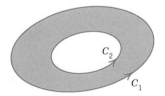

圖 353　例題 5 中的路徑

證明

利用兩道切割線 $\tilde{C}_1$ 和 $\tilde{C}_2$ (圖 354)，將 D 切成兩個單連通整域 D_1 和 D_2，在這兩個整域中，以及在它們的邊界上，$f(z)$ 是解析的。根據 Cauchy 積分定理，沿著 D_1 的整個邊界所進行的積分結果 (其積分方向如圖 354 所示) 是零，而且沿著 D_2 邊界的積分也是如此，所以這兩個積分的和也是零。在這兩個積分所組成的和之中，因為我們會分別在切割線 $\tilde{C}_1$ 和 $\tilde{C}_2$ 的兩個方向上進行積分——請注意，這是關鍵概念——所以在這兩個切割線上的積分會互相抵銷，而且在對這個積分和進行整理

後，結果會剩下沿著 C_1 的積分 (逆時針方向)，以及沿著 C_2 的積分 (順時針方向；請參見圖 354)；所以在將沿著 C_2 的積分方向倒轉 (變成逆時針方向) 以後，可以得到

$$\oint_{C_1} f\, dz - \oint_{C_2} f\, dz = 0$$

而且式 (6) 也可以跟著推導出來。

對具有更多重連通性的整域而言，證明所使用的概念還是一樣。因此，對於**三重連通整域**，可以使用三條切割線 $\tilde{C}_1$、$\tilde{C}_2$、$\tilde{C}_3$ (圖 355)。與前面將積分式相加的過程一樣，沿著切割線的積分部分會互相抵銷，而且沿著 C_1 的積分 (逆時針方向)，以及沿著 C_2 和 C_3 的積分 (順時針方向) 的總和是零。所以，沿著 C_1 的積分等於沿著 C_2 和 C_3 的積分的和，此時這三個積分都採用逆時針方向。對於四重連通整域，作法也是類似，其餘多重連通整域則以此類推。

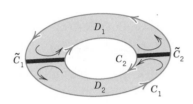
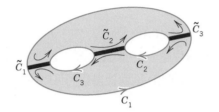

圖 354　二重連通整域　　　　圖 355　三重連通整域

習題集　14.2

1–8　關於內文和例題的評論

1. **Cauchy 積分定理**　請針對 z^2，沿著具有 $\pm 1 \pm i$ 四頂點之正方形的邊界進行的積分，來驗證定理。提示：使用變形。

2. 什麼樣的圍線，可以利用定理 1 推論出下列各積分式的結果：

   (a) $\displaystyle\int_C \frac{dz}{z-1} = 0$　　(b) $\displaystyle\int_C \frac{\exp(1/z^2)}{z^2+4} = 0$

3. **變形原理**　試問可以從例題 4 推論出沿著習題 1 之圍線的積分也等於零嗎？

4. 如果某函數 $f(z)$ 沿著單位圓的積分結果等於 2，而沿著半徑為 3 的圓的積分結果等於 6，則我們可以得到結論說，$f(z)$ 在圓環區域 $1 < |z| < 3$ 內的每個點都是解析的嗎？

5. **連通性**　在某個整域中　$(\cos z^2)/(z^4+1)$ 是解析的，請問該整域的連通性為何？

6. **路徑的獨立性**　試針對 e^z，從 0 到 $1+i$，沿著下列兩路徑積分，驗證定理 2：(a) 沿著最短路徑，(b) 沿著 x 軸到 1，然後垂直往上到 $1+i$。

7. **變形**　在例題 2 中，我們可以下結論說，$1/(z^2+4)$　沿著　(a) $|z-2|=2$ ，(b) $|z-2|=3$ 的積分等於零嗎？

8. **團隊實驗　Cauchy 積分定理**

   (a) **主要面向**　在例題 1-5 中，每個問題都各自解釋了一個和 Cauchy 積分定理有關的基本事實，請自己找出五個例子，利用每個例子解說這些基本事實，並盡可能的找出比較複雜的例子。

   (b) **部分分式**　請以部分分式寫出 $f(z)$，並以逆時針方向沿著單位圓予以積分：

   (i) $f(z) = \dfrac{2z+3i}{z^2+\frac{1}{4}}$　　(ii) $f(z) = \dfrac{z+1}{z^2+2z}$

(c) **路徑的變形** 試藉著路徑變形原理的幫助，回顧第 14.1 節團隊專題 34 的 (c) 和 (d) 小題。然後考慮具有共同端點的另一路徑族系，例如，$z(t) = t + ia(t - t^2)$，$0 \leq t \leq 1$，a 是一實數常數，並且以自己選擇的解析函數和非解析函數，沿著這些路徑進行積分的實驗 (例如，z、$\mathrm{Im}\, z$、z^2、$\mathrm{Re}\, z^2$、$\mathrm{Im}\, z^2$ 等等)。

9–19 **Cauchy 積分定理是否能適用？**

試將 $f(z)$ 以逆時針方向沿著單位圓進行積分。指出 Cauchy 積分定理是否能適用？寫出詳細過程。

9. $f(z) = \exp(z^2)$
10. $f(z) = \tan \frac{1}{4} z$
11. $f(z) = 1/(4z - 1)$
12. $f(z) = \overline{z}^3$
13. $f(z) = 1/(z^4 - 1.2)$
14. $f(z) = 1/\overline{z}$
15. $f(z) = \mathrm{Re}\, z$
16. $f(z) = 1/(\pi z - 1)$
17. $f(z) = 1/|z|^2$
18. $f(z) = 1/(5z - 1)$
19. $f(z) = z^3 \cot z$

20–30 **進一步的圍線積分**

計算積分。Cauchy 積分定理是否能適用？寫出詳細過程。

20. $\oint_C \mathrm{Ln}(1 - z)\, dz$，$C$ 為頂點為 $\pm i$、$\pm(1+i)$ 的平行四邊形邊界。

21. $\oint_C \dfrac{dz}{z - 2i}$，$C$ 為圓 $|z| = \pi$，逆時針方向。

22. $\oint_C \mathrm{Re}\, z\, dz$，$C$:

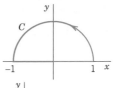

23. $\oint_C \dfrac{2z - 1}{z^2 - z}\, dz$，$C$:

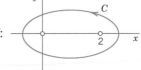

請使用部分分式。

24. $\oint_C \dfrac{dz}{z^2 - 1}$，$C$:

請使用部分分式。

25. $\oint_C \dfrac{e^z}{z}\, dz$，$C$ 是由逆時針方向的 $|z| = 2$ 和順時針方向的 $|z| = 1$ 所組成的路徑。

26. $\oint_C \coth \frac{1}{2} z\, dz$，$C$ 為圓 $|z - \frac{1}{2}\pi i| = 1$，逆時針方向。

27. $\oint_C \dfrac{\cos z}{z}\, dz$，$C$ 是由逆時針方向的 $|z| = 1$ 和順時針方向的 $|z| = 3$ 所組成的路徑。

28. $\oint_C \dfrac{\tan \frac{1}{2} z}{16z^4 - 81}\, dz$，$C$ 是頂點為 $\pm 1, \pm i$ 的正方形邊界，順時針方向。

29. $\oint_C \dfrac{\sin z}{z + 4iz}\, dz$，$C$: $|z - 4 - 2i| = 6.5$

30. $\oint_C \dfrac{2z^3 + z^2 + 4}{z^4 + 4z^2}\, dz$，$C$: $|z - 2| = 4$ 順時針方向。請使用部分分式。

14.3 Cauchy 積分公式 (Cauchy's Integral Formula)

Cauchy 積分定理的最重要結果是 Cauchy 積分公式。下面將會證明，對於計算積分而言，此公式非常有用。它也在其它方面佔有舉足輕重的分量，像是在下節中證明「解析函數具有所有階數導數」這令人吃驚的事實時，和在證明「解析函數具有泰勒級數表示式」時 (15.4 節)，Cauchy 積分公式扮演了關鍵性的角色。

定理 **1**

Cauchy 積分公式

令 $f(z)$ 在單連通整域 D 中是解析的。則對於在 D 中的任何點 z_0，以及在 D 中圈圍住 z_0 的任何簡單閉合路徑 (圖 356) 而言，

(1)
$$\oint_C \frac{f(z)}{z-z_0}\,dz = 2\pi i f(z_0)$$
(Cauchy 積分公式)

上式的積分採取逆時鐘方向。這個公式的另一表示方式為 (以圍線積分代表 $f(z_0)$ 的方式，將式 (1) 除以 $2\pi i$)

(1*)
$$f(z_0) = \frac{1}{2\pi i} \oint_C \frac{f(z)}{z-z_0}\,dz$$
(Cauchy 積分公式)

證明

在同時加和減一個數項以後，$f(z) = f(z_0) + [f(z) - f(z_0)]$。將其代入式 (1) 的左側，並將常數因子 $f(z_0)$ 自積分符號內提出，結果得到

(2)
$$\oint_C \frac{f(z)}{z-z_0}\,dz = f(z_0)\oint_C \frac{dz}{z-z_0} + \oint_C \frac{f(z)-f(z_0)}{z-z_0}\,dz$$

上式右側的第一項等於 $f(z_0) \cdot 2\pi i$，請參見第 14.2 節例題 6，使用 $m = -1$。如果我們可以證明右側的第二項等於零，那麼此定理就能得到證明。事實上，我們可以。第二個積分的被積函數除了在 z_0 處之外，都是解析的。所以利用第 14.2 節式 (6)，我們可以在不改變積分值的情形下，以一個半徑為 ρ、圓心在 z_0 的小圓 K 取代 C (圖 357)。因為 $f(z)$ 是解析的，所以它是連續的 (13.3 節團隊專題 24)。所以，在給定一個 $\epsilon > 0$ 的情形下，可以找到一個 $\delta > 0$，使得在圓盤 $|z - z_0| < \delta$ 內的所有 z 皆讓 $|f(z) - f(z_0)| < \epsilon$ 為真。將 K 的半徑 ρ 選得比 δ 還要小以後，在 K 的每一點上，我們有以下的不等式

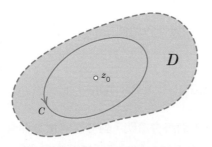

圖 356　Cauchy 積分公式

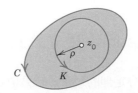

圖 357　Cauchy 積分公式的證明

$$\left| \frac{f(z) - f(z_0)}{z - z_0} \right| < \frac{\epsilon}{\rho}$$

K 的長度是 $2\pi\rho$。所以，利用第 14.1 節的 ML 不等式，下列不等式將成立

$$\left| \oint_K \frac{f(z) - f(z_0)}{z - z_0} \, dz \right| < \frac{\epsilon}{\rho} 2\pi\rho = 2\pi\epsilon$$

既然 $\epsilon \, (>0)$ 可以選擇成任意小的值，因此可以接著推論得到式 (2) 的最後一個積分式具有零值，因此定理得證。 ∎

例題 1   Cauchy 積分公式

$$\oint_C \frac{e^z}{z-2} \, dz = 2\pi i e^z \big|_{z=2} = 2\pi i e^2 = 46.4268i$$

上式是針對任何圈圍住 $z_0 = 2$ 的圍線而言 (因為 e^z 是全函數)。但當 $z_0 = 2$ 位於圍線之外時，上面積分式的結果將是零 (利用 Cauchy 積分定理)。 ∎

例題 2   Cauchy 積分公式

$$\oint_C \frac{z^3 - 6}{2z - i} \, dz = \oint_C \frac{\frac{1}{2}z^3 - 3}{z - \frac{1}{2}i} \, dz$$

$$= 2\pi i \left[\tfrac{1}{2} z^3 - 3 \right] \Big|_{z = i/2}$$

$$= \frac{\pi}{8} - 6\pi i \qquad\qquad (z_0 = \tfrac{1}{2} i \text{ 在 } C \text{ 之內})$$

例題 3   沿著不同圍線的積分

試將下列函數

$$g(z) = \frac{z^2 + 1}{z^2 - 1} = \frac{z^2 + 1}{(z+1)(z-1)}$$

以逆時針方向繞著圖 358 中的每一個圓形曲線進行積分。

解

在 -1 和 1 兩個點上，$g(z)$ 不是解析的，這些是我們必須注意的點。我們將個別考慮每一個圓。

   (a) 圓 $|z - 1| = 1$ 圈圍住點 $z_0 = 1$，在這個點上，$g(z)$ 不是解析的。所以，以式 (1) 的形式表示，我們必須寫成

$$g(z) = \frac{z^2 + 1}{z^2 - 1} = \frac{z^2 + 1}{z + 1} \frac{1}{z - 1}$$

因此，

$$f(z) = \frac{z^2 + 1}{z + 1}$$

而由式 (1) 可以得到

$$\oint_C \frac{z^2+1}{z^2-1}\,dz = 2\pi i f(1) = 2\pi i \left[\frac{z^2+1}{z+1}\right]_{z=1} = 2\pi i$$

(b) 利用路徑變形原理，可以得到與 **(a)** 相同的結果。

(c) 函數 $g(z)$ 和前面一樣，但是因為我們必須選取 $z_0 = -1$ (而不是 1)，所以 $f(z)$ 將改變。這樣做的結果會在式 (1) 中產生一個因式 $z - z_0 = z+1$。因此，我們必須寫成

$$g(z) = \frac{z^2+1}{z-1}\frac{1}{z+1}$$

因此，

$$f(z) = \frac{z^2+1}{z-1}$$

將其與前式比較，然後繼續：

$$\oint_C \frac{z^2+1}{z^2-1}\,dz = 2\pi i f(-1) = 2\pi i \left[\frac{z^2+1}{z-1}\right]_{z=-1} = -2\pi i$$

(d) 結果為 0。為什麼？

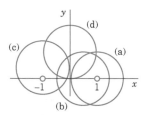

圖 358　例題 3

多重連通整域 (multiply connected domains) 可以依照 14.2 節的方式加以處理。舉例來說，如果 $f(z)$ 在 C_1 和 C_2 上是解析的，而且在 C_1 和 C_2 所圈圍的環狀整域內也是解析的 (圖 359)，而且 z_0 是該整域內的任何一點，則

(3)
$$f(z_0) = \frac{1}{2\pi i}\oint_{C_1}\frac{f(z)}{z-z_0}\,dz + \frac{1}{2\pi i}\oint_{C_2}\frac{f(z)}{z-z_0}\,dz$$

其中如圖 359 所示，外面的積分式 (沿著 C_1) 選取成逆時針方向，裡面的積分式選取成順時針方向。

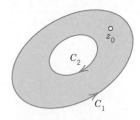

圖 359　公式 (3)

習題集　14.3

1–4　圍線積分

用 Cauchy 的公式將 $z^2/(z^2-1)$ 以逆時針方向沿著下列的圓形曲線進行積分。

1.　$|z+1|=3/2$

2.　$|z-1-i|=\pi/2$

3.　$|z+i|=1.41$

4.　$|z+5-5i|=7$

5–8　沿著單位圓對以下給定的函數進行積分。

5.　$(\cos 2z)/4z$

6.　$e^{2z}/(\pi z-i)$

7.　$z^2/(4z-i)$

8.　$(z\sin z)/(2z-1)$

9.　**CAS 實驗**　請以實驗的方式，找出 CAS 可以執行圍線積分到什麼樣的程度。**(a)** 藉著使用 14.1 節的第二個方法，**(b)** 藉著 Cauchy 積分公式。

10.　**團隊專題　Cauchy 積分定理**

試用圈圍住 z_0 的圍線 (如圖 356)，並像內文中一樣選取極限，來產生式 (2)，以便深入了解 Cauchy 積分定理的證明。使用

(a)　$\oint_C \dfrac{z^3-6}{z-\frac{1}{2}i}\,dz$

(b)　$\oint_C \dfrac{\sin z}{z-\frac{1}{2}\pi}\,dz$

以及 **(c)** 另外一個自己選擇的例子。

11–19　進一步的圍線積分

沿著逆時針方向，或者如題目中所指出的方向，進行積分。寫出詳細過程。

11.　$\oint_C \dfrac{dz}{z^2+4}$,　$C:\ 4x^2+(y-2)^2=4$

12.　$\oint_C \dfrac{z}{z^2+4z+3}\,dz$，$C$ 是圓心於 –1，半徑為 2 的圓。

13.　$\oint_C \dfrac{z+2}{z-2}\,dz$,　$C:\ |z-1|=2$

14.　$\displaystyle\int_C \dfrac{e^z}{ze^z-2iz}\,dz$,　$C:|z|=0.6$

15.　$\oint_C \dfrac{\cosh(z^2-\pi i)}{z-\pi i}\,dz$，$C$ 是頂點為 ±4、±4i 的正方形的邊界。

16.　$\oint_C \dfrac{\tan z}{z-i}\,dz$，$C$ 是頂點為 0 和 ±1+2i 的三角形的邊界。

17.　$\oint_C \dfrac{\operatorname{Ln}(z+1)}{z^2+1}\,dz$,　$C:|z-i|=1.4$

18.　$\oint_C \dfrac{\sin z}{4z^2-8iz}\,dz$，$C$ 由頂點為 ±3, ±3i 的逆時針方向正方形，以及頂點為 ±1, ±i 的順時針方向正方形所組成 (請看圖)。

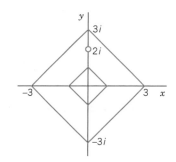

習題 18

19.　$\oint_C \dfrac{\exp z^2}{z^2(z-1-i)}\,dz$，$C$ 由逆時針方向的 $|z|=2$ 和順時針方向的 $|z|=1$ 所組成。

20.　請證明，對於一個圈圍住 z_1 和 z_2 的簡單閉路徑 C 而言，$\oint_C (z-z_1)^{-1}(z-z_2)^{-1}\,dz=0$，其中 z_1 和 z_2 是任意的。

14.4 解析函數的導數 (Derivatives of Analytic Functions)

如同先前已提及，有項令人吃驚的事實為，解析函數具有所有階數的導數這種現象與實數微積分中的情形有很明顯的差異。的確，就算一個實數函數是一次可微分的，但其二階導數或更高階導數並不必然會存在。因此，就這方面而言，複數解析函數比一次可微分的實數函數簡單多了！本節將利用 Cauchy 積分公式，證明「複數解析函數具有所有階數導數」此項令人吃驚的事實。

定理 1

解析函數的導數

如果 $f(z)$ 在整域 D 中是解析的，則它在 D 中具有所有階數的導數，而且這些導數在 D 中也是解析函數。這些導數在 D 中點 z_0 上的值可以使用下列公式求出，

(1')
$$f'(z_0) = \frac{1}{2\pi i} \oint_C \frac{f(z)}{(z-z_0)^2} \, dz$$

(1")
$$f''(z_0) = \frac{2!}{2\pi i} \oint_C \frac{f(z)}{(z-z_0)^3} \, dz$$

而一般而言，

(1)
$$f^{(n)}(z_0) = \frac{n!}{2\pi i} \oint_C \frac{f(z)}{(z-z_0)^{n+1}} \, dz \qquad (n = 1, 2, \cdots)$$

其中 C 是在 D 中圈圍著 z_0 的任何簡單閉合路徑，而且其內部所有點都屬於 D；這個積分是沿著 C 以逆時針方向在進行 (圖 360)。

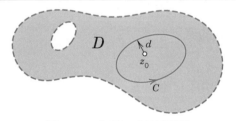

圖 360　定理 1 與其證明

註解：請留意這些公式是針對 14.3 節的 Cauchy 公式 (1*) 在積分符號下，對 z_0 進行的微分運算而獲得，為了能記住式 (1)，這項觀察滿有用的。

證明

首先從下列導數的定義出發，證明式 (1')，

$$f'(z_0) = \lim_{\Delta z \to 0} \frac{f(z_0 + \Delta z) - f(z_0)}{\Delta z}$$

在上式的右側，以 Cauchy 積分公式來表示 $f(z_0 + \Delta z)$ 與 $f(z_0)$：

$$\frac{f(z_0 + \Delta z) - f(z_0)}{\Delta z} = \frac{1}{2\pi i \Delta z} \left[\oint_C \frac{f(z)}{z - (z_0 + \Delta z)} \, dz - \oint_C \frac{f(z)}{z - z_0} \, dz \right]$$

現 在 合 併 這 兩 個 積 分 式 成 一 個 積 分 式 。 通 分 後 ， 可 以 得 到 分 子 為 $f(z)\{z - z_0 - [z - (z_0 + \Delta z)]\} = f(z)\Delta z$，因而使得有一個共同因數 Δz 被去，得到

$$\frac{f(z_0 + \Delta z) - f(z_0)}{\Delta z} = \frac{1}{2\pi i} \oint_C \frac{f(z)}{(z - z_0 - \Delta z)(z - z_0)} \, dz$$

很顯然地，如果能證明當 $\Delta z \to 0$ 時，上式右側的積分式會趨近式 (1') 的積分式，則我們可以藉此建立出式 (1')。為了完成這項工作，考慮這兩個積分式的差。將積分式的差通分後並簡化分子 (與剛剛的作法一樣)，此差將可以寫成單一積分式。可以得到

$$\oint_C \frac{f(z)}{(z - z_0 - \Delta z)(z - z_0)} \, dz - \oint_C \frac{f(z)}{(z - z_0)^2} \, dz = \oint_C \frac{f(z)\Delta z}{(z - z_0 - \Delta z)(z - z_0)^2} \, dz$$

我們利用 *ML* 不等式 (第 14.1 節) 證明，當 $\Delta z \to 0$ 時候，上式右側的積分式會趨近零。

　　因為 $f(z)$ 是解析的，所以它在 C 上是連續的，因此其絕對值是有界限的，例如，$|f(z)| \leq K$。令 d 是從 z_0 到 C 上各點的最短距離 (參見圖 360)。然後，對 C 上所有 z 而言，

$$|z - z_0|^2 \geq d^2 \quad \text{因此} \quad \frac{1}{|z - z_0|^2} \leq \frac{1}{d^2}$$

此外，對於 C 上所有 z 而言，利用三角不等式，可以得到

$$d \leq |z - z_0| = |z - z_0 - \Delta z + \Delta z| \leq |z - z_0 - \Delta z| + |\Delta z|$$

將上式左右兩側同時減去 $|\Delta z|$，且令 $|\Delta z| \leq d/2$，使得 $-|\Delta z| \geq -d/2$。則

$$\frac{1}{2}d \leq d - |\Delta z| \leq |z - z_0 - \Delta z| \quad \text{所以} \quad \frac{1}{|z - z_0 - \Delta z|} \leq \frac{2}{d}$$

令 L 是 C 的長度，如果 $|\Delta z| \leq d/2$，則利用 *ML* 不等式

$$\left| \oint_C \frac{f(z)\Delta z}{(z - z_0 - \Delta z)(z - z_0)^2} \, dz \right| \leq KL |\Delta z| \frac{2}{d} \cdot \frac{1}{d^2}$$

當 $\Delta z \to 0$ 時，這會趨近於零，所以至此已經證明了式 (1')。

　　請注意，上面的證明使用 14.3 節 Cauchy 積分公式 (1*)，但是如果我們對 $f(z_0)$ 的了解，僅為它可利用 14.3 節的式 (1*) 表示出來，則上面的證明可確立 $f(z)$ 的導數 $f'(z_0)$ 之存在性。這對於定理證明之連續性與完整性是很重要的，因為它意味著在把 f 以 f' 替換以後，式 (1") 可以使用類似的論證過程加以證明，而且也意味著式 (1) 可以利用歸納的方式推導出來。　■

14.4.1 定理 1 的應用

例題 1　**線積分的計算**

由式 (1')，對圈圍著點 πi 的任何圍線 (逆時鐘方向) 而言

$$\oint_C \frac{\cos z}{(z-\pi i)^2}\,dz = 2\pi i (\cos z)'\Big|_{z=\pi i} = -2\pi i \sin \pi i = 2\pi \sinh \pi$$

　　■

例題 2　由式 (1")，對圈圍著點 $-i$ 的任何圍線而言，經由逆時針方向進行積分，可以得到，

$$\oint_C \frac{z^4 - 3z^2 + 6}{(z+i)^3}\,dz = \pi i (z^4 - 3z^2 + 6)''\Big|_{z=-i} = \pi i [12z^2 - 6]_{z=-i} = -18\pi i$$

　　■

例題 3　由式 (1')，對於點 1 位於內部而點 $\pm 2i$ 位於外部的任何圍線 (逆時鐘方向) 而言，

$$\oint_C \frac{e^z}{(z-1)^2(z^2+4)}\,dz = 2\pi i \left(\frac{e^z}{z^2+4}\right)'\Big|_{z=1}$$

$$= 2\pi i \frac{e^z(z^2+4) - e^z 2z}{(z^2+4)^2}\Big|_{z=1} = \frac{6e\pi}{25}i \approx 2.050i$$

　　■

14.4.2　Cauchy 不等式、Liouville 定理和 Morera 定理

接下來我們發展有關於解析函數的其它一般結果，進一步展現出 Cauchy 積分定理的多用性。

Cauchy 不等式　定理 1 可以產生出一個具有很多應用的基本不等式。在求得此不等式時，所有我們必須做的事情是，替式 (1) 中的 C 選定一個半徑為 r，且圓心在 z_0 的圓形路徑，並且應用 ML 不等式 (第 14.1 節)；由於在 C 上 $|f(z)| \le M$，則由式 (1) 可以得到

$$|f^{(n)}(z_0)| = \frac{n!}{2\pi}\left|\oint_C \frac{f(z)}{(z-z_0)^{n+1}}\,dz\right| \le \frac{n!}{2\pi} M \frac{1}{r^{n+1}} 2\pi r$$

由上面的數學式可以得到下列的 **Cauchy 不等式**

(2)
$$|f^{(n)}(z_0)| \le \frac{n!M}{r^n}$$

　　為了對此不等式的重要性有初步的印象，讓我們證明一個有關於全函數 (其定義已在 13.5 節提起過) 的著名定理 (關於 Liouville，請參見第 11.5 節)。

定理　2

Liouville 定理

如果在整個複數平面中，一個全函數的絕對值是有界限的，則這個函數必然是一個常數。

證明

根據假設，$|f(z)|$ 是有界限的，例如，對所有 z 而言，$|f(z)| < K$。利用式 (2)，可得 $|f'(z_0)| < K/r$。既然 $f(z)$ 是全函數，則對於每一個 r 而言，這個不等式都會成立，因而可以將 r 選取成自己所想要的大小，並且下結論說，$f'(z_0) = 0$。因為 z_0 是任意的，所以對於所有 z [參見 13.4 節式 (4)] 而言，$f'(z) = u_x + iv_x = 0$，因此，根據 Cauchy–Riemann 方程式，$u_x = v_x = 0$，且 $u_y = v_y = 0$。所以，對於所有 z 而言，$u =$ 常數、$v =$ 常數，而且 $f = u + iv =$ 常數，至此定理得證。

定理 1 的另一個令人感到有興趣的結果是

定理　3

Morera [2] 定理　(Cauchy 積分定理的反向命題)

如果 $f(z)$ 在一單連通整域 D 中是連續的，且如果對於 D 中的每一條路徑而言，

(3) $$\oint_C f(z)\, dz = 0$$

則 $f(z)$ 在 D 中是解析的。

證明

14.2 節已證明過，如果 $f(z)$ 在單連通整域 D 中是解析的，則

$$F(z) = \int_{z_0}^{z} f(z^*)\, dz^*$$

此式在 D 中是解析的，且 $F'(z) = f(z)$。在證明過程中，我們只用到 $f(z)$ 的連續性，以及 $f(z)$ 沿著 D 中每一條閉合路徑的積分結果為零此一特性；從這些假設可得到的結論為 $F(z)$ 是解析的。根據定理 1，$F(z)$ 的導數是解析的，換言之，$f(z)$ 在 D 中是解析的，所以，至此已經證明了 Morera 定理。

本章以此結束。

習題集　14.4

1–7　圍線積分、單位圓

試將下列各函數，沿著單位圓以逆時鐘方向進行積分。

1. $\displaystyle\oint_C \frac{\sin 2z}{z^4}\, dz$

2. $\displaystyle\oint_C \frac{z^6}{(2z-1)^6}\, dz$

3. $\displaystyle\oint_C \frac{e^{-z}}{z^n}\, dz$，$n = 1, 2, \cdots$

4. $\displaystyle\oint_C \frac{e^z \cos z}{(z - \pi/4)^3}\, dz$

5. $\displaystyle\oint_C \frac{\sinh 2z}{(z - \frac{1}{2})^4}\, dz$

6. $\displaystyle\oint_C \frac{dz}{(z - 2i)^2 (z - i/2)^2}$

7. $\displaystyle\oint_C \frac{\cos z}{z^{2n+1}}\, dz$，$n = 0, 1, \cdots$

8–19　積分運算、不同的圍線

試將下列函數進行積分，請寫出詳細解題過程。提示：由畫出圍線開始。為什麼?

---

[2] GIACINTO MORERA (1856–1909) 是一位義大利數學家，他的工作地點位於 Genoa 和 Turin。

8. $\oint_C \dfrac{z^3 + \sin z}{(z-i)^3}\, dz$，$C$ 是頂點為 ± 2、$\pm 2i$ 的正方形的邊界，逆時針方向。

9. $\oint_C \dfrac{\tan \pi z}{z^2}\, dz$，$C$ 為橢圓 $16x^2 + y^2 = 1$，順時針方向。

10. $\oint_C \dfrac{4z^3 - 6}{z(z-1-i)^2}\, dz$，$C$ 是由逆時針方向的 $|z| = 3$ 和順時針方向的 $|z| = 1$ 所組成。

11. $\oint_C \dfrac{(1+z)\cos z}{(2z-1)^2}\, dz$，$C: |z-i| = 2$，逆時針方向。

12. $\oint_C \dfrac{\exp(z^2)}{z(z-2i)^2}\, dz$，$C: |z-3i| = 2$，順時針方向。

13. $\oint_C \dfrac{\operatorname{Ln} z}{(z-4)^2}\, dz$，$C: |z-3| = 2$，逆時針方向。

14. $\oint_C \dfrac{\operatorname{Ln}(z+3)}{(z-2)(z+1)^2}\, dz$，$C$ 是頂點為 ± 1.5、$\pm 1.5i$ 的正方形的邊界，逆時針方向。

15. $\oint_C \dfrac{\cosh 4z}{(z-4)^3}\, dz$，$C$ 是由逆時針方向的 $|z| = 6$ 和順時針方向的 $|z-3| = 2$ 所組成。

16. $\oint_C \dfrac{e^{4z}}{z(z-2i)^2}\, dz$，$C$ 是由逆時針方向的 $|z-i| = 3$ 和順時針方向的 $|z| = 1$ 所組成。

17. $\oint_C \dfrac{e^{-z} \sin z}{(z-4)^3}\, dz$，$C$ 是由逆時針方向的 $|z| = 5$ 和順時針方向的 $|z-3| = \frac{3}{2}$ 所組成。

18. $\oint_C \dfrac{\sinh z}{z^n}\, dz$，$C: |z| = 1$ 逆時針方向，n 為整數。

19. $\oint_C \dfrac{e^{3z}}{(4z-\pi i)^3}\, dz$，$C: |z| = 1$，逆時針方向。

20. **團隊專題　關於成長的理論**

(a) **全函數的成長**　如果 $f(z)$ 不是常數，且對所有 (有限的) z 而言是解析的，而且 R 和 M 是任意正實數 (不論有多大)，請證明存在著某些 z，使得 $|z| > R$，且 $|f(z)| > M$。提示：使用 Liouville 定理。

(b) **多項式的成長**　如果 $f(z)$ 是次數為 $n > 0$ 的多項式，而且 M 是任意正實數 (不論有多大)，試證明存在著一個正實數 R，使得對於所有 $|z| > R$ 而言，$|f(z)| > M$。

(c) **指數函數**　請證明 $f(z) = e^x$ 具有 (a) 小題所描述的特性，但是不具有 (b) 小題所描述的特性。

(d) **代數的基礎定理**　如果 $f(z)$ 是一個 z 的多項式，且不是常數，則至少會有一個 z 使得 $f(z) = 0$。提示：使用 (a)。

第 14 章　複習題

1. 試問什麼是曲線的參數表式法？它的優點為何？

2. 關於積分路徑 $z = z(t)$，我們作了哪些假設？就幾何的觀點，試問 $\dot{z} = dz/dt$ 為何？

3. 試就自己的記憶，說明複數線積分的定義。

4. 你可以記得本章所討論之複數線積分和實數線積分之間的關係嗎？

5. 你如何計算一個解析函數的線積分？你如何計算一個任意的連續複數函數的線積分？

6. 如果將 $1/z$ 以逆時針方向沿著單位圓進行積分，試問計算結果為何？讀者應該將這個結果記住，它非常的基本。

7. 在本章中，你認為哪一個定理是最重要的？請就記憶所能想起的直接作答。

8. 何謂路徑獨立性？它的重要性爲何？請陳述一個有關於複數中路徑獨立性的基本定理。

9. 何謂路徑變形？請舉一個典型的例子。

10. 你有將 Cauchy 積分定理 (亦稱 **Cauchy–Goursat 定理**) 和 Cauchy 積分公式弄混淆嗎？試將這兩者陳述出來，它們之間有何相關性？

11. 試問什麼是二重連通整域？請問要怎麼做才能將 Cauchy 積分定理延伸到二重連通整域？

12. 關於解析函數的導數，你了解到何種程度？

13. 在進行積分運算時，應該如何使用積分公式？

14. 就導數而言，解析函數和一般微積分中函數的情況如何不同？

15. 試問什麼是 Liouville 定理？該定理可以套用至何種複變函數？

16. 試問什麼是 Morera 定理？

17. 如果將 $f(z)$ 沿著某個圓環區域 D 的兩個邊界圓進行積分，而獲得了不同的結果數值，試問 $f(z)$ 在 D 中是解析的嗎？請說明理由。

18. 請問等式 $\mathrm{Im} \oint_C f(z)\,dz = \oint_C \mathrm{Im}\, f(z)\,dz$ 成立嗎？請說明理由。

19. 請問等式 $\left| \oint_C f(z)\,dz \right| = \oint_C |f(z)|\,dz$ 成立嗎？

20. 對於習題 19 等式左側的積分式，如何才能求出其界限值？

21–30　積分運算

試利用適當方法對下列各題進行積分運算。

21. $\int_C z \cosh(z^2)\,dz$ 從 0 到 $\pi i/2$。

22. $\oint_C (|z| + z)\,dz$，以順時針方向沿著單位圓進行。

23. $\oint_C z^{-4} e^{-z}\,dz$，以逆時針方向沿著 $|z| = \pi$ 進行。

24. $\int_C \mathrm{Re}\, dz$ 從 0 到 $2 + 8i$，沿著 $y = 2x^2$。

25. $\oint_C \dfrac{\tan \pi z}{(z-1)^2}\,dz$，以順時針方向沿著 $|z-1| = 0.1$ 進行。

26. $\int_C (z^2 + \overline{z}^2)\,dz$ 從 $z = 0$ 水平的到 $z = 2$，然後垂直往上到 $2 + 2i$。

27. $\int_C (z^2 + \overline{z}^2)\,dz$ 從 0 到 $2 + 2i$，走最短路徑。

28. $\oint_C \dfrac{\mathrm{Ln}\, z}{(z - 2i)^2}\,dz$，以逆時針方向沿著 $|z-1| = \frac{1}{2}$ 進行。

29. $\oint_C \left(\dfrac{4}{z+i} + \dfrac{1}{z+3i} \right) dz$，以順時針方向沿著 $|z-1| = 2.5$ 進行。

30. $\int_C \cos z\,dz$ 從 0 到 $\frac{\pi}{2} - i$。

第 14 章摘要　複數積分

函數 $f(z)$ 沿著路徑 C 的**複數線積分**，可以表示成

(1) $\qquad\qquad \int_C f(z)\,dz$ 　或者，如果 C 是閉合路徑，也可以表示成 $\qquad \oint_C f(z)$ 　(第 14.1 節)。

如果 $f(z)$ 在一單連通整域 D 中是解析的，則我們可以像在微積分中處理的一樣，利用不定積分以及極限代入的方式，來計算式 (1) 的值，也就是說，對於在 D 中從一點到另一點的所有路徑而言 (參見 14.1 節)，

(2) $\qquad\qquad\qquad \int_C f(z)\,dz = F(z_1) - F(z_0) \qquad\qquad [F'(z) = f(z)]$

這些假設隱含著**路徑的獨立性**，也就是說，式 (2) 只與 z_0 和 z_1 有關 (當然也與 $f(z)$ 有關)，但是與 C 的選擇無關 (第 14.2 節)。14.2 節利用 Cauchy 積分定理 (下文將提及) 證明了 $F(z)$ 的存在性使得 $F'(z) = f(z)$。

複數積分運算還有一個不侷限於解析函數的一般性方法，此方法使用了路徑 C 的方程式 $z = z(t)$，其中 $a \le t \le b$，此方法的形式為

(3) $\qquad\qquad\qquad \int_C f(z)\,dz = \int_a^b f(z(t))\dot{z}(t)\,dt \qquad \left(\dot{z} = \dfrac{dz}{dt} \right)$

Cauchy 積分定理是本章最重要的定理。此定理指出，如果 $f(z)$ 在一個單連通整域 D 中是解析的，則對於 D 中每條閉和路徑而言 (第 14.2 節)

(4) $\qquad\qquad\qquad\qquad \oint_C f(z)\,dz = 0$

在相同的假設下，對於 D 中的任何一點 z_0，以及在 D 中將 z_0 含括在其內部的任何閉合路徑 C 而言，我們也可以得到下列的 **Cauchy 積分公式**，

(5) $\qquad\qquad\qquad\qquad f(z_0) = \dfrac{1}{2\pi i} \oint_C \dfrac{f(z)}{z - z_0}\,dz$

除此之外，在這些假設下，$f(z)$ 在 D 中將具有所有階數的導數，這些導數本身在 D 中也是解析函數，而且 (第 14.4 節)

(6) $\qquad\qquad\qquad f^{(n)}(z_0) = \dfrac{n!}{2\pi i} \oint_C \dfrac{f(z)}{(z - z_0)^{n+1}}\,dz \qquad\qquad (n = 1, 2, \cdots)$

這隱含著 Morera 定理 (Cauchy 積分定理的反向命題)，以及 Cauchy 不等式 (第 14.4 節)，而此不等式又隱含著 Liouville 定理，其中 Liouville 定理指出，一個在整個複數平面上是有界限的全函數，必然是常數。

CHAPTER 15

冪級數、Taylor 級數 (Power Series, Taylor Series)

在第 14 章中,我們直接使用 Cauchy 積分公式來計算複數積分,該公式是由 Cauchy 積分定理推導而來。我們現在從 Cauchy 和 Goursat 的積分方法轉移到另外一種計算複數積分的方法,也就是說,現在我們要用留數積分法來計算複數積分。留數積分法將會在第 16 章中討論,但欲了解留數積分法,讀者首先要對冪級數要有深切的了解才行,其中最特別的冪級數是 Taylor 級數 (若要發展留數積分法的理論,我們仍然要使用 Cauchy 積分定理!)

在本章中,我們把焦點放在複數冪級數,特別是 Taylor 級數。它們與微積分中的實數級數和 Taylor 級數有相似的形式。15.1 節討論複數級數的收斂檢驗,它們的實數級數檢驗方式非常類似。因此,如果讀者已對如何檢驗實數級數是否收斂的課題很熟悉,那麼你可以將 15.1 節當作參考用的章節。本章主要的結果為冪級數代表著解析函數,如 15.3 節所示,而且,反過來說,每個解析函數也可利用冪級數來表示,此時的冪級數稱為 Taylor 級數,如 15.4 節所示。本章最後一節 (15.5 節) 討論的是均勻收斂性,我們將它歸類為選讀部分。

本章之先修課程:第 13、14 章。

短期課程可以省略的章節:第 15.1、15.5 節。

參考文獻與習題解答:附錄 1 的 D 部分及附錄 2。

15.1 數列、級數與收斂檢驗 (Sequences, Series, Convergence Tests)

複數數列與級數的基本觀念以及其收斂性與發散性的檢驗方式,和微積分中 (實數) 序列與級數的情形非常類似。**如果讀者認為自己對微積分中相關課程已經很熟悉,而且認為比例檢驗法在複數中也能成立是理所當然的事,那麼請跳過本節,直接研讀第 15.2 節。**

15.1.1 數列

其基本定義與微積分中的定義相同。無限數列 (*infinite sequence*),或簡稱為**數列 (sequence)**,可以利用對每一個正整數 n,指定一個數值 z_n 而獲得,每一個這樣的數值稱為數列的一個**數項 (term)**,而且數列可以寫成

$$z_1, z_2, \cdots \quad \text{或} \quad \{z_1, z_2, \cdots\} \quad \text{或簡短地表示成} \quad \{z_n\}$$

為方便起見,也可將數列表示成 $z_0, z_1, \cdots$ 或 $z_2, z_3, \cdots$,或以其他整數作為數列的開始。

實數數列 (real sequence) 是其數項都是實數的數列。

收斂 (convergence) 一個**收斂數列** $z_1, z_2, \cdots$ 是一個有極限 c 的數列,可表示成

$$\lim_{n \to \infty} z_n = c \quad \text{或簡單標示成} \quad z_n \to c$$

根據**極限 (limit)** 的定義,上式的意義是,對於每一個 $\epsilon > 0$ 而言,都可以找到一個 N,使得

(1) $$|z_n - c| < \epsilon \qquad \qquad \text{對於所有 } n > N$$

從幾何的角度來看,所有 $n > N$ 的數項 z_n,都位於半徑為 ϵ、圓心在 c 的開圓盤 (圖 361) 內,而且只有有限多個數項沒有位於該開圓盤內 [對於**實數數列**,由式 (1) 可以得到一個在實數軸上長度為 2ϵ、中間點為實數 c 的開區間;參見圖 362]。

發散數列 (divergent sequence) 是不收斂的數列。

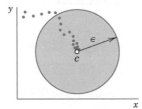

圖 361 收斂的複數數列

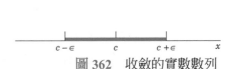

圖 362 收斂的實數數列

例題 1 收斂與發散數列

數列 $\{i^n/n\} = \{i, -\frac{1}{2}, -i/3, \frac{1}{4}, \cdots\}$ 是極限為 0 的收斂數列。

數列 $\{i^n\} = \{i, -1, -i, 1, \cdots\}$ 是發散的,而且數項為 $z_n = (1+i)^n$ 的數列 $\{z_n\}$ 也是發散的。∎

例題 2 實部與虛部的數列

數項 $z_n = x_n + iy_n = 1 - 1/n^2 + i(2 + 4/n)$ 的數列 $\{z_n\}$,其各數項分別是 $6i, \frac{3}{4} + 4i, \frac{8}{9} + 10i/3, \frac{15}{16} + 3i, \cdots$ (試將它畫出)。它收斂於極限值 $c = 1 + 2i$。請注意,$\{x_n\}$ 的極限是 $1 = \text{Re } c$,而 $\{y_n\}$ 的極限是 $2 = \text{Im } c$,這是很典型的情形。它說明了接下來要解說的定理,利用此定理,一個複數數列的收斂,可視為實部和虛部這兩個**實數數列**的收斂。∎

定理 1

實部與虛部的數列

有一個由複數 $z_n = x_n + iy_n$ (其中 $n = 1, 2, \cdots$) 所組成的數列 $z_1, z_2, \cdots, z_n, \cdots$;此複數數列收斂於 $c = a + ib$,若且唯若這個數列的實部數列 $x_1, x_2, \cdots$ 收斂於 a,且其虛部數列 $y_1, y_2, \cdots$ 收斂於 b。

證明

複數數列收斂於 $z_n \to c = a + ib$ 隱含著兩個實數數列的收斂 $x_n \to a$ 與 $y_n \to b$,這是因為,如果 $|z_n - c| < \epsilon$,則 z_n 位於半徑為 ϵ、圓心在 $c = a + ib$ 的圓內,因而使得 (圖 363a)

$$|x_n - a| < \epsilon, \quad |y_n - b| < \epsilon$$

　　反過來說，如果當 $n \to \infty$ 時，$x_n \to a$ 且 $y_n \to b$，則對於每一個給定的 $\epsilon > 0$，都可以將 N 選擇成大到使得對於每一個 $n > N$ 而言，

$$|x_n - a| < \frac{\epsilon}{2} \qquad |y_n - b| < \frac{\epsilon}{2}$$

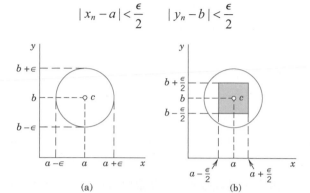

圖 363　定理 1 的證明

這兩個不等式意味著，$z_n = x_n + iy_n$ 位於中心在 c、邊長為 ϵ 的正方形內。所以，z_n 必然位於半徑為 ϵ、圓心在 c 的圓內 (圖 363b)。　■

15.1.2　級數

給定一數列 $z_1, z_2, \cdots, z_m, \cdots$，可以建構出其各個總和所形成的數列

$$s_1 = z_1, \qquad s_2 = z_1 + z_2, \qquad s_3 = z_1 + z_2 + z_3, \qquad \cdots$$

而且一般而言，

$$(2) \qquad\qquad\qquad s_n = z_1 + z_2 + \cdots + z_n \qquad\qquad\qquad (n = 1, 2, \cdots)$$

s_n 稱為下列無限級數或**級數**的**第 n 個部分和 (nth partial sum)**

$$(3) \qquad\qquad\qquad \sum_{m=1}^{\infty} z_m = z_1 + z_2 + \cdots$$

$z_1, z_2, \cdots$ 稱為級數的**數項 (term)** [除非要將 n 作為其他用途，否則本書通常使用 n 當作**加總字母 (summation letter)**，但當 n 具有其他用途時，本書將使用 m 作為加總字母]。

　　收斂級數 (convergent series) 是其部分和的數列具有收斂性的級數，例如，

$$\lim_{n \to \infty} s_n = s. \qquad \text{此時將它寫成} \qquad s = \sum_{m=1}^{\infty} z_m = z_1 + z_2 + \cdots$$

並且稱呼 s 為此級數的**總和 (sum)** 或值 (value)。一個不會收斂的級數稱為**發散級數 (divergent series)**。

　　將式 (3) 中 s_n 的若干項省略，然後只留下

$$(4) \qquad\qquad\qquad R_n = z_{n+1} + z_{n+2} + z_{n+3} + \cdots$$

這稱為級數式 (3) 在數項 z_n 之後的**餘部 (remainder)**。很明顯地，如果式 (3) 收斂，且其總和為 s，則

$$s = s_n + R_n \qquad 因此 \qquad R_n = s - s_n$$

此時，根據收斂的定義，$s_n \to s$；因此 $R_n \to 0$。在實際應用的情形下，當 s 是未知的，且想要計算出 s 的近似值 s_n 時，此時 $|R_n|$ 可視為誤差，且 $R_n \to 0$ 代表的意義是，透過將 n 選擇得足夠大，可以讓 $|R_n|$ 小到任何想要達到的程度。

將定理 1 應用於部分和，可以將複數級數的收斂性，立刻與此級數的實部和虛部的兩個級數收斂性建立關連性：

定理 2

實部與虛部

由 $z_m = x_m + iy_m$ 所形成的級數 (3) 是收斂的，且其總和為 $s = u + iv$，若且唯若 $x_1 + x_2 + \cdots$ 收斂並具有總和 u，而且 $y_1 + y_2 + \cdots$ 收斂並具有總和 v。

15.1.3 級數收斂性與發散性的檢驗

在複數分析中，對**收斂性的檢驗方法**，實際上與微積分中所用的方法一樣。在我們使用一個級數以前，為了確認該級數是收斂的，我們必須運用這些檢驗法。

發散性通常可用如下所示的方式加以證明。

定理 3

發散性

如果一個級數 $z_1 + z_2 + \cdots$ 收斂，則 $\lim\limits_{m \to \infty} z_m = 0$。所以，如果 $\lim\limits_{m \to \infty} z_m = 0$ 不成立，則該級數是發散的。

證明

如果 $z_1 + z_2 + \cdots$ 收斂，而且其總和是 s，則，因為 $z_m = s_m - s_{m-1}$，所以

$$\lim_{m \to \infty} z_m = \lim_{m \to \infty}(s_m - s_{m-1}) = \lim_{m \to \infty} s_m - \lim_{m \to \infty} s_{m-1} = s - s = 0 \qquad ■$$

注意！$z_m \to 0$ 是級數收斂的必要條件，但不是充分條件，我們可以從調和級數 $1 + \frac{1}{2} + \frac{1}{3} + \frac{1}{4} + \cdots$ 看出這一點，此級數滿足這個條件，但卻是發散的，微積分已證明過調和級數具有這種性質 (例如，請參見附錄 1 參考文獻 [GenRef11])。

在實際證明級數收斂性時會遭遇一項困難，那就是，在大部分情形下，級數的總和是未知的。Cauchy 克服這項困難所採用的作法是：去證明一個級數是收斂的，若且唯若該級數的各個部分和最終會彼此互相接近：

定理　4

級數的 Cauchy 收斂原理

級數 $z_1 + z_2 + \cdots$ 是收斂的，若且唯若，對於每一個給定的 $\epsilon > 0$ (不論有多小)，都可以找到一個 N (一般而言，N 的選擇與 ϵ 有關)，使得對於每一個 $n > N$，下列數學式都會滿足

(5) $$|z_{n+1} + z_{n+2} + \cdots + z_{n+p}| < \epsilon \quad p = 1, 2, \cdots$$

這個定理的證明有點複雜，本書將它歸類爲選讀部分 (參見附錄 4)。

絕對收斂性 (absolute convergence)　如果一級數 $z_1 + z_2 + \cdots$ 各數項的絕對值所形成的下列級數具有收斂性，則此級數稱爲**絕對收斂**，

$$\sum_{m=1}^{\infty} |z_m| = |z_1| + |z_2| + \cdots$$

如果 $z_1 + z_2 + \cdots$ 是收斂的，但是 $|z_1| + |z_2| + \cdots$ 是發散的，則級數 $z_1 + z_2 + \cdots$ 可以更精確地稱爲是**條件收斂 (conditionally convergent)**。

例題　3　**條件收斂級數**

級數 $1 - \frac{1}{2} + \frac{1}{3} - \frac{1}{4} + - \cdots$ 是收斂的，但因調和級數是發散的，前面已有提及這一點 (在定理 3 之後)，所以這個級數是條件收斂。　∎

如果一個級數是絕對收斂的，則它必然是收斂的。

由 Cauchy 原理可以很快推論出這一點 (參見習題 29)。這個原理也可以產生下列的一般性收斂檢驗方法。

定理　5

比較檢驗法

如果有一個給定的級數 $z_1 + z_2 + \cdots$，而且如果我們可以找到一個具有非負值實數項的收斂級數 $b_1 + b_2 + \cdots$，使得 $|z_1| \leq b_1, |z_2| \leq b_2, \cdots$，則這個給定的級數將是收斂的，甚至是絕對收斂的。

證明

根據 Cauchy 收斂原理，因爲 $b_1 + b_2 + \cdots$ 收斂，所以，對於任何給定的 $\epsilon > 0$，我們都可以找到一個 N，使得對於每一個 $n > N$，

$$b_{n+1} + \cdots + b_{n+p} < \epsilon \quad p = 1, 2, \cdots$$

由這項結果以及 $|z_1| \leq b_1, |z_2| \leq b_2, \cdots$，可以下結論說，對於這些 n 和 p，

$$|z_{n+1}| + \cdots + |z_{n+p}| \leq b_{n+1} + \cdots + b_{n+p} < \epsilon$$

所以，再一次使用 Cauchy 原理可以得到，$|z_1| + |z_2| + \cdots$ 是收斂的，因而使得 $z_1 + z_2 + \cdots$ 是絕對收斂。　∎

幾何級數是一個適合用於進行比較的級數，其行爲如下。

定理 **6**

幾何級數

如果下列幾何級數

(6*)
$$\sum_{m=1}^{\infty} q^m = 1 + q + q^2 + \cdots$$

的 $|q| < 1$，則級數將收斂，而且總和等於 $1/(1-q)$，如果 $|q| \geq 1$，則級數將發散。

證明

如果 $|q| \geq 1$，則 $|q^m| \geq 1$，所以由定理 3 可以推論得到，這個級數會發散。

　　現在令 $|q| < 1$，則級數的第 n 個部分和是

$$s^n = 1 + q + \cdots + q^n$$

由上式可以得到

$$qs^n = \quad q + \cdots + q^n + q^{n+1}$$

將兩個數學式彼此相減，則方程式右側的大部分數項會成對地相互消去，最後留下

$$s_n - qs_n = (1-q)s_n = 1 - q^{n+1}$$

既然 $q \neq 1$，所以 $1 - q \neq 0$，然後針對 s_n 進行求解，結果得到

(6)
$$s_n = \frac{1 - q^{n+1}}{1-q} = \frac{1}{1-q} - \frac{q^{n+1}}{1-q}$$

因爲 $|q| < 1$，所以當 $n \to \infty$ 時，上式右側的最後一項會趨近於零。所以，如果 $|q| < 1$，則這個級數將收斂，且級數總和等於 $1/(1-q)$，證明結束。 ■

15.1.4　比例檢驗法

在後續的工作中，這是最重要的一種檢驗法。藉由將幾何級數選定爲定理 5 中的比較級數 $b_1 + b_2 + \cdots$，就可以獲得這個檢驗法：

定理 **7**

比例檢驗法

如果一個 $z_n \neq 0$ $(n = 1, 2, \cdots)$ 的級數 $z_1 + z_2 + \cdots$，具有這樣的性質：對於大於某個 N 的每一個 n，下式成立，

(7)
$$\left| \frac{z_{n+1}}{z_n} \right| \leq q < 1 \qquad\qquad (n > N)$$

(其中 $q < 1$ 是固定值)，則這個級數會絕對收斂。如果對於每一個 $n > N$，

$$(8) \qquad \left| \frac{z_{n+1}}{z_n} \right| \geq 1 \qquad (n > N)$$

則這個級數會發散。

證明

如果式 (8) 成立，則對於 $n > N$ 而言，$|z_{n+1}| \geq |z_n|$，因此，由定理 3 可推論得到，這個級數會發散。

如果式 (7) 成立，則對於 $n > N$ 而言，$|z_{n+1}| \leq |z_n| q$，特別是，

$$|z_{N+2}| \leq |z_{N+1}| q, \quad |z_{N+3}| \leq |z_{N+2}| q \leq |z_{N+1}| q^2, \quad \text{以此類推}$$

而且一般而言，$|z_{N+p}| \leq |z_{N+1}| q^{p-1}$。既然 $q < 1$，由前面這項結果，以及定理 6，可以得到

$$|z_{N+1}| + |z_{N+2}| + |z_{N+3}| + \cdots \leq |z_{N+1}| (1 + q + q^2 + \cdots) \leq |z_{N+1}| \frac{1}{1-q}$$

現在，由定理 5 可以推論得到，$z_1 + z_2 + \cdots$ 絕對收斂。　∎

注意！不等式 (7) 隱含著 $|z_{n+1}/z_n| < 1$ 會成立，但是正如同我們從調和級數所觀察到的結果可知，這並**不**意味著這個級數會收斂，其中對調和級數而言，所有的 n 都滿足 $z_{n+1}/z_n = n/(n+1) < 1$，但該級數是發散的。

如果在式 (7) 和式 (8) 中的比例值所形成的數列會收斂，則可以得到一個更方便的定理。

定理　8

比例檢驗法

如果一個 $z_n \neq 0$ $(n = 1, 2, \cdots)$ 的級數 $z_1 + z_2 + \cdots$，具有 $\displaystyle \lim_{n \to \infty} \left| \frac{z_{n+1}}{z_n} \right| = L$ 的性質，則

(a) 如果 $L < 1$，則這個級數會絕對收斂。

(b) 如果 $L > 1$，則這個級數會發散。

(c) 如果 $L = 1$，則這個級數可能收斂或發散，因而使得這個檢驗法不能適用，並且不能獲得任何結論。

證明

(a) 假設 $k_n = |z_{n+1}/z_n|$，且令 $L = 1 - b < 1$。則根據極限的定義，則 k_n 最終會趨近 $1 - b$，例如，對於大於某個 N 的所有 n 而言，$k_n \leq q = 1 - \frac{1}{2} b < 1$。現在，由定理 7 可以推論得到，

$z_1 + z_2 + \cdots$ 會收斂。

(b) 同樣地，當 $L = 1 + c > 1$ 時，對於所有 $n > N^*$ (N^* 夠大)，$k_n \geq 1 + \frac{1}{2} c > 1$，根據定理 7，這意謂著 $z_1 + z_2 + \cdots$ 會收斂。

(c) 調和級數 $1+\frac{1}{2}+\frac{1}{3}+\cdots$ 的 $z_{n+1}/z_n = n/(n+1)$，所以 $L=1$；已知這個級數會發散。此外，級數

$$1+\frac{1}{4}+\frac{1}{9}+\frac{1}{16}+\frac{1}{25}+\cdots \quad \text{有} \quad \frac{z_{n+1}}{z_n}=\frac{n^2}{(n+1)^2}$$

所以 $L=1$，但是這個級數會收斂。這個級數的收斂性可以從下式推論出來 (圖 364)

$$s_n = 1+\frac{1}{4}+\cdots+\frac{1}{n^2} \le 1+\int_1^n \frac{dx}{x^2}=2-\frac{1}{n}$$

上式告訴我們，$s_1, s_2, \cdots$ 是有界的數列，而且這個數列會單調遞增 (因為這個級數的所有數項都是正值)；對於實數數列 $s_1, s_2, \cdots$ 而言，這兩個性質組合起來，形成了數列收斂性的充分條件 [在微積分中，這可以利用所謂的積分檢驗法 (*integral test*) 加以證明，且在這本書中，也已經使用過與積分檢驗法有關的概念]。　■

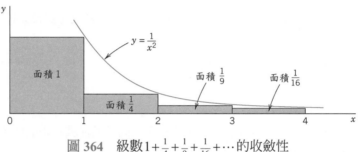

圖 364　級數 $1+\frac{1}{4}+\frac{1}{9}+\frac{1}{16}+\cdots$ 的收斂性

例題　**4**　**比例檢驗法**

試問下列級數會收斂或發散？(請先用猜想的，然後再計算)。

$$\sum_{n=0}^{\infty} \frac{(100+75i)^n}{n!} = 1+(100+75i)+\frac{1}{2!}(100+75i)^2+\cdots$$

解

根據定理 8，由下列數學式可以推論得到，這個級數是收斂的，

$$\left|\frac{z_{n+1}}{z_n}\right| = \frac{|100+75i|^{n+1}/(n+1)!}{|100+75i|^n/n!} = \frac{|100+75i|}{n+1} = \frac{125}{n+1} \quad \rightarrow \quad L=0 \qquad ■$$

例題　**5**　**定理 7 比定理 8 更具有一般性**

令 $a_n = i/2^{3n}$ 且 $b_n = 1/2^{3n+1}$，試問下列級數會收斂或發散？

$$a_0+b_0+a_1+b_1+\cdots = i+\frac{1}{2}+\frac{i}{8}+\frac{1}{16}+\frac{i}{64}+\frac{1}{128}+\cdots$$

解

相鄰兩項的絕對值的比值是 $\frac{1}{2}, \frac{1}{4}, \frac{1}{2}, \frac{1}{4}, \cdots$。所以，根據定理 7，這個級數會收斂。但因為這些比值所組成的數列並沒有極限值存在，所以定理 8 不適用。　■

15.1.5　根式檢驗法

比例檢驗法與根式檢驗法是實務上最重要的兩種檢驗法。比例檢驗法通常比較簡單，但是根式檢驗法比較具有普遍性。

定理　9

根式檢驗法

如果一個級數 $z_1 + z_2 + \cdots$ 滿足這樣的性質：對於大於某個 N 的每一個 n 而言，下式都成立，

$$(9) \qquad\qquad\qquad \sqrt[n]{|z_n|} \le q < 1 \qquad\qquad\qquad (n > N)$$

(其中 $q < 1$ 是固定值)，則這個級數會絕對收斂。如果有無限多個 n 滿足下列數學式，

$$(10) \qquad\qquad\qquad \sqrt[n]{|z_n|} \ge 1$$

則這個級數會發散。

證明

如果式 (9) 成立，則對於所有 $n > N$，我們有 $|z_n| \le q^n < 1$。所以，在與幾何級數進行比較後，可以知道，級數 $|z_1| + |z_2| + \cdots$ 會收斂，因此，級數 $z_1 + z_2 + \cdots$ 會絕對收斂。如果式 (10) 成立，則有無限多個 n 使得 $|z_n| \ge 1$。由定理 3 可以推論得到級數 $z_1 + z_2 + \cdots$ 具有發散性。　■

注意！不等式 (9) 隱含著 $\sqrt[n]{|z_n|} < 1$ 會成立，但正如同我們從調和級數所觀察到的結果可知，這並不意味該級數會收斂，其中對調和級數而言，這個級數的所有數項都滿足 $\sqrt[n]{1/n} < 1$ (當 $n > 1$ 時)，但這個級數是發散的。

　　如果在式 (9) 和式 (10) 中的根所組成的數列，具有收斂性，則可以得到下列更方便的定理。

定理　10

根式檢驗法

如果一個級數 $z_1 + z_2 + \cdots$ 滿足 $\lim\limits_{n \to \infty} \sqrt[n]{|z_n|} = L$ 這樣的性質，則：

(a) 如果 $L < 1$，則這個級數會絕對收斂。

(b) 如果 $L > 1$，則這個級數會發散。

(c) 如果 $L = 1$，則這個檢驗法不能適用；換言之，無法獲得任何結論。

習題集　15.1

1–10　數列

試問下列數列 $z_1, z_2, \cdots, z_n, \cdots$ 是有界的嗎？是收斂的嗎？請求出它們的極限點。寫出詳細解題過程。

1.　$z_n = (1+i)^{2n} / 2^n$
2.　$z_n = (1+2i)^n / n!$
3.　$z_n = n\pi / (2+4ni)$
4.　$z_n = (2-i)^n$
5.　$z_n = (-1)^n + 5i$
6.　$z_n = (\cos 2n\pi i) / n$
7.　$z_n = n^2 - i / 2n^2$
8.　$z_n = [(1+2i)/\sqrt{5}]^n$
9.　$z_n = (2+2i)^{-n}$
10.　$z_n = \sin(\tfrac{1}{4} n\pi) + i^n$

11. **CAS 實驗　數列**　請撰寫描繪複數數列的程式。然後將這個程式應用到一些有「幾何」性質的數列，例如，位於橢圓上，螺旋式趨近其極限，有無限多個極限點，等等。

12. **數列的加法運算**　如果數列 z_1, z_2, $\cdots$ 收斂，其極限值為 l，而且數列 $z_1^*, z_2^*, \cdots$ 收斂，其極限值為 l^*，則請證明數列 $z_1 + z_1^*$, $z_2 + z_2^*$, $\cdots$ 會收斂，且其極限是 $l + l^*$。

13. **有界數列**　請證明，一個複數數列是有界的，若且唯若該複數數列的實部和虛部所形成的兩個相對應數列是有界的。

14. **關於定理 1**　請利用一個自己選擇的例子，解說定理 1。

15. **關於定理 2**　請利用另一個自己選擇的例子，解說定理 2。

16–25　**級數**

試問下列級數會收斂或發散？說明理由，寫出詳細解題過程。

16. $\displaystyle\sum_{n=0}^{\infty} \frac{(20+30i)^n}{n!}$

17. $\displaystyle\sum_{n=2}^{\infty} \frac{(-i)^n}{\ln n}$

18. $\displaystyle\sum_{n=1}^{\infty} n^2 \left(\frac{i}{4}\right)^n$

19. $\displaystyle\sum_{n=0}^{\infty} \frac{i^n}{n^2 - i}$

20. $\displaystyle\sum_{n=0}^{\infty} \frac{n+i}{3n^2 + 2i}$

21. $\displaystyle\sum_{n=0}^{\infty} \frac{(\pi + \pi i)^{2n+1}}{(2n+1)!}$

22. $\displaystyle\sum_{n=1}^{\infty} \frac{1}{\sqrt{2n}}$

23. $\displaystyle\sum_{n=0}^{\infty} \frac{(-1)^n (1+i)^{2n}}{(2n)!}$

24. $\displaystyle\sum_{n=1}^{\infty} \frac{(3i)^n n!}{n^n}$

25. $\displaystyle\sum_{n=1}^{\infty} \frac{(-1)^n}{n}$

26. **式 (7) 的重要性**　請問在式 (7) 和只限定 $|z_{n+1}/z_n| < 1$，這兩者之間有何差異？

27. **關於定理 7 和 8**　關於定理 7 比定理 8 更具有一般性，請提出另一個例子說明。

28. **CAS 實驗　級數**　請撰寫一計算並描繪複數級數的前 n 項部分和的程式。然後利用這個程式，測試自己所選擇的級數其收斂的快速性。

29. **絕對收斂性 (absolute convergence)**　請證明，如果一個級數絕對收斂，則它必然是收斂的。

30. **級數餘部的估計**　令 $|z_{n+1}/z_n| \leq q < 1$，因而使得利用比例檢驗法，就可以判斷級數 $z_1 + z_2 + \cdots$ 會收斂。請證明級數的餘部 $R_n = z_{n+1} + z_{n+2} + \cdots$ 滿足不等式 $|R_n| \leq |z_{n+1}|/(1-q)$。利用這個事實，求出在計算下列級數的總和 s 時，考慮多少個數項就已經足夠，

$$\sum_{n=1}^{\infty} \frac{n+i}{2^n n}$$

其中的誤差值不可超過 0.05，並根據這個準確度，計算 s。

15.2 冪級數 (Power Series)

同學們應該要特別的留意本節內容，因為我們將說明冪級數在複數分析中是如何扮演一個重要的角色。事實上，冪級數在複數分析中是最重要的級數，這是因為我們將看到，它們的總和是解析函數 (15.3 節的定理 5)，且每一個解析函數也都可以利用冪級數加以表示 (15.4 節的定理 1)。

以 $z - z_0$ 的次方所表示的**冪級數**具有下列型式

(1)
$$\sum_{n=0}^{\infty} a_n(z-z_0)^n = a_0 + a_1(z-z_0) + a_2(z-z_0)^2 + \cdots$$

其中 z 是複變數，$a_0, a_1, \cdots$ 是稱爲級數的 **係數 (coefficient)** 且爲複數 (或實數) 常數，而 z_0 是稱爲級數的 **中心 (center)** 之複數 (或實數) 常數。這種形式的級數使得微積分中的實數冪級數更加的一般化。

如果 $z_0 = 0$，則我們得到一個特殊情況，它是以 z 的次方來表示的冪級數：

(2)
$$\sum_{n=0}^{\infty} a_n z^n = a_0 + a_1 z + a_2 z^2 + \cdots$$

15.2.1　冪級數的收斂行爲

冪級數具有可變動的數項 (z 的函數)，但是**如果使 z 固定不動，則上一節討論的所有固定數項的級數概念，仍然能夠適用**。具有可變動數項的級數，通常會對於某些 z 值呈現收斂狀態，而對於其他 z 值則呈現發散狀態。對於冪級數而言，情況比較單純。式 (1) 所代表的級數可以在一個以 z_0 爲中心的圓盤內具有收斂性，或者也可以在整個 z 平面，或只在 z_0 點上，具有收斂性。我們將以幾個典型例題說明這一點，然後再證明它。

例題　**1**　**在圓盤內收斂、幾何級數**

下列的幾何級數

$$\sum_{n=0}^{\infty} z^n = 1 + z + z^2 + \cdots$$

在 $|z| < 1$ 時會絕對收斂，而在 $|z| \geq 1$ 時會發散 (參見 15.1 節定理 6)。∎

例題　**2**　**對於每一個 z 都收斂**

下列冪級數 (15.4 節將提及，這個級數就是 e^z 的 Maclaurin 級數)

$$\sum_{n=0}^{\infty} \frac{z^n}{n!} = 1 + z + \frac{z^2}{2!} + \frac{z^3}{3!} + \cdots$$

對於每一個 z 都絕對收斂。事實上，根據比例檢驗法，對於任何被固定的 z，

$$\left| \frac{z^{n+1}/(n+1)!}{z^n/n!} \right| = \frac{|z|}{n+1} \to 0 \quad 當 \quad n \to \infty$$
∎

例題　**3**　**只在中心點收斂 (無價值的級數)**

下列冪級數只在 $z = 0$ 處收斂，但是會在每一個 $z \neq 0$ 點發散，我們將會證明這一點，

$$\sum_{n=0}^{\infty} n! z^n = 1 + z + 2z^2 + 6z^3 + \cdots$$

事實上，由比例檢驗法，我們可以得到

$$\left| \frac{(n+1)! z^{n+1}}{n! z^n} \right| = (n+1)|z| \to \infty \quad 當 \quad n \to \infty \quad (z \text{ 固定且} \neq 0)$$
∎

定理　1

冪級數的收斂

(a) 每一個冪級數式 (1) 於中心點 z_0 會收斂。

(b) 如果式 (1) 在 $z = z_1 \neq z_0$ 點處收斂，則對於每一個比 z_1 更接近 z_0 的 z 而言，式 (1) 都會絕對收斂，換言之，$|z - z_0| < |z_1 - z_0|$。參見圖 365。

(c) 如果式 (1) 在 $z = z_2$ 處發散，則對於每一個比 z_2 距離 z_0 還要遠的 z 而言，式 (1) 都會發散。參見圖 365。

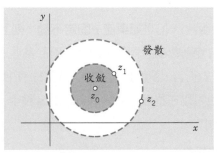

圖 365　定理　1

證明

(a) 當 $z = z_0$ 時，則級數式 (1) 將可化簡成單一項 a_0。

(b) 根據第 15.1 節定理 3，由級數在 $z = z_1$ 處的收斂性，可以得到當 $n \to \infty$ 時，$a_n(z_1 - z_0)^n \to 0$。這意味著，其絕對值的有界性，所以對於每一個 $n = 0, 1, \cdots$ 而言

$$|a_n(z_1 - z_0)^n| < M$$

將 $a_n(z - z_0)^n$ 乘以和除以 $(z_1 - z_0)^n$，可得

$$|a_n(z - z_0)^n| = \left| a_n(z_1 - z_0)^n \left(\frac{z - z_0}{z_1 - z_0} \right)^n \right| \leq M \left| \frac{z - z_0}{z_1 - z_0} \right|^n$$

針對 n 進行加總，結果得到

(3)
$$\sum_{n=1}^{\infty} |a_n(z - z_0)^n| \leq M \sum_{n=1}^{\infty} \left| \frac{z - z_0}{z_1 - z_0} \right|^n$$

此時，我們的假設 $|z - z_0| < |z_1 - z_0|$ 可以改寫成 $|(z - z_0)/(z_1 - z_0)| < 1$。所以，在式 (3) 右側的級數是一個收斂的幾何級數 (參見 15.1 節定理 6)。然後利用 15.1 節的比較檢驗法可以推論得到，式 (1) 具有絕對收斂性。

(c) 如果這個定理中的 (c) 部分陳述不是真的，那麼就會有一個距離 z_0 比 z_2 還遠的 z_3，使得級數收斂。由 (b) 部分可知，此即表示在 z_2 的收斂性，與我們假設在 z_2 的發散性相矛盾。∎

15.2.2　冪級數的收斂半徑

對於每一個 z 冪級數都收斂 (例題 2，這是最佳的情況) 與沒有任何 $z \neq z_0$ 使冪級數收斂 (例題 3，這是沒有價值的情況) 等兩種情形，不需要更進一步的討論，而且我們會暫時將它們放在一旁。我們將考慮以 z_0 為圓心、包含所有使給定級數式 (1) 收斂的點的最小圓形。令 R 代表此圓形的半徑。圓

$$|z - z_0| = R \qquad\qquad (\text{圖 366})$$

稱為式 (1) 的**收斂圓 (circle of convergence)**，其半徑 R 稱為式 (1) 的**收斂半徑 (radius of convergence)**。此時，定理 1 隱含著級數在該圓內部的每一點都具有收斂性。換言之，級數對於滿足下列數學式的所有 z 都會收斂，

$$(4) \qquad\qquad |z - z_0| < R$$

(圓心在 z_0、半徑為 R 的開圓盤)。此外，既然 R 是盡可能地小，所以對於滿足下列數學式的所有 z，級數式 (1) 將發散，

$$(5) \qquad\qquad |z - z_0| > R$$

關於冪級數式 (1) **在收斂圓上**的收斂性，並沒有辦法作出任何具有一般性的陳述。級數式 (1) 可以在這些點的全部點上，或其中一些點，或沒有任何一點上具有收斂性。細節對我們來說並不重要。所以，或許一個簡單例子就能給予我們其中所涉及的觀念。

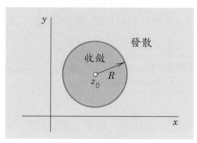

圖 366　收斂圓

例題　4　在收斂圓上的行為

在收斂圓上 (下列三種級數的半徑 $R = 1$)，

$\sum z^n / n^2$ 會在每一點上收斂，因為 $\sum 1/n^2$ 收斂，

$\sum z^n / n$ 會在點 -1 上收斂 (根據 Leibniz's 檢驗法)，但是會在點 1 上發散，

$\sum z^n$ 會在所有點上發散。

標記式 $R = \infty$ 和 $R = 0$　為了將這兩個獨特情形結合到目前的標記式中，寫成

$R = \infty$ 代表對於所有 z，級數式 (1) 都收斂 (就像例題 2 的情形一樣)，

$R = 0$，代表級數式 (1) 只在中心點 $z = z_0$ 上收斂 (就像例題 3 的情形一樣)。

這是很方便的標記式，但是除此之外，就沒有任何其他含意了。

實數冪級數 (real power series)　在這種情形下，級數內的各次方、係數和中心點都是實數，此時公式 (4) 可以給出在實數線上長度為 $2R$ 的**收斂區間** (convergence interval) $|x - x_0| < R$。

由係數判斷收斂半徑　關於這個在實務上很重要的工作，可以利用下列定理：

定理　2

收斂半徑 R

假設數列 $|a_{n+1} / a_n|$, $n = 1, 2, \cdots$ 收斂，其極限值是 L^*。如果 $L^* = 0$，則 $R = \infty$；換言之，對於所有的 z，冪級數式 (1) 都收斂。如果 $L^* \neq 0$ (所以 $L^* > 0$)，則

$$(6) \qquad R = \frac{1}{L^*} = \lim_{n \to \infty} \left| \frac{a_n}{a_{n+1}} \right| \qquad \text{(Cauchy–Hadamard 公式[1])}$$

如果 $|a_{n+1} / a_n| \to \infty$，則 $R = 0$ (只在中心點 z_0 上收斂)。

證明

對級數式 (1) 而言，比例檢驗法 (第 15.1 節) 中的數項比值是

$$\left| \frac{a_{n+1}(z - z_0)^{n+1}}{a_n(z - z_0)^n} \right| = \left| \frac{a_{n+1}}{a_n} \right| |z - z_0| \qquad \text{其極限是} \quad L = L^* |z - z_0|$$

令 $L^* \neq 0$，因此 $L^* > 0$。如果 $L = L^*|z - z_0| < 1$，此時 $|z - z_0| < 1/L^*$，則這個級數具有收斂性，而且，如果 $|z - z_0| > 1/L^*$，則這個級數會發散。根據式 (4) 和式 (5)，這可以證明 $1/L^*$ 是收斂半徑，並且證明式 (6) 為真。

　　如果 $L^* = 0$，則對於每一個 z，$L = 0$，利用比例檢驗法，由這個條件可以告訴我們，對於所有的 z，這個級數將收斂。如果 $|a_{n+1} / a_n| \to \infty$，則對於任何 $z \neq z_0$，以及所有足夠大的 n 而言，$|a_{n+1} / a_n| |z - z_0| > 1$。根據比例檢驗法，由這個結果可以推論得到，對於所有的 $z \neq z_0$，這個級數都會發散 (15.1 節定理 7)。　■

如果 L^* 不存在，則公式 (6) 就不能發揮作用，但是我們還是有可能將定理 2 予以延伸，下面的例題 6 會討論這一點。

例題　5　**收斂半徑**

根據式 (6)，冪級數 $\sum_{n=0}^{\infty} \frac{(2n)!}{(n!)^2}(z - 3i)^n$ 的收斂半徑是

$$R = \lim_{n \to \infty} \left[\frac{(2n!)}{(n!)^2} \Big/ \frac{(2n+2)!}{((n+1)!)^2} \right] = \lim_{n \to \infty} \left[\frac{(2n!)}{(2n+2)!} \cdot \frac{((n+1)!)^2}{(n!)^2} \right] = \lim_{n \to \infty} \frac{(n+1)^2}{(2n+2)(2n+1)} = \frac{1}{4}$$

這個級數在開圓盤 $|z - 3i| < \frac{1}{4}$ 中會收斂，我們可以看出此圓盤的半徑是 $\frac{1}{4}$，圓心位於 $3i$。　■

---

[1] 為了紀念法國數學家 A. L. CAUCHY (參見 2.5 節) 和 JACQUES HADAMARD (1865–1963) 所採用的名稱。Hadamard 對冪級理論做出基本的貢獻，並且將畢生心力奉獻於偏微分方程式。

例題　6　定理 2 的延伸

試求下列冪級數的收斂半徑 R

$$\sum_{n=0}^{\infty}\left[1+(-1)^n+\frac{1}{2^n}\right]z^n = 3+\frac{1}{2}z+\left(2+\frac{1}{4}\right)z^2+\frac{1}{8}z^3+\left(2+\frac{1}{16}\right)z^4+\cdots$$

解

因為相鄰數項的比值所形成的數列 $\frac{1}{6}$, $2(2+\frac{1}{4})$, $1/(8(2+\frac{1}{4}))$, $\cdots$ 並沒有收斂，因而使得定理 2 不能發揮作用。不過，我們可以證明下列數學式

(6*)　　　　　　　　　　　$R = 1/\tilde{L}$　　　$\tilde{L} = \lim_{n\to\infty}\sqrt[n]{|a_n|}$

上面的數學式在這裡仍然沒什麼幫助，因為 $(\sqrt[n]{|a_n|})$ 對於奇數 n 而言，$\sqrt[n]{|a_n|} = \sqrt[n]{1/2^n} = \frac{1}{2}$，然而，當 n 是偶數時，我們可以得到下列數學式，

$$\sqrt[n]{|a_n|} = \sqrt[n]{2+1/2^n} \;\to\; 1 \quad 當 \quad n\to\infty$$

因而使得數列 $\sqrt[n]{|a_n|}$ 具有兩個極限點 $1/2$ 和 1，所以數列 $\sqrt[n]{|a_n|}$ 沒有收斂。不過，我們可以更進一步地證明

(6**)　　　　　　　　　　　$R = 1/\tilde{l}$　　　$\tilde{l}$ 是數列 $\left\{\sqrt[n]{|a_n|}\right\}$ 的最大極限點

在這個例題中，$\tilde{l}=1$，所以 $R=1$。解答：當 $|z|<1$ 時，這個級數會收斂。　■

摘要　冪級數會在某個開圓盤中收斂，有些冪級數甚至會對每一個 z 都能收斂 (有些則只會在中心點收斂，但是此時冪級數是沒有任何價值了)；有關收斂半徑，請參見式 (6) 或例題 6。

　　除了無價值的冪級數以外，冪級數的和都具有解析函數的性質 (下一節將討論它)；這一點正足以說明它們在複數分析中的重要性。

習題集　15.2

1. 冪級數　$1/z + z + z^2 + \cdots$ 和 $z + z^{3/2} + z^2 + z^3 + \cdots$ 是冪級數嗎？請解釋之。

2. 收斂半徑　何謂收斂半徑？它扮演的角色為何？為什麼會取這個名字？要如何求它？

3. 收斂　一個冪級數的收斂性其基本不同的可能性為何？

4. 有關於例題 1–3　延伸它們成為用 $z-4+3\pi i$ 的冪次項來表示的冪級數。延伸例題 1 成為收斂半徑 6 的情況。

5. 冪次 z^{2n}　試證明如果 $\sum a_n z^n$ 具有收斂半徑 R (假設是有限的)，則 $\sum a_n z^{2n}$ 具有收斂半徑 $\sqrt{R}$。

$\boxed{6\text{–}18}$　收斂半徑

試求下列各題的中心點和收斂半徑。

6. $\displaystyle\sum_{n=0}^{\infty} 2^n(z-1)^n$　　**7.** $\displaystyle\sum_{n=0}^{\infty}\frac{(-1)^n}{(2n)!}\left(z-\frac{1}{4}\pi\right)^{2n}$

8. $\displaystyle\sum_{n=0}^{\infty} \frac{n^n}{n!}(z-\pi i)^n$　　9. $\displaystyle\sum_{n=0}^{\infty} \frac{n(n-1)}{2^n}(z+i)^{2n}$

10. $\displaystyle\sum_{n=0}^{\infty} \frac{(z-2i)^n}{n^n}$　　11. $\displaystyle\sum_{n=0}^{\infty} \left(\frac{3-i}{5+2i}\right)z^n$

12. $\displaystyle\sum_{n=0}^{\infty} \frac{(-1)^n n}{8^n}z^n$　　13. $\displaystyle\sum_{n=0}^{\infty} 16^n(z+i)^{4n}$

14. $\displaystyle\sum_{n=0}^{\infty} \frac{(-1)^n}{4^{2n}(n!)^2}z^{2n}$　　15. $\displaystyle\sum_{n=0}^{\infty} \frac{(2n)!}{4^n(n!)^2}(z-2i)^n$

16. $\displaystyle\sum_{n=0}^{\infty} \frac{(3n)!}{2^n(n!)^3}z^n$　　17. $\displaystyle\sum_{n=1}^{\infty} \frac{3^n}{n(n+1)}z^{2n+1}$

18. $\displaystyle\sum_{n=0}^{\infty} \frac{2(-1)^n}{\sqrt{\pi}(2n+1)n!}z^{2n+1}$

19. **CAS 專題　收斂半徑**　請撰寫一個能來計算出收斂半徑 R 的程式，依序利用式 (6)、(6*) 或 (6**)，取決於所需要的極限存在性。使用自己選擇的幾個級數，測試這個程式，並且使得所有三個公式，式 (6)、(6*) 和 (6**) 都能產生結果。

20. **團隊專題　收斂半徑**

(a) **了解式 (6)**　有關 R 的公式 (6) 含有的比例值是 $|a_n/a_{n+1}|$，而不是 $|a_{n+1}/a_n|$。如何利用定性的論證方式，讓自己能夠記住這一點？

(b) **改變係數**　如果我們 (i) 將所有 a_n 乘以 $k \neq 0$，(ii) 將所有 a_n 乘以 $k^n \neq 0$，(iii) 以 $1/a_n$ 取代 a_n，則請問 R ($0 < R < \infty$) 會產生什麼變化？你可以想到這個的一個應用嗎？

(c) **了解例題 6**　例題 6 將定理 2 延伸到 a_n/a_{n+1} 沒有收斂的情形。你能了解內文中藉以得到例題 6 的「混合」原理嗎？請舉出更進一步的例題。

(d) **了解定理 1 中的 (b) 和 (c)**　試問是否存在一個以 z 的次方項所表示的冪級數，其中這個冪級數會在 $z = 30 + 10i$ 處收斂，並且在 $z = 31 - 6i$ 處發散？請說明理由。

15.3　由冪級數所代表的函數 (Functions Given by Power Series)

本節的主要目標是要證明冪級數可以代表解析函數。這個事實 (定理 5) 以及冪級數在加法、乘法、微分和積分等運算中所擁有的良好行為，使得冪級數在複數分析中變得很有用。

為了簡化本節公式，我們取 $z_0 = 0$，並且將級數寫成

$$(1) \qquad \sum_{n=0}^{\infty} a_n z^n$$

這並沒有損及一般性，因為一個以 $\hat{z} - z_0$ 冪次所表示的級數，其中 z_0 是任意的，永遠可以在進行 $\hat{z} - z_0 = z$ 的設定以後，簡化成式 (1) 的形式。

專業術語與標記方式　如果任何給定的冪級數式 (1) 具有非零的收斂半徑 R (因此 $R > 0$)，則其總和是一個 z 的函數，例如 $f(z)$。然後可以將式 (1) 寫成

$$(2) \qquad f(z) = \sum_{n=0}^{\infty} a_n z^n = a_0 + a_1 z + a_2 z^2 + \cdots \qquad (|z| < R)$$

在此稱 $f(z)$ 是**由冪級數表示**，或 $f(z)$ 是**以冪級數展開**。例如，幾何級數代表在單位圓 $|z| = 1$ 內的函數 $f(z) = 1/(1-z)$ (請參見 15.1 節定理 6)。

冪級數表示法的唯一性　這是本節的下一個目標。它代表的意義是，一個函數 $f(z)$ 不能以具有相同中心點的兩個不同冪級數來表示。我們宣稱如果 $f(z)$ 可以利用具有中心點 z_0 的冪級數展開，則這個展開式是唯一的。這個重要的事實經常使用於複數分析中 (微積分也同樣有使用它)。在定理 2 中我們將會證明它，其證明會使用下列定理 1 進行推論。

定理　**1**

冪級數總和的連續性

如果函數 $f(z)$ 可以用冪級數 (2) 來表示，而且這個冪級數的收斂半徑是 $R > 0$，則 $f(z)$ 在 $z = 0$ 處是連續的。

證明

由式 (2)，並且假設 $z = 0$，則可以得到 $f(0) = a_0$。因此，由連續性的定義，我們必須證明 $\lim_{z \to 0} f(z) = f(0) = a_0$。即必須證明，對於給定的 $\epsilon > 0$，會存在一個 $\delta > 0$，使得當 $|z| < \delta$ 時，$|f(z) - a_0| < \epsilon$ 會成立。現在，根據 15.2 節定理 1，對於 $|z| \leq r$，式 (2) 將會絕對收斂，其中 r 是滿足 $0 < r < R$ 的任何一個值。所以下列級數所以下列級數

$$\sum_{n=1}^{\infty} |a_n| r^{n-1} = \frac{1}{r} \sum_{n=1}^{\infty} |a_n| r^n$$

會收斂。令 $S \neq 0$ 是級數的總和 ($S = 0$ 沒有討論價值)。則當 $0 < |z| \leq r$ 時，

$$|f(z) - a_0| = \left| \sum_{n=1}^{\infty} a_n z^n \right| \leq |z| \sum_{n=1}^{\infty} |a_n| |z|^{n-1} \leq |z| \sum_{n=1}^{\infty} |a_n| r^{n-1} = |z| S$$

而且當 $|z| < \delta$ 時，$|z| S < \epsilon$，其中 $\delta > 0$ 比 r 小，而且比 ϵ / S 小。所以，$|z| S < \delta S < (\epsilon / S) S = \epsilon$。至此定理得證。　■

利用這個定理，我們現在已經準備好要去證明我們所想要的唯一性證明 (再一次假設 $z_0 = 0$，請注意，這樣做並不會喪失定理的一般性)：

定理　**2**

冪級數的同一性定理、唯一性

令冪級數 $a_0 + a_1 z + a_2 z^2 + \cdots$ 和 $b_0 + b_1 z + b_2 z^2 + \cdots$，對於 $|z| < R$ 而言，兩者都收斂，其中 R 是正值，而且令這兩者對所有 z 而言，都具有相同總和。則這兩個級數完全相等，換言之，$a_0 = b_0$，$a_1 = b_1$, $a_2 = b_2$, $\cdots$。

　　所以，如果函數 $f(z)$ 可以用一個具有任意中心點 z_0 的冪級數表示，則此表示法是**唯一的**。

證明

我們用歸納法來進行證明。假設

$$a_0 + a_1 z + a_2 z^2 + \cdots = b_0 + b_1 z + b_2 z^2 + \cdots \qquad (|z| < R)$$

根據定理 1，這兩個冪級數各自的總和在 $z = 0$ 處是連續的。所以如果考慮 $|z| > 0$ 的情形，並且令上式兩側的 $z \to 0$，則將看到 $a_0 = b_0$：對 $n = 0$ 而言，此斷言爲眞。現在假設對於 $n = 0, 1, \cdots, m$ 而言，$a_n = b_n$ 成立。然後在等式兩側，可以刪去相等的次方項，並將所得結果除以 $z^{m+1} (\neq 0)$；結果得到

$$a_{m+1} + a_{m+2}z + a_{m+3}z^2 + \cdots = b_{m+1} + b_{m+2}z + b_{m+3}z^2 + \cdots$$

同理，如同先前的作法，令 $z \to 0$，可以從此式得到 $a_{m+1} = b_{m+1}$，定理得證。 ∎

15.3.1 冪級數的運算

這個主題本身相當有趣，其討論可以當作主要目標的預備工作，這個主要目標就是去證明，由冪級數所表示的函數是解析的。

兩收斂半徑爲 R_1 和 R_2 的冪級數，在經過**逐項 (termwise) 加法運算**和**逐項減法運算**後，冪級數的收斂半徑，至少等於 R_1 和 R_2 中較小者。**證明**：將部分和 s_n 和 $s_n{}^*$ 與逐項相加 (或相減)，再利用 $\lim (s_n \pm s_n{}^*) = \lim s_n \pm \lim s_n{}^*$。

下列兩個冪級數的**逐項乘法運算**

$$f(z) = \sum_{k=0}^{\infty} a_k z^k = a_0 + a_1 z + \cdots$$

和

$$g(z) = \sum_{m=0}^{\infty} b_m z^m = b_0 + b_1 z + \cdots$$

代表的意義是，第一個級數的每一項乘以第二個級數的每一項，並且將 z 同樣冪次項合併。所產生的冪級數稱爲兩個級數的 **Cauchy 乘積 (Cauchy product)**，表示成

$$a_0 b_0 + (a_0 b_1 + a_1 b_0)z + (a_0 b_2 + a_1 b_1 + a_2 b_0)z^2 + \cdots = \sum_{n=0}^{\infty} (a_0 b_n + a_1 b_{n-1} + \cdots + a_n b_0)z^n$$

在不加以證明的情形下提醒讀者一件事，那就是，對於位於兩個給定級數的每一個收斂圓內的每一個 z 而言，這個乘積冪級數會絕對收斂，且這個乘積冪級數的總和 $s(z) = f(z)g(z)$。關於其證明，請參見附錄 1 表列中的 [D5]。

接下來要證明的是，冪級數的**逐項微分運算**和**逐項積分運算**是可行的。我們稱冪級數 (1) 的**導級數 (derived series)** 是由對式 (1) 逐項微分所獲得的冪級數，即

(3)
$$\sum_{n=1}^{\infty} na_n z^{n-1} = a_1 + 2a_2 z + 3a_3 z^2 + \cdots$$

定理 3

冪級數的逐項微分運算

一個冪級數的導級數具有與原來級數相同的收斂半徑。

證明

此定理從第 15.2 節式 (6) 推導得來，因為

$$\lim_{n \to \infty} \frac{n|a_n|}{(n+1)|a_{n+1}|} = \lim_{n \to \infty} \frac{n}{n+1} \lim_{n \to \infty} \left| \frac{a_n}{a_{n+1}} \right| = \lim_{n \to \infty} \left| \frac{a_n}{a_{n+1}} \right|$$

或者如果極限不存在，則留意當 $n \to \infty$ 時，$\sqrt[n]{n} \to 1$，由 15.2 節式 (6**)，此定理得證。 ■

例題 1　定理 3 的應用

試應用定理 3，求出下列級數的收斂半徑 R。

$$\sum_{n=2}^{\infty} \binom{n}{2} z^n = z^2 + 3z^3 + 6z^4 + 10z^5 + \cdots$$

解

對幾何級數逐項微分，並且進行兩次，再將結果乘以 $z^2/2$，結果產生上述的級數。所以，根據定理 3 得 $R = 1$。 ■

定理 4

冪級數的逐項積分運算

下列冪級數

$$\sum_{n=0}^{\infty} \frac{a_n}{n+1} z^{n+1} = a_0 z + \frac{a_1}{2} z^2 + \frac{a_2}{3} z^3 + \cdots$$

是經由對級數 $a_0 + a_1 z + a_2 z^2 + \cdots$ 一項接著一項進行積分而獲得，所得到的積分冪級數具有和原來級數相同的收斂半徑。

此定理的證明與定理 3 類似。

在將定理 3 視為工具的條件下，我們現在已準備好要建立本節的主要結果。

15.3.2　冪級數代表解析函數

定理 5

解析函數、它們的導數

收斂半徑 R 不為零的冪級數，在其收斂圓內部的每一點上，都代表一個解析函數。這個函數的各導數是將原級數逐項微分而得到。因此而獲得的所有級數，都與原級數具有相同的收斂半徑。所以，根據這個定理的第一個陳述，其中的每一個導級數都代表一個解析函數。

證明

(a) 考慮具有正收斂半徑 R 的任何級數式 (1)，令 $f(z)$ 為此級數的總和，而 $f_1(z)$ 為其導級數的總和；因此

(4)
$$f(z) = \sum_{n=0}^{\infty} a_n z^n \quad 且 \quad f_1(z) = \sum_{n=1}^{\infty} n a_n z^{n-1}$$

我們現在要證明，$f(z)$ 是解析的，而且在收斂圓內部將具有導數 $f_1(z)$。我們的策略是去證明，對於滿足 $|z| < R$ 的任何固定的 z 而言，而且當 $\Delta z \to 0$ 時，差商 $[f(z + \Delta z) - f(z)] / \Delta z$ 會趨近 $f_1(z)$。利用逐項加法運算，首先可以從式 (4) 得到

(5)
$$\frac{f(z + \Delta z) - f(z)}{\Delta z} - f_1(z) = \sum_{n=2}^{\infty} a_n \left[\frac{(z + \Delta z)^n - z^n}{\Delta z} - n z^{n-1} \right]$$

請注意，加總符號所進行的運算是從 2 開始，這是因為，在取差值 $f(z + \Delta z) - f(z)$ 時，常數項會消去，而且當差商減去 $f_1(z)$ 時，線性數項也會消去。

　　(b) 我們宣稱，式 (5) 中的級數可以寫成

(6)
$$\sum_{n=2}^{\infty} a_n \Delta z[(z + \Delta z)^{n-2} + 2z(z + \Delta z)^{n-3} + \cdots + (n-2)z^{n-3}(z + \Delta z) + (n-1)z^{n-2}]$$

附錄 4 有提供這個稍具技巧性的證明。

　　(c) 現在考慮式 (6)。方括弧內含有 $n-1$ 個數項，而且最大的係數是 $n-1$。既然 $(n-1)^2 \leq n(n-1)$，我們看到，對於 $|z| \leq R_0$ 和 $|z + \Delta z| \leq R_0$ 而言，級數式 (6) 的絕對值不會超過下列數學式，其中 $R_0 < R$，

(7)
$$|\Delta z| \sum_{n=2}^{\infty} |a_n| n(n-1) R_0^{n-2}$$

上式的級數部分，如果以 a_n 取代 $|a_n|$，其結果就是式 (2) 在 $z = R_0$ 處的二階導級數，而且由本節的定理 3 和 15.2 節的定理 1 可以推論出，此二階導級數會絕對收斂。所以，級數式 (7) 會收斂。令式 (7) 的總和 (沒有因數 $|\Delta z|$ 的部分) 是 $K(R_0)$。因為式 (6) 是式 (5) 的右側部分，所以我們最新得到的數學式為

$$\left| \frac{f(z + \Delta z) - f(z)}{\Delta z} - f_1(z) \right| \leq |\Delta z| K(R_0)$$

令 $\Delta z \to 0$，而且請注意到 $R_0 (< R)$ 是任意的，則我們可以下結論說，在收斂圓內部的每一點上，$f(z)$ 是解析的，而且 $f(z)$ 的導數可以用導級數表示。由此結果，再利用歸納法，可以推論出有關高階導數的陳述。　　■

摘要　本節的討論結果顯示，冪級數具有我們所希望的良好特性：我們可以逐項對它們進行微分或積分 (定理 3 與定理 4)。定理 5 可以說明，為什麼冪級數在複數分析中具有相當的重要性：這種級數 (具有正的收斂半徑) 的總和是一個解析函數，它具有所有階數的導數，而且這些導數也是解析函數。不過這只是整個故事的一部分而已。下一節將會證明，反過來說，每一個給定的解析函數 $f(z)$ 都可以用冪級數加以表示，這樣的冪級數稱為 **Taylor 級數 (Taylor series)**，它是微積分中的 Taylor 級數的複數版本。

習題集　15.3

1. **和微積分的關係**　本章一般化了微積分的相關內容，詳細說明之。

2. **逐項加法**　請寫出冪級數的逐項加法運算和逐項減法運算的詳細證明過程。

3. **關於定理 3**　試證明當 $n \to \infty$ 時，$\sqrt[n]{n} \to 1$，定理 1 的證明有這樣斷言過。

4. **Cauchy 乘積**　證明 $(1-z)^{-2} = \sum_{n=0}^{\infty}(n+1)z^n$

    (a) 藉由使用 Cauchy 乘積，**(b)** 藉由對一個適當級數進行微分運算。

5–15　利用微分運算或積分運算計算收斂半徑

試利用下列兩種方式求出收斂半徑：**(a)** 直接由 15.2 節的 Cauchy-Hadamard 公式求出，**(b)** 透過使用定理 3 和定理 4，從數項比較簡單的級數求出。

5. $\sum_{n=2}^{\infty} \frac{n(n-1)}{4^n}(z-2i)^n$
6. $\sum_{n=0}^{\infty} \frac{(-1)^n}{2n+1}\left(\frac{z}{2\pi}\right)^{2n+1}$

7. $\sum_{n=1}^{\infty} \frac{n}{5^n}(z+2i)^{2n}$
8. $\sum_{n=1}^{\infty} \frac{3^n}{n(n+1)}z^n$

9. $\sum_{n=1}^{\infty} \frac{(-3)^n}{n(n+1)(n+2)}z^{2n}$

10. $\sum_{n=k}^{\infty} \binom{n}{k}\left(\frac{z}{2}\right)^n$
11. $\sum_{n=1}^{\infty} \frac{2^n n(n+1)}{5^n}z^{2n}$

12. $\sum_{n=1}^{\infty} \frac{2n(2n-1)}{n^n}z^{2n-2}$

13. $\sum_{n=0}^{\infty} \left[\binom{n+k}{k}\right]^{-1}z^{n+k}$
14. $\sum_{n=0}^{\infty} \binom{n+m}{m}z^n$

15. $\sum_{n=2}^{\infty} \frac{5^n n(n-1)}{3^n}(z-i)^n$

16–20　同一性定理的應用

請清楚並明確說明可以將定理 2 用於何處，以及如何使用它。

16. **偶函數**　如果式 (2) 中的 $f(z)$ 是偶函數 [也就是 $f(-z)=f(z)$]，試證明當 n 是奇數時，$a_n=0$，請舉幾個例子。

17. **奇函數**　如果式 (2) 中的 $f(z)$ 是奇函數 [也就是 $f(-z)=-f(z)$]，試證明當 n 是偶數時，$a_n=0$，請舉幾個例子。

18. **二項式係數**　試利用 $(1+z)^p(1+z)^q=(1+z)^{p+q}$，求出下列基本關係式

$$\sum_{n=0}^{r}\binom{p}{n}\binom{q}{r-n}=\binom{p+q}{r}$$

19. 請找出定理 2 在微分方程式以及其他地方的應用例子。

20. **團隊專題　Fibonacci 係數**[2]

    (a) Fibonacci 係數可以使用遞迴的方式定義成 $a_0=a_1=1$，對於 $n=1, 2, \cdots$，$a_{n+1}=a_n+a_{n-1}$。試求數列 (a_{n+1}/a_n) 的極限。

    (b) **Fibonacci 的兔子問題**　計算出 $a_1, \cdots, a_{12}$ 的一系列數字。如果剛開始有一對兔子，而且每一對兔子每個月會生產一對兔子，這個過程是從牠們生下來的第二個月開始 (沒有死亡發生)。試證明，$a_{12}=233$ 是 12 月過後兔子的對數。

    (c) **生成函數**　請證明 Fibonacci 係數的生成函數是 $f(z)=1/(1-z-z^2)$；換言之，如果有一個冪級數式 (1) 代表這個 $f(z)$，則其係數必然是 Fibonacci 係數，而且反之亦然。提示：以爲出發點 $f(z)(1-z-z^2)=1$，並且使用定理 2。

[2] LEONARDO OF PISA 是一位義大利數學家，大約生於 1180 年，卒於 1250 年，後人稱呼他 FIBONACCI (意即 Bonaccio 之子)，人們尊奉他是在濃厚基督教文化洗禮下，使數學重新發展的第一位數學家。

15.4 Taylor 級數與 Maclaurin 級數 (Taylor and Maclaurin Series)

複函數 $f(z)$ 的 **Taylor 級數 (Taylor series[3])** 是實數 Taylor 級數的複數版本，其形式為

(1)
$$f(z) = \sum_{n=1}^{\infty} a_n (z - z_0)^n \quad \text{其中} \quad a_n = \frac{1}{n!} f^{(n)}(z_0)$$

或根據 14.4 節式 (1)

(2)
$$a_n = \frac{1}{2\pi i} \oint_C \frac{f(z^*)}{(z^* - z_0)^{n+1}} \, dz^*$$

在式 (2) 中，沿著簡單閉合路徑 C 以逆時針方向進行積分，其中路徑 C 的內部含有 z_0，而且 $f(z)$ 在一個含有 C 和 C 的內部每一點的整域中，是解析的。

  Maclaurin 級數 (Maclaurin series[3]) 是一個中心點為 $z_0 = 0$ 的 Taylor 級數。

  Taylor 級數式 (1) 中 $a_n (z - z_0)^n$ 之後的項稱為**餘部 (remainder)**，即

(3)
$$R_n(z) = \frac{(z - z_0)^{n+1}}{2\pi i} \oint_C \frac{f(z^*)}{(z^* - z_0)^{n+1}(z^* - z)} \, dz^*$$

(證明如後)在寫出式 (1) 的對應部分和，結果得到

(4)
$$f(z) = f(z_0) + \frac{z - z_0}{1!} f'(z_0) + \frac{(z - z_0)^2}{2!} f''(z_0) + \cdots + \frac{(z - z_0)^n}{n!} f^{(n)}(z_0) + R_n(z)$$

上式稱為具有餘部的 **Taylor 公式 (Taylor's formula)**。

  我們已經看到，**Taylor 級數是冪級數**。由上節的討論可知，冪級數代表解析函數。本節將要證明，每一個解析函數都可以表示成冪級數，即用 Taylor 級數 (具有各種不同的中心點) 來表示。這一點使得 Taylor 級數在複數分析中變得非常重要。的確，與它們在微積分中所扮演的角色相比，它們在複數分析中確實更為基本。

定理　1

Taylor 定理

令 $f(z)$ 在整域 D 中是解析的，而且令 $z = z_0$ 是在 D 中的任意一點、則恰好存在一個能代表 $f(z)$、並且是以 z_0 為中心點的 Taylor 級數式 (1)。在以 z_0 為中心點，而且 $f(z)$ 在其中是解析函數的最大開圓盤內，這個 Taylor 表示式都是有效的。式 (1) 的餘部 $R_n(z)$ 可以表示成式 (3) 的形式。其係數滿足下列不等式

(5)
$$|a_n| \le \frac{M}{r^n}$$

其中 M 表示在 D 中，$|f(z)|$ 在圓 $|z - z_0| = r$ 上的最大值。

---

[3] BROOK TAYLOR (1685–1731) 是一位英國數學家，他建立了實數 Taylor 級數。COLIN MACLAURIN (1698–1746) 是一位蘇格蘭數學家，在愛丁堡擔任教授。

證明

證明過程中會使用到 14.3 節 Cauchy 積分公式這個關鍵性工具；以 z 和 z^* 取代 z_0 和 z (因而使得 z^* 變成積分變數)，得到

(6)
$$f(z) = \frac{1}{2\pi i} \oint_C \frac{f(z^*)}{z^* - z}\, dz^*$$

其中 z 位於 C 的內部，而 C 則是半徑為 r、圓心在 z_0，而且其內部各點都屬於 D 的圓 (圖 367)。這裡以 $z - z_0$ 的冪次方項來展開式 (6) 中的 $1/(z^* - z)$。利用**標準代數處理 (standard algebraic manipulation)** (值得記住它！) 方式，首先可以得到

(7)
$$\frac{1}{z^* - z} = \frac{1}{z^* - z_0 - (z - z_0)} = \frac{1}{(z^* - z_0)\left(1 - \dfrac{z - z_0}{z^* - z_0}\right)}$$

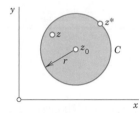

圖 367　Cauchy 公式 (6)

值得注意的是，既然 z^* 是在 C 上，而 z 則是在 C 的內部，因此

(7*)
$$\left| \frac{z - z_0}{z^* - z_0} \right| < 1 \qquad\qquad (\text{圖 367})$$

現在將下列幾何級數的部分和公式，應用於式 (7)，

(8*)
$$1 + q + \cdots + q^n = \frac{1 - q^{n+1}}{1 - q} = \frac{1}{1-q} - \frac{q^{n+1}}{1-q} \qquad\qquad (q \neq 1)$$

上式可用下式加以應用 (將上式最後一項移到另一邊，然後使左右側互相對調)

(8)
$$\frac{1}{1-q} = 1 + q + \cdots + q^n + \frac{q^{n+1}}{1-q}$$

將上式以及 $q = (z - z_0)/(z^* - z_0)$，應用於式 (7) 的右側，結果得到

$$\frac{1}{z^* - z} = \frac{1}{z^* - z_0}\left[1 + \frac{z - z_0}{z^* - z_0} + \left(\frac{z - z_0}{z^* - z_0}\right)^2 + \cdots + \left(\frac{z - z_0}{z^* - z_0}\right)^n\right] + \frac{1}{z^* - z}\left(\frac{z - z_0}{z^* - z_0}\right)^{n+1}$$

將上式代入式 (6)。因為 $z - z_0$ 的次方項與積分變數 z^* 無關，所以可以將它們拿出積分符號之外。結果得到

$$f(z) = \frac{1}{2\pi i} \oint_C \frac{f(z^*)}{z^*-z_0} dz^* + \frac{z-z_0}{2\pi i} \oint_C \frac{f(z^*)}{(z^*-z_0)^2} dz^* + \cdots + \frac{(z-z_0)^n}{2\pi i} \oint_C \frac{f(z^*)}{(z^*-z_0)^{n+1}} dz^* + R_n(z)$$

其中 $R_n(z)$ 即為式 (3) 所指定的數學式。上式中的各積分式就是式 (2) 中與導數有關的積分式，所以我們已經證明了 Taylor 公式 (4)。

因為解析函數具有所有階數的導數，所以式 (4) 中的 n 可以選擇為任意大小的數字。如果讓 n 趨近無限大，則可以得到式 (1)。很明顯地，式 (1) 收斂並且代表 $f(z)$，若且唯若

(9)
$$\lim_{n \to \infty} R_n(z) = 0$$

證明式 (9) 的過程如下。因為 z^* 在 C 上，而 z 位於 C 的內部 (圖 367)，所以 $|z^*-z| > 0$。因為 $f(z)$ 在 C 的內部和在 C 上都是解析的，所以它是有界的，因此函數 $f(z^*)/(z^*-z)$ 也是如此，例如，對於在 C 上所有的 z^*，

$$\left| \frac{f(z^*)}{z^*-z} \right| \leq \tilde{M}$$

此外，C 的半徑是 $r = |z^*-z_0|$，而且長度是 $2\pi r$。根據 ML 不等式 (14.1 節)，由式 (3) 可以得到

(10) $\quad |R_n| = \dfrac{|z-z_0|^{n+1}}{2\pi} \left| \oint_C \dfrac{f(z^*)}{(z^*-z_0)^{n+1}(z^*-z)} dz^* \right| \leq \dfrac{|z-z_0|^{n+1}}{2\pi} \tilde{M} \dfrac{1}{r^{n+1}} 2\pi r = \tilde{M} \left| \dfrac{z-z_0}{r} \right|^{n+1}$

現在，因為 z 位於 C 的內部，所以 $|z-z_0| < r$。因此使得 $|z-z_0|/r < 1$，當 $n \to \infty$ 時，上式右側將趨近於 0。這個結果證明了 Taylor 級數會收斂而且其和為 $f(z)$。Taylor 級數的唯一性可以用上節的定理 2 推論出來。最後，利用式 (1) 中的 a_n 和 14.4 節中的 Cauchy 不等式，可以推論出式 (5)，至此已經證明了 Taylor 定理。 ■

近似結果的準確度　在取得 $f(z)$ 的近似結果的過程中，利用式 (1) 的部分和，然後在選定足夠大的 n 以後，我們可以達到任何我們希望達到準確度。這是公式 (9) 在實務上所具有的實用價值。

奇異性、收斂半徑　在式 (1) 的收斂圓上，至少有一個 $f(z)$ 的**奇異點 (singular point)**，也就是說，$f(z)$ 在其上不是解析的點 $z = c$ [但每一個以 c 為中心點的圓盤都含有一些對 $f(z)$ 而言是解析的點]。我們也稱 $f(z)$ 在點 c 上**是奇異的 (singular)**，或者，稱 $f(z)$ 在點 c 上具有奇異性 (singularity)。所以，式 (1) 的收斂半徑 R，通常等於從 z_0 到 $f(z)$ 其最近奇異點的距離

(有時候 R 會比該距離大；例如，$\text{Ln } z$ 在負實數軸上是奇異的，這些奇異點與 $z_0 = -1 + i$ 的距離是 1，但是 $\text{Ln } z$ 以中心點 $z_0 = -1 + i$ 所展開的 Taylor 級數，具有收斂半徑 $\sqrt{2}$)。

15.4.1　冪級數作為 Taylor 級數

Taylor 級數是冪級數，這是理所當然的！反之，我們有下列定理

定理　2

與上節的關係

一個其收斂半徑是非零值的冪級數，就是其總和的 Taylor 級數。

│證明

給定下列的冪級數

$$f(z) = a_0 + a_1(z-z_0) + a_2(z-z_0)^2 + a_3(z-z_0)^3 + \cdots$$

則 $f(z_0) = a_0$。根據 15.3 節定理 5，可以得到

$$f'(z) = a_1 + 2a_2(z-z_0) + 3a_3(z-z_0)^2 + \cdots \quad \text{因此，} \quad f'(z_0) = a_1$$

$$f''(z) = 2a_2 + 3 \cdot 2(z-z_0) + \cdots \quad \text{因此，} \quad f''(z_0) = 2!a_2$$

而且，一般而言，$f^{(n)}(z_0) = n!a_n$，利用這些係數，給定的級數就可以變成 $f(z)$ 以中心點 z_0 所展開的 Taylor 級數。∎

與實數函數進行比較 複數解析函數具有一個令人驚訝的性質，即它們都具有所有階數的導數，而且現在又發現另一個令人驚訝的性質，就是它們永遠可以用像式 (1) 形式的冪級數加以表示。對**實數函數**而言，這一個性質並不一定成立；有些實數函數，雖然具有所有階數的導數，但並不能用冪級數的形式加以表示。(例如：$f(x) = \exp(-1/x^2)$，其中 $x \neq 0$，而且 $f(0) = 0$；因為這個函數在 0 處的所有導數值都是零，所以這個函數在以 0 為中心點的開圓盤內，無法表示成 Maclaurin 級數)。

15.4.2 重要的特殊 Taylor 級數

這些特殊級數和微積分中的對應級數一樣，我們是將 x 替換成複數 z 而得到它們。讀者能夠了解為什麼會這樣嗎？(解答：因為它們具有相同的係數公式)。

│例題 **1** **幾何級數**

令 $f(z) = 1/(1-z)$，我們有 $f^{(n)}(z) = n!/(1-z)^{n+1}$，$f^{(n)}(0) = n!$。所以，$1/(1-z)$ 的 Maclaurin 展開式即為下列的幾何級數

(11)
$$\frac{1}{1-z} = \sum_{n=0}^{\infty} z^n = 1 + z + z^2 + \cdots \qquad (|z| < 1)$$

其中 $f(z)$ 在 $z = 1$ 處是奇異的；這個點位於收斂圓上。∎

│例題 **2** **指數函數**

已知指數函數 e^z (第 13.5 節) 對所有 z 而言都是解析的，而且 $(e^z)' = e^z$。所以，由式 (1)，並且令 $z_0 = 0$，可以得到下列 Maclaurin 級數

(12)
$$e^z = \sum_{n=0}^{\infty} \frac{z^n}{n!} = 1 + z + \frac{z^2}{2!} + \cdots$$

如果將 e^x 的 Maclaurin 級數中的 x 替換成 z，也可以獲得上式。

此外，藉著對式 (12) 進行 $z = iy$ 這樣的設定，並且將級數區分成實部和虛部 (參見 15.1 節定理 2)，得到

$$e^{iy} = \sum_{n=0}^{\infty} \frac{(iy)^n}{n!} = \sum_{k=0}^{\infty} (-1)^k \frac{y^{2k}}{(2k)!} + i \sum_{k=0}^{\infty} (-1)^k \frac{y^{2k+1}}{(2k+1)!}$$

因為在上式右側的級數是很多人已經熟悉的實數函數 $\cos y$ 和 $\sin y$ 的 Maclaurin 級數，所以上面的證明過程讓我們可以重新檢驗 **Euler 公式 (Euler formula)**

(13)
$$e^{iy} = \cos y + i \sin y$$

事實上，式 (12) 可以用於**定義** e^z，然後由式 (12) 推導出 e^z 的基本性質。舉例來說，對式 (12) 進行逐項微分，可以很快地推導出微分公式 $(e^z)' = e^z$。 ■

例題 3 三角函數與雙曲函數

將式 (12) 代入 13.6 節的式 (1)，可以得到

(14)
$$\cos z = \sum_{n=0}^{\infty} (-1)^n \frac{z^{2n}}{(2n)!} = 1 - \frac{z^2}{2!} + \frac{z^4}{4!} - + \cdots$$
$$\sin z = \sum_{n=0}^{\infty} (-1)^n \frac{z^{2n+1}}{(2n+1)!} = z - \frac{z^3}{3!} + \frac{z^5}{5!} - + \cdots$$

當 $z = x$ 時，這兩個函數就是一般人熟悉的實數函數 $\cos x$ 與 $\sin x$ 的 Maclaurin 級數。同樣地，以式 (12) 代入 13.6 節的式 (11)，可以得到

(15)
$$\cosh z = \sum_{n=0}^{\infty} \frac{z^{2n}}{(2n)!} = 1 + \frac{z^2}{2!} + \frac{z^4}{4!} + \cdots$$
$$\sinh z = \sum_{n=0}^{\infty} \frac{z^{2n+1}}{(2n+1)!} = z + \frac{z^3}{3!} + \frac{z^5}{5!} + \cdots$$
■

例題 4 對數

由式 (1) 可以推論出

(16)
$$\text{Ln}\,(1+z) = z - \frac{z^2}{2} + \frac{z^3}{3} - + \cdots \qquad\qquad (|z| < 1)$$

將 z 替換成$-z$，並且在兩側同乘以-1，得到

(17)
$$-\text{Ln}\,(1-z) = \text{Ln}\,\frac{1}{1-z} = z + \frac{z^2}{2} + \frac{z^3}{3} + \cdots \qquad (|z| < 1)$$

將前述兩個級數相加，結果得到

(18)
$$\text{Ln}\,\frac{1+z}{1-z} = 2\left(z + \frac{z^3}{3} + \frac{z^5}{5} + \cdots\right) \qquad (|z| < 1)$$ ■

15.4.3 實用的方法

下列幾個例題示範了比使用係數公式更容易得到 Taylor 級數的幾個方法。不過，不論使用的是什麼方法，所得結果都是相同的。關於這一點，可以從唯一性性質推論得到 (參見定理 1)。

例題 5　代替法

試求 $f(z) = 1/(1 + z^2)$ 的 Maclaurin 級數。

解

將式 (11) 中的 z 替換成 $-z^2$，結果得到

(19)
$$\frac{1}{1+z^2} = \frac{1}{1-(-z^2)} = \sum_{n=0}^{\infty}(-z^2)^n = \sum_{n=0}^{\infty}(-1)^n z^{2n} = 1 - z^2 + z^4 - z^6 + \cdots \qquad (|z| < 1) \ \blacksquare$$

例題 6　積分法

試求 $f(z) = \arctan z$ 的 Maclaurin 級數。

解

我們有 $f'(z) = 1/(1 + z^2)$。對式 (19) 逐項積分，並且利用 $f(0) = 0$，結果得到

$$\arctan z = \sum_{n=0}^{\infty}\frac{(-1)^n}{2n+1}z^{2n+1} = z - \frac{z^3}{3} + \frac{z^5}{5} - + \cdots \qquad (|z| < 1)$$

這個級數代表 $w = u + iv = \arctan z$ 的主值，這個主值被定義為滿足 $|u| < \pi/2$ 的 $\arctan z$ 的值。　$\blacksquare$

例題 7　利用幾何級數所得到的展開式

試以 $z - z_0$ 的次方項展開 $1/(c - z)$，其中 $c - z_0 \neq 0$。

解

這在定理 1 的證明過程中已經做過，其中 $c = z^*$。一開始是簡單的代數，然後利用式 (11)，並且將其中的 z 替換成 $(z - z_0)/(c - z_0)$：

$$\frac{1}{c-z} = \frac{1}{c-z_0-(z-z_0)} = \frac{1}{(c-z_0)\left(1-\dfrac{z-z_0}{c-z_0}\right)} = \frac{1}{c-z_0}\sum_{n=0}^{\infty}\left(\frac{z-z_0}{c-z_0}\right)^n = \frac{1}{c-z_0}\left(1+\frac{z-z_0}{c-z_0}+\left(\frac{z-z_0}{c-z_0}\right)^2+\cdots\right)$$

當下列條件滿足時，這個級數會收斂

$$\left|\frac{z-z_0}{c-z_0}\right| < 1 \quad 即 \quad |z-z_0| < |c-z_0| \qquad \blacksquare$$

例題 8　二項式級數，以部分分式化簡

試求下列函數在中心點 $z_0 = 1$ 處的 Taylor 級數。

$$f(z) = \frac{2z^2 + 9z + 5}{z^3 + z^2 - 8z - 12}$$

解

將 $f(z)$ 表示成部分分式的形式，並且將其中的第一個分式表示成下列**二項式級數**的形式

(20)
$$\frac{1}{(1+z)^m} = (1+z)^{-m} = \sum_{n=0}^{\infty} \binom{-m}{n} z^n = 1 - mz + \frac{m(m+1)}{2!} z^2 - \frac{m(m+1)(m+2)}{3!} z^3 + \cdots$$

其中 $m = 2$，將第二個分式表示成幾何級數的形式，然後將兩個級數逐項相加，得到

$$f(z) = \frac{1}{(z+2)^2} + \frac{2}{z-3} = \frac{1}{[3+(z-1)]^2} - \frac{2}{2-(z-1)} = \frac{1}{9}\left(\frac{1}{[1+\frac{1}{3}(z-1)]^2}\right) - \frac{1}{1-\frac{1}{2}(z-1)}$$

$$= \frac{1}{9}\sum_{n=0}^{\infty} \binom{-2}{n}\left(\frac{z-1}{3}\right)^n - \sum_{n=0}^{\infty}\left(\frac{z-1}{2}\right)^n = \sum_{n=0}^{\infty}\left[\frac{(-1)^n(n+1)}{3^{n+2}} - \frac{1}{2^n}\right](z-1)^n$$

$$= -\frac{8}{9} - \frac{31}{54}(z-1) - \frac{23}{108}(z-1)^2 - \frac{275}{1944}(z-1)^3 - \cdots$$

我們可以看到，當 $|z-1| < 3$ 時，第一個級數會收斂，而且當 $|z-1| < 2$ 時，第二個級數會收斂。因為 $1/(z+2)^2$ 在點 -2 上是奇異的，$2/(z-3)$ 在點 3 上是奇異的，且這兩個點與中心點 $z_0 = 1$ 的距離分別是 3 和 2，所以這兩個收斂條件是可以預期的。因此，當 $|z-1| < 2$ 時，整個級數是收斂的。■

習題集 15.4

1. **微積分** 本節中的哪些級數你曾在微積分中探討過？哪些級數在微積分中不曾碰過？

2. **關於例題 5 和 6** 請為這兩個例題的推導給出詳細的過程。

3–10 Maclaurin 級數
試求下列各題的 Maclaurin 級數和收斂半徑。

3. $\sin\dfrac{z^2}{2}$

4. $\dfrac{z+2}{1-z^2}$

5. $\dfrac{1}{8+z^4}$

6. $\dfrac{1}{1+2iz}$

7. $2\sin^2(z/2)$

8. $\sin^2 z$

9. $\displaystyle\int_0^z \exp(-t^2)\,dt$

10. $\exp(z^2)\displaystyle\int_0^z \exp(-t^2)\,dt$

11–14 高等超越函數
請對下列被積分函數進行逐項積分，求出 Maclaurin 級數 (其中的積分式不能以平常的微積分方法計算其值。這些積分式定義了**誤差函數 (error function)** erf z，**正弦積分** Si(z) 和 **Fresnel 積分式** [4] S(z) 和 C(z)，它們會應用於統計學、熱傳導、光學和其他領域中。這些數學式是所謂的高等超越函數。)

11. $\mathrm{S}(z) = \displaystyle\int_0^z \sin t^2\,dt$

12. $\mathrm{C}(z) = \displaystyle\int_0^z \cos t^2\,dt$

13. $\operatorname{erf} z = \dfrac{2}{\sqrt{\pi}}\displaystyle\int_0^z e^{-t^2}\,dt$

14. $\operatorname{Si}(z) = \displaystyle\int_0^z \dfrac{\sin t}{t}\,dt$

---

[4] AUGUSTIN FRESNEL (1788–1827) 是一位法國物理學家和工程師，以其對光學的貢獻而聞名。

15. **CAS 專題** **sec、tan**

(a) Euler 數 下列的 Maclaurin 級數

(21) $\quad \sec z = E_0 - \dfrac{E_2}{2!}z^2 + \dfrac{E_4}{4!}z^4 - + \cdots$

定義 Euler 數 E_{2n}。試證明 $E_0 = 1$、$E_2 = -1$、$E_4 = 5$、$E_6 = -61$。請撰寫一個能從式 (1) 中的係數公式，計算 E_{2n} 的程式。或者撰寫一個能從級數中，將 E_{2n} 提取出來成為表列的程式。(相關表格，請參考附錄 1 參考文獻 [GenRef1] 第 810 頁)。

(b) Bernoulli 數 (Bernoulli numbers)。下列的 Maclaurin 級數

(22) $\quad \dfrac{z}{e^z - 1} = 1 + B_1 z + \dfrac{B_2}{2!}z^2 + \dfrac{B_3}{3!}z^3 + \cdots$

定義了 Bernoulli 數 B_n。請利用待定係數法，證明

(23) $\quad \begin{aligned} &B_1 = -\tfrac{1}{2}, \ B_2 = \tfrac{1}{6}, \ B_3 = 0, \\ &B_4 = -\tfrac{1}{30}, \ B_5 = 0, \ B_6 = \tfrac{1}{42}, \cdots \end{aligned}$

請撰寫一個能計算 B_n 的程式。

(c) 正切函數 試利用 13.6 節式 (1) 和式 (2)，及本節式 (22)，證明 $\tan z$ 具有下列 Maclaurin 級數，並且由這個級數計算出一個 $B_0, \cdots, B_{20}$ 的表格：

(24) $\quad \begin{aligned} \tan z &= \dfrac{2i}{e^{2iz} - 1} - \dfrac{4i}{e^{4iz} - 1} - i \\ &= \sum_{n=1}^{\infty} (-1)^{n-1} \dfrac{2^{2n}(2^{2n}-1)}{(2n)!} B_{2n} z^{2n-1} \end{aligned}$

16. **反正弦函數** 試展開 $1/\sqrt{1-z^2}$，並且加以積分，以便證明

$\arcsin z = z + \left(\dfrac{1}{2}\right)\dfrac{z^3}{3} + \left(\dfrac{1\cdot 3}{2\cdot 4}\right)\dfrac{z^5}{5}$
$\quad + \left(\dfrac{1\cdot 3\cdot 5}{2\cdot 4\cdot 6}\right)\dfrac{z^7}{7} + \cdots (\,|z|<1)$

接著再證明這一個級數代表 $\arcsin z$ 的主值 (定義於 13.7 節團隊專題 30 中)。

17. **團隊專題 由 Maclaurin 級數探討函數的性質** 很明顯地，由級數可以計算函數值。在這一個專題中，我們想要證明，函數的性質通常可以從對應的 Taylor 級數或 Maclaurin 級數發現。試使用適當級數，證明下列各小題。

(a) e^z、$\cos z$、$\sin z$、$\cosh z$、$\sinh z$ 和 $\operatorname{Ln}(1+z)$ 的導數公式

(b) $\tfrac{1}{2}(e^{iz} + e^{-iz}) = \cos z$

(c) 對於所有純虛數 $z = iy \neq 0$，$\sin z \neq 0$

18–25 Taylor 級數

試求下列函數的 Taylor 級數，並且以指定點 z_0 當作中心點，然後求出收斂半徑。

18. $1/z, \quad z_0 = i$

19. $1/(1+z), \quad z_0 = -i$

20. $\cos^2 z, \quad z_0 = \pi/2$

21. $\cos z, \quad z_0 = \pi$

22. $\cosh(z - \pi i), \quad z_0 = \pi i$

23. $1/(z-i)^2, \quad z_0 = -i$

24. $e^{z(z-2)}, \quad z_0 = 1$

25. $\sinh(2z - i), \quad z_0 = i/2$

15.5 均勻收斂性 (Uniform Convergence)(選讀)

冪級數是絕對收斂的 (15.2 節定理 1)，且冪級數具有另一個基本性質，那就是均勻收斂性 (*uniform convergence*)，現在就要去證明它。因為均勻收斂這個性質具有普遍重要性，例如，在對級數進行逐項積分時它是很重要的，所以本節將會相當完整地討論它。

為了定義均勻收斂性，現在考慮一個其數項是任何複數函數 $f_0(z), f_1(z), \cdots$ 的級數：

(1)
$$\sum_{m=0}^{\infty} f_m(z) = f_0(z) + f_1(z) + f_2(z) + \cdots$$

[這個定義的形式可以將冪級數視為一個特殊情形，當這個級數是冪級數時，$f_m(z) = a_m(z - z_0)^m$]。
假設在某個區域 G 中，對於所有 z 而言，級數式 (1) 都是收斂的。將這個級數的總和標示成 $s(z)$，
而且其第 n 個部分和標示成 $s_n(z)$；因此

$$s_n(z) = f_0(z) + f_1(z) + \cdots + f_n(z)$$

級數在 G 中具有收斂性，代表的意義如下。如果在 G 中選定一個點 $z = z_1$，則根據收斂的定義，在
點 z_1 上，對於給定的 $\epsilon > 0$，可以找到一個 $N_1(\epsilon)$，使得對於所有的 $n > N_1(\epsilon)$，下式成立，

$$|s(z_1) - s_n(z_1)| < \epsilon$$

如果在 G 中選定一個 z_2，並且保持 ϵ 的大小和前面一樣，則可以找到一個 $N_2(\epsilon)$，使得對於所有的
$n > N_2(\epsilon)$，下式成立，

$$|s(z_2) - s_n(z_2)| < \epsilon$$

其餘以此類推。所以，指定一個 ϵ 以後，將會有一個數字 $N_z(\epsilon)$ 對應於 G 中的每一個點 z。這個數
字告訴我們，如果要在點 z 上，使得 $|s(z) - s_n(z)|$ 小於 ϵ，則所需要用到的數項是多少個 (我們需
要什麼樣子的 s_n)。因此，這個數字可以用於衡量收斂的速率。

　　小的 $N_z(\epsilon)$ 代表，於目前正在考慮的點 z 上，這個級數收斂得快，大的 $N_z(\epsilon)$ 則代表收斂
得慢。現在，如果可以找到一個 $N(\epsilon)$，使得對於 G 中的所有 z，$N(\epsilon)$ 都大於每一個 $N_z(\epsilon)$，則
級數式 (1) 在 G 中是均勻的 (uniform)。所以，這個基本概念可以如下定義。

定　義

均勻收斂性

有一個總和是 $s(z)$ 的級數式 (1)，如果對於每一個 $\epsilon > 0$，我們都可以找到一個**與 z 無關的**
$N = N(\epsilon)$，使得對於所有 $n > N(\epsilon)$，以及**對於區域 G 中的所有 z**，下列數學式都成立，則這個級
數稱為是**均勻收斂的 (uniformly convergent)**

$$|s(z) - s_n(z)| < \epsilon$$

因此，收斂的均勻性總是都會參照到一個在 z 平面中的無限集合，也就是，一個由無限多個點組成
的集合。

例題　1　幾何級數

試證明幾何級數 $1 + z + z^2 + \cdots$，(a) 在任何閉圓盤 $|z| \le r < 1$ 中，都是均勻收斂的，(b) 在其整
個收斂圓盤 $|z| < 1$ 中，並不是均勻收斂的。

解

　　(a) 對於在該閉圓盤中的 z 而言，我們可以得到 $|1 - z| \ge 1 - r$ (請畫出它)。這意味著
　　　$1/|1 - z| \le 1/(1 - r)$。所以 (請回想 15.4 節式 (8)，其中 $q = z$)，

$$| s(z) - s_n(z) | = \left| \sum_{m=n+1}^{\infty} z^m \right| = \left| \frac{z^{n+1}}{1-z} \right| \leq \frac{r^{n+1}}{1-r}$$

既然 $r < 1$，所以在將 n 選取成足夠大的數值以後，我們可以讓上式的右側變成任何我們所想要的小數值，而且因為上式右側的與 z 無關 (在所考慮的閉圓盤中)，所以這代表收斂是均勻的。

    (b) 對於給定的實數 K (不論有多大) 和 n 而言，我們總是可以在圓盤 $|z| < 1$ 中找到一個 z，使得下式成立，

$$\left| \frac{z^{n+1}}{1-z} \right| = \frac{|z|^{n+1}}{|1-z|} > K$$

其作法是經由單純將 z 選取得足夠靠近 1 即可。所以對於整個圓盤的每一點而言，不會存在有 $N(\varepsilon)$ 能使得 $|s(z) - s_n(z)|$ 小於給定的 $\epsilon > 0$。根據定義，這代表在 $|z| < 1$ 中，幾何級數的收斂性不是均勻的。　■

這個例題給予我們一個印象，對於一個冪級數，收斂的均勻性最有可能在收斂圓附近受到干擾。確實也是如此：

定理　1

冪級數的均勻收斂性

下列冪級數

(2)
$$\sum_{m=0}^{\infty} a_m (z - z_0)^m$$

具有非零收斂半徑 R，在半徑 $r < R$ 的每一個圓盤 $|z - z_0| \leq r$ 中，都是均勻收斂的。

證明

對於 $|z - z_0| \leq r$，以及任何正整數 n 和 p 而言，我們有

(3) $| a_{n+1}(z - z_0)^{n+1} + \cdots + a_{n+p}(z - z_0)^{n+p} | \leq | a_{n+1} | r^{n+1} + \cdots + | a_{n+p} | r^{n+p}$

現在，如果 $|z - z_0| = r < R$ (根據 15.2 節定理 1)，則式 (2) 收斂。所以，由 Cauchy 收斂原理 (第 15.1 節) 可以推論得到，在給定一個 $\epsilon > 0$ 以後，我們可以找到一個 $N(\epsilon)$，使得當 $n > N(\epsilon)$ 而且 $p = 1, 2, \cdots$ 時，下列數學式均成立，

$$| a_{n+1} | r^{n+1} + \cdots + | a_{n+p} | r^{n+p} < \epsilon$$

由這個結果以及式 (3)，我們可以得到，對於圓盤 $|z - z_0| \leq r$ 內的所有 z 而言，以及對於每一個 $n > N(\epsilon)$ 和每一個 $p = 1, ,2, \cdots$ 而言，下列數學式都成立

$$| a_{n+1}(z - z_0)^{n+1} + \cdots + a_{n+p}(z - z_0)^{n+p} | < \epsilon$$

既然 $N(\epsilon)$ 與 z 無關，這顯示出這個級數具有均勻收斂性，因此證明了這個定理。　■

至此，我們已經建立了冪級數的均勻收斂性，它是本節之基本的考量。我們現在把目光從冪級數轉移到具有可變數項的任意級數，這些級數具有更為一般化的設定，而我們要檢視這些級數的均勻收斂性。這讓我們對均勻收斂性會有更深入的了解。

15.5.1 均收斂級數的性質

均勻收斂性是從下列兩個事實，推論出其主要重點：

1. 如果一個具有**連續性**數項的級數是均勻收斂的，則其總和也是連續的 (即下文中的定理 2)。
2. 在相同假設之下，逐項積分運算是被允許的 (定理 3)。

這引發了兩個問題：

1. 具有連續性數項的收斂級數如何能夠使其總和具有非連續性？(例題 2)
2. 在逐項積分運算中，錯誤會如何產生？(例題 3) 另一個很自然產生的問題是：
3. 絕對收斂和均勻收斂兩者之間的關係是什麼？其答案相當令人到意外：沒有。(例題 5)

這些是我們將會討論到的觀念。

如果我們將有限多個連續函數相加在一起，則其和也是連續函數。例題 2 將會告訴我們，對於無限級數而言，即使它是絕對收斂的，其和不一定是連續函數。不過，如果這個級數是均勻收斂的，則如下所述，其和一定是連續函數。

定理 2

總和的連續性

令下列級數

$$\sum_{m=0}^{\infty} f_m(z) = f_0(z) + f_1(z) + \cdots$$

在區域 G 中均勻收斂。令 $F(z)$ 是其總和。那麼，如果級數的每一項 $f_m(z)$ 在區域 G 中的一點 z_1 上是連續的，則函數 $F(z)$ 在 z_1 上是連續的。

證明

令 $s_n(z)$ 是級數的第 n 個部分和，而且 $R_n(z)$ 是相對應的餘部：

$$s_n = f_0 + f_1 + \cdots + f_n \qquad R_n = f_{n+1} + f_{n+2} + \cdots$$

既然級數均勻收斂，則對於給定的 $\epsilon > 0$ 而言，可以找到一個 $N = N(\epsilon)$，使得對於 G 中所有的 z，下式都成立

$$|R_N(z)| < \frac{\epsilon}{3}$$

既然 $s_N(z)$ 是有限多個在 z_1 上具有連續性的函數的總和，則這個總和在 z_1 上也是連續的。故可以找到一個 $\delta > 0$，使得對於在 G 中滿足 $|z - z_1| < \delta$ 的所有 z 而言，下式成立

$$|s_N(z) - s_N(z_1)| < \frac{\epsilon}{3}$$

利用 $F = s_N + R_N$，以及三角不等式 (第 13.2 節)，對於這些 z，我們可以得到

$$|F(z) - F(z_1)| = |s_N(z) + R_N(z) - [s_N(z_1) + R_N(z_1)]|$$

$$\leq |s_N(z) - s_N(z_1)| + |R_N(z)| + |R_N(z_1)| < \frac{\epsilon}{3} + \frac{\epsilon}{3} + \frac{\epsilon}{3} = \epsilon$$

這意味著，$F(z)$ 在上 z_1 是連續的，所以這個定理已經得到證明。　　　　　■

例題　2　　數項具有連續性，但是總和不具有連續性的級數

考慮下列級數

$$x^2 + \frac{x^2}{1+x^2} + \frac{x^2}{(1+x^2)^2} + \frac{x^2}{(1+x^2)^3} + \cdots \qquad (x\ 爲實數)$$

這個是一個幾何級數，其中 $q = 1/(1 + x^2)$，而且整個級數還會再乘以一個 x^2 的因式。其第 n 個部分和是

$$s_n(x) = x^2 \left[1 + \frac{1}{1+x^2} + \frac{1}{(1+x^2)^2} + \cdots + \frac{1}{(1+x^2)^n} \right]$$

現在使用求幾何級數總和的技巧，即先將 $s_n(x)$ 乘以 $-q = -1/(1 + x^2)$，

$$-\frac{1}{1+x^2} s_n(x) = -x^2 \left[\frac{1}{1+x^2} + \cdots + \frac{1}{(1+x^2)^n} + \frac{1}{(1+x^2)^{n+1}} \right]$$

將上式與先前的公式相加，所得新數學式的左側可以得到化簡，而且其右側大部分數項會相互抵銷，結果得到

$$\frac{x^2}{1+x^2} s_n(x) = x^2 \left[1 - \frac{1}{(1+x^2)^{n+1}} \right]$$

因此，

$$s_n(x) = 1 + x^2 - \frac{1}{(1+x^2)^n}$$

圖 368 可以「解釋」其中發生了什麼事情，而且這項結果是令人感到興奮的。我們看到如果 $x \neq 0$，則總和是

$$s(x) = \lim_{n \to \infty} s_n(x) = 1 + x^2$$

但是當 $x = 0$ 時，對所有 n 而言，$s_n(0) = 1 - 1 = 0$，所以，$s(0) = 0$。因此，得到一個事實，那就是，雖然這個級數的所有數項都是連續的，而且這個級數甚至是絕對收斂的 (其各數項是非負值，所以等於它們的絕對值！)，但是，其總和並不連續 (在 $x = 0$ 處)。

現在定理 2 告訴我們，在含有 $x = 0$ 的區間中，該級數的收斂行為並不均勻。關於這個陳述，可以直接加以檢驗。事實上，當 $x \neq 0$ 時，級數的餘部具有下列的絕對值

$$| R_n(x) | = | s(x) - s_n(x) | = \frac{1}{(1 + x^2)^n}$$

而且可看到，對於一個給定的 $\epsilon \, (< 1)$，我們無法找到一個 N，其中 N 只會隨著 ϵ 而變，使得對於所有 $n > N(\epsilon)$，以及在特定區間 (例如，$0 \leq x \leq 1$ 的區間) 中的所有 x 而言，$| R_n | < \epsilon$ 都會成立。∎

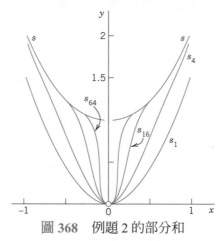

圖 368　例題 2 的部分和

15.5.2　逐項積分

這是與均勻收斂性有關的第二個主題，為了讓讀者能注意到，盲目地逐項進行積分是有危險性的，我們要以一個例題作為討論的開始。

例題　3　**不允許進行逐項積分運算的級數**

令 $u_m(x) = mxe^{-mx^2}$，並且在區間 $0 \leq x \leq 1$ 中考慮下列級數

$$\sum_{m=0}^{\infty} f_m(x) \qquad 其中 \qquad f_m(x) = u_m(x) - u_{m-1}(x)$$

第 n 個部分和是

$$s_n = u_1 - u_0 + u_2 - u_1 + \cdots + u_n - u_{n-1} = u_n - u_0 = u_n$$

故這個級數具有總和 $F(x) = \lim_{n \to \infty} s_n(x) = \lim_{n \to \infty} u_n(x) = 0 \, (0 \leq x \leq 1)$。由這個結果可得到

$$\int_0^1 F(x) \, dx = 0$$

另一方面，利用一項接著一項進行積分的方式，以及利用 $f_1 + f_2 + \cdots + f_n = s_n$，得到

$$\sum_{m=1}^{\infty} \int_0^1 f_m(x) \, dx = \lim_{n \to \infty} \sum_{m=1}^{n} \int_0^1 f_m(x) \, dx = \lim_{n \to \infty} \int_0^1 s_n(x) \, dx$$

因為 $s_n = u_n$，所以右式變成

$$\lim_{n \to \infty} \int_0^1 u_n(x)\, dx = \lim_{n \to \infty} \int_0^1 nxe^{-nx^2}\, dx = \lim_{n \to \infty} \frac{1}{2}(1 - e^{-n}) = \frac{1}{2}$$

並不是 0。這顯示，這個例題的級數不能逐項地從 $x = 0$ 積分到 $x = 1$。　■

例題 3 的級數在積分區間中並不是均勻收斂的，但是接下來要證明，在積分對象是連續函數所組成的均勻收斂級數時，我們可以對它逐項積分。

定理　3

逐項積分

令

$$F(z) = \sum_{m=0}^{\infty} f_m(z) = f_0(z) + f_1(z) + \cdots$$

是在某個區域 G 中的均勻收斂級數，其中這個級數的數項是連續函數。令 C 是 G 中的任何一個路徑。

(4)
$$\sum_{m=0}^{\infty} \int_C f_m(z)\, dz = \int_C f_0(z)\, dz + \int_C f_1(z)\, dz + \cdots$$

是收斂的，而且具有總和 $\int_C F(z)\, dz$。

證明

由定理 2 可以推論得到，$F(z)$ 是連續的。令 $s_n(z)$ 是給定級數的第 n 個部分和，而且 $R_n(z)$ 是相對應的餘部。則 $F = s_n + R_n$，而且利用積分，

$$\int_C F(z)\, dz = \int_C s_n(z)\, dz + \int_C R_n(z)\, dz$$

令 L 是 C 的長度。因為級數是均勻收斂的，故對於每一個給定的 $\epsilon > 0$，可以找到一個 N，使得對於所有 $n > N$，以及 G 中的所有 z 而言，$|R_n(z)| < \epsilon / L$ 都成立。在運用 ML 不等式 (第 14.1 節) 後，得到

$$\left| \int_C R_n(z)\, dz \right| < \frac{\epsilon}{L} L = \epsilon \qquad\qquad 對於所有的 n > N$$

因為 $R_n = F - s_n$，這意味著

$$\left| \int_C F(z)\, dz - \int_C s_n(z)\, dz \right| < \epsilon \qquad\qquad 對於所有的 n > N$$

所以，級數式 (4) 收斂，而且具有定理陳述中所指出的總和。　■

定理 2 和定理 3 描述了均勻收斂級數的兩個最重要性質。此外，既然微分和積分是兩個相反的過程，所以由定理 3 可以推論出

定理 4

逐項微分

令級數 $f_0(z) + f_1(z) + f_2(z) + \cdots$ 在區域 G 中是收斂的，而且令 $F(z)$ 是這個級數的總和。假設級數 $f_0'(z) + f_1'(z) + f_2'(z) + \cdots$ 在 G 中均勻收斂，而且其各項在 G 中是連續的。則

$$F'(z) = f_0'(z) + f_1'(z) + f_2'(z) + \cdots \qquad \text{對於在 } G \text{ 中所有的 } z$$

15.5.3　均勻收斂的檢驗

均勻收斂通常以下列的比較檢驗法加以檢驗。

定理 5

用於檢驗均勻收斂的 Weierstrass[5] M 檢驗法

考慮在 z 平面的區域 G 中，一個具有式 (1) 形式的級數。假設可以找到一常數項的收斂級數

(5) $$M_0 + M_1 + M_2 + \cdots$$

使得對 G 中的所有 z，以及每一個 $m = 0, 1, \cdots$ 而言，$|f_m(z)| \leq M_m$ 都成立。則式 (1) 在 G 中是均勻收斂的。

這裡將這個簡單的證明留給讀者作爲練習 (團隊專題 18 題)。

例題 4　Weierstrass M 檢驗法

試問下列級數在圓盤 $|z| \leq 1$ 中是否均勻收斂？

$$\sum_{m=1}^{\infty} \frac{z^m + 1}{m^2 + \cosh m|z|}$$

---

[5] KARL WEIERSTRASS (1815–1897) 是一位偉大的德國數學家，畢生致力於以冪級數和留數積分的概念作爲基礎，發展複數分析 (參見第 13.4 節的腳註)。他在做數學分析時，理論基礎的要求非常的嚴謹。就是因爲有如此的傳奇性，數學嚴謹度的要求我們後人稱之爲 *Weierstrassian* 嚴謹度 (請參見 Birkhoff and Kreyszig 在 1984 年的論文，在 5.5 節的註腳; Kreyszig, E., On the Calculus, of Variations and Its Major Influences on the Mathematics of the First Half of Our Century.Part II, *American Mathematical Monthly* (1994), 101, No. 9, pp. 902–908)。Weierstrass 在變分學、近似理論以及微分幾何學也有做出重大的貢獻。在 1841 年，他孕育出均勻收斂性的概念 (發表於 1894 年的 *sic!*)；不過，這個概念是由 G. G. STOKES (參見第 10.9 節) 在 1847 年首先發表的。

解

利用 Weierstrass M 檢驗法，和 $\sum 1/m^2$ 的收斂性 (參見 15.1 節定理 8 的證明)，我們可以推論出本例題的級數具有均勻收斂性，因為

$$\left| \frac{z^m + 1}{m^2 + \cosh m|z|} \right| \leq \frac{|z|^m + 1}{m^2}$$

$$\leq \frac{2}{m^2}$$

15.5.4　絕對收斂和均勻收斂之間並無關連性

本節的最後要說明一個驚人的事實：有些絕對收斂的級數並不會均勻收斂；另外，有些均勻收斂的級數卻不是絕對收斂，所以，這兩種觀念之間並無關連性。

例題　5　絕對收斂和均勻收斂之間並無關連性

在例題 2 中的級數是絕對收斂的，但不是均勻收斂，這一點已經證明過。在另一方面，下列級數

$$\sum_{m=1}^{\infty} \frac{(-1)^{m-1}}{x^2 + m} = \frac{1}{x^2 + 1} - \frac{1}{x^2 + 2} + \frac{1}{x^2 + 3} - + \cdots \qquad (x \text{ 是實數})$$

在整條實數線上是均勻收斂的，但不為絕對收斂。

　　證明：由微積分中所熟悉的 Leibniz 檢驗法 (參見附錄 A3.3) 知道，因為級數所含括之項正負交替，但是各項的絕對值卻形成一個單調遞減且極限值是零的數列，所以其餘部 R_n 的絕對值不會超過第一項的絕對值。所以當給定一個 $\epsilon > 0$ 時，對於所有的 x，如果 $n > N(\epsilon) \geq \frac{1}{\epsilon}$，則可以得到

$$|R_n(x)| \leq \frac{1}{x^2 + n + 1} < \frac{1}{n} < \epsilon$$

因為 $N(\epsilon)$ 不會隨著 x 改變，所以至此已經證明了這個級數是均勻收斂的。

　　但是因為對於任何固定的 x 而言，都可以得到下式，所以這個級數不是絕對收斂的，

$$\left| \frac{(-1)^{m-1}}{x^2 + m} \right| = \frac{1}{x^2 + m}$$

$$> \frac{k}{m}$$

其中 k 是一個適當的常數，而且級數 $k\Sigma 1/m$ 會發散。

習題集 15.5

1. CAS 專題 部分和的圖形

(a) **圖 368** 請透過你的 CAS 軟體畫出此一圖形。請加入更多曲線，如 s_{256}、s_{1024} 等曲線。

(b) **冪級數** 試以實驗的方式，經由畫出實數 $z = x$ 此收斂區間的端點附近的部分和，來研究收斂的非均勻性。

2–9 冪級數

試求下列級數均勻收斂的區域 (請說明理由)。

2. $\sum_{n=0}^{\infty} \left(\dfrac{n+2}{7n-3}\right)^n z^n$

3. $\sum_{n=1}^{\infty} \dfrac{1}{5^n} (z+i)^{2n}$

4. $\sum_{n=0}^{\infty} \dfrac{3^n (1-i)^n}{n!} (z-i)^n$

5. $\sum_{n=2}^{\infty} \binom{n}{2} (4z+2i)^n$

6. $\sum_{n=0}^{\infty} 2^n (\tanh n^2) z^{2n}$

7. $\sum_{n=1}^{\infty} \dfrac{n!}{n^2} \left(z + \dfrac{1}{4} i\right)$

8. $\sum_{n=1}^{\infty} \dfrac{3^n}{n(n+1)} (z-1)^{2n}$

9. $\sum_{n=1}^{\infty} \dfrac{(-1)^n}{3^n n^2} (z-2i)^n$

10–17 均勻收斂性

試證明下列級數在所給定區域中均勻收斂。

10. $\sum_{n=0}^{\infty} \dfrac{z^{2n+1}}{(2n+1)!}, \quad |z| \le 10^{20}$

11. $\sum_{n=1}^{\infty} \dfrac{z^n}{n^2}, \quad |z| \le 1$

12. $\sum_{n=1}^{\infty} \dfrac{z^n}{n^3 \sinh n |z|}, \quad |z| \le 1$

13. $\sum_{n=1}^{\infty} \dfrac{\sin^n |z|}{n^2}, \quad$ 對所有 z

14. $\sum_{n=0}^{\infty} \dfrac{z^n}{|z|^{2n} + 1}, \quad 2 \le |z| \le 10$

15. $\sum_{n=0}^{\infty} \dfrac{(n!)^2}{(2n!)} z^n, \quad |z| \le 3$

16. $\sum_{n=1}^{\infty} \dfrac{\tanh^n |z|}{n(n+1)}, \quad$ 對所有 z

17. $\sum_{n=1}^{\infty} \dfrac{\pi^{2n}}{n^2} z^{2n}, \quad |z| \le 0.25$

18. 團隊專題 均勻收斂性

(a) **Weierstrass M 檢驗法** 試證明這個檢驗法。

(b) **逐項微分** 請由定理 3 推導定理 4。

(c) **子區域** 請證明級數若在區域 G 均勻收斂，則意味著在 G 的任意部分均為均勻收斂。這個陳述的逆陳述是否為眞？

(d) **例題 2** 試將例題 2 的 x 替換成複數變數 z，然後求出該級數精準的收斂區域。

(e) **圖 369** 證明若 $x \ne 0$，則 $x^2 \sum_{m=1}^{\infty} (1+x^2)^{-m} = 1$；若 $x = 0$，則其總和等於 0。利用手寫計算的方式，驗證這個級數的部分和 s_1, s_2, s_3，看起來像圖 369 所顯示的那樣。

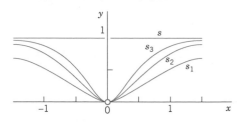

圖 369 團隊專題 18 (e) 中的總和 s，與幾個部分和

19–20 熱導方程式

在第 12.6 節中，如果式 (9) 具有式 (10) 的係數，假設 $f(x)$ 在區間 $0 \le x \le L$ 上是連續的，並且假設 $f(x)$ 在該區間內部的所有點上，都具有單邊導數，試證明這樣的式 (9) 是熱方程式的解，其中 $t > 0$。整個過程如下。

19. 證明是 $|B_n|$ 有界的，也就是證明，對於所有 n，$|B_n| < K$。然後獲得這樣的結論，

$$|u_n| < K e^{-\lambda_n^2 t_0} \quad 若 \quad t \ge t_0 > 0$$

並且也得到這樣的結論：根據 Weierstrass 檢驗法，當 $t \ge t_0$、$0 \le x \le L$ 時，級數式 (9) 相對於 x 和 t 會均勻地收斂。然後利用定理 2 去證明，當 $t \ge t_0$ 時，$u(x, t)$ 是連續的，而且此時它會滿足邊界條件式 (2)。

20. 試證明，如果 $t \geq t_0$，則
$|\partial u_n / \partial t| < \lambda_n^2 K e^{-\lambda_n^2 t_0}$，並且利用比例檢驗
法去證明，這個不等式右側的數學式所組
成的級數會收斂。由這個結果，Weierstrass
檢驗法，以及定理 4，獲得這樣的結論：
級數式 (9) 可以相對於 t 進行逐項微分，
而且所產生的級數具有總和 $\partial u / \partial t$。然後

證明，式 (9) 可以相對於 x 微分兩次，而
且所產生的級數具有總和 $\partial^2 u / \partial x^2$。接著
再從這個結果，和習題 19 的結果，獲得這
樣的結論：對於所有 $t \geq t_0$，式 (9) 是熱
方程式的解 (有關式 (9) 滿足給定的初始
條件的證明，可以在附錄 1 列舉的參考文
獻 [C10] 中找到)。

第 15 章　複習題

1. 何謂級數的收斂檢驗？請就記憶中所能想
起的，說明兩個檢驗法，請舉例子。

2. 何謂冪級數？爲何這些級數在複數分析中
相當重要？

3. 何謂絕對收斂？條件收斂？均勻收斂?

4. 關於冪級數的收斂，你能了解到什麼樣的
程度，請說明之？

5. 何謂 Taylor 級數？請舉一些基本的例子。

6. 關於冪級數的加法運算和乘法運算，你能
了解到什麼樣的程度，請說明之？

7. 請問每一個函數都具有 Taylor 級數嗎？請
解釋之。

8. 試問函數的性質是否能從其 Maclaurin 級
數中發現？請舉例子。

9. 關於冪級數的收斂，你能了解到什麼樣的
程度，請說明之？

10. 如何由 Cauchy 公式推導出 Taylor 公式？

11–15　收斂半徑

試求下列各題的收斂半徑。

11. $\sum_{n=0}^{\infty} (z+1)^n$

12. $\sum_{n=2}^{\infty} \frac{4^n}{n-1} (z-\pi i)^n$

13. $\sum_{n=2}^{\infty} \frac{n(n-1)}{4^n} (z-i)^n$

14. $\sum_{n=1}^{\infty} \frac{n^5}{n!} (z-3i)^{2n}$

15. $\sum_{n=1}^{\infty} \frac{(-3)^{n+1}}{3n} z^n$

16–20　收斂半徑

試求下列各題的收斂半徑。讀者可以在這些級
數的和中，辨識出一些自己所熟悉的函數的級
數嗎？

16. $\sum_{n=1}^{\infty} \frac{z^n}{n}$

17. $\sum_{n=0}^{\infty} \frac{(-2)^n}{n!} z^n$

18. $\sum_{n=0}^{\infty} \frac{(-1)^n}{(2n+1)!} (\pi z)^{2n+1}$

19. $\sum_{n=0}^{\infty} \frac{z^{n+1/2}}{(2n+1)!}$

20. $\sum_{n=0}^{\infty} \frac{z^n}{(3+4i)^n}$

21–25　Maclaurin 級數

試求下列各題的 Maclaurin 級數，並且求出收斂
半徑。寫出詳細解題過程。

21. $\cosh z^2$

22. $1/(1-z)^3$

23. $\cos(z^2)$

24. $1/(\pi z+1)$

25. $(e^{z^2}-1)/z^2$

26–30　Taylor 級數

試求下列各題的 Taylor 級數，其中請將給定的
點當作中心點，並且求出收斂半徑。

26. z^5, i

27. $\sin z$, π

28. $1/z$, $2i$

29. $\text{Ln } z$, 3

30. e^z, πi

第 15 章摘要　冪級數、Taylor 級數

第 15.1 節討論了數列、級數以及收斂檢驗法。**冪級數**具有下列形式 (第 15.2 節)，

(1)
$$\sum_{n=0}^{\infty} a_n(z-z_0)^n = a_0 + a_1(z-z_0) + a_2(z-z_0)^2 + \cdots$$

其中 z_0 是中心點。當 $|z-z_0| < R$ 時，級數 (1) 會收斂，當 $|z-z_0| > R$ 時，級數 (1) 會發散，其中 R 是**收斂半徑**。有些冪級數對於所有的 z 都會收斂 (此時收斂半徑寫成 $R = \infty$)。在特殊的情形下，有些冪級數只有在中心點上才收斂；這樣的級數在實務上是沒有價值的。此外，$R = \lim |a_n / a_{n+1}|$，不過，其前提是這個極限必須存在。級數式 (1) 在每一個閉圓盤 $|z-z_0| \le r < R (R > 0)$ 中，都絕對收斂 (第 15.2 節) 和**均勻**收斂 (第 15.5 節)。當 $|z-z_0| < R$ 時，級數式 (1) 代表一個解析函數 $f(z)$。這個函數的各導數 $f'(z), f''(z), \cdots$ 可以經由對式 (1) 逐項微分而得到，而且所得到這些級數與式 (1) 具有相同收斂半徑 R。請參見 15.3 節。

反過來說，每一個解析函數 $f(z)$ 都可以用冪級數來表示。$f(z)$ 的 **Taylor 級數**具有下列形式 (第 15.4 節)

(2)
$$f(z) = \sum_{n=0}^{\infty} \frac{1}{n!} f^{(n)}(z_0)(z-z_0)^n \qquad\qquad (|z-z_0| < R)$$

這與微積分中的 Taylor 級數具有相同形式。Taylor 級數對於下列開圓盤中所有的 z 而言會收斂：這個開圓盤的中心點在 z_0，而且半徑一般都等於從 z_0 到 $f(z)$ 最近的**奇異點** (在奇異點上，$f(z)$ 不再如 15.4 節所定義的一般具有解析性)。如果 $f(z)$ 是**全函數** (對於所有 z 而言都是解析的；參見 13.5 節)，則對於所有的 z，式 (2) 都會收斂。e^z、$\cos z$、$\sin z$ 等函數都具有 Maclaurin 級數，也就是說，都具有以 0 為中心點的 Taylor 級數，其形式與這些函數在微積分中的實數形式類似 (第 15.4 節)。

CHAPTER 16

Laurent 級數、留數積分 (Laurent Series. Residue Integration)

本章主要目的為學習計算「複數積分」和「特定的實數積分」的另外一種強而有力的方法。它稱為留數積分法。之前我們所探討計算複數積分的第一個方法，是由直接套用 14.3 節的 Cauchy 積分公式所構成。然後我們學習 Taylor 級數 (第 15 章)，而現在我們將會一般化 Taylor 級數。第二個積分方法——留數積分——它美妙的地方在於它把之前所學的許多材料整合在一起。

Laurent 級數將 Taylor 級數一般化了。的確，我們知道 Taylor 級數具有正整數的冪 (加上常數項)，並且會在一個圓盤內具有收斂行為，然而，**Laurent 級數 (Laurent series)** (第 16.1 節) 卻是具有 $z-z_0$ 的正整數**和負**整數冪次的級數，而且它會在一個以 z_0 為中心的圓環內收斂。所以利用 Laurent 級數，我們可以表示，在一個圓環內具有解析性的給定函數 $f(z)$，而且此函數可以在圓環外部具有奇異點，也可以在圓環的「洞」內具有奇異點。

對於一個已知函數，其以為中心點 z_0 所表示的 Taylor 級數是唯一的。與此形成對比的是，一個函數 $f(z)$ 可以擁有若干個具有相同中心點 z_0 的 Laurent 級數，而且這些級數可以在幾個同心圓環內都是有效的，這在本章將會討論到。在這些級數中，最重要的級數是當 $0 < |z-z_0| < R$ 時會收斂的級數，即在中心點 z_0 附近的每一個點上，除了 z_0 這個點之外，該級數會收歛，其中 z_0 是 $f(z)$ 的奇異點。這個 Laurent 級數的負冪所形成的級數 (或有限的加總)，稱為 $f(z)$ 在 z_0 上之奇異性的**主部 (principal part)**，而且它會用於對這個奇異性進行分類 (第 16.2 節)。這個級數的 $1/(z-z_0)$ 冪次的係數，稱為 $f(z)$ 在 z_0 上的**留數 (residue)**。有一個優美而且功能強大的積分方法會使用到留數，這個方法適用於複數圍線積分 (第 16.3 節)，也適用於特定的複雜實數積分 (第 16.4 節)，此方法稱為**留數積分 (residue integration)**。

本章之先修課程：第 13、14 章及第 15.2 節。

短期課程可以省略的章節：第 16.2、16.4 節。

參考文獻與習題解答：附錄 1 的 D 部分及附錄 2。

16.1 Laurent 級數 (Laurent Series)

Laurent級數將 Taylor級數一般化了。如果在某應用場合中，要將在點 z_0 處具有奇異點的函數 $f(z)$ (定義於 15.4 節)，以 $z - z_0$ 的冪級數展開，則 Taylor 級數無法使用。此時，就可以使用一種新的級數，稱為 **Laurent 級數 (Laurent series[1])**，它是由 $z - z_0$ 的正整數冪次 (和一個常數項)，以及 $z - z_0$ 的**負整數冪次**所組成；這是一項新的特徵。

Laurent 級數也可用於分類奇異點 (第 16.2 節)，而且也可使用在一種很有效力的新積分方法中 (「留數積分」，參見 16.3 節)。

如下所述，$f(z)$ 的 Laurent 級數會在圓環區域中收斂 (在圓環的「洞」中，$f(z)$ 可以具有奇異點)。

定理　1

Laurent 定理

有一個含有兩個同心圓 C_1 和 C_2，以及含有這兩個同心圓之間的圓環區域的整域 (圖 370 中的藍色區域)，其中兩個圓形的共同圓心是 z_0，令 $f(z)$ 在此整域中是解析的。則 $f(z)$ 可使用下列 *Laurent* 級數來表示，

(1)
$$
\begin{aligned}
f(z) &= \sum_{n=0}^{\infty} a_n (z - z_0)^n + \sum_{n=1}^{\infty} \frac{b_n}{(z - z_0)^n} \\
&= a_0 + a_1(z - z_0) + a_2(z - z_0)^2 + \cdots \\
&\quad \cdots + \frac{b_1}{z - z_0} + \frac{b_2}{(z - z_0)^2} + \cdots
\end{aligned}
$$

此級數是由正數冪次和負數冪次所組成。此 *Laurent* 級數的係數可由下列積分式求出

(2)　　　$a_n = \dfrac{1}{2\pi i} \oint_C \dfrac{f(z^*)}{(z^* - z_0)^{n+1}} \, dz^* \qquad b_n = \dfrac{1}{2\pi i} \oint_C (z^* - z_0)^{n-1} f(z^*) \, dz^*$

此圍線積分是沿著一個簡單閉合路徑 C，以逆時針方向進行，且此路徑 C 必須位於圓環內，並且繞行內圓，如圖 370 所示 [因為 z 已經使用於式 (1)，所以積分變數以 z^* 代表]。

針對已知的圓環，將其外圓 C_1 連續地向外擴展，並且將內圓 C_2 連續地向內減縮，直到兩個圓各自抵達 $f(z)$ 在其上的奇異點，*Laurent* 級數在這個擴大的開放圓環中會收斂，而且表示為 $f(z)$。

有一種重要的特殊情形，當 z_0 是 $f(z)$ 在 C_2 內部唯一的奇異點時，內圓可以減縮到點 z_0 處，此時這個級數會變成除了中心點以外，在新得到的圓盤中都具有收斂性。在此情形下，式 (1) 的負冪次所形成的級數 (或有限的加總) 被稱為 $f(z)$ [或是 *Laurent* 級數式 (1)] 在 z_0 處的主部 (principal part)。

---

[1] PIERRE ALPHONSE LAURENT (1813–1854) 是法國軍事工程師和數學家，他於 1843 年發表此定理。

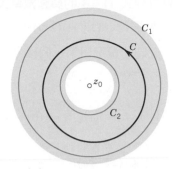

圖 370　Laurent 定理

註解：很明顯地，若不用式 (1) 和式 (2)，則可寫成 (以 a_{-n} 代表 b_n)

(1')
$$f(z) = \sum_{n=-\infty}^{\infty} a_n(z-z_0)^n$$

其中所有的係數都使用單一積分式予以求出，即

(2')
$$a_n = \frac{1}{2\pi i} \oint_C \frac{f(z^*)}{(z^*-z_0)^{n+1}} dz^* \qquad (n=0, \pm 1, \pm 2, \cdots)$$

現在開始證明 Laurent 定理。

|證明

　　(a) 非負整數冪次就是 Taylor 級數的相對應冪次。

為了解這一點，使用 14.3 節 Cauchy 積分公式之式 (3)，將積分變數 z 替換成 z^*，並且將 z_0 替換成 z。令 $g(z)$ 和 $h(z)$ 代表 14.3 節式 (3) 中的兩個積分項，則

(3)
$$f(z) = g(z)+h(z) = \frac{1}{2\pi i} \oint_{C_1} \frac{f(z^*)}{z^*-z} dz^* - \frac{1}{2\pi i} \oint_{C_2} \frac{f(z^*)}{z^*-z} dz^*$$

其中 z 為已知圓環中的任何一點，且積分運算是沿著和兩個圓 C_1 和 C_2，以逆時針方向進行，因為在 14.3 節式 (3) 中，沿著 C_2 的積分是以順時針方向在進行，所以上式出現負號。如同 15.4 節，我們對這兩個積分式進行轉換。第一個積分式與 15.4 節中完全一樣。故得到相同的結果，即 $g(z)$ 的 Taylor 級數

(4)
$$g(z) = \frac{1}{2\pi i} \oint_{C_1} \frac{f(z^*)}{z^*-z} dz^* = \sum_{n=0}^{\infty} a_n(z-z_0)^n$$

其係數為 [參見 15.4 節式 (2)，逆時針方向積分]

(5)
$$a_n = \frac{1}{2\pi i} \oint_{C_1} \frac{f(z^*)}{(z^*-z_0)^{n+1}} dz^*$$

因為式 (5) 中的被積分函數在 z_0 點上不可解析，且點 z_0 不是圓環中的一點，所以，根據路徑變形原理，這裡的 C_1 可以替換成 C (參見圖 370)。至此已證明式 (2) 中有關 a_n 的公式。

(b) 如果我們考慮 $h(z)$，則可以得到式 (1) 中的**負整數冪次**，和在式 (2) 中有關於 b_n 的公式。它是由式 (3) 中的第二個積分式乘以 $-1/(2\pi i)$ 所構成。因為 z 位於圓環內，所以它位於路徑 C_2 的外部。因此，此時的情況與第一個積分的情況不同。基本的不同點是，現在的條件不是 [參見 15.4 節式 (7*)]

(6) $\qquad$ (a) $\left|\dfrac{z-z_0}{z*-z_0}\right| < 1$ $\qquad$ 而是 $\qquad$ (b) $\left|\dfrac{z*-z_0}{z-z_0}\right| < 1$

其結果是，為了得到收斂的級數，必須以 $(z*-z_0)/(z-z_0)$ (而不是此式的倒數) 的冪次，來展開式 (3) 中第二個積分式的被積分函數內的數學式 $1/(z*-z)$。結果變成

$$\frac{1}{z*-z} = \frac{1}{z*-z_0-(z-z_0)} = \frac{-1}{(z-z_0)\left(1-\dfrac{z*-z_0}{z-z_0}\right)}$$

為確實了解這中間的差異，請將上式與 15.4 節的式 (7) 稍作比較。然後繼續定理的證明，並且應用 15.4 節中有關幾何級數部分和的公式 (8)，結果得到

$$\frac{1}{z*-z} = -\frac{1}{z-z_0}\left\{1+\frac{z*-z_0}{z-z_0}+\left(\frac{z*-z_0}{z-z_0}\right)^2+\cdots+\left(\frac{z*-z_0}{z-z_0}\right)^n\right\}-\frac{1}{z-z*}\left(\frac{z*-z_0}{z-z_0}\right)^{n+1}$$

將上式兩側同時乘以 $-f(z*)/2\pi i$，並沿著 C_2 積分，結果得到

$$\begin{aligned} h(z) \ &= -\frac{1}{2\pi i}\oint_{C_2}\frac{f(z*)}{z*-z}\,dz* \\ &= \frac{1}{2\pi i}\left\{\frac{1}{z-z_0}\oint_{C_2}f(z*)\,dz*+\frac{1}{(z-z_0)^2}\oint_{C_2}(z*-z_0)f(z*)\,dz*+\cdots\right. \\ &\qquad +\frac{1}{(z-z_0)^n}\oint_{C_2}(z*-z_0)^{n-1}f(z*)\,dz* \\ &\qquad \left.+\frac{1}{(z-z_0)^{n+1}}\oint_{C_2}(z*-z_0)^n f(z*)\,dz*\right\}+R_n^*(z) \end{aligned}$$

其中上式右側最後一項可表示成

(7) $\qquad R_n^*(z) = \dfrac{1}{2\pi i(z-z_0)^{n+1}}\oint_{C_2}\dfrac{(z*-z_0)^{n+1}}{z-z*}f(z*)\,dz*$

與先前我們處理的情形一樣，在上式右邊的積分以 C 取代 C_2，並對其積分。我們看出在上式右邊，冪次 $1/(z-z_0)^n$ 是乘以在式 (2)中所給定的 b_n。這建立了 Laurent 定理，只要下式成立

(8) $\qquad\qquad \lim_{n\to\infty} R_n^*(z) = 0$

(c) 式 (8) 的收斂性證明　式 (1) 很容易出現負數冪次爲有限個的情形，此時就不需要證明什麼。否則，證明過程可以以此開始，式 (7) 中的表示式 $f(z^*)/(z-z^*)$ 之絕對值是有界的，例如，對於 C_2 上所有的 z^* 而言，

$$\left| \frac{f(z^*)}{z-z^*} \right| < \tilde{M}$$

因爲 $f(z^*)$ 在圓環中與在 C_2 上是解析的，而且也因爲 z^* 位於 C_2 上，而 z 位於 C_2 外部，使得 $z-z^* \neq 0$。將上式和 ML 不等式 (第 14.1 節) 應用於式 (7)，可以得到下列的不等式 ($L = 2\pi r_2 = C_2$ 的長度，$r_2 = |z^* - z_0| = C_2$ 的半徑 = 常數)，

$$| R_n^*(z) | \leq \frac{1}{2\pi |z-z_0|^{n+1}} r_2^{n+1} \tilde{M} L = \frac{\tilde{M} L}{2\pi} \left(\frac{r_2}{|z-z_0|} \right)^{n+1}$$

由式 (6b) 可看出，當 n 趨近無限大時，上式右側趨近零，這證明了式 (8) 會成立。現在已證明在給定的圓環中，級數式 (1) 是成立的，其中式 (1) 的係數可以用式 (2) 表示。

(d) 式 (1) 在經過擴大的圓環中具有收斂性　式 (1) 中的第一個級數是 Taylor 級數 [代表 $g(z)$]；所以，假設圓盤 D 是以 z_0 爲中心點，其半徑等於最接近 z_0 的奇異點到 z_0 的距離，則此第一個級數在 D 中會收斂。此外，對於在 C_1 外部，使得 $f(z)$ 具有奇異性的所有點而言，$g(z)$ 在這些點上也必然具有奇異性。

在式 (1) 中代表 $h(z)$ 的第二個級數，是以 $Z = 1/(z-z_0)$ 的冪次所表示的冪級數。令給定的圓環是 $r_2 < |z-z_0| < r_1$，其中 r_1 和 r_2 分別是 C_1 和 C_2 的半徑 (圖 370)。這對應到 $1/r_2 > |Z| > 1/r_1$。所以，這個以 Z 表示的冪級數必須至少在圓盤 $|Z| < 1/r_2$ 中是收斂的。這個區域對應於 C_2 的外部 $|z-z_0| > r_2$，因而使得對於在 C_2 外的所有 z 而言，$h(z)$ 是解析的。此外，對於在 C_2 內部使得 $f(z)$ 爲奇異的點而言，$h(z)$ 在那些點上也必然是奇異的。而且，假設 E 是以 z_0 爲中心點的某個圓的外部區域，其中這個圓的半徑等於從 z_0 到 $f(z)$ 在 C_2 內部各奇異點中的最大距離，則式 (1) 中的負冪次所組成的級數會在 E 中所有點上都具有收斂性。D 和 E 的交集區域所構成的整域，就是上述 Laurent 定理的陳述中，最後面的陳述所描述的擴大開放圓環區域；至此，我們已完全證明 Laurent 定理。　∎

唯一性　一個給定的解析函數 $f(z)$ 在其收斂圓環內的 *Laurent* 級數是唯一的 (參見團隊專題 18)。不過，在以同一點爲中心點的兩個圓環區域中，$f(z)$ 可以具有不同的 *Laurent* 級數；參見下面的例題。唯一性是很重要的特性。就像 Taylor 級數的情形一樣，如果要獲得 Laurent 級數的係數，通常不會使用積分公式 (2)；而會使用其他不同的方法，接下來的例題將解說其中部分的方法。若讀者是用某種方法求得某個 Laurent 級數，則唯一性將保證，你所求得的某個 Laurent 級數就是給定的函數在既定的圓環區域中，唯一的**那個** Laurent 級數。

例題　1　Maclaurin 級數的運用

試求中心點爲 0 之 $z^{-5} \sin z$ 的 Laurent 級數。

解

利用 15.4 節式 (14)，可以得到

$$z^{-5}\sin z = \sum_{n=0}^{\infty} \frac{(-1)^n}{(2n+1)!} z^{2n-4} = \frac{1}{z^4} - \frac{1}{6z^2} + \frac{1}{120} - \frac{1}{5040} z^2 + -\cdots \qquad (|z|>0)$$

此處的收斂「圓環區域」是不含原點的整個複數平面，而且這個級數在 0 處的主部是 $z^{-4} - \frac{1}{6} z^{-2}$ ■

例題 2　代入法

試求中心點為 0 之 $z^2 e^{1/z}$ 的 Laurent 級數。

解

由 15.4 節式 (12)，且以 $1/z$ 取代 z，得到的 Laurent 級數的主部是下列無限級數

$$z^2 e^{1/z} = z^2 \left(1 + \frac{1}{1!z} + \frac{1}{2!z^2} + \cdots \right) = z^2 + z + \frac{1}{2} + \frac{1}{3!z} + \frac{1}{4!z^2} + \cdots \qquad (|z|>0) \quad ■$$

例題 3　$1/(1-z)$ 的展開式

試將 $1/(1-z)$ **(a)** 以 z 的非負數冪次加以展開，**(b)** 以 z 的負冪次加以展開。

解

(a)
$$\frac{1}{1-z} = \sum_{n=0}^{\infty} z^n \qquad (在 |z|<1 時有效)$$

(b)
$$\frac{1}{1-z} = \frac{-1}{z(1-z^{-1})} = -\sum_{n=0}^{\infty} \frac{1}{z^{n+1}} = -\frac{1}{z} - \frac{1}{z^2} - \cdots \qquad (在 |z|>1 時有效) \quad ■$$

例題 4　同圓心但不同環的 Laurent 展開式

試求中心點為 0 之 $1/(z^3 - z^4)$ 的 Laurent 級數。

解

在將例題 3 的函數乘以 $1/z^3$ 之後，從例題 3 可以得到

(I)
$$\frac{1}{z^3 - z^4} = \sum_{n=0}^{\infty} z^{n-3} = \frac{1}{z^3} + \frac{1}{z^2} + \frac{1}{z} + 1 + z + \cdots \qquad (0<|z|<1)$$

(II)
$$\frac{1}{z^3 - z^4} = -\sum_{n=0}^{\infty} \frac{1}{z^{n+4}} = -\frac{1}{z^4} - \frac{1}{z^5} - \cdots \qquad (|z|>1) \quad ■$$

例題 5　利用部分分式

試求中心點為 0 之 $f(z) = \dfrac{-2z+3}{z^2-3z+2}$ 的所有 Taylor 級數和 Laurent 級數。

解

將原函數表示成下列部分分式，

$$f(z) = -\frac{1}{z-1} - \frac{1}{z-2}$$

第一個分式可利用例題 3 的 (a) 與 (b) 部分來處理。對於第二個分式，

(c) $$-\frac{1}{z-2} = \frac{1}{2\left(1-\frac{1}{2}z\right)} = \sum_{n=0}^{\infty} \frac{1}{2^{n+1}} z^n \qquad (|z| < 2)$$

(d) $$-\frac{1}{z-2} = -\frac{1}{z\left(1-\frac{2}{z}\right)} = -\sum_{n=0}^{\infty} \frac{2^n}{z^{n+1}} \qquad (|z| > 2)$$

(I) 由 (a) 和 (c) 可知，當 $|z| < 1$ (參見圖 371) 時，

$$f(z) = \sum_{n=0}^{\infty} \left(1 + \frac{1}{2^{n+1}}\right) z^n = \frac{3}{2} + \frac{5}{4} z + \frac{9}{8} z^2 + \cdots$$

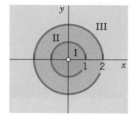

圖 371　例題 5 的收斂區域

(II) 由 (c) 和 (b) 可知，當 $1 < |z| < 2$ 時，

$$f(z) = \sum_{n=0}^{\infty} \frac{1}{2^{n+1}} z^n - \sum_{n=0}^{\infty} \frac{1}{z^{n+1}} = \frac{1}{2} + \frac{1}{4} z + \frac{1}{8} z^2 + \cdots - \frac{1}{z} - \frac{1}{z^2} - \cdots$$

(III) 由 (d) 和 (b) 可知，當 $|z| > 2$ 時，

$$f(z) = -\sum_{n=0}^{\infty} (2^n + 1) \frac{1}{z^{n+1}} = -\frac{2}{z} - \frac{3}{z^2} - \frac{5}{z^3} - \frac{9}{z^4} - \cdots$$

如果 Laurent 定理中的 $f(z)$ 在 C_2 內是解析的，則根據 Cauchy 積分定理可知，式 (2) 中的係數 b_n 為零，這使得 Laurent 級數簡化成 Taylor 級數。例題 3 (a) 和 5 (I) 即說明此點。

習題集　16.1

1–4　在奇異點 0 附近的 Laurent 級數
將下列各函數展開成 Laurent 級數，使其在 $0 < |z| < R$ 的範圍內收斂，並且求出這個級數收斂的準確範圍。請寫出詳細的解題過程。

1. $\dfrac{\cos z}{z^4}$

2. $\dfrac{\exp(-1/z^2)}{z^2}$

3. $z^3 \cosh \dfrac{1}{z}$

4. $\dfrac{e^z}{z^2 - z^3}$

5-9　在奇異點 z_0 附近的 Laurent 級數

將下列各函數展開成 Laurent 級數，使其在 $0 < |z - z_0| < R$ 的範圍內收斂，並求出這個級數收斂的準確範圍。請寫出詳細的解題過程。

5. $\dfrac{e^z}{(z-1)^2}$,　$z_0 = 1$　6. $\dfrac{1}{z^2(z-i)}$,　$z_0 = i$

7. $\dfrac{\sin z}{(z - \frac{1}{4}\pi)^3}$,　$z_0 = \frac{1}{4}\pi$

8. **CAS 專題　部分分式**　請撰寫一個可以利用部分分式獲得 Laurent 級數的程式。運用這個程式，驗證例題 5 的計算結果。將這個程式應用於自己選擇的其他兩個函數上。

9. **團隊專題　Laurent 級數**

 (a) **唯一性**

 試證明在一給定的環中，某個給定解析函數的 Laurent 展開式具有唯一性。

 (b) **奇異點的聚集 (accumulation of singularity)**　試問 $\tan(1/z)$ 在區域 $0 < |z| < R$ 內，是否具有收斂的 Laurent 級數？(請說明理由)。

 (c) **積分式**　在 $|z| > 0$ 的收斂區域中，試將下列函數以 Laurent 級數展開：

$$\frac{1}{z^2}\int_0^z \frac{e^t - 1}{t}\,dt \qquad \frac{1}{z^3}\int_0^z \frac{\sin t}{t}\,dt$$

10-13　**Taylor 級數和 Laurent 級數**

試求中心點為 0 之所有的 Taylor 級數和 Laurent 級數。求出級數收斂的準確範圍。請寫出詳細的解題過程。

10. $\dfrac{1}{1-z^2}$,　$z_0 = 0$　11. $\dfrac{1}{z}$,　$z_0 = 1$

12. $\dfrac{1}{z^2}$,　$z_0 = i$　13. $\dfrac{z^8}{1-z^4}$,　$z_0 = 0$

16.2　奇異點與零點、無限大 (Singularities and Zeros. Infinity)

大致而言，解析函數 $f(z)$ 的**奇異點** (*singular point*) 乃是使得 $f(z)$ 變得不可解析的點 z_0，且**零點** (*zero*) 為使得 $f(z) = 0$ 的 z，稍後將會說明較精確的定義方式。本節將會證明，Laurent 級數可對奇異性進行分類，而 Taylor 級數則可對零點進行分類。

奇異性在 15.4 節已定義過，請讀者稍作回想。此外我們也要記住，根據定義，函數是一種**單值 (single-valued)** 關係，而這在 13.3 節已強調過。

如果 $f(z)$ 在點 $z = z_0$ 處不是解析的 (甚至是未定義的)，但是 $z = z_0$ 的每個鄰域中都包含有讓 $f(z)$ 為解析的點，則稱 $f(z)$ 在點 $z = z_0$ 處**是奇異的**，或**具有奇異性**。也可以說，$z = z_0$ 是 $f(z)$ 的**奇異點**。

如果 $z = z_0$ 具有一個鄰域，使得 $f(z)$ 在此鄰域中，除了 $z = z_0$ 之外，沒有其他奇異點，則稱 $z = z_0$ 是 $f(z)$ 的**孤立奇異點 (isolated singularity)**。例如：$\tan z$ 在 $\pm\pi/2$、$\pm 3\pi/2$ 等這些點上具有孤立奇異點；$\tan(1/z)$ 在點 0 處具有非孤立的奇異點 (試解釋之！)

$f(z)$ 在 $z = z_0$ 處的孤立奇異點，可以利用下列 Laurent 級數進行分類

(1)
$$f(z) = \sum_{n=0}^{\infty} a_n(z-z_0)^n + \sum_{n=1}^{\infty} \frac{b_n}{(z-z_0)^n}$$
(第 16.1 節)

在奇異點 $z = z_0$ 的**緊接鄰域 (immediate neighborhood)** 中，除了 z_0 本身之外，這個 Laurent 級數是成立的，亦即在下列區域中是成立的，

$$0 < |z - z_0| < R$$

由前一節可知，第一個級數的總和，在點 $z = z_0$ 處是解析的。讀者應該也還記得上一節提起過，這個 Laurent 級數中含有負冪次的第二個級數，稱爲式 (1) 的**主部**。如果主部只具有有限多個數項，則它可以寫成下列形式

(2)
$$\frac{b_1}{z - z_0} + \cdots + \frac{b_m}{(z - z_0)^m} \qquad\qquad (b_m \neq 0)$$

此時，$f(z)$ 在 $z = z_0$ 處的奇異點稱爲**極點 (pole)**，而且 m 稱爲其**階數 (order)**。第一階極點也可以稱爲**單極點 (simple pole)**。

如果式 (1) 的主部具有無限多項，則稱 $f(z)$ 在 $z = z_0$ 處具有**孤立本質奇異點 (isolated essential singularity)**。

這裡的討論將非孤立奇異點暫且擱置在一旁。

例題　**1**　　**極點、本質奇異點**

下列函數

$$f(z) = \frac{1}{z(z-2)^5} + \frac{3}{(z-2)^2}$$

在點 $z = 0$ 處具有單極點，而且在點 $z = 2$ 處具有第五階極點。函數在點 $z = 0$ 處具有孤立本質奇異點的例子爲

$$e^{1/z} = \sum_{n=0}^{\infty} \frac{1}{n! z^n} = 1 + \frac{1}{z} + \frac{1}{2! z^2} + \cdots$$

和

$$\sin \frac{1}{z} = \sum_{n=0}^{\infty} \frac{(-1)^n}{(2n+1)! z^{2n+1}} = \frac{1}{z} - \frac{1}{3! z^3} + \frac{1}{5! z^5} - + \cdots$$

第 16.1 節提供了更多例子。在那節中，例題 1 顯示 $z^{-5} \sin z$ 在點 0 處具有第四階極點。例題 4 顯示 $1/(z^3 - z^4)$ 在點 0 處具有第三階極點，以及具有無限多負冪次所組成的 Laurent 級數。因爲這個級數對 $|z| > 1$ 是成立的，所以這中間並沒有任何矛盾；它只是提醒我們，在對奇異點進行分類時有一點相當重要，那就是考慮到，在奇異點的**緊接鄰域中**是有效的 Laurent 級數。在例題 4 中，這就是級數 (I)，它具有三個負冪次。　∎

因爲解析函數在本質奇異點附近的行爲，與在極點附近的行爲是完全不一樣的，所以將奇異點分類成極點與本值奇異點，並非徒具形式。

例題 2   在極點附近的行為

$f(z) = 1/z^2$ 在點 $z = 0$ 處具有極點,而且當沿著任何路徑讓 $z \to 0$ 時,都會使得 $|f(z)| \to \infty$。此一範例說明了下列定理。 ∎

定理 1

極點

如果 $f(z)$ 是解析的,而且它在 $z = z_0$ 處具有極點,那麼當沿著任何路徑讓 $z \to z_0$ 時,都會使得 $|f(z)| \to \infty$。

這個定理的證明留給讀者作為練習 (參見習題 24)。

例題 3   在本質奇異點附近的行為

函數 $f(z) = e^{1/z}$ 在 $z = 0$ 處具有本質奇異點。當沿著虛數軸趨近這個奇異點時,此函數沒有極限存在;如果沿著正實數軸趨近這個奇異點,$f(z)$ 變成無限大,當沿著負實數軸趨近點 $z = 0$,則 $f(z)$ 趨近零。在 $z = 0$ 的任意小的 ϵ 鄰域中,$f(z)$ 為任何一值 $c = c_0 e^{i\alpha} \neq 0$。事實上,令 $z = re^{i\theta}$,對 r 和 θ 解複數方程式:

$$e^{1/z} = e^{(\cos\theta - i\sin\theta)/r} = c_0 e^{i\alpha}$$

比較上式中複數的絕對值部分和幅角部分得到 $e^{(\cos\theta)/r} = c_0$,即

$$\cos\theta = r\ln c_0 \quad 和 \quad -\sin\theta = \alpha r$$

由上述兩個方程式,以及 $\cos^2\theta + \sin^2\theta = r^2(\ln c_0)^2 + \alpha^2 r^2 = 1$,得到下列兩個公式

$$r^2 = \frac{1}{(\ln c_0)^2 + \alpha^2} \quad 和 \quad \tan\theta = -\frac{\alpha}{\ln c_0}$$

所以經由將 2π 的整數倍加到 α,可讓 r 變成任意小的數值,但 c 卻沒有改變。此例題已經實際解釋了著名的 *Picard* 定理 (其中 $z = 0$ 是例外值)。 ∎

定理 2

Picard 定理

如果函數 $f(z)$ 是解析的,且在點 z_0 處具有孤立本質奇異點,則在 z_0 處之任意小的 ε 鄰域中 (最多除了一個例外值以外),這個函數可以為任意的值。

由於定理的證明頗為複雜,有興趣的讀者請參見參考文獻 [D4],vol. 2,第 258 頁。關於 Picard 的生平,可參見習題集 1.7 的註腳 9。

可移除的奇異點 (removable singularity) 如果 $f(z)$ 在 $z = z_0$ 處不是解析的,但是經由在該處指定一個適當值 $f(z_0)$,可以使這個函數在該點處變成解析的,則稱函數 $f(z)$ 在 $z = z_0$ 處具有可移除的奇異點。因為正如同剛剛所指出的,這樣的奇異點可以移除,所以不需對它們太在意。例如:如果將函數 $f(z) = (\sin z)/z$ 在 $z = 0$ 處定義成 $f(0) = 1$,則它會變成是解析的。

16.2.1　解析函數的零點

解析函數 $f(z)$ 在某個整域 D 中的**零點 (zero)**，指的是在 D 中會使 $f(z_0) = 0$ 的點 $z = z_0$。如果在 $z = z_0$ 處，不僅是 $f(z_0) = 0$，而且導數 $f', f'', \cdots, f^{(n-1)}$ 也全都等於 0，不過 $f^{(n)}(z_0) \neq 0$，則這個零點的**階數 (order)** 是 n。第一階零點也稱為**簡單零點 (simple zero)**。對於第二階零點 $f(z_0) = f'(z_0) = 0$，不過 $f''(z_0) \neq 0$，以此類推。

例題　**4**　　**零點**

函數 $1 + z^2$ 在 $\pm i$ 處具有簡單零點。函數 $(1 - z^4)^2$ 在 ± 1 處和 $\pm i$ 處具有第二階零點。函數 $(z - a)^3$ 在 $z = a$ 處具有第三階零點。函數 e^z 沒有零點 (請參見 13.5 節)。函數 $\sin z$ 在 $0, \pm\pi, \pm 2\pi, \cdots$ 些點上具有簡單零點，然而函數 $\sin^2 z$ 在相同的這些點上，具有第二階零點。函數 $1 - \cos z$ 在 $0, \pm 2\pi, \pm 4\pi, \cdots$ 這些點上具有第二階零點，然而函數 $(1 - \cos z)^2$ 在相同的這些點上具有第四階零點。　■

在零點處的 Taylor 級數　根據定義，在 $f(z)$ 的第 n 階零點 $z = z_0$ 上，導數 $f'(z_0), \cdots, f^{(n-1)}(z_0)$ 都是零。故在 15.4 節的 Taylor 級數式 (1) 的前面幾個係數 $a_0, \cdots, a_{n-1}$ 也會是零，但 $a_n \neq 0$，因而使得此時的 Taylor 級數具有下列形式

(3)
$$\begin{aligned} f(z) &= a_n(z - z_0)^n + a_{n+1}(z - z_0)^{n+1} + \cdots \\ &= (z - z_0)^n [a_n + a_{n+1}(z - z_0) + a_{n+2}(z - z_0)^2 + \cdots] \end{aligned} \qquad (a_n \neq 0)$$

因為如果 $f(z)$ 具有這樣的 Taylor 級數，則利用微分運算可以推導出，這個函數在點 $z = z_0$ 處具有第 n 階零點，所以上述 Taylor 級數形式是這種零點的特徵。

雖然非孤立奇異點是可能存在的，但是對於零點我們有以下定理。

定理　**3**

零點

解析函數 $f(z)$ $(\not\equiv 0)$ 的零點都是孤立的；換言之，每一個零點都會具有一個鄰域，使得 $f(z)$ 在這個鄰域中沒有其他零點。

證明

在式 (3) 中，公因式 $(z - z_0)^n$ 只有在 $z = z_0$ 處才會是零點。在方括弧 $[\cdots]$ 中的冪級數，代表解析函數 (根據 15.3 節定理 5)，我們稱其為 $g(z)$。由於解析函數是連續的，所以 $g(z_0) = a_n \neq 0$，而且因為此連續性，也使得在 $z = z_0$ 的某個鄰域中 $g(z) \neq 0$。因此，對 $f(z)$ 也是同樣成立。　■

例題 4 所列舉的函數可用來解釋這個定理。

極點通常是由分母中的零點所造成。(例如：$\tan z$ 在 $\cos z$ 具有零點的位置存在極點)。這是讓零點變得這麼重要的主要原因。下一個定理將說明其關連性的關鍵處，至於它的證明，則可以由式 (3) 推論得到 (參見團隊專題 12)。

定理　4

極點與零點

令 $f(z)$ 在 $z = z_0$ 處是解析的,且在 $z = z_0$ 處具有第 n 階零點。則 $1/f(z)$ 在 $z = z_0$ 處具有第 n 階極點;如果 $h(z)$ 在 $z = z_0$ 處是解析的,且 $h(z_0) \neq 0$,則 $h(z)/f(z)$ 在 $z = z_0$ 處也具有第 n 階極點。

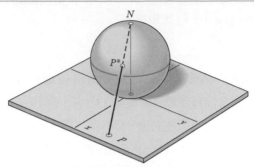

圖 372　Riemann 球面

16.2.2　Riemann 球面、在無限遠處的點 (Riemann Sphere. Point at Infinity)

當我們想要針對大 $|z|$ 研究複數函數的行為時,複數平面一般都會變得很不方便。在這種情形下,使用一種在所謂 **Riemann 球面 (Riemann sphere)** 的曲面上來表示複數的方式,可能會比較好。這種球面 S 的直徑是 1,它會在 $z = 0$ 處碰觸到複數 z 平面 (圖 372),而且我們令圖 372 中的點 P (在平面上的一個數 z) 的像點 (image) 是線段 PN 與球面 S 的交點 P^*,其中 N 是在球面上,與複數平面原點沿著直徑互相對立的「北極」點。此時,在球面 S 上都會有一個點,對應到複數平面上的每一個點 z。

　　相反地,在球面 S 上除了 N 以外的每一個點,都代表一個複數 z,其中 N 並沒有對應到複數平面上的任何一點。援此建議引用一個額外的幾何點,稱為在**無限遠處的點 (point at infinity)**,並且將它標示成 ∞ (「無限大」的符號),然後令它的像點是 N。複數平面再加上 ∞,稱為**廣義複數平面 (extended complex plane)**。為了方便區別起見,複數平面通常稱為有限的複數平面 (*finite complex plane*),或者像從前一樣直接稱為**複數平面**。球面 S 稱為 **Riemann 球面**。將廣義複數平面映射到球面上的方法,稱為**立體投射法 (stereographic projection)** (北半球的像位於何處?西半球的像呢?通過原點直線的像呢?)

16.2.3　在無限遠處所具有的解析性或奇異性

如果想要探討 $|z|$ 很大時的函數 $f(z)$,令 $z = 1/w$,且在 $w = 0$ 的鄰域中研究 $f(z) = f(1/w) \equiv g(w)$。若 $g(w)$ 在 $w = 0$ 處是解析的或奇異的,則定義 $f(z)$ 成**在無限遠處是解析的**或**奇異的**。我們也定義

$$(4) \qquad g(0) = \lim_{w \to 0} g(w)$$

前提是該極限存在。

　　此外,如果 $f(1/w)$ 在 $w = 0$ 處具有第 n 階零點,則稱 $f(z)$ 在無限遠處具有第 n 階零點。對於極點和本質奇異點,也是類似的情形。

例題　5　函數在無限遠處的解析性或奇異性、全函數或半純函數

因為 $g(w) = f(1/w) = w^2$ 在 $w = 0$ 處是解析的，所以函數 $f(z) = 1/z^2$ 在 0 處是解析的，而且 $f(z)$ 在 ∞ 處具有第二階零點。因為函數 $g(w) = f(1/w) = 1/w^3$ 在 $w = 0$ 處具有極點，所以函數 $f(z) = z^3$ 在 ∞ 處是奇異的，而且它具有第三階極點。因為函數 $e^{1/w}$ 在 $w = 0$ 處具有本質奇異點，所以函數 e^z 在 ∞ 處具有本質奇異點。同樣地，$\cos z$ 和 $\sin z$ 在 ∞ 處也具有本質奇異點。

　　請讀者回想一下，**全函數 (entire function)** 是在 (有限) 複數平面上各處均為解析的函數。Liouville 定理 (第 14.4 節) 告訴我們，有界的全函數是常數，所以，任何非常數的全函數必然不是有界的。因此，非常數的全函數在 ∞ 處將具有奇異點，如果這個全函數是多項式，那麼在 ∞ 處它將具有極點，如果它不是多項式，則在 ∞ 處它會具有本質奇異點。關於這個性質，剛才考慮過的幾個函數都是很典型的示範例子。

在有限的複數平面中，如果一個解析函數所具有的奇異點都是極點，則這個函數稱為**半純函數 (meromorphic function)**。像 $\tan z$、$\cot z$、$\sec z$ 和 $\csc z$ 這類其分母不是常數的有理函數，都是半純函數的例子。　　■

在本節中我們使用 Laurent 級數來研究奇異點的性質。在下一節，我們將把這些級數用在一種很精緻的積分方法中。

習題集　16.2

1–6　零點

試判斷下列函數零點的位置和階數。

1.　$\sin^4 \frac{1}{2} z$　　　　2.　$(z + 81i)^4$

3.　$\tan^2 2z$　　　　4.　$\cosh^4 z$

5.　**零點**　如果 $f(z)$ 是解析的，而且在 $z = z_0$ 處具有第 n 階零點，試證明 $f^2(z)$ 在該點具有第 $2n$ 階零點。

6.　**團隊專題　零點**

(a)　**導數**　如果 $f(z)$ 在 $z = z_0$ 處具有階數 $n > 1$ 的零點，試證 $f'(z)$ 在 z_0 處具有第 $n-1$ 階零點。

(b)　**極點與零點**　試證明定理 4。

(c)　**孤立的 k 點**　試證明一個非常數之解析函數 $f(z)$，在某些點上具有給定值 k，則這些點是孤立的。

(d)　**全同函數**　若 $f_1(z)$ 和 $f_2(z)$ 在整域 D 中為解析，且在 D 中一序列的點 z_n 上相等且收斂。試證明在 D 中，$f_1(z) \equiv f_2(z)$。

7–12　奇異點

試判斷下列函數在有限複數平面中和無限遠處，其奇異點的位置和種類。如果奇異點是極點，請說出它的階數。請提出理由。

7.　$\dfrac{1}{(z + 2i)^2} - \dfrac{z}{z - i} + \dfrac{z+1}{(z-i)^2}$

8.　$\tan \pi z$　　　　9.　$(z - \pi)^{-1} \sin z$

10.　**本質奇異點**　試利用例題 3 討論 $e^{1/z}$ 時所使用的方法來討論 e^{1/z^2}。

11.　**極點**　請利用 $f(z) = z^{-3} - z^{-1}$ 驗證定理 1。試證明定理 1。

12.　**Riemann 球面**　假設 x 軸在 Riemann 球面上的像是 0° 和 180° 經線，請說明並畫出下列區域在 Riemann 球面上的像：(a) $|z| > 100$，(b) 下半平面，(c) $\frac{1}{2} \leq |z| \leq 2$。

16.3 留數積分 (Residue Integration Method)

我們現在探討計算複數積分的第二種方法。回想一下，在 14.3 節中，我們直接利用 Cauchy 積分公式來解複數積分。在第 15 章中，我們學習冪級數，特別是 Taylor 級數。我們一般化 Taylor 級數成為 Laurent 級數 (第 16.1 節)，並研究各式各樣函數的奇異點和零點 (第 16.2 節)。所有努力在本節終將得到報酬，我們將會看到如何藉由留數積分法，把先前所打下的理論基礎整合在一起以計算複數積分。

Cauchy 留數積分法的用途是計算下列積分式，

$$\oint_C f(z)\, dz$$

其中的積分是沿著簡單閉合路徑 C 在進行，此積分法的觀念如下。

如果在積分路徑 C 上和在 C 內部的每一點，$f(z)$ 都是解析的，則根據 Cauchy 積分定理 (第 14.2 節)，這樣的積分式的結果為零。

如果 $f(z)$ 在 C 的內部某個點 $z = z_0$ 處具有奇異性，但是在 C 上和 C 內部的其他位置上都是解析的，那麼情況就不同了。此時 $f(z)$ 具有下列 Laurent 級數

$$f(z) = \sum_{n=0}^{\infty} a_n (z - z_0)^n + \frac{b_1}{z - z_0} + \frac{b_2}{(z - z_0)^2} + \cdots$$

其中在某個 $0 < |z - z_0| < R$ 的整域 [有時稱為**去心鄰域 (deleted neighborhood)**，這是一個舊式的詞彙，讀者最好不要使用] 中，對於 $z = z_0$ 附近的所有點 (除了 $z = z_0$ 本身之外) 而言，此級數都會收斂。現在開始討論本章的主要概念。這個 Laurent 級數的第一個負冪次 $1/(z - z_0)$ 的係數 b_1，係由 16.1 節積分公式 (2) 求出，其中 $n = 1$，亦即

$$b_1 = \frac{1}{2\pi i} \oint_C f(z)\, dz$$

現在，既然可以在不使用與係數有關的積分公式 (參見 16.1 節的例題) 之情形下，利用各種不同方法求出 Laurent 級數，所以可以利用其中一種方法得到 b_1，再利用與 b_1 有關的公式來求出積分式，也就是說，

(1)
$$\oint_C f(z)\, dz = 2\pi i b_1$$

在此我們沿著一簡單閉合路徑 C 以逆時針方向積分，其中積分路徑的內部必須含有 $z = z_0$ (但是在 C 上或 C 的內部，沒有其他奇異點！)。

係數 b_1 稱為 $f(z)$ 在點 $z = z_0$ 處的**留數 (residue)**，且以下列方式表示：

(2)
$$b_1 = \operatorname*{Res}_{z = z_0} f(z)$$

例題　1　使用留數法計算積分式

試沿著單位圓 C 以逆時針方向對函數 $f(z) = z^{-4} \sin z$ 進行積分。

解

由 15.4 節的式 (14)，可以得到下列 Laurent 級數

$$f(z) = \frac{\sin z}{z^4} = \frac{1}{z^3} - \frac{1}{3!z} + \frac{1}{5!} - \frac{z^3}{7!} + - \cdots$$

其中在 $|z| > 0$ 時，級數會收斂 (即對於所有 $z \neq 0$，級數會收斂)。這個級數顯示，$f(z)$ 在 $z = 0$ 處具有第三階極點，而且其留數 $b_1 = -\frac{1}{3}!$。因此，由式 (1) 可得到，

$$\oint_C \frac{\sin z}{z^4}\, dz = 2\pi i b_1 = -\frac{\pi i}{3} \qquad \blacksquare$$

例題　2　注意！使用正確的 Laurent 級數！

試對函數 $f(z) = 1/(z^3 - z^4)$ 沿著圓 C: $|z| = \frac{1}{2}$，以順時針方項進行積分。

解

$z^3 - z^4 = z^3(1-z)$ 顯示，$f(z)$ 之奇異點在 $z = 0$ 和 $z = 1$ 處，其中 $z = 1$ 位於 C 的外部，因此不予考慮。所以我們需要找出 $f(z)$ 在點 0 處的留數。從對於 $0 < |z| < 1$ 會收斂的 Laurent 級數中可以求出。這就是 16.1 節例題 4 中的級數 (I)，

$$\frac{1}{z^3 - z^4} = \frac{1}{z^3} + \frac{1}{z^2} + \frac{1}{z} + 1 + z + \cdots \qquad (0 < |z| < 1)$$

由這個級數可以看出，留數等於 1。因此，順時針方向積分的結果是

$$\oint_C \frac{dz}{z^3 - z^4} = -2\pi i \operatorname*{Res}_{z=0} f(z) = -2\pi i$$

注意！如果錯用了 16.1 節例題 4 中的級數 (II)，則會變成

$$\frac{1}{z^3 - z^4} = -\frac{1}{z^4} - \frac{1}{z^5} - \frac{1}{z^6} - \cdots \qquad (|z| > 1)$$

因為這個級數沒有冪次 $1/z$，所以將會得到錯誤的答案 0。　　$\blacksquare$

16.3.1　有關留數的公式

如果想要在一個極點上計算留數，並不需要產生整個 Laurent 級數，但有個比較省事的作法，我們可以畢其功於一役地推導出留數的公式。

在 z_0 處的簡單極點 計算簡單極點處留數的第一個公式為

(3)
$$\operatorname*{Res}_{z=z_0} f(z) = b_1 = \lim_{z \to z_0}(z - z_0) f(z)$$
(稍後證明)

計算簡單極點處留數的第二個公式為

(4)
$$\operatorname*{Res}_{z=z_0} f(z) = \operatorname*{Res}_{z=z_0} \frac{p(z)}{q(z)} = \frac{p(z_0)}{q'(z_0)}$$
(稍後證明)

在式 (4) 中，我們假設 $f(z) = p(z)/q(z)$、$p(z_0) \neq 0$，而且 $q(z)$ 在 z_0 上具有簡單零點，根據 16.2 節定理 4，如此使得 $f(z)$ 在 z_0 處具有一個簡單極點。

證明

接下來要證明式 (3)。對於在點 $z = z_0$ 處這個簡單極點，16.1 節的 Laurent 級數式 (1) 變成

$$f(z) = \frac{b_1}{z - z_0} + a_0 + a_1(z - z_0) + a_2(z - z_0)^2 + \cdots \qquad (0 < |z - z_0| < R)$$

此處 $b_1 \neq 0$ (為什麼?) 將上式兩側同乘 $z - z_0$，然後令 $z \to z_0$，結果得到公式 (3)：

$$\lim_{z \to z_0}(z - z_0) f(z) = b_1 + \lim_{z \to z_0}(z - z_0)[a_0 + a_1(z - z_0) + \cdots] = b_1$$

上式中的最後一個等式，可以從連續性推論得到 (15.3 節定理 1)。

接下來要證明式 (4)。$q(z)$ 在簡單零點 z_0 處的 Taylor 級數為

$$q(z) = (z - z_0) q'(z_0) + \frac{(z - z_0)^2}{2!} q''(z_0) + \cdots$$

將上式代入 $f = p/q$，然後將 f 代入式 (3)，結果得到

$$\operatorname*{Res}_{z=z_0} f(z) = \lim_{z \to z_0}(z - z_0)\frac{p(z)}{q(z)} = \lim_{z \to z_0} \frac{(z - z_0)\, p(z)}{(z - z_0)\, [q'(z_0) + (z - z_0) q''(z_0)/2 + \cdots]}$$

其中的 $z - z_0$ 會互相銷去。利用連續性，分母的極限是 $q'(z_0)$，然後稍加推導就可以得到式 (4)。∎

例題 **3** **在簡單極點上的留數**

因為 $z^2 + 1 = (z + i)(z - i)$，所以 $f(z) = (9z + i)/(z^3 + z)$ 在點 i 處具有簡單極點；然後利用式 (3) 可以求出留數為

$$\operatorname*{Res}_{z=i} \frac{9z + i}{z(z^2 + 1)} = \lim_{z \to i}(z - i)\frac{9z + i}{z(z + i)(z - i)} = \left[\frac{9z + i}{z(z + i)} \right]_{z=i} = \frac{10i}{-2} = -5i$$

利用式 (4)，其中 $p(i) = 9i + i$ 且 $q'(z) = 3z^2 + 1$，可以再次核對上面的計算結果

$$\operatorname*{Res}_{z=i} \frac{9z + i}{z(z^2 + 1)} = \left[\frac{9z + i}{3z^2 + 1} \right]_{z=i} = \frac{10i}{-2} = -5i$$

在 z_0 處之任意階數的極點　$f(z)$ 在一個第 m 階極點 z_0 處的留數是

(5)
$$\operatorname*{Res}_{z=z_0} f(z) = \frac{1}{(m-1)!} \lim_{z \to z_0} \left\{ \frac{d^{m-1}}{dz^{m-1}} \left[(z-z_0)^m f(z) \right] \right\}$$

尤其要注意的是，對於第二階極點 $(m=2)$，

(5*)
$$\operatorname*{Res}_{z=z_0} f(z) = \lim_{z \to z_0} \left\{ \left[(z-z_0)^2 f(z) \right]' \right\}$$

證明

接下來要證明式 (5)。在 z_0 附近 (除了 z_0 本身以外) 會收斂的 $f(z)$，其 Laurent 級數為 (第 16.2 節)

$$f(z) = \frac{b_m}{(z-z_0)^m} + \frac{b_{m-1}}{(z-z_0)^{m-1}} + \cdots + \frac{b_1}{z-z_0} + a_0 + a_1(z-z_0) + \cdots$$

其中 $b_m \neq 0$，這裡要取得的是留數 b_1。將上式兩側同時乘以 $(z-z_0)^m$ 得到

$$(z-z_0)^m f(z) = b_m + b_{m-1}(z-z_0) + \cdots + b_1(z-z_0)^{m-1} + a_0(z-z_0)^m + \cdots$$

我們看到，b_1 現在是 $g(z) = (z-z_0)^m f(z)$ 的冪級數中，冪次 $(z-z_0)^{m-1}$ 的係數。所以，由 Taylor 定理 (第 15.4 節) 可以得到式 (5)：

$$\begin{aligned}
b_1 &= \frac{1}{(m-1)!} g^{(m-1)}(z_0) \\
&= \frac{1}{(m-1)!} \frac{d^{m-1}}{dz^{m-1}} [(z-z_0)^m f(z)]
\end{aligned}$$　∎

例題　4　在高階數極點上的留數

因為函數 $f(z) = 50z/(z^3 + 2z^2 - 7z + 4)$ 的分母等於 $(z+4)(z-1)^2$ (試驗證之！)，所以這個函數在 $z = 1$ 處具有第二階極點。利用式 (5*) 可以得到留數

$$\operatorname*{Res}_{z=1} f(z) = \lim_{z \to 1} \frac{d}{dz} [(z-1)^2 f(z)] = \lim_{z \to 1} \frac{d}{dz} \left(\frac{50z}{z+4} \right) = \frac{200}{5^2} = 8$$　∎

16.3.2　在圍線之內的數個奇異點、留數定理

留數積分法可從在圍線 C 內部只有單一奇異點的情形，延伸到在圍線 C 內部具有若干個奇異點的情形，這是留數定理的功用。此一延伸是令人訝異的簡單。

定理　1

留數定理

令在一個簡單閉合路徑 C 的內部和在 C 上，除了在 C 的內部有有限多個奇異點 $z_1, z_2, \cdots, z_k$ 以外，函數 $f(z)$ 都是解析的。則 $f(z)$ 沿著 C 以逆時針方向進行的積分運算結果，等於 $2\pi i$ 乘以 $f(z)$ 在 $z_1, z_2, \cdots, z_k$ 等位置上的留數的總和：

(6)
$$\oint_C f(z)\, dz = 2\pi i \sum_{j=1}^{k} \operatorname*{Res}_{z=z_j} f(z)$$

證明

將每一個奇異點 z_j 圍在圓 C_j 內，其中圓的半徑必須足夠小，因而使得這 k 圓和路徑 C 都各自分離 (圖 373，其中 $k=3$)。那麼，在由 C 和 $C_1,\cdots,C_k$ 所圍出來的多重連通整域 D 中，以及在 D 的整個邊界上，$f(z)$ 都是解析的。因此，由 Cauchy 積分定理可以得到

$$(7) \qquad \oint_C f(z)\,dz + \oint_{C_1} f(z)\,dz + \oint_{C_2} f(z)\,dz + \cdots + \oint_{C_k} f(z)\,dz = 0$$

其中沿著 C 的積分式採取的是逆時針方向，其它的積分式採取的則是順時針方向 (如同在 14.2 節中圖 354 和圖 355)。將上式中，沿著 $C_1,\cdots,C_k$ 的積分式移到等號右側，並將所產生的負號，轉變成讓積分方向逆轉，因此，

$$(8) \qquad \oint_C f(z)\,dz = \oint_{C_1} f(z)\,dz + \oint_{C_2} f(z)\,dz + \cdots + \oint_{C_k} f(z)\,dz$$

現在，上式中所有的積分式都採取逆時針方向，利用式 (1) 和 (2)，

$$\oint_{C_j} f(z)\,dz = 2\pi i \operatorname*{Res}_{z=z_j} f(z) \qquad\qquad j=1,\cdots,k$$

使得我們可由式 (8) 推論出式 (6)，所以留數定理已得到證明。　■

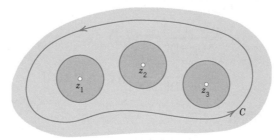

圖 373　留數定理

在處理複數和實數積分時，這個重要定理可以有各種不同的應用。讓我們先考慮一些複數積分 (下一節會討論實數積分的應用)。

例題　5　以留數定理計算積分、若干個圍線

試以逆時針方向沿著簡單閉合路徑 C，計算下列積分，使得：(a) 點 0 和點 1 位於 C 的內部；(b) 點 0 位於 C 的內部，點 1 位於外部；(c) 點 1 在內部，點 0 在外部；(d) 點 0 和點 1 都在外部。

$$\oint_C \frac{4-3z}{z^2-z}\,dz$$

解

被積分函數在點 0 與點 1 都具有簡單極點，其留數 [利用式 (3)] 為

$$\operatorname*{Res}_{z=0} \frac{4-3z}{z(z-1)} = \left[\frac{4-3z}{z-1}\right]_{z=0} = -4 \qquad \operatorname*{Res}_{z=1} \frac{4-3z}{z(z-1)} = \left[\frac{4-3z}{z}\right]_{z=1} = 1$$

[以式 (4) 驗證之] 解答：(a) $2\pi i(-4+1) = -6\pi i$，(b) $-8\pi i$，(c) $2\pi i$，(d) 0。　■

例題　**6**　**留數定理的另一個應用**

試將函數 $(\tan z)/(z^2-1)$ 以逆時針方向沿著圓 C: $|z|=\frac{3}{2}$ 執行積分運算。

解

$\tan z$ 在 $\pm\pi/2, \pm 3\pi/2, \cdots$ 處不是解析的，但所有這些點都位於圍線 C 的外部。因為函數的分母 $z^2-1=(z-1)(z+1)$，所以這個函數在 ± 1 處具有簡單極點。因此，由式 (4) 和留數定理可以得到

$$\oint_C \frac{\tan z}{z^2-1}\,dz = 2\pi i\left(\operatorname*{Res}_{z=1}\frac{\tan z}{z^2-1}+\operatorname*{Res}_{z=-1}\frac{\tan z}{z^2-1}\right)$$

$$= 2\pi i\left(\frac{\tan z}{2z}\bigg|_{z=1}+\frac{\tan z}{2z}\bigg|_{z=-1}\right)$$

$$= 2\pi i\tan 1 = 9.7855\,i$$

例題　**7**　**極點與本質奇異點**

試計算下列積分式，其中 C 是橢圓曲線 $9x^2+y^2=9$ (逆時針方向，請把它畫出來)。

$$\oint_C\left(\frac{ze^{\pi z}}{z^4-16}+ze^{\pi/z}\right)dz$$

解

因為在 $\pm 2i$ 和 ± 2 處，$z^4-16=0$，所以被積分函數的第一項在 $\pm 2i$ 處具有簡單極點，而且這兩個極點均位於 C 的內部，其留數 [利用式 (4)；請注意，$e^{2\pi i}=1$] 為

$$\operatorname*{Res}_{z=2i}\frac{ze^{\pi z}}{z^4-16}=\left[\frac{ze^{\pi z}}{4z^3}\right]_{z=2i}=-\frac{1}{16}$$

$$\operatorname*{Res}_{z=-2i}\frac{ze^{\pi z}}{z^4-16}=\left[\frac{ze^{\pi z}}{4z^3}\right]_{z=-2i}=-\frac{1}{16}$$

此外，雖然被積分函數的第一項在 ± 2 處具有簡單極點，不過這兩個極點位於 C 的外部，所以這裡可以不用考慮它們。被積分函數的第二項在點 0 處具有本質奇異點，由下式可以得到其留數為 $\pi^2/2$，

$$ze^{\pi/z}=z\left(1+\frac{\pi}{z}+\frac{\pi^2}{2!z^2}+\frac{\pi^3}{3!z^3}+\cdots\right)=z+\pi+\frac{\pi^2}{2}\cdot\frac{1}{z}+\cdots \qquad (|z|>0)$$

解答：根據留數定理，$2\pi i\left(-\frac{1}{16}-\frac{1}{16}+\frac{1}{2}\pi^2\right)=\pi\left(\pi^2-\frac{1}{4}\right)i=30.221\,i$。

習題集　16.3

1–5　留數

試求出所有奇異點以及相對應的留數。寫出詳細的解題過程。

1. $\dfrac{\sin 2z}{z^6}$

2. $\dfrac{8}{1+z^2}$

3. $\tan z$

4. $e^{1/(1-z)}$

5. **CAS 專題　在極點上的留數**　試撰寫一個程式，可以計算在任何階數極點上的留數。使用該程式來解習題 5-6 (和線上習題 7-10)。

6. $\oint_C \dfrac{z-23}{z^2-4z-5}\,dz, \quad C:|z-2-i|=3.2$

7. $\oint_C \tan 2\pi z\,dz, \quad C:|z-0.2|=0.2$

8. $\oint_C e^{1/z}\,dz, \quad C:$ 單位圓

9. $\oint_C \dfrac{\exp(-z^2)}{\sin 4z}\,dz, \quad C:|z|=1.5$

10. $\oint_C \dfrac{z\cosh \pi z}{z^4+13z^2+36}\,dz, \quad |z|=\pi$

| 6–10 | 留數積分

試計算下列各積分式 (以逆時針方向進行)。請寫出詳細的解題過程。

16.4 實數積分的留數積分法 (Residue Integration of Real Integrals)

令人驚訝的是，在複雜的實數積分中，有些特定的類別可以使用留數定理加以處理。這也顯示了複變分析優於實變分析或微積分的一個優點。

16.4.1　$\cos\theta$ 與 $\sin\theta$ 其有理函數的積分式

首先考慮下列形式的積分式

(1)
$$J = \int_0^{2\pi} F(\cos\theta, \sin\theta)\,d\theta$$

其中函數 $F(\cos\theta, \sin\theta)$ 是 $\cos\theta$ 和 $\sin\theta$ 的實數有理函數 [例如，$(\sin^2\theta)/(5-4\cos\theta)$]，且其值在積分區間上為有限 (沒有變成無限大)。設定 $e^{i\theta}=z$，得到

(2)
$$\cos\theta = \frac{1}{2}(e^{i\theta}+e^{-i\theta}) = \frac{1}{2}\left(z+\frac{1}{z}\right)$$
$$\sin\theta = \frac{1}{2i}(e^{i\theta}-e^{-i\theta}) = \frac{1}{2i}\left(z-\frac{1}{z}\right)$$

既然 F 是以 $\cos\theta$ 和 $\sin\theta$ 來表示的實數有理函數，所以式 (2) 顯示出 F 現在已經變成 z 的有理函數，例如，$f(z)$。因為 $dz/d\theta = ie^{i\theta}$，所以 $d\theta = dz/iz$，且積分的形式如下

(3)
$$J = \oint_C f(z)\,\frac{dz}{iz}$$

而且當式 (1) 中的 θ 從 0 到 2π 變動時，變數 $z = e^{i\theta}$ 會沿著單位圓 $|z|=1$，以逆時針方向繞轉一次 (如有需要，請複習 13.5 節)。

例題　1　式 (1) 類型的積分式

試利用本節的方法證明 $\displaystyle\int_0^{2\pi} \dfrac{d\theta}{\sqrt{2}-\cos\theta} = 2\pi$ 。

解

利用 $\cos\theta = \frac{1}{2}(z+1/z)$　和 $d\theta = dz/iz$，積分式會變成

$$\oint_C \frac{dz/iz}{\sqrt{2}-\frac{1}{2}\left(z+\frac{1}{z}\right)} = \oint_C \frac{dz}{-\frac{i}{2}(z^2-2\sqrt{2}z+1)}$$

$$= -\frac{2}{i}\oint_C \frac{dz}{(z-\sqrt{2}-1)(z-\sqrt{2}+1)}$$

我們可以看出被積分函數在點 $z_1 = \sqrt{2}+1$ 上，具有簡單極點，不過該點位於單位圓 C 的外部，因而不考慮此點；另一簡單極點 $z_2 = \sqrt{2}-1$　(即 $z-\sqrt{2}+1 = 0$ 的點)，它位於 C 的內部，被積分函數在這個點上的留數爲 [利用 16.3 節的式 (3)]

$$\operatorname*{Res}_{z=z_2} \frac{1}{(z-\sqrt{2}-1)(z-\sqrt{2}+1)} = \left[\frac{1}{z-\sqrt{2}-1}\right]_{z=\sqrt{2}-1}$$

$$= -\frac{1}{2}$$

解答：$2\pi i(-2/i)(-\frac{1}{2}) = 2\pi$　(其中–2/i 是最後一個積分式前面的因數)。　■

另一個可以使用留數定理的實數積分式的大類別，具有下列形式

(4)
$$\int_{-\infty}^{\infty} f(x)\,dx$$

此一積分，其積分區間不是有限的，稱爲**瑕積分** (improper integral)，它有以下的意義

(5')
$$\int_{-\infty}^{\infty} f(x)\,dx = \lim_{a\to-\infty}\int_a^0 f(x)\,dx + \lim_{b\to\infty}\int_0^b f(x)\,dx$$

如果以上兩個極限都存在，則可以將那兩個獨立積分區段結合到 $-\infty$ 與 ∞，並且寫成

(5)
$$\int_{-\infty}^{\infty} f(x)\,dx = \lim_{R\to\infty}\int_{-R}^R f(x)\,dx$$

式 (5) 中的極限稱爲這個積分式的 **Cauchy 主值** (Cauchy principal value)，它可寫成

$$\text{pr. v.}\quad \int_{-\infty}^{\infty} f(x)\,dx$$

即使式 (5') 中的極限並不存在，但式 (5) 中的極限也有可能存在。例如：

$$\lim_{R\to\infty}\int_{-R}^R x\,dx = \lim_{R\to\infty}\left(\frac{R^2}{2}-\frac{R^2}{2}\right) = 0 \quad\text{但是}\quad \lim_{b\to\infty}\int_0^b x\,dx = \infty$$

　　假設式 (4) 中的函數 $f(x)$ 是一實數有理函數，其分母對所有實數 x 都不會等於零，且分母次數至少比分子次數高出二個單位以上。那麼式 (5') 中的極限存在，而且可以從式 (5) 作爲積分運算的起始點。考慮下列相對應的圍線積分

(5*)
$$\oint_C f(z)\,dz$$

其中的積分運算會沿著圖 374 中的路徑 C 繞行一週。因為 $f(x)$ 是有理函數，所以 $f(z)$ 在複數平面的上半平面具有有限多個極點，而且如果選擇的 R 足夠大，則 C 可以包圍所有的極點。根據留數定理可得到

$$\oint_C f(z)\,dz = \int_S f(z)\,dz + \int_{-R}^R f(x)\,dx = 2\pi i \sum \text{Res}\, f(z)$$

其中的總和是由在複數平面的上半平面中，$f(z)$ 的所有極點之留數所組成，由上式可以得到

(6)
$$\int_{-R}^R f(x)\,dx = 2\pi i \sum \text{Res}\, f(z) - \int_S f(z)\,dz$$

我們證明如果 $R \to \infty$，則沿著半圓 S 的積分式值會趨近於零。如果設定 $z = Re^{i\theta}$，則 S 可以使用 $R =$ 常數 來表示，而且當 z 沿著 S 變化，變數 θ 會從 0 變動到 π。根據假設，$f(z)$ 分母的次數至少比分子的次數高兩階以上，所以對於足夠大的常數 k 和 R_0

$$|f(z)| < \frac{k}{|z|^2} \qquad\qquad (|z| = R > R_0)$$

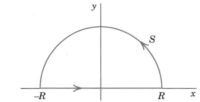

圖 374　在式 (5*) 中，圍線積分的路徑 C

利用第 14.1 節的 ML 不等式，

$$\left| \int_S f(z)\,dz \right| < \frac{k}{R^2}\pi R = \frac{k\pi}{R} \qquad\qquad (R > R_0)$$

因此，當 R 趨近無限大時，沿著 S 的積分值會趨近於零，且式 (5) 和式 (6) 得到

(7)
$$\int_{-\infty}^{\infty} f(x)\,dx = 2\pi i \sum \text{Res}\, f(z)$$

上式即是對 $f(z)$ 在複數平面的上半平面之極點求取 $f(z)$ 各留數之和。

例題　2　從 0 到 ∞ 的瑕積分

試利用式 (7) 證明

$$\int_0^{\infty} \frac{dx}{1+x^4} = \frac{\pi}{2\sqrt{2}}$$

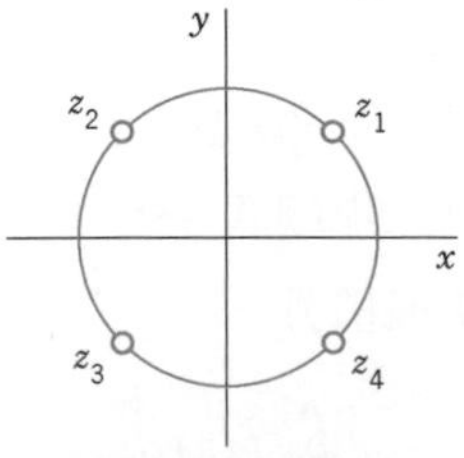

圖 375　例題 2

解

事實上，$f(z) = 1/(1+z^4)$ 在下列四個點處都具有簡單極點 (請畫出這些點)

$$z_1 = e^{\pi i/4}, \quad z_2 = e^{3\pi i/4}, \quad z_3 = e^{-3\pi i/4}, \quad z_4 = e^{-\pi i/4}$$

這四個點中的前兩個位於上半平面 (圖 375)。由上節的式 (4) 可以求出其留數

$$\operatorname*{Res}_{z=z_1} f(z) = \left[\frac{1}{(1+z^4)'}\right]_{z=z_1} = \left[\frac{1}{4z^3}\right]_{z=z_1} = \frac{1}{4} e^{-3\pi i/4} = -\frac{1}{4} e^{\pi i/4}$$

$$\operatorname*{Res}_{z=z_2} f(z) = \left[\frac{1}{(1+z^4)'}\right]_{z=z_2} = \left[\frac{1}{4z^3}\right]_{z=z_2} = \frac{1}{4} e^{-9\pi i/4} = \frac{1}{4} e^{-\pi i/4}$$

(這裡運用了 $e^{\pi i} = -1$ 和 $e^{-2\pi i} = 1$)。利用 13.6 節的式 (1) 和本節的式 (7)，

$$\int_{-\infty}^{\infty} \frac{dx}{1+x^4} = -\frac{2\pi i}{4}(e^{\pi i/4} - e^{-\pi i/4}) = -\frac{2\pi i}{4} \cdot 2i\sin\frac{\pi}{4} = \pi\sin\frac{\pi}{4} = \frac{\pi}{\sqrt{2}}$$

既然 $1/(1+x^4)$ 是偶函數，因此就像題目中所主張的，得到

$$\int_0^{\infty} \frac{dx}{1+x^4} = \frac{1}{2}\int_{-\infty}^{\infty} \frac{dx}{1+x^4} = \frac{\pi}{2\sqrt{2}}$$

∎

16.4.2　傅立葉積分

利用建立起一個封閉圍線 (圖 374)，並使其中半圓部分的積分趨近於零，來計算式 (4) 的方法，也可以推展到處理下列形式的積分式

(8)
$$\int_{-\infty}^{\infty} f(x)\cos sx \, dx \quad 和 \quad \int_{-\infty}^{\infty} f(x)\sin sx \, dx \qquad (s \text{ 為實數})$$

這些積分的形式在傅立葉積分曾提及 (第 11.7 節)。

如果 $f(x)$ 是滿足式 (4) 中有關階數假設的有理函數，則可以考慮沿著圖 374 中圍線 C 的相對應積分式

$$\oint_C f(z)e^{isz} \, dz \qquad (s \text{ 是正實數})$$

不用式 (7)，現在我們有

(9)
$$\int_{-\infty}^{\infty} f(x)e^{isx} \, dx = 2\pi i \sum \operatorname{Res} [f(z)e^{isz}] \qquad (s > 0)$$

其中的總和是把在複數平面的上半平面中，$f(z)e^{isz}$ 其極點處的留數，進行加總運算結果。把式 (9) 左右兩邊的實部和虛部畫上等號，我們有

(10)
$$\int_{-\infty}^{\infty} f(x)\cos sx \, dx = -2\pi \sum \operatorname{Im} \operatorname{Res} [f(z)e^{isz}]$$
$$\int_{-\infty}^{\infty} f(x)\sin sx \, dx = 2\pi \sum \operatorname{Re} \operatorname{Res} [f(z)e^{isz}]$$
$\qquad (s > 0)$

如果要建立起式 (9)，還必須證明 [就像處理式 (4) 的情形一樣]，沿著圖 374 中半圓 S 的積分式值，在 $R \to \infty$ 時，會趨近零。在目前的情形下，$s > 0$，而且 S 位於上半平面 $y \geq 0$ 中。因此

$$\left| e^{isz} \right| = \left| e^{is(x+iy)} \right| = \left| e^{isx} \right| \left| e^{-sy} \right| = 1 \cdot e^{-sy} \le 1 \qquad (s > 0 \text{、} y \ge 0)$$

由上式得到不等式 $\left| f(z) e^{isz} \right| = \left| f(z) \right| \left| e^{isz} \right| \le \left| f(z) \right|$ $(s > 0$、$y \ge 0)$。再由這個不等式，可以將目前處理的問題化簡成證明式 (4) 時處理的問題。延續當時的推論過程，就可以得到式 (9) 和 (10)。　　　　　　　　　　　　　　　　　　　　　　　　　　　　　　　■

例題 3　　式 (10) 的應用

試證明　　　　$\displaystyle\int_{-\infty}^{\infty} \frac{\cos sx}{k^2 + x^2}\, dx = \frac{\pi}{k} e^{-ks}$　　　$\displaystyle\int_{-\infty}^{\infty} \frac{\sin sx}{k^2 + x^2}\, dx = 0$　　　　$(s > 0$、$k > 0)$

解

事實上，$e^{isz}/(k^2 + z^2)$ 在上半平面中只有一個極點，即在 $z = ik$ 處的簡單極點，利用 16.3 節的式 (4) 得到

$$\operatorname*{Res}_{z=ik} \frac{e^{isz}}{k^2 + z^2} = \left[\frac{e^{isz}}{2z} \right]_{z=ik} = \frac{e^{-ks}}{2ik}$$

因此，

$$\int_{-\infty}^{\infty} \frac{e^{isx}}{k^2 + x^2}\, dx = 2\pi i \frac{e^{-ks}}{2ik} = \frac{\pi}{k} e^{-ks}$$

因為 $e^{isx} = \cos sx + i \sin sx$，所以產生以上的結果 [也請參見 11.7 節中的式 (15)]。　　　■

16.4.3　其他型態的瑕積分

考慮下列形式的瑕積分

(11) $$\int_A^B f(x)\, dx$$

其中被積分函數在積分區間中的某一點 a 處，會變成無限大，

$$\lim_{x \to a} \left| f(x) \right| = \infty$$

根據定義，這個積分式 (11) 意味著

(12) $$\int_A^B f(x)\, dx = \lim_{\epsilon \to 0} \int_A^{a-\epsilon} f(x)\, dx + \lim_{\eta \to 0} \int_{a+\eta}^B f(x)\, dx$$

其中 ϵ 和 η 互為獨立，且均經由正數值趨近於零。也有可能的一種情況是，當 ϵ 和 η 相互獨立的趨近於零時，上式的兩個極限都不存在，但是

(13) $$\lim_{\epsilon \to 0} \left[\int_A^{a-\epsilon} f(x)\, dx + \int_{a+\epsilon}^B f(x)\, dx \right]$$

確是存在的。式 (13) 的極限稱為式 (11) 的 **Cauchy 主值 (Cauchy principal value)**。可寫成

$$\text{pr. v.} \int_A^B f(x)\, dx$$

舉例來說，

$$\text{pr. v. } \int_{-1}^{1} \frac{dx}{x^3} = \lim_{\epsilon \to 0}\left[\int_{-1}^{-\epsilon} \frac{dx}{x^3} + \int_{\epsilon}^{1} \frac{dx}{x^3} \right] = 0$$

雖然上式中的積分式本身並沒有意義，但是其主值卻存在。

在有簡單極點位於實數軸上的情形下，將可以得到一個從 $-\infty$ 到 ∞ 積分式主值的公式。這個有關主值的公式可以從下列定理產生。

定理　1

實數軸上的簡單極點

如果 $f(z)$ 在實數軸上 $z = a$ 處具有簡單極點，則 (圖 376)

$$\lim_{r \to 0} \int_{C_2} f(z)\,dz = \pi i \operatorname*{Res}_{z=a} f(z)$$

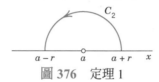

圖 376　定理 1

證明

由簡單極點的定義 (第 16.2 節)，當 $0 < |z-a| < R$ 時，被積分函數 $f(z)$ 具有下列的 Laurent 級數

$$f(z) = \frac{b_1}{z-a} + g(z) \qquad b_1 = \operatorname*{Res}_{z=a} f(z)$$

其中 $g(z)$ 在下列的半圓積分路徑 (圖 376) 上是解析的，

$$C_2 : z = a + re^{i\theta} \qquad 0 \le \theta \le \pi$$

且對於在 C_2 和 x 軸之間的所有 z 而言也是解析的，因此 $g(z)$ 在 C_2 上是有界的，例如，$|g(z)| \le M$，經過積分之後，

$$\int_{C_2} f(z)\,dz = \int_{0}^{\pi} \frac{b_1}{re^{i\theta}} ire^{i\theta}\,d\theta + \int_{C_2} g(z)\,dz = b_1 \pi i + \int_{C_2} g(z)\,dz$$

根據 ML 不等式 (第 14.1 節)，上式右側第二個積分式的絕對值不能超過 $M\pi r$，且當 $r \to 0$ 時，$ML = M\pi r \to 0$。　∎

圖 377 顯示，運用定理 1 以便得到有理函數 $f(x)$ 從 $-\infty$ 到 ∞ 的積分式主值的觀念。當 R 足夠大時，沿著圖 377 整個圍線積分式的積分值 J，可以由 $2\pi i$ 乘以 $f(z)$ 在上半平面中各奇異點處的留數總和而得到。假設 $f(x)$ 滿足在處理式 (4) 時所加入的有關於次數的條件。則當 $R \to \infty$時，沿著大的半圓 S 的積分值會趨近於 0。根據定理 1，當 $r \to 0$ 時，沿著 C_2 (順時針方向！) 的積分式會趨近下列數值

$$K = -\pi i \operatorname*{Res}_{z=a} f(z)$$

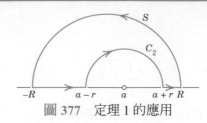

圖 377　定理 1 的應用

綜合以上所述得到，從 $-\infty$ 到 ∞ 的積分式的主值 P，加上 K，等於 J；所以 $P = J - K = J + \pi i \operatorname{Res}_{z=a} f(z)$。如果 $f(z)$ 在實數軸上具有若干個簡單極點，則 K 的值將會等於 $-\pi i$ 乘以相對應的留數的總和，所以最後得到的公式為

(14)
$$\text{pr. v.} \int_{-\infty}^{\infty} f(x)\, dx = 2\pi i \sum \operatorname{Res} f(z) + \pi i \sum \operatorname{Res} f(z)$$

其中第一個總和涵蓋在上半平面中所有的極點，而第二個總和則涵蓋實數軸上所有的極點，且根據假設，這些實數軸上的極點都是簡單極點。

例題　4　在實數軸上的極點

試求下式的主值

$$\text{pr. v.} \int_{-\infty}^{\infty} \frac{dx}{(x^2 - 3x + 2)(x^2 + 1)}$$

解

由於

$$x^2 - 3x + 2 = (x - 1)(x - 2)$$

故在考慮複數 z 時，被積分函數 $f(x)$ 在四個位置具有簡單極點，其留數分別為

$$z = 1, \quad \operatorname*{Res}_{z=1} f(z) = \left[\frac{1}{(z-2)(z^2+1)} \right]_{z=1}$$
$$= -\frac{1}{2}$$

$$z = 2, \quad \operatorname*{Res}_{z=2} f(z) = \left[\frac{1}{(z-1)(z^2+1)} \right]_{z=2}$$
$$= \frac{1}{5}$$

$$z = i, \quad \operatorname*{Res}_{z=i} f(z) = \left[\frac{1}{(z^2 - 3z + 2)(z+i)} \right]_{z=i}$$
$$= \frac{1}{6+2i} = \frac{3-i}{20}$$

此外，點 $z = -i$ 位於下半平面，故將不再繼續考慮此點的影響。利用式 (14)，我們得到答案為

$$\text{pr. v.} \int_{-\infty}^{\infty} \frac{dx}{(x^2 - 3x + 2)(x^2 + 1)} = 2\pi i \left(\frac{3-i}{20} \right) + \pi i \left(-\frac{1}{2} + \frac{1}{5} \right) = \frac{\pi}{10}$$

∎

針對本節所討論的積分類型，有許多相同類型的題目被收集在習題中。另外也嘗試使用自己的 CAS，這種系統在處理複數積分式時，有時會提供錯誤的答案。

習題集　16.4

1–4　牽涉到正弦和餘弦函數的積分式

試計算下列積分式，並請寫出詳細的解題過程。

1. $\displaystyle\int_0^\pi \frac{2\,d\theta}{k-\cos\theta}$

2. $\displaystyle\int_0^{2\pi} \frac{1+\sin\theta}{3+\cos\theta}\,d\theta$

3. $\displaystyle\int_0^{2\pi} \frac{\sin^2\theta}{5-4\cos\theta}\,d\theta$

4. $\displaystyle\int_0^{2\pi} \frac{\cos\theta}{13-12\cos 2\theta}\,d\theta$

5–8　瑕積分：在無限區間上的積分

計算下列積分式，並請寫出詳細的解題過程。

5. $\displaystyle\int_{-\infty}^{\infty} \frac{dx}{(1+x^2)^3}$

6. $\displaystyle\int_{-\infty}^{\infty} \frac{x^2+1}{x^4+1}\,dx$

7. $\displaystyle\int_{-\infty}^{\infty} \frac{dx}{x^4-1}$

8. $\displaystyle\int_{-\infty}^{\infty} \frac{x}{8-x^3}\,dx$

9–14　瑕積分：在實數軸上的極點

試求下列各題的 Cauchy 主值 (寫出詳細解題過程)：

9. $\displaystyle\int_{-\infty}^{\infty} \frac{dx}{x^4-1}$

10. $\displaystyle\int_{-\infty}^{\infty} \frac{dx}{x^4+3x^2-4}$

11. $\displaystyle\int_{-\infty}^{\infty} \frac{x+5}{x^3-x}\,dx$

12. $\displaystyle\int_{-\infty}^{\infty} \frac{x^2}{x^4-1}\,dx$

13. **CAS 實驗　實數軸上的簡單極點**

試以 $\displaystyle\int_{-\infty}^{\infty} f(x)\,dx$、$f(x)=[(x-a_1)(x-a_2)\cdots(x-a_k)]^{-1}$ 等各積分式進行實驗，其中 a_j 是實數，且它們全都不相等，此外 $k>1$。首先讓我們猜測，這些積分式的主值爲 0。請試著針對特殊的 k 去證明這一點，例如 $k=3$。然後再針對一般性的 k 去證明這一點。

14. **團隊專題　關於實數積分式的評論**

 (a) 公式 (10)　可以從式 (9) 推論得到。請寫出推論的詳細過程。

 (b) 利用輔助結果　沿著各頂點爲 $-a$、a、$a+ib$、$-a+ib$ 的矩形邊界 C，對 e^{-z^2} 進行積分，令 $a\to\infty$，並利用下式

 $$\int_0^\infty e^{-x^2}\,dx=\frac{\sqrt{\pi}}{2}$$

 試證明

 $$\int_0^\infty e^{-x^2}\cos 2bx\,dx=\frac{\sqrt{\pi}}{2}e^{-b^2}$$

 (此積分在 12.7 節的熱傳導中需要用到)。

 (c) 觀察　試不以實際計算的方式來求解線上習題 1 和 2。

第 16 章　複習題

1. 何謂 Laurent 級數？它的主部是什麼？它的使用？試舉出幾個簡單的例子。

2. 我們討論了哪些種類的奇異點？試給出定義並舉出幾個例子。

3. 何謂留數？它在積分中的角色爲何？請解釋可以求得它的方法。

4. 在奇異點上的留數可否爲零？在單極點上的呢？請給理由。

5. 請就記憶中所能想起的，陳述留數定理和它的證明方式。

6. 我們如何利用留數積分來計算實數積分？我們如何獲得所需的閉合路徑？

7. 何謂瑕積分？它們的主值是什麼？本章爲何會提到它們？

8. 請問一個解析函數的零點是什麼？請提出幾個例子。

9. 何謂廣義複數平面？何謂 Riemann 球面 R？請在 R 上畫出 $z = 1+i$。

10. 何謂全函數？它在無窮遠處可以是解析的嗎？請解釋其定義。

第 16 章摘要　Laurent 級數、留數積分

Laurent 級數的形式如下所列

$$(1) \qquad f(z) = \sum_{n=0}^{\infty} a_n (z - z_0)^n + \sum_{n=1}^{\infty} \frac{b_n}{(z - z_0)^n} \qquad \text{(第 16.1 節)}$$

或者更簡潔地寫成 [但是此式的意義與式 (1) 相同！]

$$(1^*) \qquad f(z) = \sum_{n=-\infty}^{\infty} a_n (z - z_0)^n \qquad a_n = \frac{1}{2\pi i} \oint_C \frac{f(z^*)}{(z^* - z_0)^{n+1}} \, dz^*$$

　　其中 $n = 0, \pm 1, \pm 2, \cdots$。這個級數在中心點 z_0 為的圓環區域 A 中，將會收斂。在 A 中，函數 $f(z)$ 是解析的。函數 $f(z)$ 在 A 以外的點，可能為奇異點。在式 (1) 中的第一個級數是冪級數。在給定的圓環區域中，$f(z)$ 的羅倫級數是唯一的，但是在具有相同中心點的不同圓環區域中，$f(z)$ 可能具有不同的羅倫級數。

　　在這些不同的 Laurent 級數中，有一個特別重要，那就是滿足下列條件的 Laurent 級數式 (1)：這個 Laurent 級數除了在 z_0 這一點以外，在 z_0 的特定鄰域中都會收斂，例如，對於 $0 < |z - z_0| < R$ ($R > 0$，而且 R 是經過選擇的適當值)，此級數收斂。在這個 Laurent 級數中，負冪次所組成的級數 (或有限個數的加總)，稱為 $f(z)$ 在 z_0 處的**主部**。在這個級數中，冪次 $1/(z - z_0)$ 的係數 b_1 稱為 $f(z)$ 在 z_0 處的**留數**，這個係數可以表示成 [參見式 (1) 和式 (1^*)]

$$(2) \qquad b_1 = \operatorname*{Res}_{z \to z_0} f(z) = \frac{1}{2\pi i} \oint_C f(z^*) \, dz^* \qquad \text{因此} \qquad \oint_C f(z^*) \, dz^* = 2\pi i \operatorname*{Res}_{z = z_0} f(z)$$

如同在式 (2) 中所示，b_1 可用於積分運算，因為 b_1 可由下式求出

$$(3) \qquad \operatorname*{Res}_{z = z_0} f(z) = \frac{1}{(m-1)!} \lim_{z \to z_0} \left(\frac{d^{m-1}}{dz^{m-1}} [(z - z_0)^m f(z)] \right) \qquad \text{(第 16.3 節)}$$

不過，使用式 (3) 的前提是 $f(z)$ 在點 z_0 處必須具有**階數為 m 的極點**；根據定義，這意謂著該主部的最高負冪次是 $1/(z - z_0)^m$。因此，對於簡單極點 ($m = 1$) 而言，

$$\operatorname*{Res}_{z = z_0} f(z) = \lim_{z \to z_0} (z - z_0) f(z) \qquad \text{而且} \qquad \operatorname*{Res}_{z = z_0} \frac{p(z)}{q(z)} = \frac{p(z_0)}{q'(z_0)}$$

　　如果主部是無限級數，則 $f(z)$ 在點 z_0 處的奇異點，稱為**本質奇異點** (第 16.2 節)。

　　第 16.2 節也有討論到**廣義複數平面**的觀念，這種複數平面就是，平常的複數平面再附加上一個瑕點 (improper point) ∞ (「無限大」)。

　　留數積分法也可以用於計算特定種類之複雜的實數積分式 (第 16.4 節)。

保角映射 (Conformal Mapping)

當工程師和物理學家在解決位勢理論的問題時，保角映射是一個無價的重要工具。保角映射可以藉由將一個複雜的區域轉換成比較單純的區域，而得到用於二維空間位勢理論中，求解邊界值問題的標準方法。其應用與靜電學、熱流和流體流動等問題有關，我們將會在第 18 章中看到這些課題。

保角映射的主要特徵為它們保存了角度 (除了某些臨界點之外)，而讓我們可以用一種幾何的方式來做複變分析。更多的細節我們陳述如下。如果一複數函數 $w = f(z)$ 被定義在 z 平面的某個整域 D 中，則對於 D 中的每一點，在 w 平面中都會有一點與其相對應。依照這種方式可以得到 D 在 w 平面中 $f(z)$ 其值域的**映射 (mapping)**。在 17.1 節中，我們會證明如果 $f(z)$ 是解析函數，則由 $w = f(z)$ 所指定的映射是一個**保角映射 (conformal mapping)**，也就是說，它保存了角度，除了在一些使得導數 $f'(z)$ 等於零的點以外 (這樣的例外點我們稱之為臨界點)。

歷史上保角的應用最早出現在建立地球儀的地圖上。在這種情形下，地圖可以是「保角的」，也就是說，可提供正確的方向，或是「保面積的 (equiareal)」，也就是說，可提供正確的面積，但是會相差一個比例因子。不過，我們可證明，這兩個性質是不可能同時存在的 (參見附錄 1 中的 [GenRef8])，所以地圖一定會被扭曲失真。一位精確地圖的設計者必需選擇要把哪一種扭曲失真納入在設計考量之中。

我們研究保角性質的方式與我們在微積分中所使用的方式很類似，在微積分中，我們研究實數函數 $y = f(x)$ 的特性，並把它們所代表的曲線畫出來。在這裡，我們研究保角映射 (第 17.1-17.4 節) 來獲得對函數性質更深一層的了解，尤其是在第 13 章中所討論的性質。本章最後一節將會解釋 **Riemann 表面 (Riemann surfaces)** 的概念，Riemann 表面可以和多值複數函數 (如 $w =$ sqrt (z) 和 $w = \ln z$) 的幾何觀念做妥善的配合。

到目前為止我們已經探討過在複數分析中兩種主要的解題方式。第一種方式就是使用 Cauchy 積分公式來解複數積分，也就是第 13 和 14 章的主題。第二種方式就是使用 Laurent 級數，並使用留數積分公式來解複數積分，也就是第 15 和 16 章的主題。現在，在第 17 和 18 章中，我們要發展第三種方式，也就是用保角映射的幾何方式來求解在複數分析中的邊界值問題。

本章之先修課程：第 13 章。

短期課程可以省略的章節：第 17.3 和 17.5 節。

參考文獻與習題解答：附錄 1 的 D 部分及附錄 2。

17.1 解析函數的幾何學：保角映射 (Geometry of Analytic Functions: Conformal Mapping)

我們將看到保角映射是可以保存角度的映射，除了在一些臨界點之外；而且那些映射是由解析函數來定義。臨界點發生在使得函數導數等於零的點。若要得到這些結果，我們要更精確地定義一些術語和名詞。

一個複變數 z 的複數函數

(1)
$$w = f(z) = u(x, y) + iv(x, y) \quad (z = x + iy)$$

提供了將其在複數 z 平面的定義域 D **映入 (map into)** 複數 w 平面的**映射 (mapping)**，或者**映成 (map onto)** 複數 w 平面中的值域的映射[1]。對於 D 中的任何一點 z_0，點 $w_0 = f(z_0)$ 稱為 z_0 相對於 f 的**像 (image)**。更一般性而言，對於 D 中的一條曲線 C 上的各點，其像點形成了 C 的像；對於 D 中其他的點集合也是同樣道理。此外，我們不再使用由函數 $w = f(z)$ 所產生的映射此種較複雜的陳述方式，而是簡稱為**映射** $w = f(x)$。

例題 1　　**映射 $w = f(x) = z^2$**

以極座標式 $z = re^{i\theta}$ 和 $w = Re^{i\phi}$ 表示，可以得到 $w = z^2 = r^2 e^{2i\theta}$。在比較絕對值與幅角後，得到 $R = r^2$，以及 $\phi = 2\theta$。故圓 $r = r_0$ 會被映上到圓 $R = r_0^2$，而且射線 $\theta = \theta_0$ 會映上到射線 $\phi = 2\theta_0$。圖 378 顯示了區域 $1 \leq |z| \leq \frac{3}{2}$、$\pi/6 \leq \theta \leq \pi/3$，與映成區域 $1 \leq |w| \leq \frac{9}{4}$、$\pi/3 \leq \theta \leq 2\pi/3$ 的情形。

以笛卡兒座標系表示，則得到 $z = x + iy$，以及

$$u = \mathrm{Re}(z^2) = x^2 - y^2 \qquad v = \mathrm{Im}(z^2) = 2xy$$

所以，垂直線 $x = c =$ 常數 會被映成至 $u = c^2 - y^2$、$v = 2cy$。我們可以嘗試把 y 消去，因此得到 $y^2 = c^2 - u$ 和 $v^2 = 4c^2 y^2$。將它們組合在一起的結果為

$$v^2 = 4c^2(c^2 - u) \tag{圖 379}$$

這些拋物線的開口向左。同理，水平線 $y = k =$ 常數 會映成於下列開口向右的拋物線

$$v^2 = 4k^2(k^2 + u) \tag{圖 379} \blacksquare$$

---

[1] 其通用術語如下：考慮集合 A 映入於集合 B 的映射，如果每個集合 B 的元素是集合 A 中至少一個元素的像，則這個映射稱為是**蓋射的 (surjective)**，或者稱 A **映成 (onto)** B 的映射。如果此時 A 的不同元素在 B 中具有不同的像，則這個映射稱為是**崁射的 (injective)**，或一**對一 (one-to-one)** **映射**。最後，如果這個映射同時是蓋射和崁射的，則這個映射稱為是**對射的 (bijective)**。

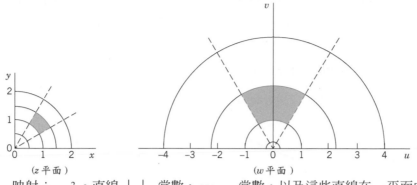

圖 378　映射 $\dot{w} = z^2$。直線 $|z| =$ 常數，$\arg z =$ 常數，以及這些直線在 w 平面中的像

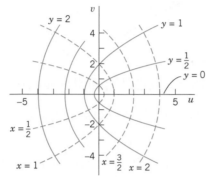

圖 379　$x =$ 常數 和 $y =$ 常數 在映射 $w = z^2$ 之下的像

17.1.1　保角映射

如果一個映射 $w = f(z)$ 將兩個具有方位性之曲線間的角度大小和方向都予以保留，則這個映射稱為是**保角的** (conformal)。圖 380 顯示了這種性質的意義。兩條相交曲線 C_1 和 C_2 之間的**角度** $\alpha\,(0 \le \alpha \le \pi)$ 定義為，這兩條曲線在交點 z_0 處的有向切線之間的夾角。*保角性*代表的意義是，C_1 和 C_2 的像 C_1^* 和 C_2^* 所形成的角度，不論大小或方位都會與原來曲線相同。

定理　1

解析函數的映射所具有的保角性

除了在**臨界點** (critical point) 之外，解析函數 f 的映射 $w = f(x)$ 是保角的，其中臨界點指的是，導數 f' 的值等於零的位置。

證明

$w = z^2$ 在 $z = 0$ 處具有一個臨界點，其中 $f'(z) = 2z = 0$，而且角度變成兩倍 (參見圖 378)，因而使得保角性不成立。

　　證明過程的理念是考慮一條位於 $f(z)$ 定義域的曲線，

$$(2) \qquad\qquad C:\ z(t) = x(t) + iy(t)$$

並且證明在 z_0 處 (在這個位置上 $f'(z_0) \neq 0$)，$w = f(z)$ 會將所有切線，旋轉相同的角度。因為 $\dot{z}(t) = dz/dt = \dot{x}(t) + i\dot{y}(t)$ 是 $(z_1 - z_0)/\Delta t$ (其方向即為圖 381 中割線的方向) 在 z_1 沿著 C 趨近 z_0 時的極限，故為曲線 C 的切線。C 的像 C^* 是 $w = f(z(t))$。根據鏈鎖律，$\dot{w} = f'(z(t))\dot{z}(t)$。所以 C^* 的切線方向可以由下列有關幅角的公式 (利用 13.2 節式 (9)) 求出

(3)
$$\arg \dot{w} = \arg f' + \arg \dot{z}$$

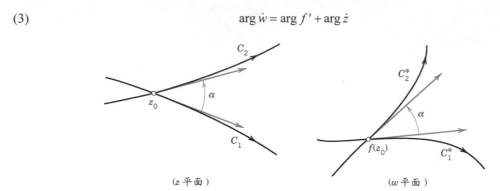

圖 380　曲線 C_1 和 C_2，以及它們在保角映射 $w = f(z)$ 之下的像 C_1^* 和 C_2^*

其中 $\arg \dot{z}$ 代表 C 的切線方向。此公式顯示，在 f 具解析性整域中的某點 z_0 處，此映射會將所有方向旋轉相同角度 $\arg f'(z_0)$，而且只要 $f'(z_0) \neq 0$，這個情形就能存在。但是，如同圖 381 針對兩條曲線之間的角度 α 所顯示的，兩條曲線的像 C^*_1 和 C^*_2 的交角與原來相同 (有轉動的現象)，而這意謂著保角性。　■

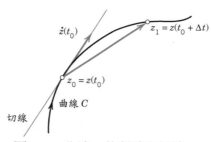

圖 381　曲線 C 的割線與切線

在本節的其餘部分和下面幾節中，將討論在實務上讓人感到興趣的幾種不同的保角映射，例如，在模型化位勢問題場合中的保角映射。

例題　2　　$w = z^n$ 的保角性

除了在 $z = 0$ 處之外，映射 $w = z^n$、$n = 2, 3, \cdots$ 是保角的，因為在 $z = 0$ 處 $w' = nz^{n-1} = 0$。圖 378 顯示了 $n = 2$ 的情形；可以看到，在 $z = 0$ 處，角度變成原來的兩倍。對於一般的 n 而言，在 $z = 0$ 處，經過映射以後，原來的角度會乘以 n。所以，扇形區域 $0 \leq \theta \leq \pi/n$ 會由 z^n 映成於上半平面 $v \geq 0$ (圖 382)。　■

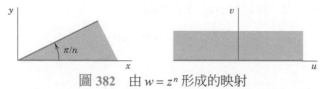

圖 382　由 $w = z^n$ 形成的映射

例題　3　　映射 $w = z + 1/z$、Joukowski 機翼

如果以極座標式表示，則映射將變成

$$w = u + iv = r(\cos\theta + i\sin\theta) + \frac{1}{r}(\cos\theta - i\sin\theta)$$

在將實部和虛部分離後，得到

$$u = a\cos\theta, \quad v = b\sin\theta \qquad 其中 \qquad a = r + \frac{1}{r}, \quad b = r - \frac{1}{r}$$

所以，圓 $|z| = r = $ 常數 $\neq 1$ 會映成橢圓 $x^2/a^2 + y^2/b^2 = 1$。圓 $r = 1$ 將映成於 u 軸上的區段 $-2 \le u \le 2$，請參見圖 383。

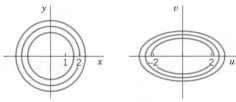

圖 383　例題 3

w 的導數為

$$w' = 1 - \frac{1}{z^2} = \frac{(z+1)(z-1)}{z^2}$$

而此在 $z = \pm 1$ 處，此式將等於零。這些點是映射不具有保角性的位置。在圖 384 中的兩個圓，都通過了 $z = -1$。其中比較大的那個圓映成至 Joukowski 機翼 (Joukowski airfoil)。虛線圓同時通過點 -1 和 1，它將映成於一條曲線段。

　　18.4 節會探討 $w = z + 1/z$ 另一個有趣的應用 (在圓柱周圍的流動)。　■

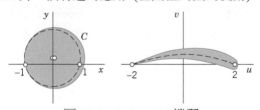

圖 384　Joukowski 機翼

例題　4　　$w = e^z$ 的保角性

從 13.5 節的式 (10) 可以得到 $|e^z| = e^x$ 和 $\text{Arg } z = y$。所以 e^z 會將垂直線 $x = x_0 = $ 常數 映成於圓 $|w| = e^{x_0}$，並且將水平線 $y = y_0 = $ 常數 映成於射線 $\arg w = y_0$。如圖所示，圖 385 中的矩形會映成於一塊由圓和射線所圍出的區域。

　　e^z 在 z 平面中的基礎區域 (fundamental region) $-\pi < \text{Arg } z \le \pi$，將對射且保角映成於整個 w 平面，但這個平面並不包含原點 $w = 0$ (因為沒有任何 z 可以造成 $e^z = 0$)。圖 386 顯示，基礎區域的上半部 $0 < y \le \pi$ 將映成於上半平面 $0 < \arg w \le \pi$，其左半部將映射到單位圓盤 $|w| \le 1$ 的內部，而且其右半部將映射到該單位圓盤的外部 (為什麼？)　■

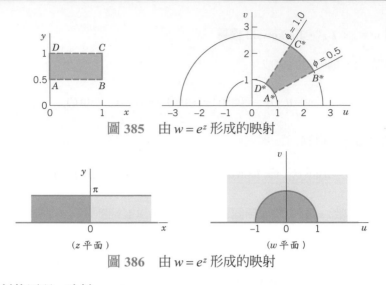

圖 385　由 $w = e^z$ 形成的映射

圖 386　由 $w = e^z$ 形成的映射

例題　5　反映射的原理、映射 $w = \mathrm{Ln}\, z$

原理　$w = f(z)$ 的反函數 $z = f^{-1}(w)$ 形成的映射，可以經由將在 $w = f(z)$ 映射中，z 平面和 w 平面的角色互相調換而取得。

　　因此，自然對數的主值 $w = f(z) = \mathrm{Ln}\, z$ 具有反映射 $z = f^{-1}(w) = e^w$。由例題 4 (z 和 w 的角色必須互相調換) 我們知道，$f^{-1}(w) = e^w$ 將指數函數的基礎區域映成於不含 $z = 0$ 的 z 平面 (因爲對於任何 w 而言，$e^w \neq 0$)。所以，$w = f(z) = \mathrm{Ln}\, z$ 會將不含原點的 z 平面，保角地映成於 w 平面中的水平條狀區域 $-\pi < v \leq \pi$，其中 $w = u + iv$，而且映射過程會將 z 平面沿著負實數軸分割開 (在負實數軸上，$\theta = \mathrm{Im}\, \mathrm{Ln}\, z$ 有 2π 的不連續跳躍值)。

　　既然映射 $w = \mathrm{Ln}\, z + 2\pi i$ 與映射 $w = \mathrm{Ln}\, z$ 的差別在於 $2\pi i$ 的平移量 (垂直往上)，所以這個函數會將 z 平面 (如同先前的處理方式一樣，將 z 平面分割開，並且刪除原點) 映成於條狀區域 $\pi < v \leq 3\pi$。對於無限多個映射 $w = \ln z = \mathrm{Ln}\, z \pm 2n\pi i$　($n = 0, 1, 2, \cdots$) 中的每一個映射，都可以應用相同方式加以處理。相對應的寬度 2π　(z 平面在這些映射之下的像) 的各水平條狀區域，在組合起來之後，可以覆蓋住整個 w 平面，而且不會有重疊的情形存在。　■

放大比例　根據導數的定義，可以得到下式

$$(4) \qquad \lim_{z \to z_0} \left| \frac{f(z) - f(z_0)}{z - z_0} \right| = |f'(z_0)|$$

所以，映射 $w = f(z)$ 將使各短線的長度約略放大 (或縮短) 一個 $|f'(z_0)|$ 因子。因此小圖形的像會與原圖形具有相同外型，因而具有**保角性 (conform)**。不過，既然 $f'(z)$ 會隨著位置而改變，所以大圖形其像的外型，可能和原圖形的外型差別很大。

　　關於條件 $f'(z) \neq 0$ 的進一步討論　由 13.4 節的式 (4) 和 Cauchy–Riemann 方程式，可以得到

$$(5') \qquad |f'(z)|^2 = \left| \frac{\partial u}{\partial x} + i \frac{\partial v}{\partial x} \right|^2 = \left(\frac{\partial u}{\partial x} \right)^2 + \left(\frac{\partial v}{\partial x} \right)^2 = \frac{\partial u}{\partial x} \frac{\partial v}{\partial y} - \frac{\partial u}{\partial y} \frac{\partial v}{\partial x}$$

換句話說，

(5)
$$| f'(z) |^2 = \begin{vmatrix} \dfrac{\partial u}{\partial x} & \dfrac{\partial u}{\partial y} \\ \dfrac{\partial v}{\partial x} & \dfrac{\partial v}{\partial y} \end{vmatrix} = \dfrac{\partial(u, v)}{\partial(x, y)}$$

這個行列式就是轉換式 $w = f(z)$ 的 **Jacobian** (第 10.3 節)，不過在此行列式中取的是實數形式 $u = u(x, y)$、$v = v(x, y)$。所以，$f'(z_0) \neq 0$ 意謂著 Jacobian 在 z_0 處不等於零。在 z_0 的足夠小鄰域中，這個條件可以當作映射 $w = f(z)$ 是一對一即嵌射 (不同點具有不同的像) 的充分條件。請參見附錄 1 中的參考文獻 [GenRef4]。

習題集　17.1

1. **有關於圖 378**　圖中有一個「矩形」和其像有上色。請指出其它「矩形」的像。

2. **映射 $w = z^3$**　類似圖 378，請畫出映射 $w = z^3$ 其對應的圖形。

3. **保角性**　為什麼直線 $x =$ 常數 和直線 $y =$ 常數 在解析函數的映射之下，它們的像會以直角相交？為什麼曲線 $|z| =$ 常數 和曲線 $\arg z =$ 常數 在解析函數的映射之下，它們的像會以直角相交？有無例外點？

4. **在 $w = \bar{z}$ 上的實驗**　試問映射 $w = \bar{z}$ 會在角度的大小和方向兩方面都使原角度等於像的角度嗎？請證明你的結果。

5–8　曲線的映射
試求並畫出給定曲線，在指定映射之下的像。

5. $x = 1, 2, 3, 4$,　$y = 1, 2, 3, 4$,　$w = z^2$

6. **旋轉**　如習題 5 中的曲線，$w = iz$。

7. **在單位圓中的反射**　$|z| = \frac{1}{3}, \frac{1}{2}, 1, 2, 3$，
   $\text{Arg } z = 0, \pm\pi/4, \pm\pi/2, \pm 3\pi/2$

8. **平移**　如習題 5 中的曲線，$w = z + 2 + i$。

9. **CAS 實驗　正交網**　請畫出兩個等高線族系 $\text{Re } f(z) =$ 常數 和 $\text{Im } f(z) =$ 常數 的正交網，其中 **(a)** $f(z) = z^4$，**(b)** $f(z) = 1/z$，**(c)** $f(z) = 1/z^2$，**(d)**

$f(z) = (z + i)/(1 + iz)$。為什麼這些曲線都會彼此以直角相交？在自己的作業中，請以實驗的方式獲得可能的最好圖形。另外，請自行選擇其他函數，然後執行上述相同的過程。觀察並記錄自己的 CAS 的缺點，以及找出克服這些缺點的方法。

10–14　區域的映射
試求並且畫出給定區域，在指定映射之下的像。

10. $|z| \leq \frac{1}{2}$,　$-\pi/8 < \text{Arg } z < \pi/8$,　$w = z^2$

11. $1 < |z| < 3$,　$0 < \text{Arg } z < \pi/2$,　$w = z^3$

12. $2 \leq \text{Im } z \leq 5$, $w = iz$

13. $x \geq 1$,　$w = 1/z$

14. $|z - \frac{1}{2}| \leq \frac{1}{2}$,　$w = 1/z$

15–19　保角性的不適用
試找出下列映射不具有保角性的所有位置。請說明理由。

15. 一個三次多項式

16. $\dfrac{z + \frac{1}{2}}{4z^2 + 2}$

17. $\sin \pi z$

18. **角度的放大**　令 $f(z)$ 在 z_0 處是解析的。假設 $f'(z_0) = 0, \cdots, f^{(k-1)}(z_0) = 0$。則映射 $w = f(z)$ 會將在頂點 z_0 處的角度會放大 k 倍。請利用 $k = 2, 3, 4$ 的例子來說明它。

19. 試針對一般性的 $k = 1, 2, \cdots$，證明習題 18 中的陳述。提示：利用 Taylor 級數。

20. $w = \frac{1}{2} z^2$

21. $w = z^3$

20–22 放大比例、**JACOBIAN**

22. $w = 1/z$

試求放大比例 M。然後說明它能夠告訴我們關於映射的什麼性質。在何處 M 會等於 1？求出 Jacobian J。

17.2 線性分式轉換 (Möbius 轉換)[Linear Fractional Transformations (Möbius Transformations)]

在模型化邊界值問題以及求解這種問題時，保角映射可以提供必要的幫助，因爲一開始我們可以將欲討論的區域保角地映成於另一個區域。下節會針對幾個標準的區域 (圓盤、半平面、條狀區域)，解釋這種作用。爲了進行上述的解釋工作，了解一些特殊基本映射的相關性質，將很有用。因此，首先讓我們討論下列幾個很重要的類別。

接下來的兩個節次將討論線性分式轉換。我們之所以要詳細研究這類轉換的理由，是因爲在模型化邊界值問題以及求解相關問題時，這類轉換是很有用的，第 18 章將會看到這項事實。整個工作就是要好好的了解，那些保角映射會在特定的區域之間彼此相互的映成，例如，在一個圓盤和一個半平面之間的相互映成 (第 17.3 節) 等等。事實上，在模型化邊界值問題以及求解相關問題時，第一個步驟就是要指出正確的保角映射，使該映射會關連到欲考慮邊界值問題的「幾何」。

以下這類的保角映射非常的重要。**線性分式轉換 (linear fractional transformation)** [或 **Möbius 轉換 (Möbius transformations)**] 是具有下列形式的映射

(1)
$$w = \frac{az + b}{cz + d} \qquad (ad - bc \neq 0)$$

其中 a、b、c、d 是複數或實數，經過微分運算之後得到

(2)
$$w' = \frac{a(cz + d) - c(az + b)}{(cz + d)^2} = \frac{ad - bc}{(cz + d)^2}$$

上式提醒我們有必要作 $ad - bc \neq 0$ 的限定。這樣做之後可以保證，對於所有 z，保角性都能成立，並且永遠排除不感興趣的情形 $w' \equiv 0$。式 (1) 的特殊情形有

(3)
$$
\begin{aligned}
&w = z + b && \text{(平移)} \\
&w = az \quad \text{其中} \quad |a| = 1 && \text{(旋轉)} \\
&w = az + b && \text{(線性轉換)} \\
&w = 1/z && \text{(相對於單位圓的反轉)}
\end{aligned}
$$

例題　1　**反轉函數 $w = 1/z$ 的性質 (圖 387)**

以極座標式 $z = re^{i\theta}$ 和 $w = Re^{i\phi}$ 表示的話，反轉函數 $w = 1/z$ 可以表示成

$$Re^{i\phi} = \frac{1}{re^{i\theta}} = \frac{1}{r}e^{-i\theta} \quad 結果得到 \quad R = \frac{1}{r}, \quad \phi = -\theta$$

所以，單位圓 $|z| = r = 1$ 會映成於單位圓 $|w| = R = 1$；$w = e^{i\phi} = e^{-i\theta}$。對於一般性的 z 而言，其像 $w = 1/z$ 可以經由在從 0 到 z 的線段上，標記出 $|w| = R = 1/r$，然後相對於實數軸對該標記進行鏡射，以如此幾何式地求出 (請畫出圖形)。

　　圖 387 顯示，$w = 1/z$ 將水平直線或垂直直線，映成圓或直線。甚至下列陳述也成立。

$w = 1/z$ 將每一條直線或每一個圓映成一個圓或一條直線。

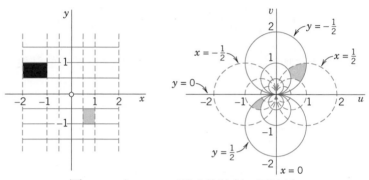

圖 387　由 $w = 1/z$ 形成的映射 (反映射)

證明

在 z 平面中的每一條直線或每一個圓可以表示成

$$A(x^2 + y^2) + Bx + Cy + D = 0 \qquad (A、B、C、D 爲實數)$$

當 $A = 0$ 時，上式代表一條直線，當 $A \neq 0$ 時，則代表一個圓。以 z 和 $\bar{z}$ 表示，則上式變成

$$Az\bar{z} + B\frac{z + \bar{z}}{2} + C\frac{z - \bar{z}}{2i} + D = 0$$

現在令 $w = 1/z$，代入 $z = 1/w$，然後乘以 $w\bar{w}$，結果得到下列方程式

$$A + B\frac{\bar{w} + w}{2} + C\frac{\bar{w} - w}{2i} + Dw\bar{w} = 0$$

或以 u 或 v 表示，上述方程式將變成

$$A + Bu - Cv + D(u^2 + v^2) = 0$$

在 w 平面中，上式代表一個圓 (若 $D \neq 0$)，或代表一條直線 (若 $D = 0$)。　　　■

由這個例題的證明過程知道，可以將這種方程式以 z 和 $\bar{z}$ 加以表示，而不是以 x 和 y 表示之；這是在實務上通常相當有用的**一般性原則**。

令人驚訝的是，每一個線性分式轉換都具有剛剛證明過的性質：

定理 1

圓與直線

每一個線性分式轉換式 (1) 會將 z 平面中的圓和直線的總體，映成於 w 平面中的圓和直線的總體。

證明

對於平移或旋轉的分式轉換而言，這個定理是相當明顯的，對於均勻放大或收縮的分式轉換而言，這個定理也頗明顯。此外，如同剛才已經證明過的，當 $w = 1/z$ 時，此定理成立。所以，對於這些特殊轉換類別的組合轉換，此定理也會成立。現在我們面臨證明過程所需的關鍵概念：將式 (1) 以這些特殊映射來表示。當 $c = 0$ 時，要這麼做是很容易的。當 $c \neq 0$ 時，其表示方式為

$$w = K \frac{1}{cz+d} + \frac{a}{c} \quad 其中 \quad K = -\frac{ad-bc}{c}$$

經由將 K 代入、通分，接著再加以簡化，就可以驗證這個數學式；最後的結果得到式 (1)。我們現在可以進行下列設定

$$w_1 = cz, \quad w_2 = w_1 + d, \quad w_3 = \frac{1}{w_2}, \quad w_4 = Kw_3,$$

並且由前一個公式可以看出，此時 $w = w_4 + a/c$。這個結果告訴我們，式 (1) 實際上是這些特殊映射的合成，因而證明了這個定理。 ∎

17.2.1 廣義複數平面

現在，藉由下列的線性分式轉換，可以更自然地孕育產生廣義複數平面 (參見 16.2 節，它是複數平面再加上點 ∞) 這個概念。

對於滿足 $cz + d \neq 0$ 的每一個 z 而言，在式 (1) 中，都只有一個 w 與它相對應。現在令 $c \neq 0$，則當 $z = -d/c$ 時可以得到 $cz + d = 0$，因而使得沒有任何 w 對應到這個 z。這讓人聯想到，可以令 $w = \infty$ 為 $z = -d/c$ 的像。

此外，式 (1) 的**反映射**可以經由解式 (1) 求出 z 而得到；結果我們再一次得到一個線性分式轉換，

(4)
$$z = \frac{dw-b}{-cw+a}$$

當 $c \neq 0$ 時，對於 $w = a/c$ 而言 $cw - a = 0$，而且我們令 a/c 是 $z = \infty$ 的像。在做完這些設定後，現在線性分式轉換式 (1) 變成是，從廣義複數 z 平面映成於廣義複數 w 平面的一對一映射。此外我們也可以這樣描述，每一個線性分式轉換「會將廣義複數平面以一對一的方式，映成於它本身」。

上述討論啟發我們形成下列註解。

一般性註解　若 $z = \infty$，則式 (1) 的右側 $(a \cdot \infty + b)/(c \cdot \infty + d)$ 變成沒有意義。若 $c \neq 0$，則可將此式指定成 $w = a/c$ 值，如果 $c = 0$，則可以指定成 $w = \infty$。

17.2.2　固定點

映射 $w = f(z)$ 的**固定點 (fixed points)** 指的是，經過映射之後會映成於它自身的點，亦即在映射後，它們是「保持固定」的。因此，這些點可以由下式得到

$$w = f(z) = z$$

對於**恆等映射 (identity mapping)** $w = z$，每一個點都是固定點。映射 $w = \bar{z}$ 具有無限多個固定點，$w = 1/z$ 有兩個固定點，旋轉映射有一個，而且在有限平面中，平移映射沒有固定點 (試求每一種情形下的固定點)。對於式 (1)，固定點的條件 $w = z$ 為

(5)
$$z = \frac{az+b}{cz+d} \quad 因此 \quad cz^2 - (a-d)z - b = 0$$

對於 $c \neq 0$，這是一個 z 的二次方程式，但此二次方程式的所有係數會全部消失成為零 (此時 $a = d \neq 0$、$b = c = 0$)，若且唯若此映射是恆等映射 $w = z$。所以可以得到

定理　2

固定點

一個不是恆等映射的線性分式轉換，最多只有兩個固定點。如果已知一個線性分式轉換具有三個或三個以上的固定點，則這個轉換必然是恆等映射 $w = z$。

為了使這裡有關線性分式轉換的一般性討論，從實務的觀點能更有用，在習題集以及下一節中，將藉由更深入的事實和典型的例子，進一步延伸這個討論過程。

習題集　17.2

1. **LFT 的合成**　試證明將一線性分式轉換 (linear fraction transformation，LFT) 代入另一個 LFT，其結果也是 LFT。

2. **矩陣**　如果讀者已經熟悉 2×2 矩陣，則請證明當 $ad - bc = 1$ 時，式 (1) 和 (4) 的係數矩陣，彼此互為逆矩陣，並且證明若干個 LFT 的合成，對應到若干個係數矩陣的乘法運算結果。

3. **圖 387**　請求出在 $w = 1/z$ 之下 $x = k =$常數的像 (提示：請使用類似例題 1 中的公式來求)。

4–5　反映射

試求下列各映射的反映射 $z = z(w)$。請藉由對 $z(w)$ 求解 w 來檢驗結果。

4. $w = \dfrac{i}{2z - 1}$

5. $w = \dfrac{z - i}{z + i}$

6–8　固定點

試求下列各映射的固定點。

6. $w = (a + ib)z^2$

7. $w = z - 3i$

8. $w = \dfrac{aiz - 1}{z + ai}, \quad a \neq 1$

9–10　固定點

試求所有具有給定固定點的 LFT。

9. $z = \pm i$

10. 沒有任何的固定點。

17.3 特殊的線性分式轉換 (Special Linear Fractional Transformations)

在本節，我們繼續我們對線性分式轉換的研究。當我們將特定的標準整域映成於其他整域時，我們要決定其線性分式轉換

(1) $$w = \frac{az + b}{cz + d} \qquad (ad - bc \neq 0)$$

定理 1 (如下所示) 將會提供我們一個建構想要的線性分式轉換的工具。

利用 a、b、c、d 來決定映射式 (1) 的實際作法是，求出這些常數的其中三個相對於第四個的比例，這是因為我們可以捨棄或加入共同因數的緣故。所以，三個條件式決定出唯一一個映射式 (1)，是合理的事情：

定理　1

三個點和它們的三個像

三個給定的不同點 z_1、z_2、z_3，永遠可以藉由一個而且是唯一一個的線性分式轉換 $w = f(z)$，來映成三個規定的不同點 w_1、w_2、w_3。這個映射是利用下式來隱含給定

(2) $$\frac{w - w_1}{w - w_3} \cdot \frac{w_2 - w_3}{w_2 - w_1} = \frac{z - z_1}{z - z_3} \cdot \frac{z_2 - z_3}{z_2 - z_1}$$

(若其中有一個點是 ∞，則含有此點的兩個差值所形成的商，必須以 1 取代之)。

|證明

方程式 (2) 的形式為 $F(w) = G(z)$，其中 F 和 G 是線性分式。故 $w = F^{-1}(G(z)) = f(z)$，其中 F^{-1} 是 F 的反映射，而且也是線性分式的形式 (參見 17.2 節的式 (4))，而合成映射 $F^{-1}(G(z))$ (利用 17.2 節的習題 1) 也是如此，換言之，$w = f(z)$ 也是線性分式的形式。現在如果式 (2) 中，在左側設定 $w = w_1, w_2, w_3$，且在右側設定 $z = z_1, z_2, z_3$，則可以看到

$$F(w_1) = 0, \qquad F(w_2) = 1, \qquad F(w_3) = \infty$$
$$G(z_1) = 0, \qquad G(z_2) = 1, \qquad G(z_3) = \infty$$

在第一欄中，$F(w_1) = G(z_1)$，因此 $w_1 = F^{-1}(G(z_1)) = f(z_1)$。同理，$w_2 = f(z_2)$、$w_3 = f(z_3)$。這就證明所需的線性分式轉換是存在的。

為了證明這個轉換是唯一的，令 $w = g(z)$ 是線性分式轉換，而且它也會將 z_j 映成 w_j、$j = 1, 2, 3$。因此，$w_j = g(z_j)$。所以，$g^{-1}(w_j) = z_j$，其中 $w_j = f(z_j)$。將它們組合後，得到 $g^{-1}(f(z_j)) = z_j$，這是具有三個固定點 z_1、z_2、z_3 的映射。根據 17.2 節定理 2，這是恆等映射，所以對於所有 z，$g^{-1}(f(z)) = z$。因此，對於所有 z，$f(z) = g(z)$，於是證明了此轉換是唯一的。

定理 1 的最後一個陳述，可以從 17.2 節中的一般性註解推論得到。　■

17.3.1　標準整域利用定理 1 所得的映射

利用定理 1，根據下列原理，我們現在可以求得某些在實務上頗為有用的整域 (我們稱之為「標準整域」) 的線性分式轉換。

原理　首先在 z 平面中，指定整域 D 的三個邊界點 z_1、z_2、z_3。然後，在 w 平面中 D 的像 D^* 的邊界上，選出這三個點的像 w_1、w_2、w_3。由式 (2) 取得這個映射。確認 D 會映成於 D^*，而非映成於 D^* 的補集。如果 D 映成於 D^* 的補集，則將兩個 w 點互換 (為什麼這樣做會有幫助？)

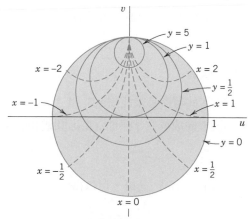

圖 388　例題 1 中的線性分式轉換

例題　1　**將半平面映成於圓盤的映射 (圖 388)**

試求能將 $z_1 = -1$、$z_2 = 0$、$z_3 = 1$，分別映成到 $w_1 = -1$、$w_2 = -i$、$w_3 = 1$ 的線性分式轉換式 (1)。

解

由式 (2) 可以得到

$$\frac{w-(-1)}{w-1} \cdot \frac{-i-1}{-i-(-1)} = \frac{z-(-1)}{z-1} \cdot \frac{0-1}{0-(-1)}$$

因此

$$w = \frac{z-i}{-iz+1}$$

　　讓我們展示，在沒有進行太多計算的情形下，還是可以獲得這個映射的特有性質。當 $z = x$ 時，可得到 $w = (x-i)/(-ix+1)$，因此 $|w| = 1$，因而使得 x 軸映射於單位圓。既然由 $z = i$ 可得到 $w = 0$，所以上半平面映成於該單位圓的內部，而下半平面映成於該單位圓的外部。$z = 0, i, \infty$ 分別對應於 $w = -i, 0, i$，因而使得正虛數軸映成於區段 $S:\ u = 0, -1 \le v \le 1$。垂直線 $x =$ 常數 映成於通過 $w = i$ ($z = \infty$ 的像) 的圓 (根據 17.2 節定理 1)，且這個圓與 $|w| = 1$ 相交時是垂直的 (根據保角性；參見圖 388)。同理，水平線 $y =$ 常數 會映成於通過 $w = i$ 的圓，並且垂直於 S (根據保角性)。圖 388 顯示了當 $y \ge 0$ 時的這些圓，且當 $y < 0$ 時，所產生的圓位於單位圓盤的外部。　∎

例題 2	出現 ∞ 時的轉換

試求能將 $z_1 = 0$、$z_2 = 1$、$z_3 = \infty$，分別映成於 $w_1 = -1$、$w_2 = -i$、$w_3 = 1$ 的線性分式轉換式。

解

由式 (2) 可以得到想要的映射如下

$$w = \frac{z - i}{z + i}$$

有時上式稱為 Cayley 轉換[2]。在此情形下，式 (2) 一開始會產生商 $(1 - \infty)/(z - \infty)$，這時必須以 1 取代它。 ∎

例題 3	將圓盤映成於半平面的映射

試求滿足下列要求的線性分式轉換，此轉換必須能將 $z_1 = -1$、$z_2 = i$、$z_3 = 1$，分別映成於 $w_1 = 0$、$w_2 = i$、$w_3 = \infty$，並且使得單位圓盤映成於右半平面 (畫出圓盤和右半平面)。

解

由式 (2) 出發，在以 1 取代 $(i - \infty)/(w - \infty)$ 之後，可以得到

$$w = -\frac{z + 1}{z - 1}$$
∎

將半平面映成於半平面，這是另一個在實務上令人感興趣的課題。舉例來說，我們可能想要將上半平面 $y \geq 0$，映成於上半平面 $v \geq 0$。然後讓 x 軸映成於 u 軸。

例題 4	將半平面映成於半平面的映射

試求能將 $z_1 = -2$、$z_2 = 0$、$z_3 = 2$，分別映成於 $w_1 = \infty$、$w_2 = \frac{1}{4}$、$w_3 = \frac{3}{8}$ 的線性分式轉換。

解

請讀者驗證，由式 (2) 可以得到下列映射函數

$$w = \frac{z + 1}{2z + 4}$$

試問 x 軸的像是什麼？y 軸的像呢？ ∎

將圓盤映成於圓盤是第三類實務上令人感興趣的問題。我們可以很容易就驗證出來，利用下列函數，z 平面中的單位圓盤將會映成於 w 平面中的單位圓盤，其中這個函數會讓 z_0 映成於 $w = 0$。

(3)
$$w = \frac{z - z_0}{cz - 1} \qquad c = \overline{z}_0, \qquad |z_0| < 1$$

---

[2] ARTHUR CAYLEY (1821–1895) 是在劍橋擔任教授的英國數學家，以其在代數、矩陣和微分方程式等領域的貢獻而聞名。

爲了解箇中緣由，先選定 $|z|=1$，然後利用式 (3) 中的 $c=\bar{z}_0$，

$$|z-z_0| = |\bar{z}-c|$$
$$= |z||\bar{z}-c|$$
$$= |z\bar{z}-cz| = |1-cz| = |cz-1|$$

所以，由式 (3) 可以得到

$$|w| = |z-z_0|/|cz-1| = 1$$

就像剛才所斷言的，因而造成 $|z|=1$ 映成於 $|w|=1$，且如同式 (3) 的分子所顯示的，z_0 將映成於 0。

下例可以用於解說公式 (3)，18.2 節的習題 8 則會提供另一個有趣的例子。

例題　5　將單位圓盤映成於單位圓盤的映射

對式 (3) 進行 $z_0 = \frac{1}{2}$ 的設定以後，得到 (請檢驗它！)

$$w = \frac{2z-1}{z-2}$$

(圖 389) ■

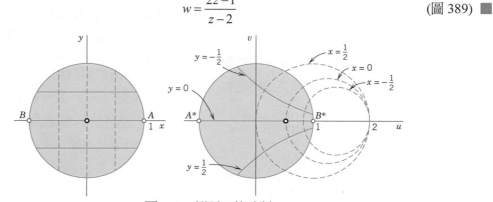

圖 389　例題 5 的映射

例題　6　將角度區域映成於單位圓盤的映射

有些特定的映射問題，可以藉由將某些線性分式轉換，與其他線性分式轉換結合起來而得到。舉例來說，爲了將角度區域 $D: -\pi/6 \le \arg z \le \pi/6$ (圖 390) 映成於單位圓盤 $|w| \le 1$，可以利用 $Z = z^3$ 將 D 映成於 Z 平面的右半平面，然後利用下列轉換，將 Z 平面的右半平面映成於圓盤 $|w| \le 1$，

$$w = i\frac{Z-1}{Z+1} \quad \text{結合兩個轉換而得到} \quad w = i\frac{z^3-1}{z^3+1}$$

■

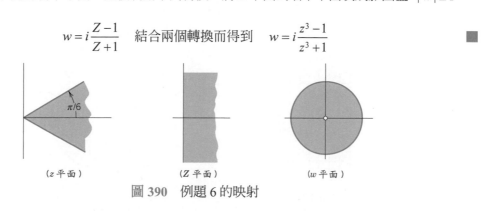

(z 平面)　(Z 平面)　(w 平面)
圖 390　例題 6 的映射

關於線性分式轉換的討論，到此已經結束。下一節將轉而探討由其他解析函數 (正弦函數、餘弦函數等等) 所形成的保角映射。

1. **CAS 實驗　線性分式轉換 (LFT)　(a)** 試畫出典型的區域 (正方形、圓盤等等)，以及它們在本節例題 1-5 的各 LFT 之下的像。
   (b) 試以實驗的方式，研究 LFT 對於其係數的連續相依性。舉例來說，連續改變例題 4 中的 LFT，並畫出某個固定區域的像之變化 (如果可能的話，請運用動畫)。

2. **反映射**　試求例題 1 中的反映射。並且證明在該反映射之下，直線 $x = $ 常數　是在 w 平面中的圓的像，其中這些圓的圓心是在直線 $v = 1$ 上。

3. **反轉換**　如果 $w = f(x)$ 是具有逆轉換的任何一個轉換，試證明 f 以及其逆轉換具有相同的固定點。

4. 試由 17.2 節的習題 9，推導出例題 1 中的映射。

5–9　從三個點和它們的像求出 LFT
試求能將下列指定的三個點，依序映成於三個指定的點的映射。

5. $0, 1, 2$　映成至　$1, \frac{1}{2}, \frac{1}{3}$

6. $0, 2i, -2i$　映成至　$-1, 0, \infty$

7. $0, 1, \infty$　映成至　$\infty, 1, 0$

8. $-1, 0, 1$　映成至　$1, 1 + i, 1 + 2i$

9. $-\frac{3}{2}, 0, 1$　映成至　$0, \frac{3}{2}, 1$

10. 試求一個能將 $|z| \leq 1$ 映成於 $|w| \leq 1$ 的 LFT，而且它還必須能將 $z = i/2$ 映成於 $w = 0$。請畫出直線 $x = $ 常數　和 $y = $ 常數 的像。

11. 試求一個能將區域 $0 \leq \arg z \leq \pi/4$ 映成於單位圓盤 $|w| \leq 1$ 的解析函數 $w = f(z)$。

12. 試求一個能將 z 平面的第二象限映成於 w 平面中的單位圓內部的解析函數。

17.4 由其它函數所形成的保角映射 (Conformal Mapping by Other Functions)

我們現在要將注意力轉移到由三角和雙曲線解析函數所造成的映射。截至目前為止，我們已經討論了由 z^n、e^z (第 17.1 節) 和線性分式轉換 (第 17.2、17.3 節) 所形成的映射。

正弦函數 (sine)　圖 391 顯示了由下列函數造成的映射

(1) $$w = u + iv = \sin z = \sin x \cosh y + i \cos x \sinh y$$ (第 13.6 節)

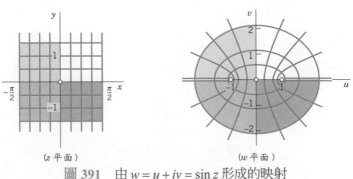

(z 平面)　　　　　(w 平面)

圖 391　由 $w = u + iv = \sin z$ 形成的映射

所以

(2) $$u = \sin x \cosh y \qquad v = \cos x \sinh y$$

既然 $\sin z$ 具有週期為 2π 的週期性，所以若考慮整個 z 平面，則它造成的映射當然不是一對一的。現在，將 z 限制在垂直條狀區域 S：在圖 391 中的 $-\frac{1}{2}\pi \leq x \leq \frac{1}{2}\pi$。既然在 $z = \pm\frac{1}{2}\pi$ 處 $f'(z) = \cos z = 0$，所以這個映射在這兩個臨界點上並不是保角的。因此在圖 391 中直線 $x = $ 常數 和 $y = $ 常數 所形成的矩形網絡，會映成於在 w 平面中，由雙曲線 (垂直線 $x = $ 常數 的像) 和橢圓 (水平線 $y = $ 常數 的像) 所形成的網絡，而且其中的雙曲線和橢圓將以直角 (保角性！) 相交。其相關的計算很簡單。由式 (2) 以及關係式 $\sin^2 x + \cos^2 x = 1$ 和 $\cosh^2 y - \sinh^2 y = 1$，可以得

$$\frac{u^2}{\sin^2 x} - \frac{v^2}{\cos^2 x} = \cosh^2 y - \sinh^2 y = 1 \qquad \text{(雙曲線)}$$

$$\frac{u^2}{\cosh^2 y} + \frac{v^2}{\sinh^2 y} = \sin^2 x + \cos^2 x = 1 \qquad \text{(橢圓)}$$

其中的例外情形是垂直線 $x = -\frac{1}{2}\pi$，$x = \frac{1}{2}\pi$，經過映射以後，它們會分別「摺疊」到 $u \leq -1$ 和 $u \geq 1$ $(v = 0)$ 上。

　　圖 392 更深入說明這個例外情形。其中，矩形上面和下面的邊會分別映成於兩個半橢圓，而且兩條垂直線將分別映成於 $-\cosh 1 \leq u \leq -1$ 和 $1 \leq u \leq \cosh 1$ $(v = 0)$。第 18.2 節的習題 2 提供了這種映射應用於位勢問題的例子。

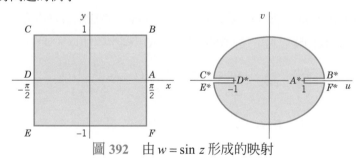

圖 392　由 $w = \sin z$ 形成的映射

餘弦函數 (cosine)　映射 $w = \cos z$ 原可獨立進行討論，但是因為

(3) $$w = \cos z = \sin (z + \tfrac{1}{2}\pi)$$

所以我們可以馬上發現，它等同於先往右平移 $\frac{1}{2}\pi$ 單位之後，再用 $\sin z$ 的映射。

雙曲正弦函數 (Hyperbolic sine)　既然

(4) $$w = \sinh z = -i \sin (iz)$$

所以這個映射是先進行逆時針旋轉 $\frac{1}{2}\pi$（亦即 $90°$）的 $Z = iz$，其後再進行正弦映射 $Z^* = \sin Z$，接著再進行轉動角度為 $90°$ 的順時針旋轉 $w = -iZ^*$。

雙曲餘弦函數 (hyperbolic cosine) 這個函數

(5)
$$w = \cosh z = \cos (iz)$$

定義了一個這樣的映射，它首先進行旋轉 $Z = iz$，其後再進行映射 $w = \cos Z$。

　　圖 393 顯示了，利用 $w = \cosh z$ 將半無限長條狀區域映成於半平面的映射。既然 $\cosh 0 = 1$，所以點 $z = 0$ 將映成於 $w = 1$。對於正實數 $z = x \geq 0$、$\cosh z$ 是實數，而且它會從點 1 開始，以單調遞增的方式，隨著 x 增加而增加。所以，正 x 軸會映成於 u 軸的 $u \geq 1$ 部分。

　　對於純虛數 $z = iy$，已知 $\cosh iy = \cos y$。所以條狀區域的左側邊界會映成於 u 軸上的區段 $1 \geq u \geq -1$，而且點 $z = \pi i$ 會對應於
$$w = \cosh i\pi = \cos \pi = -1$$

在條狀區域上方的邊界上，$y = \pi$，而且既然 $\sin \pi = 0$ 以及 $\cos \pi = -1$，我們可以推論得到，邊界的這個部分會映成於 u 軸的 $u \leq -1$ 部分。因此，條狀區域的邊界將映成於 u 軸。不難看出，條狀區域的內部會映成於 w 平面的上半平面，而且這個映射是一對一的。

　　在圖 393 中的這種映射可以應用在位勢理論。

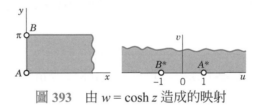

圖 393　由 $w = \cosh z$ 造成的映射

正切函數 (Tangent Function)　圖 394 顯示了，利用 $w = \tan z$ 將無限長垂直條狀區域映成於單位圓的映射；下列表示法讓我們聯想到，這個映射可以分成三個步驟加以完成 (第 13.6 節)，

$$w = \tan z = \frac{\sin z}{\cos z} = \frac{(e^{iz} - e^{-iz})/i}{e^{iz} + e^{-iz}} = \frac{(e^{2iz} - 1)/i}{e^{2iz} + 1}$$

所以如果設定 $Z = e^{2iz}$，並且利用 $1/i = -i$，則可以得到

(6)
$$w = \tan z = -iW \qquad W = \frac{Z-1}{Z+1} \qquad Z = e^{2iz}$$

這裡可以看到，$w = \tan z$ 是一個在之前和在之後都有轉換的線性分式轉換，在分式轉換之前必須先進行指數映射 (參見 17.1 節)，而在分式轉換之後必須進行轉動角度為 $\frac{1}{2}\pi$ (90°) 的順時針旋轉。

　　考慮條狀區域 $S: -\frac{1}{4}\pi < x < \frac{1}{4}\pi$，這裡將要證明，條狀區域會映成於 w 平面中的單位圓盤。因為 $Z = e^{2iz} = e^{-2y+2ix}$，從 13.5 節的式 (10) 可以得到 $|Z| = e^{-2y}$ 和 Arg $Z = 2x$。所以，垂直線 $x = -\pi/4, 0, \pi/4$ 會分別映成於射線 Arg $Z = -\pi/2, 0, \pi/2$。所以，S 映成於 Z 平面的右半平面。而且，如果 $y > 0$，則 $|Z| = e^{-2y} < 1$，如果 $y < 0$，則 $|Z| > 1$。因此，如圖 394 所示，S 的上半部映成於單位圓 $|Z| = 1$ 的內部，S 的下半部映成於單位圓 $|Z| = 1$ 的外部。

　　在式 (6) 中有出現一個線性分式轉換，這裡用 $g(Z)$ 來代表它：

(7)
$$W = g(Z) = \frac{Z-1}{Z+1}$$

當 Z 是實數時,此轉換式的值是實數。所以,Z 平面的實數軸映成於 W 平面的實數軸。此外,因為對於純虛數 $Z = iY$ 而言,我們可以從式 (7) 得到下列的結果,所以 Z 平面的虛數軸將映上於單位圓 $|W| = 1$,

$$|W| = |g(iY)| = \left| \frac{iY-1}{iY+1} \right| = 1$$

因為 $Z = 1$ 的像是 $g(1) = 0$,且它位於單位圓 $|W| = 1$ 的內部,所以 Z 平面的右半平面映上於此單位圓的內部,而不是外部。最後,因為單位圓 $|Z| = 1$ 可以表示成 $Z = e^{i\phi}$,因而使得由式 (7) 將得到純虛數的數學式,其過程如下列所示,所以此單位圓會映上於 W 平面的虛數軸,

$$g(e^{i\phi}) = \frac{e^{i\phi}-1}{e^{i\phi}+1} = \frac{e^{i\phi/2}-e^{-i\phi/2}}{e^{i\phi/2}+e^{-i\phi/2}} = \frac{i\sin(\phi/2)}{\cos(\phi/2)}$$

在經過轉動角度為 $\pi/2$ 的順時針旋轉以後,就可以直接從 W 平面形成 w 平面;請參見式 (6)。

總結來看,我們已經證明 $w = \tan z$ 會將 $S : -\pi/4 < \operatorname{Re} z < \pi/4$,映成於單位圓盤 $|w| < 1$,其中 S 的第四象限的映射過程,如圖 394 所示。這個映射是保角且一對一的。

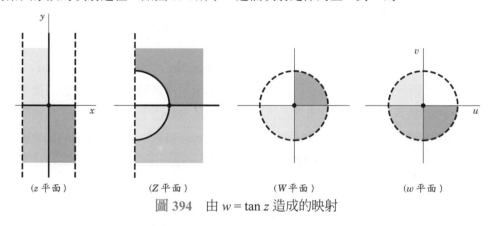

| $(z$ 平面$)$ | $(Z$ 平面$)$ | $(W$ 平面$)$ | $(w$ 平面$)$ |

圖 394　由 $w = \tan z$ 造成的映射

習題集　17.4

保角映射 $w = e^z$

1. 試求出 $x = c = $ 常數,$-\pi < y \le \pi$,在映射 $w = e^z$ 之下的像。

2. 試求出 $y = k = $ 常數,$-\infty < x \le \infty$,在映射 $w = e^z$ 之下的像。

3–4　試求出並畫出下列給定區域在 $w = e^z$ 之下的像。

3. $-\frac{1}{2} \le x \le \frac{1}{2}, \quad -\pi \le y \le \pi$

4. $0 < x < 1, \quad \frac{1}{2} < y < 1$

5. CAS 實驗　保角映射 如果讀者的 CAS 可以執行保角映射,請使用它求解習題 4。然後使 y 增加超過 π,例如,增加到 50π 或 100π。請讀者說出自己會預期出現什麼情形。觀察自己得到的是什麼樣的像。然後解釋之。

保角映射 $w = \sin z$

6. 求出映射 $w = \sin z$ 不具有保角性的位置。

7. 試求並畫出直線 $x = 0, \pm\pi/6, \pm\pi/3, \pm\pi/2$ 在映射 $w = \sin z$ 之下的像。

8–9 試求並且畫出下列給定區域在 $w = \sin z$ 之下的像。

8. $0 < x < \pi/2, \quad 0 < y < 2$

9. $-\pi/4 < x < \pi/4, \quad 0 < y < 1$

10. 試利用映射 $w = \sin z$、旋轉和平移,來表示出映射 $w = \cosh z$。

11. 試找出映射 $w = \cosh 2\pi z$ 不具有保角性的所有位置。

12. 試求一個能將區域 R 映成於上半平面的解析函數,其中區域 R 是在第一象限中,由正 x 軸、正 y 軸和雙曲線 $xy = \pi$ 所圍住的區域。提示:先將此區域映成於水平條狀區域。

13. 試求並畫出 $2 \leq |z| \leq 3$、$\pi/4 \leq \theta \leq \pi/2$ 在映射 $w = \mathrm{Ln}\, z$ 之下的像。

14. 試證明 $w = \mathrm{Ln}\, \dfrac{z-1}{z+1}$,如下圖所示,將上半平面映成於水平條狀區域 $0 \leq \mathrm{Im}\, w \leq \pi$。

習題 14

17.5 Riemann 表面 (選讀)(Riemann Surfaces. *Optional*)

在複數分析中,有個最簡單,卻也最為巧妙的觀念就是 **Riemann 表面 (Riemann surfaces)** 的觀念。Riemann 表面是會讓多值關係 (例如 $w = \sqrt{z}$ 或 $w = \ln z$) 變成單值關係的表面,而這種單值關係就是一般意義下的函數。之所以可以如此,是因為 Riemann 表面由若干層所組成,這些層會在特定點處連結在一起,其中的特定點稱為分枝點。因此 $w = \sqrt{z}$ 將會有兩層,在個別的每一層上都是單值的。你認為 $w = \ln z$ 需要幾層?你可藉由想想 13.7 節的內容而猜出來嗎?(答案會在本節末端揭曉)。讓我們開始做系統性的討論,

由下列函數所指定的映射

(1) $$w = u + iv = z^2$$ (第 17.1 節)

除了在 $z = 0$ 處外都是保角的,這是因為在 $z = 0$ 處 $w' = 2z = 0$。在 $z = 0$ 處經過映射以後,角度會變成原來的兩倍。因此,z 平面的右半平面 (包含正 y 軸) 將映成於整個 w 平面,其中經過映射所得到的 w 平面,會沿著負 u 軸切開;而且此映射是一對一的。對於 z 平面的左半平面,也是類似的情形 (包含負 y 軸)。所以,整個 z 平面在映射 $w = z^2$ 之下的像,「行走過 w 平面兩次」,意思是說,每一個 $w \neq 0$ 是兩個 z 點的像;如果 z_1 是其中一個,則另一個就是 $-z_1$。舉例來說,$z = i$ 和 $-i$ 都映成於 $w = -1$。

現在,關鍵的觀念來了。我們將兩個被切開的 w 平面複製版本上下疊放在一起,並且使上面的一片是 z 右半平面 R,下面一片是 z 左半平面 L。然後將兩片沿著切開處 (沿著負 u 軸) 交叉連結在一起,因而使得若 z 從 R 移動到 L,則像會從上面一片移動到下面一片。因為 $w = 0$ 只有是一個 z 點的像,那就是 $z = 0$,所以兩個原點會緊靠在一起。所得到的表面稱為 **Riemann 表面**

(Riemann surface) (圖 395a)。$w = 0$ 稱為**分枝點** **(branch point** 或 **winding point)**。$w = z^2$ 將整個 z 平面以一對一的方式，映上於這個表面。

　　如果讓變數 z 和 w 的角色互相交換，則可推論得到下列的雙值關係

(2) $$w = \sqrt{z}$$ (第 13.2 節)

在圖 395a 中的 Riemann 表面上變成單值關係，換言之，變成一般意義下的函數關係。我們可以令上面一片對應於 $\sqrt{z}$ 的主值。其像是 w 平面的右半平面。然後另一片映成於 w 平面的左半平面。

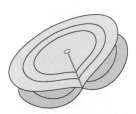 

(a) $\sqrt{z}$ 的 Riemann 表面　　　　(b) $\sqrt[3]{z}$ 的 Riemann 表面

圖 395　Riemann 表面

　　同理，三值關係 $w = \sqrt[3]{z}$ 在圖 395b 中的三層 Riemann 表面上，變成單值關係，其中這個 Riemann 表面在 $z = 0$ 處具有分枝點。

　　下列的無限多值自然對數 (第 13.7 節)

$$w = \ln z = \operatorname{Ln} z + 2n\pi i \qquad (n = 0, \pm 1, \pm 2, \cdots)$$

在由無限多層所組成的 Riemann 表面上，將變成單值關係，$w = \operatorname{Ln} z$ 則對應於其中的一層。這一層會沿著負 x 軸被切開，而且切裂處的上方邊緣將連結到次一層的下方邊緣，其中此次一層對應於幅角 $\pi < \theta \le 3\pi$，亦即，對應於

$$w = \operatorname{Ln} z + 2\pi i$$

主值 $\operatorname{Ln} z$ 將它所在那一層映成於水平條狀區域 $-\pi < v \le \pi$。函數 $w = \operatorname{Ln} z + 2\pi i$ 將它所在那一層，映成於相鄰條狀區域 $\pi < v \le 3\pi$，以此類推。Riemann 表面之 $z \ne 0$ 的點映成於 w 平面的點之映射，是一對一的。讀者也可以參見 17.1 節例題 5。

習題集　17.5

1.　考慮 $w = \sqrt{z}$。某一個點 z 從初始位置 $z = \frac{1}{4}$ 開始，沿著圓 $|z| = \frac{1}{4}$ 繞兩次，其像的路徑為何？

2.　試證明 $w = \sqrt{(z-1)(z-2)}$ 的 Riemann 表面在 $z = 1$ 和 $z = 2$ 處具有分枝點，而且此表面是由兩層所組成，其中這兩層都沿著 1 到 2 的線段被切開，並且交叉連結在一起。提示：以極座標式 $z - 1 = r_1 e^{i\theta_1}$ 和 $z - 2 = r_2 e^{i\theta_2}$ 表示，可以得到 $w = \sqrt{r_1 r_2}\, e^{i(\theta_1 + \theta_2)/2}$。

[3–5]　**Riemann 表面**

試求各 Riemann 表面的分枝點和層數。

3.　$e^{\sqrt{z}}, \sqrt{e^z}$

4.　$\sqrt{z^3 + z}$

5.　$\sqrt{(4 - z^2)(1 - z^2)}$

第 17 章　複習題

1. 何謂保角映射？爲什麼它會發生在複數分析中？

2. 在哪些點上 $w = z^5 - z$ 和 $w = \cos(\pi z^2)$ 不是保角的？

3. 如果 $f'(z_0) = 0, \cdots, f^{(k-1)}(z_0) = 0$，試問在映射 $w = f(z)$ 之下，z_0 處的角度將發生什麼現象？

4. 何謂線性分式轉換？你可以用它做什麼事情？請列舉出一些特例。

5. 何謂廣義複數平面？引入它的方式爲何？

6. 試問一個映射的固定點是什麼？在本章中它的角色爲何？請舉例說明。

7. 你如何求得 $x = \mathrm{Re}\, z = 1$ 在 $w = iz, z^2, e^z, 1/z$ 之下的像？

8. 你可以回想起 $w = \ln z$ 的映射特性嗎？

9. 試問什麼樣的映射可以得到 Joukowski 機翼？請詳細解釋之。

10. 何謂 Riemann 表面？本章爲何會使用到它？請解釋最簡單的例子。

第 17 章摘要　保角映射

複數函數 $w = f(z)$ 可以提供一個從其定義域到值域的**映射**，其中定義域位於複數的 z 平面中，值域位於複數的 w 平面中。如果 $f(z)$ 是解析的，則這個映射是**保角的**，也就是，保持角度：任何兩條相交曲線的像，會與原來的曲線具有相同的相交角度，而且不論大小或方向都是如此 (第 17.1 節)。不過，$f'(z) = 0$ 的點 (「**臨界點**」，例如，對於映射 $w = z^2$ 而言的點 $z = 0$) 是例外情形。

關於 e^z、$\cos z$、$\sin z$ 等函數的映射性質，請參見 17.1、17.4 節。

線性分式轉換也稱爲 Möbius **轉換**，它具有下列形式

$$(1) \qquad\qquad w = \frac{az+b}{cz+d} \qquad\qquad (\text{第 17.2、17.3 節})$$

$(ad - bc \neq 0)$，它會將廣義複數平面 (第 17.2 節) 映成於廣義複數平面。線性分式轉換可解決的映射問題有：將半平面映成於半平面或圓盤，將圓盤映成於圓盤或半平面等等。將三個點的像指定以後，可以唯一決定出式 (1)。

Riemann 表面 (第 17.5 節) 是由若干層所組成，這些層會在特定點處連結在一起，其中的特定點稱爲分枝點。在 Riemann 表面上，多值關係可以變成單值關係，也就是，變成一般意義下的函數。例如：對於 $w = \sqrt{z}$ 而言，因爲這個關係是雙值的，所以此 Riemann 表面有兩層 (分枝點在 0 處)。對於 $w = \ln z$ 而言，因爲此關係是無限多值的，所以此 Riemann 表面有無限多層 (參見 13.7 節)。

複數分析與位勢理論 (Complex Analysis and Potential Theory)

在第 17 章中我們發展了保角映射的幾何分析方式。這意味著,對於一個定義在 z 平面某個整域 D 中的複數函數 $w = f(z)$ 而言,在 D 中的每一個點都對應有一個在 w 平面中的點。這個函數給我們一個保角映射 (保留角度),但是使得 $f'(z) = 0$ 的點除外,在那些點映射不保角。

現在,在本章中,我們將把保角映射套用至位勢問題上。如此一來將會產生各種的邊界值問題,和許多工程中的應用,如靜電學、熱傳導學和流體力學,更多的細節如下所述。

憶及 Laplace 方程式 (Laplace's equation) $\nabla^2 \Phi = 0$ 是工程數學中最重要的偏微分方程式之一,因為它常出現在重力 (第 9.7、12.11 節)、靜電 (第 9.7 節)、穩態熱傳導 (第 12.5 節) 和不可壓縮流體流動等等理論中。求解這個方程式之解的理論稱**為位勢理論 (potential theory)** (雖然在處理梯度時,也會用到「位勢」這個名詞,而且具有更一般性的意義 (參見 9.7 節))。因為我們想要以複數分析的方法來處理這個方程式,所以我們把討論限制在「二維空間的情形」。那麼,Φ 只與兩個笛卡兒座標 x 和 y 有關,此時 Laplace 方程式將變成

$$\nabla^2 \Phi = \Phi_{xx} + \Phi_{yy} = 0$$

由 13.4 節可知,此時方程式的解 Φ 會與複數解析函數 $\Phi + i\Psi$ 有密切關聯 (注意:因為 $u + iv$ 已在保角映射中作為標記符號,所以在處理 Laplace 方程式時,將使用 $\Phi + i\Psi$ 作為標記符號)。這個關聯性正是複數分析在物理學和工程學中,會變得這麼重要的主要原因。

我們將會檢視在 Laplace 方程式和複數解析函數之間的關聯性,並且以取自靜電學 (第 18.1、18.2 節)、熱傳導學 (第 18.3 節)、流體力學 (第 18.4 節) 的典型例子予以模型化來解釋。如此將產生在二維位勢理論中的各種**邊界值問題 (boundary value problem)**。在這些邊界值問題中,我們會使用到一些已在第 17 章討論過的函數,那些函數可用來把複雜的區域轉換成較簡的區域。

在 18.5 節中,將推導有關圓盤中位勢的重要公式,那就是 Poisson 公式。18.6 節將會處理**調和函數 (harmonic functions)**,正如你所想,是 Laplace 方程式的解並有連續的二階偏導數。在那一節我們將證明,解析函數的結果如何用來描述調和函數的一般特徵。

本章之先修課程:第 13、14、17 章。

參考文獻與習題解答:附錄 1 的 D 部分及附錄 2。

18.1 靜電場 (Electrostatic Fields)

在帶電粒子間的吸引或排斥電力，乃是由庫侖定律所決定 (請參見 9.7 節)。此力為函數 Φ 的梯度，該函數稱為**靜電位 (electrostatic potential)**。在不帶電荷的任何點上，Φ 是 Laplace 方程式的解，

$$\nabla^2 \Phi = 0$$

Φ ＝ 常數 的表面稱為**等位面 (equipotential surface)**。在 Φ 的梯度不是零向量的任何點 P 上，Φ 的梯度會通過點 P 垂直於 Φ ＝ 常數 之表面；換言之，電力的方向垂直於等位面 (可以參見 9.7、12.11 節)。

　　本章所討論的問題，都是**二維的**，亦即考慮位於三度空間 (這是理所當然的！) 的物理系統模型化，但是使得位勢 Φ 與其中一個空間座標軸無關，因而使得 Φ 只與兩個座標有關。此處，將這兩個座標以 x 和 y 表示，則 **Laplace 方程式**變成

(1)
$$\nabla^2 \Phi = \frac{\partial^2 \Phi}{\partial x^2} + \frac{\partial^2 \Phi}{\partial y^2} = 0$$

此時等位面以**等位線 (equipotential line or curve)** 的形式出現在 xy 平面中。

　　接下來將利用一些簡單的基本範例來解說這些觀念。

例題　1　**平行板間的位勢**

考慮兩個延伸到無限遠的平行導電板 (圖 396)，試求在這兩個導電板之間場的位勢 Φ，其中這兩個導電板的位勢分別為 Φ_1 和 Φ_2。

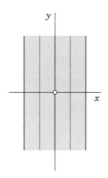

圖 396　例題 1 的位勢

解

從平行板的外型可知 Φ 只與 x 有關，且 Laplace 方程式變成 $\Phi'' = 0$。將這個微分方程式積分兩次，可得 $\Phi = ax + b$，其中常數 a 和 b 是由 Φ 在平板上之邊界值條件來決定。例如，若兩個平板的位置是在 $x = -1$ 和 $x = 1$，則其解是

$$\Phi(x) = \frac{1}{2}(\Phi_2 - \Phi_1)x + \frac{1}{2}(\Phi_2 + \Phi_1)$$

此時，等位面是平行的平面。　　　　　　　　　　　　　　　　　　　　　　　■

例題　2　同軸圓筒間的位勢

考慮兩端延伸到無限遠之兩平行同軸導電圓筒 (圖 397)，若兩圓筒電位勢分別維持在 Φ_1 和 Φ_2，試求兩圓筒間的位勢 Φ。

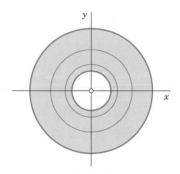

圖 397　例題 2 的位勢

解

因爲對稱的緣故，此 Φ 只與 $r = \sqrt{x^2 + y^2}$ 有關，而且因爲 $u_{\theta\theta} = 0$ 和 $u = \Phi$，所以 Laplace 方程式 $r^2 u_{rr} + r u_r + u_{\theta\theta} = 0$ [12.10 節的式 (5)] 變成 $r\Phi'' + \Phi' = 0$。利用分離變數再予以積分可以得到

$$\frac{\Phi''}{\Phi'} = -\frac{1}{r}, \quad \ln \Phi' = -\ln r + \tilde{a}, \quad \Phi' = \frac{a}{r}, \quad \Phi = a \ln r + b$$

其中 a 和 b 可以利用圓筒上給定的 Φ 值來求出。雖然實際上無限延伸的導體不存在，但是這個理想導體的電場，將近似於遠離圓筒兩端之有限長導體的電場。　∎

例題　3　角形區域內的位勢

在圖 398 中，有兩個彼此之間保持角度 α，而且位勢分別維持在 Φ_1 (下方平板) 和 Φ_2 的導電平板，其中 $0 < \alpha \le \pi$ (在該圖形中，角度 $\alpha = 120° = 2\pi / 3$)，試求兩導電平板間的位勢。

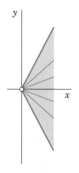

圖 398　例題 3 的位勢

解

$\theta = \mathrm{Arg}\, z \ (z = x + iy \ne 0)$ 在射線 $\theta = $ 常數 上是常數。由於它是解析函數 $\mathrm{Ln}\, z$ 的虛部 (第 13.7 節)，故爲調和函數。所以，此位勢爲

$$\Phi(x, y) = a + b\, \mathrm{Arg}\, z$$

其中 a 和 b 是由兩邊界條件 (在平板上給定的數值) 予以決定，因此，

$$a + b(-\frac{1}{2}\alpha) = \Phi_1 \qquad a + b(\frac{1}{2}\alpha) = \Phi_2$$

所以 $a = (\Phi_2 + \Phi_1)/2$、$b = (\Phi_2 - \Phi_1)/\alpha$，解答是

$$\Phi(x,y) = \frac{1}{2}(\Phi_2 + \Phi_1) + \frac{1}{\alpha}(\Phi_2 - \Phi_1)\theta \qquad\qquad \theta = \arctan\frac{y}{x} \quad\blacksquare$$

18.1.1 複數位勢

令 $\Phi(x,y)$ 在某個整域 D 中是調和函數，而且 $\Psi(x,y)$ 為 Φ 在整域 D 中的調和共軛函數 (注意在第 13.4 節中，我們寫的是 u 和 v，但此處將變成是 Φ 和 Ψ)。從下節開始，u 和 v 需要用於保角映射的場合，則

(2) $\qquad\qquad\qquad F(z) = \Phi(x,y) + i\Psi(x,y)$

是 $z = x + iy$ 的一個解析函數。此函數 F 稱爲對應於實數位勢 Φ 的**複數位勢 (complex potential)**。請回想 13.4 節，對於已知的 Φ，除了附加的實數常數外，其共軛函數 Ψ 是可唯一決定的。故可稱爲**該**複數位勢而不造成誤解。

使用 F 有兩個優點，一個是技術方面，另一個是物理方面。就技術上而言，F 比起使用在複數分析中的實部和虛部容易處理。就物理的角度而言，Ψ 具有一意義。根據保角性，在 xy 平面中，曲線 Ψ ＝ 常數 會以直角 [除了 $F'(z) = 0$ 的位置以外] 和等位線 Φ ＝ 常數 相交。所以，它們的方向就是電力的方向，也因此稱爲**力線 (lines of force)**。它們是移動中帶電粒子的移動路徑 (在電子顯微鏡中的電子等等)。

例題 4 複數位勢

在例題 1 中，共軛函數是 $\Psi = ay$。由此可以推論得到，複數位勢是

$$F(z) = az + b = ax + b + iay$$

而且力線是平行於 x 軸的水平直線 $y =$ 常數。 $\qquad\qquad\qquad\qquad\qquad\blacksquare$

例題 5 複數位勢

在例題 2 中得到 $\Phi = a \ln r + b = a \ln |z| + b$，其共軛函數是 $\Psi = a \, \mathrm{Arg}\, z$。因此複數位勢爲

$$F(z) = a \, \mathrm{Ln}\, z + b$$

而且其力線是通過原點的直線。$F(z)$ 也可以解釋成是一條源線 (source line) (垂直於 xy 平面的一條金屬線) 的複數位勢，此源線穿過 xy 平面的位置是原點。 $\qquad\qquad\blacksquare$

例題 6 複數位勢

在例題 3 中，如果我們注意到 $i \, \mathrm{Ln}\, z = i \ln |z| - \mathrm{Arg}\, z$，然後將它乘以 $-b$，隨後再加上 a，則可以得到 $F(z)$：

$$F(z) = a - ib \, \mathrm{Ln}\, z = a + b \, \mathrm{Arg}\, z - ib \ln |z|$$

由上式可以看出，力線形成同心圓 $|z| =$ 常數。讀者能畫出來嗎？ $\qquad\qquad\blacksquare$

18.1.2　疊加法

比較複雜的位勢通常可以利用疊加法求出。

 例題　7　一對源線 (一對電荷線) 所形成的位勢

在實數軸上有一對位於點 $z = c$ 和點 $z = -c$ 的源線，兩源線具有電性相反但強度相等的電荷，試求由此對源線所形成的位勢。

解

由例題 2 和 5 可以推論得到，各源線形成的位勢分別為

$$\Phi_1 = K \ln |z - c| \qquad 和 \qquad \Phi_2 = -K \ln |z + c|$$

這裡的實數常數 K 代表強度 (電荷量)，這些是以下複數位勢的實部

$$F_1(z) = K \, \mathrm{Ln} \, (z - c) \qquad 和 \qquad F_2(z) = -K \, \mathrm{Ln} \, (z + c)$$

所以，兩條源線之組合的複數位勢是

(3) $$F(z) = F_1(z) + F_2(z) = K [\mathrm{Ln} \, (z - c) - \mathrm{Ln} \, (z + c)]$$

其**等位線**為曲線

$$\Phi = \mathrm{Re} \, F(z) = K \ln \left| \frac{z - c}{z + c} \right| = 常數 \qquad 因此 \qquad \left| \frac{z - c}{z + c} \right| = 常數$$

這些曲線是圓，讀者可經由直接進行計算來證明。**力線**則是

$$\Psi = \mathrm{Im} \, F(z) = K [\mathrm{Arg} \, (z - c) - \mathrm{Arg} \, (z + c)] = 常數$$

此式簡寫成 (圖 399)

$$\Psi = K(\theta_1 - \theta_2) = 常數$$

此時的 $\theta_1 - \theta_2$ 是從 z 到 c 與 $-c$ 的兩條線段之間的角度 (圖 399)。所以，力線為使得線段 $S:\ -c \leq x \leq c$ 沿著它都具有定值夾角的曲線。這些曲線是越過 S 的圓弧之總體 (由熟知的基本幾何學得知)。所以，力線是圓形曲線。圖 400 顯示了某些力線與某些等位線。

　　除了解釋成兩條源線的位勢之外，此位勢也可視為兩圓柱間的位勢，其中兩圓柱的軸平行但不重合，或視為兩分開圓柱之間的位勢，亦可視為一圓柱和一平面牆之間的位勢。請讀者利用圖 400 來解釋它。　■

上述解釋的複數位勢觀念，乃是位勢理論與複數分析間密切關係的關鍵，且將會在熱流動和流體流動的問題中再次出現。

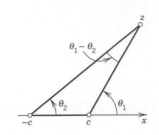

圖 399　例題 7 中的相關角度

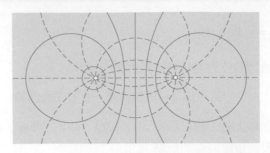

圖 400　例題 7 中的等位線和力線 (虛線)

習題集　18.1

1–2　同軸圓筒

兩無限長同軸圓筒的半徑分別是 r_1 和 r_2，其位勢分別是 U_1 和 U_2，試求兩圓筒間的位勢。

1. $r_1 = 2.5$ mm、$r_2 = 4.0$ cm、$U_1 = 0$ V、$U_2 = 220$ V

2. 若 $r_1 = 2$ cm、$r_2 = 6$ cm、$U_1 = 300$ V、$U_2 = 100$ V，請問在 $r = 4$ cm 的位勢等於 200 V 嗎？還是較少？還是較多？請先不用計算直接回答本題，然後再進行計算並解釋之。

3–4　平行板

有兩平行板其位勢分別是 U_1 和 U_2，試求平行板間的位勢並繪出圖形。然後求出複數位勢。

3. 兩平行板分別位於 $x_1 = -5$ cm 和 $x_2 = 5$ cm，其位勢分別是 $U_1 = 250$ V 和 $U_2 = 500$ V。

4. 兩平行板分別位於 $y = x$ 和 $y = x + k$，其位勢分別為 $U_1 = 0$ V 和 $U_2 = 220$ V。

5. **CAS 實驗　複數位勢**　試畫出 (a)–(d) 小題中的等位線和力線 (共畫出四個圖形，並且將 $\mathrm{Re}\,F(z)$ 和 $\mathrm{Im}\,F(z)$ 畫在相同的座標圖上)。然後基於要找出在實務上可能令人感興趣的形態，請找出自己所選擇的其他複數位勢。

   (a) $F(z) = z^2$ 　　**(b)** $F(z) = iz^2$
   (c) $F(z) = 1/z$ 　　**(d)** $F(z) = i/z$

6. **幅角**　請證明 $\Phi = \theta / \pi = (1/\pi)$
   $\arctan(y/x)$ 在上半平面中是調和函數，而且如果 $x < 0$，則它會滿足邊界條件 $\Phi(x, 0) = 1$，如果 $x > 0$，則邊界條件為 0，並且證明相對應的複數位勢是 $F(z) = -(i/\pi)\,\mathrm{Ln}\,z$。

7. **保角映射**　將 z 平面的上半平面映成於單位圓盤 $|w| \le 1$，並且使 $0, \infty, -1$ 分別映成於 $1, i, -i$。利用習題 6 的位勢，請問由此而得到關於 $|w| = 1$ 的邊界條件為何？在 $w = 0$ 處的位勢是多少？

8. **例題 7**　請經由計算來驗證，在例題 7 中的等位線是圓形曲線。

9–10　其他形態的位勢

9. **反餘弦**　試證明由 $F(z) = \arccos z$ (定義於習題集 13.7 中) 可以給出在圖 401 和圖 402 中的位勢。

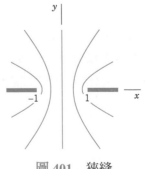

圖 401　狹縫

10. **反餘弦**　試證明由習題 9 的 $F(z)$ 可以給出在圖 402 中的位勢。

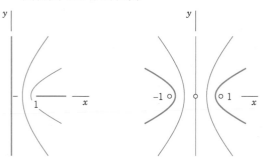

圖 402　其他孔洞

11. **扇形區域**　在扇形區域 $-\pi/6 \le \theta \le \pi/6$ 中，請求出介於邊界 $\theta = \pm\pi/6$，保持在 0 V，和曲線 $x^3 - 3xy^2 = 1$，保持在 220 V，之間的實數位勢和複數位勢。

18.2 運用保角映射、數學模型化 (Use of Conformal Mapping. Modeling)

我們剛才已探索過在位勢理論和複數分析之間的緊密關聯性。這個緊密關聯性乃由於我們可以把複數位勢用複數分析的技巧來模型化。本節，我們探討將保角映射運用於數學模型化與求解 Laplace 方程式的**邊界值問題**。此過程就是在某個其邊界上有設定指定值的整域中，求解方程式的解（「**Dirichlet 問題**」；也可參見 12.6 節）。關鍵的概念就是：接著要將保角映射用於「將給定的整域映成於其解已知或能夠更容易求解的整域」，然後再將獲得解的映射回給定的整域。此方法之所以可行的原因是因為，調和函數在保角映射之下仍然是調和函數的這個事實：

定理 1

在保角映射之下的調和函數

令 Φ^* 是在 w 平面的某個整域 D^* 中的調和函數。假設 $w = u + iv = f(z)$ 在 z 平面的某個整域 D 中是解析的，而且它會將 D 映上於 D^*，則下列函數

(1)
$$\Phi(x, y) = \Phi^*(u(x, y), v(x, y))$$

在 D 中是解析的。

證明

由鏈鎖法則得知，解析函數的合成亦為解析函數。所以，如同 13.4 節所定義的，選取 Φ^* 的調和共軛函數 $\Psi^*(u, v)$，並組成解析函數 $F^*(w) = \Phi^*(u, v) + i\Psi^*(u, v)$，由此可得結論，$F(z) = F^*(f(z))$ 在 D 中是解析的。因此，此函數的實部 $\Phi(x, y) = \text{Re } F(z)$ 在 D 中是調和函數。至此已證明此定理。

我們想在不加以證明的情形下提醒讀者，如果 D^* 是單連通的 (第 14.2 節)，則 D^* 的調和共軛函數 Φ^* 是存在的。附錄 4 有提供定理 1 之另一個未使用調和共軛函數的證明方式。　∎

例題 1　在非同軸圓筒間的位勢

試將圖 403 中，圓筒 $C_1 : |z| = 1$ 和圓筒 $C_2 : |z - \frac{2}{5}| = \frac{2}{5}$ 之間的靜電位勢予以數學模型化。然後針對 C_1 接地為 $U_1 = 0$ V，C_2 位勢保持在 $U_2 = 110$ V 的情形，求出其解。

解

我們把單位圓盤 $|z| \le 1$ 映成於單位圓盤 $|w| \le 1$，但在映射過程中，必須將 C_2 映上於某個圓筒 $C_2^* : |w| = r_0$。根據 17.3 節的式 (3)，能將單位圓盤映成於單位圓盤的線性分式轉換為

(2)
$$w = \frac{z - b}{bz - 1}$$

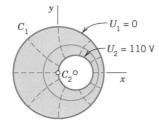

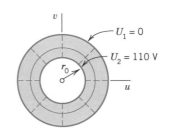

圖 403　例題 1：z 平面　　　　圖 404　例題 1：w 平面

在上式中，我們已選擇了實數 $b = z_0$，這樣做並不會產生過多的限制。但因為圓的中心點一般而言不會映成於其像的中心點，所以這裡的 z_0 不能提供立即的幫助。不過，現在這裡出現了兩個可自由選擇的常數 b 和 r_0，而且在加上兩個合理的條件後，我們將可成功求解此分式轉換，這兩個條件就是，0 和 $\frac{4}{5}$ (圖 403) 分別映成於 r_0 和 $-r_0$ (圖 404)。利用式 (2)，

$$r_0 = \frac{0 - b}{0 - 1} = b \qquad \text{而且利用此結果} \qquad -r_0 = \frac{\frac{4}{5} - b}{4b/5 - 1} = \frac{\frac{4}{5} - r_0}{4r_0/5 - 1}$$

這是一個以 r_0 所表示的二次方程式，其解為 $r_0 = 2$ (因為 $r_0 < 1$，所以它不是有效的解) 和 $r_0 = \frac{1}{2}$。所以，利用 $b = \frac{1}{2}$，此映射函數式 (2) 變成 17.3 節例題 5 的

(3)
$$w = f(z) = \frac{2z - 1}{z - 2}$$

根據 18.1 節例題 5，在將 z 寫成 w 後，可得到如同在 w 平面中的複數位勢的函數 $F^*(w) = a\,\text{Ln}\,w + k$，而且由此式可得實數位勢為

$$\Phi^*(u, v) = \text{Re}\,F^*(w) = a \ln|w| + k$$

這是我們得到的數學模型。現在接著要利用邊界條件求出 a 和 k。若 $|w| = 1$，則 $\Phi^* = a \ln 1 + k = 0$，所以 $k = 0$。若 $|w| = r_0 = \frac{1}{2}$，則 $\Phi^* = a \ln\left(\frac{1}{2}\right) = 110$，因此 $a = 110 / \ln\left(\frac{1}{2}\right) = -158.7$。在將式 (3) 代入後，可求出在 z 平面給定整域中的解

$$F(z) = F^*(f(z)) = a \ \mathrm{Ln} \frac{2z-1}{z-2}$$

其實數位勢爲

$$\Phi(x,y) = \mathrm{Re}\,F(z) = a \ln \left| \frac{2z-1}{z-2} \right| \qquad a = -158.7$$

我們可否「看出」此一結果？對於此，$\Phi(x,y) = $ 常數若且唯若 $|(2z-1)/(z-2)| = $ 常數，也就是，將式 (2) $|w| = $ 常數 代入 $b = \frac{1}{2}$ 後所得到的結果。因爲線性分式轉換的反函數也是線性分式轉換 (參見 17.2 節式 (4))，所以這些圓是在 z 平面中圓的像，而且根據 17.2 節定理 1，任何這樣的映射會將圓映成於圓 (或直線)。對於射線 $\arg w = $ 常數，也是類似的情形。所以，等位線 $\Phi(x,y) = $ 常數 是圓，而力線則是圓弧 (圖 404 中的虛線)。此兩個曲線的族系會彼此垂直相交，如圖 404 所示。　∎

例題　2　兩半圓平板間的位勢

在圖 405 中的兩半圓板 P_1 和 P_2 分別具有位勢 –3000 V 和 3000 V，試將兩半圓板間的位勢數學模型化。請利用 18.1 節的例題 3，以及保角映射。

解

步驟 1：利用 17.3 節例題 3 的下列線性分式轉換，可以將圖 405 中的單位圓盤映成於 w 平面中的右半平面 (圖 406)：

$$w = f(z) = \frac{1+z}{1-z}$$

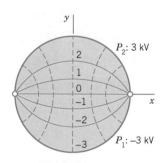
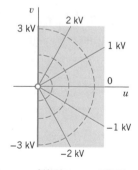

圖 405　例題 2：z 平面　　　　圖 406　例題 2：w 平面

邊界 $|z| = 1$ 會映成於邊界 $u = 0$ (即爲 v 軸)，其中 $z = -1, i, 1$ 分別映成於 $w = 0, i, \infty$，而且 $z = -i$ 映成於 $w = -i$。所以，$|z| = 1$ 的上半圓映上於 v 軸的上半部，下半圓映上於 v 軸的下半部，因而使得 w 平面中的邊界條件如圖 406 所指示的。

步驟 2：現在要求出 w 平面的右半平面的位勢 $\Phi^*(u,v)$。將 18.1 節例題 3 代入 $\alpha = \pi$、$U_1 = -3000$ 和 $U_2 = 3000$ (以 $\Phi^*(u,v)$ 取代 $\Phi(x,y)$)，結果得到

$$\Phi^*(u,v) = \frac{6000}{\pi} \varphi \qquad\qquad \varphi = \arctan \frac{v}{u}$$

在虛軸的正半軸 ($\varphi = \pi/2$) 上，其值等於 3000，在負半軸上則等於 –3000，這和我們的預期相同。Φ^* 是下列複數位勢的實部，

$$F^*(w) = -\frac{6000i}{\pi} \operatorname{Ln} w$$

步驟 3：將映射函數代入 F^*，結果得到在圖 405 中的複數位勢 $F(z)$，其形式為

$$F(z) = F^*(f(z)) = -\frac{6000i}{\pi} \operatorname{Ln} \frac{1+z}{1-z}$$

這個複數位勢的實部就是我們想要求得的位勢：

$$\Phi(x, y) = \operatorname{Re} F(z) = \frac{6000}{\pi} \operatorname{Im} \operatorname{Ln} \frac{1+z}{1-z} = \frac{6000}{\pi} \operatorname{Arg} \frac{1+z}{1-z}$$

和例題 1 一樣，結論為等位線 $\Phi(x, y) =$ 常數 是圓弧，因為這些等位線對應於 $\operatorname{Arg}[(1+z)/(1-z)] =$ 常數，也就是對應於 $\operatorname{Arg} w =$ 常數 的緣故。此外，$\operatorname{Arg} w =$ 常數 是從 0 到 ∞ 的射線，其中 0 是 $z = -1$ 的像，∞ 是 $z = 1$ 的像。所以，等位線全都以 –1 和 1 (即邊界位勢發生跳躍式變化的位置) 作為其端點 (圖 405)。力線也是圓弧，而且既然它們必須和等位線垂直相交，所以各力線的圓心可透過在單位圓上的相對應切線與 x 軸相交的位置而得到 (請解釋之！)　■

更進一步的例子可以輕易自行設計。請直接選擇第 17 章任何一個映射 $w = f(z)$，在 z 平面中選擇一個整域 D，接著取得 w 平面中的像 D^*，最後再選定 D^* 中的位勢 Φ^*。然後，由式 (1) 得到 D 中的位勢。請自行設計一些例子，例如，讓這些例子會涉及線性分式轉換。

關於數學模型化的基本評論

本節中的例題利用靜電位勢來表達，但我們要了解這只是其中的一種情況而已。同樣地，也可利用 (與時間無關的) 熱流來說明一切，此時溫度將取代電壓，而等位線將成為等溫線 (即溫度固定的線)，且電力線將變成由高溫到低溫的熱流線 (下節有更詳細的討論)。或者亦可討論液體的流動，此時靜電等位線變成為流線 (第 18.4 節有更詳細的討論)。由此可再次看出**數學的統合力 (unifying power of mathematics)**：在物理學中不同的領域，但具有相似模式的不同現象與系統，將可運用相同的數學方法予以處理，而在領域之間的差異只是實際需考慮問題的種類而已。

習題集　18.2

1.　第二種證明方式　請詳細描述在本書第 A5-9 頁的步驟。那個證明的要點為何？

2–3　定理 1 的應用

2.　在 z 平面的第一象限中，用兩個座標軸 (其位勢是 U_1) 和雙曲線 $y = 1/x$ (位勢為 U_2) 圈圍出一個區域 R，試透過將 R 映成於適當的無限長條狀區域求出 R 中的位勢 Φ。請證明 Φ 是調和的。它的邊界值為何？

3.　CAS 專題　畫出位勢場
畫出等位線。**(a)** 例題 1；**(b)** 如果複數位勢是 $F(z) = z^2$，iz^2，e^z。**(c)** 請將對應於 $F(z) = \operatorname{Ln} z$ 的等位面，畫成在空間中的圓筒。

4. 試針對 $\Phi^*(u,v)=u^2-v^2$、$w=f(z)=e^z$ 以及任何整域 D，套用定理 1，並請證明所得的位勢 Φ 是調和的。

5. **矩形、sin z**　令 D: $0\le x\le\frac{1}{2}\pi$、$0\le y\le 1$；D^* 則是 D 在 $w=\sin z$ 之下的像，且 $\Phi^*=u^2-v^2$。試求在 D 中相對應的位勢 Φ。其邊界值為何？然後畫出 D 和 D^*。

6. **共軛位勢**　在習題 5 中，如果將位勢替換成共軛調和函數，試問會發生什麼情形？

7. **非同軸圓筒**　試求在圓筒 $C_1:|z|=1$ (位勢 $U_1=0$) 和圓筒 $C_2:|z-c|=c$ (位勢 $U_2=220\,\text{V}$) 間的位勢，其中 $0<c<\frac{1}{2}$。請畫出 $c=\frac{1}{4}$ 的等位線和它們的正交軌線。如果你遞增 $c\,(<\frac{1}{2})$，你能猜出整個圖形會如何改變嗎？

8. **角度區域**　試運用適當的線性分式轉換，以便從圖 406 獲得在角度區域 $-\frac{1}{4}\pi<\text{Arg}\,z<\frac{1}{4}\pi$ 中的位勢 Φ，其中位勢 Φ 必須滿足以下條件：如果 $\text{Arg}\,z=-\frac{1}{4}\pi$，則 $\Phi=-3\,\text{kV}$，如果 $\text{Arg}\,z=\frac{1}{4}\pi$，則 $\Phi=3\,\text{kV}$。

9. **例題 2 的另一種延伸**　試求能將 $|Z|\le 1$ 映成於 $|z|\le 1$ 的線性分式轉換 $z=g(Z)$，其中此轉換會將 $Z=i/2$ 映成於 $z=0$。請證明 $Z_1=0.6+0.8i$ 映成於 $z=-1$，且 $Z_2=-0.6+0.8i$ 映成於 $z=1$，因而使得例題 2 的等位線在 $|z|\le 1$ 中看起來如同圖 407 所示。

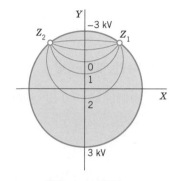

圖 407　習題 9

10. **在邊界上的跳躍**　在上半平面中，如果 $x<2$，則在 x 軸上的邊界值為 $5\,\text{kV}$，如果 $x>2$，則邊界值為 0，試求在上半平面中的複數位勢和實數位勢。

18.3　**熱問題** (Heat Problems)

在均勻材料製成的物體內，其熱傳導可利用下列的熱方程式 (heat equation) 加以表示

$$T_t=c^2\nabla^2 T$$

其中，函數 T 是溫度，$T_t=\partial T/\partial t$ (t 是時間)，而且 c^2 是正值的常數 (與物體的材質有關；參見 12.6 節)。

　　現在，假設一熱流問題是**穩態的 (steady)**，所謂穩態問題就是與時間無關聯的問題，我們有 $T_t=0$。如果一個熱學問題是穩態的且也是二維的，則熱方程式將化約成

(1) $$\nabla^2 T=T_{xx}+T_{yy}=0$$

這是二維的 Laplace 方程式。因此，我們已證明我們可以用 Laplace 方程式來模型化一個二維穩態的熱流問題。

而且，我們可以把這個熱流問題用複數分析的方法來處理，因為 T (即 $T(x, y)$) 是下列**複數熱位勢** (complex heat potential) 的實部，

$$F(z) = T(x, y) + i\Psi(x, y)$$

$T(x, y)$ 稱為熱位勢 (heat potential)。曲線 $T(x, y)$ = 常數 稱為**等溫線** (isotherm)，即溫度固定的曲線。因為熱會沿著曲線 $\Psi(x, y)$ = 常數，從比較高溫的位置流到比較低溫的位置，所以此種曲線稱為**熱流線** (heat flow line)。

截至目前 (第 18.1、18.2 節) 所考慮的全部例題，都可用熱流問題重新詮釋。靜電等位線 $\Phi(x, y)$ = 常數 此時變成等溫線 $T(x, y)$ = 常數，電力線變成熱流線，下列兩例題可以清楚解說這種關係。

例題 1　兩平行板間的溫度

在圖 408 中，兩個位於 $x = 0$ 和 $x = d$ 的平行板分別具有溫度 0 °C 與 100 °C，試求在兩平行板間的溫度。

解

與 18.1 節例題 1 的情形一樣，我們可以下結論 $T(x, y) = ax + b$。由邊界條件可以求出 $b = 0$ 和 $a = 100/d$。解答是

$$T(x, y) = \frac{100}{d} x \, [°C]$$

相對應的複數位勢為 $F(z) = (100/d)z$。熱會沿著直線 $y =$ 常數，水平往負 x 方向流動。　∎

例題 2　在金屬細線和圓柱間的溫度分布

有一條半徑為 $r_1 = 1$ mm 的長金屬細線，以電熱的方式加溫到 $T_1 = 500°F$，此金屬線的周圍環繞著半徑為 $r_2 = 100$ mm 的圓筒，而且圓筒以空氣冷卻的方式，保持在溫度 $T_2 = 60°F$，試求沿著金屬線周圍的溫度場。參見圖 409 (金屬線通過座標系統的原點)。

解

因為對稱的緣故，T 只和 r 有關。所以，就像在 18.1 節 (例題 2) 的情形一樣，

$$T(x, y) = a \ln r + b$$

邊界條件是

$$T_1 = 500 = a \ln 1 + b \qquad T_2 = 60 = a \ln 100 + b$$

因此 $b = 500$ (因為 $\ln 1 = 0$) 且 $a = (60 - b)/\ln 100 = -95.54$，解答是

$$T(x, y) = 500 - 95.54 \ln r \, [°F]$$

等溫線是同心圓。熱會沿著徑向，從金屬線往外流到圓柱。請將 T 繪製成 r 的函數。請問，就物理的角度而言，此圖形看起來合理嗎？

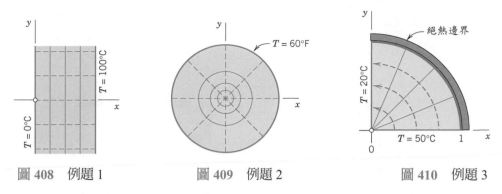

圖 408 例題 1　　　　圖 409 例題 2　　　　圖 410 例題 3

就數學的角度而言，在轉變成另一個應用領域的過程中，這些問題的計算方式並沒有改變。但就物理而言，當邊界條件在物理上不具有任何意義，或者在實務上不令人感興趣時，將可能有新的問題產生。下面兩例題可以說明這種情形。

例題 3　混合式邊界值問題

在圖 410 的區域 (四分之一實心圓柱的橫截面) 中，其垂直邊界的溫度是 20°C，水平邊界的溫度是 50°C，且圓弧部分是絕熱的，試求此區域內的溫度分布。

解

因為受到絕熱的影響，熱將無法越過邊界的絕熱部分，使得熱必然沿著絕熱部分的曲線流動，所以邊界的絕熱部分一定是熱流線。因此，等溫線一定會以直角，與絕熱部分的曲線相交。既然 T 沿著等溫線是固定的，這意謂著

$$(2) \qquad \frac{\partial T}{\partial n} = 0 \qquad \text{沿著邊界的絕熱部分}$$

其中 $\partial T / \partial n$ 是 T 的**法線導數 (normal derivative)**，此方向導數 (第 9.7 節) 是垂直於絕熱邊界曲線的導數。當邊界的某部分是以 T 來指定，邊界的其餘部分是以 $\partial T / \partial n$ 加以指定的問題，稱為**混合式邊界值問題 (mixed boundary value problem)**。

在上述的例子中，絕熱的圓形邊界曲線其法線方向是指向圓心的徑向。所以，式 (2) 變成 $\partial T / \partial r = 0$，這意謂著，沿著邊界曲線，Laplace 方程式的解必然會與 r 無關。另一方面，Arg $z = \theta$ 滿足式 (1)，同時也滿足這個條件，且在邊界的直線部分的位置上，它是常數 (0 和 $\pi / 2$)。所以，Laplace 方程式的解具有下列形式

$$T(x, y) = a\theta + b$$

由邊界條件會得出 $a \cdot \pi / 2 + b = 20$ 和 $a \cdot 0 + b = 50$。故

$$T(x, y) = 50 - \frac{60}{\pi} \theta \qquad\qquad \theta = \arctan \frac{y}{x}$$

所以，等溫線是射線 $\theta =$ 常數的一部分。熱會從 x 軸沿著圓形曲線 (圖 410 中的虛線) 流到 y 軸。

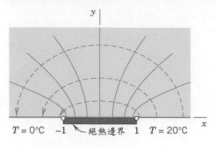

圖 411　例題 4：z 平面

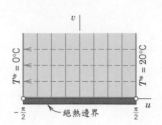

圖 412　例題 4：w 平面

例題 4　**另一個有關熱傳導的混合式邊界值問題**

當在 x 軸上，$x < -1$ 的部分維持在 $T = 0$ °C，$-1 < x < 1$ 的部分處於絕熱狀態，而且 $x > 1$ 的部分維持在 $T = 20$ °C 時 (圖 411)，試求在上半平面中的溫度場。

解

將圖 411 中的半平面，映成於圖 412 中的垂直條狀區域，然後求出在此區域中的溫度 $T^*(u, v)$，最後再將所獲得的溫度函數映射回來，以便求出在半平面中的溫度 $T(x, y)$。

　　使用條狀區域的想法是受到 17.4 節圖 391 的啟發，在此過程中，必須將 $z = x + iy$ 和 $w = u + iv$ 的角色互相調換。該圖形顯示，$z = \sin w$ 會將所處理的條狀區域，映成於圖 411 中的半平面。所以反函數

$$w = f(z) = \arcsin z$$

將半平面映成 w 平面中的條狀區域。根據 18.2 節的定理 1，可知此即為所需的映射函數。

　　在 x 軸上的絕熱區段 $-1 < x < 1$，映成於 u 軸上的區段 $-\pi/2 < u < \pi/2$。x 軸上的其餘部分會映成於條狀區域的兩個垂直邊界部分 $u = -\pi/2$ 和 $\pi/2$，$v > 0$。這個結果提供了圖 412 中的 $T^*(u, v)$ 的邊界條件，而且在 $T^*(u, v)$ 中，因為 v 軸垂直於絕熱的水平邊界，所以在這個絕熱水平邊界上，$\partial T^* / \partial n = \partial T^* / \partial v = 0$。

　　類似例題 1 的處理方式，得到

$$T^*(u, v) = 10 + \frac{20}{\pi} u$$

這個函數滿足了所有的邊界條件。而這個函數是複數位勢 $F^*(w) = 10 + (20/\pi)w$ 的實部。所以，在 z 平面中的複數位勢是

$$F(z) = F^*(f(z)) = 10 + \frac{20}{\pi} \arcsin z$$

而且 $T(x, y) = \operatorname{Re} F(z)$ 是這個例題的解。在條狀區域中，等溫線是 $u =$ 常數；而在 z 平面中，等溫線是雙曲線，此時熱會沿著橢圓虛線且垂直於等溫線，從邊界 20° 的部分流到比較冷的 0° 部分，就物理角度而言，這是非常合理的結果。　∎

第 18.3 和 18.5 節顯示，保角映射和複數位勢是很有用的。在有關流體流動的 18.4 節中，複數位勢也同樣有用。

習題集　18.3

1. **平行的平板**　有兩平行的平板位於 $y = 0$ 和 $y = d$，兩者的溫度分別維持在 20 °C 和 100 °C，試求兩平板間的溫度。(i) 直接計算。(ii) 利用例題 1 以及一適當的映射。

2. **無限長平板**　某無限長平板的邊緣位於 $y = x - 4$ 和 $y = x + 4$，此兩邊緣分別維持在溫度 −20 °C 和 40 °C (圖 413)，試求在平板中的溫度和複數位勢。在什麼情況下這將會是一個近似的模型？

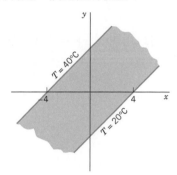

圖 413　例題 2 無限長平板

3. **CAS 專題　等溫線**　試畫出例題 2–4 的等溫線和熱流線。讀者能夠從圖形中看出，熱在何處流得比較快嗎？

3–9　在平板中的溫度分布 $T(x, y)$

在下列各給定的薄金屬板中，其正面是絕熱的，其邊緣則維持在如圖所指出的溫度或絕熱的，試求在各金屬板中的溫度 $T(x, y)$ 和複數位勢 $F(z)$。

4.

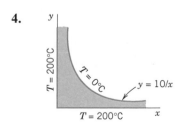

5.

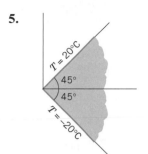

6.

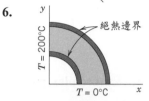

7.

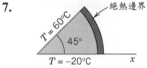

8.

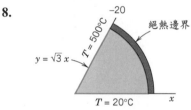

9. 在 z 平面的第一象限中，如果 y 軸維持在 100°C，x 軸的區段 $0 < x < 1$ 是絕熱的，而且 x 軸的 $x > 1$ 部分維持在 200°C，試求此象限中的溫度和複數位勢。提示：利用例題 4。

10. 圖 410，$T(0, y) = -30$ °C，$T(x, 0) = 100$ °C

18.4　流體流動 (Fluid Flow)

在流體力學中，Laplace 方程式也扮演著基本的角色。本節稍後將會討論，在物理條件下的穩態非黏性流體流動。為了讓複數分析的方法可以被應用，本節所討論的問題都是二維的，使得用於描述

流體運動的**速度向量** (velocity vector) V，只與兩個空間變數 x 和 y 有關，而且在所有平行於 xy 平面的平面中，此流體運動都是相同的。

利用下列複數函數表示速度向量 V，即

(1)
$$V = V_1 + iV_2$$

其中，這個複數函數可給定在空間中每一個點 $z = x + iy$ 上，速度的量值 $|V|$ 和方向 $\text{Arg } V$。此處 V_1 和 V_2 分別代表速度在 x 和 y 方向上的分量。V 是流體中移動的粒子的路徑，它稱為運動的**流線** (streamline) (圖 414)。

我們將證明，在適當的假設 (在各例題之後，會詳細解釋) 之下，對於既定的流動都存在著解析函數

(2)
$$F(z) = \Phi(x, y) + i\Psi(x, y)$$

我們稱其為流動的**複數位勢** (complex potential)，這使得流線可以用 $\Psi(x, y) = $ 常數 來表示，而且速度向量或簡稱為**速度** (velocity)，可以使用下式加以表示，

(3)
$$V = V_1 + iV_2 = \overline{F'(z)}$$

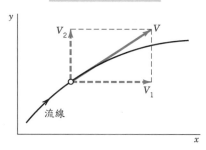

圖 414　速度

其中函數符號上方的橫線代表複數共軛，Ψ 稱為**流函數** (stream function)。函數 Φ 稱為**速度位勢** (velocity potential)。曲線 $\Phi(x, y) = $ 常數的曲線稱為**等位線** (equipotential lines)。由於速度向量 V 是 Φ 的**梯度** (gradient)；根據定義，這代表

(4)
$$V_1 = \frac{\partial \Phi}{\partial x} \qquad V_2 = \frac{\partial \Phi}{\partial y}$$

事實上，對於 $F = \Phi + i\Psi$ 而言，13.4 節的方程式式 (4) 即為 $F' = \Phi_x + i\Psi_x$，其中，根據第二個 Cauchy–Riemann 方程式可以得到 $\Psi_x = -\Phi_y$。將這些條件整合起來，我們得到式 (3)：

$$\overline{F'(z)} = \Phi_x - i\Psi_x = \Phi_x + i\Phi_y = V_1 + iV_2 = V$$

此外，既然 $F(z)$ 是解析的，則 Φ 和 Ψ 滿足下列 Laplace 方程式，

(5)
$$\nabla^2 \Phi = \frac{\partial^2 \Phi}{\partial x^2} + \frac{\partial^2 \Phi}{\partial y^2} = 0 \qquad \nabla^2 \Psi = \frac{\partial^2 \Psi}{\partial x^2} + \frac{\partial^2 \Psi}{\partial y^2} = 0$$

　　在靜電學中，邊界 (導電平板) 是等位線，與此互相對照，在流體流動中流體所不能跨越流過的邊界，必然是流線。所以，在流體流動中，流函數是特別重要的。

　　在討論能使剛才涉及式 (2)–(5) 的陳述具備有效性的條件以前，讓我們考慮兩種在實務上令人感興趣的流動，以便讓讀者能從實務的角度，先明瞭其中的關聯性。習題集內則會收集更進一步的流動例子。

例題　1　繞過隅角的流動

複數位勢 $F(z) = z^2 = x^2 - y^2 + 2ixy$ 能將具有下列條件的流動，予以數學模型化

$$等位線 \quad \Phi = x^2 - y^2 = 常數 \quad (雙曲線)$$

$$流線 \quad \Psi = 2xy = 常數 \quad (雙曲線)$$

由式 (3)，得到速度向量為

$$V = 2\overline{z} = 2(x - iy) \qquad 即 \qquad V_1 = 2x, \quad V_2 = -2y$$

而且速率 (速度的大小) 是

$$|V| = \sqrt{V_1^2 + V_2^2} = 2\sqrt{x^2 + y^2}$$

這個流動可以詮釋為，由兩正座標軸和一雙曲線所圈圍出來的通道中的流動，例如，選用 $xy = 1$ 這個雙曲線 (圖 415)。讀者必須注意到，沿著流線 S 的速率，在點 P 處具有最小值，其中，通道在點 P 處的截面積是最大的。 ■

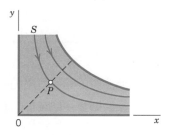

圖 415　繞過轉角的流動 (例題 1)

例題　2　繞過圓柱的流動

考慮下列的複數位勢

$$F(z) = \Phi(x, y) + i\Psi(x, y) = z + \frac{1}{z}$$

利用極座標式 $z = re^{i\theta}$ 可以得到

$$F(z) = re^{i\theta} + \frac{1}{r}e^{-i\theta} = \left(r + \frac{1}{r}\right)\cos\theta + i\left(r - \frac{1}{r}\right)\sin\theta$$

所以，流線為

$$\Psi(x, y) = \left(r - \frac{1}{r} \right) \sin \theta = 常數$$

特別的是，$\Psi(x, y) = 0$ 可得 $r - 1/r = 0$ 或 $\sin \theta = 0$。因此，流線是由單位圓 (由 $r = 1/r$ 可以得到 $r = 1$) 和 x 軸 ($\theta = 0$ 和 $\theta = \pi$) 所組成。對於大的 $|z|$ 而言，在 $F(z)$ 中的數項 $1/z$，其絕對值會很小，因此對於這些 z 而言，流動幾乎是均勻的，而且會平行於 x 軸。因此，我們可以將此例的流動詮釋為：在一垂直於 z 平面的長圓柱附近的流動，其中此圓柱與 z 平面的相交曲線是單位圓 $|z| = 1$，圓柱的半徑 1，且其軸對應於點 $z = 0$。

此流動具有兩個**停滯點** (stagnation point) (也就是，速度 V 等於 0 的位置)，分別位於 $z = \pm 1$。關於這一點，可以從式 (3) 和

$$F'(z) = 1 - \frac{1}{z^2} \qquad 推論得到，所以 \qquad z^2 - 1 = 0 \qquad (參見圖 416) \quad \blacksquare$$

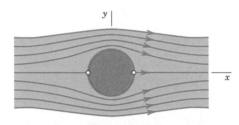

圖 416　繞過圓柱的流動 (例題 2)

18.4.1　使式 (2)-(5) 能成立的假設與理論

定理　1

流動的複數位勢

如果流動的整域是單連通的，而且流動是無旋轉的和不可壓縮的，則式 (2)-(5) 的陳述成立。特別是，此流動具有一個複數位勢 $F(z)$，而且此位勢是一個解析函數 (名詞解釋如下)。

證明

在證明的過程中，將一併討論與流體流動相關的基本概念。

(a) 第一個假設：無旋轉的 (irrotational)　考慮 z 平面上任何平滑曲線 C，由 $z(s) = x(s) + iy(s)$ 表示，其中 s 是 C 的弧長。令實數變數 V_t 是速度 V 與 C 相切的分量 (圖 417)。則下列沿著 C 往 s 增加的方向所進行的實數線積分

(6)
$$\int_C V_t \, ds$$

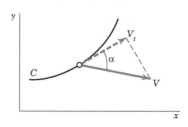

圖 417　速度相對於某個曲線 C 的切線分量

稱為流體沿著 C 的**環流 (circulation)**，隨著證明的進行，讀者將了解此名稱的意義。將環流除以 C 的長度後，得到流動沿著曲線 C 的平均速度 (*mean velocity*)[1]。現在

$$V_t = |V| \cos \alpha \tag{圖 417}$$

因此，V_t 是 V 和 C 的切線向量 dz/ds 的點積 (第 17.1 節)；因此，在式 (6) 中，

$$V_t \, ds = \left(V_1 \frac{dx}{ds} + V_2 \frac{dy}{ds} \right) ds = V_1 \, dx + V_2 \, dy$$

沿著 C 的環流式 (6) 變成

$$\int_C V_t \, ds = \int_C (V_1 \, dx + V_2 \, dy) \tag{7}$$

接著要介紹的觀念是，令 C 是滿足像 Green 定理 (第 10.4 節) 一樣的假設的**閉合曲線 (closed curve)**，並且令 C 是單連通整域 D 的邊界。此外再假設，在包含 D 和 C 的某個整域中，具有連續的偏導數。利用 Green 定理，將環繞 C 的環流以下列雙重積分表示出來，

$$\oint_C (V_1 \, dx + V_2 \, dy) = \iint_D \left(\frac{\partial V_2}{\partial x} - \frac{\partial V_1}{\partial y} \right) dx \, dy \tag{8}$$

這個雙重積分的被積分函數稱為流動的**渦旋度 (vorticity)**。將渦旋度除以 2 的量，稱為**旋度 (rotation)**，

$$\omega(x, y) = \frac{1}{2} \left(\frac{\partial V_2}{\partial x} - \frac{\partial V_1}{\partial y} \right) \tag{9}$$

我們假設流動是**無旋轉的 (irrotational)**，即在整個流動中，$\omega(x, y) \equiv 0$；因此，

---

[1] 定義：　$\dfrac{1}{b-a} \displaystyle\int_a^b f(x) \, dx = f$ 在區間 $a \le x \le b$ 上的**平均值**

$\dfrac{1}{L} \displaystyle\int_C f(s) \, ds = f$ 在 C 上的**平均值** $(L = C$ 的長度$)$

$\dfrac{1}{A} \displaystyle\iint_D f(x, y) \, dx \, dy = f$ 在 D 上的**平均值** $(A = D$ 的面積$)$

(10)

$$\frac{\partial V_2}{\partial x} - \frac{\partial V_1}{\partial y} = 0$$

　　為了解渦度和旋轉的物理意義，取式 (8) 中的 C 為半徑 r 的圓。則環流除以 C 的長度 $2\pi r$，即為沿著 C 之流體平均速度。將此平均速度除以 r，得到流體繞著圓中心點的**平均角速度 (angular velocity)** ω_0：

$$\omega_0 = \frac{1}{2\pi r^2} \iint_D \left(\frac{\partial V_2}{\partial x} - \frac{\partial V_1}{\partial y} \right) dx\, dy = \frac{1}{\pi r^2} \iint_D \omega(x,\, y)\, dx\, dy$$

如果此時令 $r \to 0$，則 ω_0 的極限是 ω 在 C 圓心處的值。所以，$\omega(x,\, y)$ 是流體的環形元素在圓收縮到點 $(x,\, y)$ 時的極限角速度。大致而言，如果流體的球面元素突然凝固，且周圍的流體同時消失不見，則球面元素將會以角速度 ω 進行轉動。

(b) 第二個假設：不可壓縮的 (incompressible)　第二個假設為流體是不可壓縮的 (流體包含液體和氣體，前者是不可壓縮的，後者，例如空氣，是可壓縮的)。此時，在沒有**源點 (source)** 與**汲點 (sink)** 的每一個區域內，

(11)

$$\frac{\partial V_1}{\partial x} + \frac{\partial V_2}{\partial y} = 0$$

其中，所謂源點和汲點就是不會產生流體和汲取流體的位置。在式 (11) 中的數學式稱為 V 的**散度 (divergence)**，它可以標示成 div V [也可以參見 9.8 節式 (7)]。

(c) 複數速度位勢　如果流動的整域 D 是單連通的 (第 14.2 節)，而且流動是無旋轉的，則式 (10) 隱含著線積分式 (7) 與 D 中的路徑無關 (利用 10.2 節定理 3，其中，$F_1 = V_1$、$F_2 = V_2$、$F_3 = 0$，而且 z 是空間中的第三個座標，這個座標與目前的座標無關)。所以，如果從 D 中的固定點 $(a,\, b)$ 積分到 D 中的可變動點 $(x,\, y)$，則積分結果會變成點 $(x,\, y)$ 的函數，例如，$\Phi(x,\, y)$

(12)

$$\Phi(x,\, y) = \int_{(a,\, b)}^{(x,\, y)} (V_1\, dx + V_2\, dy)$$

我們宣稱該流動具有速度位勢 Φ，此位勢可利用式 (12) 求得。要證明這一點所要做的是證明式 (4) 成立。現在，因為積分式 (7) 與路徑無關，所以 $V_1\, dx + V_2\, dy$ 是正合的 (第 10.2 節)，也就是說，它是 Φ 的微分，

$$V_1\, dx + V_2\, dy = \frac{\partial \Phi}{\partial x}\, dx + \frac{\partial \Phi}{\partial y}\, dy$$

由此可以看到，$V_1 = \partial \Phi / \partial x$ 和 $V_2 = \partial \Phi / \partial y$，這恰好是式 (4)。

　　將式 (4) 代入式 (11)，可以得到式 (5) 中的第一個 Laplace 方程式，而且也能馬上推論得到，Φ 是調和函數。

最後，選定 Ψ 的調和共軛函數 Φ。則式 (5) 中的另一個方程式也成立。此外，既然 Φ 和 Ψ 的二階偏導數是連續的，所以我們了解到，下列複數位勢

$$F(z) = \Phi(x, y) + i\Psi(x, y)$$

在 D 中是解析的。因為曲線 $\Psi(x, y)$ = 常數 垂直於等位線 $\Phi(x, y)$ = 常數 (除了 $F'(z) = 0$ 的位置以外)，所以我們能下結論說，$\Psi(x, y)$ = 常數 是流線。因此，Ψ 是流函數，而且 $F(z)$ 是此流動的複數位勢。至此已經完成定理 1 的證明，同時也完成了有關於「複數分析在可壓縮流體流動中重要功用」的討論。　■

習題集　18.4

1. **可微分性**　式 (1) 中的速度向量 V 在何種條件下，會使得式 (2) 中的 $F(z)$ 為解析的？

2. **轉角流動**　在例題 1 中，沿著哪些曲線的速度會是常數？這個現象在圖 415 中明顯嗎？

3. **圓柱**　試由物理原理和圖 416，猜一猜在 y 軸上的哪一點速度最大？然後再用計算的方式來判定。

4. **圓柱**　計算在圖 416 中，沿著圓柱壁面的速度，以此來確認習題 3 的答案。

5. **無旋轉流動**　請證明在例題 2 中的流動是無旋轉的。

6. **平行流動**　繪出並詮釋具有複數位勢 $F(z) = z$ 的流動。

7. **保角映射**　請利用一個適當的保角映射，從 $F(z) = iKz$ 的流動，其中 K 是正實數，求出例題 1 中的流動。

8. **60° 扇形區域**　在例題 1 中，如果轉角的角度是 $\pi/3$，請問什麼樣的 $F(z)$ 才是恰當的？

9. **圓柱**　在例題 2 中，如果將 z 替換成 z^2，試問會發生什麼狀況？試畫出和詮釋在第一象限中所產生的流動。

10. **橢圓柱**　試證明由 $F(z) = \arccos z$ 可以給出共焦橢圓的流線，其中焦點位於 $z = \pm 1$，並且證明此流動會繞著一個橢圓柱或平板 (在圖 418 中，從 -1 到 1 的線段) 循環流通。

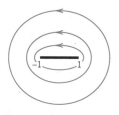

圖 418　習題 10 中繞過一平板的流動

11. **孔洞**　請證明由 $F(z) = \operatorname{arccosh} z$ 可以產生共焦雙曲線的流線，其中焦點位於 $z = \pm 1$，並且證明此流動可以詮釋為通過一個孔洞的流動 (圖 419)。

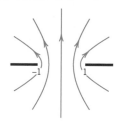

圖 419　習題 11 中通過孔洞的流動

12. **位勢 $F(z) = 1/z$**　試證明 $F(z) = 1/z$ 的流線是通過原點的圓，其圓心在 y 軸上。

13. **團隊專題　自然對數在將流動數學模型化時的角色。(a) 基本流動：源點和汲點**　請證明由 $F(z) = (c/2\pi) \ln z$ 可產生一個沿著徑向指向外的流動 (圖 420)，其中 c 是正實數常數，因而使得 F 能將在 $z = 0$ 處的**源點 (point source)** [也就是，在空間中的**源線 (source line)** $x = 0$、$y = 0$] 予以數學

模型化,且所謂的源點就是會產生流體的位置。c 稱為源點的**強度 (strength)** 或**排放量 (discharge)**。如果 c 是負實數,請證明流動是沿著徑向指向內,因而使得 F 可以將位於 $z = 0$ 處的**汲點**予以數學模型化,其中所謂的汲點就是流體會從流動中消失的位置。請注意,$z = 0$ 是 $F(z)$ 的奇異點。

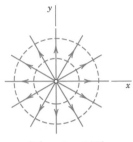

圖 420 源點

(b) 基本流動:渦旋 (vortex) 請證明當 K 是正實數時,由 $F(z) = -(Ki/2\pi) \ln z$ 可以求得繞著 $z = 0$ 順時針循環流通 (圖 421) 的流動,$z = 0$ 稱為一個**渦旋 (vortex)**。請注意,每繞著渦旋行進一次,位勢就會增加 K。

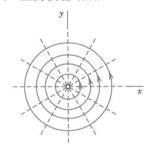

圖 421 渦旋流動

(c) 流動的相加 試證明將兩個流動的速度向量相加,可以產生一個新流動,且新流動的複數位勢是經由將原本流動的複數位勢相加而得到。

(d) 源點和汲點的結合 有一個流動含有位於 $z = -a$、強度為 1 的源點,另一個流動含有位於 $z = a$、強度為 1 的汲點,試求兩個流動的複數位勢。將兩複數位勢相加,並畫出流線。然後證

明,對於小的 $|a|$ 而言,這些流線看起來會與習題 12 的流線類似。

(e) 繞著圓柱而且具有環流的流動 將 (b) 小題的位勢加到例題 2 中的位勢。請證明由此可以產生一個流動,而且在這個流動中,圓柱壁 $|z| = 1$ 是一條流線。試求流動速率,並證明停滯點為

$$z = \frac{iK}{4\pi} \pm \sqrt{\frac{-K^2}{16\pi^2} + 1}$$

其中,如果 $K = 0$,則停滯點位於 ± 1;隨著 K 增加,兩停滯點會沿著單位圓往上移動,直到它們在 $z = i$ ($K = 4\pi$;參見圖 422) 處結合在一起,而且如果 $K > 4\pi$,則它們將位於虛數軸上 (其中一個位於流動場中,另一個則位於圓柱內,且後者沒有物理意義)。

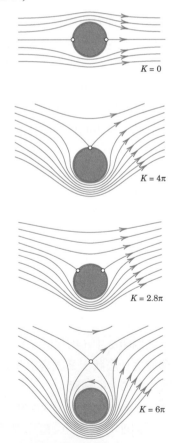

$K = 0$

$K = 4\pi$

$K = 2.8\pi$

$K = 6\pi$

圖 422 繞著圓柱之不具有環流 ($K = 0$) 和具有環流的流動

18.5 與位勢有關的 Poisson 積分公式 (Poisson's Integral Formula for Potentials)

在到目前為止已可看出，複數分析提供了一個可以根據保角映射和複數位勢，來對二維位勢問題進行數學模型化和求解的有效方法。

　　現在，我們介紹一個更為深入的方法，它源自於複數積分。它將會產生在一個標準整域 (一個圓盤) 中位勢的重要公式，那就是 Poisson 公式 (5)。除此之外，由式 (5) 我們可以推導出與這些位勢有關的有用級數式 (7)。這讓我們可以求解與圓盤有關的問題，然後我們將所得到的解保角地映成於其他整域。

18.5.1 Poisson 積分公式的推導

從下列的 Cauchy 積分公式 (第 14.3 節) 可以推論出 Poisson 公式

$$(1) \qquad F(z) = \frac{1}{2\pi i} \oint_C \frac{F(z^*)}{z^*-z} \, dz^*$$

這裡的 C 是圓曲線 $z^* = Re^{i\alpha}$ (逆時針方向，$0 \le \alpha \le 2\pi$)，而且假設在一個包含 C 和 C 的整個內部的整域中，$F(z^*)$ 是解析的。因為 $dz^* = iRe^{i\alpha} d\alpha = iz^* d\alpha$ ，由式 (1) 可以得到

$$(2) \qquad F(z) = \frac{1}{2\pi} \int_0^{2\pi} F(z^*) \frac{z^*}{z^*-z} \, d\alpha \qquad\qquad (z^* = Re^{i\alpha}, \, z = re^{i\theta})$$

　　現在將使用一個小技巧。如果選擇一個位於 C 外部的 Z，來代替位於 C 內部的 z，則根據 Cauchy 積分定理(第 14.2 節)，積分式 (1) 和式 (2) 等於零。這裡選擇 $Z = z^*\overline{z}^*/\overline{z} = R^2/\overline{z}$ ，因為 $|Z| = R^2/|z| = R^2/r > R$ ，所以這個點位於 C 的外部。因此，從式 (2) 可以得到

$$0 = \frac{1}{2\pi} \int_0^{2\pi} F(z^*) \frac{z^*}{z^*-Z} \, d\alpha = \frac{1}{2\pi} \int_0^{2\pi} F(z^*) \frac{z^*}{z^* - \frac{z^*\overline{z}^*}{\overline{z}}} \, d\alpha$$

將右側最後一個數學式直接簡化後，結果得到

$$0 = \frac{1}{2\pi} \int_0^{2\pi} F(z^*) \frac{\overline{z}}{\overline{z} - \overline{z}^*} \, d\alpha$$

將式 (2) 減去上式，且利用以下你可經由直接計算 ($\overline{z}z^*$ 互相消去) 加以驗證的下式：

$$(3) \qquad \frac{z^*}{z^*-z} - \frac{\overline{z}}{\overline{z} - \overline{z}^*} = \frac{z^*\overline{z}^* - z\overline{z}}{(z^*-z)(\overline{z}^* - \overline{z})}$$

然後得到

(4)
$$F(z) = \frac{1}{2\pi} \int_0^{2\pi} F(z*) \frac{z*\overline{z}*-z\overline{z}}{(z*-z)(\overline{z}*-\overline{z})} \, d\alpha$$

由 z 和 $z*$ 的極座標表示法可以看出來，在被積分函數中的商是實數的，而且它等於

$$\frac{R^2-r^2}{(Re^{i\alpha}-re^{i\theta})(Re^{-i\alpha}-re^{-i\theta})} = \frac{R^2-r^2}{R^2-2Rr\cos(\theta-\alpha)+r^2}$$

現在令 $F(z) = \Phi(r,\theta) + i\Psi(r,\theta)$，且在式 (4) 的兩邊同時取實部。然後我們可以得到 **Poisson 積分公式 (Poisson's integral formula)**[2]

(5)
$$\Phi(r,\theta) = \frac{1}{2\pi} \int_0^{2\pi} \Phi(R,\alpha) \frac{R^2-r^2}{R^2-2Rr\cos(\theta-\alpha)+r^2} \, d\alpha$$

此公式將在圓盤 $|z| \le R$ 內的調和函數 Φ，以這個函數在圓盤邊界 (圓) $|z| = R$ 上的值 $\Phi(R,\alpha)$ 表示出來。

　　如果邊界函數 $\Phi(R,\alpha)$ 僅僅是逐段連續的 (在實務上這是常見的情形；舉例來說，18.2 節的圖 405 和圖 406)，則公式 (5) 仍然有效。此時，由式 (5) 可以得到一個函數，此函數在開圓盤內是調和函數，而且在圓 $|z| = R$ 上，會等於給定的邊界函數。不過，在邊界函數是不連續的位置上，函數將不會等於邊界函數。其證明請參見附錄 1 的參考文獻 [D1]。

18.5.2　與圓盤中位勢有關的級數

由式 (5) 可以利用若干個簡單的調和函數，來得到一個 Φ 的重要級數展開式。記得式 (5) 的被積分函數中的商是由式 (3) 導出。我們宣稱式 (3) 的右側是下式的實部，

$$\frac{z*+z}{z*-z} = \frac{(z*+z)(\overline{z}*-\overline{z})}{(z*-z)(\overline{z}*-\overline{z})} = \frac{z*\overline{z}*-z\overline{z}-z*\overline{z}+z\overline{z}*}{|z*-z|^2}$$

事實上，上式的最後一個分母是實數，而且分子中的 $z*\overline{z}*-z\overline{z}$ 也是實數，不過分子中的 $-z*\overline{z}+z\overline{z}* = 2i\,\mathrm{Im}(z\overline{z}*)$ 是純虛數。結果驗證了我們宣稱的眞實性。現在，利用幾何級數可以得到 (將分母展開)，

(6)
$$\frac{z*+z}{z*-z} = \frac{1+(z/z*)}{1-(z/z*)} = \left(1+\frac{z}{z*}\right)\sum_{n=0}^{\infty}\left(\frac{z}{z*}\right)^n = 1+2\sum_{n=1}^{\infty}\left(\frac{z}{z*}\right)^n$$

既然 $z = re^{i\theta}$ 而且 $z* = Re^{i\alpha}$，結果得到

$$\mathrm{Re}\left[\left(\frac{z}{z*}\right)^n\right] = \mathrm{Re}\left[\frac{r^n}{R^n}e^{in\theta}e^{-in\alpha}\right] = \left(\frac{r}{R}\right)^n\cos(n\theta-n\alpha)$$

---

[2]　SIMÉON DENIS POISSON (1781–1840) 是一位法國數學家和物理學家，從 1809 年開始就在巴黎擔任教授。他的學術成果包括位勢理論、偏微分方程式(第 12.1 節 Possion 方程式)和機率(第 24.7 節)。

在此式的右側，$\cos(n\theta - n\alpha) = \cos n\theta \cos n\alpha + \sin n\theta \sin n\alpha$ 所以，由式 (6) 可以得到

(6*)
$$\operatorname{Re}\frac{z*+z}{z*-z} = 1 + 2\sum_{n=1}^{\infty}\operatorname{Re}\left(\frac{z}{z*}\right)^n$$
$$= 1 + 2\sum_{n=1}^{\infty}\left(\frac{r}{R}\right)^n(\cos n\theta \cos n\alpha + \sin n\theta \sin n\alpha)$$

我們已經提起過，這個數學式等於式 (5) 中的商，且經由將數學式代入式 (5)，然後逐項相對於 α 從 0 積分到 2π，可以得到

(7)
$$\Phi(r, \theta) = a_0 + \sum_{n=1}^{\infty}\left(\frac{r}{R}\right)^n(a_n \cos n\theta + b_n \sin n\theta)$$

其中各係數爲 [式 (6*) 中的 2 會消去式 (5) 的 $1/(2\pi)$ 中的 2]，

(8)
$$a_0 = \frac{1}{2\pi}\int_0^{2\pi}\Phi(R, \alpha)\,d\alpha, \qquad a_n = \frac{1}{\pi}\int_0^{2\pi}\Phi(R, \alpha)\cos n\alpha\,d\alpha,$$
$$b_n = \frac{1}{\pi}\int_0^{2\pi}\Phi(R, \alpha)\sin n\alpha\,d\alpha \qquad n = 1, 2, \cdots,$$

這是 $\Phi(R, \alpha)$ 的傅立葉係數；請參見 11.1 節。現在，當 $r = R$ 時，級數式 (7) 變成 $\Phi(R, \alpha)$ 的傅立葉級數。所以，每當所給定的邊界上的 $\Phi(R, \alpha)$ 可以用傅立葉級數加以表示時，數學式 (7) 都會成立。

例題　**1**　**單位圓盤的 Dirichlet 問題**

試求在單位圓盤 $r < 1$ 內的靜電位勢 $\Phi(r, \theta)$，且這個單位圓具有下列邊界值

$$\Phi(1, \alpha) = \begin{cases} -\alpha/\pi & \text{若 } -\pi < \alpha < 0 \\ \alpha/\pi & \text{若 } \quad 0 < \alpha < \pi \end{cases} \tag{圖 423}$$

解

既然 $\Phi(1, \alpha)$ 是偶函數，所以 $b_n = 0$，而且由式 (8) 可以得到 $a_0 = \frac{1}{2}$ 以及

$$a_n = \frac{1}{\pi}\left[-\int_{-\pi}^0\frac{\alpha}{\pi}\cos n\alpha\,d\alpha + \int_0^{\pi}\frac{\alpha}{\pi}\cos n\alpha\,d\alpha\right] = \frac{2}{n^2\pi^2}(\cos n\pi - 1)$$

所以，如果 n 是奇數，則 $a_n = -4/(n^2\pi^2)$，如果 $n = 2, 4, \cdots$，則 $a_n = 0$，且位勢爲

$$\Phi(r, \theta) = \frac{1}{2} - \frac{4}{\pi^2}\left[r\cos\theta + \frac{r^3}{3^2}\cos 3\theta + \frac{r^5}{5^2}\cos 5\theta + \cdots\right]$$

圖 424 顯示單位圓和一些等位線（Φ ＝ 常數）。 ∎

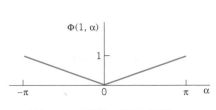

圖 423 例題 1 的邊界值

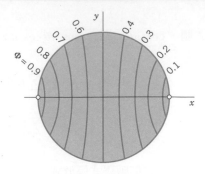

圖 424 例題 1 的位勢

習題集 18.5

1. 請寫出由 Poisson 公式 (5)，推導出級數式 (7) 的詳細過程。

2. 試證明在圓盤 $r < R$ 內，式 (7) 中的每一項都是調和函數。

3. 爲何在例題 1 中的級數會簡化成**餘弦級數**？

4–8　在圓盤內的調和函數

試利用式 (7)，求出在單位圓盤 $r < 1$ 內的位勢 $\Phi(r, \theta)$，其中這個單位圓盤具有下列各給定的邊界值 $\Phi(1, \theta)$。利用級數的前面幾項的和，計算 Φ 的一些值，然後畫出等位線的圖形。

4. $\Phi(1, \theta) = \frac{3}{2} \sin 3\theta$

5. $\Phi(1, \theta) = 16 \cos^3 2\theta$

6. $\Phi(1, \theta) = \begin{cases} \theta + \pi & \text{若} \quad -\pi < \theta < 0 \\ \theta - \pi & \text{若} \quad 0 < \theta < \pi \end{cases}$

7. $\Phi(1, \theta) = \theta^2 / \pi^2$ 若 $-\pi < \theta < \pi$

8. $\Phi(1, \theta) = \begin{cases} 0 & \text{若} \quad -\pi < \theta < 0 \\ \theta & \text{若} \quad 0 < \theta < \pi \end{cases}$

9. CAS 實驗　級數式 (7) 請寫一個與級數展開式 (7) 有關的程式。藉由對級數的部分和 (partial sum) 計算其值，以及將這些值與自己的 CAS 圖所得到的值加以比較，來對準確度進行實驗。試針對下列各種情況執行上述交代的事項，**(a)** 針對例題 1 和圖 424；**(b)** 針對連線習題 5 中的 Φ（在邊界上並不連續！）；**(c)** 針對自己選擇的 Φ，且其邊界值是連續的；**(d)** 針對自己選擇的 Φ，且其邊界值是不連續的。

10. 團隊專題　在圓盤內的位勢

(a) 平均值性質　試證明在圓 C 圓心處的調和函數 Φ 的值，會等於 Φ 在 C 上的平均值（有關平均值的定義，請參見 18.4 節的腳註 1）。

(b) 變數的分離　當我們用極座標來分離 Laplace 方程式時，請證明式 (7) 中的各項是其中的解。

(c) 調和共軛　試從式 (7) 求出 Φ 的調和共軛 Ψ 的級數。提示：使用 Cauchy–Riemann 方程式。

(d) 冪級數　試求 $F(z) = \Phi + i\Psi$ 的級數。

18.6 調和函數的一般性質、Dirichlet 問題的唯一性定理 (General Properties of Harmonic Functions. Uniqueness Theorem for the Dirichlet Problem)

回想 10.8 節，可知調和函數是 Laplace 方程式的解，且它們的二階偏導數是連續的。在本節中，我們將探索調和函數的一般性質是如何可以從解析函數的性質求得。這經常可以用一個簡單的方式搞定。特別的是，調和函數重要的平均值性質，能立刻從解析函數的這些性質中推論得到，其細節如下所述。

定理　1

解析函數的平均值性質

令 $F(z)$ 在單連通整域 D 中是解析的，則 $F(z)$ 在 D 中的點 z_0 上的值，等於 $F(z)$ 在 D 中，任何以 z_0 為圓心的圓上的平均值。

證明

在 Cauchy 積分公式 (第 14.3 節) 中，

(1)
$$F(z_0) = \frac{1}{2\pi i} \oint_C \frac{F(z)}{z - z_0}\, dz$$

其中選擇 D 中的圓 $z = z_0 + re^{i\alpha}$ 作為 C。則 $z - z_0 = re^{i\alpha}$、$dz = ire^{i\alpha}d\alpha$，且式 (1) 變成

(2)
$$F(z_0) = \frac{1}{2\pi} \int_0^{2\pi} F(z_0 + re^{i\alpha})\, d\alpha$$

上式右側即為 F 在圓上的平均值 (= 積分值除以積分區間長度 2π)，定理得證。　■

對於調和函數而言，定理 1 隱含著以下的定理：

定理　2

調和函數的兩個平均值性質

令 $\Phi(x, y)$ 在單連通整域 D 中是調和函數。則 $\Phi(x, y)$ 在 D 中的點 (x_0, y_0) 上的值，等於 $\Phi(x, y)$ 在 D 中任何以 (x_0, y_0) 為圓心的圓上的平均值。這個值也等於，$\Phi(x, y)$ 在 D 中任何以 (x_0, y_0) 為圓心的圓盤上的平均值 [參見 18.4 節的腳註 1]。

證明

將式 (2) 的兩側同時取實部，可以得到定理的第一部分，

$$\Phi(x_0, y_0) = \operatorname{Re} F(x_0 + iy_0) = \frac{1}{2\pi} \int_0^{2\pi} \Phi(x_0 + r\cos\alpha,\, y_0 + r\sin\alpha)\, d\alpha$$

將上式對 r 從 0 積分到 r_0 (圓盤的半徑)，然後除以 $r_0^2 / 2$，則結果得到定理的第二個部分，此積分的形式如下

$$(3) \qquad \Phi(x_0, y_0) = \frac{1}{\pi r_0^2} \int_0^{r_0} \int_0^{2\pi} \Phi(x_0 + r\cos\alpha, \, y_0 + r\sin\alpha) \, r \, d\alpha \, dr$$

上式的右側即為定理中所指出的平均值 (積分結果除以積分區域的面積)。 ■

再將焦點轉回解析函數，我們接著將陳述並證明 Cauchy 積分公式另一個著名的邏輯上必然結果。其證明過程並不直接，但它將能顯示出應用 *ML* 不等式的一個相當漂亮的觀念 [所謂的有界區域 (*bounded region*) 指的是一個全部都位於某個圓內的區域，其中圓的圓心是在原點上]。

定理 3

與解析函數有關的極大值定理

令 $F(z)$ 在一個包含有界區域 R 和此區域的邊界的整域中，是解析的而且非常數。則絕對值 $|F(z)|$ 不可能在 R 內部的點上具有極大值。其結果是 $|F(z)|$ 的極大值將位於 R 的邊界上。如果在 R 中，$F(z) \neq 0$，則對於 $|F(z)|$ 的極小值，前面的陳述也成立。

證明

我們假設 $|F(z)|$ 在 R 內部的點 z_0 處具有極大值，然後證明該假設會造成矛盾。令 $|F(z_0)| = M$ 是極大值。既然 $F(z)$ 不是常數，所以 $|F(z)|$ 不是常數，這可從 13.4 節例題 3 推論得到。其結果是，我們可以求得一個半徑為 r、圓心在 z_0 處的圓 C，使得 C 的內部是在 R 內，且在 C 的某一點 P 上，$|F(z)|$ 比 M 小。因為 $|F(z)|$ 是連續的，所以它在一個含有 P 的 C 的弧 C_1 (參見圖 425) 上，將會比 M 小，例如，對於 C_1 上的所有 z 而言，

$$|F(z)| \leq M - k \quad (k > 0)$$

令 C_1 的長度是 L_1，則 C 的餘弧 C_2 的長度是 $2\pi r - L_1$。應用 *ML* 不等式 (第 14.1 節) 於式 (1)，並留意到 $|z - z_0| = r$，結果可得 (在下式的第二行中，使用了直接的計算)

$$M = |F(z_0)| \leq \frac{1}{2\pi} \left| \int_{C_1} \frac{F(z)}{z - z_0} \, dz \right| + \frac{1}{2\pi} \left| \int_{C_2} \frac{F(z)}{z - z_0} \, dz \right|$$

$$\leq \frac{1}{2\pi} \left(\frac{M-k}{r} \right) L_1 + \frac{1}{2\pi} \left(\frac{M}{r} \right) (2\pi r - L_1) = M - \frac{k L_1}{2\pi r} < M$$

亦即 $M < M$，這是不可能的，因此我們的假設不成立，第一個敘述因而得到證明。

接著要證明第二個敘述。如果在 R 中，$F(z) \neq 0$，則 $1/F(z)$ 在 R 中是解析的。利用這個定理中已證明過的敘述得知，$1/|F(z)|$ 的極大值位於 R 的邊界上。但是，這個極大值對應的是 $|F(z)|$ 的極小值。至此定理得證。 ■

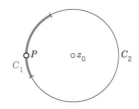

圖 425　定理 3 的證明

這個定理具有幾個與調和函數有關、在邏輯上必然發生的根本結果，這些根本結果如下。

定理　4

調和函數

令 $\Phi(x, y)$ 在某個整域中是調和函數，其中這個整域包含了一個單連通有界區域 R，也包含了這個有界區域的邊界曲線 C，則：

(I)　**(極大值原理)**　如果 $\Phi(x, y)$ 不是常數，則它在 R 中，不會具有極大值也不會具有極小值。其結果是，極大值和極小值都會出現在 R 的邊界上。

(II)　如果 $\Phi(x, y)$ 在 C 上是常數，則 $\Phi(x, y)$ 是常數。

(III)　如果 $h(x, y)$ 在 R 內和在 C 上都是調和函數，且如果在 C 上，$h(x, y) = \Phi(x, y)$，則在 R 內的每一點上，$h(x, y) = \Phi(x, y)$。

證明

(I)　令 $\Psi(x, y)$ 是 $\Phi(x, y)$ 在 R 中的共軛調和函數，則複數函數 $F(z) = \Phi(x, y) + i\Psi(x, y)$ 在 R 中是解析的，且 $G(z) = e^{F(z)}$ 也會是解析的。其絕對值為

$$|G(z)| = e^{\operatorname{Re}F(z)} = e^{\Phi(x, y)}$$

由定理 3 可以推論得到，$|G(z)|$ 在 R 內部所有點上，都不可能具有極大值。因為 e^{Φ} 是實變數 Φ 的單調遞增函數，所以有關 Φ 極大值的陳述可以接著推論得到。利用上述證明方式，在將 Φ 替換成 $-\Phi$ 以後，可以推論得到有關極小值的陳述。

(II)　根據 (I) 中的陳述，函數 $\Phi(x, y)$ 的極大值和極小值位於 C 上。因此，如果 $\Phi(x, y)$ 在 C 上是常數，則其極小值必然等於其極大值，因而使得 $\Phi(x, y)$ 必然是一個常數。

(III)　如果 h 和 Φ 在 R 中和 C 上是調和函數，則 $h - \Phi$ 在 R 中和在 C 上也是調和函數，且根據假設，在 C 的每一點上 $h - \Phi = 0$。利用 (II) 中的陳述，我們得到在 R 中的每一點上 $h - \Phi = 0$，所以 (III) 的陳述已經獲得證明。　　　■

定理 4 的最後一個陳述非常重要。它意味著，利用一個調和函數在 R 的邊界上的值，可以唯一決定在 R 中的此函數的行為。通常，$\Phi(x, y)$ 會被要求在 R 中是調和函數，且在 R 的邊界上是連續的，換言之，

$$\lim_{\substack{x \to x_0 \\ y \to y_0}} \Phi(x, y) = \Phi(x_0, y_0) \qquad \text{其中 } (x_0, y_0) \text{ 位於邊界上而且 } (x, y) \text{ 位於 } R \text{ 中}$$

在這些假設之下，極大值原理 (I) 仍然適用。我們已經知道，當邊界值是給定條件時，這種求解 $\Phi(x, y)$ 的問題稱為兩個變數的 Laplace 方程式的 **Dirichlet 問題**。因此，利用 (III)，可以得到整個討論的一個重點，

定理 5

Dirichlet 問題的唯一性定理

對於給定的區域和給定的邊界值，若一個雙變數 Laplace 方程式的 Dirichlet 問題具有一個解，則這個解是唯一的。

習題集　18.6

和定理 1 和定理 2 相關的習題

1–2 試針對給定的 $F(z)$、z_0 和半徑 1 的圓，驗證定理 1。

1. $(z+1)^3$，$z_0 = \frac{5}{2}$

2. $(z-1)^{-2}$，$z_0 = -1$

3. 試將 $|z|$ 沿著單位圓進行積分，所得到的結果會與定理 1 相衝突嗎？

4. 試從 Poisson 積分公式，推導出定理 2 中的第一個陳述。

5–7 試針對給定的 $\Phi(x, y)$、(x_0, y_0) 和半徑 1 的圓，驗證定理 2 中的式 (3)。

5. $(x-1)(y-1)$，$(2, -2)$

6. $x^2 - y^2$，$(3, 8)$

7. $x + y + xy$，$(1, 1)$

8. CAS 實驗　畫出位勢　試畫出習題 5 和 7 中的位勢，並畫出其他兩個自己選擇的函數之位勢，在這裡，請將位勢表示成 xy 平面中矩形上方的表面。然後利用檢視這些圖形的方式，找出極大值和極小值的位置。

9. 團隊專題　解析函數的極大值

(a) 試針對下列各種情形，驗證定理 3，(i) $F(z) = z^2$ 和正方形區域 $1 \le x \le 5$、$2 \le y \le 4$；(ii) $F(z) = \sin z$ 和單位圓盤；(iii) $F(z) = e^z$ 和任何有界的整域。

(b) $F(z) = 1 + |z|$ 在圓盤 $|z| \le 2$ 中不會等於零，而且在此圓盤內部某一點處，具有極大值。這個結果會與定理 3 相衝突嗎？

(c) $F(x) = \sin x$（x 是實數）在 $\pi/2$ 的位置具有極大值 1。在一個含有 $z = \pi/2$ 的整域中，為何這不會是 $|F(z)| = |\sin z|$ 的極大值？

(d) 如果 $F(z)$ 在閉圓盤 D：$|z| \le 1$ 中是解析的且不是常數，此外，如果在單位圓上 $|F(z)| = c =$ 常數，那麼請證明，$F(z)$ 在 D 中必然會有零點存在。

10–12　極大值

試求 $|F(z)|$ 在單位圓盤 $|z| \le 1$ 中極大值的位置和其大小。

10. $F(z) = \cos z$

11. $F(z) = az + b$（a、b 為複數，$a \ne 0$）

12. $F(z) = 2z^2 - 2$

13. 試針對 $\Phi(x, y) = e^x \sin y$ 和矩形區域 $a \le x \le b$、$0 \le y \le 2\pi$，驗證極大值原理。

14. 調和共軛　請問 Φ 和 Φ 在區域 R 的一個調和共軛 Ψ，是否在 R 中的相同位置具有極大值？

15. 保角映射　試求 $\Phi^* = e^u \cos v$ 在 R^*：$|w| < 1, v \ge 0$ 內的極大值的位置 (u_1, v_1)，其中 $w = u + iv$。然後求出經由 $w = f(z) = z^2$，被映射到 R^* 的區域 R。

接著再求出，由 Φ^* 在 R 中所造成的位勢，以及極大值的位置 (x_1, y_1)。(u_1, v_1) 是 (x_1, y_1) 的像嗎？如果是，請問這只是碰巧的嗎？

第 18 章 複習題

1. 為什麼位勢問題可以用複數分析加以數學模型化和求解？它可以用於幾個維度的問題？

2. 複數分析的哪些部分是工程師和物理學家最感興趣的部分？

3. 什麼是調和函數？什麼是調和共軛函數？

4. 在本章中我們考慮了哪些物理領域？你可以想到其它的領域嗎？

5. 請針對這一章所考慮的位勢問題，舉出一些例題。請為對應的函數做個列表。

6. 就物理而言，複數位勢能夠提供什麼樣的優點？

7. 請寫出一份關於位勢理論應用在流體流動的短文。

8. 請解釋在位勢理論中保角映射的使用。

9. 試說明有關調和函數的極大值定理和平均值定理。

10. 請陳述 Poisson 積分公式。請由 Cauchy 公式推導出該公式。

11. 試就記憶及，表列出一些重要的位勢函數和它們的應用。

12. 請求出 $F(z) = i \operatorname{Ln} z$ 的等位線。

13. 平板 $\operatorname{Arg} z = \pi/6$ 維持在 800 V，平板 $\operatorname{Arg} z = \pi/3$ 維持在 600 V，試求在兩平板間的角度區域中的位勢。

14. 請將習題 13 詮釋成靜電學中的問題。電力線為何？

15. 請求出複數位勢 $F(z) = (1+i)z$ 的流線和速度。試描述該流動。

16. 試描述 $F(z) = \frac{1}{2}z^2 + z$ 的流線。

17. 試證明 $F(z) = -iz^2 + z$ 的等溫線是雙曲線。

第 18 章摘要 複數分析與位勢理論

位勢理論是 **Laplace 方程式**其解的理論，其中 **Laplace 方程式**的形式為

(1) $$\nabla^2 \Phi = 0$$

二階偏導數為**連續的**解稱為**調和函數**。式 (1) 是物理學中最重要的 PDE，在物理學中，人們感興趣的 Laplace 方程式的形式是二維和三維的。此方程式會出現在靜電學 (第 18.1 節)、穩態熱學問題 (第 18.3 節)、流體流動 (第 18.4 節)、重力學等領域中，因為解析函數的實部和虛部都是調和函數 (第 13.4 節)，所以二維位勢理論可使用複數分析進行處理，不過三維問題就需要用到其他方法 (參見第 12 章)。解析函數的實部和虛部在**保角映射**之下，仍然是調和函數 (第 18.2 節)，這項結果使得我們在求解有關式 (1) 的邊界值問題時，保角映射變成是一個非常有效的工具。關於這一點，本章已經解說過。針對式 (1) 中的實數位勢 Φ，我們可以可聯想出**複數位勢**

(2) $$F(z) = \Phi + i\Psi$$ (第 18.1 節)

此時，曲線 Φ = 常數 和曲線 Ψ = 常數，這兩個族系都具有物理意義。在靜電學中，乃是等位線和電力線 (第 18.1 節)。在熱學問題中，乃是等溫線 (溫度固定的曲線) 和熱流線 (第 18.3 節)。在流體流動中，它們是速度位勢的等位線和流線 (第 18.4 節)。

對於圓盤而言，Dirichlet 問題的解可以用 **Poisson 公式** (第 18.5 節) 或一個級數加以表示，其中的級數在邊界圓上會變成給定邊界值的傅立葉級數 (第 18.5 節)。

與解析函數類似，調和函數也具有幾個一般的特性；其中特別重要的是，**平均值性質**和**極大值性質** (第 18.6 節)，而且極大值性質隱含著 Dirichlet 問題其解的唯一性 (18.6 節定理 5)。

PART **E**

數值分析

(Numeric Analysis)

數值分析 (Numeric analysis，numerics) 是在工程數學中一直持續快速成長的一塊領域。這是一個自然的趨勢，導因於計算力的愈來愈容易取得和網際網路盛行的推波助瀾。事實上，在市面上已經有很多種數值方法不錯的軟體實現。請看一下從第 E-2 至 E-4 頁開始的**軟體更新列表**，它包含了要用買的軟體 (商業軟體) 和免費下載軟體 (公用領域軟體)。為了讀者的方便起見，我們提供了網址和電話號碼。這個軟體列表包括了電腦代數系統 (computer algebra systems，CAS)，像是 *Maple* 和 *Mathematica*，伴隨著有 *Maple Computer Guide*，第 10 版，和 *Mathematica Computer Guide*，第 10 版，作者為 E. Kreyszig 和 E. J. Norminton，第一位作者也是本書的作者，該書會一步步的教導你如何使用這些電腦代數系統，也有取自於本書之完整的工程範例。除此之外，還有科學軟體，像是 *IMSL*、*LAPACK* (免費下載)，和帶有繪圖能力的科學計算器，像是 *TI-Nspire*。請注意，雖然我們已列出一些常使用的高品質軟體，但此列表絕不代表已把所有的軟體一網打盡。

若你的職業是工程師、應用數學家或科學家，你很有可能會使用商業軟體或是私有軟體，而那些軟體是由你工作的公司所擁有，它們使用數值方法來解決工程問題，如模型化化工或生物程序，規劃生態健康的加熱系統，或計算太空船與衛星軌道。舉例來說，本書共同作者的其中之一 (Herbert Kreyszig) 使用了私有軟體來決定債券的價值，該軟體其實是解高次的多項式方程式，使用 19.2 節要討論的數值方法。

然而，有了這些高品質的軟體並不意味著你不用花工夫去研讀和了解這些數值方法。你花的工夫是會有回報的，因為，若你有數值分析的數學專業，你將可以規劃你自己的解決方法，精明選擇和使用適當的軟體，判定軟體的品質，而或許，你甚至可以編寫自己的數值軟體。

數值方法可以擴展你的能力來解決一些不是很難解，就是無法解析地解出的問題。舉例來說，特定的積分，如誤差函數 [請參見附錄 3，公式 (35)]，或是大型的特徵值問題，它會產生高次特徵多項式而無法解析地解出。透過實驗所得的數據，數值方法也被用來建構近似多項式。

Part E 的設計其用意在於讓你在數值分析方面能夠奠定紮實的底子。我們以**演算法 (algorithm)** 的形式提出許多的數值方法，演算法會給出這些數值方法的詳細步驟，非常適合用你的電腦、CAS 或可用程式計算機來做軟體實現。第 19 章，涵蓋了三個主要的領域。它們為一般性的數值方法 (浮點、捨入誤差，等等)、解 $f(x) = 0$ 的方程式 (使用牛頓法和其它的方法)、內插並伴隨有使用內差的數值積分的方法，以及微分。

第 20 章涵蓋了數值線性代數的精髓。該章分成兩個部分：用高斯法、Doolittle 法、Cholesky 法、等等來解線性方程式系統；和以數值方式來解特徵值問題。第 21 章也有兩個主題：解常微分方程式和常微分方程式系統，以及解偏微分方程式。

數值方法是一個非常活躍的研發領域，原因為：有新方法的發明、現有方法改進與調整，以及重新研究在電腦時代以前不實用的舊方法。這些研發活動的一個主要目標是發展出具有良好結構的軟體。而且，在計算機的大量運算過程中計算數百萬個方程式、或者數百萬個疊代步驟，即使只是在演算法上小小的改進，都可以對運算時間、記憶體儲存空間、精確度和穩定度產生很大的影響。

在軟體使用上的評論 Part E 的設計方式是讓讀者在 *CAS*、軟體或繪圖計算器的使用上有完全的彈性。計算的需求從非常少到大量的使用都有，電腦的使用與否則是依教授的判斷。教材和習題集 (除了有一些清楚指出的之外，像是 CAS 專題、CAS 習題、或 CAS 實驗，它們可以略去而不會影響教材的連貫性)，並不需要使用 CAS 或軟體。有一台帶有繪圖功能的科學計算器就完全足夠了。

軟體

讀者也可以參閱 http://www.wiley.com/college/kreyszig/

如果讀者想要尋找適當軟體，下列各項資料應該會有幫助。讀者也可以從網站上獲取有關知名軟體或新軟體的資訊，例如 Dr. Dobb's Portal 或 PC Magazine，這類資訊也可以獲取自 *American Mathematical Society* (或參見其網站 www.ams.org)，*Society for Industrial and Applied Mathematics* (SIAM，其網站是 www.siam.org)，*Association for Computing Machinery* (ACM，其網站是

www.acm.org)，或 *Institute of Electrical and Electronics Engineers* (IEEE，網站是 www.ieee.org) 等組織發表的文章。另外也可以諮詢圖書館、電腦科學系所或數學系所。

TI-Nspire　包括 TI-Nspire CAS 和可程式化繪圖計算器。Texas Instruments, Inc., Dallas，電話：1-800-842-2737 或 (972) 917-8324；網址為 www.education.ti.com。

EISPACK　請參見 LAPACK。

GAMS　(Guide to Available Mathematical Software)，網址為 http://gams.nist.gov，這是由 NIST 製作出來有關軟體發展的線上交叉索引文件。

IMSL　(International Mathematical and Statistical Library)，Visual Numerics, Inc., Houston, TX，電話：1-800-222-4675 或 (713) 784-3131，其網址是 www.vni.com，內容是有關數學和統計學的 Fortran 常式。

LAPACK　這是有關線性代數的 Fortran 77 常式，這個套裝軟體能取代 LINPACK 和 EISPACK，讀者可以直接從 www.netlib.org/lapack 下載常式。在 www.netlib.org 也有 The LAPACK User's Guide。

請參見 LAPACK。

Maple　Waterloo Maple, Inc., Waterloo, ON, Canada.電話：1-800-267-6583 或 (519) 747-2373；網址為 www.maplesoft.com。

Maple Computer Guide　適用於高等工程數學第十版。作者為 E. Kreyszig and E. J. Norminton. John Wiley and Sons, Inc., Hoboken, NJ。電話：1-800-225-5945 或 (201) 748-6000。

Mathcad　Parametric Technology Corp. (PTC), Needham, MA；網址為 www.ptc.com。

Mathematica　Wolfram Research, Inc., Champaign, IL；電話：1-800-965-3726 或 (217) 398-6000。網址為 www.wolfram.com。

Mathematica Computer Guide　適用於高等工程數學第十版。作者為 E. Kreyszig and E. J. Norminton. J. Wiley and Sons, Inc., Hoboken, NJ。電話：1-800-225-5945 或 (201) 748-6000。

Matlab　The MathWorks, Inc., Natick, MA；電話：(508) 647-7000，網站 www.maplesoft.com。

NAG　Numerical Algorithms Group, Inc., Downders Grove, IL；電話：(630) 971-2337，網站為 www.nag.com。這是以 Fortran 77、Fortran 90 和 C 寫成的數值方法常式。

NETLIB　有關公用軟體的龐大程式庫。請參見 www.netlib.org。

NIST　National Institute of Standards and Technology, Gaithersburg, MD；電話：(301) 975-6478；網站為 www.nist.gov。Mathematical and Computational Science Division，電話：(301) 975-3800；也請參見 http://math.nist.gov。

Numerical Recipes　Cambridge University Press, New York, NY；電話：1-800-221-4512 或 (212) 924-3900；網站為 www.cambridge.org/us，書，第 3 版，(用 C++) 請參見附錄 1 參考文獻 [E25]；放在 CD ROM 上的原始碼是以 C++寫成，它也含有 (絕版) 第 2 版書的舊原始碼 (但是沒本文)，是以 C、Fortran77 和 Fortran 90 寫成，以及 (絕版) 第 1 版書的原始碼。想訂購的人，請撥打其位於 West Nyack, NY 的辦公室電話 1-800-872-7423 或(845) 353-7500，或上網站 www.nr.com。

一般數值分析 (Numerics in General)

數值分析和基本的微積分、以代數方式求解 ODE、以及其它 (非數值) 的領域大異其趣。在微積分和在 ODE 中，你的解法選擇是很有限的，而且你的解的形式會是代數形式；但在數值分析中，你卻會有許多的解法選擇，而你的解的形式會以數值表或是圖形的方式呈現。你必須做出一些精明的選擇，選擇你要使用的數值方法和演算法，選擇你的結果所希望的精確程度，選擇哪一個數值 (起始值) 來開始你的運算，以及一些其他的事宜。本章使你可以在數學的代數型態和數值型態間做一無縫接軌。

數值分析一開始，主要敘述例如浮點運算、捨入誤差、一般數值誤差以及誤差增殖等等的基本概念。接下來的第 19.2 節，我們探討求解方程式 $f(x) = 0$ 此一重要的課題，我們提出了各式各樣的數值方法，其中包括了牛頓法。第 19.3 節介紹內插法。這些方法從已知的函數值建構出新的 (未知的) 函數值。在 19.3 節中所獲得的知識可以應用到仿樣內插 (第 19.4 節)，並有助於我們了解在最後一節所探討的數值積分與數值微分。

數值方法對於解決問題的工程師而言，是他們知識寶庫之不可或缺的延伸。有很多問題並沒有求解公式可依循 (例如複雜的積分式、高次多項式的根，或是內差經由量測所得之數值)。在某些情況下，複雜的求解公式或許存在，但卻不具實用性。就是在這類的問題上，一個數值方法可能會產生一個良好的答案。因此，應用數學家、工程師、物理學家或科學家必須要熟悉在數值分析中相當重要的基本想法與概念，包括誤差估計、收斂階數、以演算法呈現的數值方法以及熟知一些重要的數值方法，這是相當重要的。

本章之先修課程：初等微積分。

參考文獻與習題解答：附錄 1 的 E 部分及附錄 2。

19.1 簡介 (Introduction)

身為一位工程師或物理學家，處理彈性問題時，你可能需要求解一個像是 $x \cosh x = 1$ 的方程式，或是面對一個更為困難的問題，如求出高次多項式的根。或者，你可能會面對如下型態的積分

$$\int_0^1 \exp(-x^2)\, dx$$

[請見附錄 3，公式 (35)] 而你無法用初等的微積分求解。這樣的問題，很難用代數的方式去解它，但卻經常出現在一些應用中。他們只好訴諸於**數值方法 (numeric methods)**，也就是說，一些有系統性的方法，它們適合在計算機或電腦上，以數值方式求解問題。如此解的形式會以數值表或是圖形 (圖表) 的方式呈現，或是兩者兼具。典型的數值方法有疊代的特質，而且，對於一個適當選取的問題和一個良好的起始值，它們經常會收斂到一個想要的答案。從一個從實驗室中觀察到的已知問題，或是在一個工業設定中的給定問題 (如工程學、物理學、生物學、化學、或經濟學，等等) 到求得最後結果的過程，通常包含了下列步驟：

1. **建立模型**　建立問題之數學模型，例如積分式、方程式系統或是微分方程式。
2. **選定數值方法**及參數 (例如步長大小)，有時也包含初步的誤差估計。
3. **程式設計**　利用演算法撰寫相對應的程式於 CAS 中 (例如 Maple、Mathematica、Matlab、或 Mathcad 等數值軟體，或是，例如，用 Java、C 或 C++、或 Fortran 等程式語言)，並在所使用的系統中選擇適當的常式。
4. **執行運算**
5. **解釋結果**　以物理意義或以其它形式解釋結果，並決定是否要重新執行運算以獲得更詳細的結果。

　　步驟 1 和 2 是相關的，通常只要稍微修改模型，就可以容許我們使用更有效的方法。要選擇方法，我們首先必須了解這些方法。第 19-21 章將討論在實務上常見重要問題類型所需用到的有效演算法。

　　在步驟 3 中，程式是由所給定的資料和一連串的指令所組成，並由電腦依某種順序執行，以產生數值或圖形形式的答案。

　　爲了對數值方法的本質有深入的了解，本節將接著說明一些簡單的一般性概念。

19.1.1　數的浮點型式

在十進位表示法中，每一個實數都是以一個有限或無限的十進位數字序列表示。現在大多數的電腦是以兩種方式表示數字，即定點 (*fixed point*) 與浮點 (*floating point*)。在**定點**系統中，所有的數是以小數點後固定數目的十進位數表示；舉例來說，小數點以下三位數表示爲 62.358、0.014、1.000。在本書中，我們將小數點下三位 (3 decimals) 寫爲 3D。定點表示法在大部分的科學計算中是不實用的，因爲其範圍有限 (請解釋！)，因此我們通常不使用。

　　浮點系統中數的表示法爲

$$0.6247 \cdot 10^{3}, \quad 0.1735 \cdot 10^{-13}, \quad -0.2000 \cdot 10^{-1}$$

或寫爲

$$6.247 \cdot 10^{2}, \quad 1.735 \cdot 10^{-14}, \quad -2.000 \cdot 10^{-2}$$

在這個系統中，有效數字的個數保持不變，而小數點則爲「浮動的 (floating)」。此處，一個數 c 的**有效數字 (significant digit)** 爲 c 之所有給定的數字，但其第一個非零數字左側的零除外；因

為這些零只是用來調整小數點的位置而已 (因此任何其它的零都是 c 的有效數字)。舉例來說,下列數

$$13600, \quad 1.3600, \quad 0.0013600$$

都具有 5 個有效數字。在本書中,我們將 5 個有效數字標示為 5S。

利用指數的表示方式,我們表示可以非常大及非常小的數字。理論上任何非零數 a 都可以表示為

(1) $$a = \pm m \cdot 10^n \qquad 0.1 \ \leq \ |m| < 1 \qquad n\ 為整數$$

在現代電腦上,它們使用二進位 (底數為 2) 數字,m 限制在 k 個二進位數字 (例如,$k = 8$),且 n 為有限的數 (下面會解釋),所以表示出的數為 (只能表示出有限的許多數!)

(2) $$\overline{a} = \pm\overline{m} \cdot 2^n, \quad \overline{m} = 0.d_1 d_2 \cdots d_k \qquad d_1 > 0$$

這些數字 $\overline{a}$ 通常稱為 k 位數二進位**機器數字** (k-*digit binary* **machine numbers**)。其分數部分 m (或 $\overline{m}$) 稱為**尾數** (*mantissa*)。這與對數中所使用的「尾數 (mantissa)」並不相同,n 則稱為 $\overline{a}$ 的指數 (*exponent*)。

有件很重要的事情,我們必須了解只有有限個許多的機器數字,而且當我們遞增 a 時,數字間會變得愈來愈不「密」。舉例來說,在 2 和 4 之間的數字和在 1024 和 2048 之間的數字一樣多,為什麼?

使得 $1 + \text{eps} > 1$ 之最小的正值機器數字 *eps* 稱為**機器的精確度** (*machine accuracy*)。了解在 $[1, 1 + \text{eps}]$, $[2, 2 + 2 \cdot \text{eps}]$, $\cdots$, $[1024, 1024 + 1024 \cdot \text{eps}]$, $\cdots$ 的區間中,沒有數字存在是件很重要的事情。這意味著,假如一個運算的數學答案是 $1024 + 1024 \cdot \text{eps}/2$,則電腦產生的結果不是 1024 就是 $1024 + \text{eps}$,我們不可能獲得更高的精確度。

欠位與溢位 (Underflow and Overflow)　一部傳統電腦所能處理的指數範圍相當的大。IEEE (Institute of Electrical and Electronics Engineers,美國電子電機工程師協會) 的**單精準度 (single precision)** 浮點數標準的範圍為 2^{-126} 到 2^{128} (1.175×10^{-38} 到 3.403×10^{38});而**雙精準度 (double precision)** 的範圍為 2^{-1022} 到 2^{1024} (2.225×10^{-308} 到 1.798×10^{308})。

其中有一個小技巧,為了避免儲存負的指數,藉由加上 126,指數範圍就可以從 $[-126, 128]$ 處移位而變得恆正 (雙精準度則要加上 1022)。請注意若移位後的指數為 255 或 1047,那麼該數就會被視為是無窮大的數。

若在運算中,出現超出上述範圍的數字,則數字小於此範圍時稱為**欠位** (underflow),數字大於此範圍時稱為**溢位** (overflow)。在欠位的情況下,結果通常會自動設為零,且運算將繼續執行。溢位會造成電腦暫停,(IMSL、NAG 等等) 有一些標準程序被寫來避免溢位。溢位的錯誤訊息可以用來指出程式錯誤的地方 (輸入的資料不正確,等等)。從這裡開始,我們將會討論我們從運算所得的十進位結果。

19.1.2 捨入

一個誤差的產生，是由**截去 (chopping)** (＝將小數點後某一位數後的數字刪除) 或**四捨五入 (rounding)** 所引起。而無論是截去或捨入，都將這種誤差稱為**捨入誤差 (roundoff error)**。將一數捨入至 k 位小數的規則如下 (捨入至 k 位有效數字的規則亦相同，差異只是以「有效數字」取代「小數」即可)。

捨入規則 (roundoff rule)　若要把一個數字 x 捨入成 k 位小數，把 $5 \cdot 10^{-(k+1)}$ 加到 x，並把在 (含) 第 $(k+1)$ 位以後的數字截去即可。

例題　**1**　**捨入規則 (roundoff rule)**

把數字 1.23454621 捨入成 **(a)** 2 位小數，**(b)** 3 位小數，**(c)** 4 位小數，**(d)** 5 位小數，和 **(e)** 6 位小數。

解

(a) 對於 2 位小數，我們把 $5 \cdot 10^{-(k+1)} = 5 \cdot 10^{-3} = 0.005$ 加到給定的數，即，1.2345621 + 0.005 = 1.23 954621。然後我們截去在空白處之後的數字「954621」，等同於 1.23954621 − 0.00954621 = 1.23。

(b) 1.23454621 + 0.0005 = 1.235 04621，所以對於 3 位小數，我們有 1.234。

(c) 1.23459621 在截去後產生 1.2345 (4 位小數)。

(d) 1.23455121 產生 1.23455 (5 位小數)。

(e) 1.23454671 產生 1.234546 (6 位小數)。

你會把該數捨入成 7 位小數嗎？　■

在此並不推薦採用截去法，因為所產生的誤差會比捨入法的誤差還大 (然而仍然有某些電腦會使用，理由是其較簡單且運算較為快速。另一方面，有些電腦與計算機在中間計算的過程中，會藉由使用一個或多個額外的數字，來改善準確性，此額外數字稱為**保護數字** (*guarding digits*)。

捨入產生的誤差　令式 (2) 中 $\bar{a} = \mathrm{fl}(a)$ 乃為式 (1) 透過捨入方式，所獲得 a 的浮點電腦近似值，其中 fl 代表**浮點 (floating)** 形式。則由捨入規則可得 (經消去指數) $|m - \bar{m}| \leq \frac{1}{2} \cdot 10^{-k}$。又 $|m| \geq 0.1$，這表示 (當 $a \neq 0$ 時)

$$(3) \qquad \left| \frac{a - \bar{a}}{a} \right| \approx \left| \frac{m - \bar{m}}{m} \right| \leq \frac{1}{2} \cdot 10^{1-k}$$

右側的 $u = \frac{1}{2} \cdot 10^{1-k}$ 稱為**捨入單位 (rounding unit)**。若以 $\bar{a} = a(1 + \delta)$ 的寫法，則亦可改寫成 $(\bar{a} - a)/a = \delta$，因而從式 (3) 可得 $|\delta| \leq u$。這表示捨入單位 u，代表捨入的誤差界限。

捨入誤差可能完全破壞一個計算，即使是小型的計算亦然。一般而言，我們所要執行的算術運算越多 (也許是好幾百萬次！)，捨入誤差帶來的危險性也就越高。因此，分析一個計算的程式來預估可能的捨入誤差，使其影響盡可能減至最小，這將是很重要的工作。

正如之前提過的，電腦中的計算也不完全精確，因而會產生其它的誤差；然而，這與我們的討論並無密切關連。

列表的準確性　雖然市面上的軟體能夠提供大量各種不同函數數值的列表，其中仍有某些 (高階函數的、積分公式係數的，等等) 表並非經常使用。如果某列表顯示 k 位有效數字，則通常假設表中的任何數值 $\tilde{a}$ 與精確值 a 相差最多為第 k 位數字的 $\pm\frac{1}{2}$ 單位。

19.1.3　有效數字的減少

這代表計算結果的正確數字數少於原先數字的正確數字數。如果將大小幾乎相同的兩數相減，例如，0.1439 – 0.1426 (「相減消去 (subtractive cancellation)」)，可能會出現這種情況。這在簡單的問題中可能發生，但大部分的情況只要稍微改變一下演算法就可以避免——如果我們知道這個問題的話！讓我們藉由下列此一基本例題說明觀念。

例題　2　二次方程式、有效數字的減少

求下列方程式的根

$$x^2 + 40x + 2 = 0$$

計算時用 4 位有效數字 (簡寫為 4S)。

解

求二次方程式 $ax^2 + bx + c = 0$ 之根 x_1、x_2 的公式為

(4)
$$x_1 = \frac{1}{2a}(-b + \sqrt{b^2 - 4ac}) \qquad x_2 = \frac{1}{2a}(-b - \sqrt{b^2 - 4ac})$$

由於 $x_1 x_2 = c/a$，所以根的另一公式為

(5)
$$x_1 = \frac{c}{ax_2} \qquad x_2 \ 同式 \ (4)$$

我們可以看出這避免了在 x_1 中減去正 b。

若 $b < 0$，則由式 (4) 計算 x_1 然後 $x_2 = c/(ax_1)$。

對於 $x^2 + 40x + 2 = 0$，由 (4) 可得 $x = -20 \pm \sqrt{398} = -20 \pm 19.95$，因此 $x_2 = -20.00 - 19.95$，沒什麼困難，但 $x_1 = -20.00 + 19.95 = -0.05$，因為有效數字減少，故此結果並不理想。

相對而言，由式 (5) 可得 $x_1 = 2.000/(-39.95) = -0.05006$，由使用較多位數字的計算可知，誤差的絕對值比最後那一位數字的一個單位還小 (10S 值為 -0.05006265674)。　■

19.1.4　數值結果的誤差

未知量的最終計算結果通常是**近似值 (approximations)**；亦即，含有誤差而並非完全精確的數值，此類誤差可能導因於下列幾種效應的結合。**捨入誤差 (roundoff error)** 導因於捨入，如先前所討論。**實驗性誤差 (experimental error)** 為所給資料的誤差 (也許肇因於量測所產生)。**截去誤差 (truncating errors)** 起因於截去數字所致 (過早簡化運算)，例如，僅用前面數項來代表 Taylor 級

數。這些誤差因計算方法的不同而產生程度不一的影響，因此必須透過不同的方法來個別處理 [「截去 (truncating)」一詞有時被使用來指出要砍掉 (chopping off) 的一項，但此一專門術語本書不建議使用]。

誤差公式 (Formulas for Errors)　假設 $\tilde{a}$ 是一精確值 a 的近似值，則稱兩者之差

(6)
$$\epsilon = a - \tilde{a}$$

為 $\tilde{a}$ 之**誤差 (error)**。因此

(6*)
$$a = \tilde{a} + \epsilon, \qquad 精確值 = 近似值 + 誤差值$$

舉例來說，若 $\tilde{a} = 10.5$ 為 $a = 10.2$ 的近似值，則其誤差為 $\epsilon = -0.3$。而 $\tilde{a} = 1.60$ 之近似值為 $a = 1.82$ 的近似值，其誤差則為 $\epsilon = 0.22$。

注意！在文獻中，有時候也會用 $|a - \tilde{a}|$（「絕對誤差」）或 $\tilde{a} - a$ 作為誤差的定義。

$\tilde{a}$ 的**相對誤差 (relative error)** ϵ_r 定義為

(7)
$$\epsilon_r = \frac{\epsilon}{a} = \frac{a - \tilde{a}}{a} = \frac{誤差值}{精確值} \qquad (a \neq 0)$$

因為 a 值為未知，所以上式看起來沒用。但若 $|\epsilon|$ 遠小於 $|\tilde{a}|$ 時，則可用 $\tilde{a}$ 取代 a，而得下式

(7')
$$\epsilon_r \approx \frac{\epsilon}{\tilde{a}}$$

上式看似仍有問題，因為 ϵ 是未知數；假如 ϵ 是已知，則可從式 (6) 得到 $a = \tilde{a} + \epsilon$。但實際上所能得到的是 $\tilde{a}$ 的**誤差界限 (error bound)**，亦即某數值 β，使得

$$|\epsilon| \leq \beta \qquad 因此 \qquad |a - \tilde{a}| \leq \beta$$

由此可推知，未知數 a 與計算所得 $\tilde{a}$ 兩者之間最大可能差距的範圍。同理，對於相對誤差而言，誤差界限為某數值 β_r，使得

$$|\epsilon_r| \leq \beta_r \qquad 因此 \qquad \left| \frac{a - \tilde{a}}{a} \right| \leq \beta_r$$

19.1.5　誤差增殖 (Error Propagation)

這是一個相當重要的課題。內容將會討論到誤差如何在一開始以及稍後的步驟 (例如捨入) 中，於計算過程之中擴散，進而影響精確性，這種影響有時會導致很嚴重的錯誤。在此要強調的是誤差界限的變化。亦即，在加法與減法的運算中，誤差界限乃是予以相加；而相對誤差的誤差界限，則在乘法與除法的運算中才相加。你最好把這點記起來。

定理 1

誤差增殖 (Error Propagation)

(a) 在加法與減法中，計算結果的**誤差**界限為各單項誤差界限的總和。

(b) 在乘法與除法中，計算結果之**相對誤差**的誤差界限，(大約) 為各已知數之相對誤差的誤差界限和。

證明

(a) 我們採用下列表示式：$x = \tilde{x} + \epsilon_x$、$y = \tilde{y} + \epsilon_y$、$|\epsilon_x| \leq \beta_x$、$|\epsilon_y| \leq \beta_y$。則對兩者之「差」的誤差 ϵ 為

$$
\begin{aligned}
|\epsilon| &= |x - y - (\tilde{x} - \tilde{y})| \\
&= |x - \tilde{x} - (y - \tilde{y})| \\
&= |\epsilon_x - \epsilon_y| \leq |\epsilon_x| + |\epsilon_y| \leq \beta_x + \beta_y
\end{aligned}
$$

「和」的証明方法與上述證明方法類似，這留給讀者自行證明。

(b) 對於 $\tilde{x}\tilde{y}$ 之相對誤差 ϵ_r，可由 $\tilde{x}$、$\tilde{y}$ 得到其相對誤差 ϵ_{rx} 和 ϵ_{ry} 及誤差界限 β_{rx}、β_{ry}

$$
\begin{aligned}
|\epsilon_r| &= \left| \frac{xy - \tilde{x}\tilde{y}}{xy} \right| = \left| \frac{xy - (x - \epsilon_x)(y - \epsilon_y)}{xy} \right| = \left| \frac{\epsilon_x y + \epsilon_y x - \epsilon_x \epsilon_y}{xy} \right| \\
&\approx \left| \frac{\epsilon_x y + \epsilon_y x}{xy} \right| \leq \left| \frac{\epsilon_x}{x} \right| + \left| \frac{\epsilon_y}{y} \right| = |\epsilon_{rx}| + |\epsilon_{ry}| \leq \beta_{rx} + \beta_{ry}
\end{aligned}
$$

上述證明說明了「近似」的意義：因 $\epsilon_x \epsilon_y$ 絕對值遠小於 $|\epsilon_x|$ 與 $|\epsilon_y|$，故我們將其值忽略不計。至於「商」的證明可用類似方法，但須多加一些技巧。　■

19.1.6　基本的誤差原理

每個數值方法應該都伴隨著一個誤差估計。如果估計公式相當複雜或因所需的資訊 (例如導數) 為未知而不實用，故而缺少這類估計公式，則我們可以利用下列方法。

經由比較來估計誤差　以不同的精確度進行同一個計算兩次。將 $\tilde{a}_1$, $\tilde{a}_2$ 結果之差 $\tilde{a}_2 - \tilde{a}_1$，視為較差結果 $\tilde{a}_1$ 的誤差 ϵ_1 之 (可能是大約的) 估計值。事實上，由公式 (4*) 知兩 $\tilde{a}_1 + \epsilon_1 = \tilde{a}_2 + \epsilon_2$。這表示 $\tilde{a}_2 - \tilde{a}_1 = \epsilon_1 - \epsilon_2 \approx \epsilon_1$，因為 $\tilde{a}_2$ 通常比 $\tilde{a}_1$ 還精確，所以相較之下 $|\epsilon_2|$ 會小於 $|\epsilon_1|$。

19.1.7　演算法、穩定性

數值方法可以用演算法表示。**演算法 (algorithm)** 是以人們能夠了解的形式 (「**虛擬碼 (pseudocode)**」) 來描述數值方法的一種逐步程序 (請參見表 19.1 來看一下演算法的形式)。接著演算法可以撰寫成電腦能了解的程式語言，讓電腦執行數值方法。下節將會討論一些重要的演算法。CAS 或部分軟體系統也許存在某些程式可以提供使用者使用，或作為使用者所撰寫之大型程式的部分程式片段。

穩定性 一個演算法必須**穩定 (stable)**，才是有用的演算法；換言之，初始資料的微量改變，僅會導致最後結果相對的微量改變。然而，若初始資料的微量改變，卻造成最後結果大量改變，則意味著演算法**不穩定 (unstable)**。

在大部分的情況下「數值的不穩定性 (numerical instability)」，可藉由選擇較好的演算法來避免；這與一般稱爲「惡劣條件 (或病態條件) (ill-conditioning)」的「數學的不穩定性 (mathematical instability)」之問題是不同意義的，此觀念在下一節再行討論。

要注意的是，某些演算法只針對特定的初始資料才會穩定。

習題集 19.1

1. **浮點** 將 84.175、–528.685、0.000924138 和 –362005 以浮點形式寫出，捨入至 5S (5 位有效數字)。

2. **大數中的小差異**特別可能會受捨入誤差影響。請藉由計算 0.81534 / (35 · 724 – 35.596) 來說明這種情形，首先以所給定的 5S 計算，然後逐步捨入至 4S、3S 及 2S，其中「逐步」表示：將已捨入的數字進行捨入，而非對所給定的數字。

3. 以固定數字數進行加法運算的結果，與數字**相加的順序**有關。利用一範例說明。找出能夠決定最佳順序的經驗原則。

4. **巢狀形** 計算
$$f(x) = x^3 - 7.5x^2 + 11.2x + 2.8$$
$$= ((x - 7.5)x + 11.2)x + 2.8$$
在 $x = 3.94$ 之值，請分別以上述兩種形式，取 3S 分別採用算術與捨入進行計算。後者稱巢狀形，通常較有利於計算，因爲這種形式能夠將運算次數最小化，進而減少捨入誤差。

5. **二次方程式** 分別用式 (4) 和式 (5) 解 $x^2 - 30x + 1 = 0$，以 6S 進行計算。比較並評論。

6. 請使用 4S 計算來解 $x^2 - 40x + 2 = 0$。

7. **不穩定性** 對於小的 $|a|$，方程式 $(x - k)^2 = a$ 幾乎有一對重根。爲何這些根顯示出不穩定性？

8. **溢位和欠位**有時只要稍微修改公式即可避免。以 $\sqrt{x^2 + y^2} = x\sqrt{1 + (y/x)^2}$ 來解釋這件事，其中 $x^2 \geq y^2$ 且 x 大到足以使 x^2 產生溢位。舉出自己的範例。

9. **有效數字的減少 平方根** 請使用 6S 計算在 $x = 0.001$ 處的 $\sqrt{x^2 + 4} - 2$。**(a)** 以給定的式子計算，**(b)** 由 $x^2 / (\sqrt{x^2 + 4} + 2)$ 計算 (請推導之！)。

10. **對數** 請使用 6S 算 $\ln a - \ln b$，其中 $a = 4.00000$ 且 $b = 3.99900$ **(a)** 以給定的式子計算，**(b)** 由 $\ln(a/b)$ 計算。

11. **餘弦** 請使用 6S 計算 $1 - \cos x$，其中 $x = 0.02$ **(a)** 以給定的式子計算，**(b)** 由 $2\sin^2 \frac{1}{2}x$ 計算 (請推導之！)。

12. **在 0/0 附近的商** **(a)** 請使用 6S 計算 $(1 - \cos x)/\sin x$ 其中 $x = 0.005$。**(b)** 利用習題 11 的公式，求出一個比較好的解。

13. **指數函數** 請利用 Maclaurin 級數 5 至 10 項的部分和計算 $1/e = 0.367879$ (6S)。**(a)** 利用 e^{-x} 在 $x = 1$ 的級數，**(b)** 利用 e^x 在 $x = 1$ 的級數，再取倒數。哪一個比較精確？

14. 請用兩種方式以 6S 計算 e^{-10} (請參考習題 13)。

15. **CAS 實驗　近似值**　請證明 $x = 0.1 = \dfrac{3}{2} \displaystyle\sum_{m=1}^{\infty} 2^{-4m}$。那一個機器數字 (部分和) S_n 將會是第一個有 30 個有效數字的 0.1？

16. **CAS 實驗　微積分中的積分**

利用分部積分法，請證明 $I_n = \displaystyle\int_0^1 e^x x^n\, dx = e - nI_{n-1}$、$I_0 = e - 1$。

(a) 計算 $I_n, n = 0, \cdots$ 使用 4S 算數，獲得 $I_8 = -3.906$ 爲何這個答案沒有意義？爲何誤差會如此的大？

(b) 以有效數字數 $k > 4$ 重做 (a) 中的實驗。當你遞增 k 時，產生第一個負數值的 $n = N$ 會提早發生還是延後發生？請爲 $N = N(k)$ 求出一個實驗公式。

17. **反向遞迴**　在習題 **16** 中　利用 $e^x < e$ ($0 < x < 1$)，我們可以推論出當 $n \to \infty$，$|I_n| \le e/(n+1) \to 0$。可以利用 $I_{n-1} = (e - I_n)/n$ 的疊代公式，從 $I_{15} \approx 0$ 開始，以 4S 計算 $I_{14}, I_{13}, \cdots, I_1$ 的值。

18. $\pi = 3.14159265358979\cdots$ 的近似值爲 22/7 和 355/113，求出相對應的誤差與相對誤差至 3 位有效數字。

19. **用 Machin 的近似公式計算 π**

計算 $16 \arctan\left(\frac{1}{5}\right) - 4 \arctan\left(\frac{1}{239}\right)$ 至 10S (此爲正確值)。[在 1986 年，D.H. Bailey (NASA Ames Research Center, Moffett Field, CA 94035) 利用 CRAY-2 在 30 個小時內算出 π 約三千萬個小數位數。求出更多小數位數的競賽仍然持續中。請用網際網路搜尋 pi 看看]。

19.2　以疊代法求解方程式 (Solution of Equations by Iteration)

在本章接下來的每個節次中，我們會選擇一些基本類型的問題，並討論如何用數值方法來求解它們。讀者將會學習到各種型態的重要問題，並熟悉用數值分析來做思考的方式。

　　或許在概念上最簡單的問題爲求解一個單一方程式的解，即

(1)
$$f(x) = 0$$

其中 f 爲一已知方程式。式 (1) 之**解 (solution)** 即找到一數值 $x = s$，使得 $f(s) = 0$。在此 s 代表「solution (解)」，但也可用其它字母表示。

　　有趣的是，請注意除了少數簡單的特例之外，實際上這類問題通常沒有求解公式，因此求解 (1) 必須完全仰賴數值運算法。

　　例如 $x^3 + x = 1$、$\sin x = 0.5x$、$\tan x = x$、$\cosh x = \sec x$、$\cosh x \cos x = -1$，皆可表示成式 (1) 的形式。以上 5 個方程式的第一式爲**代數方程式 (algebraic equation)**，因爲 f 爲多項式。在這種情況，對應解稱爲方程式的**根 (roots)**，而求解的過程稱之爲求根。其餘的方程式爲**超越方程式 (transcendental equation)**，主要係因含有超越函數。

　　求解方程式在工程上的應用很廣泛，因爲在工程上我們常要求解一個單一方程式 (1) 的解。你已經看過如此的應用：在第 2、4、8 章中求解特徵方程式；在第 6 章的部分分式；第 16

章的留數積分；第 12 章的求解特徵值；也在第 12 章的求解貝索函數的零點。而且，在典型的工程領域之外，求根的方法也是非常重要的。舉例來說，在金融方面，決定債券價值的問題值得我們去解一個代數方程式。

當式 (1) 的精確解公式不存在時，求解它可以使用近似法，像是**疊代法 (iteration method)**。此方法係先從一初始猜測值 x_0 (可能與真解相去甚遠) 開始，然後逐步 (通常會越來越接近) 計算式 (1) 中未知解之近似值 x_1, x_2, …。在本節將討論三種在實際應用中特別重要的疊代法，並在習題集中討論另外兩種方法。

讀者要認知到了解這些方法與其潛在的觀念是非常重要的一件事。因為了解這些方法後，讀者就可以從許多內含這些方法變形的不同軟體中，精確選擇適當的軟體來用，而不是只把那些軟體程式當成是「黑盒子」而已。

一般而言，疊代法的程式非常容易設計，因為在每一步驟的運算過程都相同 (只是改變每一步驟的資料而已)，而且，更重要的是，如果在一個具體的情況中某一個方法會收斂，通常表示該方法是穩定的 (參見 19.1 節)。

19.2.1　以固定點疊代法求解方程式 $f(x) = 0$

請注意：在此所用的「固定點」一詞，和前一節中所使用的「定點」沒有任何關係。

將式 (1) 以代數處理方式轉換成下列形式：

(2) $$x = g(x)$$

然後選擇 x_0，並計算 $x_1 = g(x_0)$、$x_2 = g(x_1)$，一般而言，

(3) $$x_{n+1} = g(x_n) \qquad (n = 0, 1, \cdots)$$

式 (2) 之解稱為 g 的**固定點 (fixed point)**，即本方法命名之源由。且此亦為式 (1) 的解，因為 $x = g(x)$ 可以反推回原始形式 $f(x) = 0$。由式 (1) 則可得式 (2) 的許多不同形式，而其對應的疊代數列 x_0, x_1, …可能也因此而有所差異，這與該數列的收斂速度很有關係。事實上，有的情形甚至不會收斂。在此舉一簡單的範例加以說明。

|例題　1　**一個疊代過程 (固定點疊代)**

試建立方程式 $f(x) = x^2 - 3x + 1 = 0$ 的疊代過程。因為我們已知解為，

$$x = 1.5 \pm \sqrt{1.25} \qquad 因此為 2.618034 \quad 和 \quad 0.381966$$

故在疊代過程進行時，將可以觀察誤差的變化。

解

方程式可表示成

(4a) $$x = g_1(x) = \frac{1}{3}(x^2 + 1) \qquad 故 \qquad x_{n+1} = \frac{1}{3}(x_n^2 + 1)$$

如果我們選擇 $x_0 = 1$，可得數列 (參考圖 426a；以 6S 計算並捨入)

$$x_0 = 1.000, \quad x_1 = 0.667, \quad x_2 = 0.481, \quad x_3 = 0.411, \quad x_4 = 0.390, \cdots$$

此數列似乎會趨近於較小的解。如果我們選擇 $x_0 = 2$，則情況類似。如果我們選擇 $x_0 = 3$，可得數列 (參考圖 426a 上面部分)

$$x_0 = 3.000, \quad x_1 = 3.333, \quad x_2 = 4.037, \quad x_3 = 5.766, \quad x_4 = 11.415, \cdots$$

此數列發散。

　　此方程式也可寫為 (除以 x)

(4b) $$x = g_2(x) = 3 - \frac{1}{x} \qquad 故 \qquad x_{n+1} = 3 - \frac{1}{x_n}$$

若我們選擇 $x_0 = 1$，可得數列 (參考圖 426b)

$$x_0 = 1.000, \quad x_1 = 2.000, \quad x_2 = 2.500, \quad x_3 = 2.600, \quad x_4 = 2.615, \cdots$$

此數列似乎會趨近於較大的根。同樣地，若我們選擇 $x_0 = 3$，可得數列 (參考圖 426b)

$$x_0 = 3.000, \quad x_1 = 2.667, \quad x_2 = 2.625, \quad x_3 = 2.619, \quad x_4 = 2.618, \cdots$$

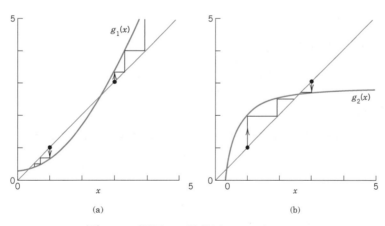

圖 426　例題 1，疊代法 (4a) 和 (4b)

由圖可看出下列事實。在圖 426a 的下面部分，$g_1(x)$ 的斜率小於 $y = x$ 的斜率，後者的斜率等於 1，因此 $|g_1'(x)| < 1$，似乎具有收斂性。在上面部分中，$g_1(x)$ 較陡 ($g_1'(x) > 1$)，因而為發散。在圖 426b 中，在交點 ($x = 2.618$，g_2 的固定點，$f(x) = 0$ 的解) 附近 $g_2(x)$ 的斜率較小，且兩組數列似乎都收斂。由此可推論，收斂似乎與下列事實有關，即在解 $g(x)$ 附近的曲線要比直線 $y = x$ 平滑，而條件 $|g'(x)| < 1$ (即 $y = x$ 的斜率) 為收斂的充分條件。我們將證明之。　■

若相對應的序列 $x_0, x_1, \cdots$ 為收斂，則稱由式 (3) 所定義的疊代程序為對 x_0 **收斂**。

　　在下列定理將說明收斂的充分條件，此定理具有許多不同的實際應用。

定理 1

固定點疊代法的收斂性

令 $x = s$ 為 $x = g(x)$ 之一解，並假設 g 在某包含 s 之某區間 J 內具有連續導數。若在 J 內，$|g'(x)| \le K < 1$，則式 (3) 所定義的疊代過程對於 J 內任意 x_0 皆收斂，且數列 $\{x_n\}$ 的極限為 s。

| 證明

由微分學之均值定理得知，在 x 與 s 之間存在一個 t，使得

$$g(x) - g(s) = g'(t)(x - s) \qquad\qquad (x \text{ 在 } J \text{ 內})$$

因為 $g(x) = s$ 且 $x_1 = g(x_0)$, $x_2 = g(x_1)$, $\cdots$，由此可得定理中 $|g'(x)|$ 的條件

$$|x_n - s| = |g(x_{n-1}) - g(s)| = |g'(t)| \, |x_{n-1} - s| \le K \, |x_{n-1} - s|$$

將此不等式對 n, $n-1$, $\cdots$, 1 套用 n 次，可得

$$|x_n - s| \le K \, |x_{n-1} - s| \le K^2 \, |x_{n-2} - s| \le \cdots \le K^n \, |x_0 - s|$$

因為 $K < 1$，故當 $n \to \infty$ 時 $K^n \to 0$，因此可推得 $|x_n - s| \to 0$。 ■

要說明的是，滿足定理 1 中條件的一個函數 g，我們稱其為 **收縮 (contraction)**，因為 $|g(x) - g(v)| \le K \, |x - v|$，其中 $K < 1$。例如，若 $K = 0.5$，則由於 $0.5^7 < 0.01$，故知僅在 7 個步驟內精確度至少可以增加二個數字。

| 例題 2 **疊代過程、定理 1 的說明。**

以疊代法求 $f(x) = x^3 + x - 1 = 0$ 之一解。

解

由粗略的描圖可知，在 $x = 1$ 附近有一解。**(a)** 方程式可寫成 $(x^2 + 1)x = 1$ 即，

$$x = g_1(x) = \frac{1}{1 + x^2} \qquad 故 \qquad x_{n+1} = \frac{1}{1 + x_n^2} \qquad 而且 \qquad |g_1'(x)| = \frac{2|x|}{(1 + x^2)^2} < 1$$

這對任意的 x 皆成立，因為 $4x^2 / (1 + x^2)^4 = 4x^2 / (1 + 4x^2 + \cdots) < 1$，故由定理 1 可知對任意 x_0 均收斂。取 $x_0 = 1$ 可得 (圖 427)

$$x_1 = 0.500, \quad x_2 = 0.800, \quad x_3 = 0.610, \quad x_4 = 0.729, \quad x_5 = 0.653, \quad x_6 = 0.701, \cdots$$

精確到 6D 的解為 $s = 0.682328$。

(b) 此方程式也可寫為

$$x = g_2(x) = 1 - x^3 \qquad 則 \qquad |g_2'(x)| = 3x^2$$

此導數在解的附近大於 1，因此無法套用定理 1 來確定收斂性。試用 $x_0 = 1$、$x_0 = 0.5$、$x_0 = 2$ 來算算看，看看會有什麼結果。

本例題說明了從一給定的方程式 $f(x)=0$ 轉換到 $x=g(x)$，其中 g 滿足 $|g'(x)|\leq K<1$，或許還需要一些測試。　■

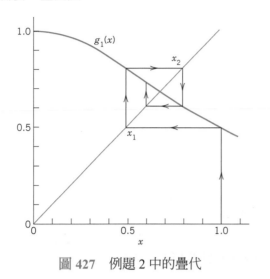

圖 427　例題 2 中的疊代

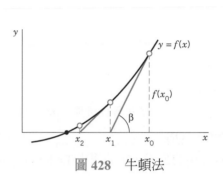

圖 428　牛頓法

19.2.2　以牛頓法求解方程式 $f(x)=0$

牛頓法 (Newton`s method)** 或**牛頓拉福森法 (Newton-Raphson`s method)[1] 是求解方程式 $f(x)=0$ 的另一種疊代法，其中假設 f 具有連續導數 f'。因為此法簡易且速度快，故被廣泛地使用。

本法的基本概念是以適當的切線來趨近 f 的圖形。採用一個從 f 的圖形上獲得之近似值 x_0，令 x_1 為 x 軸與 f 曲線在 x_0 切線之交點 (請見圖 428)。則

$$\tan \beta = f'(x_0) = \frac{f(x_0)}{x_0 - x_1} \qquad 因此 \qquad x_1 = x_0 - \frac{f(x_0)}{f'(x_0)}$$

第二個步驟為計算 $x_2 = x_1 - f(x_1)/f'(x_1)$，第三步驟再以同樣的公式，由 x_2 求出 x_3，依此類推。如此可以得到如表 19.1 所示之演算法。

表 19.1　以牛頓法求解方程式 $f(x)=0$

演算法 NEWTON (f, f', x_0, ϵ, N)
此演算法係由一給定的初始近似值 x_0 (疊代的起始值) 計算 $f(x)=0$ 的一個解。在此，函數 $f(x)$ 是連續的且有連續的導數 $f'(x)$

輸入：f, f'，初始近似值 x_0，容忍值 $\epsilon > 0$，最大的疊代次數 N。
輸出：近似解 $x_n(n \leq N)$ 或是失敗的訊息。

[1] JOSEPH RAPHSON(1648–1715)：英國數學家，他發表的方法與牛頓法相類似。其詳細歷史請參考附錄 1 所列的參考文獻 [GenRef2]，203 頁。

For $n = 0, 1, 2, \cdots, N-1$ do:

1   計算 $f'(x_n)$。

2   If $f'(x_n) = 0$ then 輸出「失敗」。Stop。

           [演算法無法成功地完成]

3   Else 計算

    (5) $$x_{n+1} = x_n - \frac{f(x_n)}{f'(x_n)}$$

4   If $|x_{n+1} - x_n| \le \epsilon |x_{n+1}|$ then 輸出 x_{n+1}。Stop。

           [演算法成功地完成執行]

    End

5   輸出「失敗」。Stop。

           [N 次疊代後無法成功地完成求解程序]

End NEWTON

此演算法中的公式 (5) 也可由 Taylor (Toylor's formula) 公式求得

(5*) $$f(x_{n+1}) \approx f(x_n) + (x_{n+1} - x_n)f'(x_n) = 0$$

如果對某 n 而言 $f'(x_n) = 0$ (請見演算法的行 2)，則請嘗試另一個起始值 x_0。演算法的行 3 為牛頓法的核心。

行 4 中的不等式為**終止準則 (termination criterion)**。若 x_n 的數列收斂且此準則成立，則表示已達所要的精確度，故可停止運算。請注意這只是相對誤差檢驗的一種形式。它確保所得的結果會有想要的有效數字位數。若 $|x_{n+1}| = 0$，該條件滿足若且為若 $x_{n+1} = x_n = 0$，否則 $|x_{n+1} - x_n|$ 必須要夠小。在這行中，右方有 $|x_{n+1}|$ 這個因子對於具有非常小 (或非常大) 絕對值的零點而言是有必要的，因為對於那些 x 而言，機器數字的密度非常的高 (或稀疏)。

警告！該準則本身不意味著收斂性。例如，對調和級數而言，雖然其部分和 $x_n = \sum_{k=1}^{n} 1/k$ 滿足準則 (因為 $\lim(x_{n+1} - x_n) = \lim(1/(n+1)) = 0$)，但該級數為發散的。

行 5 為另一必要的終止準則，因為牛頓法可能發散，或因為 x_0 的選擇不適當，而無法在合理的疊代次數內達到所要求的精確度。此時則嘗試另一個 x_0。若 $f(x) = 0$ 有一個以上的解，則選擇不同的 x_0 可能得到不同的解。此外，一個疊代數列有時可能會收斂至非所預期的解。

例題 3   平方根

建立一牛頓疊代程序來計算已知正數 c 的平方根 x，並應用至 $c = 2$。

解

由 $x = \sqrt{c}$，可得 $f(x) = x^2 - c = 0$、$f'(x) = 2x$，而式 (5) 的形式為

$$x_{n+1} = x_n - \frac{x_n^2 - c}{2x_n} = \frac{1}{2}\left(x_n + \frac{c}{x_n}\right)$$

當 $c = 2$ 時，取 $x_0 = 1$，可得

$$x_1 = 1.500000, \quad x_2 = 1.416667, \quad x_3 = 1.414216, \quad x_4 = 1.414214, \cdots$$

x_4 精確至 6D。 ■

例題 4　超越方程式的疊代

請求出 $2 \sin x = x$ 的正數解。

解

設 $f(x) = x - 2 \sin x$，則 $f'(x) = 1 - 2 \cos x$，由式 (5) 可得

$$x_{n+1} = x_n - \frac{x_n - 2 \sin x_n}{1 - 2 \cos x_n} = \frac{2(\sin x_n - x_n \cos x_n)}{1 - 2 \cos x_n} = \frac{N_n}{D_n}$$

由 f 的圖形可知解在 $x_0 = 2$ 附近。計算過程可表列如下：

n	x_n	N_n	D_n	x_{n+1}
0	2.00000	3.48318	1.83229	1.90100
1	1.90100	3.12470	1.64847	1.89552
2	1.89552	3.10500	1.63809	1.89550
3	1.89550	3.10493	1.63806	1.89549

$x_4 = 1.89549$ 精確至 5D，因為精確至 6D 之解為 1.895494。 ■

例題 5　牛頓法應用於代數方程式

請將牛頓法應用於方程式 $f(x) = x^3 + x - 1 = 0$。

解

由式 (5) 可得

$$x_{n+1} = x_n - \frac{x_n^3 + x_n - 1}{3x_n^2 + 1} = \frac{2x_n^3 + 1}{3x_n^2 + 1}$$

從 $x_0 = 1$ 開始，得

$$x_1 = 0.750000, \quad x_2 = 0.686047, \quad x_3 = 0.682340, \quad x_4 = 0.682328, \cdots$$

其中 x_4 的誤差為 $-1 \cdot 10^{-6}$。與例題 2 比較可以發現本題的收斂快多了！因此啟發了疊代程序之階數 (*order of an iteration process*) 的觀念，討論如下。 ■

19.2.3　疊代法之階數、收斂速度

疊代法的品質可以由收斂速度來描述，如下所述。

　　令 $x_{n+1} = g(x_n)$ 定義一疊代法，並讓 x_n 近似 $x = g(x)$ 之一解 s。則 $x_n = s - \epsilon_n$，其中 ϵ_n 為 x_n 之誤差。假設 g 可微分多次，則可由 Taylor 公式得

$$x_{n+1} = g(x_n) \quad = g(s) + g'(s)(x_n - s) + \frac{1}{2}g''(s)(x_n - s)^2 + \cdots$$

(6)

$$= g(s) - g'(s)\epsilon_n + \frac{1}{2}g''(s)\epsilon_n^2 + \cdots.$$

在 $g(s)$ 之後第一個非零項中 ϵ_n 的指數，稱為 g 所定義之疊代過程的**階數 (order)**。階數可用來衡量收斂之速度。

為了說明此敘述，將式 (6) 兩側減去 $g(s) = s$。則左側可得 $x_{n+1} - s = -\epsilon_{n+1}$，其中 ϵ_{n+1} 為 x_{n+1} 的誤差。而右側剩下的式子約等於第一個非零項，因為 $|\epsilon_n|$ 在收斂的情況下非常小。故

(7)

(a) $\epsilon_{n+1} \approx +g'(s)\epsilon_n$ 在一階的情況

(b) $\epsilon_{n+1} \approx -\frac{1}{2}g''(s)\epsilon_n^2$ 在二階的情況等等

因此，若在某步驟中 $\epsilon_n = 10^{-k}$，則在二階的情況 $\epsilon_{n+1} = c \cdot (10^{-k})^2 = c \cdot 10^{-2k}$，使得有效數字的數目在每一次疊代後約變為兩倍。

19.2.4 牛頓法的收斂性

在牛頓法中，$g(x) = x - f(x)/f'(x)$。微分得

(8)

$$g'(x) \quad = 1 - \frac{f'(x)^2 - f(x)f''(x)}{f'(x)^2}$$

$$= \frac{f(x)f''(x)}{f'(x)^2}$$

因為 $f(s) = 0$，即表示 $g'(s) = 0$。因此牛頓法至少為二階。假如再微分一次並令 $x = s$，可得

(8*)

$$g''(s) = \frac{f''(s)}{f'(s)}$$

一般而言，上式並不會為零。這可證明下列定理。

定理 2

牛頓法的二階收斂性

若 $f(x)$ 為三次可微分，且 f' 與 f'' 在 $f(x) = 0$ 之解 s 處不為零，則當 x_0 足夠接近 s 時，牛頓法為二階。

評論 對牛頓法而言，藉由式 (8*) 可將式 (7b) 變成

(9)

$$\epsilon_{n+1} \approx -\frac{f''(s)}{2f'(s)}\epsilon_n^2$$

若定理 2 中的方法要為快速收斂，則 s 必須為 $f(x)$ 的單零點 (simple zero) (故 $f'(s) \neq 0$)，且 x_0 必須接近 s，因為我們在 Taylor 公式中只取線性項 [見式 (5*)]，並假設二次項太小可忽略 (如果所選的 x_0 不適當，此法甚至可能會發散！)

例題　6　牛頓疊代步驟數的預先誤差估計

在例題 4 中，以 $x_0 = 2$ 及 $x_1 = 1.901$ 估計產生 5D 精確度的解所需的疊代次數。此為**預先估計 (priori estimate 或 prior estimate)**，因為只要疊代一次後，就可以在進一步疊代之前，計算出所需次數。

解

我們有 $f(x) = x - 2 \sin x = 0$。微分得

$$\frac{f''(s)}{2f'(s)} \approx \frac{f''(x_1)}{2f'(x_1)} = \frac{2 \sin x_1}{2(1 - 2 \cos x_1)} \approx 0.57$$

故由式 (9) 得

$$|\epsilon_{n+1}| \approx 0.57 \epsilon_n^2 \approx 0.57(0.57 \epsilon_{n-1}^2)^2 = 0.57^3 \epsilon_{n-1}^4 \approx \cdots \approx 0.57^M \epsilon_0^{M+1} \leq 5 \cdot 10^{-6}$$

其中 $M = 2^n + 2^{n-1} + \cdots + 2 + 1 = 2^{n+1} - 1$。接著將會證明 $\epsilon_0 \approx -0.11$。因此，條件變為

$$0.57^M 0.11^{M+1} \leq 5 \cdot 10^{-6}$$

根據此粗略估計 $n = 2$ 為 n 之最小可能值，與例題 4 一致。

　　$\epsilon_0 \approx -0.11$ 之求法為，利用 $\epsilon_1 - \epsilon_0 = (\epsilon_1 - s) - (\epsilon_0 - s) = -x_1 + x_0 \approx 0.10$，故 $\epsilon_1 = \epsilon_0 + 0.10 \approx -0.57 \epsilon_0^2$ 即 $0.57 \epsilon_0^2 + \epsilon_0 + 0.10 \approx 0$，可得 $\epsilon_0 \approx -0.11$。　　■

牛頓法的困難點　若 $|f'(x)|$ 在 $f(x) = 0$ 的解 s 附近非常小，牛頓法可能產生困難。例如，令 s 為 $f(x)$ 之二次 (或更高次) 的零點。此時，牛頓法僅線性地收斂，我們只要把羅必達法則 (l'Hopital's rule) 套用到 (8) 即可看出。就幾何意義來說，$|f'(x)|$ 很小表示 $f(x)$ 在 s 附近的切線幾乎與 x 軸重疊 (因此要求出足夠精確的 $f(x)$ 與 $f'(x)$，可能要使用雙倍精確度)。如此，對於遠離 s 之值 $x = \tilde{s}$，仍然可以得到小的函數值。

$$R(\tilde{s}) = f(\tilde{s})$$

在此情況下，我們稱方程式 $f(x) = 0$ 為**惡劣條件的 (ill-conditioned)**。$R(\tilde{s})$ 稱為 $f(x) = 0$ 在 $\tilde{s}$ 之**殘數 (residual)**。因此，只有當方程式**不為**惡劣條件時，小的殘數才能保證 $\tilde{s}$ 的誤差會小。

例題　7　惡劣條件的方程式

$f(x) = x^5 + 10^{-4} x = 0$ 為惡劣條件，$x = 0$ 為其一解。$f'(0) = 10^{-4}$ 很小。在 $\tilde{s} = 0.1$ 的殘數 $f(0.1) = 2 \cdot 10^{-5}$ 很小，但其誤差 -0.1 之絕對值卻高出 5000 倍！讀者可試著舉一個情況更差的例子。

19.2.5　以正割法解方程式 $f(x) = 0$

牛頓法是一個非常強大的方法，但其缺點為有時候導數 f' 的表示式可能比 f 複雜得多，而造成運算量相當龐大。在這種情形下，可以將導數以不同的差分商取代，即

$$f'(x_n) \approx \frac{f(x_n) - f(x_{n-1})}{x_n - x_{n-1}}$$

則有別於式 (5)，我們有受歡迎的正割法的公式

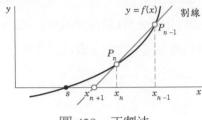

圖 429 正割法

(10)

$$x_{n+1} = x_n - f(x_n) \frac{x_n - x_{n-1}}{f(x_n) - f(x_{n-1})}$$

就幾何意義而言，圖 429 表示在 $f(x)$ 曲線上通過通過 P_{n-1} 與 P_n 兩點的割線，與 x 軸相交於 x_{n+1}。正割法需要兩個起始值 x_0 與 x_1，但可免去導數之計算。經證明可知其收斂性為**超線性 (superlinear)** (亦即，比線性還快，$|\epsilon_{n+1}| \approx$ 常數 $\cdot |\epsilon_n|^{1.62}$；請見附錄 1 中的 [E5])，幾乎相當於牛頓法的二階收斂。其演算法與牛頓法相似，讀者可自己證明。

注意！最好**不要**將式 (10) 寫成

$$x_{n+1} = \frac{x_{n-1} f(x_n) - x_n f(x_{n-1})}{f(x_n) - f(x_{n-1})}$$

因為當 x_n 與 x_{n-1} 相當接近時，可能會導致有效數字的減少 (讀者是否可由公式直接看出？)

例題 **8** **正割法**

請利用正割法，從 $x_0 = 2$、$x_1 = 1.9$ 開始，求出 $f(x) = x - 2\sin x = 0$ 之正數解。

解

運用式 (10) 可得

$$x_{n+1} = x_n - \frac{(x_n - 2\sin x_n)(x_n - x_{n-1})}{x_n - x_{n-1} + 2(\sin x_{n-1} - \sin x_n)} = x_n - \frac{N_n}{D_n}$$

數值表列為：

n	x_{n-1}	x_n	N_n	D_n	$x_{n+1} - x_n$
1	2.000000	1.900000	-0.000740	-0.174005	-0.004253
2	1.900000	1.895747	-0.000002	-0.006986	-0.000252
3	1.895747	1.895494	0		0

$x_3 = 1.895494$ 精確至 6D。請參考例題 4。 ■

方法總結：由已知連續 (或可微分)之 $f(x)$ 計算 $f(x) = 0$ 之解 s 的方法，是從一個 s 的初始近似值 x_0 開始，利用**疊代**的方式產生數列 $x_1, x_2, \cdots$。**固定點法**為將 $f(x) = 0$ 改寫為 $x = g(x)$ 的形式，則 s 為 g 的固定點，亦即 $s = g(s)$。對於 $g(x) = x - f(x)/f'(x)$ 則稱為**牛頓法**，此法對於適當的 x_0 與

簡單零點可得二階收斂 (但對多重零點則為線性)。由牛頓法所延伸出的**正割法**，是以差分商取代導數 $f'(x)$。習題集 19.2 中的**二分法 (bisection method)** 與**試位法 (method of false position)** 一定收斂，但速度較慢。

習題集 19.2

1–11 **固定點疊代 (fixed-point iteration)**

套用固定點疊代法並回答題目中的相關問題。請列出詳細過程。

1. **單調數列** 為什麼在例題 1 中得到的是單調數列？為什麼在例題 2 中卻不是？

2. 完成例題 2(b) 中的疊代，並繪出與圖 427 類似的圖形。請解事發生何事。

3. $f = x - 0.5 \cos x = 0$，$x_0 = 1$，繪出圖形。

4. $f = x - \operatorname{cosec} x$ 零點接近 $x = 1$。

5. 繪出 $f(x) = x^3 - 5.00 x^2 + 1.01 x + 1.88$，證明根接近 ± 1 和 5。把原式寫成 $x = g(x) = (5.00 x^2 - 1.01 x + 1.88) / x^2$。從 $x_0 = 5, 4, 1, -1$ 開始，求出一根。請解釋所得結果 (或許會產生出乎意料的結果)。

6. 對於在習題 5 中的 $f(x) = 0$ 求出一個 $x = g(x)$ 的形式，會收斂到 $x = 1$ 附近的根。

7. 請求出 $\sin x = e^{-x}$ 的最小正數解。

8. **彈性** 解 $x \cosh x = 1$ (類似的方程式出現在振動樑中；請參考習題集 12.3)。

9. **鼓膜、Bessel 函數** $J_0(x)$ (第 5.5 節) 的 Maclaurin 級數的一個部分和為 $f(x) = 1 - \frac{1}{4} x^2 + \frac{1}{64} x^4 - \frac{1}{2304} x^6$。請由其圖形得出在 $x = 2$ 附近 $f(x) = 0$ 之結論。將 $f(x) = 0$ 改寫為 $x = g(x)$ (將 $f(x)$ 除以 $\frac{1}{4} x$，然後將所得之 x 項移至另一邊)。請求出零點 (關於這些零點的重要性，請見第 12.10 節)。

10. **CAS 實驗　收斂性** 令 $f(x) = x^3 + 2x^2 - 3x - 4 = 0$。將其改寫為 $x = g(x)$，其中 g 分別選擇 (1) $(x^3 - f)^{1/3}$、(2) $(x^2 - \frac{1}{2} f)^{1/2}$、(3) $x + \frac{1}{3} f$ 、 (4) $(x^3 - f)/x^2$ 、 (5) $(2x^2 - f)/(2x)$、(6) $x - f/f'$，且每個情況下的 $x_0 = 1.5$。請分別求出收斂性與發散性，以及若解要達到 6S 的精確值所需的疊代次數。

11. **定點的存在性** 證明若 g 在一封閉區間 I 內為連續，且其範圍在 I 內，則方程式 $x = g(x)$ 至少有一解在 I 內。並說明可能有一個以上的解在 I。

12–18 **牛頓法 (Newton's method)**

套用牛頓法 (6S 精確度)。先繪出函數進行觀察。

12. **立方根** 為立方根設計一牛頓疊代。請計算 $\sqrt[3]{7}$，$x_0 = 2$。

13. $f = 2x - \cos x$, $x_0 = 1$。請與習題 3 的結果做比較並評論。

14. 若用其它的 x_0，在習題 13 中會發生何事？

15. **和 x_0 的相依性** 用牛頓法解習題 5，以 $x_0 = 5, 4, 1, -3$。請解釋結果。

16. **Legendre 多項式** 請求出 Legendre 多項式 $P_5(x) = \frac{1}{8}(63 x^5 - 70 x^3 + 15 x)$ (第 5.3 節) 的最大根 (第 19.5 節的**高斯積分**將會用到) **(a)** 利用牛頓法 **(b)** 由二次方程式。

17. **加熱、冷卻** 由 $f_1(x) = 100(1 - e^{-0.2x})$ 與 $f_2(x) = 40 e^{-0.01x}$ 所決定的二個程序，達到相同溫度的時間 x 為何 (只用 4S 精確度)？並求出此溫度。

18. **振動樑** 請求出 $\cos x \cosh x = 1$ 在 $x = \frac{3}{2}\pi$ 附近的解 (此乃是在決定振動樑的頻率；請參考習題集 12.3)。

19. 試位法 (Method of False Position 或 Regula Falsi)。圖 430 顯示此一觀念。假設 f 為連續，計算通過 $(a_0, f(a_0))$，$(b_0, f(b_0))$，兩點之直線的 x 截距 c_0。若 $f(c_0) = 0$，即完成計算。若 $f(a_0)f(c_0) < 0$ (如圖 430 所示)，則令 $a_1 = a_0$、$b_1 = c_0$，重複上述步驟求得 c_1，依此類推。若 $f(a_0)f(c_0) > 0$，則 $f(c_0)f(b_0) < 0$，故令 $a_1 = c_0$、$b_1 = b_0$，重複上述步驟求得 c_1，依此類推。

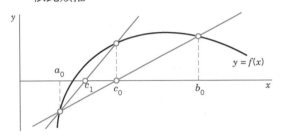

圖 430　試位法

(a) 演算法　試證明

$$c_0 = \frac{a_0 f(b_0) - b_0 f(a_0)}{f(b_0) - f(a_0)}$$

並寫出此法的演算法。

(b) 以 $a = 1$、$b = 2$ 解 $x^4 = 2$、$\cos x = \sqrt{x}$ 和 $x + \ln x = 2$。

20. 團隊專題　二分法。這個方法是用來求 $f(x) = 0$ 之解，其中 f 為連續。此法雖然簡單，但收斂速度較慢。由**中間值定理 (intermediate value theorem)** 知，若一連續函數 f 在某 $x = a$ 與 $x = b(> a)$ 處的正負號相反，亦即 $f(a) < 0$、$f(b) > 0$ 或 $f(a) > 0$、$f(b) < 0$，則 f 在 $[a,b]$ 內的某處必為零。求解的方法為對該區間重複地二分，而且在每次疊代時選擇滿足正負號條件的那一半。

(a) 演算法。試寫出此法的演算法。

(b) 比較　請分別採用牛頓法與二分法以 6S 精確度求解 $x = \cos x$。請比較之。

(c) 請採用二分法求解 $e^{-x} = \ln x$ 與 $e^x + x^4 + x = 2$。

21–22　正割法

以各題中的 x_0 與 x_1 求解。

21. $e^{-x} - \tan x = 0$, $x_0 = 1$, $x_1 = 0.7$

22. $x = \cos x$, $x_0 = 0.5$, $x_1 = 1$

23. 專題寫作　方程式之解　試比較本節內文與習題中的各種方法，並以自選範例討論其優點與缺點。不用證明，只要寫出動機和觀念即可。

19.3　內插法 (Interpolation)

對一個函數 $f(x)$，其在不同給定點 $x_0, x_1, \cdots, x_n$ 上的函數值為已知。我們想要求出函數 $f(x)$ 在「新的」x 值上之近似值，此 x 值介於之前所給定的那些點之間。這個過程稱為**內插 (interpolation)**。讀者應該要特別的留意本節的內容，因為內插法是第 19.4 和 19.5 兩節的基石。事實上，內插法讓我們可以開發數值積分與數值微分的公式，如第 19.5 節所示。

繼續我們的討論，我們將函數 f 的給定值寫成如下形式，

$$f_0 = f(x_0), \quad f_1 = f(x_1), \quad \cdots, \quad f_n = f(x_n)$$

或是以順序對表示，

$$(x_0, f_0), \quad (x_1, f_1), \quad \cdots, \quad (x_n, f_n)$$

這些函數的給定值是從何而來？這些值可能來自「數學」的函數，例如一個對數或一個 Bessel 函數。更常見的是，它們是由量測或自動記錄所得之「經驗」函數，例如汽車或飛機在不同速度的空氣阻抗。其它的「經驗」函數範例還有像是化學程序在不同溫度下的產量，或是以 10 年為間隔進行普查所得之美國人口大小。

內插法的一個基本觀念就是要求出 n 次 (或更少次) 的多項式 $p_n(x)$，使其符合給定值；

(1)
$$p_n(x_0) = f_0, \quad p_n(x_1) = f_1, \quad \cdots, \quad p_n(x_n) = f_n$$

p_n 稱為**內插多項式 (interpolation polynomial)**，而 $x_0, \cdots, x_n$ 稱為**節點 (nodes)**。若 $f(x)$ 是一數學函數，則稱 p_n 為 f 的**近似 (approximation)** [或**多項式近似 (polynomial approximation)**，因為有其它類型的近似，將在稍後討論]。我們可以利用 p_n 求出 f 在 x 處的 (近似) 值，其中 x 介於 x_0 與 x_n 之間 **[內插 (interpolation)]**，或有時在 $x_0 \le x \le x_n$ 區間之外 **[外插 (extrapolation)]**。

動機　多項式非常容易處理，因為我們可以輕易地微分或積分，所得結果仍為多項式。此外，多項式能夠以所需的精確度近似連續函數。亦即，對於區間 $J : a \le x \le b$ 中任意連續的 $f(x)$ 及誤差界限 $\beta > 0$，存在一多項式 $p_n(x)$ (具有足夠的階數 n) 使得

$$|f(x) - p_n(x)| < \beta \quad 對於 J 內所有的 x$$

這就是著名的**Weierstrass 近似定理 (Weierstrass approximation theorem)** (證明請見附錄一的參考書目[GenRef7])。

存在性與唯一性　對於已知資料存在內插多項式 p_n 滿足式 (1)，公式如下面所示。而且，p_n 為唯一：實際上，若有另一個多項式 q_n 也滿足 $q_n(x_0) = f_0, \cdots, q_n(x_n) = f_n$，則在 $x_0, \cdots, x_n$ 各點，$p_n(x) - q_n(x) = 0$；但由代數學可知，具有 $n+1$ 個根的 n 階 (或更小) 多項式 $p_n - q_n$ 必須為零。因此，對於所有的 x，$p_n(x) = q_n(x)$，此即唯一性。　■

如何求出 p_n ？　我們將會解釋一些可以求出 p_n 的標準方法。由先前證明的唯一性可知，對於已知的給定資料，這些方法一定會給出相同的多項式。然而，多項式會依用途的不同而以不同的形式表示。

19.3.1　Lagrange 內插法

已知 $(x_0, f_0), (x_1, f_1), \cdots, (x_n, f_n)$，其中 x_j 具任意間距，Lagrange 觀念的關鍵為：將每一個 f_j 各乘以一個多項式，該多項式在 x_j 點為 1 而在別的 n 個節點為 0；然後將此 $n+1$ 個多項式相加。很明顯地，如此可以獲得唯一的 n 階 (或更小) 多項式。我們先從最簡單的情形開始討論。

線性內插法 (linear interpolation) 是以通過 $(x_0, f_0), (x_1, f_1)$ 兩點的直線進行內插，請見圖 431。因此，線性 Lagrange 多項式 p_1 為和 $p_1 = L_0 f_0 + L_1 f_1$，其中 L_0 為在 x_0 為 1 且在 x_1 為 0 之線性多項式；同樣地，L_1 在 x_0 為 0 且在 x_1 為 1。很明顯地，

$$L_0(x) = \frac{x - x_1}{x_0 - x_1}, \quad L_1(x) = \frac{x - x_0}{x_1 - x_0}$$

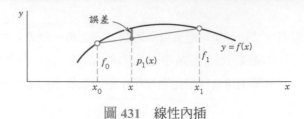

圖 431 線性內插

由此可得線性 Lagrange 多項式

(2)
$$p_1(x) = L_0(x)f_0 + L_1(x)f_1 = \frac{x - x_1}{x_0 - x_1} \cdot f_0 + \frac{x - x_0}{x_1 - x_0} \cdot f_1$$

例題 1　線性 Lagrange 內插法

已知 ln 9.0 = 2.1972、ln 9.5 = 2.2513，請利用線性 Lagrange 內插法計算 ln 9.2 之 4D 值，並以 ln 9.2 = 2.2192 (4D) 求出誤差。

解

$x_0 = 9.0$, $x_1 = 9.5$, $f_0 = \ln 9.0$, $f_1 = \ln 9.5$，在式 (2) 中我們需要

$$L_0(x) = \frac{x - 9.5}{-0.5} = -2.0(x - 9.5), \quad L_0(9.2) = -2.0(-0.3) = 0.6$$

$$L_1(x) = \frac{x - 9.0}{0.5} = 2.0(x - 9.0), \quad L_1(9.2) = 2 \cdot 0.2 = 0.4$$

(請見圖 432) 可得解為

$$\ln 9.2 \approx p_1(9.2) = L_0(9.2)f_0 + L_1(9.2)f_1 = 0.6 \cdot 2.1972 + 0.4 \cdot 2.2513 = 2.2188$$

誤差為 $\epsilon = a - \tilde{a} = 2.2192 - 2.2188 = 0.0004$。因此，線性內插不足以獲得 4D 精確度；但至少可獲得到 3D 精確度。　■

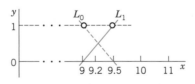

圖 432　例題 1 中的 L_0 和 L_1

二次內插法 (Quadratic Interpolation) 是以二次多項式 $p_2(x)$ 對已知的 $(x_0, f_0), (x_1, f_1), (x_2, f_2)$ 作內插，以 Lagrange 的觀念來表示為

(3a)
$$p_2(x) = L_0(x)f_0 + L_1(x)f_1 + L_2(x)f_2$$

其中 $L_0(x_0) = 1$、$L_1(x_1) = 1$、$L_2(x_2) = 1$ 且 $L_0(x_1) = L_0(x_2) = 0$，依此類推。我們宣稱

$$L_0(x) = \frac{l_0(x)}{l_0(x_0)} = \frac{(x-x_1)(x-x_2)}{(x_0-x_1)(x_0-x_2)}$$

(3b)　　　$$L_1(x) = \frac{l_1(x)}{l_1(x_1)} = \frac{(x-x_0)(x-x_2)}{(x_1-x_0)(x_1-x_2)}$$

$$L_2(x) = \frac{l_2(x)}{l_2(x_2)} = \frac{(x-x_0)(x-x_1)}{(x_2-x_0)(x_2-x_1)}$$

如何得到上式？其實很簡單，若 $j \neq k$ 則分子將使得 $L_k(x_j) = 0$，且分母使得 $L_k(x_k) = 1$，因為在 $x = x_k$ 時分母等於分子。

例題　2　二次 Lagrange 內插法

以例題 1 的資料及 $\ln 11.0 = 2.3979$，利用式 (3) 計算 $\ln 9.2$。

解

在式 (3) 中

$$L_0(x) = \frac{(x-9.5)(x-11.0)}{(9.0-9.5)(9.0-11.0)} = x^2 - 20.5x + 104.5, \quad L_0(9.2) = 0.5400$$

$$L_1(x) = \frac{(x-9.0)(x-11.0)}{(9.5-9.0)(9.5-11.0)} = -\frac{1}{0.75}(x^2 - 20x + 99), \quad L_1(9.2) = 0.4800$$

$$L_2(x) = \frac{(x-9.0)(x-9.5)}{(11.0-9.0)(11.0-9.5)} = \frac{1}{3}(x^2 - 18.5x + 85.5), \quad L_2(9.2) = -0.0200$$

(請見圖 433)，故式 (3a) 可得如下的解果，精確至 4D，

$$\ln 9.2 \approx p_2(9.2) = 0.5400 \cdot 2.1972 + 0.4800 \cdot 2.2513 - 0.0200 \cdot 2.3979 = 2.2192$$

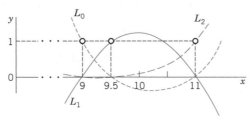

圖 433　例題 2 中的 L_0, L_1, L_2

一般 Lagrange 內插多項式 (General Lagrange Interpolation Polynomial) 對任意 n，可得

(4a)　　　$$f(x) \approx p_n(x) = \sum_{k=0}^{n} L_k(x)f_k = \sum_{k=0}^{n} \frac{l_k(x)}{l_k(x_k)} f_k$$

其中 $L_k(x_k) = 1$，而在其它節點 L_k 為 0，且 L_k 與所要內插的函數 f 無關。式 (4a) 可以容易地獲得假如我們選擇

(4b)　　　$$\begin{aligned} l_0(x) &= (x-x_1)(x-x_2)\cdots(x-x_n) \\ l_k(x) &= (x-x_0)\cdots(x-x_{k-1})(x-x_{k+1})\cdots(x-x_n) \\ l_n(x) &= (x-x_0)(x-x_1)\cdots(x-x_{n-1}) \end{aligned}$$　　　$0 < k < n$

我們可以容易地看出 $p_n(x_k) = f_k$。實際上,觀察式 (4b) 可知,若 $j \neq k$ 則 $l_k(x_j) = 0$,故若 $x = x_k$,則式 (4a) 之和化減爲單項 $(l_k(x_k)/l_k(x_k))f_k = f_k$。

誤差估計 若 f 本身是 n 次 (或更少次) 多項式,則 f 必等於 p_n,因爲 $n+1$ 組資料 $(x_0, f_0), \cdots, (x_n, f_n)$ 所決定之多項式爲唯一,故誤差爲零。此時該 f 的第 $(n+1)$ 階導數爲零。由此我們可以合理推測對一般的 f 而言,其 $(n+1)$ 階導數 $f^{(n+1)}$ 應該可以用來測量誤差

$$\epsilon_n(x) = f(x) - p_n(x)$$

經證明可知,若 $f^{(n+1)}$ 存在且爲連續則此敘述成立。接著,利用介於 x_0 與 x_n 適當的 t (若是外差則介於 x_0、x_n 與 x 之間),

(5)
$$\epsilon_n(x) = f(x) - p_n(x) = (x - x_0)(x - x_1) \cdots (x - x_n) \frac{f^{(n+1)}(t)}{(n+1)!}$$

故 $|\epsilon_n(x)|$ 在節點爲 0,且在節點附近非常小,因爲連續性的關係。在 x 遠離節點時,$(x - x_0) \cdots (x - x_n)$ 之乘積非常大。這會使得外插的風險非常高。而若我們同時選擇 x 兩側的節點,則可獲得 x 處的最佳內插。此外,我們藉由取式 (5) 中 $f^{(n+1)}(t)$ 在區間 $x_0 \leq t \leq x_n$ 內 (若是外插,則爲同時包含 x 的區間) 的最大值與最小值來求出誤差界限。

最重要的是,因爲 p_n 爲唯一,如前所述,故可得下列定理。

定理 1

內插之誤差

若 $f(x)$ 具有連續的第 $(n+1)$ 階導數,則由公式 (5) 可得**任意**多項式內插法之誤差。

實際誤差估計 若式 (5) 中之導數非常難求或無法求得,則套用「誤差原理」(第 19.1 節),亦即,取得另一個節點及 Lagrange 多項式 $p_{n+1}(x)$,並將 $p_{n+1}(x) - p_n(x)$ 視爲 $p_n(x)$ 的 (大約) 誤差估計。

例題 3 線性內插之誤差估計 **(5)**、捨入造成之影響、誤差原理

利用式 (5) 估計例題 1 之誤差,然後再利用「誤差原理」。

解

(A) 利用式 (5) 估算 已知 $n = 1$、$f(t) = \ln t$、$f'(t) = 1/t$、$f''(t) = -1/t^2$。因此

$$\epsilon_1(x) = (x - 9.0)(x - 9.5) \frac{(-1)}{2t^2} \qquad 故 \qquad \epsilon_1(9.2) = \frac{0.03}{t^2}$$

$t = 0.9$ 可得最大值 $0.03/9^2 = 0.00037$ 而 $t = 9.5$ 可得最小值 $0.03/9.5^2 = 0.00033$,故 $0.00033 \leq \epsilon_1(9.2) \leq 0.00037$,或更好,$0.00038$,因爲 $0.3/81 = 0.003703 \cdots$。

但此誤差與例題 1 的 0.0004 不一致,由此可獲得一些啓示!改用 5D 再算一次可得,

$$\ln 9.2 \approx p_1(9.2) = 0.6 \cdot 2.19722 + 0.4 \cdot 2.25129 = 2.21885$$

實際誤差 $\epsilon = 2.21920 - 2.21885 = 0.00035$，此值剛好約介於兩誤差界限之中點。

由上可知，此一不一致結果 (0.0004 對 0.00035) 乃肇因於捨入，這是式 (5) 中所沒有考慮到的。

(B) 利用「誤差原理」估算　如前可計算而得 $p_1(9.2) = 2.21885$，接著 $p_2(9.2)$ 如同例題 2 計算，但計算至 5D，結果可得

$$p_2(9.2) = 0.54 \ \cdot\ 2.19722 + 0.48 \ \cdot\ 2.25129 - 0.02 \ \cdot\ 2.39790 = 2.21916$$

其間的差異 $p_2(9.2) - p_1(9.2) = 0.00031$ 即為我們想要得到的 $p_1(9.2)$ 的近似誤差；而此值近似於上列所得的實際誤差 0.00035。　■

19.3.2　牛頓差商內插法

如前所述，對於已知的資料 $(x_0, f_0), \cdots, (x_n, f_n)$，滿足式 (1) 之內差多項式 $p_n(x)$ 是唯一的。但對於不同的目的，我們可能會使用不同形式的 $p_n(x)$。先前所討論的 **Lagrange 形式**，在推導數值微分 (導數的近似公式) 與積分 (第 19.5 節) 的公式時相當有用。

實用上較為重要的是 $p_n(x)$ 的牛頓型式，我們也會用它來求解 ODE (第 21.2 節)。相較於 Lagrange 型式，牛頓型式所需的算術運算較少。此外，我們經常必須增加階數 n 以達到所需的精確度。在牛頓型式中，我們可以繼承使用所有先前的結果，然後只增加另外一項即可，但在 Lagrange 型式中就沒有那麼好的特性了。這也會簡化「誤差原理」(用於例題 3 的 Lagrange 型式中) 的運用。這些觀念的細節如下。

令 $p_{n-1}(x)$ 為第 $(n-1)$ 個牛頓多項式（我們將決定其形式）；故 $p_{n-1}(x_0) = f_0, \ p_{n-1}(x_1) = f_1, \cdots, \ p_{n-1}(x_{n-1}) = f_{n-1}$。此外，將第 n 個牛頓多項式寫為

$$(6) \qquad\qquad p_n(x) = p_{n-1}(x) + g_n(x)$$

因此

$$(6') \qquad\qquad g_n(x) = p_n(x) - p_{n-1}(x)$$

此處我們要決定 $g_n(x)$ 使得 $p_n(x_0) = f_0, \ p_n(x_1) = f_1, \cdots, \ p_n(x_n) = f_n$。

因為 p_n 與 p_{n-1} 在 $x_0, \cdots, x_{n-1}$ 點處相同，故 g_n 在這些點為零。另外，因為 p_n 為 n 次多項式，故 g_n 通常也為 n 次多項式，而 p_{n-1} 最多為 $n-1$ 次。因此 g_n 的形式必須為

$$(6'') \qquad\qquad g_n(x) = a_n(x - x_0)(x - x_1)\cdots(x - x_{n-1})$$

現在決定常數 a_n。為此，令 $x = x_n$ 並以代數方法解式 (6") 以求出 a_n。依據式 (6') 取代 $g_n(x_n)$，並利用 $p_n(x_n) = f_n$，可得

$$(7) \qquad\qquad a_n = \frac{f_n - p_{n-1}(x_n)}{(x_n - x_0)(x_n - x_1)\cdots(x_n - x_{n-1})}$$

我們以 a_k 取代 a_n，並證明 a_k 等於**第 k 個差商 (kth divided difference)**；其遞迴標示及定義如下：

$$a_1 = f[x_0, x_1] = \frac{f_1 - f_0}{x_1 - x_0}$$

$$a_2 = f[x_0, x_1, x_2] = \frac{f[x_1, x_2] - f[x_0, x_1]}{x_2 - x_0}$$

其通式為

(8)
$$a_k = f[x_0, \cdots, x_k] = \frac{f[x_1, \cdots, x_k] - f[x_0, \cdots, x_{k-1}]}{x_k - x_0}$$

若 $n = 1$，則 $p_{n-1}(x_n) = p_0(x_1) = f_0$，因為 $p_0(x)$ 為常數且等於 f_0 [$f(x)$ 在 x_0 處之值]。故由式 (7) 得

$$a_1 = \frac{f_1 - p_0(x_1)}{x_1 - x_0} = \frac{f_1 - f_0}{x_1 - x_0} = f[x_0, x_1]$$

而由式 (6) 與式 (6″) 可得一次牛頓內插多項式。

$$p_1(x) = f_0 + (x - x_0)f[x_0, x_1]$$

若 $n = 2$，則由 p_1 與式 (7) 可得，

$$a_2 = \frac{f_2 - p_1(x_2)}{(x_2 - x_0)(x_2 - x_1)} = \frac{f_2 - f_0 - (x_2 - x_0)f[x_0, x_1]}{(x_2 - x_0)(x_2 - x_1)} = f[x_0, x_1, x_2]$$

其中最後一個等式，係由直接計算並與等號右側之定義比較而得 (試證明之；請要有耐心)。由式 (6) 與式 (6″) 可得第二牛頓多項式。

$$p_2(x) = f_0 + (x - x_0)f[x_0, x_1] + (x - x_0)(x - x_1)f[x_0, x_1, x_2]$$

當 $n = k$ 時，公式 (6) 得

(9)
$$p_k(x) = p_{k-1}(x) + (x - x_0)(x - x_1)\cdots(x - x_{k-1})f[x_0, \cdots, x_k]$$

由 $p_0(x) = f_0$ 並重複代入 $k = 1, \cdots, n$，最後可得**牛頓差商內插公式 (Newton's divided difference interpolation formula)**

(10)
$$f(x) \approx f_0 + (x - x_0)f[x_0, x_1] + (x - x_0)(x - x_1)f[x_0, x_1, x_2]$$
$$+ \cdots + (x - x_0)(x - x_1)\cdots(x - x_{n-1})f[x_0, \cdots, x_n]$$

表 19.2 所示為其演算法。第一個 do 迴圈計算差商，而第二個 do 迴圈則計算所需值 $p_n(\hat{x})$。

表 19.2 牛頓差商內插法

演算法 INTERPOL ($x_0, \cdots, x_n$; $f_0, \cdots, f_n$; $\hat{x}$)

這個演算法計算 $f(\hat{x})$ 在 $\hat{x}$ 之近似值 $p_n(\hat{x})$。

> 輸入：資料 $(x_0, f_0), (x_1, f_1), \cdots, (x_n, f_n)$; $\hat{x}$
>
> 輸出：$f(\hat{x})$ 之近似值 $p_n(\hat{x})$
>
> 設定 $f[x_j] = f_j$ $(j = 0, \cdots, n)$。
>
> For $m = 1, \cdots, n-1$ do:
>> For $j = 0, \cdots, n-m$ do:
>> $$f[x_j, \cdots, x_{j+m}] = \frac{f[x_{j+1}, \cdots, x_{j+m}] - f[x_j, \cdots, x_{j+m-1}]}{x_{j+m} - x_j}$$
>> End
>
> End
>
> 設定 $p_0(x) = f_0$。
>
> For $k = 1, \cdots, n$ do:
>> $p_k(\hat{x}) = p_{k-1}(\hat{x}) + (\hat{x} - x_0) \cdots (\hat{x} - x_{k-1}) f[x_0, \cdots, x_k]$
>
> End
>
> 輸出 $p_n(\hat{x})$

End INTERPOL

例題 4 將說明如何排列一系列所得到的差；後來的差永遠位於前一行兩組差的中間。這種排列稱為 (差商) 差分表 (difference table)。

例題 4 **牛頓差商內插公式**

由下表前兩行的數值計算 $f(9.2)$。

x_j	$f_j = f(x_j)$	$f[x_j, x_{j+1}]$	$f[x_j, x_{j+1}, x_{j+2}]$	$f[x_j, \cdots, x_{j+3}]$
8.0	2.079442			
		0.117783		
9.0	2.197225		−0.006433	
		0.108134		0.000411
9.5	2.251292		−0.005200	
		0.097735		
11.0	2.397895			

解

差商之計算如下。範例計算：

$$(0.097735 - 0.108134) / (11 - 9) = -0.005200$$

式 (10) 中所需之值以圓圈標示。可得

$$f(x) \approx p_3(x) = 2.079442 + 0.117783(x - 8.0) - 0.006433(x - 8.0)(x - 9.0)$$
$$+ 0.000411(x - 8.0)(x - 9.0)(x - 9.5)$$

在 $x = 9.2$。

$$f(9.2) \approx 2.079442 + 0.141340 - 0.001544 - 0.000030 = 2.219208$$

精確至 6D 之值為 $f(9.2) = \ln 9.2 = 2.219203$。我們可以看到精確度逐項增加的情形：

$$p_1(9.2) = 2.220782, \quad p_2(9.2) = 2.219238, \quad p_3(9.2) = 2.219208$$

19.3.3 等間隔：牛頓前向差分公式

牛頓公式 (10) 能適用於任意間隔的節點，這類節點常出現於實驗或觀察中。然而在許多的應用中，x_j 係為等間隔，例如，在等時間區間所取的量測值。接著，以 h 表示距離，可寫出

(11)
$$x_0, \quad x_1 = x_0 + h, \quad x_2 = x_0 + 2h, \quad \cdots, \quad x_n = x_0 + nh$$

我們將說明如何在上述情況下簡化式 (8) 與式 (10)。

首先，將 f 在 x_j 的一階前向差分 (first forword differente) 定義為，

$$\Delta f_j = f_{j+1} - f_j$$

而 f 在 x_j 的二階前向差分定義為，

$$\Delta^2 f_j = \Delta f_{j+1} - \Delta f_j$$

依此類推，將 f 在 x_j 的 **k 階前向差分**定義為

(12)
$$\Delta^k f_j = \Delta^{k-1} f_{j+1} - \Delta^{k-1} f_j \qquad (k = 1, 2, \cdots)$$

接下來將舉些實例並解釋「前向」這名詞所代表的意義。這個的要點為何？若具有式 (11) 之等間隔，則

(13)
$$f[x_0, \cdots, x_k] = \frac{1}{k!h^k} \Delta^k f_0$$

證明

用歸納法可證明式 (13)。因為 $x_1 = x_0 + h$，當 $k = 1$ 時式 (13) 成立，故

$$f[x_0, x_1] = \frac{f_1 - f_0}{x_1 - x_0} = \frac{1}{h}(f_1 - f_0) = \frac{1}{1!h} \Delta f_0$$

假設式 (13) 對所有 k 階前向差分皆成立，我們要證明當 $k+1$ 時式 (13) 亦成立。使用式 (8) 並以 $k+1$ 取代 k；則由式 (11) 得 $(k+1)h = x_{k+1} - x_0$，最後以 $j=0$ 代入式 (12)，即 $\Delta^{k+1} f_0 = \Delta^k f_1 - \Delta^k f_0$。可得

$$\begin{aligned} f[x_0,\cdots,x_{k+1}] &= \frac{f[x_1,\cdots,x_{k+1}] - f[x_0,\cdots,x_k]}{(k+1)h} \\ &= \frac{1}{(k+1)h}\left[\frac{1}{k!h^k}\Delta^k f_1 - \frac{1}{k!h}\Delta^k f_0\right] \\ &= \frac{1}{(k+1)!h^{k+1}}\Delta^{k+1} f_0 \end{aligned}$$

此即式 (13) 中以 $k+1$ 取代 k 的結果。故公式 (13) 得證。　■

最後在式 (10) 中令 $x = x_0 + rh$。則 $x - x_0 = rh$、$x - x_1 = (r-1)h$，因為 $x_1 - x_0 = h$，依此類推。據此與式 (13)，則公式 (10) 即變為**牛頓** (或格里哥利[2]-牛頓) **前向差分內插公式 (Newton's or Gregory-Newton's forward difference interpolation formula)**

(14)

$$\begin{aligned} f(x) \approx p_n(x) &= \sum_{s=0}^{n}\binom{r}{s}\Delta^s f_0 \qquad (x = x_0 + rh, \quad r = (x-x_0)/h) \\ &= f_0 + r\Delta f_0 + \frac{r(r-1)}{2!}\Delta^2 f_0 + \cdots + \frac{r(r-1)\cdots(r-n+1)}{n!}\Delta^n f_0 \end{aligned}$$

其中第一行的二**項係數 (binomial coefficients)** 定義為

(15)
$$\binom{r}{0} = 1, \quad \binom{r}{s} = \frac{r(r-1)(r-2)\cdots(r-s+1)}{s!}$$
$\qquad(s > 0，整數)$

其中 $s! = 1 \cdot 2 \cdots s$。

誤差　利用 $x - x_0 = rh$、$x - x_1 = (r-1)h$ 等等，由式 (5) 可得

(16)
$$\epsilon_n(x) = f(x) - p_n(x) = \frac{h^{n+1}}{(n+1)!}r(r-1)\cdots(r-n)f^{(n+1)}(t)$$

其中 t 與式 (5) 中的 t 相同。

　　公式 (16) 為誤差之精確公式，但含有未知值 t。在下面的例題 5 中，會說明如何利用式 (16) 求得誤差估計及 $f(x)$ 的實際值所在的區間。

精確度補充說明　**(A)** 誤差 $\epsilon_n(x)$ 的數量級約等於未使用於 $p_n(x)$ 中下一個的差分項的數量級。

　　(B) 我們選擇 $x_0,\cdots,x_n$ 時，應使得所要內插的 x 盡量介於 $x_0,\cdots,x_n$ 的中央。

---

[2] JAMES GREGORY (1638–1675)，蘇格蘭數學家，聖安德魯和愛丁堡大學教授。在式 (14) 中的 Δ 和 ∇^2 和 Laplace 運算子無關。

(A) 的理由為，在式 (16) 中

$$f^{n+1}(t) \approx \frac{\Delta^{n+1} f(t)}{h^{n+1}}, \qquad \frac{|r(r-1)\cdots(r-n)|}{1 \cdot 2 \cdots (n+1)} \leq 1 \qquad 若 \qquad |r| \leq 1$$

(實際上只要不進行外插，則對任意 r 皆可)。(B) 的理由為，如此選擇可使得 $|r(r-1)\cdots(r-n)|$ 變得最小。

例題 5 牛頓前向差分公式、誤差估計

利用式 (14) 與下表中的四個值，計算 cosh 0.56 並估計誤差。

j	x_j	$f_j = \cosh x_j$	Δf_j	$\Delta^2 f_j$	$\Delta^3 f_j$
0	0.5	1.127626			
			0.057839		
1	0.6	1.185465		0.011865	
			0.069704		0.000697
2	0.7	1.255169		0.012562	
			0.082266		
3	0.8	1.337435			

解

計算如上表所示之前向差分。所需要的數值以圓圈標示。在式 (14) 中，計算可得 $r = (0.56 - 0.50) / 0.1 = 0.6$，因此由式 (14) 可得

$$\cosh 0.56 \approx 1.127626 + 0.6 \cdot 0.057839 + \frac{0.6(-0.4)}{2} \cdot 0.011865 + \frac{0.6(-0.4)(-1.4)}{6} \cdot 0.000697$$
$$= 1.127626 + 0.034703 - 0.001424 + 0.000039$$
$$= 1.160944$$

誤差估計 由式 (16)，因為四階導數為 $\cosh^{(4)} t = \cosh t$，故

$$\epsilon_3(0.56) = \frac{0.1^4}{4!} \cdot 0.6(-0.4)(-1.4)(-2.4) \cosh t$$
$$= A \cosh t$$

其中 $A = -0.00000336$ 而 $0.5 \leq t \leq 0.8$。雖然 t 為未知，但我們取該區間中 $\cosh t$ 的最大與最小值，可以得一不等式：

$$A \cosh 0.8 \leq \epsilon_3(0.62) \leq A \cosh 0.5$$

由於

$$f(x) = p_3(x) + \epsilon_3(x)$$

故可得

$$p_3(0.56) + A \cosh 0.8 \leq \cosh 0.56 \leq p_3(0.56) + A \cosh 0.5$$

數字值爲：

$$1.160939 \leq \cosh 0.56 \leq 1.160941$$

準確至 6D 之值爲 $\cosh 0.56 = 1.160941$。此值介於上述界限中。這類界限未必總是那麼狹窄。此外，我們並未考慮捨入誤差，此誤差與運算的次數有關。　■

這個例題同時也說明了「前向差分公式」這個名稱的意義：在差分表中前向的情況顯而易見，公式中的差分項係呈現前向傾斜。

19.3.4　等間隔：牛頓後向差分公式

除了前向傾斜差分外，也可以採用後向傾斜差分。除了對下標 j 所做的微小改變之外 (將在例題 6 中說明)，差分表與先前相同 (同樣的數字、同樣的位置)。雖然如此，爲了方便起見我們亦另外定義差分符號。其中 f 在 x_j 處的一階後向差分 (first backward difference) 定義爲

$$\nabla f_j = f_j - f_{j-1}$$

而 f 在 x_j 的二階後向差分定義爲，

$$\nabla^2 f_j = \nabla f_j - \nabla f_{j-1}$$

依此類推，f 在 x_j 處的 k **階後向差分** (**kth backward difference**) 定義爲

(17) $$\nabla^k f_j = \nabla^{k-1} f_j - \nabla^{k-1} f_{j-1} \qquad (k = 1, 2, \cdots)$$

類似於式 (14) 且含有後向差分項的公式稱爲**牛頓** (或格里哥利-牛頓) **後向差分內插公式** (**Newton's or Gregory-Newton's backward difference interpolation formula**)：

(18)
$$\begin{aligned} f(x) &\approx p_n(x) = \sum_{s=0}^{n} \binom{r+s-1}{s} \nabla^s f_0 \qquad (x = x_0 + rh, \quad r = (x-x_0)/h) \\ &= f_0 + r\nabla f_0 + \frac{r(r+1)}{2!}\nabla^2 f_0 + \cdots + \frac{r(r+1)\cdots(r+n-1)}{n!}\nabla^n f_0 \end{aligned}$$

例題　6　牛頓前向與後向內插

利用下表中的四個值，請透過 (a) 牛頓前向公式 (14) 與 (b) 牛頓後向公式 (18)，計算貝索函數 $J_0(x)$ 在 $x = 1.72$ 的 7D 之近似值。

j_{for}	j_{back}	x_j	$J_0(x_j)$	一階差分	二階差分	三階差分
0	−3	1.7	0.3979849			
				−0.0579985		
1	−2	1.8	0.3399864		−0.0001693	
				−0.0581678		0.0004093
2	−1	1.9	0.2818186		0.0002400	
				−0.0579278		
3	0	2.0	0.2238908			

解

兩種情形的差分計算皆相同，只是其符號不同而已。

(a) 前向 在式 (14) 中，$r = (1.72-1.70)/0.1 = 0.2$，而 j 從 0 移動到 3 (見第一行)。在每一行中需要第一個已知數，因此由式 (14) 得

$$J_0(1.72) \approx 0.3979849 + 0.2(-0.0579985) + \frac{0.2(-0.8)}{2}(-0.0001693) + \frac{0.2(-0.8)(-1.8)}{6} \cdot 0.0004093$$
$$= 0.3979849 - 0.0115997 + 0.0000135 + 0.0000196 = 0.3864183$$

上列結果精確至 6D，而精確至 7D 之值為 0.3864185。

(b) 後向 在式 (18) 中，使用第二行所示的 j 並採用每一行的最後一個數字。由於 $r = (1.72-2.00)/0.1 = -2.8$，故由式 (18) 可得

$$J_0(1.72) \approx 0.2238908 - 2.8(-0.0579278) + \frac{-2.8(-1.8)}{2} \cdot 0.0002400 + \frac{-2.8(-1.8)(-0.8)}{6} \cdot 0.0004093$$
$$= 0.2238908 + 0.1621978 + 0.0006048 - 0.0002750$$
$$= 0.3864184$$

差分的第三種符號，稱為**中央差分符號 (central difference notation)**。中央差分通常用於 ODE 的數值方法和特定的內差公式中。請參見附錄 1 所列之參考書目 [E5]。

習題集 19.3

1. **線性內插** 請計算例題 1 中的 $p_1(x)$，並由此計算 $\ln 9.3$。

2. **誤差估計** 請利用式 (5) 估計習題 1 的誤差。

3. **二次內插、Gamma 函數** [附錄 3.1 式(24)] $\Gamma(1.00) = 1.0000$、$\Gamma(1.02) = 0.9888$、$\Gamma(1.04) = 0.9784$，請求出 Gamma 函數其 4D 值的 Lagrange 多項式 $p_2(x)$，並由此求出 $\Gamma(1.01)$ 和 $\Gamma(1.03)$ 的近似值。

4. **二次內插的誤差估計** 請由式 (5) 估計出例題 2 中 $p_2(9.2)$ 的誤差。

5. **線性與二次內插** 利用線性內插求出 $e^{-0.25}$ 及 $e^{-0.75}$，已知節點之值分別為 $x_0 = 0$、$x_1 = 0.5$ 與 $x_0 = 0.5$、$x_1 = 1$。然後由 $x_0 = 0$、$x_1 = 0.5$、$x_2 = 1$ 求出 e^{-x} 的二次內插多項式 $p_2(x)$，並由此求出 $e^{-0.25}$ 及 $e^{-0.75}$。比較誤差。利用 e^{-x} 的 4S 值。

6. **外插** 從例題 2 的數據所繪出之式 (5) $(x - x_j)$ 乘積圖，是否可看出外插所導致的誤差可能會比內插大？

7. 附錄 A3.1 中的**誤差函數** (35)。以 $f(0.25) = 0.27633$、$f(0.5) = 0.52050$、$f(1.0) = 0.84270$，請求出其 5S 值的 Lagrange 多項式 $p_2(x)$，並由 $p_2(x)$ 求出 $f(0.75)(= 0.71116)$ 的近似值。

8. **誤差界限** 請由式 (5) 推導出習題 7 中的誤差界限。

9. **三次 Lagrange 內插法、貝索函數 J_0** 試計算並在同一座標軸上繪出 $x_0 = 0$、$x_1 = 1$、$x_2 = 2$、$x_3 = 3$ 的 L_0、L_1、L_2、L_3。由數據 $(0, 1)$、$(1, 0.765198)$、$(2, 0.223891)$、$(3, -0.260052)$ [貝索函數 $J_0(x)$ 之值] 求出 $p_3(x)$。求出 $x = 0.5$、1.5、2.5 的 p_3，並和 6S 正確值 0.938470、0.511828 和 -0.048384 做比較。

10 較低次 請求出下列數據的內插多項式的次數 $(-4, 50)$、$(-2, 18)$、$(0, 2)$、$(2, 2)$、$(4, 18)$，使用差分表。請求出該多項式。

11. CAS 實驗 在牛頓公式中加入新項 請撰寫前向公式 (14) 的程式。請藉由連續加入新項來實驗準確度的增加。使用自己選擇函數的數據，讓你的 CAS 系統能夠求出決定誤差所需的數值。

12. 團隊專題 內插與外插

(a) Lagrange 實際誤差估計 (在定理 1 之後)。將此套用至 $p_1(9.2)$ 及 $p_2(9.2)$，其中 $x_0 = 9.0$、$x_1 = 9.5$、$x_2 = 11.0$、$f_0 = \ln x_0$、$f_1 = \ln x_1$、$f_2 = \ln x_2$ (6S 值)。

(b) 外插 給定 $(x_j, f(x_j)) = (0.2, 0.9980)$, $(0.4, 0.9686)$, $(0.6, 0.8443)$, $(0.8, 0.5358)$, $(1.0, 0)$。分別由以 (α) 0.6, 0.8, 1.0，(β) 0.4, 0.6, 0.8，(γ) 0.2, 0.4, 0.6 所求出之二次內插多項式計算 $f(0.7)$。比較誤差並評論。[精確的 $f(x) = \cos(\frac{1}{2}\pi x^2)$，$f(0.7) = 0.7181(4S)$]

(c) 將誤差公式 (5) 的因子 $(x - x_j)$ 乘積，分別對 $n = 2, \cdots, 10$ 繪出其圖形，請分開來畫。這些圖形所顯示出關於內插與外插的準確性為何？

13. 專題寫作 內插方法的比較 列出你覺得本節中最重要的 4 到 5 個觀念。將這些觀念以最佳的邏輯順序排列。在一份 2 到 3 頁的報告中對它們進行討論。

19.4 仿樣函數內插 (Spline Interpolation)

已知資料 (函數值，xy 平面上的點) $(x_0, f_0), (x_1, f_1), \cdots, (x_n, f_n)$，可以利用 n 次多項式 $P_n(x)$ 內插，使得 $P_n(x)$ 的曲線通過 $n+1$ 個點 (x_j, f_j)；此處 $f_0 = f(x_0), \cdots, f_n = f(x_n)$。請見第 19.3 節。

但是如果 n 相當大時，可能會有問題：$P_n(x)$ 在**節點** $x_0, \cdots, x_n$ 之間可能會隨著 x 震盪。因此，我們必須考慮**數值不穩定性 (numeric instability)** (參見 19.1 節)。圖 434 所示為 C. Runge [3] 的著名範例，其中當 $n \to \infty$ (節點維持等距並增加節點數) 時，最大誤差甚至趨近 ∞。圖 435 說明了對另一個片段線性函數，震盪會隨 n 增加而增加。

由 Schoenberg 在 1946 年首先提出的仿樣法 (*Quarterly of Applied Mathematics* **4**, pp.45～99, 12～141)，可以避免這些震盪。此法在實際應用上使用的相當廣泛，同時也是許多近代 **CAD (computer-aided design，電腦輔助設計)** 的基礎。其名稱來自於「製圖元的仿樣線 (draftman's spline)」，即一彈力桿，能夠彎曲使其通過所給定的點並以重物固定。其數學觀念如下：

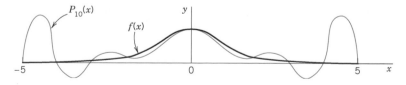

圖 434　Runge 的範例，$f(x) = 1/(1+x^2)$ 及內插多項式 $P_{10}(x)$

---

[3] CARL RUNGE(1856-1927)，德國數學家，以他在 ODE 上的成就而聞名 (第 21.1 節)。

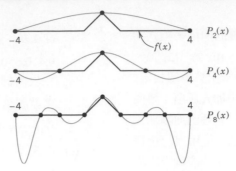

圖 435 片段線性函數 $f(x)$ 與次數遞增的內插多項式

我們不利用單一高階多項式 P_n 來近似節點所在的整個區間 $a \le x \le b$，亦即

(1)
$$a = x_0 < x_1 < \cdots < x_n = b$$

而利用 n 個低階，例如，三次、多項式

$$q_0(x), \quad q_1(x), \quad \cdots, \quad q_{n-1}(x)$$

每個多項式近似各個相鄰節點間的子區間，即 q_0 是從 x_0 到 x_1，然後 q_1 是從 x_1 到 x_2，依此類推。如此，將這些多項式連接成通過資料點的單一連續曲線，亦即

(2)
$$g(x_0) = f(x_0) = f_0, \quad g(x_1) = f(x_1) = f_1, \quad \cdots, \quad g(x_n) = f(x_n) = f_n$$

如此可以建構一內差函數 $g(x)$，稱為一個**仿樣 (spline)**。注意，根據我們所建構的 g，當 $x_0 \le x \le x_1$ 時 $g(x) = q_0(x)$，而當 $x_1 \le x \le x_2$ 時 $g(x) = q_1(x)$，依此類推。

因此仿樣內插法是片段多項式內插。

最簡單的 q_j 是線性多項式。然而，片段線性連續函數的曲線具有轉角，因此一般而言沒有太大的實用性，想一下船身或車身的設計。

我們將會討論三次仿樣函數 (cubic spline)，因為在應用中這是最重要的一種。依定義，內插已知資料 $(x_0, f_0), \cdots, (x_n, f_n)$ 的一個三次仿樣函數 $g(x)$，在區間 $a = x_0 \le x \le x_n = b$ 內為連續函數且具有連續一階與二階導數，並滿足內插條件 (2)；此外，在相鄰節點間，$g(x)$ 是由 3 次 (或較少次) 多項式 $q_j(x)$ 所構成。

我們將證明此類三次仿樣函數存在。且如果除了式 (2) 以外，同時要求

(3)
$$g'(x_0) = k_0, \qquad g'(x_n) = k_n$$

(給定 $g(x)$ 在區間 $a \le x \le b$ 兩端點的切線方向)，則可得一唯一決定的三次仿樣線。這就是下述存在性與唯一性定理的內容，證明中也會涉及仿樣線的實際決定 (條件 (3) 將在證明後討論)。

定理 1

三次仿樣函數的存在性與唯一性

令 $(x_0, f_0), (x_1, f_1), \cdots, (x_n, f_n)$ 具有給定的 (任意間隔的) x_j [請見 (1)] 和給定的 $f_j = f(x_j), j = 0, 1, \cdots, n$。令 k_0 與 k_n 為任意已知數。那麼存在一個而且只有一個對應於式 (1) 且滿足式 (2) 和式 (3) 的三次仿樣函數 $g(x)$。

證明

依定義，在每一個 $x_j \leq x \leq x_{j+1}$ 所代表的子區間 I_j 上，仿樣函數 $g(x)$ 必須與次數不超過三的多項式 $q_j(x)$ 相符合，使得

(4)
$$q_j(x_j) = f(x_j), \qquad q_j(x_{j+1}) = f(x_{j+1}) \qquad\qquad (j = 0, 1, \cdots, n-1)$$

我們將導數寫爲

(5)
$$q_j{}'(x_j) = k_j, \qquad q_j{}'(x_{j+1}) = k_{j+1} \qquad\qquad (j = 0, 1, \cdots, n-1)$$

其中 k_0 與 k_n 爲已知，而 $k_1, \cdots, k_{n-1}$ 將在稍後決定。式 (4) 和式 (5) 爲每一個 $q_j(x)$ 所須滿足的四組條件。經由直接計算，並利用下列標示法

(6*)
$$c_j = \frac{1}{h_j} = \frac{1}{x_{j+1} - x_j} \qquad\qquad (j = 0, 1, \cdots, n-1)$$

我們可以證明滿足式 (4) 和式 (5) 的唯一三次多項式 $q_j(x)(j = 0, 1, \cdots, n-1)$ 爲

(6)
$$\begin{aligned}
q_j(x) = \ & f(x_j)c_j^2(x-x_{j+1})^2[1 + 2c_j(x-x_j)] \\
& + f(x_{j+1})c_j^2(x-x_j)^2[1 - 2c_j(x-x_{j+1})] \\
& + k_j c_j^2(x-x_j)(x-x_{j+1})^2 \\
& + k_{j+1}c_j^2(x-x_j)^2(x-x_{j+1})
\end{aligned}$$

微分兩次後可得

(7)
$$q_j{}''(x_j) = -6c_j^2 f(x_j) + 6c_j^2 f(x_{j+1}) - 4c_j k_j - 2c_j k_{j+1}$$

(8)
$$q_j{}''(x_{j+1}) = 6c_j^2 f(x_j) - 6c_j^2 f(x_{j+1}) + 2c_j k_j + 4c_j k_{j+1}$$

依定義，$g(x)$ 具有連續二階導數。由此可得下列條件

$$q_{j-1}{}''(x_j) = q_j{}''(x_j) \qquad\qquad (j = 1, \cdots, n-1)$$

若在式 (8) 中以 $j-1$ 取代 j，並配合式 (7)，則此 $n-1$ 個方程式變爲

(9)
$$c_{j-1}k_{j-1} + 2(c_{j-1} + c_j)k_j + c_j k_{j+1} = 3[c_{j-1}^2 \nabla f_j + c_j^2 \nabla f_{j+1}]$$

其中 $\nabla f_j = f(x_j) - f(x_{j-1})$，$\nabla f_{j+1} = f(x_{j+1}) - f(x_j)$，$j = 1, \cdots, n-1$ 如同前述。由這 $n-1$ 個方程式所組成的線性系統具有唯一解 $k_1, \cdots, k_{n-1}$，因爲係數矩陣爲嚴格對角優勢 (strictly diagonally dominant)，(亦即每一列的 (正) 對角元素均大於該列其它 (正) 元素的總和)。因此矩陣之行列式不可能零 (由第 20.7 節中的定理 3 可知)，所以我們可以決定 $g(x)$ 的一階導數在節點的唯一值 $k_1, \cdots, k_{n-1}$。故得證。

求解式 (9) 所需的**儲存與時間需求 (Storage and Time Demands)** 不會太大，因爲式 (9) 的矩陣爲稀疏 (sparse) 矩陣 (非零元素非常少)，且爲三**對角線 (tridiagonal) 矩陣** (只有在對角及其上方及下方與對角平行相鄰的元素可能爲非零元素)。由於有上述之優勢，故不需再進行樞軸交換 (pivoting) (第 7.3 節)。這讓仿樣函數在求解具有上千個節點以上的大型問題時，相當有效率。關於文獻及評論性註解，請參閱 *American Mathematical Monthly* **105** (1998), 929-941。

條件 (3) 中包含**箝制條件 (clamped condition)**

(10) $$g'(x_0) = f'(x_0), \qquad g'(x_n) = f'(x_n)$$

其中端點的切線方向 $f'(x_0)$ 與 $f'(x_n)$ 爲已知。其它實用上比較重要的條件爲**自由條件 (free condition)** 或稱**自然條件 (natural condition)**

(11) $$g''(x_0) = 0, \qquad g''(x_n) = 0$$

(幾何意義爲：在端點爲的曲率爲零，就像製圖員的仿樣線一樣)，表示**自然仿樣函數**。這些名稱是由習題集 12.3 中的圖 293 而來。

決定仿樣函數 令 k_0 與 k_n 爲已知。我們將求解線性系統 (9) 以求得 $k_1, \cdots, k_{n-1}$ 我們所要求的仿樣函數 $g(x)$ 是由 n 個三次多項式 $q_0, \cdots, q_{n-1}$ 所組成。將這些多項式寫爲如下形式

(12) $$q_j(x) = a_{j0} + a_{j1}(x-x_j) + a_{j2}(x-x_j)^2 + a_{j3}(x-x_j)^3$$

其中 $j = 0, \cdots, n-1$。利用 Taylor 公式可得

(13)
$$
\begin{aligned}
a_{j0} &= q_j(x_j) = f_j & \text{由(2)}, \\
a_{j1} &= q_j{}'(x_j) = k_j & \text{由(5)}, \\
a_{j2} &= \frac{1}{2}q_j{}''(x_j) = \frac{3}{h_j^2}(f_{j+1} - f_j) - \frac{1}{h_j}(k_{j+1} + 2k_j) & \text{由(7)}, \\
a_{j3} &= \frac{1}{6}q_j{}'''(x_j) = \frac{2}{h_j^3}(f_j - f_{j+1}) + \frac{1}{h_j^2}(k_{j+1} + k_j)
\end{aligned}
$$

其中 a_{j3} 的求法是利用式 (12) 計算 $q_j{}''(x_{j+1})$，並令其結果等於式 (8)，亦即

$$q_j{}''(x_{j+1}) = 2a_{j2} + 6a_{j3}h_j = \frac{6}{h_j^2}(f_j - f_{j+1}) + \frac{2}{h_j}(k_j + 2k_{j+1})$$

現在減去式 (13) 中的 $2a_{j2}$ 並化簡即可。

注意，對於距離 $h_j = h$ 的**等距節點**，式 (6) 中 $c_j = c = 1/h$，然後由式 (9) 可得

(14) $$k_{j-1} + 4k_j + k_{j+1} = \frac{3}{h}(f_{j+1} - f_{j-1}) \qquad (j = 1, \cdots, n-1)$$

例題 1　仿樣函數內插、等距節點

對 $f(x) = x^4$ 在區間 $-1 \le x \le 1$ 內進行內插，請利用對應於節點 $x_0 = -1$、$x_1 = 0$、$x_2 = 1$ 並滿足箝制條件 $g'(-1) = f'(-1)$、$g'(1) = f'(1)$ 的三次仿樣函數。

解

在我們的標準表示符號中，已知資料為 $f_0 = f(-1) = 1$、$f_1 = f(0) = 0$、$f_2 = f(1) = 1$。已知 $h = 1$ 及 $n = 2$，故仿樣函數包含 $n = 2$ 個多項式

$$q_0(x) = a_{00} + a_{01}(x+1) + a_{02}(x+1)^2 + a_{03}(x+1)^3 \qquad (-1 \le x \le 0)$$

$$q_1(x) = a_{10} + a_{11}x + a_{12}x^2 + a_{13}x^3 \qquad (0 \le x \le 1)$$

利用式 (14) 決定 k_j (等距！)，然後利用式 (13) 決定仿樣函數的係數。因為 $n = 2$，故系統 (14) 為單一方程式 ($j = 1$ 及 $h = 1$)

$$k_0 + 4k_1 + k_2 = 3(f_2 - f_0)$$

此處 $f_0 = f_2 = 1$ (x^4 在端點的值) 且 $k_0 = -4$、$k_2 = 4$，導數 $4x^3$ 在端點 -1 與 1 的值。故

$$-4 + 4k_1 + 4 = 3(1-1) = 0, \quad k_1 = 0$$

由式 (13) 可得 q_0 的係數，即 $a_{00} = f_0 = 1$、$a_{01} = k_0 = -4$，以及

$$a_{02} = \frac{3}{1^2}(f_1 - f_0) - \frac{1}{1}(k_1 + 2k_0) = 3(0-1) - (0-8) = 5$$

$$a_{03} = \frac{2}{1^3}(f_0 - f_1) + \frac{1}{1^2}(k_1 + k_0) = 2(1-0) + (0-4) = -2$$

同理，由式 (13) 可得 q_1 的係數 $a_{10} = f_1 = 0$、$a_{11} = k_1 = 0$，以及

$$a_{12} = 3(f_2 - f_1) - (k_2 + 2k_1) = 3(1-0) - (4+0) = -1$$

$$a_{13} = 2(f_1 - f_2) + (k_2 + k_1) = 2(0-1) + (4+0) = 2$$

由此可得組成仿樣函數 $g(x)$ 的多項式，亦即

$$g(x) = \begin{cases} q_0(x) = 1 - 4(x+1) + 5(x+1)^2 - 2(x+1)^3 = -x^2 - 2x^3 & \text{若} \quad -1 \le x \le 0 \\ q_1(x) = -x^2 + 2x^3 & \text{若} \quad 0 \le x \le 1 \end{cases}$$

圖 436 所示為 $f(x)$ 及其仿樣函數。讀者是否看出，利用其對稱性可節省一半以上的工作？　■

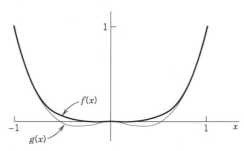

圖 436　例題 1 中的函數 $f(x) = x^4$ 及三次仿樣函數 $g(x)$

例題　2　自然仿樣函數、任意間隔之節點

圖 437 所示爲位於耶路撒冷的「聖書殿 (Shrine of the Book)」，請求出其圓弧形橫截面的仿樣函數近似及多項式近似。

圖 437　耶路撒冷的聖書殿 (設計者爲 F. Kissler 與 A.M. Bartus)

解

由幾乎平均分布在輪廓上的 13 個點 (不是沿著 x 軸！)，可得下列數據：

x_j	-5.8	-5.0	-4.0	-2.5	-1.5	-0.8	0	0.8	1.5	2.5	4.0	5.0	5.8
f_j	0	1.5	1.8	2.2	2.7	3.5	3.9	3.5	2.7	2.2	1.8	1.5	0

圖中所示爲所對應的 12 次內插多項式，但因爲震盪劇烈，所以沒有太大用途 (由於捨入的關係，你的軟體也會提供包含 x 的奇數冪次之小誤差項)。多項式爲

$$P_{12}(x) = 3.9000 - 0.65083\,x^2 + 0.033858\,x^4 + 0.011041\,x^6 - 0.0014010\,x^8$$
$$+ 0.000055595\,x^{10} - 0.00000071867\,x^{12}$$

仿樣函數幾乎是沿著屋頂的輪廓，只有在節點 -0.8 與 0.8 的地方有微小的誤差。仿樣函數是對稱的。其對應於正 x 的六個多項式在表示式 (12) 中的係數如下 (須注意式 (12) 是以 $x-x_j$ 的冪次項表示，而不是 x！)

j	x 區間	a_{j0}	a_{j1}	a_{j2}	a_{j3}
0	0.0...0.8	3.9	0.00	-0.61	-0.015
1	0.8...1.5	3.5	-1.01	-0.65	0.66
2	1.5...2.5	2.7	-0.95	0.73	-0.27
3	2.5...4.0	2.2	-0.32	-0.091	0.084
4	4.0...5.0	1.8	-0.027	0.29	-0.56
5	5.0...5.8	1.5	-1.13	-1.39	0.58

習題集　19.4

1.　撰寫專題　仿樣函數　以你自己的言詞，並盡量不要使用公式，寫一份關於仿樣內插、其動機、與多項式內插之比較、以及其應用的簡短報告。

2–4　驗證、推導、比較

2. **個別多項式 q_j**　試證明式 (6) 中的 $q_j(x)$ 滿足內插條件 (4) 及導數條件 (5)。

3. **導數系統**　請推導出文中 $k_1, \cdots, k_{n-1}$ 的基本線性系統 (9)。

4. **自然仿樣函數條件**　利用已知係數，驗證例題 2 中的仿樣函數在端點處滿足 $g''(x) = 0$。

5–6　決定仿樣函數

已知下列數據及所給定之 k_0 與 k_n，請求出三次仿樣函數 $g(x)$

5. $f(-2) = f(-1) = f(1) = f(2) = 0, \quad f(0) = 1,$ $k_0 = k_4 = 0$

6. 如果從圖 438 中的片段線性函數開始，我們會得到習題 5 中滿足 $g'(-2) = f'(-2) = 0$、$g'(2) = f'(2) = 0$的仿樣函數 $g(x)$。請求出並繪出相對應的 4 次內插多項式，然後與仿樣函數比較。評論之。

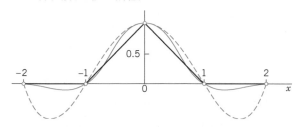

圖 438　習題 5 和 6 中的仿樣函數與內差多項式

7. 若三次仿樣函數爲三次連續可微分 (即具有連續的一階、二階、三階導數)，請證明此函數必爲單一多項式。

8. **CAS 實驗　仿樣函數與多項式的比對**　如果你的電腦輔助系統能夠求出自然仿樣函數，請找出當 x 爲 $-m$ 到 m 之間的整數時，$y(0) = 1$ 而所有其它的 y 等於 0 的自然仿樣函數。將每個此類仿樣函數的圖形與內差多項式 p_{2m} 一起繪出。從 $m = 2$ 到 10(或更多) 各做一次。m 增加時有什麼現象產生？

9. **自然條件**　請解釋式 (11) 之後的討論。

10. **團隊專題　Hermite 內插與 Bezier 曲線**　在 **Hermite 內插**中，我們要找出一多項式 $p(x)$ ($2n+1$ 次或較少次數)，使得 $p(x)$ 及其導數 $p'(x)$ 在 $n+1$ 個節點上具有所給定的值 (更一般的條件爲要求 $p(x), p'(x), p''(x), \cdots$ 在節點上具有所給定的值)。

(a) 已知端點與切線的曲線。令 C 爲 xy 平面上的曲線，其參數表示式爲 $r(t) = [x(t), y(t)]$、$0 \le t \le 1$ (請見第 9.5 節)。試證明對已知的曲線起點與終點，及已知的起點與終點切線，例如

$$A: \ \mathbf{r}_0 = [x(0), y(0)]$$
$$= [x_0, y_0]$$
$$B: \ \mathbf{r}_1 = [x(1), y(1)]$$
$$= [x_1, y_1]$$
$$\mathbf{v}_0 = [x'(0), y'(0)]$$
$$= [x_0', y_0']$$
$$\mathbf{v}_1 = [x'(1), y'(1)]$$
$$= [x_1', y_1']$$

我們可以找到一曲線 C，即

$$
\begin{aligned}
\mathbf{r}(t) = \ & \mathbf{r}_0 + \mathbf{v}_0 t \\
& + (3(\mathbf{r}_1 - \mathbf{r}_0) - (2\mathbf{v}_0 + \mathbf{v}_1))t^2 \\
& + (2(\mathbf{r}_0 - \mathbf{r}_1) + \mathbf{v}_0 + \mathbf{v}_1)t^3
\end{aligned}
\tag{15}
$$

以分量表示爲

$$
\begin{aligned}
x(t) = \ & x_0 + x_0't + (3(x_1 - x_0) - (2x_0' + x_1'))t^2 \\
& + (2(x_0 - x_1) + x_0' + x_1')t^3 \\
y(t) = \ & y_0 + y_0't + (3(y_1 - y_0) - (2y_0' + y_1'))t^2 \\
& + (2(y_0 - y_1) + y_0' + y_1')t^3
\end{aligned}
$$

這是一個三次 Hermite 內插多項式，且 $n = 1$，因爲有兩個節點 (C 的端點) (這和第 5.8 節的 Hermite 多項式沒有任何關係)。上述的二點

$$G_A : \mathbf{g}_0 = \mathbf{r}_0 + \mathbf{v}_0$$
$$= [x_0 + x_0{}', y_0 + y_0{}']$$

和

$$G_B : \mathbf{g}_1 = \mathbf{r}_1 - \mathbf{v}_1$$
$$= [x_1 - x_1{}', y_1 - y_1{}']$$

稱爲**引導點 (guidepoint)**，主要因線段 AG_A 與 BG_B 圖形式地設定了切線的形式。而 A、B、G_A、G_B 可以決定 C，且 C 可能因這些點移動而迅速改變。由這種 Hermite 內插多項式所組成的曲線稱爲 **Bezier 曲線**，是以雷諾汽車公司的法國工程師 P. Bezier 爲名，他在 1960 年代初期設計車體時引入此類曲線。Bezier 曲線 (及曲面) 的用途在於電腦輔助設計 (computer-aided design，CAD) 及電腦輔助製造 (computer-aided manufacturing，CAM) (關於詳細資訊，請參閱附錄 1 中的參考文獻 [E21])。

(b) 若 A: $[0, 0]$、B: $[1, 0]$、$\mathbf{v}_0 = [\frac{1}{2}, \frac{1}{2}]$、$\mathbf{v}_1 = [-\frac{1}{2}, -\frac{1}{4}\sqrt{3}]$，請求出並繪出 Bezier 曲線及其引導點。

(c) **改變引導點**即改變 C。將引導點拉遠會讓 C「停留在切線附近的時間較長」。請將 (b) 中的 $\mathbf{v}_0$ 和 $\mathbf{v}_1$ 改爲 $2\mathbf{v}_0$ 和 $2\mathbf{v}_1$ 來確認這個現象 (請見圖 439)。

(d) 進行自己的實驗。如果將 (b)中的 $\mathbf{v}_1$ 變爲 $-\mathbf{v}_1$，會有什麼現象？如果將 $\mathbf{v}_0$ 和 $\mathbf{v}_1$ 乘上小於 1 的正因數又如何？

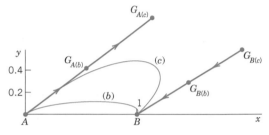

圖 439　團隊專題 10(b) 和 (c)：Bezier 曲線

19.5 數值積分與微分 (Numeric Integration and Differentiation)

在實際應用中，工程師經常會遇到無法利用一般解析方法來計算，或計算非常困難的積分。舉例來說，誤差函數、Fresnel 積分 (請參見本節有關於非基礎積分的習題 9–10、11–12 和線上習題 8–13)，和其它一些無法由一般的微積分方法來估算的積分 (參見附錄 3，式 (24)–(44)，看看這種「困難的」積分)。那麼我們需要數值分析的方法來求得這類積分的近似數值。當被積函數是由數值記錄所構成的經驗函數時，我們也需要數值分析的方法來解之。處理這類問題的方法稱爲數值積分法。

　　數值積分 (numerical integration) 表示以數值方法估計積分

$$J = \int_a^b f(x)\, dx$$

其中 a 與 b 爲已知，而 f 爲公式所得之解析函數或表列數值所得之經驗函數。在幾何上，J 是在 a 與 b 之間 f 曲線下的面積 (圖 440)。

　　若對於 f 存在一可微分函數 F，而 f 爲其導數，則可用下列常見的公式來計算 J，

$$J = \int_a^b f(x)\, dx = F(b) - F(a) \qquad\qquad [F'(x) = f(x)]$$

就此目的而言，積分表或你的 CAS (Mathematica、Maple 等等) 都相當有用。

19.5.1　矩形法則、梯形法則

數值積分方法是用能夠輕易做積分的函數來近似被積函數 f。

最簡單的公式為**矩形法則** **(rectangular rule)**，將積分區間 $a \leq x \leq b$ 分割為 n 個長度皆為 $h = (b-a)/n$ 的子區間，並在每個子區間中以常數 $f(x_j^*)$ 近似 f，其中 $f(x_j^*)$ 為 f 在第 j 個子區間中點 x_j^* 的值。如此，f 是由一**階梯函數** **(step function)** (分段常數函數) 來近似，圖 441 中 n 個矩形的面積為 $f(x_1^*)h, \cdots, f(x_n^*)h$，而**矩形法則**為

(1)
$$J = \int_a^b f(x)\, dx \approx h[f(x_1^*) + f(x_2^*) + \cdots + f(x_n^*)] \qquad \left(h = \frac{b-a}{n} \right)$$

梯形法則 **(trapezoidal rule)** 通常比較精確，方法如下。採用與先前相同的子區間，以 f 曲線上端點為 $[a, f(a)], [x_1, f(x_1)], \cdots, [b, f(b)]$ 的線段 (弦) 折線來近似 f(圖 442)。則在 a 與 b 之間 f 曲線下之面積是以 n 個梯形來近似

$$\frac{1}{2}[f(a) + f(x_1)]\, h, \quad \frac{1}{2}[f(x_1) + f(x_2)]\, h, \quad \cdots, \quad \frac{1}{2}[f(x_{n-1}) + f(b)]\, h$$

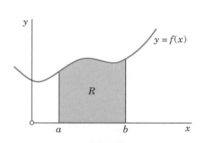

圖 440　定積分的幾何意義圖

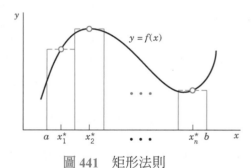

圖 441　矩形法則

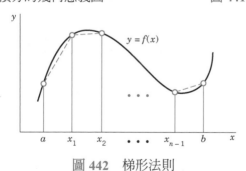

圖 442　梯形法則

取其總和可得**梯形法則**

(2)
$$J = \int_a^b f(x)\, dx \approx h\left[\frac{1}{2} f(a) + f(x_1) + f(x_2) + \cdots + f(x_{n-1}) + \frac{1}{2} f(b) \right]$$

其中 $h = (b-a)/n$，同式 (1)。x_j 和 a 與 b 稱為**節點** **(node)**。

例題 1 梯形法則

利用式 (2) 計算 $J = \int_0^1 e^{-x^2}\,dx$，其中 $n = 10$

請注意這個積分無法用基本的微積分解出，但是卻可以引出誤差函數 [參見附錄 3，式 (35)]。

解

由表 19.3 得 $J \approx 0.1(0.5 \cdot 1.367879 + 6.778167) = 0.746211$。 ■

表 19.3 例題 1 之計算過程

j	x_j	x_j^2	$e^{-x_j^2}$	
0	0	0	1.000000	
1	0.1	0.01		0.990050
2	0.2	0.04		0.960789
3	0.3	0.09		0.913931
4	0.4	0.16		0.852144
5	0.5	0.25		0.778801
6	0.6	0.36		0.697676
7	0.7	0.49		0.612626
8	0.8	0.64		0.527292
9	0.9	0.81		0.444858
10	1.0	1.00	0.367879	
和			1.367879	6.778167

19.5.2 梯形法則之誤差界限與估計

梯形法則的誤差估計可由第 19.3 節式 (5) 推導出，其中 $n = 1$，並利用如下的積分。對於單一子區間，可得

$$f(x) - p_1(x) = (x - x_0)(x - x_1)\frac{f''(t)}{2}$$

其中 t 的適當值依 x 在 x_0 與 x_1 間的位置而定。對 x 從 $a = x_0$ 積分至 $x_1 = x_0 + h$ 可得

$$\int_{x_0}^{x_0+h} f(x)\,dx - \frac{h}{2}\left[f(x_0) + f(x_1)\right] = \int_{x_0}^{x_0+h} (x - x_0)(x - x_0 - h)\frac{f''(t(x))}{2}\,dx$$

令 $x - x_0 = v$，並套用積分之均值定理 (因 $(x - x_0)(x - x_0 - h)$ 符號不變，故可套用)，則右側等於

(3*) $$\int_0^h v(v - h)\,dv\,\frac{f''(\tilde{t})}{2} = \left(\frac{h^3}{3} - \frac{h^3}{2}\right)\frac{f''(\tilde{t})}{2} = -\frac{h^3}{12}f''(\tilde{t})$$

其中 $\tilde{t}$ 爲 x_0 與 x_1 間之 (適當、未知) 值。此爲梯形法則在 $n = 1$ 時的誤差，通常稱爲**區域性誤差 (local error)**。

因此對任意 n，式 (2) 之**誤差** ϵ 爲 n 個子區間此類分量誤差之總和；因爲 $h = (b - a)/n$、$nh^3 = n(b - a)^3/n^3$，且 $(b - a)^2 = n^2 h^2$，可得

(3)
$$\epsilon = -\frac{(b-a)^3}{12n^2} f''(\hat{t}) = -\frac{b-a}{12} h^2 f''(\hat{t})$$

其中 (適當的、未知的) $\hat{t}$ 介於 a 和 b 之間。

由 (3) 式可將梯形法則 (2) 改寫成

(2*)
$$J = \int_a^b f(x)\, dx \approx h\left[\frac{1}{2}f(a) + f(x_1) + \cdots + f(x_{n-1}) + \frac{1}{2}f(b)\right] - \frac{b-a}{12}h^2 f''(\hat{t})$$

取 f'' 在積分區間內的最大值，如 M_2，及最小值 M_2^*，可得**誤差界限**。則式 (3) (注意，K 為負值)
可得

(4)
$$KM_2 \le \epsilon \le KM_2^* \quad \text{其中} \quad K = -\frac{(b-a)^3}{12n^2} = -\frac{b-a}{12}h^2$$

若 f'' 非常複雜或為未知，例如，實驗資料的情況，則最好**將 h 減半來估計誤差**。然後可以套用第 19.1 節的「誤差原理」。亦即，先以 h 計算式 (2) 可得，例如，$J = J_h + \epsilon_h$，然後以 $\frac{1}{2}h$ 計算，得 $J = J_{h/2} + \epsilon_{h/2}$。現在如果以 $(\frac{1}{2}h)^2$ 取代式 (3) 中的 h^2，則誤差變為 $\frac{1}{4}$ 倍。因此 $\epsilon_{h/2} \approx \frac{1}{4}\epsilon_h$ (不完全等於，因為 $\hat{t}$ 可能不同)。總結可得 $J_{h/2} + \epsilon_{h/2} = J_h + \epsilon_h \approx J_h + 4\epsilon_{h/2}$。故 $J_{h/2} - J_h = (4-1)\epsilon_{h/2}$。除以 3 可得 $J_{h/2}$ 的誤差公式

(5)
$$\epsilon_{h/2} \approx \frac{1}{3}(J_{h/2} - J_h)$$

| 例題　2　以式 (4) 及式 (5) 估計梯形法則之誤差

利用式 (4) 及式 (5) 估計例題 1 中近似值之誤差。

解

(A) 利用式 (4) 求誤差界限。由微分得 $f''(x) = 2(2x^2 - 1)e^{-x^2}$。另外，當 $0 < x < 1$ 時，$f'''(x) > 0$，因此最大值與最小值發生在區間的端點。我們計算 $M_2 = f''(1) = 0.735759$ 和 $M_2^* = f''(0) = -2$。此外，$K = -1/1200$，式 (4) 給出

$$-0.000614 \le \epsilon \le 0.001667$$

因此，J 的精確值介於

$$0.746211 - 0.000614 = 0.745597 \quad \text{和} \quad 0.746211 + 0.001667 = 0.747878 \quad \text{之間}$$

實際上，$J = 0.746824$，精確至 6D。

(B) 利用式 (5) 進行誤差估計　在例題 1 中 $J_h = 0.746211$。而且

$$J_{h/2} = 0.05\left[\sum_{j=1}^{19} e^{-(j/20)^2} + \frac{1}{2}(1 + 0.367879)\right] = 0.746671$$

故 $\epsilon_{h/2} = \frac{1}{3}(J_{h/2} - J_h) = 0.000153$，而 $J_{h/2} + \epsilon_{h/2} = 0.746824$，精確至 6D。 ∎

19.5.3 Simpson 積分法則 (Simpson's Rule of Integration)

利用片段常數近似 f 可推導出矩形法則 (1)，利用片段線性近似 f 可推導出梯形法則 (2)，而利用片段二次近似 f 則可推導出 Simpson 法則。Simpson 法則在實用上相當重要，因為能夠得到足夠精確的近似，但仍然相當簡單。

為導出 Simpson 法則，我們將積分區間 $a \leq x \leq b$ 分為**偶數個**相等的子區間，例如，分成 $n = 2m$ 個長度為 $h = (b-a)/(2m)$ 的子區間，端點為 $x_0(=a)$, x_1, $\cdots$, x_{2m-1}, $x_{2m}(=b)$；請見圖 443。現在先取最前的兩個子區間，並利用通過 (x_0, f_0), (x_1, f_1), (x_2, f_2) 的 Lagrange 多項式 $p_2(x)$ 來近似區間 $x_0 \leq x \leq x_2 = x_0 + 2h$ 中的 $f(x)$，其中 $f_j = f(x_j)$。由第 19.3 節式 (3) 可得

$$(6) \qquad p_2(x) = \frac{(x-x_1)(x-x_2)}{(x_0-x_1)(x_0-x_2)} f_0 + \frac{(x-x_0)(x-x_2)}{(x_1-x_0)(x_1-x_2)} f_1 + \frac{(x-x_0)(x-x_1)}{(x_2-x_0)(x_2-x_1)} f_2$$

式 (6) 中的分母分別為 $2h^2$、$-h^2$ 及 $2h^2$。令 $s = (x-x_1)/h$，則

$$x - x_1 = sh, \quad x - x_0 = x - (x_1 - h) = (s+1)h$$
$$x - x_2 = x - (x_1 + h) = (s-1)h$$

故可得

$$p_2(x) = \frac{1}{2} s(s-1) f_0 - (s+1)(s-1) f_1 + \frac{1}{2}(s+1) s f_2$$

我們現在對 x 從 x_0 積分至 x_2。此對應於對 s 從 -1 積分至 1。因為 $dx = h\,ds$，可得

$$(7^*) \qquad \int_{x_0}^{x_2} f(x)\,dx \approx \int_{x_0}^{x_2} p_2(x)\,dx = h\left(\frac{1}{3} f_0 + \frac{4}{3} f_1 + \frac{1}{3} f_2\right)$$

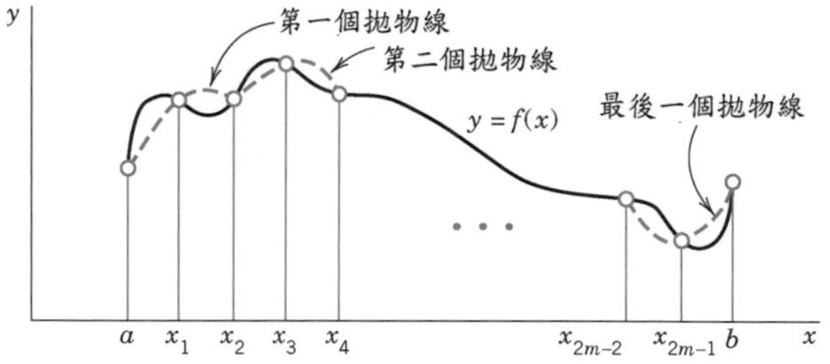

圖 443 Simpson 法則

對於下兩個區間，從 x_2 到 x_4，也可以得到類似結果，依此類推。將這 m 個公式相加，可得到 **Simpson 法則** [4]

---

[4] THOMAS SIMPOSN (1710-1761)，自學成功的英國數學家，著有許多受歡迎的教科書。Simpson 法則其實很早就被 Torricelli、Gregory (在 1668 年)與牛頓 (在 1676 年) 等人使用了。

(7)
$$\int_a^b f(x)\,dx \approx \frac{h}{3}(f_0 + 4f_1 + 2f_2 + 4f_3 + \cdots + 2f_{2m-2} + 4f_{2m-1} + f_{2m})$$

其中 $h = (b-a)/(2m)$ 而 $f_j = f(x_j)$。表 19.4 所示為 Simpson 法則的演算法。

表 **19.4**　Simpson 法則之演算法

演算法 SIMPSON $(a, b, m, f_0, f_1, \cdots, f_{2m})$

這個演算法係利用 Simpson 法則 (7)，從等距離處 $x_0 = a, x_1 = x_0 + h, \cdots, x_{2m} = x_0 + 2mh = b$ 的已知值

$f_j = f(x_j)$，計算積分 $J = \int_a^b f(x)\,dx$，其中 $h = (b-a)/(2m)$。

　　輸入：$a, b, m, f_0, \cdots, f_{2m}$

　　輸出：J 的近似值 $\tilde{J}$

　　計算 $s_0 = f_0 + f_{2m}$

　　　　　$s_1 = f_1 + f_3 + \cdots + f_{2m-1}$

　　　　　$s_2 = f_2 + f_4 + \cdots + f_{2m-2}$

　　　　　$h = (b-a)/2m$

　　　　　$\tilde{J} = \frac{h}{3}(s_0 + 4s_1 + 2s_2)$

　　輸出 $\tilde{J}$。Stop。

End SIMPSON

Simpson 法則 (7) 之誤差　若在 $a \le x \le b$ 之間四階導數 $f^{(4)}$ 存在，且為連續，則式 (7) 之**誤差** ϵ_S 為

(8)
$$\epsilon_S = -\frac{(b-a)^5}{180(2m)^4} f^{(4)}(\hat{t}) = -\frac{b-a}{180} h^4 f^{(4)}(\hat{t})$$

此處 $\hat{t}$ 為 a 與 b 間適當之未知值。此式之推導與式 (3) 類似。由此我們也可以將 Simpson 法則 (7) 寫為

(7**)
$$\int_a^b f(x)\,dx = \frac{h}{3}(f_0 + 4f_1 + \cdots + f_{2m}) - \frac{b-a}{180} h^4 f^{(4)}(\hat{t})$$

誤差界限　當 M_4 與 M_4^* 分別為式 (8) 的 $f^{(4)}$ 的最大值與最小值，可得式 (8) 的誤差界限 (請注意 C 為負值)

(9)
$$CM_4 \le \epsilon_S \le CM_4^* \quad \text{其中} \quad C = -\frac{(b-a)^5}{180(2m)^4} = -\frac{b-a}{180} h^4$$

積分公式之**精確度** (Degree of Precision，**DP**)。這個值指的是使積分公式能在任意區間求出積分精確值的多項式最大次數。

　　因此對梯形法則而言，

$$DP = 1$$

因為我們是以直線片段來近似 f 的曲線 (線性多項式)。

對於 Simpson 法則，我們可以預期 DP=2 (為什麼？)。實際上，由式 (9) 可得

$$DP=3$$

因為對於三次多項式，$f^{(4)}$ 等於零。這讓 Simpson 法則對於大多數的實際問題均能達到足夠的精確度，這也是其廣受歡迎的原因。

對於捨入的**數值穩定性 (Numeric Stability)** 是 Simpson 法則的另一個重要特色。實際上，對於式 (7) 中 $2m+1$ 個 f_j 值的捨入誤差 ϵ_j 之總和，因為 $h=(b-a)/2m$，可得

$$\frac{h}{3}\left|\epsilon_0 + 4\epsilon_1 + \cdots + \epsilon_{2m}\right| \leq \frac{b-a}{3.2\,m}6mu = (b-a)u$$

其中 u 為捨入單位 (若捨入至 6D 則 $u = \frac{1}{2} \cdot 10^{-6}$；請見第 19.1 節)。同時，$6 = 1+4+1$ 為式 (7) 中一對區間的係數總和；$m=1$ 代入式 (7) 中即可看出。界限 $(b-a)u$ 與 m 無關，故不會隨 m 增加 (即 h 減少) 而增加。此即證明穩定性。∎

Newton–Cotes 公式 梯形法及 Simpson 法則都是特殊的關閉式 Newton–Cotes 公式 (closed Newton-Cotes formulas)，亦即，在等距節點以 n 次 (對梯形法則而言 $n=1$，對 Simpson 法則而言 $n=2$) 多項式對 $f(x)$ 進行內插之積分公式，而所謂的**關閉式 (closed)** 意味著 a 與 b 皆為節點 ($a=x_0$、$b=x_n$) [譯註：亦即計算過程會使用頭尾兩點，而開放式公式 (Open Formula)，是指說計算過程沒有使用頭尾兩點]。偶而會使用到 $n=3$ 以及更高次的。從 $n=8$ 開始，某些係數會變為負值，使得正的 f_j 可能會對積分產生負的貢獻，這是一個非常奇特的現象。關於此主題的詳細討論，請參閱附錄 1 中的參考文獻 [E25]。

例題 3 **Simpson 法則、誤差估計**

利用 Simpson 法則計算 $J = \int_0^1 e^{-x^2}\, dx$，其中 $2m=10$，並估計誤差。

解

因 $h=0.1$，由表 19.5 可得

$$J \approx \frac{0.1}{3}(1.367879 + 4 \cdot 3.740266 + 2 \cdot 3.037901) = 0.746825$$

誤差估計 微分可得 $f^{(4)}(x) = 4(4x^4 - 12x^2 + 3)e^{-x^2}$。考慮 $f^{(4)}$ 的導數 $f^{(5)}$，可以發現 $f^{(4)}$ 在積分區間內的最大值發生在 0，而最小值發生在 $x* = (2.5 - 0.5\sqrt{10})^{1/2}$。經過計算後可得 $M_4 = f^{(4)}(0) = 12$ 及 $M_4^* = f^{(4)}(x*) = -7.419$。因為 $2m=10$ 且 $b-a=1$，可得 $C = -1/1800000 = -0.00000056$。故由式 (9) 得

$$-0.000007 \leq \epsilon_S \leq 0.000005$$

因此，J 必定介於 $0.746825 - 0.000007 = 0.746818$ 與 $0.746825 + 0.000005 = 0.746830$ 之間，所以我們的近似值至少精確至 4D。事實上，因為 $J = 0.746824$ (精確至 6D)，所以 0.746825 之值為精確至 5D。

　　相較於在例題 1 中以梯形法則所得之結果，現在的結果精確得多，而且運算次數兩者幾乎相同。　■

表 19.5　例題 3 之計算

j	x_j	x_j^2			$e^{-x_j^2}$
0	0	0	1.000000		
1	0.1	0.01		0.990050	
2	0.2	0.04			0.960789
3	0.3	0.09		0.913931	
4	0.4	0.16			0.852144
5	0.5	0.25		0.778801	
6	0.6	0.36			0.697676
7	0.7	0.49		0.612626	
8	0.8	0.64			0.527292
9	0.9	0.81		0.444858	
10	1.0	1.00	0.367879		
和			1.367879	3.740266	3.037901

與其取 $n = 2m$ 然後用式 (9) 來估計誤差 (如例題 3)，不如先要求精確度 (例如 6D) 然後再從式 (9) 決定 $n = 2m$ 較佳。

> **例題　4　由所要求的精確度來決定 Simpson 法則中 $n = 2m$**

在例題 3 中，若要精確至 6D，我們所應選擇的 n 值為何？

> **解**

利用 $M_4 = 12$ (絕對值較 M_4^* 大)，將 $b - a = 1$ 及所要求的精確度代入式 (9)，可得

$$| CM_4 | = \frac{12}{180(2m)^4} = \frac{1}{2} \cdot 10^{-6} \quad 故 \quad m = \left[\frac{2 \cdot 10^6 \cdot 12}{180 \cdot 2^4} \right]^{1/4} = 9.55$$

因此我們應該選擇 $n = 2m = 20$。讀者可依例題 3 的過程來計算。

　　須注意的是，式 (4) 與式 (9) 中的誤差界限有時候可能不夠確切，在這種情況下較小的 $n = 2m$ 可能就足夠了。　■

將 h 減半來估計 Simpson 法則的誤差　此觀念與式 (5) 相同，可得

(10)
$$\epsilon_{h/2} \approx \frac{1}{15}(J_{h/2} - J_h)$$

J_h 是利用 h 求得，而 $J_{h/2}$ 是利用 $\frac{1}{2}h$ 求得，$\epsilon_{h/2}$ 為 $J_{h/2}$ 的誤差。

推導。式 (5) 中的係數 $\frac{1}{3}$ 乃為 3 = 4–1 的倒數；而 $\frac{1}{4} = (\frac{1}{2})^2$ 則是將式 (3) 中的 h^2 以 $\frac{1}{2}h$ 取代 h 而得。式 (10) 中的係數 $\frac{1}{15}$ 乃為 15 = 16–1 的倒數；而 $\frac{1}{16} = (\frac{1}{2})^4$ 則是將式 (8) 中的 h^4 以 $\frac{1}{2}h$ 取代 h 而得。

例題 5　將 h 減半來估計 Simpson 法則的誤差

以 $h = 1$ 並套用式 (10) 將 $f(x) = \frac{1}{4}\pi x^4 \cos \frac{1}{4}\pi x$ 從 0 積分至 2。

解

精確至 5D 之積分值為 $J = 1.25953$。由 Simpson 法則可得

$$J_h = \frac{1}{3}[f(0) + 4f(1) + f(2)] = \frac{1}{3}(0 + 4 \cdot 0.555360 + 0) = 0.740480$$

$$J_{h/2} = \frac{1}{6}\left[f(0) + 4f\left(\frac{1}{2}\right) + 2f(1) + 4f\left(\frac{3}{2}\right) + f(2)\right]$$

$$= \frac{1}{6}[0 + 4 \cdot 0.045351 + 2 \cdot 0.555361 + 4 \cdot 1.521579 + 0] = 1.22974$$

因此式 (10) 可得 $\epsilon_{h/2} = \frac{1}{15}(1.22974 - 0.74048) = 0.032617$，故 $J \approx J_{h/2} + \epsilon_{h/2} = 1.26236$，誤差為 –0.00283，其絕對值小於 $J_{h/2}$ 誤差 0.02979 的 $\frac{1}{10}$。因此，套用式 (10) 有其價值。　∎

19.5.4　適應性積分 (Adaptive integration)

此觀念為配合 $f(x)$ 的變化性而調整間距 h。亦即，當 f 有變化但變化非常微小時，我們可以用大間距來計算積分，而不會造成嚴重的誤差；而當 f 變化劇烈時，則必須採用小間距，以便在每一處都能足夠地接近 f 的曲線。

h 的變更是系統性地進行，通常是將 h 減半，並依據子區間內 (估計的) 誤差的大小自動的 (而非「手動的」) 決定。若相對應的誤差仍然相當大，亦即超過所給定之**容許範圍 (tolerance)** TOL (最大容許的絕對誤差) 內，則將子區間減半；若誤差小於或等於 TOL，則不減半 (或假如誤差非常的小化則把它倍增)。

適應性是近代軟體常用的技巧之一。配合數值積分，則該概念可以應用至許多種方法中。我們在此先討論在 Simpson 法則的應用。表 19.6 中的星號代表該子區間已達到 TOL。

例題 6　適應性積分配合 Simpson 法則

利用適應性積分並配合 Simpson 法則以及 TOL[0, 2] = 0.0002，將 $f(x) = \frac{1}{4}\pi x^4 \cos \frac{1}{4}\pi x$ 從 $x = 0$ 積分至 2。

解

表 19.6 為計算結果。圖 444 所示為被積函數 $f(x)$ 及調整後的區間。前兩個區間 ([0, 0.5], [0.5, 1.0]) 的長度為 0.5，故 $h = 0.25$ [因為在 Simpson 法則 (7**) 中，是取 $2m = 2$]。下兩個區間 ([1.00, 1.25], [1.25, 1.50]) 的長度為 0.25 (故 $h = 0.125$)，而最後四個區間的長度為 0.125。範例計算：對於 0.740480 請參考例題 5。由式 (10) 可得 (0.123716－0.122794)/15＝0.000061。注意，0.123716 對應到 [0, 0.5]

和 [0.5, 1]，故必須減去前行中對應到 [0, 1] 的值。其餘亦同。TOL [0, 2] =0.0002 可得對長度為 1 的子區間為 0.0001，對長度為 0.5 的子區間為 0.00005 等等。所得之積分值為星號 (表示誤差估計小於 TOL) 所標示的值之總和。可得

$$J \approx 0.123716 + 0.528895 + 0.388263 + 0.218483 = 1.25936$$

準確至 5D 之值為 $J = 1.25953$。故誤差為 0.00017。此誤差約為例題 5 中誤差絕對值的 1/200。我們此一較大規模的計算所得到的結果也較精確。 ■

表 19.6　例題 6 之計算

區間		積分	誤差 (10)	TOL	備註
[0, 2]		0.740480		0.0002	
[0, 1]		0.122794			
[1, 2]		1.10695			
	和 =	1.22974	0.032617	0.0002	子區間減半
[0.0, 0.5]		0.004782			
[0.5, 1.0]		0.118934			
	和 =	0.123716*	0.000061	0.0001	TOL到達
[1.0, 1.5]		0.528176			
[1.5, 2.0]		0.605821			
	和 =	1.13300	0.001803	0.0001	子區間減半
[1.00, 1.25]		0.200544			
[1.25, 1.50]		0.328351			
	和 =	0.528895*	0.000048	0.00005	TOL到達
[1.50, 1.75]		0.388235			
[1.75, 2.00]		0.218457			
	和 =	0.606692	0.000058	0.00005	子區間減半
[1.500, 1.625]		0.196244			
[1.625, 1.750]		0.192019			
	和 =	0.388263*	0.000002	0.000025	TOL到達
[1.750, 1.875]		0.153405			
[1.875, 2.000]		0.065078			
	和 =	0.218483*	0.000002	0.000025	TOL到達

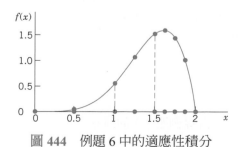

圖 444　例題 6 中的適應性積分

19.5.5 高斯積分公式最大精確度

到目前為止我們所討論的積分公式，都是使用預先決定 (等距) x 值 (節點) 上的函數值，且對於不超過某次數 [稱為精確度 (degree of precision)；請見式 (9) 後面] 的多項式，能夠得到準確的結果。但我們可以得到更加正確的積分公式，如下所述。令

$$(11) \qquad \int_{-1}^{1} f(t)\, dt \approx \sum_{j=1}^{n} A_j f_j \qquad\qquad [f_j = f(t_j)]$$

其中 n 為固定，而 $t = \pm 1$ 是由 $x = a, b$ 令 $x = \frac{1}{2}[a(t-1) + b(t+1)]$ 而得。然後我們決定 n 個係數 $A_1, \cdots, A_n$ 及 n 個節點 $t_1, \cdots, t_n$，使得式 (11) 對於 k 次多項式能夠獲得最精確的結果。因為 $n + n = 2n$ 是 $2n-1$ 次多項式的係數個數，故 $k \le 2n-1$。

　　高斯已經證明，對於次數不超過 $2n-1$ (而不是預先決定節點的 $n-1$) 的多項式，可以獲得精確的結果，高斯並推導出 t_j 的位置 (= 第 5.3 節 Legendre 多項式 P_n 的第 j 個零) 以及係數 A_j，其中 A_j 取決於 n 而非 $f(t)$，並可利用 Lagrange 內插多項式求得 (如附錄 1 參考書目 [E5] 中所述)。包含這些 t_j 與 A_j 的式 (11)，稱為**高斯積分公式 (Gauss integration formula) 或高斯求積公式 (Gauss quadrature formula)**。其精確度為 $2n-1$，由先前的討論可知。表 19.7 為 $n = 2, \cdots, 5$ 所需的值 (對於較大的 n，請參閱附錄 1 參考書目 [GenRef1] 之第 916-919 頁)。

表 19.7　高斯積分：節點 t_j 與係數 A_j

n	節點 t_j	係數 A_j	精確度次數
2	-0.5773502692	1	3
	0.5773502692	1	
3	-0.7745966692	0.5555555556	5
	0	0.8888888889	
	0.7745966692	0.5555555556	
4	-0.8611363116	0.3478548451	7
	-0.3399810436	0.6521451549	
	0.3399810436	0.6521451549	
	0.8611363116	0.3478548451	
5	-0.9061798459	0.2369268851	9
	-0.5384693101	0.4786286705	
	0	0.5688888889	
	0.5384693101	0.4786286705	
	0.9061798459	0.2369268851	

例題　7　　**$n = 3$ 的高斯積分公式**

利用高斯積分公式 (11)，以 $n = 3$ 計算例題 3 中的積分。

解

我們必須將從 0 至 1 的積分轉換為從 -1 至 1 的積分。令 $x = \frac{1}{2}(t+1)$。則 $dx = \frac{1}{2}dt$，當 $n = 3$ 時，由式 (11) 以 及上列節點與係數值計算可得

$$\int_0^1 \exp(-x^2)\, dx = \frac{1}{2} \int_{-1}^1 \exp\left(-\frac{1}{4}(t+1)^2\right) dt$$

$$\approx \frac{1}{2}\left[\frac{5}{9}\exp\left(-\frac{1}{4}\left(1-\sqrt{\frac{3}{5}}\right)^2\right) + \frac{8}{9}\exp\left(-\frac{1}{4}\right) + \frac{5}{9}\exp\left(-\frac{1}{4}\left(1+\sqrt{\frac{3}{5}}\right)^2\right) \right] = 0.746815$$

(精確至 6D：0.746825)，與例題 3 中使用 Simpson 法所獲得之結果幾乎一樣精確，唯採用了更多的算術運算。由 3 函數值 (如此一例題) 與 Simpson 法可得 $\frac{1}{6}(1 + 4e^{-0.25} + e^{-1}) = 0.747180$，誤差超過高斯積分的誤差 30 倍。

例題 8 *n = 4 和 5 的高斯積分公式*

利用高斯積分將 $f(x) = \frac{1}{4}\pi x^4 \cos\frac{1}{4}\pi x$ 從 $x = 0$ 積分至 2。與例題 6 中的適應性積分做比較，並說明。

解

令 $x = t+1$ 可得 $f(t) = \frac{1}{4}\pi(t+1)^4 \cos(\frac{1}{4}\pi(t+1))$，滿足式 (11) 的要求。對 $n = 4$ 我們計算 (6S)

$$J \approx A_1 f_1 + \cdots + A_4 f_4 = A_1(f_1 + f_4) + A_2(f_2 + f_3)$$

$$= 0.347855(0.000290309 + 1.02570) + 0.652145(0.129464 + 1.25459) = 1.25950$$

由於 $J = 1.25953$ (6S)，故誤差為 0.00003。若以 10S 及 $n = 4$ 計算可得相同的結果；因此誤差是來自於公式，而不是因為捨入。對 $n = 5$ 與 10S 可得 $J \approx 1.259526185$，此結果高出 $J = 1.259525935$ (10S) 達 0.000000250。精確度相當驚人，特別是與例題 6 中的計算量相較之下。

高斯積分在實務上有相當的重要性。當被積含數 f 是一公式 (而不是數字列表) 或是當實驗量測可以被設定在時間 t_j (或 t 所代表的任何物理量)，如表 19.7 或參考書目 [GenRef1] 所示，則高斯積分的準確度將蓋過複雜 t_j 與 A_j (這些可能必須儲存) 的缺點。此外，相較於在 n 較大時 Newton–Cotes 係數可能為負值，高斯係數 A_j 對於所有 n 皆為正值。

　　當然，在許多應用中我們會使用等距節點，使得高斯積分不適用 (或是如果必須以內差求出式 (11) 中的 t_j 時，則高斯積分沒有太大的優勢)。

　　因為式 (11) 中積分區間的上下限 -1 與 1 不是 P_n 的零點，故不會發生在 $t_0, \cdots, t_n$ 中，因此稱式 (11) 為**開放式公式 (open formula)**；相較之下，**封閉式公式 (closed formula)** 則代表積分區間上下限為 t_0 與 t_n [例如，式 (2) 與式 (7) 為封閉式公式]。

19.5.6　數值微分 (Numerical Differentiation)

數值微分 (Numeric differentiation) 即由一函數 f 的已知值，求出 f 其導數值之計算。數值微分應該盡量予以避免。積分是一個平滑化的程序而不會受到微小的函數值不精確性所影響，但是微分則

會產生較「粗糙」的結果，而且所得的 f' 值通常比 f 值還要不精確。此一困難乃肇因於導數的定義，它是差商的極限，而在差商中通常是將大數量值的微量差除以一個小數量值。這會產生數值的不穩定性。然而，雖然了解了這項警告，我們仍然必須要推導基本的微分公式，因為它們是微分方程式數值解的基礎。

我們使用的符號為 $f_j' = f'(x_j)$、$f_j'' = f''(x_j)$，依此類推，並利用

$$f'(x) = \lim_{h \to 0} \frac{f(x+h) - f(x)}{h}$$

求出概略的導數近似公式。這表示

(12) $$f_{1/2}' \approx \frac{\delta f_{1/2}}{h} = \frac{f_1 - f_0}{h}$$

同樣地，對於二階導數可得

(13) $$f_1'' \approx \frac{\delta^2 f_1}{h^2} = \frac{f_2 - 2f_1 + f_0}{h^2} \qquad \text{依此類推}$$

藉由將適當的 Lagrange 多項式微分，我們可以得到更精確的近似。將式 (6) 微分，並記得式 (6) 中之分母為 $2h^2$、$-h^2$、$2h^2$，我們可得

$$f'(x) \approx p_2'(x) = \frac{2x - x_1 - x_2}{2h^2} f_0 - \frac{2x - x_0 - x_2}{h^2} f_1 + \frac{2x - x_0 - x_1}{2h^2} f_2$$

求上式在 x_0、x_1、x_2 之值，可得「三點公式 (three-point formula)」。

(14)
$$\text{(a)} \quad f_0' \approx \frac{1}{2h}(-3f_0 + 4f_1 - f_2)$$

$$\text{(b)} \quad f_1' \approx \frac{1}{2h}(-f_0 + f_2)$$

$$\text{(c)} \quad f_2' \approx \frac{1}{2h}(f_0 - 4f_1 + 3f_2)$$

將同樣的觀念套用至 Lagrange 多項式 $p_4(x)$，可得到類似的公式，特別的是

(15) $$f_2' \approx \frac{1}{12h}(f_0 - 8f_1 + 8f_3 - f_4)$$

關於進一步的範例與公式，請見習題集及附錄 1 所列之參考書目 [E5]。

習題集　19.5

1–4　矩形法則和梯形法則

1. **矩形法則**　利用矩形法則 (1) 計算例題 1 之積分，其中子區間長度為 0.1。請和例題 1 做比較 (6S 正確值：0.746824)

2. **式 (1) 的界限**　推導出矩形法則的上界限與下界限公式。套用至習題 1。

3. **經由減半估計誤差**　以式 (2) 和 $h=1$、$h=0.5$、$h=0.25$ 將 $f(x) = x^4$ 從 0 積分到 1 並用式 (5) 估計 $h=0.5$ 和 $h=0.25$ 的誤差。

4. **穩定性**。證明梯形法則相對於捨入為穩定。

　Simpson 法則

以 Simpson 法則和指定的 $2m$ 計算積分

$$A = \int_1^2 \frac{dx}{x} \ \text{、} \ B = \int_0^{0.4} xe^{-x^2}\,dx \ \text{、} \ J = \int_0^1 \frac{dx}{1+x^2},$$

並利用微積分中之積分公式求出正確值，並計算誤差。

5. A, $2m = 4$

6. B, $2m = 4$

7. J, $2m = 4$

8. 誤差估計　以 $2m = 8$ 和 Simpson 法則計算積分 J 並使用所得值和在習題 7 中的值以式 (10) 來估計誤差。

9–10　**非基礎的積分**

下列積分無法以微積分中的一般方法計算。請以所指定之方法計算之。請比較你的值和你的 CAS 所產生的值。Si(x) 為正弦積分 (sine integral)。S(x) 與 C(x) 為 Fresnel 積分。請見附錄 A3.1。它們出現在光學中。

$$\text{Si}(x) = \int_0^x \frac{\sin x^*}{x^*}\,dx^*,$$

$$\text{S}(x) = \int_0^x \sin(x^{*2})\,dx^*, \ \ \text{C}(x) = \int_0^x \cos(x^{*2})\,dx^*$$

9. 以式 (2) 求 Si(1)，$n = 5$、$n = 10$，並套用式 (5)。

10. 以式 (7) 求 Si(1)，$2m = 2$、$2m = 4$。

11–12　**高斯積分**

利用式 (11) 以 $n = 5$ 進行積分：

11. $\cos x$ 從 0 積分至 $\frac{1}{2}\pi$

12. $\exp(-x^2)$ 從 0 積分至 1

13. 團隊專題　Romberg 積分 (Romberg Integration)　(W. Romberg, *Norske Videnskab, Trondheim* F φ rh. 28, Nr. 7, 1955)。此法使用梯形法則，並藉由將 h 減半及加入誤差估計，來逐步增加精確度。依下列步驟，考慮 TOL $= 10^{-3}$，將 $f(x) = e^{-x}$ 從 $x = 0$ 積分至 2。

步驟 1　套用梯形法則 (2)，以 $h = 2$（故 $n = 1$）來求出近似值 J_{11}。將 h 減半並利用式 (2)，求出 J_{21} 及誤差估計

$$\epsilon_{21} = \frac{1}{2^2 - 1}(J_{21} - J_{11})$$

若 $|\epsilon_{21}| \le$ TOL，則停止。此結果為 $J_{22} = J_{21} + \epsilon_{21}$。

步驟 2　證明 $\epsilon_{21} = -0.066596$，因此 $|\epsilon_{21}| >$ TOL 並繼續。利用式 (2) 及 $h/4$ 求出 J_{31}，並加到誤差估計 $\epsilon_{31} = \frac{1}{3}(J_{31} - J_{21})$ 中，以獲得更好的 $J_{32} = J_{31} + \epsilon_{31}$。計算

$$\epsilon_{32} = \frac{1}{2^4 - 1}(J_{32} - J_{22}) = \frac{1}{15}(J_{32} - J_{22})$$

若 $|\epsilon_{32}| \le$ TOL，則停止。結果為 $J_{33} = J_{32} + \epsilon_{32}$（為什麼要用 $2^4 = 16$？）證明我們可以得到 $\epsilon_{32} = -0.000266$，因此可以停止。將 J 與 ϵ 值排列成一種「差分表 (difference table)」。

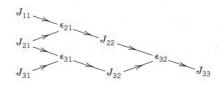

若 $|\epsilon_{32}|$ 大於 TOL，則必須繼續，並在下一個步驟中以 $h = \frac{1}{4}$ 利用式 (2) 計算 J_{41}；則

$$J_{42} = J_{41} + \epsilon_{41} \ \ \text{具} \ \ \epsilon_{41} = \frac{1}{3}(J_{41} - J_{31})$$

$$J_{43} = J_{42} + \epsilon_{42} \ \ \text{具} \ \ \epsilon_{42} = \frac{1}{15}(J_{42} - J_{32})$$

$$J_{44} = J_{43} + \epsilon_{43} \ \ \text{具} \ \ \epsilon_{43} = \frac{1}{63}(J_{43} - J_{33})$$

其中 $63 = 2^6 - 1$（為什麼會有這一項）？

套用 Romberg 法，考慮 TOL $= 10^{-4}$，將 $f(x) = \frac{1}{4}\pi x^4 \cos \frac{1}{4}\pi x$ 從 $x = 0$ 積分至 2。

14-16 微分

14. 考慮 $f(x) = x^4$，$x_0 = 0$、$x_1 = 0.2$、$x_2 = 0.4$、$x_3 = 0.6$、$x_4 = 0.8$。利用 (14a)、(14b)、(14c)、(15) 計算 f_2'。決定誤差。試比較並評論。

15. 導數之「四點公式」為

$$f_2' \approx \frac{1}{6h}(-2f_1 - 3f_2 + 6f_3 - f_4)$$

將之套用至 $f(x) = x^4$，其中 $x_1, \cdots, x_4$ 與習題 14 相同，決定誤差，並與式 (15) 情況下的結果比較。

16. 導數 $f'(x)$ 也可以利用一階及高階差分來近似 (請見第 19.3 節)：

$$f'(x_0) \approx \frac{1}{h}\left(\Delta f_0 - \frac{1}{2}\Delta^2 f_0 + \frac{1}{3}\Delta^3 f_0 - \frac{1}{4}\Delta^4 f_0 + - \cdots \right)$$

請利用此公式，採用逐漸進階並包括一階、二階、三階、四階的差分，計算習題 14 之中的 $f'(0.4)$。

第 19 章　複習題

1. 何謂數值方法？電腦如何影響數值方法？

2. 何謂誤差？何謂相對誤差？何謂誤差界限？

3. 捨入誤差為何重要？請描述捨入規則。

4. 何謂演算法？在演算法的特性之中，何者對軟體實作較重要？

5. 你對穩定性的了解為何？

6. 為何選擇好的方法是對於在大型電腦上執行與在小型電腦上執行一樣重要？

7. 牛頓 (–Raphson) 法是否可能發散？是否快速？同樣的問題對二分法又如何？

8. 何謂定點疊代法？

9. 與 Lagrange 公式相比，牛頓內插公式的優點為何？

10. 何謂仿樣函數內插？與多項式內插相比，其優點為何？

11. 列出並比較我們已經討論過的數值積分法。

12. 在推導 Simpson 法則中，我們如何使用一個內插多項式？

13. 適應性積分是什麼意思？為何有用？

14. 什麼情況下高斯積分為最佳？

15. 我們如何獲得數值微分的公式？

16. 將以浮點形式寫出 –46.9028104、0.000317399、54/7、和 –890/3，精確至 5S (5 位有效數字，適當捨入)

17. 請計算出 0.38755/(5.6815–0.38419)，然後逐步 (亦即將已捨入的數字再捨入) 捨入至 4S、3S、2S 和 1S。評論之。

18. $n\tilde{a}$ 的相對誤差以 $\tilde{a}$ 表示為何？

19. 試證明 $\tilde{a}^2$ 的相對誤差大約為 $\tilde{a}$ 相對誤差的兩倍。

20. 求出下列數據的三次仿樣函數，$f(0) = 0$、$f(1) = 0$、$f(2) = 4$、$k_0 = -1$、$k_2 = 5$。

21. 以 $n = 3$ 和 $n = 5$，利用高斯積分把 $\cos(x^2)$ 從 0 積分到 1。

第 19 章摘要　一般之數值分析

在本章中，我們討論與整體數值計算有關之觀念，以及一般性質的方法，與線性代數 (第 20 章) 或微分方程 (第 21 章) 中所討論的方法有所區別。

在科學計算中，我們使用數字的**浮點**表示法 (第 19.1 節)；定點表示法在大多數的情況下較不適用。

數值方法爲求得一量 a 之近似值 $\tilde{a}$。而 a 之**誤差** ϵ 爲

(1)
$$\epsilon = a - \tilde{a}$$
(第 19.1 節)

其中 a 是正確值。$\tilde{a}$ 之相對誤差爲 ϵ / a。誤差是來自於捨入、量測值之不精確性、截去 (即以加總代替積分、以部分和代替級數)，等等。

若初始資料中微小的改變僅導致最後結果相對應的微小改變，則稱演算法爲**數值穩定**。不穩定的演算法通常沒有用處，因爲誤差可能過大而使結果非常不精確。演算法的數值不穩定性，絕不可與問題的數學不穩定性 (「惡劣條件問題」，第 19.2 節) 混淆。

固定點疊代 (fixed-point iteration) 是解方程式 $f(x) = 0$ 的一種方法，此法首先將方程式代數轉換爲 $x = g(x)$，並對解給一初始猜測值 x_0，然後利用疊代方式連續計算一連串的近似值 $x_1, x_2, \cdots$，其形式爲 (請參考第 19.2 節)

(2)
$$x_{n+1} = g(x_n)$$
$(n = 0, 1, \cdots)$

牛頓法求解方程式 $f(x) = 0$，是利用疊代

(3)
$$x_{n+1} = x_n - \frac{f(x_n)}{f'(x_n)}$$
(第 19.2 節)

其中 x_{n+1} 爲曲線 $y = f(x)$ 在點 x_n 切線的 x 截距。此法爲二階法 (第 19.2 節定理 2)。若以差分商取代式 (3) 中的 f' (幾何意義：以正割取代正切)，則爲**正割法**；請見第 19.2 節中式 (10)。至於二分法 (必定收斂，但速度較慢) 與試位法 (method of false position)，請見習題集 19.2。

多項式內插法意指決定一多項式 $p_n(x)$，使得 $p_n(x_j) = f_j$，其中 $j = 0, \cdots, n$，而 $(x_0, f_0), \cdots, (x_n, f_n)$ 爲量測或觀察值、函數值等等。$p_n(x)$ 稱爲內插多項式。對已知資料而言，次數爲 n (或小於 n) 的 $p_n(x)$ 具唯一性，但可以不同形式表示；特別是 **Lagrange 形示** (4)，第 19.3 節，或是**牛頓差商形式** (10)，第 19.3 節，其中後者所需的運算量較小。對於等間隔 $x_0, x_1 = x_0 + h, \cdots, x_n = x_0 + nh$，後者則變爲牛頓前向差分公式 (第 19.3 節公式 (14))

(4)
$$f(x) \approx p_n(x) = f_0 + r\Delta f_0 + \cdots + \frac{r(r-1)\cdots(r-n+1)}{n!}\Delta^n f_0$$

其中 $r = (x - x_0) / h$，而前向差分項爲 $\Delta f_j = f_{j+1} - f_j$，且

$$\Delta^k f_j = \Delta^{k-1} f_{j+1} - \Delta^{k-1} f_j \qquad (k = 2, 3, \cdots)$$

另一類似公式爲牛頓後向差分內插公式 (第 19.3 節中公式 (18))。

當 n 增加，內插多項式可能會變得不穩定。因此相較於以單一高次多項式進行內插與近似，我們偏好使用三次**仿樣函數** $g(x)$，亦即二次連續可微分內插函數 [故 $g(x_j) = f_j$]，其中每一個子區間 $x_j \le x \le x_{j+1}$ 是由三次多項式 $q_j(x)$ 所構成；請見 19.4 節。

數值積分中的 **Simpson 法則**為 [請見 19.5 節之式 (7)]

(5)
$$\int_a^b f(x)\,dx \approx \frac{h}{3}(f_0 + 4f_1 + 2f_2 + 4f_3 + \cdots + 2f_{2m-2} + 4f_{2m-1} + f_{2m})$$

其中利用等距節點 $x_j = x_0 + jh$, $j = 1, \cdots, 2m$, $h = (b-a)/(2m)$ 及 $f_j = f(x_j)$。此法相當簡單，且對許多應用而言，能夠獲得足夠精確的結果。其精確度為 DP = 3，因為誤差，第 19.5 節式 (8) 含有 h^4。較實用的誤差估計為第 19.5 節的式 (10)，

$$\epsilon_{h/2} = \frac{1}{15}(J_{h/2} - J_h)$$

推導步驟為，先以間距 h 計算，然後以 $h/2$ 計算，接著將兩結果之差的 $\frac{1}{15}$。

Simpson 法則是 **Newton–Cotes 公式**中最重要的，此公式是將 Lagrange 內插多項式做積分而求得；其中對**梯形法則**式 (2) (第 19.5 節)而言，內插多項式為線性，對 Simpson 法則為二次，對八分之三法則 (three-eights rule) (請見第 19 章的複習問題與習題) 為三次，等等。

適應性積分 (第 19.5 節，例題 6) 是依據 $f(x)$ 的變化性 (自動) 調整 (使之適應) 間距的積分。

Romberg 積分 (習題集 19.5，團隊專題 13) 從梯形法則 (第 19.5 節式 (2)) 開始，以 h、$h/2$、$h/4$ 等等進行計算，並系統性地加入誤差估計來改善結果。

高斯積分 (第 19.5 節式 (11)) 相當重要，因為其準確度相當高 (DP $= 2n-1$，相較於 Newton–Cotes 的 DP $= n-1$ 或 DP $= n$)。這是藉由選擇最佳節點來達成的，而它們並非等距；請見第 19.5 節的表 19.7。

數值微分為第 19.5 節中最後討論的課題 (其主要應用在第 21 章中的微分方程式)。

數值線性代數 (Numeric Linear Algebra)

本章處理兩大主題，第一個主題是如何以數值的方式求解線性方程式系統。我們從高斯消去法開始討論，一些讀者可能熟悉高斯消去法，但這一次我們是用部分樞軸法來做演算法的設定。這個方法的一些變形 (Doolittle、Crout、Cholesky、Gauss–Jordan) 會在 20.2 節中討論。所有的這些方法都是直接方法，也就是說，用這些方法我們可以預先知道，我們要執行多少步驟才會求得一個解。然而，小的樞軸元和捨去誤差的放大可能會產生無意義的結果，正如同在高斯法中會遇到的情況一樣。我們在 20.3 節中轉移一下主題，在該節中我們討論數值疊代方法 (即間接方法)，來對付第一個主題。此處我們無法完全確定要執行多少步驟才會到達一個好的答案。有一些因素，如：啓動值距離我們的初始解有多遠、問題的結構如何影響收斂速度、我們希望解要精確到什麼程度，都會決定這些方法的結果。除此之外，運算循環可能不會收斂。在 20.3 節中，我們會討論 Gauss–Seidel 疊代法和 Jacobi 疊代法。20.4 節探討的是數值線性代數的陷阱，該節考量的是帶有惡劣條件的問題。藉由計算問題相關矩陣的條件數，我們學習如何評估一個問題會「壞」到什麼程度。

第二個主題 (第 20.6–20.9 節) 是如何以數值方式求解特徵值問題。特徵值問題經常會在工程學、物理學、數學、經濟學和許多領域中出現。對於大型矩陣或非常大型的矩陣而言，求其特徵值是件困難的事，因爲它牽涉到求出特徵方程式的根，而特徵方程式是很高次的多項式。就求特徵值而論，有許多不同的方法來處理這個問題。某些方法，如 Gerschgorin 法和 Collatz 法，它們只提供特徵值所在的一個範圍，因此稱爲包含方法。其它方法像是三對角化和 QR 分解就眞正會求出所有的特徵值。耕耘這個領域需要相當的才智，對於讀者來說應該是相當引人入勝的。

註解　**本章與第 19 章並無關聯性，可在研讀完第 7 或 8 章之後立即研讀本章。**

本章之先修課程：第 7.1、7.2、8.1 節。

短期課程可以省略的章節：20.4、20.5、20.9 節。

參考文獻與習題解答：附錄 1 的 E 部分及附錄 2。

20.1 線性系統：高斯消去法 (Linear Systems: Gauss Elimination)

用高斯消去法 (Gauss elimination) 和反向代入法求解線性系統的基本方法已在 7.3 節中解釋過。若你已研讀過 7.3 節了，你可能會對於爲什麼我們還要再次提及高斯消去法感到奇怪。理由是我們在

這裡的所提及的高斯消去法是強調數值方法的設定，並介紹新的內容如樞軸、列比例調整和運算計數。除此之外，我們在表 20.1 中給出高斯消去法的一個演算法式的呈現，讀者可以很容易把它們用程式語言加以實現。我們也說明了高斯消去法何時會遇到小樞軸元的困難，和如何處理該項困難。讀者應該要特別留意高斯消去法的一些變形，那些課題會在 20.2 節中提及，總的來說，求解線性系統的一般問題是本章前半部分的焦點。

具有 n 個未知數 $x_1, \cdots, x_n$，**由 n 個方程式所構成之線性系統**，乃為一組具有下列形式之方程式 $E_1, \cdots, E_n$

(1)
$$\begin{aligned}
E_1: &\quad a_{11}x_1 + \cdots + a_{1n}x_n = b_1 \\
E_2: &\quad a_{21}x_1 + \cdots + a_{2n}x_n = b_2 \\
&\quad \cdots\cdots\cdots\cdots\cdots\cdots\cdots \\
E_n: &\quad a_{n1}x_1 + \cdots + a_{nn}x_n = b_n
\end{aligned}$$

其中**係數** a_{jk} 與 b_j 為已知數。若所有 b_j 皆為零，則此系統稱為**齊次 (homogeneous)**；否則稱為**非齊次 (nonhomogeneous)**。利用矩陣乘法 (第 7.2 節)，則式 (1) 可表示成單一向量方程式

(2)
$$\mathbf{Ax} = \mathbf{b}$$

式中**係數矩陣 (coefficient matrix)** $\mathbf{A} = [a_{jk}]$ 為 $n \times n$ 矩陣，如下所示

$$\mathbf{A} = \begin{bmatrix}
a_{11} & a_{12} & \cdots & a_{1n} \\
a_{21} & a_{22} & \cdots & a_{2n} \\
\cdot & \cdot & \cdots & \cdot \\
a_{n1} & a_{n2} & \cdots & a_{nn}
\end{bmatrix} \quad \text{而} \quad \mathbf{x} = \begin{bmatrix} x_1 \\ \vdots \\ x_n \end{bmatrix} \quad \text{和} \quad \mathbf{b} = \begin{bmatrix} b_1 \\ \vdots \\ b_n \end{bmatrix}$$

為行向量。下列矩陣 $\tilde{\mathbf{A}}$ 稱為系統 (1) 之**增廣矩陣 (augmented matrix)**：

$$\tilde{\mathbf{A}} = \begin{bmatrix} \mathbf{A} & \mathbf{b} \end{bmatrix} = \begin{bmatrix}
a_{11} & \cdots & a_{1n} & b_1 \\
a_{21} & \cdots & a_{2n} & b_2 \\
\cdot & \cdots & \cdot & \cdot \\
a_{n1} & \cdots & a_{nn} & b_n
\end{bmatrix}$$

式 (1) 之**解 (solution)** 為滿足所有 n 個方程式之一組數 $x_1, \cdots, x_n$；且式 (1) 之**解向量 (solution vector)** 為一向量 $\mathbf{x}$，其分量是由式 (1) 之解所組成。

以行列式求解此類系統之方法 (第 7.7 節中的 Cramer 法則)，即使用高效率的方法來計算行列式值，其實亦是不切實際的。

高斯消去法 (Gauss elimination) 為求解線性系統的一種實用方法，下述內容將討論此方法 **(此法與 7.3 節不相關)**。

20.1.1　高斯消去法

此種求解線性系統 (1) 的標準方法，是一種系統性的消去程序，將式 (1) 化簡為「**三角形式 (triangular form)**」，方程組就可以輕易利用「**反向代入法 (back substitution)**」求解系統。例如，一個三角系統若為

$$3x_1 + 5x_2 + 2x_3 = 8$$
$$8x_2 + 2x_3 = -7$$
$$6x_3 = 3$$

而利用反向代入法，由第三個方程式得 $x_3 = \frac{3}{6} = \frac{1}{2}$，然後由第二個方程式得

$$x_2 = \frac{1}{8}(-7 - 2x_3) = -1$$

最後由第一個方程式得

$$x_1 = \frac{1}{3}(8 - 5x_2 - 2x_3) = 4$$

如何將已知系統 (1) 化簡為三角形式系統呢？首先，將式 (1) 中方程式 E_2 至 E_n 的 x_1 消去 **(eliminate)**。這是藉由將 E_1 以適當倍數加 (或減) 到方程式 $E_2, \cdots, E_n$，然後將所得之方程式，稱為 $E_2^*, \cdots, E_n^*$，當作新的方程式。第一個方程式 E_1 稱為此步驟中的**樞軸方程式 (pivot equation)**，而 a_{11} 則稱為**樞軸元 (pivot)**。這個方程式從頭到尾都保持不變。在第二步驟中，接著以第二個新方程式 E_2^* (已不含 x_1) 作為樞軸方程式，然後用此方程式將 E_3^* 至 E_n^* 的 x_2 **消去**。以此類推，經過 $n-1$ 個步驟後，即可得到三角形式的系統，接著就可用先前所示的反向代入法求解。依此方式，可以精確求得給定系統的所有解 (如 7.3 節所證明)。

樞軸元 a_{kk} (在第 k 步驟中) **不可為零**，而且絕對值**不可太小**，才能避免消去過程中乘法運算所造成的捨入誤差放大。為此，在第 k 行中的主對角元素和主對角元素下方的元素進行選擇，以絕對最大的元素 a_{jk} 所在之方程式，作為樞軸方程式 (實際上，如果有多列同時具有等值的最大元素，則選取最上方的那個)。此一流行的方法稱為**部分樞軸法 (partial pivoting)**，此方法使用於在 CAS (例如 Maple) 中。

部分樞軸法與**總體樞軸法 (total pivoting)** 的不同在於，後者同時包含行與列的交換，但實用中較少使用。

現在讓我們以一個簡單的例題來說明。

例題　1　高斯消去法、部分樞軸法

求解系統

$$\begin{aligned} E_1: && 8x_2 + 2x_3 &= -7 \\ E_2: && 3x_1 + 5x_2 + 2x_3 &= 8 \\ E_3: && 6x_1 + 2x_2 + 8x_3 &= 26 \end{aligned}$$

解

因為 E_1 沒有 x_1 項，所以必須重新調整列的順序。在第 1 行中，方程式 E_3 具有最大係數，因此將 E_1 與 E_3 對調，結果可得

$$6x_1 + 2x_2 + 8x_3 = 26$$
$$3x_1 + 5x_2 + 2x_3 = 8$$
$$8x_2 + 2x_3 = -7$$

步驟 1：消去 x_1

實際上的運算只要列出增廣矩陣即可。下列為了說明方便，我們同時列出方程式及增廣矩陣。在第一個步驟中，第一個方程式為樞軸方程式，故

樞軸元 6 ⟶ $(6x_1) + 2x_2 + 8x_3 = 26$
消去 ⟶ $\boxed{3x_1} + 5x_2 + 2x_3 = 8$
$$8x_2 + 2x_3 = -7$$

$$\begin{bmatrix} 6 & 2 & 8 & | & 26 \\ 3 & 5 & 2 & | & 8 \\ 0 & 8 & 2 & | & -7 \end{bmatrix}$$

欲消去其它方程式的 x_1 （在這裡是從第二個方程式），程序如下：

$$\text{將第二個方程式減去} \frac{3}{6} = \frac{1}{2} \text{倍的樞軸方程式}$$

結果為

$$6x_1 + 2x_2 + 8x_3 = 26$$
$$4x_2 - 2x_3 = -5$$
$$8x_2 + 2x_3 = -7$$

$$\begin{bmatrix} 6 & 2 & 8 & | & 26 \\ 0 & 4 & -2 & | & -5 \\ 0 & 8 & 2 & | & -7 \end{bmatrix}$$

步驟 2：消去 x_2

第 2 行中的最大係數為 8。因此以新的第三方程式為樞軸方程式，並將第 2 與第 3 列方程式位置互換得

$$6x_1 + 2x_2 + 8x_3 = 26$$
樞軸元 8 ⟶ $(8x_2) + 2x_3 = -7$
消去 ⟶ $\boxed{4x_2} - 2x_3 = -5$

$$\begin{bmatrix} 6 & 2 & 8 & | & 26 \\ 0 & 8 & 2 & | & -7 \\ 0 & 4 & -2 & | & -5 \end{bmatrix}$$

消去第三個方程式的 x_2，程序如下：

$$\text{將第三個方程式減去} \frac{1}{2} \text{倍的樞軸方程式}$$

所得之三角系統如下所示。前向消去過程至此為止。現在繼續進行反向代入法。

反向代入法 x_3、x_2、x_1 的決定

步驟 2 所得之三角系統為

$$6x_1 + 2x_2 + 8x_3 = 26$$
$$8x_2 + 2x_3 = -7$$
$$-3x_3 = -\frac{3}{2}$$

$$\begin{bmatrix} 6 & 2 & 8 & | & 26 \\ 0 & 8 & 2 & | & -7 \\ 0 & 0 & -3 & | & -\frac{3}{2} \end{bmatrix}$$

利用此系統，首先用最後一個方程式，然後用第二個方程式，最後用第一個方程式的步驟，可求出其解為

$$x_3 = \tfrac{1}{2}$$
$$x_2 = \tfrac{1}{8}(-7 - 2x_3) = -1$$
$$x_1 = \tfrac{1}{6}(26 - 2x_2 - 8x_3) = 4$$

此結果與本例題之前所求得之值一致。 ■

高斯消去法的一般演算程序如表 20.1 所示。為了方便解釋，將表中某些行加以編號。為求一致起見，以 $a_{j,n+1}$ 表示 b_j。表 20.1 之 1 與 2 為找出樞軸元 [對於 $k=1$，一定可以找到一個；否則 x_1 不會出現在式 (1) 中]。在 2 中，必要時會進行樞軸列交換，取具有最大絕對值的 a_{jk} (如果有多個等值，則取 j 為最小者)，然後交換相對應列。若 $|a_{kk}|$ 為最大，則不進行樞軸列交換。4 中的 m_{jk} 為乘數 (multiplier)，代表將 E_k^* 加到 E_k^* 以下的方程式 E_j^* 以消去 x_k 之前，必須在樞軸方程式 E_k^* 乘上的因數。在此我們使用 E_k^* 和 E_j^*，以表示在步驟 1 之後已經不再是式 (1) 中所給定的方程式，而會在每個步驟中改變，如 5 所示。因此，每一處的 a_{jk}，等等，表示最新的方程式，而 1 中的 $j \geq k$ 則表示將所有在先前步驟中已經當過樞軸方程式的列保持不變。在 5 中若令 $p=k$，可得右側為零，它非如此不可，即

$$a_{jk} - m_{jk}a_{kk} = a_{jk} - \frac{a_{jk}}{a_{kk}}a_{kk} = 0$$

在 3 中，若三角狀系統中的最後一個方程式為 $0 = b_n^* \neq 0$，則無解。若為 $0 = b_n^* = 0$，則無唯一解，因為方程式數目少於未知數數目。

例題 2　表 20.1 中的高斯消去法、範例計算

在例題 1 中因 $a_{11} = 0$，因此必須進行樞軸轉換。第 1 行中最大係數為 a_{31}。因而在 2 中的 $\tilde{j} = 3$，且將 E_1 及 E_3 對調。然後在 4 與 5 中計算出 $m_{21} = \tfrac{3}{6} = \tfrac{1}{2}$ 及

$$a_{22} = 5 - \tfrac{1}{2} \cdot 2 = 4, \quad a_{23} = 2 - \tfrac{1}{2} \cdot 8 = -2, \quad a_{24} = 8 - \tfrac{1}{2} \cdot 26 = -5$$

又因 $m_{31} = \tfrac{0}{6} = 0$，故第三個方程式 $8x_2 + 2x_3 = -7$ 在步驟 1 中將不會改變。在步驟 2 ($k=2$) 中，第 2 行中最大的係數為 8，因此 $\tilde{j} = 3$。我們將方程式 2 及方程式 3 對調，然後在 5 中計算出 $m_{32} = -\tfrac{4}{8} = -\tfrac{1}{2}$ 及 $a_{33} = -2 - \tfrac{1}{2} \cdot 2 = -3, a_{34} = -5 - \tfrac{1}{2}(-7) = -\tfrac{3}{2}$。如此即得反向代入法中所使用的三角形式。 ■

若步驟 k 中出現 $a_{kk} = 0$，則**一定要進行樞軸元轉換**。若 $|a_{kk}|$ 很小，則因捨入誤差的放大效應，可能嚴重影響準確度或甚至產生無意義的結果，更**應該進行樞軸元轉換**。

例題 3　樞軸元係數太小所引起的麻煩

系統

$$0.0004x_1 + 1.402x_2 = 1.406$$
$$0.4003x_1 - 1.502x_2 = 2.501$$

之解爲 $x_1 = 10$、$x_2 = 1$。我們利用高斯消去法，以四位浮點算數來求解此系統。(4D 是爲了方便說明。請做出一個用 8D 算數也可得相同結果的例子)。

(a) 取第一個方程式作爲樞軸方程式。將此方程式乘以 $m = 0.4003 / 0.0004 = 1001$，再以第二個方程式相減得

$$-1405x_2 = -1404$$

因此 $x_2 = -1404 / (-1405) = 0.9993$，然後由第一個方程式得

$$x_1 = \frac{1}{0.0004}(1.406 - 1.402 \cdot 0.9993) = \frac{0.005}{0.0004} = 12.5$$

而非 $x_1 = 10$。此錯誤的結果是由於 $|a_{11}|$ 相較於 $|a_{12}|$ 太小所致，因此 x_2 若存在極微的捨入誤差，會導致 x_1 產生相當大的誤差。

(b) 取第二個方程式作爲樞軸方程式。將此方程式乘以 $0.0004/0.4003 = 0.0009993$，再以第一個方程式相減得

$$1.404x_2 = 1.404$$

因此 $x_2 = 1$，而由樞軸方程式得 $x_1 = 10$。此正確結果的產生，是因爲 $|a_{21}|$ 與 $|a_{22}|$ 相比並不會太小，所以 x_2 微小的捨入誤差，並不會導致 x_1 產生大誤差。事實上，舉例來說，若 $x_2 = 1.002$，仍然可由樞軸方程式得到不錯的結果，$x_1 = (2.501 + 1.505)/0.4003 = 10.01$。　■

表 20.1　高斯消去法

演算法 GAUSS ($\tilde{\mathbf{A}} = [a_{jk}] = [\mathbf{A} \quad \mathbf{b}]$)

此演算法係計算出系統 (1) 的唯一解 $\mathbf{x} = [x_j]$，或指出 (1) 沒有唯一解。

　　　輸入：$n \times (n+1)$ 的擴張矩陣 $\tilde{\mathbf{A}} = [a_{jk}]$，其中 $a_{j,n+1} = b_j$

　　　輸出：(1) 的解 $\mathbf{x} = [x_j]$ 或顯示出 (1) 沒有唯一解的訊息。

　　For $k = 1, \cdots, n-1$, do:

1　　　　　$m = k$
　　　　　　For $j = k+1, \cdots, n$, do:
　　　　　　　　If $(|a_{mk}| < |a_{jk}|)$ then $m = j$
　　　　　　End
　　　　　　If $a_{mk} = 0$ then 輸出「沒有唯一解存在」
　　　　　　　Stop
　　　　　　　[演算法成功地完成執行]

2　　　　　Else 互換第 k 列和第 m 列
3　　　　　If $a_{nn} = 0$ then 輸出「沒有解存在」
　　　　　　　Stop

	Else
4	For $j = k+1, \cdots, n$, do:
	$\quad m_{jk} : \dfrac{a_{jk}}{a_{kk}}$
5	$\quad$ For $p = k+1, \cdots, n+1$, do:
	$\quad\quad a_{jp} := a_{jp} - m_{jk} a_{kp}$
	$\quad$ End
	End
	End
6	$x_n = \dfrac{a_{n,n+1}}{a_{nn}}$ $\quad\quad$ [開始反向代入法]
	For $i = n-1, \cdots, 1$, do:
7	$\quad x_i = \dfrac{1}{a_{ii}} \left(a_{i,n+1} - \displaystyle\sum_{j=i+1}^{n} a_{ij} x_j \right)$
	End
	輸出 $\mathbf{x} = [x_j]$ 。Stop
End GAUSS	

關於高斯消去法的誤差估計，請參閱附錄 1 中所列的參考文獻 [E5]。

列比例調整 (row scaling) 意指將第 j 列乘上一適當比例因數 s_j。這是與部分樞軸轉換法相關的步驟，用以獲得較精確的解。雖然已經有許多相關原理的研究 (請見附錄 1 中的參考文獻 [E9]、[E24]) 與提議，但此一比例調整法仍然尚未被充分了解。一種可行的方法為，只在選擇樞軸元時進行比例調整 (而不是在運算中，以避免額外的捨入誤差)，並取 $|a_{j1}|/|A_j|$ 最大的元素 a_{j1} 為第一個樞軸元；此處 A_j 為第 j 列中絕對值最大的元素。同理，對高斯消去法中後續的步驟亦然。

舉例來說，對於系統

$$4.0000 x_1 + 14020 x_2 = 14060$$
$$0.4003 x_1 - 1.502 x_2 = 2.501$$

可能以 4 作為樞軸元，但將第一個方程式除以10^4後會得到例題 3 中的系統，使得第二個方程式成為較佳的樞軸方程式。

20.1.2　運算計數

一般而言，判斷數值方法品質的重要因素為：

　　儲存量

　　時間量 ($\equiv$ 運算次數)

　　捨入誤差的影響

對於高斯消去法而言，滿矩陣 (full matrix，具有相對多個非零項的矩陣) 的運算計數如下。在步驟 k 中，消去 $n-k$ 個方程式中的 x_k。這需要計算 m_{jk} (演算法中的 3) 的 $n-k$ 次除法，以及

$(n-k)(n-k+1)$ 次乘法和同樣多次的減法 (都在演算法中的 4)。因爲必須進行 $n-1$ 個步驟，k 由 1 增加至 $n-1$，因此在此前向消去中的總運算次數爲

$$f(n) = \sum_{k=1}^{n-1}(n-k) + 2\sum_{k=1}^{n-1}(n-k)(n-k+1) \qquad (\text{令 } n-k=s)$$

$$= \sum_{s=1}^{n-1} s + 2\sum_{s=1}^{n-1} s(s+1) = \frac{1}{2}(n-1)n + \frac{2}{3}(n^2-1)n \approx \frac{2}{3}n^3$$

其中 $2n^3/3$ 是由消去 n 的低冪次項而得。由此可知 $f(n)$ 的增加與 n^3 成正比。故稱 $f(n)$ 爲 n^3 階，並表示成

$$f(n) = O(n^3)$$

其中 O 表示**階 (order)**。O 的一般定義如下。我們寫成以下表示式

$$f(n) = O(h(n))$$

若 $n \to \infty$ 時，商數 $|f(n)/h(n)|$ 和 $|h(n)/f(n)|$ 會維持有界 (不會脫軌膨脹至無限大)。就目前的情形而言，$h(n) = n^3$，而事實上 $f(n)/n^3 \to \frac{2}{3}$，因爲當 $n \to \infty$ 時，省略的項除以 n^3 會趨近於零。

在 x_i 的反向代入過程中，使用了 $n-i$ 次乘法與同樣次數的減法，以及一次除法。因此，反向代入法中的運算次數爲

$$b(n) = 2\sum_{i=1}^{n}(n-i) + n = 2\sum_{s=1}^{n} s + n = n(n+1) + n = n^2 + 2n = O(n^2)$$

在反向代入法中，運算次數增加的速度比高斯演算法的前向消去法慢得多，因爲其運算次數約小於上一個因數 n，故在大型系統中可以被忽略。舉例來說，若一個運算需時 10^{-9} 秒，則所需時間爲

演算法	$n=1000$		$n=10000$	
消去過程	0.7	秒	11	分鐘
反向代入	0.001	秒	0.1	秒

習題集　20.1

關於線性系統的**應用**，請見第 7.1 節與第 8.2 節。

1–3　幾何意義
以圖形求解並說明幾何意義。

1. $\begin{aligned} x_1 - 4x_2 &= 20.1 \\ 3x_1 + 5x_2 &= 5.9 \end{aligned}$

2. $\begin{aligned} -5.00x_1 + 8.40x_2 &= 0 \\ 10.25x_1 - 17.22x_2 &= 0 \end{aligned}$

3. $\begin{aligned} 7.2x_1 - 3.5x_2 &= 16.0 \\ -14.4x_1 + 7.0x_2 &= 31.0 \end{aligned}$

4–16　高斯消去法
請利用高斯消去法求解下列線性系統，必要時進行部分樞軸法 (但不改變比例)。請列出中間步驟過程。並用代入法檢查結果。若無解或多解同時存在，請說明理由。

4. $\begin{aligned} 6x_1 + x_2 &= -3 \\ 4x_1 - 2x_2 &= 6 \end{aligned}$

5. $\begin{aligned} 2x_1 - 8x_2 &= -4 \\ 3x_1 + x_2 &= 7 \end{aligned}$

6.
$$25.38x_1 - 15.48x_2 = 30.60$$
$$-14.10x_1 + 8.60x_2 = -17.00$$

7.
$$-3x_1 + 6x_2 - 9x_3 = -46.725$$
$$x_1 - 4x_2 + 3x_3 = 19.571$$
$$2x_1 + 5x_2 - 7x_3 = -20.073$$

8.
$$5x_1 + 3x_2 + x_3 = 2$$
$$- 4x_2 + 8x_3 = -3$$
$$10x_1 - 6x_2 + 26x_3 = 0$$

9.
$$6x_2 + 13x_3 = 137.86$$
$$6x_1 - 8x_3 = -85.88$$
$$13x_1 - 8x_2 = 178.54$$

10.
$$4x_1 + 4x_2 + 2x_3 = 0$$
$$3x_1 - x_2 + 2x_3 = 0$$
$$3x_1 + 7x_2 + x_3 = 0$$

11.
$$3.4x_1 - 6.12x_2 - 2.72x_3 = 0$$
$$-x_1 + 1.80x_2 + 0.80x_3 = 0$$
$$2.7x_1 - 4.86x_2 + 2.16x_3 = 0$$

12.
$$5x_1 + 3x_2 + x_3 = 2$$
$$- 4x_2 + 8x_3 = -3$$
$$10x_1 - 6x_2 + 26x_3 = 0$$

13.
$$3x_2 + 5x_3 = 1.20736$$
$$3x_1 - 4x_2 = -2.34066$$
$$5x_1 + 6x_3 = -0.329193$$

14.
$$-47x_1 + 4x_2 - 7x_3 = -118$$
$$19x_1 - 3x_2 + 2x_3 = 43$$
$$-15x_1 + 5x_2 = -25$$

15.
$$2.2x_2 + 1.5x_3 - 3.3x_4 = -9.30$$
$$0.2x_1 + 1.8x_2 + 4.2x_4 = 9.24$$
$$-x_1 - 3.1x_2 + 2.5x_3 = -8.70$$
$$0.5x_1 - 3.8x_3 + 1.5x_4 = 11.94$$

16.
$$3.2x_1 + 1.6x_2 = -0.8$$
$$1.6x_1 - 0.8x_2 + 2.4x_3 = 16.0$$
$$2.4x_2 - 4.8x_3 + 3.6x_4 = -39.0$$
$$3.6x_3 + 2.4x_4 = 10.2$$

17. CAS實驗　高斯消去法 寫一能夠進行樞軸法的高斯消去法程式。把你的程式套用至習題 13–16。請針對係數行列式絕對值很小的系統來進行實驗。同時並觀察你的程式對於自選大型系統的性能,包括稀疏系統。

18. 團隊專題　線性系統與高斯消去法 **(a) 存在性與唯一性** 試決定 a 和 b,使得 $ax_1 + x_2 = b, x_1 + x_2 = 3$ 具有 (i) 一組唯一解、(ii) 無限多組解、(iii) 無解。

(b) 高斯消去法和不存在性 將高斯消去法運用於下列二個系統,並逐步比較計算過程。試解釋為何在無解情況下,無法使用消去法。

$$x_1 + x_2 + x_3 = 3$$
$$4x_1 + 2x_2 - x_3 = 5$$
$$9x_1 + 5x_2 - x_3 = 13$$

$$x_1 + x_2 + x_3 = 3$$
$$4x_1 + 2x_2 - x_3 = 5$$
$$9x_1 + 5x_2 - x_3 = 12$$

(c) 零行列式 為何電腦程式可能得出齊次線性系統僅具有零解的結果,即使你知道其係數行列式為零?

(d) 樞軸法 首先不要進行樞軸法,利用高斯消去法求解系統 (A)(如下所示)。試證明對任意固定機器字長,且足夠小的 $\epsilon > 0$ 時,電腦會得出 $x_2 = 1$,然後 $x_1 = 0$ 的結果。正確解為何?當 $\epsilon \to 0$ 時,其極限為何?接著以高斯消去法,利用樞軸法求解系統。請比較並評論。

(e) 樞軸法 利用高斯消去法,以三位捨入算術求解系統 (B),選擇 (i) 第一個方程式、(ii) 第二個方程式作為樞軸方程 (請記得在每次運算後,開始下一個運算前先捨入至 3S,就如同在電腦上執行的方式一樣!) 然後,再以四位捨入算術重新計算一次。請比較並評論。

(A)
$$\epsilon x_1 + x_2 = 1$$
$$x_1 + x_2 = 2$$

(B)
$$4.03x_1 + 2.16x_2 = -4.61$$
$$6.21x_1 + 3.35x_2 = -7.19$$

20.2 線性系統：LU 分解、反矩陣 (Linear Systems: LU-Factorization, Matrix Inversion)

在此將繼續討論含 n 個未知數 $x_1, \cdots, x_n$ 的 n 個方程式所組成之線性系統

(1) $$\mathbf{Ax} = \mathbf{b}$$

其中 $\mathbf{A} = [a_{jk}]$ 為 $n \times n$ 給定的係數矩陣，而 $\mathbf{x}^{\mathrm{T}} = [x_1, \cdots, x_n]$ 且 $\mathbf{b}^{\mathrm{T}} = [b_1, \cdots, b_n]$。接著，我們將介紹三種相關的方法，這三種方法都是由高斯消去法修正而來的方法，且所需的算術運算較少。它們分別是由 Doolitle、Crout、Cholesky 所提出的，因其皆使用 $\mathbf{A}$ 的 LU 矩陣分解觀念，故將先說明此一觀念。

已知方陣 $\mathbf{A}$ 的 **LU 分解 (LU-factorization)**，具有如下的形式

(2) $$\mathbf{A} = \mathbf{LU}$$

其中 $\mathbf{L}$ 為**下三角矩陣**而 $\mathbf{U}$ 為**上三角矩陣**。例如，

$$\mathbf{A} = \begin{bmatrix} 2 & 3 \\ 8 & 5 \end{bmatrix} = \mathbf{LU} = \begin{bmatrix} 1 & 0 \\ 4 & 1 \end{bmatrix} \begin{bmatrix} 2 & 3 \\ 0 & -7 \end{bmatrix}$$

經證明可知，對於任意非奇異矩陣 (請見第 7.8 節)，可將其各列重新排列，使得所得之矩陣 $\mathbf{A}$ 具有如式 (2) 的 LU 分解，其中 $\mathbf{L}$ 即為高斯消去法中**乘數** m_{jk} 的矩陣，其主對角為 1, ..., 1；而 $\mathbf{U}$ 則為高斯消去法最後的三角系統矩陣 (請見附錄 1 中所列參考文獻 [E5]，pp.155-156)。

有一個**關鍵性的觀念**，即式 (2) 中的 $\mathbf{L}$ 與 $\mathbf{U}$ 可經由直接計算而得，而不須求解聯立方程式 (故不須使用高斯消去法)。計算後可知，此法所需運算次數約為 $n^3/3$，大概是高斯消去法的一半，高斯消去法約需要 $2n^3/3$ (請見第 20.1 節)。且只要求得式 (2) 便可僅用二個步驟來求解 $\mathbf{Ax} = \mathbf{b}$，過程共需約 n^2 次運算：其中只要將 $\mathbf{Ax} = \mathbf{LUx} = \mathbf{b}$ 寫成

(3) (a) $\mathbf{Ly} = \mathbf{b}$ 其中 (b) $\mathbf{Ux} = \mathbf{y}$

則可先求解式 (3a) 中的 $\mathbf{y}$，然後再求出 (3b) 中的 $\mathbf{x}$。在此，我們可以要求 $\mathbf{L}$ 的主對角為 $1, \cdots, 1$，如前所述；此即稱為 **Doolittle 法 (Doolittle's method)**[1]。(3a) 與 (3b) 兩系統皆為三角形式，因此可以像高斯消去法中的反向代入法一樣求出其解。

另一個類似的方法稱為 **Crout 法 (Crout's method)**[2]，此法係由假設式 (2) 中 $\mathbf{U}$ (而非 $\mathbf{L}$) 的主對角線上元素皆為 1, ..., 1 而求得。不管是那一種情形，式 (2) 的分解皆為唯一。

---

[1] MYRICK H. DOOLITTLE (1830–1913)。美國數學家，受聘於 U.S. Coast and Geodetic Survey Office。他的方法出現在 *U.S. Coast and Geodetic Survey*, 1878, 115–120。

[2] PRESCOTT DURAND CROUT (1907–1984)，美國數學家，MIT 的教授，也曾在 General Electric 工作過。

例題　1　**Doolittle 法**

利用 Doolittle 法求解第 20.1 節例題 1 中的系統。

解

式 (2) 之分解如下

$$\mathbf{A} = \begin{bmatrix} a_{jk} \end{bmatrix} = \begin{bmatrix} a_{11} & a_{12} & a_{13} \\ a_{21} & a_{22} & a_{23} \\ a_{31} & a_{32} & a_{33} \end{bmatrix} = \begin{bmatrix} 3 & 5 & 2 \\ 0 & 8 & 2 \\ 6 & 2 & 8 \end{bmatrix} = \begin{bmatrix} 1 & 0 & 0 \\ m_{21} & 1 & 0 \\ m_{31} & m_{32} & 1 \end{bmatrix} \begin{bmatrix} u_{11} & u_{12} & u_{13} \\ 0 & u_{22} & u_{23} \\ 0 & 0 & u_{33} \end{bmatrix}$$

利用矩陣乘法可得 m_{jk} 與 u_{jk}。經由對 $\mathbf{A}$ 逐列連續計算可得

$a_{11} = 3 = 1 \cdot u_{11} = u_{11}$	$a_{12} = 5 = 1 \cdot u_{12} = u_{12}$	$a_{13} = 2 = 1 \cdot u_{13} = u_{13}$
$a_{21} = 0 = m_{21}u_{11}$	$a_{22} = 8 = m_{21}u_{12} + u_{22}$	$a_{23} = 2 = m_{21}u_{13} + u_{23}$
$m_{21} = 0$	$u_{22} = 8$	$u_{23} = 2$
$a_{31} = 6 = m_{31}u_{11}$	$a_{32} = 2 = m_{31}u_{12} + m_{32}u_{22}$	$a_{33} = 8 = m_{31}u_{13} + m_{32}u_{23} + u_{33}$
$= m_{31} \cdot 3$	$= 2 \cdot 5 + m_{32} \cdot 8$	$= 2 \cdot 2 - 1 \cdot 2 + u_{33}$
$m_{31} = 2$	$m_{32} = -1$	$u_{33} = 6$

因此，式 (2) 之矩陣分解為

$$\begin{bmatrix} 3 & 5 & 2 \\ 0 & 8 & 2 \\ 6 & 2 & 8 \end{bmatrix} = \mathbf{LU} = \begin{bmatrix} 1 & 0 & 0 \\ 0 & 1 & 0 \\ 2 & -1 & 1 \end{bmatrix} \begin{bmatrix} 3 & 5 & 2 \\ 0 & 8 & 2 \\ 0 & 0 & 6 \end{bmatrix}$$

首先求解 $\mathbf{Ly} = \mathbf{b}$，依序得 $y_1 = 8$、$y_2 = -7$，接著由 $2y_1 - y_2 + y_3 = 16 + 7 + y_3 = 26$ 求得 y_3；故 (須注意因為 $\mathbf{A}$ 中之列互換，故在 $\mathbf{b}$ 中也應互換！)

$$\begin{bmatrix} 1 & 0 & 0 \\ 0 & 1 & 0 \\ 2 & -1 & 1 \end{bmatrix} \begin{bmatrix} y_1 \\ y_2 \\ y_3 \end{bmatrix} = \begin{bmatrix} 8 \\ -7 \\ 26 \end{bmatrix} \qquad 解為 \qquad \mathbf{y} = \begin{bmatrix} 8 \\ -7 \\ 3 \end{bmatrix}$$

接著求解 $\mathbf{Ux} = \mathbf{y}$，依序求得 $x_3 = \frac{3}{6}$、x_2、x_1，即

$$\begin{bmatrix} 3 & 5 & 2 \\ 0 & 8 & 2 \\ 0 & 0 & 6 \end{bmatrix} \begin{bmatrix} x_1 \\ x_2 \\ x_3 \end{bmatrix} = \begin{bmatrix} 8 \\ -7 \\ 3 \end{bmatrix} \qquad 解為 \qquad \mathbf{x} = \begin{bmatrix} 4 \\ -1 \\ \frac{1}{2} \end{bmatrix}$$

此結果與第 20.1 節例題 1 之解相同。　　　　　　　　　　　　　　　　　　　　　　■

例題 1 的公式說明了對一般 n 而言，**Doolittle 法**中矩陣 $\mathbf{L} = [m_{jk}]$ (主對角線元素為 1, ..., 1，而 m_{jk} 表示「乘數」) 與 $\mathbf{U} = [u_{jk}]$ 之元素，可由下列的公式求得：

$$u_{1k} = a_{1k} \qquad\qquad k = 1, \cdots, n$$

$$m_{j1} = \frac{a_{j1}}{u_{11}} \qquad\qquad j = 2, \cdots, n$$

(4)

$$u_{jk} = a_{jk} - \sum_{s=1}^{j-1} m_{js} u_{sk} \qquad k = j, \cdots, n; \quad j \geq 2$$

$$m_{jk} = \frac{1}{u_{kk}} \left(a_{jk} - \sum_{s=1}^{k-1} m_{js} u_{sk} \right) \qquad j = k+1, \cdots, n; \quad k \geq 2$$

列交換　像是

$$\begin{bmatrix} 0 & 1 \\ 1 & 1 \end{bmatrix} \qquad 或 \qquad \begin{bmatrix} 0 & 1 \\ 1 & 0 \end{bmatrix}$$

之類的矩陣並沒有 LU 分解 (試試看！)。這表示要求得 LU 分解，則須進行矩陣 **A** 的列交換 (以及 **b** 中相對應的交換)。

20.2.1　Cholesky 法

對於**對稱 (symmetric)**、**正定 (positive definite)** 矩陣 **A** (因此 $\mathbf{A} = \mathbf{A}^{\mathsf{T}}$，$\mathbf{x}^{\mathsf{T}} \mathbf{A} \mathbf{x} > 0$ 對所有 $\mathbf{x} \neq \mathbf{0}$ 均成立)，將可在式 (2) 中選擇 $\mathbf{U} = \mathbf{L}^{\mathsf{T}}$，故 $u_{jk} = m_{kj}$ (但無法對主對角元素加上任何條件)。例如，

(5)
$$\mathbf{A} = \begin{bmatrix} 4 & 2 & 14 \\ 2 & 17 & -5 \\ 14 & -5 & 83 \end{bmatrix} = \mathbf{L}\mathbf{L}^{\mathsf{T}} = \begin{bmatrix} 2 & 0 & 0 \\ 1 & 4 & 0 \\ 7 & -3 & 5 \end{bmatrix} \begin{bmatrix} 2 & 1 & 7 \\ 0 & 4 & -3 \\ 0 & 0 & 5 \end{bmatrix}$$

此種根據矩陣分解 $\mathbf{A} = \mathbf{L}\mathbf{L}^{\mathsf{T}}$ 來求解 $\mathbf{A}\mathbf{x} = \mathbf{b}$ 的常用方法，稱為 **Cholesky 法** [3]。若以 $\mathbf{L} = [l_{jk}]$ 的元素來表示，則其矩陣分解公式為

$$l_{11} = \sqrt{a_{11}}$$

$$l_{j1} = \frac{a_{j1}}{l_{11}} \qquad\qquad j = 2, \cdots, n$$

(6)

$$l_{jj} = \sqrt{a_{jj} - \sum_{s=1}^{j-1} l_{js}^2} \qquad j = 2, \cdots, n$$

$$l_{pj} = \frac{1}{l_{jj}} \left(a_{pj} - \sum_{s=1}^{j-1} l_{js} l_{ps} \right) \qquad p = j+1, \cdots, n; \quad j \geq 2$$

若 **A** 為對稱但不為正定，此方法仍然適用，但會導致複數矩陣 **L**，使得此法變得不實用。

---

[3] ANDRÉ-LOUIS CHOLESKY (1875–1918) 法國軍官、測地學家與數學家。測量過克利特島 (位於希臘) 和北非，死於第一次世界大戰。他的方法是在他死後才發表在 Bulletin Géodésique (1924 年)，但沒受到什麼注意。直到 JOHN TODD (1911–2007)——愛爾蘭裔美籍數學家、數值分析學家和數值電腦方法的早期先驅者，加州理工學院的教授，本書作者的摯友與工作夥伴參見 [E20]——在 1940 年代於倫敦的國王學院開授分析課程中教授 Cholesky 法。

例題　2　**Cholesky 法**

利用 Cholesky 法求解

$$
\begin{array}{rcrcrcr}
4x_1 & + & 2x_2 & + & 14x_3 & = & 14 \\
2x_1 & + & 17x_2 & - & 5x_3 & = & -101 \\
14x_1 & - & 5x_2 & + & 83x_3 & = & 155
\end{array}
$$

解

由式 (6) 或由矩陣分解的形式

$$
\begin{bmatrix} 4 & 2 & 14 \\ 2 & 17 & -5 \\ 14 & -5 & 83 \end{bmatrix} = \begin{bmatrix} l_{11} & 0 & 0 \\ l_{21} & l_{22} & 0 \\ l_{31} & l_{32} & l_{33} \end{bmatrix} \begin{bmatrix} l_{11} & l_{21} & l_{31} \\ 0 & l_{22} & l_{32} \\ 0 & 0 & l_{33} \end{bmatrix}
$$

可依序算出

$$
l_{11} = \sqrt{a_{11}} = 2 \qquad l_{21} = \frac{a_{21}}{l_{11}} = \frac{2}{2} = 1 \qquad l_{31} = \frac{a_{31}}{l_{11}} = \frac{14}{2} = 7
$$

$$
l_{22} = \sqrt{a_{22} - l_{21}^2} = \sqrt{17 - 1} = 4
$$

$$
l_{32} = \frac{1}{l_{23}}(a_{32} - l_{31}l_{21}) = \frac{1}{4}(-5 - 7 \cdot 1) = -3
$$

$$
l_{33} = \sqrt{a_{33} - l_{31}^2 - l_{32}^2} = \sqrt{83 - 7^2 - (-3)^2} = 5
$$

此結果與式 (5) 一致。接著必須求解 $\mathbf{Ly} = \mathbf{b}$，即

$$
\begin{bmatrix} 2 & 0 & 0 \\ 1 & 4 & 0 \\ 7 & -3 & 5 \end{bmatrix} \begin{bmatrix} y_1 \\ y_2 \\ y_3 \end{bmatrix} = \begin{bmatrix} 14 \\ -101 \\ 155 \end{bmatrix} \qquad 解為 \qquad \mathbf{y} = \begin{bmatrix} 7 \\ -27 \\ 5 \end{bmatrix}
$$

下一步驟為求解 $\mathbf{Ux} = \mathbf{L}^{\mathsf{T}}\mathbf{x} = \mathbf{y}$，即

$$
\begin{bmatrix} 2 & 1 & 7 \\ 0 & 4 & -3 \\ 0 & 0 & 5 \end{bmatrix} \begin{bmatrix} x_1 \\ x_2 \\ x_3 \end{bmatrix} = \begin{bmatrix} 7 \\ -27 \\ 5 \end{bmatrix} \qquad 解為 \qquad \mathbf{x} = \begin{bmatrix} 3 \\ -6 \\ 1 \end{bmatrix}
$$

定理　1

Cholesky 矩陣分解的穩定性

Cholesky LL^{T} 矩陣分解是數值穩定的 (如第 19.1 節所定義)。

證明

將式 (6) 中的第三個公式取平方然後求解 a_{jj} 可得 $a_{jj} = l_{j1}^2 + l_{j2}^2 + \cdots + l_{jj}^2$。因此對於所有 l_{jk} (須注意對於 $k > j$，$l_{jk} = 0$)，可得 (不等式顯然成立)

$$l_{jk}^2 \leq l_{j1}^2 + l_{j2}^2 + \cdots + l_{jj}^2 = a_{jj}$$

亦即，l_{jk}^2 受 **A** 的元素所限制，這表示對捨入為穩定。　　　　　　　　　　　■

20.2.2　Gauss–Jordan 消去法、反矩陣

高斯消去法的另一種變化型式為 **Gauss–Jordan 消去法 (Gauss–Jordan elimination)**，此為 Jordan 在 1920 年所提出，其中係以額外的計算將矩陣化簡為對角形式，以取代高斯消去法中的三角形式，從而避免回代的步驟。但將高斯三角形式化簡為對角線型所需的運算次數卻較反向代入法多，故此法不利於求解系統 **Ax** = **b**。但此法可用於求得反矩陣，作法如下所示。

非奇異方陣 **A** 的**反矩陣**，原則上是由求解 n 個系統

(7)　　　　　　　　　　　　　　　$\mathbf{Ax} = \mathbf{b}_j$　　　　　　　　　　　$(j = 1, \cdots, n)$

而得，其中 $\mathbf{b}_j$ 為 $n \times n$ 單位矩陣的第 j 行。

不過，比較好的方法是經由單位矩陣 **I** 的運算，求出反矩陣 $\mathbf{A}^{-1}$，如同 Gauss–Jordan 演算法，將 **A** 簡化為 **I**。此方法的典型範例請見第 7.8 節。

習題集　20.2

1–5　Doolittle 法

請寫出矩陣分解，並利用 Doolittle 法求解。

1.
$$4x_1 + 5x_2 = 14$$
$$12x_1 + 14x_2 = 36$$

2.
$$2x_1 + 9x_2 = 82$$
$$3x_1 - 5x_2 = -62$$

3.
$$5x_1 + 4x_2 + x_3 = 6.8$$
$$10x_1 + 9x_2 + 4x_3 = 17.6$$
$$10x_1 + 13x_2 + 15x_3 = 38.4$$

4.
$$2x_1 + x_2 + 2x_3 = 0$$
$$-2x_1 + 2x_2 + x_3 = 0$$
$$x_1 + 2x_2 - 2x_3 = 18$$

5.
$$3x_1 + 9x_2 + 6x_3 = 4.6$$
$$18x_1 + 48x_2 + 39x_3 = 27.2$$
$$9x_1 - 27x_2 + 42x_3 = 9.0$$

6.　團隊專題　Crout 法將矩陣分解為 **A** = **LU**，其中 **L** 為下三角矩陣，**U** 為上三角矩陣，且對角元素為 $u_{jj} = 1, j = 1, \cdots, n$。

(a) 公式　試推導出 Crout 法類似式 (4) 的公式。

(b) 範例　利用 Crout 法求解習題 5。

(c) 利用 Doolittle 法、Crout 法與 Cholesky 法分解下列矩陣。

$$\begin{bmatrix} 1 & -4 & 2 \\ -4 & 25 & 4 \\ 2 & 4 & 24 \end{bmatrix}$$

(d) 請寫出利用 Crout 法將三對角線矩陣分解的公式。

(e) 哪種情況下可以由 Doolittle 法，利用轉置獲得 Crout 分解？

7–12　Cholesky 法

請寫出矩陣分解並求解。

7.
$$9x_1 + 6x_2 + 12x_3 = 17.4$$
$$6x_1 + 13x_2 + 11x_3 = 23.6$$
$$12x_1 + 11x_2 + 26x_3 = 30.8$$

8.
$$4x_1 + 6x_2 + 8x_3 = 0$$
$$6x_1 + 34x_2 + 52x_3 = -160$$
$$8x_1 + 52x_2 + 129x_3 = -452$$

9.
$$0.01x_1 + 0.03x_3 = 0.14$$
$$0.16x_2 + 0.08x_3 = 0.16$$
$$0.03x_1 + 0.08x_2 + 0.14x_3 = 0.54$$

10.

$$\begin{array}{rrrrrr} 4x_1 & & & + & 2x_3 & = & 1.5 \\ & & 4x_2 & + & x_3 & = & 4.0 \\ 2x_1 & + & x_2 & + & 2x_3 & = & 2.5 \end{array}$$

11.

$$\begin{array}{rrrrrrrrr} x_1 & - & x_2 & + & 3x_3 & + & 2x_4 & = & 15 \\ -x_1 & + & 5x_2 & - & 5x_3 & - & 2x_4 & = & -35 \\ 3x_1 & - & 5x_2 & + & 19x_3 & + & 3x_4 & = & 94 \\ 2x_1 & - & 2x_2 & + & 3x_3 & + & 21x_4 & = & 1 \end{array}$$

12.

$$\begin{array}{rrrrrrrrr} 4x_1 & + & 2x_2 & + & 4x_3 & & & = & 20 \\ 2x_1 & + & 2x_2 & + & 3x_3 & + & 2x_4 & = & 36 \\ 4x_1 & + & 3x_2 & + & 6x_3 & + & 3x_4 & = & 60 \\ & & 2x_2 & + & 3x_3 & + & 9x_4 & = & 122 \end{array}$$

13. 正定性　令 **A**、**B** 為 $n \times n$ 實正定矩陣。試問 $-\mathbf{A}$、$\mathbf{A}^{\mathrm{T}}$、$\mathbf{A}+\mathbf{B}$、$\mathbf{A}-\mathbf{B}$ 是否為正定？

14. CAS 專題　Cholesky 法

   (a) 寫一程式，利用 Cholesky 法求解線性系統，並套用至例題 2、習題 7-9，以及你自己選擇的系統。

   (b) 仿樣函數　將程式的矩陣分解部分套用至下列矩陣 (出現在第 19.4 節式 (9) (其中 $c_j = 1$) 與仿樣函數相關的討論中)。

$$\begin{bmatrix} 2 & 1 & 0 \\ 1 & 4 & 1 \\ 0 & 1 & 2 \end{bmatrix}, \quad \begin{bmatrix} 2 & 1 & 0 & 0 \\ 1 & 4 & 1 & 0 \\ 0 & 1 & 4 & 1 \\ 0 & 0 & 1 & 2 \end{bmatrix}$$

15–19　**反矩陣**

利用 Gauss–Jordan 法求出反矩陣，請列出詳細過程。

15. 習題 1 的矩陣。

16. 習題 4 的矩陣。

17. 團隊專題 6(c) 的矩陣。

18. 習題 9 的矩陣。

19. 習題 12 的矩陣。

20. 捨入　已知矩陣 **A**，請求出 det **A**。若將所給定的元素捨入至 **(a)** 5S、**(b)** 4S、**(c)** 3S、**(d)** 2S、**(e)** 1S，會有什麼結果？所獲得的結果有何實際的意義？

$$\mathbf{A} = \begin{bmatrix} \dfrac{1}{3} & \dfrac{1}{4} & 2 \\[2mm] -\dfrac{1}{9} & 1 & \dfrac{1}{7} \\[2mm] \dfrac{4}{63} & -\dfrac{3}{28} & \dfrac{13}{49} \end{bmatrix}$$

20.3 線性系統：利用疊代法求解 (Linear Systems: Solution by Iteration)

前兩節所討論之高斯消去法及其變化型是屬於求解線性系統的**直接方法 (direct methods)**；這些方法是可以在預先設定的運算次數內求得解答。相反地，在**間接 (indirect)** 或**疊代方法 (iterative method)** 中，我們是從近似值開始逼進正確解，在成功的情況下，則可透過計算循環，以求得愈來愈精確的近似值；循環的重覆次數依所要求的精確度而定，故算術運算次數取決於所要求的精確度，且在每種情況下都不同。

　　疊代法主要應用在收斂速度非常快的問題 (若矩陣的主對角元素夠大，我們在後面將會看到)，相較於直接方法，可以節省運算量。當大型系統為**稀疏 (sparse)** 時，我們也可以使用疊代法來處理。所謂的稀疏系統就是係數有許多為零的系統，而須浪費空間去儲存這些零。舉例來說，在某個可能的問題中，有 10^4 個方程式及 10^4 個未知數，而每個方程式通常只有 5 個非零項，因此每個方程式有 9995 個零 (第 21.4 節將有更詳細的討論)。

20.3.1　Gauss–Seidel 疊代法[4]

這是一個在實用上非常重要的方法，可以簡單地利用一個範例直接說明。

> 例題　1　**Gauss–Seidel 疊代法**

考慮線性系統

(1)
$$
\begin{array}{rrrrr}
x_1 & -\ 0.25x_2 & -\ 0.25x_3 & & = 50 \\
-0.25x_1 & +\quad x_2 & & -\ 0.25x_4 & = 50 \\
-0.25x_1 & & +\quad x_3 & -\ 0.25x_4 & = 25 \\
& -\ 0.25x_2 & -\ 0.25x_3 & +\quad x_4 & = 25
\end{array}
$$

(這種形式的方程式，主要出現在偏微分方程式的數值解法以及仿樣函數內插中。) 將系統寫成下列形式

(2)
$$
\begin{array}{rll}
x_1 = & 0.25x_2 + 0.25x_3 & +50 \\
x_2 = 0.25x_1 & +0.25x_4 & +50 \\
x_3 = 0.25x_1 & +0.25x_4 & +25 \\
x_4 = & 0.25x_2 + 0.25x_3 & +25
\end{array}
$$

我們利用這些方程式來進行疊代；從解的一個近似值開始，例如 $x_1^{(0)} = 100$、$x_2^{(0)} = 100$、$x_3^{(0)} = 100$、$x_4^{(0)} = 100$，並由式 (2) 計算出可能較佳的近似值。

(3)
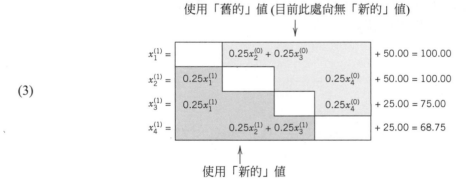

$$
\begin{array}{rll}
x_1^{(2)} = & 0.25x_2^{(1)} + 0.25x_3^{(1)} & +50.00 = 93.750 \\
x_2^{(2)} = 0.25x_1^{(2)} & +0.25x_4^{(1)} & +50.00 = 90.625 \\
x_3^{(2)} = 0.25x_1^{(2)} & +0.25x_4^{(1)} & +25.00 = 65.625 \\
x_4^{(2)} = & 0.25x_2^{(2)} + 0.25x_3^{(2)} & +25.00 = 64.062
\end{array}
$$

這些方程式 (3) 是將每個未知數最新的近似值代入式 (2) 的右側而得。事實上，各個位置一但計算出新值就會將先前的值取代，所以在第二與第三個方程式中使用 $x_1^{(1)}$ (而不是 $x_1^{(0)}$)，而式 (3) 的最後一個方程式中則使用 $x_2^{(1)}$ 與 $x_3^{(1)}$ (不是 $x_2^{(0)}$ 與 $x_3^{(0)}$)。利用相同的原理，在下一個步驟可得

---

[4] PHILIPP LUDWIG VON SEIDEL (1821–1896) 德國數學家。Gauss (高斯)可參考 5.4 節的註解 5。

後續步驟所得的值為

x_1	x_2	x_3	x_4
89.062	88.281	63.281	62.891
87.891	87.695	62.695	62.598
87.598	87.549	62.549	62.524
87.524	87.512	62.512	62.506
87.506	87.503	62.503	62.502

因此收斂至精確值 $x_1 = x_2 = 87.5$、$x_3 = x_4 = 62.5$ (請驗證！) 的速度相當快。　　　■

Gauss–Seidel 疊代法的一般演算程序如表 20.2 所示。為求得 Gauss–Seidel 疊代法的演算法，則須先推導此疊代法的一般公式。

　　我們假設對 $j = 1, \cdots, n$，$a_{jj} = 1$。(注意這是可行的，如果將方程式重新排列，使對角係數均不為零；則可將每一方程式除以其對應的對角線係數)。由此可寫出

(4)
$$\mathbf{A} = \mathbf{I} + \mathbf{L} + \mathbf{U} \qquad\qquad (a_{jj} = 1)$$

其中 $\mathbf{I}$ 為 $n \times n$ 單位矩陣，而 $\mathbf{L}$ 與 $\mathbf{U}$ 分別是主對角元素為零的下三角與上三角矩陣。如果將式 (4) 代入 $\mathbf{Ax} = \mathbf{b}$，則可得

$$\mathbf{Ax} = (\mathbf{I} + \mathbf{L} + \mathbf{U})\,\mathbf{x} = \mathbf{b}$$

將 $\mathbf{Lx}$ 與 $\mathbf{Ux}$ 移至右側，因為 $\mathbf{Ix} = \mathbf{x}$ 而可得

(5)
$$\mathbf{x} = \mathbf{b} - \mathbf{Lx} - \mathbf{Ux}$$

請記得在例題 1 式 (3) 中，主對角下方是取「新的」近似值，而主對角上方則取「舊的」近似值，因此由式 (5) 可得出我們所要的疊代公式

(6)
$$\mathbf{x}^{(m+1)} = \mathbf{b} - \mathbf{L}\mathbf{x}^{(m+1)} - \mathbf{U}\mathbf{x}^{(m)} \qquad\qquad (a_{jj} = 1)$$

其中 $\mathbf{x}^{(m)} = [x_j^{(m)}]$ 為第 m 個近似值，而 $\mathbf{x}^{(m+1)} = [x_j^{(m+1)}]$ 為第 $(m+1)$ 個近似值。由此可得表 20.2 中 1 的公式。矩陣 $\mathbf{A}$ 必須滿足對於所有 j，$a_{jj} \neq 0$。表 20.2 中已經不再須要假設 $a_{jj} = 1$，而是自動由 1 中的因數 $1/a_{jj}$ 來搞定。

表 20.2　Gauss–Seidel 疊代法

演算法 GAUSS–SEIDEL ($\mathbf{A}$, $\mathbf{b}$, $\mathbf{x}^{(0)}$, ϵ, N)

這個演算法基於一個給定的初始近似值 $\mathbf{x}^{(0)}$ 來計算系統 $\mathbf{Ax} = \mathbf{b}$ 的一個解 $\mathbf{x}$，其中 $\mathbf{A} = [a_{jk}]$ 是一個 $n \times n$ 的矩陣，且 $a_{jj} \neq 0$、$j = 1, \cdots, n$。

　　輸入：$\mathbf{A}$，$\mathbf{b}$，初始近似值 $\mathbf{x}^{(0)}$，容忍值 $\epsilon > 0$，最大的疊代次數 N
　　輸出：近似解 $\mathbf{x}^{(m)} = [x_j^{(m)}]$，或是 $\mathbf{x}^{(N)}$ 無法滿足容忍條件的失敗訊息

　　For $m = 0, \cdots, N - 1$, do:

$$1 \qquad \text{For } j = 1, \cdots, n, \text{ do:}$$

$$x_j^{(m+1)} = \frac{1}{a_{jj}} \left(b_j - \sum_{k=1}^{j-1} a_{jk} x_k^{(m+1)} - \sum_{k=j+1}^{n} a_{jk} x_k^{(m)} \right)$$

$$\text{End}$$

$2 \qquad$ If $\displaystyle \max_j \left| x_j^{(m+1)} - x_j^{(m)} \right| < \epsilon \left| x_j^{(m+1)} \right|$ then 輸出 $\mathbf{x}^{(m+1)}$。Stop

[演算法成功地完成執行]

End

輸出：「在 N 次疊代之後，無法求得滿足容忍條件的解。」Stop

[演算法無法成功地完成]

End GAUSS–SEIDEL

20.3.2 收斂與矩陣範數

對於求解 $\mathbf{Ax} = \mathbf{b}$ 之疊代法的初值 $\mathbf{x}^{(0)}$，若相關的疊代序列 $\mathbf{x}^{(0)}, \mathbf{x}^{(1)}, \mathbf{x}^{(2)}, \cdots$ 收斂至系統的一解，則稱此疊代法對 $\mathbf{x}^{(0)}$ 為**收斂**。收斂與否取決於 $\mathbf{x}^{(m)}$ 與 $\mathbf{x}^{(m+1)}$ 的關係而定。為求出 Gauss–Seidel 法中的此關連性，首先我們先使用式 (6)。我們可得

$$(\mathbf{I} + \mathbf{L})\mathbf{x}^{(m+1)} = \mathbf{b} - \mathbf{Ux}^{(m)}$$

將左邊乘上 $(\mathbf{I} + \mathbf{L})^{-1}$，結果為

(7) $\qquad \mathbf{x}^{(m+1)} = \mathbf{Cx}^{(m)} + (\mathbf{I} + \mathbf{L})^{-1}\mathbf{b}$ 　其中　 $\mathbf{C} = -(\mathbf{I} + \mathbf{L})^{-1}\mathbf{U}$

Gauss–Seidel 疊代法對所有的 $\mathbf{x}^{(0)}$ 為收斂若且唯若「疊代矩陣」$\mathbf{C} = [c_{jk}]$ 的所有特徵值 (第 8.1 節) 之絕對值小於 1 (證明請見附錄 1 中參考文獻 [E5]，p.191)。

注意！若要求得 $\mathbf{C}$，首先將 $\mathbf{A}$ 的列除以 a_{jj}，使其主對角為 1, ..., 1。若 $\mathbf{C}$ 的**頻譜半徑 (spectral radius)** (= 那些絕對值最大者) 較小，則其收斂速度較快。

收斂之充分條件　收斂之充分條件為

(8) $\qquad\qquad\qquad\qquad \|\mathbf{C}\| < 1$

在此 $\|\mathbf{C}\|$ 為某種**矩陣範數 (matrix norm)**，如

(9) $\qquad\qquad\qquad\qquad \|\mathbf{C}\| = \sqrt{\sum_{j=1}^{n} \sum_{k=1}^{n} c_{jk}^2}$ $\qquad\qquad$ **(Frobenius 範數)**

或 $\mathbf{C}$ 的一行中 $|c_{jk}|$ 總和的最大值

(10) $\qquad\qquad\qquad\qquad \|\mathbf{C}\| = \max_k \sum_{j=1}^{n} |c_{jk}|$ $\qquad\qquad$ **(行「總和」範數)**

或 $\mathbf{C}$ 的一列中 $|c_{jk}|$ 總和的最大值

(11)
$$\|\mathbf{C}\| = \max_j \sum_{k=1}^{n} |c_{jk}|$$
（列「總和」範數）

以上是數值方法中較常用的矩陣範數。

在大部分的情況下，範數種類的選擇是基於運算方便性的考量。然而，由下列範例可以發現，有時某一種範數會比其它兩種有用。

例題　**2**　**Gauss–Seidel 疊代法的收斂性檢驗**

對於下列的系統，請測試 Gauss–Seidel 疊代法是否收斂？

$$
\begin{aligned}
2x + \ \ y + \ \ z &= 4 \\
x + \ 2y + \ \ z &= 4 \\
x + \ \ y + \ 2z &= 4
\end{aligned}
\qquad 表示成 \qquad
\begin{aligned}
x &= 2 - \tfrac{1}{2}y - \tfrac{1}{2}z \\
y &= 2 - \tfrac{1}{2}x - \tfrac{1}{2}z \\
z &= 2 - \tfrac{1}{2}x - \tfrac{1}{2}y
\end{aligned}
$$

解

矩陣分解 (將矩陣乘以 $\tfrac{1}{2}$，為什麼？) 為

$$
\begin{bmatrix} 1 & \tfrac{1}{2} & \tfrac{1}{2} \\ \tfrac{1}{2} & 1 & \tfrac{1}{2} \\ \tfrac{1}{2} & \tfrac{1}{2} & 1 \end{bmatrix} = \mathbf{I} + \mathbf{L} + \mathbf{U} = \mathbf{I} + \begin{bmatrix} 0 & 0 & 0 \\ \tfrac{1}{2} & 0 & 0 \\ \tfrac{1}{2} & \tfrac{1}{2} & 0 \end{bmatrix} + \begin{bmatrix} 0 & \tfrac{1}{2} & \tfrac{1}{2} \\ 0 & 0 & \tfrac{1}{2} \\ 0 & 0 & 0 \end{bmatrix}
$$

可知

$$
\mathbf{C} = -(\mathbf{I} + \mathbf{L})^{-1}\mathbf{U} = -\begin{bmatrix} 1 & 0 & 0 \\ -\tfrac{1}{2} & 1 & 0 \\ -\tfrac{1}{4} & -\tfrac{1}{2} & 0 \end{bmatrix}\begin{bmatrix} 0 & \tfrac{1}{2} & \tfrac{1}{2} \\ 0 & 0 & \tfrac{1}{2} \\ 0 & 0 & 0 \end{bmatrix} = \begin{bmatrix} 0 & -\tfrac{1}{2} & -\tfrac{1}{2} \\ 0 & \tfrac{1}{4} & -\tfrac{1}{4} \\ 0 & \tfrac{1}{8} & \tfrac{3}{8} \end{bmatrix}
$$

計算 **C** 的 Frobenius 範數

$$
\|\mathbf{C}\| = \left(\frac{1}{4} + \frac{1}{4} + \frac{1}{16} + \frac{1}{16} + \frac{1}{64} + \frac{9}{64} \right)^{1/2} = \left(\frac{50}{64} \right)^{1/2} = 0.884 < 1
$$

根據式 (8) 可知，此 Gauss–Seidel 疊代法為收斂。有趣的是，其它二種範數並無法得到結論，讀者可自行驗證。當然，這是因為式 (8) 為收斂的充分條件，而不是必要條件。　■

殘數　已知一系統 $\mathbf{Ax} = \mathbf{b}$，則對於此系統，$\mathbf{x}$ 的**殘數** (residual) $\mathbf{r}$ 定義為

(12)
$$\mathbf{r} = \mathbf{b} - \mathbf{Ax}$$

顯然地，$\mathbf{r} = \mathbf{0}$ 若且唯若 $\mathbf{x}$ 為一個解。因此對一近似解而言 $\mathbf{r} \neq \mathbf{0}$。在 Gauss–Seidel 疊代法中，每一個階段我們都修改或鬆弛近似解的分量，以便使得 $\mathbf{r}$ 之分量減少至零。因此，Gauss–Seidel 疊代屬於**鬆弛法 (relaxation methods)** 的一種。下一節中將會有更多關於殘數的討論。

20.3.3　Jacobi 疊代法

Gauss–Seidel 疊代是一種**逐次修正法 (successive corrections)**，因爲對每個分量一旦求出其新的近似值，就會立即取代舊的值，如此逐次進行計算。若在求出近似值 $\mathbf{x}^{(m)}$ 的所有分量之前，不會使用 $\mathbf{x}^{(m)}$ 之任何分量，則此疊代法稱爲**同時修正法 (simultaneous corrctions)**。**Jacobi 疊代法 (Jacobi iteration)** 即爲這類方法的一種，此法與 Gauss–Seidel 法類似，但在步驟未完成前不會採用改進後的值，然後在下一步驟開始之前，才一次以 $\mathbf{x}^{(m+1)}$ 取代 $\mathbf{x}^{(m)}$。因此，若將 $\mathbf{A}\mathbf{x} = \mathbf{b}$ ($a_{jj} = 1$，與之前的討論相同！) 寫成 $\mathbf{x} = \mathbf{b} + (\mathbf{I} - \mathbf{A})\mathbf{x}$ 的形式，則 Jacobi 疊代之矩陣表示法爲

(13)
$$\mathbf{x}^{(m+1)} = \mathbf{b} + (\mathbf{I} - \mathbf{A})\mathbf{x}^{(m)}$$
$(a_{jj} = 1)$

此法對於任何 $\mathbf{x}^{(0)}$ 之選擇均收斂，若且唯若 $\mathbf{I} - \mathbf{A}$ 之頻譜半徑小於 1。這個方法在實用上的重要性與日俱增，因爲平行處理器能夠在每個疊代步驟中同時求解所有的 n 個方程式。

　　關於 Jacobi 的生平，請見第 10.3 節。至於練習，請見習題集。

習題集　20.3

1. 請驗證例題 1 的解。

2. 試證明對於例題 2 中的系統，Jacobi 疊代法爲發散。提示：利用特徵值。

3. 試驗證例題 2 最後的敘述。

| 4–10 | Gauss–Seidel 疊代法 |

執行 5 個步驟，從 $\mathbf{x}_0 = [1 \ \ 1 \ \ 1]^{\mathrm{T}}$ 開始並以 6S 計算。提示：務必對每個方程式中係數最大的變數進行求解 (爲何？)。請列出詳細過程。

4.
$$
\begin{aligned}
4x_1 &- x_2 && = 21 \\
-x_1 &+ 4x_2 &- x_3 &= -45 \\
&- x_2 &+ 4x_3 &= 33
\end{aligned}
$$

5.
$$
\begin{aligned}
10x_1 &+ x_2 &+ x_3 &= 6 \\
x_1 &+ 10x_2 &+ x_3 &= 6 \\
x_1 &+ x_2 &+ 10x_3 &= 6
\end{aligned}
$$

6.
$$
\begin{aligned}
& x_2 &+ 7x_3 &= 25.5 \\
5x_1 &+ x_2 && = 0 \\
x_1 &+ 6x_2 &+ x_3 &= -10.5
\end{aligned}
$$

7.
$$
\begin{aligned}
5x_1 &- 2x_2 && = 18 \\
-2x_1 &+ 10x_2 &- 2x_3 &= -60 \\
&- 2x_2 &+ 15x_3 &= 128
\end{aligned}
$$

8.
$$
\begin{aligned}
3x_1 &+ 2x_2 &+ x_3 &= 7 \\
x_1 &+ 3x_2 &+ 2x_3 &= 4 \\
2x_1 &+ x_2 &+ 3x_3 &= 7
\end{aligned}
$$

9.
$$
\begin{aligned}
5x_1 &+ x_2 &+ 2x_3 &= 19 \\
x_1 &+ 4x_2 &- 2x_3 &= -2 \\
2x_1 &+ 3x_3 &+ 8x_3 &= 39
\end{aligned}
$$

10.
$$
\begin{aligned}
4x_1 && + 5x_3 &= 12.5 \\
x_1 &+ 6x_2 &+ 2x_3 &= 18.5 \\
8x_1 &+ 2x_2 &+ x_3 &= -11.5
\end{aligned}
$$

11. 請將 Gauss–Seidel 疊代法 (三個步驟) 套用至習題 5 中的系統，分別從 **(a)** 0, 0, 0，**(b)** 10, 10, 10 開始。比較並評論。

12. 在問題 5 中，計算 **C (a)** 若您從第一個方程式解出 x_1，從第二個方程式解出 x_2，第三個方程式解出 x_3，試證明爲收斂；**(b)** 若毫無條理地從第三個方程式解出 x_1，第一個方程式解出 x_2，第二個方程式解出 x_3，試證明爲發散。

13. CAS 實驗　Gauss–Seidel 疊代法

　　(a) 試針對 Gauss–Seidel 疊代法寫一程式。

　　(b) 將程式套用至 $\mathbf{A}(t)\mathbf{x} = \mathbf{b}$，從 $[0 \ \ 0 \ \ 0]^{\mathrm{T}}$ 開始，其中

$$
\mathbf{A}(t) = \begin{bmatrix} 1 & t & t \\ t & 1 & t \\ t & t & 1 \end{bmatrix}, \quad \mathbf{b} = \begin{bmatrix} 2 \\ 2 \\ 2 \end{bmatrix}
$$

當 $t = 0.2, 0.5, 0.8, 0.9$ 時，試決定欲獲得正確解至 6S 所需的步驟，並計算相對應的 **C** 之頻譜半徑。將步驟數與頻譜半徑視為 t 的函數，繪出圖形。請評論。

(c) 逐次超鬆弛法 (succesive overrelaxation，SOR)。試證明在式 (6) 右側加上並減去 $\mathbf{x}^{(m)}$ 後，可寫成

$$\mathbf{x}^{(m+1)} = \mathbf{x}^{(m)} + \mathbf{b} - \mathbf{L}\mathbf{x}^{(m+1)} - (\mathbf{U}+\mathbf{I})\mathbf{x}^{(m)}$$

$$(a_{jj} = 1)$$

為了進一步修正，因而引入**超鬆弛因子 (overrelaxation factor)** $\omega > 1$，以獲得 **Gauss–Seidel 疊代法的 SOR 公式**

$$(14) \quad \mathbf{x}^{(m+1)} = \mathbf{x}^{(m)} + \omega(\mathbf{b} - \mathbf{L}\mathbf{x}^{(m+1)} - (\mathbf{U}+\mathbf{I})\mathbf{x}^{(m)})$$

$$(a_{jj} = 1)$$

如此可得到較快的收斂性。一個建議值為 $\omega = 2/(1+\sqrt{1-\rho})$，其中 ρ 為式 (7) 中 **C** 的頻譜半徑。將 SOR 套用至 (b) 小題中的矩陣，計算 $t = 0.5$ 與 0.8 的情況，並注意收斂的改善情況 (若套用至較大型的系統，則可看出非常明顯的成果)。

14–17　Jacobi 疊代法

執行 5 個步驟，從 $\mathbf{x}_0 = [1 \quad 1 \quad 1]$ 開始。與 Gauss–Seidel 疊代法比較。請問那一種方法收斂較快？請列出詳細過程。

14. 習題 4 的系統。

15. 習題 9 的系統。

16. 習題 10 的系統。

17. 請藉由驗證 $\mathbf{I} - \mathbf{A}$ 的特徵值為 -0.519589 以及 $0.259795 \pm 0.246603i$，來證明習題 16 中的收斂性，其中 **A** 為習題 16 中的矩陣各列除以相對應的主對角元素所產生的矩陣。

18–20　範數

請計算下列 (方形) 矩陣的範數 (9)、(10)、(11)。並針對三個數字之間較大或較小的差異提出評論。

18. 習題 10 中的矩陣。

19. 習題 5 中的矩陣。

20. $\begin{bmatrix} 2k & -k & -k \\ k & -2k & k \\ -k & -k & 2k \end{bmatrix}$

20.4　線性系統：惡劣條件、範數

我們不需要很多的經驗，即可判定某些系統 $\mathbf{Ax} = \mathbf{b}$ 是好的，即在捨入或係數不精確的情況下也可得到精確解，或是不好的，即這些不準確性會嚴重影響其解。我們想要知道這是怎麼一回事，以及是否可以「信任」某個線性系統？我們會先推導出兩個一般數值方法中相關的概念 (惡劣及良好條件) 的公式，接著再討論線性系統與矩陣。

在一個計算問題中，若資料 (輸入) 中「很小」的變動會對解 (輸出) 造成「很大」的變動，則稱此問題為「**惡劣條件 (ill-conditioned 或 ill-posed)**」。在另一方面，若資料中「很小」的變動只會對解造成「很小」的變動，則稱此問題為「**良好條件 (well-conditioned 或 well-posed)**」。

這些觀念是定性描述的。我們無疑地會將 100 倍的不準確性放大倍數視為「很大」，但是「很大」跟「很小」之間的界線為何？這必須依據問題類型及我們的觀點而定。雙倍精確度有時會有幫助，但是當資料的量測不精確時，則應該將問題的**數學設定變更**為良好條件的設定。

現在回歸到線性系統的討論。圖 445 可以說明惡劣條件發生時的充要條件為，若且唯若兩方程式為兩條幾乎平行的直線，使得當我們把其中一條線微幅向上或向下移動時，其交點會大幅移

動。就兩個未知數、兩個方程式的情況，可以用以上來說明上述的基本觀念。就較大型的系統而言，雖然無法用幾何圖形來描述，但原則上情況類似。我們將會發現，惡劣條件可以用來說明矩陣的奇異點。

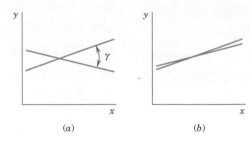

圖 445　由兩個未知數與兩個方程式所構成的 (a) 良好條件及 (b) 惡劣條件線性系統

例題　1　一個惡劣條件系統

讀者可以證明系統

$$
\begin{aligned}
0.9999x &- 1.0001y = 1 \\
x &- y = 1
\end{aligned}
$$

的解為 $x = 0.5$、$y = -0.5$；而系統

$$
\begin{aligned}
0.9999x &- 1.0001y = 1 \\
x &- y = 1+\epsilon
\end{aligned}
$$

之解為 $x = 0.5 + 5000.5\,\epsilon$、$y = -0.5 + 4999.5\,\epsilon$。由此可知此系統為惡劣條件，因為右側 ϵ 的改變會使解產生約 $5000\,\epsilon$ 的改變。我們可以發現兩方程式所代表的直線幾乎具有相同的斜率。　■

若 **A** 之主對角元素絕對值與與其它元素相較之下非常大，則可稱之為**良好條件 (well-conditioning)**。相同地，若 $\mathbf{A}^{-1}$ 與 **A** 的最大元素絕對值約略相等，此可稱為良好條件。

若 $\mathbf{A}^{-1}$ 的元素之絕對值與解相較之下非常大 (如例題 1 中的 5000 倍)，以及若不良的近似解仍有可能只產生小殘數，則表示為**惡劣條件 (ill-conditioning)**。

殘數　$\mathbf{Ax} = \mathbf{b}$ 之近似解 $\tilde{\mathbf{x}}$ 的餘數 $\mathbf{r}$ 定義為

(1) $$\mathbf{r} = \mathbf{b} - \mathbf{A}\tilde{\mathbf{x}}$$

現在 $\mathbf{b} = \mathbf{Ax}$，故

(2) $$\mathbf{r} = \mathbf{A}(\mathbf{x} - \mathbf{A}\tilde{\mathbf{x}})$$

因此若 $\tilde{\mathbf{x}}$ 具有高精確度，則 $\mathbf{r}$ 非常小，但反之則不一定成立。

例題　2　含有小殘數的不精確近似解

系統

$$
\begin{aligned}
1.0001x_1 + x_2 &= 2.0001 \\
x_1 + 1.0001x_2 &= 2.0001
\end{aligned}
$$

之解為 $x_1 = 1$、$x_2 = 1$。你能否由觀察得知？非常不精確的近似解 $\tilde{x}_1 = 2.0000$、$\tilde{x}_2 = 0.0001$，卻有非常小的殘數 (至 4D)

$$\mathbf{r} = \begin{bmatrix} 2.0001 \\ 2.0001 \end{bmatrix} - \begin{bmatrix} 1.0001 & 1.0000 \\ 1.0000 & 1.0001 \end{bmatrix} \begin{bmatrix} 2.0000 \\ 0.0001 \end{bmatrix} = \begin{bmatrix} 2.0001 \\ 2.0001 \end{bmatrix} - \begin{bmatrix} 2.0003 \\ 2.0001 \end{bmatrix} = \begin{bmatrix} -0.0002 \\ 0.0000 \end{bmatrix}$$

由此，一般人可能會下錯誤的結論，認為近似值應精確至小數點後 3 或 4 位。

　　這個結果可能讓人意想不到，但我們將會了解這與系統為惡劣條件有關。　■

　　我們的目標是要證明線性系統及其係數矩陣 **A** 的惡劣條件可以利用一個數來評估，即條件數 (condition number) $\kappa(\mathbf{A})$。雖然也有其它評估惡劣條件的方法，但 $\kappa(\mathbf{A})$ 可能是最普遍使用的一個。$\kappa(\mathbf{A})$ 是以範數來定義，而範數在數值方法中 (以及一般的現代數學中！) 是一個非常普遍且重要的觀念。接著將依下列三個步驟來達到我們的目標，分別討論

1. **向量範數** (vector norms)
2. **矩陣範數** (matrix norms)
3. **方陣之條件數** κ (condition number)

20.4.1　向量範數 (vector norms)

含有 n 個分量 (n 為固定) 的行向量 $\mathbf{x} = [x_j]$ 之**向量範數**，是一種廣義的長度或距離；它是以 $\|\mathbf{x}\|$ 表示，是利用三維空間中向量長度的四個性質予以定義，即

(3)
　(a)　$\|\mathbf{x}\|$　　　　　　是一個非負的實數
　(b)　$\|\mathbf{x}\| = 0$　　　　若且為若　　$\mathbf{x} = \mathbf{0}$
　(c)　$\|k\mathbf{x}\| = |k|\,\|\mathbf{x}\|$　對所有的 k 皆成立
　(d)　$\|\mathbf{x} + \mathbf{y}\| \le \|\mathbf{x}\| + \|\mathbf{y}\|$　　　　　　　　　　(三角不等式)

如果同時使用數個範數，則以下標予以區分。在計算中最重要的是 ***p* 範數**，其定義為

(4)
$$\|\mathbf{x}\|_p = (|x_1|^p + |x_2|^p + \cdots + |x_n|^p)^{1/p}$$

其中 p 為一固定數，且 $p \ge 1$。實用上，通常取 $p = 1$ 或 2，以及第三種範數 $\|\mathbf{x}\|_\infty$ (下列最後一個定義)，分別如下所示：

(5)
$$\|\mathbf{x}\|_1 = |x_1| + \cdots + |x_n|$$
（「l_1 範數」）

(6)
$$\|\mathbf{x}\|_2 = \sqrt{x_1^2 + \cdots + x_n^2}$$
（「歐幾里得範數」或「l_2 範數」）

(7)
$$\|\mathbf{x}\|_\infty = \max_j |x_j|$$
（「l_∞ 範數」）

當 $n = 3$ 時，l_2 範數為一般的三維空間向量長度。l_1 範數與 l_∞ 範數在計算上通常比較方便，但三種範數都相當常用。

| 例題 3 | 向量範數 (vector norms) |

若 $x^T = [2 \quad -3 \quad 0 \quad 1 \quad -4]$，則 $\|x\|_1 = 10$、$\|x\|_2 = \sqrt{30}$、$\|x\|_\infty = 4$。　■

在三維空間內，位置向量 x 與 $\tilde{x}$ 所代表之兩點間的距離為 $|x - \tilde{x}|$。對於線性系統 $Ax = b$ 而言，這表示我們可以取 $\|x - \tilde{x}\|$ 作為精確度之量測工具，並稱其為正確解與近似解間的**距離**，或稱為 $\tilde{x}$ 之**誤差**。

20.4.2　矩陣範數 (matrix norms)

若 A 為 $n \times n$ 矩陣，且 x 為包含 n 個分量之任意向量，則 Ax 為含有 n 個分量之向量。現在取向量範數並考慮 $\|x\|$ 與 $\|Ax\|$。則可證明 (請見附錄 1 所列之參考文獻 [E17]，p.77,92-93) 存在一數 c (視 A 而定)，使得

(8)
$$\|Ax\| \le c\|x\| \qquad 對於所有的 x$$

令 $x \ne 0$，則由式 (3b) 知 $\|x\| > 0$，並以此除之可得 $\|Ax\|/\|x\| \le c$。取左側最大值，可得對所有 $x(\ne 0)$ 皆成立之最小可能 c 值。此最小的 c 值稱為對應於我們所選取的向量範數之下 A 之**矩陣範數 (matrix norm of A)**，並以 $\|A\|$ 表示。故

(9)
$$\|A\| = \max \frac{\|Ax\|}{\|x\|} \qquad (x \ne 0)$$

其中的最大值是對所有的 $x \ne 0$ 均算完後取其中最大者。另一種形式為 [請見團隊專題 24 (c)]

(10)
$$\|A\| = \max_{\|x\|=1} \|Ax\|$$

　　式 (10) 與式 (9) 中的最大值存在。且「矩陣**範數**」此一名稱相當合理，因為 $\|A\|$ 滿足式 (3)，只要以 x 與 y 取代 A 與 B 即可 (證明請見參考文獻 [E17] pp.77, 92-93)。

　　注意，$\|A\|$ 乃依所選取的向量範數而定。具體而言，我們可以證明

對於 l_1 範數 (5) 而言，可得第 20.3 節的行「和」範數 (10)
對於 l_∞ 範數 (7) 而言，可得第 20.3 節的列「和」範數 (11)

取最佳可能 (最小可能) 的 $c = \|A\|$，由式 (8) 可得

(11)
$$\|Ax\| \le \|A\| \|x\|$$

此即所需要的公式。公式 (9) 對兩個 $n \times n$ 矩陣亦成立 (請見參考文獻 [E17]，p.98)

(12)
$$\|AB\| \le \|A\| \|B\| \qquad 因此 \qquad \|A^n\| \le \|A\|^n。$$

至於其它有用的範數公式，請參見參考文獻 [E9] 與 [E17]。

　　在繼續往下討論之前，先以一個簡單的計算範例說明。

例題 4 矩陣範數 (matrix norms)

計算例題 1 中係數矩陣 $\mathbf{A}$ 及其反矩陣 $\mathbf{A}^{-1}$ 的矩陣範數，假設使用 (a) l_1 向量範數、(b) l_∞ 向量範數。

解

利用第 7.8 節之式 (4*) 求反矩陣，然後利用第 20.3 節之式 (10) 與式 (11)。可得

$$\mathbf{A} = \begin{bmatrix} 0.9999 & -1.0001 \\ 1.0000 & -1.0000 \end{bmatrix} \qquad \mathbf{A}^{-1} = \begin{bmatrix} -5000.0 & 5000.5 \\ -5000.0 & 4999.5 \end{bmatrix}$$

(a) l_1 向量範數給出第 20.3 節的行「和」範數 (10)；由第 2 行可得 $\|\mathbf{A}\| = |-1.0001| + |-1.0000| = 2.0001$。同理 $\|\mathbf{A}^{-1}\| = 10,000$。

(b) l_∞ 向量範數給出第 20.3 節的列「和」範數 (11)；故由第 1 列得 $\|\mathbf{A}\| = 2$、$\|\mathbf{A}^{-1}\| = 10000.5$。我們可以注意到，此處 $\|\mathbf{A}^{-1}\|$ 出乎意料地大，使得 $\|\mathbf{A}\|\|\mathbf{A}^{-1}\|$ 的乘積相當大 (20,001)。我們將會從下面的討論知此為典型的惡劣條件系統。

20.4.3 矩陣的條件數

現在可開始介紹惡劣條件的關鍵概念，即一非奇異方陣 $\mathbf{A}$ 之條件數 $\kappa(\mathbf{A})$，定義為

(13)
$$\kappa(\mathbf{A}) = \|\mathbf{A}\| \, \|\mathbf{A}^{-1}\|$$

由下列定理可了解條件數所扮演的角色。

定理 1

條件數

一線性系統 $\mathbf{Ax} = \mathbf{b}$，若 $\mathbf{A}$ 的條件數 (13) 很小，則為良好條件的。若條件數很大，則表示是惡劣條件的。

證明

由 $\mathbf{b} = \mathbf{Ax}$ 與式 (11)，得 $\|\mathbf{b}\| \le \|\mathbf{A}\|\|\mathbf{x}\|$。令 $\mathbf{b} \ne \mathbf{0}$ 且 $\mathbf{x} \ne \mathbf{0}$。則除以 $\|\mathbf{b}\|\|\mathbf{x}\|$ 可得

(14)
$$\frac{1}{\|\mathbf{x}\|} \le \frac{\|\mathbf{A}\|}{\|\mathbf{b}\|}$$

將式 (2) $\mathbf{r} = \mathbf{A}(\mathbf{x} - \tilde{\mathbf{x}})$ 左右兩邊的左方乘 $\mathbf{A}^{-1}$，然後左右互換，可得 $\mathbf{x} - \tilde{\mathbf{x}} = \mathbf{A}^{-1}\mathbf{r}$。由式 (11) 以 $\mathbf{A}^{-1}$ 和 $\mathbf{r}$ 取代 $\mathbf{A}$ 和 $\mathbf{x}$ 可得

$$\|\mathbf{x} - \tilde{\mathbf{x}}\| = \|\mathbf{A}^{-1}\mathbf{r}\| \le \|\mathbf{A}^{-1}\|\|\mathbf{r}\|$$

除以 $\|\mathbf{x}\|$ [由式 (3b) 知 $\|\mathbf{x}\| \ne 0$] 並利用式 (14)，最後可得

(15)
$$\frac{\|\mathbf{x} - \tilde{\mathbf{x}}\|}{\|\mathbf{x}\|} \le \frac{1}{\|\mathbf{x}\|}\|\mathbf{A}^{-1}\|\|\mathbf{r}\| \le \frac{\|\mathbf{A}\|}{\|\mathbf{b}\|}\|\mathbf{A}^{-1}\|\|\mathbf{r}\| = \kappa(\mathbf{A})\frac{\|\mathbf{r}\|}{\|\mathbf{b}\|}$$

因此，當 $\kappa(\mathbf{A})$ 很小時，則 $\|\mathbf{r}\|/\|\mathbf{b}\|$ 很小時意味相對誤差 $\|\mathbf{x}-\tilde{\mathbf{x}}\|/\|\mathbf{x}\|$ 很小，故系統爲良好條件的。然而，當 $\kappa(\mathbf{A})$ 很大時則以上敘述不成立；然後請注意 $\|\mathbf{r}\|/\|\mathbf{b}\|$ 很小並不一定表示相對誤差 $\|\mathbf{x}-\tilde{\mathbf{x}}\|/\|\mathbf{x}\|$ 很小。 ■

例題 5　條件數 Gauss–Seidel 疊代法

$$\mathbf{A}=\begin{bmatrix}5 & 1 & 1\\ 1 & 4 & 2\\ 1 & 2 & 4\end{bmatrix}\quad \text{的反矩陣爲}\quad \mathbf{A}^{-1}=\frac{1}{56}\begin{bmatrix}12 & -2 & -2\\ -2 & 19 & -9\\ -2 & -9 & 19\end{bmatrix}$$

因爲 $\mathbf{A}$ 爲對稱，第 20.3 節的式 (10) 與式 (11) 可得相同的條件數

$$\kappa(\mathbf{A})=\|\mathbf{A}\|\,\|\mathbf{A}^{-1}\|=7\cdot\frac{1}{56}\cdot 30=3.75$$

我們可以看出由這個 $\mathbf{A}$ 所組成的線性系統 $\mathbf{Ax}=\mathbf{b}$ 爲良好條件的。

舉例來說，若 $\mathbf{b}=[14\quad 0\quad 28]^\mathrm{T}$，則由高斯演算法可得解 $\mathbf{x}=[2\quad -5\quad 9]^\mathrm{T}$ (請確認)。因爲 $\mathbf{A}$ 的主對角元素相對較大，我們可以預期 Gauss–Seidel 法會具有相當好的收斂性。事實上，當我們從 $\mathbf{x}_0=[1\quad 1\quad 1]^\mathrm{T}$ 開始，在前 8 個步驟可得 (3D 數值)

x_1	x_2	x_3
1.000	1.000	1.000
2.400	−1.100	6.950
1.630	−3.882	8.534
1.870	−4.734	8.900
1.967	−4.942	8.979
1.993	−4.988	8.996
1.998	−4.997	8.999
2.000	−5.000	9.000
2.000	−5.000	9.000

例題 6　惡劣條件的線性系統

在例題 4 中，利用第 20.3 節的式 (10) 與式 (11)，所求出例題 1 中矩陣的條件數相當大 $\kappa(\mathbf{A})=2.0001\cdot 10000=2\cdot 10000.5=200001$。由此可確認該系統爲非常惡劣條件的。

同樣地，在例題 2 中，利用第 7.8 節式 (4*)，以 6D 計算可得

$$\mathbf{A}^{-1}=\frac{1}{0.0002}\begin{bmatrix}1.0001 & -1.0000\\ -1.0000 & 1.0001\end{bmatrix}=\begin{bmatrix}5000.5 & -5000.0\\ -5000.0 & 5000.5\end{bmatrix}$$

因此由第 20.3 節式 (10)，可得 (如下所示) 一非常大的 $\kappa(\mathbf{A})$ 值，這解釋了例題 2 中令人驚訝的結果。

$$\kappa(\mathbf{A})=(1.0001+1.0000)(5000.5+5000.0)\approx 20{,}002$$

■

實際上，$\mathbf{A}^{-1}$ 通常爲未知的，因此在計算條件數 $\kappa(\mathbf{A})$ 時，必須預估 $\|\mathbf{A}^{-1}\|$。有關於估計的一個方法 (在 1979 年提出) 其說明請參閱附錄 1 中所列的參考文獻 [E9]。

不精確的矩陣元素 $\kappa(A)$ 亦可用來估計 A 的不準確度 δA (例如 a_{jk} 的量測誤差) 所造成的影響 δx。若把這些不準確度代入 $Ax = b$，可得

$$(A + \delta A)(x + \delta x) = b$$

將上式展開並自兩邊減去 $Ax = b$，則可得

$$A\delta x + \delta A(x + \delta x) = 0$$

從左邊乘以 A^{-1}，然後將第二項移至右側可得

$$\delta x = -A^{-1}\delta A(x + \delta x)$$

利用式 (11)，以 A^{-1} 與向量 $\delta A(x + \delta x)$ 取代 A 與 x，可得

$$\left\| \delta x \right\| = \left\| A^{-1}\delta A(x + \delta x) \right\| \le \left\| A^{-1} \right\| \left\| \delta A(x + \delta x) \right\|$$

以式 (11) 套用至右側，並以 δA 與向量 $x - \delta x$ 取代 A 與 x，可得

$$\left\| \delta x \right\| \le \left\| A^{-1} \right\| \left\| \delta A \right\| \left\| x + \delta x \right\|$$

現在，由 $\kappa(A)$ 的定義知 $\left\| A^{-1} \right\| = \kappa(A)/\left\| A \right\|$，因此除以 $\left\| x + \delta x \right\|$ 之後，即可證明出 A 和 x 的相對不準確度與條件數有關，其關係式為下列不等式

(16)
$$\frac{\left\| \delta x \right\|}{\left\| x \right\|} \approx \frac{\left\| \delta x \right\|}{\left\| x + \delta x \right\|} \le \left\| A^{-1} \right\| \left\| \delta A \right\| = \kappa(A)\frac{\left\| \delta A \right\|}{\left\| A \right\|}$$

結論 若系統為良好條件的，則小的不準確度 $\left\| \delta A \right\| / \left\| A \right\|$ 只會對解產生小的影響。然而，若在惡劣的條件下，即使 $\left\| \delta A \right\| / \left\| A \right\|$ 很小，$\left\| \delta x \right\| / \left\| x \right\|$ 仍然可能很大。

不精確的右側 同理，讀者亦可證明當 A 為精確時，b 的不準確值 δb 會產生不準確度 δx，滿足

(17)
$$\frac{\left\| \delta x \right\|}{\left\| x \right\|} \le \kappa(A)\frac{\left\| \delta b \right\|}{\left\| b \right\|}$$

因此，當 $\kappa(A)$ 很小時，$\left\| \delta x \right\| / \left\| x \right\|$ 必定會相對的小。

例題 7 **不精確性 界限 (16) 與 (17)**

若例題 5 中 A 的九個元素，各元素的量測不精確度為 0.1，則 $\left\| \delta A \right\| = 9 \cdot 0.1$，而由式 (16) 可得

$$\frac{\left\| \delta x \right\|}{\left\| x \right\|} \le 7.5 \cdot \frac{3 \cdot 0.1}{7} = 0.321 \qquad \text{因此} \qquad \left\| \delta x \right\| \le 0.321\left\| x \right\| = 0.321 \cdot 16 = 5.14$$

經實驗可知，實際不精確度 $\left\| \delta x \right\|$ 大概只有界限 5.14 的 30%。這是非常典型的狀況。

同樣地，若 $\delta b = [0.1 \quad 0.1 \quad 0.1]^T$，則在例題 5 中 $\left\| \delta b \right\| = 0.3$ 且 $\left\| b \right\| = 42$，因此式 (17) 可得

$$\frac{\left\| \delta x \right\|}{\left\| x \right\|} \le 7.5 \cdot \frac{0.3}{42} = 0.0536 \qquad \text{因此} \qquad \left\| \delta x \right\| \le 0.0536 \cdot 16 = 0.857$$

但此界限仍然較實際不準確度大非常多，實際不準確度約為 0.15。　■

條件數的進一步說明　下列的額外說明可能對讀者有所幫助：

1. 「良好條件」與「惡劣條件」之間並沒有鮮明的分界，但一般而言，從 $\kappa(\mathbf{A})$ 較小的系統朝 $\kappa(\mathbf{A})$ 較大的系統移動時，情況會變得越來越差。現因我們一定有 $\kappa(\mathbf{A}) \geq 1$，因此值為 10 或 20 時不須特別考量；但 $\kappa(\mathbf{A}) = 100$ 則表示須特別注意，像例題 1 與例題 2 中的系統都是非常惡劣條件的。

2. 若 $\kappa(\mathbf{A})$ 用某一種範數時很大 (或很小)，則使用任何其它範數時也是很大 (或很小)。請參閱例題 5。

3. 討論惡劣條件的文獻相當廣泛。關於其介紹，請參見 [E9]。

求解線性系統之數值方法的討論到此結束。下一節我們將介紹曲線擬合，這是線性系統求解應用中的一個相當重要的領域。

習題集　20.4

1–6　**向量範數**

計算式 (5)、式 (6)、式 (7) 的範數。並求出相對於 l_∞ 範數對應的**單位向量** (範數為1的向量)：

1. $[1 \quad -3 \quad 8 \quad 0 \quad -6 \quad 0]$

2. $[4 \quad -1 \quad 8]$

3. $[0.2 \quad 0.6 \quad -2.1 \quad 3.0]$

4. $[k^2, \quad 4k, \quad k^3], \quad k > 4$

5. $[1 \quad 1 \quad 1 \quad 1]$

6. $[0 \quad 0 \quad 0 \quad 1 \quad 0]$

7. 求出會使得 $\|\mathbf{x}\|_1 = \|\mathbf{x}\|_2$ 的 $\mathbf{x} = [a \quad b \quad c]$。

8. 請證明 $\|\mathbf{x}\|_\infty \leq \|\mathbf{x}\|_2 \leq \|\mathbf{x}\|_1$。

9–16　**矩陣範數、條件數**

請計算矩陣範數以及對應於 l_1 向量範數的條件數。

9. $\begin{bmatrix} 2 & 1 \\ 0 & 4 \end{bmatrix}$　　10. $\begin{bmatrix} 2.1 & 4.5 \\ 0.5 & 1.8 \end{bmatrix}$

11. $\begin{bmatrix} \sqrt{5} & 0 \\ 0 & -\sqrt{5} \end{bmatrix}$　　12. $\begin{bmatrix} 7 & 6 \\ 6 & 5 \end{bmatrix}$

13. $\begin{bmatrix} -2 & 4 & -1 \\ -2 & 3 & 0 \\ 7 & -12 & 2 \end{bmatrix}$　14. $\begin{bmatrix} 1 & 0.01 & 0 \\ 0.01 & 1 & 0.01 \\ 0 & 0.01 & 1 \end{bmatrix}$

15. $\begin{bmatrix} -20 & 0 & 0 \\ 0 & 0.05 & 0 \\ 0 & 0 & 20 \end{bmatrix}$

16. $\begin{bmatrix} 21 & 10.5 & 7 & 5.25 \\ 10.5 & 7 & 5.25 & 4.2 \\ 7 & 5.25 & 4.2 & 3.5 \\ 5.25 & 4.2 & 3.5 & 3 \end{bmatrix}$

17. 對於 $\mathbf{x} = [3 \quad 15 \quad -4]^T$，取 l_∞ 範數及習題 13 中的矩陣，驗證式 (11)。

18. 對習題 10 和 9 中的矩陣驗證式 (12)。

19–20　**惡劣條件的系統**

請解出 $\mathbf{Ax} = \mathbf{b}_1$、$\mathbf{Ax} = \mathbf{b}_2$，請比較所得的解並做評論。請計算 $\mathbf{A}$ 的條件數。

19. $\mathbf{A} = \begin{bmatrix} 4.50 & 3.55 \\ 3.55 & 2.80 \end{bmatrix}$, $\mathbf{b}_1 = \begin{bmatrix} 5.2 \\ 4.1 \end{bmatrix}$, $\mathbf{b}_2 = \begin{bmatrix} 5.2 \\ 4.0 \end{bmatrix}$

20. $\mathbf{A} = \begin{bmatrix} 3.0 & 1.7 \\ 1.7 & 1.0 \end{bmatrix}$, $\mathbf{b}_1 = \begin{bmatrix} 4.7 \\ 2.7 \end{bmatrix}$, $\mathbf{b}_2 = \begin{bmatrix} 4.7 \\ 2.71 \end{bmatrix}$

21. **殘數**　對於在習題 19 中的 $\mathbf{Ax} = \mathbf{b}_1$，試猜測 $\tilde{\mathbf{x}} = [-10.0 \quad 14.1]^T$ 的殘數可能為何？它是解 $[-2 \quad 4]^T$ 的一個非常差近似。然後計算並評論。

22. 試證明第 20.3 節中矩陣範數式 (10)、式 (11) 須滿足 $\kappa(A) \geq 1$；而第 20.3 節中 Frobenius 範數 (9) 則應滿足 $\kappa(A) \geq \sqrt{n}$。

23. CAS 實驗 Hilbert 矩陣 3×3 Hilbert 矩陣為

$$H_3 = \begin{bmatrix} 1 & \frac{1}{2} & \frac{1}{3} \\ \frac{1}{2} & \frac{1}{3} & \frac{1}{4} \\ \frac{1}{3} & \frac{1}{4} & \frac{1}{5} \end{bmatrix}$$

$n \times n$ Hilbert 矩陣為 $H_n = [h_{jk}]$，其中 $h_{jk} = 1/(j+k-1)$ (類似的矩陣出現在最小平方法的曲線擬合中)。對 $n = 2, 3, \cdots, 6$ (或更多)，計算對應於 l_∞ (或 l_1) 向量範數之矩陣範數的條件數 $\kappa(H_n)$。試求出一公式，能夠求得這些迅速增加數的合理近似值。最後，求解幾組自行選擇包含 H_n 的線性系統。

24. 團隊專題 範數 (a) 課文中的向量範數為**等價的 (equivalent)**，亦即，其關係式是由雙不等式所構成；例如

(18)
$$\begin{aligned} \text{(a)} \quad & \|x\|_\infty \leq \|x\|_1 \leq n\|x\|_\infty \\ \text{(b)} \quad & \frac{1}{n}\|x\|_1 \leq \|x\|_\infty \leq \|x\|_1 \end{aligned}$$

因此，對於某個 x 而言，若其中一種範數很大 (或很小)，則其它範數必定也很大 (或很小)。因此在許多研究中，特定範數的選擇並非那麼重要。試證明式 (18)。

(b) Cauchy–Schwarz 不等式 (Cauchy-Schwarz inequality) 為

$$|x^T y| \leq \|x\|_2 \|y\|_2$$

這是一個相當重要的公式。(證明見附錄 1 參考文獻 [GenRef7])。試利用此不等式來證明

(19a) $\|x\|_2 \leq \|x\|_1 \leq \sqrt{n}\|x\|_2$

(19b) $\dfrac{1}{\sqrt{n}}\|x\|_1 \leq \|x\|_2 \leq \|x\|_1$

(c) 公式 (10) 通常較式公式 (9) 實用。試由式 (9) 推導出式 (10)。

(d) 矩陣範數 (matrix norms) 試以範例說明式 (11)。請舉出式 (12) 的範例，包括等式及嚴格不等式的情況。請證明第 20.3 節之矩陣範數式 (10)、式(11) 滿足範數公理 (axioms of a norm)

$$\|A\| \geq 0$$
$$\|A\| = 0 \text{ 若且為若 } A = 0$$
$$\|kA\| = |k|\|A\|$$
$$\|A + B\| \leq \|A\| + \|B\|$$

25. 專題寫作 本節中的範數及其使用 列出本節中所涵蓋的最重要觀念，並撰寫一份兩頁的報告。

20.5 最小平方法 (Method of Least Squares)

在討論過線性系統的數值方法後，我們將接著討論一個重要應用，即曲線擬合 (curve fitting)，其中的解是由線性系統所獲得。

在做**曲線擬合 (curve fitting)** 時，會給定 n 個點 (數對)，$(x_1, y_1), \cdots, (x_n, y_n)$，而我們要決定一函數 $f(x)$，使得

$$f(x_1) \approx y_1, \cdots, f(x_n) \approx y_n$$

函數的型式 (例如多項式、指數函數、正弦與餘弦函數) 可由問題的性質來決定 (例如所隱含的物理定律)，但在許多情況下，某次數的多項式即足矣。

　　讓我們先從動機開始討論。

　　若要求嚴格等式 $f(x_1)=y_1,\cdots,f(x_n)=y_n$，並使用足夠高次的多項式，則我們可能可以套用第 19.3 節中所討論與內插法相關的方法。然而，在某些情況下，這不是實際問題的適當解法。舉例來說，對於下列四點

(1)　　　　　　　　　　(–1.3, 0.103),　(–0.1, 1.099),　(0.2, 0.808),　(1.3, 1.897)

存在一相對應的內插多項式 $f(x)=x^3-x+1$ (圖 446)，但若將點繪出，我們會發現這些點幾乎位在一直線上。因此，若這些值是在實驗中取得而且含有實驗誤差，且若實驗的特性隱含線性關係，則最好以通過這些點的直線來擬合 (圖 446)。這樣的一條直線對於預估其它的 x 值可能非常有用。擬合直線最廣泛使用的原理為高斯與 Legendre 所提出的**最小平方法 (method of least squares)**。在目前的狀況下，可用下列公式來表示。

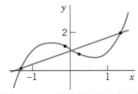

圖 446　　直線的近似擬合

最小平方法　　當我們使用一條直線

(2)　　　　　　　　　　　　　　　$y=a+bx$

對給定之點 $(x_1,y_1),\cdots,(x_n,y_n)$ 進行擬合時，我們須使得這些點至直線間距離的平方和為最小，其中距離為沿著垂直方向 (y 方向) 的量測。

在直線上，橫座標為 x_j 之點其縱座標為 $a+bx_j$。故此點與 (x_j,y_j) 之距離為 $|y_j-a-bx_j|$ (圖 447)，而平方和為

$$q=\sum_{j=1}^{n}(y_j-a-bx_j)^2$$

q 取決於 a 與 b。使 q 為最小的必要條件為

(3)
$$\frac{\partial q}{\partial a}=-2\sum(y_j-a-bx_j)=0$$
$$\frac{\partial q}{\partial b}=-2\sum x_j(y_j-a-bx_j)=0$$

(其中總和的執行是把下標 j 從 1 至 n 變化)。將上式除以 2，並將每個總和分成三項，然後將其中一項移至右側，結果可得

(4)
$$
\begin{aligned}
an &+ b\sum x_j = \sum y_j \\
a\sum x_j &+ b\sum x_j^2 = \sum x_j y_j.
\end{aligned}
$$

這些方程式稱爲問題的**正規方程式** (normal equations)。

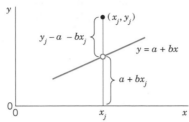

圖 447　點 (x_j, y_j) 與直線 $y = a + bx$ 的垂直距離

例題　1　**直線**

以最小平方法，把在式 (1) 所給定的四個點用一直線擬合。

解

計算可得

$$n = 4, \quad \sum x_j = 0.1, \quad \sum x_j^2 = 3.43, \quad \sum y_j = 3.907, \quad \sum x_j y_j = 2.3839$$

因此，正規方程式爲

$$4a + 0.10b = 3.9070$$
$$0.1a + 3.43b = 2.3839$$

解 (捨入至 4D) 爲 $a = 0.9601$、$b = 0.6670$，故可得直線 (參見圖 446)

$$y = 0.9601 + 0.6670x$$

20.5.1　以 m 次多項式進行曲線擬合

曲線擬合的方法，可由多項式 $y = a + bx$ 推廣至 m 次多項式

(5) $$p(x) = b_0 + b_1 x + \cdots + b_m x^m$$

其中 $m \le n-1$。則 q 之型式爲

$$q = \sum_{j=1}^{n} (y_j - p(x_j))^2$$

且取決於 $m+1$ 個參數 $b_0, \cdots, b_m$。且式 (3) 的條件變爲 $m+1$ 個條件

(6) $$\frac{\partial q}{\partial b_0} = 0, \quad \cdots, \quad \frac{\partial q}{\partial b_m} = 0$$

由此可得 $m+1$ 個正規方程式所構成的系統。

　　在二次多項式

(7) $$p(x) = b_0 + b_1 x + b_2 x^2$$

的情況下，正規方程式爲 (總和的執行是把下標 j 從 1 至 n 變化)

$$b_0 n \quad + b_1 \sum x_j + b_2 \sum x_j^2 = \sum y_j$$

(8)
$$b_0 \sum x_j + b_1 \sum x_j^2 + b_2 \sum x_j^3 = \sum x_j y_j$$

$$b_0 \sum x_j^2 + b_1 \sum x_j^3 + b_2 \sum x_j^4 = \sum x_j^2 y_j.$$

式 (8) 之推導留給讀者自行練習。

例題 2　最小平方之二次拋物線

請對 $(0, 5)$，$(2, 4)$，$(4, 1)$，$(6, 6)$，$(8, 7)$ 之數據擬合一拋物線。

解

求正規方程式我們需要 $n = 5$、$\sum x_j = 20$、$\sum x_j^2 = 120$、$\sum x_j^3 = 800$、$\sum x_j^4 = 5664$、$\sum y_j = 23$、$\sum x_j y_j = 104$、$\sum x_j^2 y_j = 696$。因此方程式為

$$
\begin{aligned}
5b_0 + 20b_1 + 120b_2 &= 23 \\
20b_0 + 120b_1 + 800b_2 &= 104 \\
120b_0 + 800b_1 + 5664b_2 &= 696
\end{aligned}
$$

解此正規方程式可得二次最小平方拋物線 (圖 448)

$$y = 5.11429 - 1.41429x + 0.21429x^2$$

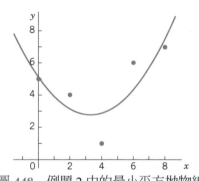

圖 448　例題 2 中的最小平方拋物線

對於廣義的多項式 (5)，其正規方程式構成一個具有未知數 $b_0, \cdots, b_m$ 的線性方程式系統。當其矩陣 **M** 為非奇異時，我們可以利用 Cholesky 法 (第 20.2 節) 來求解，因為 **M** 為正定 (且對稱)。當方程式幾乎為線性相依時，正規方程式可能會變成惡劣條件的，而必須以其它方法來取代；請見附錄 1 中所列的 [E5]，第 5.7 節。

最小平方法在統計學中也扮演非常重要的角色 (請見第 25.9 節)。

習題集 20.5

1–6　擬合直線

對所給定之點 (x, y) 以最小平方法擬合一直線。請寫出詳細過程。繪出點和直線來檢查你的結果。請判斷擬合的優劣。

1. $(0, 2)$,　$(2, 0)$,　$(3, -2)$,　$(5, -3)$

2. 在問題 1 之中，如果在線的上方較遠處加入一點，例如 $(1, 3)$，則直線會有何改變？先猜一猜。

3. $(0, 1.8), (1, 1.6), (2, 1.1), (3, 1.5), (4, 2.3)$

4. **虎克定律 (Hooke's law)** $F = ks$　請從作用力 F [lb] 和拉伸量 s [cm] 來估計彈性係數 k，其中　$(F, s) = (1, 0.3), (2, 0.7), (4, 1.3),$ $(6, 1.9), (10, 3.2), (20, 6.3)$。

5. **平均速度**　請依據 $s = v \cdot t$ [km] ($s =$ 行進距離，t [hr] = 時間)，利用 $(t, s) = (9,$ $140), (10, 220), (11, 310), (12, 410)$ 來估計汽車行進的平均速度 v_{av}。

6. **歐姆定律 (Ohm's law)** $U = Ri$　請利用 $(i, U) = (2, 104), (4, 206), (6, 314), (10, 530)$ 來估計電阻值。

7. 試推導出正規方程式 (8)。

8–11 擬合二次拋物線
請利用最小平方法對下列所給定之點 (x, y) 擬合一拋物線 (7)。繪出圖形檢驗結果。

8. $(-1, 5),　(1, 3),　(2, 4),　(3, 8)$

9. $(2, -3),　(3, 0),　(5, 1),　(6, 0),　(7, -2)$

10. t [hr] 為工人的上工時間，y [sec] 為工人的反應時間，$(t, y) = (1, 2.0),　(2, 1.78),　(3, 1.90),　(4, 2.35),　(5, 2.70)$。

11. 習題 3 中的資料。請把資料點、直線和拋物線畫在一起。請做比較並評論。

12. **立方拋物線**　試推導出立方最小平方拋物線其正規方程式的公式。

13. 利用最小平方法對　$(x, y) = (-2, -30),$ $(-1, -4),　(0, 4),　(1, 4),　(2, 22),　(3, 68)$ 分別擬合式 (2) 與式 (7)，以及一立方拋物線。請在共同座標軸上繪出三組曲線及各點。請評論擬合的優劣。

14. **團隊專題**　函數 $f(x)$ 在區間 $a \leq x \leq b$ 內之最小平方近似，可以下列函數表示

$$F_m(x) = a_0 y_0(x) + a_1 y_1(x) + \cdots + a_m y_m(x)$$

其中 $y_0(x), \cdots, y_m(x)$ 為已知的函數，我們需要決定係數 $a_0, \cdots, a_m$，使得

(9) $\quad \int_a^b [f(x) - F_m(x)]^2 \, dx$

為最小。此積分以 $\|f - F_m\|^2$ 表示，其中 $\|f - F_m\|$ 稱為 $f - F_m$ 的 **L_2 範數** (L 代表 Lebesgue[5] [5])。式 (9) 為最小的必要條件為 $\partial \|f - F_m\|^2 / \partial a_j = 0$，$j = 0, \cdots, m$ [與式 (6) 類似]。**(a)** 試證明由此可推導出 $m + 1$ 個正規方程式 $(j = 0, \cdots, m)$

$$\sum_{k=0}^{m} h_{jk} a_k = b_j \quad 其中$$

(10) $\quad h_{jk} = \int_a^b y_j(x) y_k(x) \, dx$

$\quad\quad\quad b_j = \int_a^b f(x) y_j(x) \, dx$

(b) 多項式　若 $F_m(x) = a_0 + a_1 x + \cdots + a_m x^m$，則式 (10) 的形式為何？當區間為 $0 \leq x \leq 1$ 時，則此狀況下式 (10) 的係數矩陣為何？

(c) 正交函數　若 $y_0(x), \cdots, y_m(x)$ 在區間 $a \leq x \leq b$ 內為正交，則式 (10) 之解為何？ (定義請參考第 11.5。也請參見 11.6 節)。

15. **CAS 實驗　最小平方對內插**　對所給定的數據以及你自己選擇的數據，求出內插多項式及最小平方近似 (線性、二次、…等等)。請比較並評論。

(a) $(-2, 0),　(-1, 0),　(0, 1),　(1, 0),　(2, 0)$

(b) $(-4, 0),　(-3, 0),　(-2, 0),　(-1, 0), (0, 1),$ $(1, 0),　(2, 0),　(3, 0),　(4, 0)$

(c) 請選擇一直線上的五個點，如 $(0, 0),$ $(1, 1), \cdots,　(4, 4)$。將其中一點往上移動一個單位，然後求出二次最小平方多項式。對每個點都進行這樣的動作。然後在共同座標軸上繪出五組多項式。五個動作中哪一個影響最大？

---

[5]　HENRI LEBESGUE (1875–1941)偉大的法國數學家，在他著名的博士論文(1902 年)中提出了量測與積分的現代理論。

20.6 矩陣特徵值問題：導論 (Matrix Eigenvalue Problems: Introduction)

我們現在來到了本章有關於數值線性代數的第二個部分。本章的第一部分討論了求解線性方程式系統的方法，包括了高斯消去法和反向帶入法。這個方法就是所謂的直接方法，因為在一個指定的運算量之後，就可以求得其解。在高斯法之後有一些修正版本，如 Doolittle 法、Crout 法和 Cholesky 法，比起高斯法，它們所需的算術運算會少一點。最後，我們提出解線性方程式系統的間接方法，也就是，Gauss–Seidel 法和 Jacobi 疊代法。間接方法所需要的疊代次數不定。該次數取決於起始點和真正的解兩者之間的距離，以及我們所需要的精確度。而且，取決於問題本身，收斂狀況可能會很快或很慢，或者甚至根本不會收斂。這導致出惡劣條件問題和條件數的概念，當我們面對數值問題本身所隱藏的困難時，那些概念有助於我們對問題獲得某種程度的控制。

在本章的第二個部分，我們將會討論一些有關於矩陣特徵值問題之最重要的觀念與數值方法。這些在數值線性代數中非常廣泛的一部分，在實用上非常的重要，目前仍然有許多的研究正在進行中，而且在各種數學期刊中已經刊載了上百甚至上千篇論文 (參見 [E8]、[E9]、[E11]、[E29] 中的參考文獻)。我們先從解釋與運用特徵值問題的數值方法所需要之觀念及一般結果開始討論 (特徵值問題的典型模型，請見第 8 章)。

對於一已知的 $n \times n$ 矩陣 $\mathbf{A} = [a_{jk}]$，其**特徵值 (eigenvalue)** 或**特性值 (characteristic value)** 為一實數或複數 λ，使得向量方程式

(1)
$$\mathbf{A}\mathbf{x} = \lambda\mathbf{x}$$

具有一非零解，即 $\mathbf{x} \neq \mathbf{0}$ 的解，此解則稱為 $\mathbf{A}$ 對應於特徵值 λ 的**特徵向量 (eigenvector)** 或**特性向量 (characteristic vector)**。$\mathbf{A}$ 之所有特徵值的集合稱為 $\mathbf{A}$ 的**譜 (spectrum)**。方程式 (1) 可寫成

(2)
$$(\mathbf{A} - \lambda\mathbf{I})\mathbf{x} = \mathbf{0}$$

其中 $\mathbf{I}$ 為 $n \times n$ 單位矩陣。此齊次系統具有非零解若且唯若**特徵行列式 (characteristic determinant)** $\det(\mathbf{A} - \lambda\mathbf{I})$ 為 0 (請見第 7.5 節定理 2)。由此可得 (請見第 8.1 節)

定理　**1**

特徵值

$\mathbf{A}$ 之特徵值為**特徵方程式**

(3)
$$\det(\mathbf{A} - \lambda\mathbf{I}) = \begin{vmatrix} a_{11} - \lambda & a_{12} & \cdots & a_{1n} \\ a_{21} & a_{22} - \lambda & \cdots & a_{2n} \\ . & . & \cdots & . \\ a_{n1} & a_{n2} & \cdots & a_{nn} - \lambda \end{vmatrix} = 0$$

的解 λ。

將特徵行列式展開，即可得 **A** 的**特徵多項式 (characteristic polynomial)**，此為的 n 次多項式。因此，**A** 具有至少一個且至多有 n 個不同的特徵值。若 **A** 為實數，則特徵多項式的係數亦為實數。根據一般代數理論知，其根 (**A** 的特徵值) 為**實數**或**共軛複數對**。

　　針對本章要介紹之特徵值問題的數值方法，我們先為你提供一個簡單導覽，請留意如下說明。對於大型或非常大型的矩陣，可能很難去求得其特徵值，因為一般來說，求得高次特徵多項式的根不是一件容易的事。我們將會討論求解特徵值之不同的數值方法，它們會產生不同的結果。某些方法，如在第 20.7 節中的方法，只會給我們複數特徵值所在的區域 (Geschgorin 法) 或是只給我們最大的實數特徵值和最小的實數特徵值所在的區間 (Collatz 法)。其它的方法則計算出所有的特徵值，像是第 20.9 節的 Householder 三對角化法和 QR 法。

　　為了繼續我們的討論，通常，我們將 **A** 的特徵值表示為

$$\lambda_1, \lambda_2, \cdots, \lambda_n$$

但其中有些 (或全部) 可能相等。

　　這 n 個特徵值之和等於 **A** 的主對角元素之和，稱為 **A** 的跡數 (trace)；即

(4)
$$\text{trace }\ \mathbf{A} = \sum_{j=1}^{n} a_{jj} = \sum_{k=1}^{n} \lambda_k$$

另外，特徵值之乘積等於 **A** 之行列式值

(5)
$$\det \mathbf{A} = \lambda_1 \lambda_2 \cdots \lambda_n$$

上述兩公式都得自特徵多項式 $f(\lambda)$ 之乘積表示式

$$f(\lambda) = (-1)^n (\lambda - \lambda_1)(\lambda - \lambda_2) \cdots (\lambda - \lambda_n)$$

若將相等的因式放在一起，並以 $\lambda_1, \cdots, \lambda_r (r \le n)$ 表示 **A** 的數值相異特徵值，則乘積變為

(6)
$$f(\lambda) = (-1)^n (\lambda - \lambda_1)^{m_1} (\lambda - \lambda_2)^{m_2} \cdots (\lambda - \lambda_r)^{m_r}$$

指數 m_j 稱為 λ_j 的**代數重數 (algebraic multiplicity)**。對應至 λ_j 之線性獨立特徵向量的最大個數稱 λ_j 的**幾何重數 (geometric multiplicity)**。幾何重數等於或小於 m_j。

　　若對 R^n 或 C^n (若 **A** 為複數) 的子空間 S 中的所有 **v**，向量 **Av** 亦存在於 S 中，則稱 S 為 **A** 的**不變子空間 (invariant subspace)**。**A** 的**特徵空間 (Eigenspaces)** (特徵向量空間；第 8.1 節) 是 **A** 的不變子空間中相當重要的一個。

　　對 $n \times n$ 矩陣 **B**，若存在一非奇異 $n \times n$ 矩陣 **T** 使得

(7)
$$\mathbf{B} = \mathbf{T}^{-1} \mathbf{A} \mathbf{T}$$

則稱 **B 相似於 (similar) A**。相似性相當重要的理由如下。

定理 2

相似矩陣

相似矩陣具有相同的特徵值。若 $\mathbf{x}$ 爲 $\mathbf{A}$ 的特徵向量,則 $\mathbf{y} = \mathbf{T}^{-1}\mathbf{x}$ 爲式 (7) 中 $\mathbf{B}$ 對應於相同特徵值之特徵向量 (證明請見第 8.4 節)。

另外一個在數值方法中具有多種應用的定理如下。

定理 3

譜位移 (spectral shift)

若 $\mathbf{A}$ 具有特徵值 $\lambda_1, \cdots, \lambda_n$,則 $\mathbf{A} - k\mathbf{I}$ 有特徵值 $\lambda_1 - k, \cdots, \lambda_n - k$,其中 k 爲任意值。

此定理爲**頻譜映射定理 (spectral mapping theorem)** 之特例。

定理 4

多項式矩陣

若 λ 爲 $\mathbf{A}$ 的一個特徵值,則

$$q(\lambda) = \alpha_s \lambda^s + \alpha_{s-1} \lambda^{s-1} + \cdots + \alpha_1 \lambda + \alpha_0$$

爲**多項式矩陣 (polynomial matrix)**

$$q(\mathbf{A}) = \alpha_s \mathbf{A}^s + \alpha_{s-1} \mathbf{A}^{s-1} + \cdots + \alpha_1 \mathbf{A} + \alpha_0 \mathbf{I}$$

的一個特徵值。

證明

由 $\mathbf{A}\mathbf{x} = \lambda\mathbf{x}$ 可得 $\mathbf{A}^2\mathbf{x} = \mathbf{A}\lambda\mathbf{x} = \lambda\mathbf{A}\mathbf{x} = \lambda^2\mathbf{x}, \mathbf{A}^3\mathbf{x} = \lambda^3\mathbf{x}, \cdots$ 以此類推。故

$$\begin{aligned} q(\mathbf{A})\mathbf{x} &= (\alpha_s\mathbf{A}^s + \alpha_{s-1}\mathbf{A}^{s-1} + \cdots)\mathbf{x} \\ &= \alpha_s\mathbf{A}^s\mathbf{x} + \alpha_{s-1}\mathbf{A}^{s-1}\mathbf{x} + \cdots \\ &= \alpha_s\lambda^s\mathbf{x} + \alpha_{s-1}\lambda^{s-1}\mathbf{x} + \cdots = q(\lambda)\mathbf{x} \end{aligned}$$

重要的特殊矩陣之特徵值,其特性描述如下。

定理 5

特殊矩陣

厄米特 (Hermitian) 矩陣 (即 $\overline{\mathbf{A}}^{\mathrm{T}} = \mathbf{A}$) 與實對稱矩陣 (即 $\mathbf{A}^{\mathrm{T}} = \mathbf{A}$) 的特徵值皆爲實數。反厄米特 (skew-Hermitian) 矩陣 (即 $\overline{\mathbf{A}}^{\mathrm{T}} = -\mathbf{A}$) 與反對稱矩陣 (即 $\mathbf{A}^{\mathrm{T}} = -\mathbf{A}$) 的特徵值爲純虛數或 0。么正 (unitary) 矩陣 (即 $\overline{\mathbf{A}}^{\mathrm{T}} = \mathbf{A}^{-1}$) 以及正交 (orthogonal) 矩陣 (即 $\mathbf{A}^{\mathrm{T}} = \mathbf{A}^{-1}$) 之特徵值,其絕對值爲 1 (證明請見第 8.3 和 8.5 節)。

對於矩陣特徵值問題,**數值方法的選擇**主要依據兩種情況而定,即矩陣的類型 (實對稱、一般實數、複數、稀疏或完全) 和所要求得的資料類型。亦即,是否需要所有的特徵值或只需要某些特定的特徵值 (例如最大的特徵值),以及是否同時需要特徵值與特徵向量等等。很顯然地,我們無法對這些課題及實際問題中會出現之所有的可能性進行系統性的討論,但我們可以著重於一些基本層面與方法,讓我們對這個迷人的領域有一般性的了解。

20.7　矩陣特徵值之包含 (Inclusion of Matrix Eigenvalues)

所有矩陣特徵值問題之數值方法其動機在於，除了少數幾個簡單的情形外，我們無法藉由有限程序來精確地求出特徵值，因為這些值為 n 次多項式的根。因此我們必須使用疊代法。

在本節中，我們會說明幾個一般性的理論，這些理論可以求出特徵值的近似值以及誤差界限。我們將繼續以實數矩陣 (除了下列公式 (5) 之外) 進行討論，但因為 (非對稱) 矩陣可能具有複數特徵值，故在本節中仍然會使用到 (少量的) 複數。

由 Gerschgorin 所提出的重要定理，可以求出複數平面上由封閉圓盤所組成並包含所給定矩陣之所有特徵值的區域。事實上，對於每一 $j = 1, \cdots, n$ 而言，定理中之不等式 (1) 可以決定複數 λ 平面上之一封閉圓盤，其圓心為 a_{jj}，而其半徑可由式 (1) 右側求得；且由定理 1 可知，$\mathbf{A}$ 的每一個特徵值均存在於這 n 個圓盤其中之一。

定理　1

Gerschgorin 定理 [6]

令 λ 為任意 $n \times n$ 矩陣 $\mathbf{A} = [a_{jk}]$ 的一特徵值，則對於某整數 j $(1 \le j \le n)$，可得

(1) $$|a_{jj} - \lambda| \le |a_{j1}| + |a_{j2}| + \cdots + |a_{j,j-1}| + |a_{j,j+1}| + \cdots + |a_{jn}|$$

證明

令 $\mathbf{x}$ 為 $\mathbf{A}$ 對應於特徵值 λ 之特徵向量，則

(2) $$\mathbf{Ax} = \lambda \mathbf{x} \qquad 或 \qquad (\mathbf{A} - \lambda \mathbf{I})\mathbf{x} = \mathbf{0}$$

令 x_j 為 $\mathbf{x}$ 之分量中絕對值為最大者。則對於 $m = 1, \cdots, n$，我們有 $|x_m / x_j| \le 1$。向量方程式 (2) 相當於由兩側向量之 n 個分量所組成的 n 個方程式系統。這 n 個方程式的第 j 個為

$$a_{j1}x_1 + \cdots + a_{j,j-1}x_{j-1} + (a_{jj} - \lambda)x_j + a_{j,j+1}x_{j+1} + \cdots + a_{jn}x_n = 0$$

除以 x_j $(x_j$ 必不為零；為什麼？$)$ 並重新調整各項，可得

$$a_{jj} - \lambda = -a_{j1}\frac{x_1}{x_j} - \cdots - a_{j,j-1}\frac{x_{j-1}}{x_j} - a_{j,j+1}\frac{x_{j+1}}{x_j} - \cdots - a_{jn}\frac{x_n}{x_j}.$$

兩側取絕對值，然後套用三角不等式 $|a+b| \le |a| + |b|$ (其中 a 與 b 為任意複數)，並經觀察知因為我們所選擇的 j (這是關鍵！)，使得 $|x_1/x_j| \le 1, \cdots, |x_n/x_j| \le 1$，因此可得式 (1)，故定理得證。　∎

---

[6] SEMYON ARANOVICH GERSCHGORIN (1901–1933)，蘇俄數學家。

例題 1 **Gerschgorin 定理**

對於矩陣

$$\mathbf{A} = \begin{bmatrix} 0 & \frac{1}{2} & \frac{1}{2} \\ \frac{1}{2} & 5 & 1 \\ \frac{1}{2} & 1 & 1 \end{bmatrix}$$

可求出 Gerschgorin 圓盤 (圖 449)。

D_1：圓心 0、半徑 1 D_2：圓心 5、半徑 1.5 D_3：圓心 1, 半徑 1.5

圓心爲 $\mathbf{A}$ 的主對角元素。若 $\mathbf{A}$ 爲對角矩陣，則圓心爲 $\mathbf{A}$ 之特徵值。我們可以將這些值當作未知特徵值 (3D 值) $\lambda_1 = -0.209$、$\lambda_2 = 5.305$、$\lambda_3 = 0.904$ (請驗證) 的粗略近似值；則圓盤半徑即爲相對應的誤差界限。

因爲 $\mathbf{A}$ 爲對稱，由第 20.6 節定理 5 可知，$\mathbf{A}$ 的譜實際上必位於區間 $[-1, 2.5]$ 與 $[3.5, 6.5]$ 之內。

我們可以發現，在此 Gerschgorin 圓盤型成兩個互斥集，即 $D_1 \cup D_3$ 和 D_2，前者含有兩個特徵值，而後者則含有一個特徵值。這是非常典型的情況，如下列定理所示。 ■

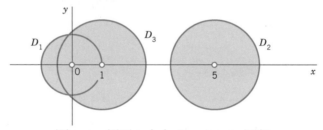

圖 449   例題 1 中之 Gerschgorin 圓盤

定理 2

Gerschgorin 定理的延伸
若 p 個 Gerschgorin 圓盤構成一集合 S，其與一已知矩陣 $\mathbf{A}$ 的其它 $n - p$ 個圓盤互斥，則 S 恰包含 $\mathbf{A}$ 的 p 個特徵值 (每個特徵值以其代數重數計算，如第 20.6 節所定義)

證明的想法   令 $\mathbf{A} = \mathbf{B} + \mathbf{C}$，其中 $\mathbf{B}$ 爲對角矩陣，其元素爲 a_{jj}。然後套用定理 1 至 $\mathbf{A}_t = \mathbf{B} + t\mathbf{C}$，實數 t 從 0 增加到 1。 ■

例題 2 **Gerschgorin 定理的另一種應用相似性**

假設我們利用某種數值方法將一矩陣對角化，所得非對角元素的大小爲 10^{-5}，例如

$$\mathbf{A} = \begin{bmatrix} 2 & 10^{-5} & 10^{-5} \\ 10^{-5} & 2 & 10^{-5} \\ 10^{-5} & 10^{-5} & 4 \end{bmatrix}$$

則關於特徵值與主對角線元素的偏差，能獲得什麼結論？

解

由定理 2 可知，有一個特徵值必位於半徑為 $2 \cdot 10^{-5}$ 中心為 4 的圓盤內，有兩個特徵值 (或代數重數為 2 的一個特徵值) 必位於半徑為 $2 \cdot 10^{-5}$ 中心為 2 的圓盤內。事實上，因為矩陣為對稱，故由第 20.6 節定理 5 可知，這些特徵值必須位於這些圓盤與實數軸的交點。

我們現在說明獨立圓盤的大小是如何利用相似轉換來縮小。矩陣

$$\mathbf{B} = \mathbf{T}^{-1}\mathbf{AT} = \begin{bmatrix} 1 & 0 & 0 \\ 0 & 1 & 0 \\ 0 & 0 & 10^{-5} \end{bmatrix} \begin{bmatrix} 2 & 10^{-5} & 10^{-5} \\ 10^{-5} & 2 & 10^{-5} \\ 10^{-5} & 10^{-5} & 4 \end{bmatrix} \begin{bmatrix} 1 & 0 & 0 \\ 0 & 1 & 0 \\ 0 & 0 & 10^{5} \end{bmatrix}$$

$$= \begin{bmatrix} 2 & 10^{-5} & 1 \\ 10^{-5} & 2 & 1 \\ 10^{-10} & 10^{-10} & 4 \end{bmatrix}$$

相似於 $\mathbf{A}$。因此，由第 20.6 節定理 2 知，此矩陣與 $\mathbf{A}$ 具有相同的特徵值。由第 3 列我們得半徑為 $2 \cdot 10^{-10}$ 的較小圓盤。請注意其它圓盤則變得更大 (大約 10^5 倍)。此外，在選擇 $\mathbf{T}$ 時，必須注意到新的圓盤不可與我們想要減小的圓盤重疊。

若想知道其它一些更有趣的事實，請參見書目 [E28]。　■

依定義，**對角優勢矩陣 (diagonally dominant matrix)** $\mathbf{A} = [a_{jk}]$ 為一 $n \times n$ 矩陣，使得

(3)
$$|a_{jj}| \ge \sum_{k \ne j} |a_{jk}| \qquad\qquad j = 1, \cdots, n$$

其中我們是取第 j 列所有非對角元素的總和；若式 (3) 中，對於所有的 j 而言「>」成立，則稱此矩陣為**嚴格對角優勢 (strictly diagonally dominant)**。請利用定理 1 來證明下列的基本性質。

定理 3

嚴格對角優勢
嚴格對角優勢矩陣為非奇異。

20.7.1 更進一步的包含定理

對一給定矩陣，**包含定理 (inclusion theorem)** 指定了一個集合，此集合至少包含了該矩陣的一個特徵值。因此，定理 1 和 2 皆為包含定理；甚至包含整個譜。現在我們將討論一些著名的定理，它們能夠更近一步地包含特徵值。定理 4 與 5 只有敘述而沒有證明 (因為證明超出本書範圍)。

定理　4

Schur 定理[7]

令 $\mathbf{A} = [a_{jk}]$ 爲 $n \times n$ 矩陣。則對其每一個特徵值 $\lambda_1, \cdots, \lambda_n$，

(4)
$$|\lambda_m|^2 \le \sum_{i=1}^{n} |\lambda_i|^2 \le \sum_{j=1}^{n} \sum_{k=1}^{n} |a_{jk}|^2 \qquad \text{(Schur 不等式)}$$

在式 (4) 中的第二個等號成立若且唯若 $\mathbf{A}$ 使得

(5)
$$\overline{\mathbf{A}}^{\mathsf{T}} \mathbf{A} = \mathbf{A} \overline{\mathbf{A}}^{\mathsf{T}}$$

滿足式 (5) 的矩陣稱爲**正規矩陣 (normal matrices)**。由此不難看出厄米特、反厄米特以及么正矩陣均爲正規矩陣，而實對稱、反對稱以及正交矩陣亦爲正規矩陣。

例題　3　　**由 Schur 不等式所得之特徵值界限**

對於矩陣

$$\mathbf{A} = \begin{bmatrix} 26 & -2 & 2 \\ 2 & 21 & 4 \\ 4 & 2 & 28 \end{bmatrix}$$

由 Schur 不等式可得 $|\lambda| \le \sqrt{1949} = 44.1475$。讀者可以驗證特徵值爲 30、25 及 20。因此 $30^2 + 25^2 + 20^2 = 1925 < 1949$；事實上，$\mathbf{A}$ 不是正規矩陣。　　■

前述定理對於所有實數或複數方陣皆成立。而其它定理則只對某些特定矩陣類型才成立。下列著名的定理即屬於此類，該定理有許多不同的應用，例如經濟學。

定理　5

Perron 定理[8]

令 $\mathbf{A}$ 爲實數 $n \times n$ 矩陣，其元素皆爲正。則 $\mathbf{A}$ 具有一個代數重數爲 1 之正實數特徵值 $\lambda = \rho$。且可以選擇所有分量皆爲正的相對應特徵向量 (其它特徵值的絕對值均小於 ρ)。

證明請見參考文獻 [B3], vol.II, pp. 53-62。此定理對元素爲非負實數的矩陣亦成立 (「**Perron-Frobenius 定理**」)，但 $\mathbf{A}$ 須爲**不可約 (irreducible)** 矩陣，亦即，不可經由行與列之交換而獲得下列形式；此處 $\mathbf{B}$ 與 $\mathbf{F}$ 爲方陣，而 $\mathbf{0}$ 爲零矩陣。

$$\begin{bmatrix} \mathbf{B} & \mathbf{C} \\ \mathbf{0} & \mathbf{F} \end{bmatrix}$$

---

[7] ISSAI SCHUR (1875–1941) 德國數學家，柏林大學教授，以群理論之研究而舉世聞名。

[8] OSKAR PERRON (1880–1975)、GEORG FROBENIUS (1849–1917)，德國數學家，他們以位勢理論、ODEs (見 5.4 節) 和群理論聞名於世。

Perron 定理有許多不同的應用，例如經濟學。我們可以由上述定理，推導出另一個可以求得數值演算法的定理。

定理　6

Collatz 包含定理 [9]

令 $\mathbf{A} = [a_{jk}]$ 為實數 $n \times n$ 矩陣，其元素皆為正。令 $\mathbf{x}$ 為任意實數向量，其元素 $x_1, \cdots, x_n$ 皆為正，且令 $y_1, \cdots, y_n$ 為向量 $\mathbf{y} = \mathbf{Ax}$ 之分量。則由 n 個商 $q_j = y_j / x_j$ 的最小與最大值所界定之實數軸封閉區間內，至少包含一個 $\mathbf{A}$ 之特徵值。

證明

由 $\mathbf{Ax} = \mathbf{y}$ 可得

(6)
$$\mathbf{y} - \mathbf{Ax} = \mathbf{0}$$

轉置矩陣 $\mathbf{A}^\mathrm{T}$ 滿足定理 5 之條件。所以 $\mathbf{A}^\mathrm{T}$ 具有一個正特徵值 λ，以及對應於此特徵值的特徵向量 $\mathbf{u}$，其分量 u_j 皆為正。因此 $\mathbf{A}^\mathrm{T}\mathbf{u} = \lambda\mathbf{u}$，取轉置後可得 $\mathbf{u}^\mathrm{T}\mathbf{A} = \lambda\mathbf{u}^\mathrm{T}$。由此與式 (6) 可得

$$\mathbf{u}^\mathrm{T}(\mathbf{y} - \mathbf{Ax}) = \mathbf{u}^\mathrm{T}\mathbf{y} - \mathbf{u}^\mathrm{T}\mathbf{Ax} = \mathbf{u}^\mathrm{T}\mathbf{y} - \lambda\mathbf{u}^\mathrm{T}\mathbf{x} = \mathbf{u}^\mathrm{T}(\mathbf{y} - \lambda\mathbf{x}) = 0$$

或寫為

$$\sum_{j=1}^{n} u_j(y_j - \lambda x_j) = 0$$

因為所有分量 u_j 皆為正，故知

(7)
$$y_j - \lambda x_j \geq 0 \quad \text{也就是說} \quad q_j \geq \lambda \quad \text{最少有一個 } j \text{ 成立}$$
$$y_j - \lambda x_j \leq 0 \quad \text{也就是說} \quad q_j \leq \lambda \quad \text{最少有一個 } j \text{ 成立}$$
且

因為 $\mathbf{A}$ 與 $\mathbf{A}^\mathrm{T}$ 具有相同的特徵值，所以 λ 為 $\mathbf{A}$ 之一特徵值，而由式 (7) 可知定理成立。　■

例題　4　**由 Collatz 定理所得之特徵值界限。疊代**

對於具有正元素的已知矩陣 $\mathbf{A}$，我們擇取 $\mathbf{x} = \mathbf{x}_0$ 並**進行疊代**，亦即計算 $\mathbf{x}_1 = \mathbf{Ax}_0, \mathbf{x}_2 = \mathbf{Ax}_1, \cdots, \mathbf{x}_{20} = \mathbf{Ax}_{19}$。在每一個步驟中，取 $\mathbf{x} = \mathbf{x}_j$ 及 $\mathbf{y} = \mathbf{Ax}_j = \mathbf{x}_{j+1}$，並利用 Collatz 定理決定一包含區間。結果可得 (6S)

$$\mathbf{A} = \begin{bmatrix} 0.49 & 0.02 & 0.22 \\ 0.02 & 0.28 & 0.20 \\ 0.22 & 0.20 & 0.40 \end{bmatrix}, \quad \mathbf{x}_0 = \begin{bmatrix} 1 \\ 1 \\ 1 \end{bmatrix}, \quad \mathbf{x}_1 = \begin{bmatrix} 0.73 \\ 0.50 \\ 0.82 \end{bmatrix}, \quad \mathbf{x}_2 = \begin{bmatrix} 0.5481 \\ 0.3186 \\ 0.5886 \end{bmatrix},$$

$$\cdots, \quad \mathbf{x}_{19} = \begin{bmatrix} 0.00216309 \\ 0.00108155 \\ 0.00216309 \end{bmatrix}, \quad \mathbf{x}_{20} = \begin{bmatrix} 0.00155743 \\ 0.000778713 \\ 0.00155743 \end{bmatrix}$$

[9] LOTHAR COLLATZ (1910–1990)，德國數學家，他以對數值分析的貢獻而聞名於世.

以及區間 $0.5 \le \lambda \le 0.82$, $0.3186 / 0.50 = 0.6372 \le \lambda \le 0.5481 / 0.73 = 0.750822, \cdots$ 等等。這些區間的長度為

j	1	2	3	10	15	20
長度	0.32	0.113622	0.0539835	0.0004217	0.0000132	0.0000004

利用特徵多項式，可驗證 $\mathbf{A}$ 的特徵值為 0.72、0.36、0.09，因此這些區間包含最大的特徵值 0.72。其長度隨 j 而減少，因而疊代有其必要性。下一節我們會討論特徵值的疊代法，並說明其理由。■

習題集 20.7

1–6 GERSCHGORIN 圓盤

求出並繪出包含特徵值的圓盤或區間。如果您擁有 CAS，請求出譜並比較。

1. $\begin{bmatrix} 5 & 2 & 4 \\ -2 & 0 & 2 \\ 2 & 4 & 7 \end{bmatrix}$

2. $\begin{bmatrix} 5 & 10^{-2} & 10^{-2} \\ 10^{-2} & 8 & 10^{-2} \\ 10^{-2} & 10^{-2} & 9 \end{bmatrix}$

3. $\begin{bmatrix} 0 & 0.4 & -0.1 \\ -0.4 & 0 & 0.3 \\ 0.1 & -0.3 & 0 \end{bmatrix}$

4. $\begin{bmatrix} 1 & 0 & 1 \\ 0 & 4 & 3 \\ 1 & 3 & 12 \end{bmatrix}$

5. $\begin{bmatrix} 2 & i & 1+i \\ -i & 3 & 0 \\ 1-i & 0 & 8 \end{bmatrix}$

6. $\begin{bmatrix} 10 & 0.1 & -0.2 \\ 0.1 & 6 & 0 \\ -0.2 & 0 & 3 \end{bmatrix}$

7. **相似性** 試決定 $\mathbf{T}^{-\mathrm{T}}\mathbf{AT}$，使得習題 2 中圓心為 5 之 Gerschgorin 圓的半徑能縮減至原有值的 1/100。

8. 對於習題 6 中圓心為 3 的 Gerschgorin 圓，你最多能夠減小多少整數倍？？

9. 若一 $n \times n$ 對稱矩陣 $\mathbf{A} = [a_{jk}]$ 已對角化，但具有非常小的非對角元素，大小為 10^{-5}，你能說明一些特徵值的資訊嗎？

10. **Gerschgorin 圓盤的最佳性。** 請以一個 2×2 矩陣為例，說明特徵值可能剛好落在 Gerschgorin 圓上，因此一般而言，以較小的圓盤取代 Gerschgorin 圓盤必定會喪失包含性質。

11. **譜半徑 $\rho(\mathbf{A})$。** 使用定理 1，試證明 $\rho(\mathbf{A})$ 不會大於 $\mathbf{A}$ 之列和範數。

12–16 譜半徑

請利用式 (4) 求得譜半徑的上限：

12. 習題 4 的矩陣。　　13. 習題 1 的矩陣。

14. 習題 6 的矩陣。　　15. 習題 3 的矩陣。

16. 習題 5 的矩陣。

17. 驗證習題 5 的矩陣是正規矩陣。

18. **正規矩陣** 試證明厄米特、反厄米特、以及么正矩陣 (因此實對稱、反對稱以及正交矩陣亦如此) 為正規矩陣。這有何實用的價值？

19. 使用定理 1 證明定理 3。

20. **延伸的 Gerschgorin 定理** 試證明定理 2。提示：令 $\mathbf{A} = \mathbf{B} + \mathbf{C}$、$\mathbf{B} = \mathrm{diag}(a_{jj})$、$\mathbf{A}_t = \mathbf{B} + t\mathbf{C}$，並令 t 連續地從 0 遞增至 1。

20.8 以冪次法求特徵值 (Power Method for Eigenvalues)

有一簡單的標準程序能夠求得 $n \times n$ 矩陣 $\mathbf{A} = [a_{jk}]$ 之近似值，即**冪次法 (power method)**。此種方法係以具有 n 個分量之任意向量 $\mathbf{x}_0 (\neq \mathbf{0})$ 開始，逐次計算

$$\mathbf{x}_1 = \mathbf{A}\mathbf{x}_0, \quad \mathbf{x}_2 = \mathbf{A}\mathbf{x}_1, \quad \cdots, \quad \mathbf{x}_s = \mathbf{A}\mathbf{x}_{s-1}$$

為了簡化標示，我們以 $\mathbf{x}$ 表示 $\mathbf{x}_{s-1}$，以 $\mathbf{y}$ 表示 $\mathbf{x}_s$，故 $\mathbf{y} = \mathbf{A}\mathbf{x}$。

此法適用於任何具有**優勢特徵值 (dominant eigenvalue)** (即有一個特徵值 λ，$|\lambda|$ 大於其他特徵值的絕對值) 的 $n \times n$ 矩陣 $\mathbf{A}$。若 $\mathbf{A}$ 為對稱，則除了近似值 (1) 以外，還可以求出誤差界限 (2)。

定理　1

冪次法、誤差界限

令 $\mathbf{A}$ 為 $n \times n$ 實對稱矩陣，並令 $\mathbf{x}(\neq \mathbf{0})$ 為具有 n 個分量之任意實數向量。接著，再令

$$\mathbf{y} = \mathbf{A}\mathbf{x}, \quad m_0 = \mathbf{x}^\mathsf{T}\mathbf{x}, \quad m_1 = \mathbf{x}^\mathsf{T}\mathbf{y}, \quad m_2 = \mathbf{y}^\mathsf{T}\mathbf{y}$$

則商數

(1)
$$q = \frac{m_1}{m_0} \qquad \text{(Rayleigh[10] 商數)}$$

為 $\mathbf{A}$ 之一特徵值 λ 的近似值 (通常是絕對值為最大的特徵值，但沒有一般性的陳述)。

再者，若令 $q = \lambda - \epsilon$，而 ϵ 為 q 之誤差，則

(2)
$$|\epsilon| \leq \delta = \sqrt{\frac{m_2}{m_0} - q^2}$$

證明

δ^2 表示式 (2) 中的被開方數。因為在式 (1) 中 $m_1 = qm_0$，故

(3)
$$(\mathbf{y} - q\mathbf{x})^\mathsf{T}(\mathbf{y} - q\mathbf{x}) = m_2 - 2qm_1 + q^2m_0 = m_2 - q^2m_0 = \delta^2m_0$$

因為 $\mathbf{A}$ 為實對稱，故具有由對應於特徵值 $\lambda_1, \cdots, \lambda_n$ (其中某些特徵值可能相等) 之 n 個實數單位特徵向量 $\mathbf{z}_1, \cdots, \mathbf{z}_n$ 所組成的正交集 (證明請見附錄 1 中所列之參考文獻 [B3]，Vol.1，pp.270～272)。則 $\mathbf{x}$ 之表示式為

$$\mathbf{x} = a_1\mathbf{z}_1 + \cdots + a_n\mathbf{z}_n$$

又 $\mathbf{A}\mathbf{z}_1 = \lambda_1\mathbf{z}_1$，等等，故可得

---

[10] LORD RAYLEIGH (JOHN WILLIAM STRUTT) (1842–1919)：偉大的英國物理與數學家，劍橋與倫敦大學教授，以他對應用數學與理論物理 (特別是波動、彈性力學以及流動力學方面的理論等) 不同領域所作之重要貢獻而著名。在 1904，他獲得諾貝爾物理獎。

$$\mathbf{y} = \mathbf{A}\mathbf{x} = a_1\lambda_1\mathbf{z}_1 + \cdots + a_n\lambda_n\mathbf{z}_n$$

且因 $\mathbf{z}_j$ 為正交單位向量，因此

(4)
$$m_0 = \mathbf{x}^{\mathrm{T}}\mathbf{x} = a_1^2 + \cdots + a_n^2$$

故在式 (3) 中

$$\mathbf{y} - q\mathbf{x} = a_1(\lambda_1 - q)\mathbf{z}_1 + \cdots + a_n(\lambda_n - q)\mathbf{z}_n$$

因 $\mathbf{z}_j$ 為正交單位向量，所以可由式 (3) 得

(5)
$$\delta^2 m_0 = (\mathbf{y} - q\mathbf{x})^{\mathrm{T}}(\mathbf{y} - q\mathbf{x}) = a_1^2(\lambda_1 - q)^2 + \cdots + a_n^2(\lambda_n - q)^2$$

現在令 λ_c 為 **A** 的特徵向量中最接近 q 者，其中 c 表示「closest (最接近)」。則對 $j = 1, \cdots, n$，$(\lambda_c - q)^2 \le (\lambda_j - q)^2$。由此與式 (5) 可得不等式

$$\delta^2 m_0 \ge (\lambda_c - q)^2(a_1^2 + \cdots + a_n^2) = (\lambda_c - q)^2 m_0$$

除以 m_0，並取平方根，則由 δ^2 的含義可得

$$\delta = \sqrt{\frac{m_2}{m_0} - q^2} \ge |\lambda_c - q|$$

由此可知 δ 為 **A** 某一個特徵值之近似值 q 之誤差 ϵ 的界限，故定理得證。 ■

此法的主要優點在於其簡單性，而且能處理過大而無法以完整方陣列來儲存的稀疏矩陣 (sparse matrix)。其缺點為收斂速度可能較慢。由定理 1 的證明可知，收斂的速率乃視優勢特徵值與次一特徵值的絕對值之比值而定 (在接下來的例題 1 中為 2：1)。

若欲獲得**特徵向量**的一個收斂序列，則在每個步驟起始處，我們**調整 (scale)** 所得向量的大小，例如將其分量除以絕對最大的分量，如例題 1 所示。

例題 1　定理 1 之應用、大小調整

對於第 20.7 節例題 4 之對稱矩陣 **A** 及 $\mathbf{x}_0 = [1 \quad 1 \quad 1]^{\mathrm{T}}$，可由式 (1) 和式 (2)，配合所示之大小調整方式而得

$$\mathbf{A} = \begin{bmatrix} 0.49 & 0.02 & 0.22 \\ 0.02 & 0.28 & 0.20 \\ 0.22 & 0.20 & 0.40 \end{bmatrix}, \quad \mathbf{x}_0 = \begin{bmatrix} 1 \\ 1 \\ 1 \end{bmatrix}, \quad \mathbf{x}_1 = \begin{bmatrix} 0.890244 \\ 0.609756 \\ 1 \end{bmatrix}, \quad \mathbf{x}_2 = \begin{bmatrix} 0.931193 \\ 0.541284 \\ 1 \end{bmatrix}$$

$$\mathbf{x}_5 = \begin{bmatrix} 0.990663 \\ 0.504682 \\ 1 \end{bmatrix}, \quad \mathbf{x}_{10} = \begin{bmatrix} 0.999707 \\ 0.500146 \\ 1 \end{bmatrix}, \quad \mathbf{x}_{15} = \begin{bmatrix} 0.999991 \\ 0.500005 \\ 1 \end{bmatrix}$$

其中 $\mathbf{A}\mathbf{x}_0 = [0.73 \quad 0.5 \quad 0.82]^{\mathrm{T}}$，大小調整至 $\mathbf{x}_1 = [0.73/0.82 \quad 0.5/0.82 \quad 1]^{\mathrm{T}}$，以此類推。優勢特徵值為 0.72，特徵向量為 $[1 \quad 0.5 \quad 1]^{\mathrm{T}}$。對應的 q 和 δ 須在每次做大小調整給下回使用之前予以計算。因此在第一個步驟，

$$q = \frac{m_1}{m_0} = \frac{\mathbf{x}_0^T \mathbf{A} \mathbf{x}_0}{\mathbf{x}_0^T \mathbf{x}_0} = \frac{2.05}{3} = 0.683333$$

$$\delta = \left(\frac{m_2}{m_0} - q^2 \right)^{1/2} = \left(\frac{(\mathbf{A}\mathbf{x}_0)^T \mathbf{A}\mathbf{x}_0}{\mathbf{x}_0^T \mathbf{x}_0} - q^2 \right)^{1/2} = \left(\frac{1.4553}{3} - q^2 \right)^{1/2} = 0.134743$$

由此可得到下列的 q、δ 及誤差 $\epsilon = 0.72 - q$ 之值 (以 10D 計算，捨入至 6D)：

j	1	2	5	10
q	0.683333	0.716048	0.719944	0.720000
δ	0.134743	0.038887	0.004499	0.000141
ϵ	0.036667	0.003952	0.000056	$5 \cdot 10^{-8}$

誤差界限較實際誤差大非常多。這是非常典型的情況，雖然誤差界限並無改善的空間；亦即，對特殊的對稱矩陣，其誤差與誤差界限相符。

目前所得的結果與第 20.7 節範例 4 中以 Collatz 法所求得知結果相較之下，稍微好一點，但需要較多的運算。

譜位移(Spectral shift)，即表示由 $\mathbf{A}$ 轉移至 $\mathbf{A} - k\mathbf{I}$，而將每一個特徵值位移 $-k$。雖然一個好的 k 值幾乎不可能自動求得，但藉由其他方法或小型的初步計算測試，則可能有所幫助。在例題 1 中，由 Gerschgorin 定理可得整個譜的範圍為 $-0.02 \le \lambda \le 0.82$ (請驗證！)。位移 -0.4 可能太多 (會變成 $-0.42 \le \lambda \le 0.42$)，因此我們試試看位移 -0.2。

例題 2 包含譜位移的冪次法

將 $\mathbf{A} - 0.2\mathbf{I}$ 套用至例題 1 中的 $\mathbf{A}$，可得下列的明顯改善 (其中下標 1 代表例題 1，而下標 2 則代表現在的例題)

j	1	2	5	10
δ_1	0.134743	0.038887	0.004499	0.000141
δ_2	0.134743	0.034474	0.000693	$1.8 \cdot 10^{-6}$
ϵ_1	0.036667	0.003952	0.000056	$5 \cdot 10^{-8}$
ϵ_2	0.036667	0.002477	$1.3 \cdot 10^{-6}$	$9 \cdot 10^{-12}$

習題集 20.8

1–4 無調整的冪次法

套用冪次法但不做大小調整，請依題意利用 $\mathbf{x}_0 = [1, \ 1]^T$ 或 $[1 \ \ 1 \ \ 1]^T$。請求出 Rayleigh 商數及誤差界限。請寫出詳細過程。

1. $\begin{bmatrix} 9 & 4 \\ 4 & 3 \end{bmatrix}$

2. $\begin{bmatrix} 7 & -3 \\ -3 & -1 \end{bmatrix}$

3. $\begin{bmatrix} 2 & -1 & 1 \\ -1 & 3 & 2 \\ 1 & 2 & 3 \end{bmatrix}$

4. $\begin{bmatrix} 3.6 & -1.8 & 1.8 \\ -1.8 & 2.8 & -2.6 \\ 1.8 & -2.6 & 2.8 \end{bmatrix}$

5–8 包含大小調整的冪次法

套用冪次法及大小調整，請依題意利用 $\mathbf{x}_0 = [1 \quad 1 \quad 1]^T$ 或 $[1 \quad 1 \quad 1 \quad 1]^T$。請求出 Rayleigh 商數及誤差界限。請寫出詳細過程。

5. 習題 3 中的矩陣

6. $\begin{bmatrix} 4 & 2 & 3 \\ 2 & 7 & 6 \\ 3 & 6 & 4 \end{bmatrix}$

7. $\begin{bmatrix} 5 & 1 & 0 & 0 \\ 1 & 3 & 1 & 0 \\ 0 & 1 & 3 & 1 \\ 0 & 0 & 1 & 5 \end{bmatrix}$

8. $\begin{bmatrix} 2 & 4 & 0 & 1 \\ 4 & 1 & 2 & 8 \\ 0 & 2 & 5 & 2 \\ 1 & 8 & 2 & 0 \end{bmatrix}$

9. 試證明若 $\mathbf{x}$ 為一特徵向量，則式 (2) 中 $\delta = 0$。請舉出兩個例子。

10. **Rayleigh 商數**　為什麼 q 所近似的特徵值通常是絕對值最大的特徵值？什麼條件下 q 會是一個良好的近似值？

11. **譜位移、最小特徵值**　在習題 3 中，令 $\mathbf{B} = \mathbf{A} - 3\mathbf{I}$ (可能是由對角元素來推想) 並試試看是否能夠獲得一 q 數列，收斂至 $\mathbf{A}$ 的絕對值為最小 (而不是最大) 之特徵值。利用 $\mathbf{x}_0 = [1 \quad 1 \quad 1]^T$。執行 8 個步驟。請驗證 $\mathbf{A}$ 之譜為 $\{0, 3, 5\}$。

12. **CAS 實驗**　包含大小調整的冪次法、位移

(a) 寫一個能夠計算 $n \times n$ 矩陣並列印出每個步驟的程式。將程式套用至下列 (非對稱！) 矩陣 (20 個步驟)，從 $[1 \quad 1 \quad 1]^T$ 開始。

$$\mathbf{A} = \begin{bmatrix} 15 & 12 & 3 \\ 18 & 44 & 18 \\ -19 & -36 & -7 \end{bmatrix}$$

(b) 試著對 (a) 小題進行位移。你可以找到最佳的位移量為何？

(c) 寫一個類似 (a) 小題的程式，但改成計算對稱矩陣並能夠列印出向量、大小調整後的向量、q 及 δ。將程式套用至習題 8。

(d) **δ 之最佳性**　考慮 $\mathbf{A} = \begin{bmatrix} 0.6 & 0.8 \\ 0.8 & -0.6 \end{bmatrix}$ 並選擇 $\mathbf{x}_0 = \begin{bmatrix} 3 \\ -1 \end{bmatrix}$。請証明在每個步驟中 $q = 0$、$\delta = 1$，以及特徵值為 ± 1，因此區間 $[q - \delta, q + \delta]$ 無法在不失去包含性質下縮短！請利用其它的 $\mathbf{x}_0$ 進行實驗。

(e) 請找出一個 (非對稱) 矩陣，使式 (2) 中的 δ 不再為誤差界限。

(f) 系統性地針對收斂速度進行實驗，選擇的矩陣其第二大特徵值和最大特徵值的關係為 (i) 幾乎等於、(ii) 有些不同、(iii) 極其不同。

20.9 三對角化及 QR 分解 (Tridiagonalization and QR-Factorization)

本節將討論計算**實對稱矩陣** $\mathbf{A} = [a_{jk}]$ 之所有特徵值的問題，並討論一種實用上經常使用的方法。

在**第一個階段**，將所給定的矩陣逐步化簡為三**對角矩陣 (tridiagonal matrix)**，亦即，所有非零元素都位於主對角以及與主對角緊密相鄰的位置上 (例如圖 450 中的 $\mathbf{A}_3$，第三步驟)。這個化簡步驟

是由 A.S.Householder[11]所提出 (*J. Assn. Comput. Machinery* **5** (1958), 335-342)。請見附錄 1 中的參考文獻 [E29]。

此 Householder 三對角化能夠簡化矩陣，而不會改變其特徵值。接著，將三對角矩陣分解即可 (近似地) 求出特徵值，在本節稍後將會討論之。

20.9.1 Householder 三對角化法

已知一 $n \times n$ 實對稱矩陣 $\mathbf{A} = [a_{jk}]$，利用 $n-2$ 次連續的相似轉換 (請見第 20.6 節) 予以化簡爲三對角的形式。此轉換涉及矩陣 $\mathbf{P}_1, \cdots, \mathbf{P}_{n-2}$，這些矩陣爲正交對稱矩陣。因此 $\mathbf{P}_1^{-1} = \mathbf{P}_1^{\mathrm{T}} = \mathbf{P}_1$，以此類推。這些轉換可以由已知矩陣 $\mathbf{A}_0 = \mathbf{A} = [a_{jk}]$ 得出矩陣 $\mathbf{A}_1 = [a_{jk}^{(1)}], \mathbf{A}_2 = [a_{jk}^{(2)}], \cdots, \mathbf{A}_{n-2} = [a_{jk}^{(n-2)}]$，形式如下：

(1)
$$\begin{aligned} \mathbf{A}_1 &= \mathbf{P}_1 \mathbf{A}_0 \mathbf{P}_1 \\ \mathbf{A}_2 &= \mathbf{P}_2 \mathbf{A}_1 \mathbf{P}_2 \\ &\cdots\cdots\cdots\cdots\cdots \\ \mathbf{B} = \mathbf{A}_{n-2} &= \mathbf{P}_{n-2} \mathbf{A}_{n-3} \mathbf{P}_{n-2} \end{aligned}$$

式 (1) 之轉換會產生所需之零元素，第一個步驟會產生第 1 列與第 1 行之零元素，第二個步驟會產生第 2 列與第 2 行之零元素，...，以此類推，如圖 450 中之 5×5 矩陣所示。**B** 即爲三對角矩陣。

$$\begin{bmatrix} * & * & & & \\ * & * & * & * & * \\ & * & * & * & * \\ & * & * & * & * \\ & * & * & * & * \end{bmatrix} \qquad \begin{bmatrix} * & * & & & \\ * & * & * & & \\ & * & * & * & * \\ & & * & * & * \\ & & * & * & * \end{bmatrix} \qquad \begin{bmatrix} * & * & & & \\ * & * & * & & \\ & * & * & * & \\ & & * & * & * \\ & & & * & * \end{bmatrix}$$

第一個步驟 $\mathbf{A}_1 = \mathbf{P}_1 \mathbf{A} \mathbf{P}_1$　　第二個步驟 $\mathbf{A}_2 = \mathbf{P}_2 \mathbf{A}_1 \mathbf{P}_2$　　第三個步驟 $\mathbf{A}_3 = \mathbf{P}_3 \mathbf{A}_2 \mathbf{P}_3$

圖 450　一個 5×5 矩陣之 Householder 法。空白位置代表由此法所產生之零元素

如何決定 $\mathbf{P}_1, \mathbf{P}_2, \cdots, \mathbf{P}_{n-2}$？這些 $\mathbf{P}_r$ 的形式爲

(2)
$$\mathbf{P}_r = \mathbf{I} - 2\mathbf{v}_r \mathbf{v}_r^{\mathrm{T}} \qquad (r = 1, \cdots, n-2)$$

其中 **I** 爲 $n \times n$ 單位矩陣，而 $\mathbf{v}_r = [v_{jr}]$ 爲單位向量但前 r 個分量爲 0，即

[11] ALSTON SCOTT HOUSEHOLDER (1904–1993)，美國數學家，他在數值分析和數學生物學的領域中聞名。 他曾是 Oakridge National Laboratory 數學部門的主任，之後曾是 University of Tennessee 的教授。他也曾是 ACM (Association for Computing Machinery) 在 1954–1956 年間的總裁和 SIAM (Society for Industrial and Applied Mathematics) 在 1963–1964 年間的總裁。

(3)
$$\mathbf{v}_1 = \begin{bmatrix} 0 \\ * \\ * \\ \vdots \\ * \end{bmatrix}, \quad \mathbf{v}_2 = \begin{bmatrix} 0 \\ 0 \\ * \\ \vdots \\ * \end{bmatrix}, \quad \cdots, \quad \mathbf{v}_{n-2} = \begin{bmatrix} 0 \\ 0 \\ \vdots \\ * \\ * \end{bmatrix}$$

其中星號表示其它的分量 (一般而言不爲零)。

步驟 1：$\mathbf{v}_1$ 的分量爲

(4)

(a)
$$v_{11} = 0$$
$$v_{21} = \sqrt{\frac{1}{2}\left(1 + \frac{|a_{21}|}{S_1}\right)}$$

(b)
$$v_{j1} = \frac{a_{j1}\,\text{sgn}\,a_{21}}{2v_{21}S_1} \qquad\qquad j = 3, 4, \cdots, n$$

其中

(c)
$$S_1 = \sqrt{a_{21}^2 + a_{31}^2 + \cdots + a_{n1}^2}$$

其中 $S_1 > 0$，且若 $a_{21} \geq 0$，則 $\text{sgn}\,a_{21} = +1$；若 $a_{21} < 0$，則 $\text{sgn}\,a_{21} = -1$。由此，我們可以利用式 (2) 來計算 $\mathbf{P}_1$，然後利用式 (1) 來計算 $\mathbf{A}_1$。此即爲第一個步驟。

步驟 2：利用式 (4) 計算 $\mathbf{v}_2$，將所有下標皆增加 1，並以先前所求出之 $\mathbf{A}_1$ 元素 $a_{jk}^{(1)}$ 取代 a_{jk}。因此 [也請參考式 (3)]

(4*)
$$v_{12} = v_{22} = 0$$
$$v_{32} = \sqrt{\frac{1}{2}\left(1 + \frac{|a_{32}^{(1)}|}{S_2}\right)}$$
$$v_{j2} = \frac{a_{j2}^{(1)}\,\text{sgn}\,a_{32}^{(1)}}{2v_{32}S_2} \qquad j = 4, 5, \cdots, n$$

其中

$$S_2 = \sqrt{a_{32}^{(1)^2} + a_{42}^{(1)^2} + \cdots + a_{n2}^{(1)^2}}$$

由此，我們可以利用式 (2) 來計算 $\mathbf{P}_2$，然後利用式 (1) 來計算 $\mathbf{A}_2$。

步驟 3：利用式 (4*) 計算 $\mathbf{v}_3$，將所有下標增加 1，並且以 $\mathbf{A}_2$ 之元素 $a_{jk}^{(2)}$ 取代 $a_{jk}^{(1)}$，...，以此類推。

| 例題 | 1 | **Householder 三對角化** |

將下列實對矩陣三對角化：

$$\mathbf{A} = \mathbf{A}_0 = \begin{bmatrix} 6 & 4 & 1 & 1 \\ 4 & 6 & 1 & 1 \\ 1 & 1 & 5 & 2 \\ 1 & 1 & 2 & 5 \end{bmatrix}$$

解

步驟 1：由式 (4c) 計算 $S_1^2 = 4^2 + 1^2 + 1^2 = 18$。因爲 $a_{21} = 4 > 0$，故式 (4b) 中 $\operatorname{sgn} a_{21} = +1$，然後由式 (4) 直接計算得

$$\mathbf{v}_1 = \begin{bmatrix} 0 \\ v_{21} \\ v_{31} \\ v_{41} \end{bmatrix} = \begin{bmatrix} 0 \\ 0.98559856 \\ 0.11957316 \\ 0.11957316 \end{bmatrix}$$

由此與式 (2) 得

$$\mathbf{P}_1 = \begin{bmatrix} 1 & 0 & 0 & 0 \\ 0 & -0.94280904 & -0.23570227 & -0.23570227 \\ 0 & -0.23570227 & -0.97140452 & -0.02859548 \\ 0 & -0.23570227 & -0.02859548 & 0.97140452 \end{bmatrix}$$

由式 (1) 第一行可得

$$\mathbf{A}_1 = \mathbf{P}_1 \mathbf{A}_0 \mathbf{P}_1 = \begin{bmatrix} 6 & -\sqrt{18} & 0 & 0 \\ -\sqrt{18} & 7 & -1 & -1 \\ 0 & -1 & \frac{9}{2} & \frac{3}{2} \\ 0 & -1 & \frac{3}{2} & \frac{9}{2} \end{bmatrix}$$

步驟 2：由式 (4*) 計算出 $S_2^2 = 2$ 及

$$\mathbf{v}_2 = \begin{bmatrix} 0 \\ 0 \\ v_{32} \\ v_{42} \end{bmatrix} = \begin{bmatrix} 0 \\ 0 \\ 0.92387953 \\ 0.38268343 \end{bmatrix}$$

由此與式 (2) 得

$$\mathbf{P}_2 = \begin{bmatrix} 1 & 0 & 0 & 0 \\ 0 & 1 & 0 & 0 \\ 0 & 0 & -1/\sqrt{2} & -1/\sqrt{2} \\ 0 & 0 & -1/\sqrt{2} & -1/\sqrt{2} \end{bmatrix}$$

式 (1) 第二行可得

$$\mathbf{B}_2 = \mathbf{A}_2 = \mathbf{P}_2 \mathbf{A}_1 \mathbf{P}_2 = \begin{bmatrix} 6 & -\sqrt{18} & 0 & 0 \\ -\sqrt{18} & 7 & \sqrt{2} & 0 \\ 0 & \sqrt{2} & 6 & 0 \\ 0 & 0 & 0 & 3 \end{bmatrix}$$

矩陣 $\mathbf{B}_2$ 爲三對角矩陣。由於所給的階數爲 $n = 4$，因此完成化簡需要 $n-2 = 2$ 個步驟，如前所述 (你有沒有發現我們所獲得的零元素較一般預期的還多？)

$\quad$ $\mathbf{B}_2$ 相似於 $\mathbf{A}$，我們將接著證明此點。這一點非常重要，因爲由第 20.6 節定理 2 知，若 $\mathbf{B}_2$ 相似於 $\mathbf{A}$，則 $\mathbf{B}_2$ 與 $\mathbf{A}$ 具有相同的譜。　■

B 相似於 A　現在，將證明式 (1) 中的 $\mathbf{B}$ 相似於 $\mathbf{A} = \mathbf{A}_0$。矩陣 $\mathbf{P}_r$ 爲對稱；事實上

$$\mathbf{P}_r{}^{\mathrm{T}} = (\mathbf{I} - 2\mathbf{v}_r\mathbf{v}_r{}^{\mathrm{T}})^{\mathrm{T}} = \mathbf{I}^{\mathrm{T}} - 2(\mathbf{v}_r\mathbf{v}_r{}^{\mathrm{T}})^{\mathrm{T}} = \mathbf{I} - 2\mathbf{v}_r\mathbf{v}_r{}^{\mathrm{T}} = \mathbf{P}_r$$

又因爲 $\mathbf{v}_r$ 爲單位向量，所以 $\mathbf{v}_r^{\mathrm{T}}\mathbf{v}_r = 1$，故 $\mathbf{P}_r$ 爲正交，即

$$\mathbf{P}_r\mathbf{P}_r{}^{\mathrm{T}} = \mathbf{P}_r{}^2 = (\mathbf{I} - 2\mathbf{v}_r\mathbf{v}_r{}^{\mathrm{T}})^2 = \mathbf{I} - 4\mathbf{v}_r\mathbf{v}_r{}^{\mathrm{T}} + 4\mathbf{v}_r\mathbf{v}_r{}^{\mathrm{T}}\mathbf{v}_r\mathbf{v}_r{}^{\mathrm{T}}$$
$$= \mathbf{I} - 4\mathbf{v}_r\mathbf{v}_r{}^{\mathrm{T}} + 4\mathbf{v}_r(\mathbf{v}_r{}^{\mathrm{T}}\mathbf{v}_r)\mathbf{v}_r{}^{\mathrm{T}} = \mathbf{I}$$

因此 $\mathbf{P}_r^{-1} = \mathbf{P}_r{}^{\mathrm{T}} = \mathbf{P}_r$，接著由式 (1) 可得

$$\begin{aligned}\mathbf{B} \ &= \mathbf{P}_{n-2}\mathbf{A}_{n-3}\mathbf{P}_{n-2} = \cdots \\ \cdots \ &= \mathbf{P}_{n-2}\mathbf{P}_{n-3}\cdots\mathbf{P}_1\mathbf{A}\mathbf{P}_1\cdots\mathbf{P}_{n-3}\mathbf{P}_{n-2} \\ &= \mathbf{P}_{n-2}^{-1}\mathbf{P}_{n-3}^{-1}\cdots\mathbf{P}_1^{-1}\mathbf{A}\mathbf{P}_1\cdots\mathbf{P}_{n-3}\mathbf{P}_{n-2} \\ &= \mathbf{P}^{-1}\mathbf{A}\mathbf{P}\end{aligned}$$

其中 $\mathbf{P} = \mathbf{P}_1\mathbf{P}_2\cdots\mathbf{P}_{n-2}$。由此得證。　■

20.9.2　QR 分解法

1958 年，瑞士數學家 H. Rutishauser [12] 提出利用 LU 分解求解特徵值問題之觀念 (第 20.2 節；他稱之爲 LR 分解)。Rutishauser 法的一種改良 (若某些子矩陣變爲奇異時，可避免崩潰的現象等等；請見參考文獻 [E29]) 即爲 QR 法，此法是由美國的 J. G. F. Francis (*Computer J.* **4** (1961-61), 265-271, 332-345) 及俄國的 V. N. Kublanovskaya (*Zhurnal Vych. Mat. I Mat. Fiz.* **1** (1961), 555-570) 各自獨立提出。QR 法是利用正交矩陣 $\mathbf{Q}$ 及上三角矩陣 $\mathbf{R}$ 來進行分解。我們將以實數**對稱矩陣**來討論 **QR** 法 (至於推廣至一般的矩陣，請參考附錄 1 中的參考文獻 [E29])。

$\quad$ 在此法中，首先將所給定之 $n\times n$ 矩陣 $\mathbf{A}$ 利用 Householder 法轉換爲三對角矩陣 $\mathbf{B}_0 = \mathbf{B}$。如此會產生許多零元素，並減少接下來的計算量。接著，依如下之疊代法逐步計算 $\mathbf{B}_1, \mathbf{B}_2, \cdots$ 等等。

步驟 1：分解 $\mathbf{B}_0 = \mathbf{Q}_0\mathbf{R}_0$，其中 $\mathbf{Q}_0$ 爲正交矩陣，而 $\mathbf{R}_0$ 爲上三角矩陣。然後計算 $\mathbf{B}_1 = \mathbf{R}_0\mathbf{Q}_0$。

步驟 2：分解 $\mathbf{B}_1 = \mathbf{Q}_1\mathbf{R}_1$。然後計算 $\mathbf{B}_2 = \mathbf{R}_1\mathbf{Q}_1$。

---

[12] HEINZ RUTISHAUSER (1918–1970)，瑞士數學家，ETH Zurich 的教授，以他在數值分析與計算機科學方面開創性的成就而聞名。

一般步驟 s + 1：

(5)

(a) 　分解 $\mathbf{B}_s = \mathbf{Q}_s\mathbf{R}_s$

(b) 　計算 $\mathbf{S}_{s+1} = \mathbf{R}_s\mathbf{Q}_s$

其中 $\mathbf{Q}_s$ 為正交矩陣,而 $\mathbf{R}_s$ 為上三角矩陣。式 (5a) 之分解說明如後。

$\mathbf{B}_{s+1}$ 相似於 $\mathbf{B}$ 　收斂至對角矩陣 　由式 (5) 可得 $\mathbf{R}_s = \mathbf{Q}_s^{-1}\mathbf{B}_s$。代入式 (5b) 得

(6)
$$\mathbf{B}_{s+1} = \mathbf{R}_s\mathbf{Q}_s = \mathbf{Q}_s^{-1}\mathbf{B}_s\mathbf{Q}_s$$

故 $\mathbf{B}_{s+1}$ 相似於 $\mathbf{B}_s$。因此,對於所有 s,$\mathbf{B}_{s+1}$ 相似於 $\mathbf{B}_0 = \mathbf{B}$。由第 20.6 節定理 2 可知,$\mathbf{B}_{s+1}$ 與 $\mathbf{B}$ 有相同的特徵值。

此外,由歸納法可知 $\mathbf{B}_{s+1}$ 為對稱。事實上,$\mathbf{B}_0 = \mathbf{B}$ 為對稱。假設 $\mathbf{B}_s$ 為對稱,即 $\mathbf{B}_s^T = \mathbf{B}_s$,並利用 $\mathbf{Q}_s^{-1} = \mathbf{Q}_s^T$ (因為 $\mathbf{Q}_s$ 為正交),則由式 (6) 可得對稱性

$$\mathbf{B}_{s+1}^{\ T} = (\mathbf{Q}_s^{\ T}\mathbf{B}_s\mathbf{Q}_s)^T = \mathbf{Q}_s^{\ T}\mathbf{B}_s^{\ T}\mathbf{Q}_s = \mathbf{Q}_s^{\ T}\mathbf{B}_s\mathbf{Q}_s = \mathbf{B}_{s+1}$$

若 $\mathbf{B}$ 的特徵值之絕對值皆相異,例如,$|\lambda_1| > |\lambda_2| > \cdots > |\lambda_n|$,則

$$\lim_{s\to\infty}\mathbf{B}_s = \mathbf{D}$$

其中 $\mathbf{D}$ 為對角矩陣,其主對角元素為 $\lambda_1, \lambda_2, \cdots, \lambda_n$ (證明見附錄 1 參考文獻 [E29])。

如何求得 QR 分解,例如,$\mathbf{B} = \mathbf{B}_0 = [b_{jk}] = \mathbf{Q}_0\mathbf{R}_0$？ 　一般而言,三對角矩陣 $\mathbf{B}$ 在主對角線下方有 $n-1$ 個非零元素,即 $b_{21}, b_{32}, \cdots, b_{n,n-1}$。將 $\mathbf{B}$ 左乘一矩陣 $\mathbf{C}_2$,使得 $\mathbf{C}_2\mathbf{B} = [b_{jk}^{(2)}]$ 之元素 $b_{21}^{(2)} = 0$。接著再左乘一矩陣 $\mathbf{C}_3$,使得 $\mathbf{C}_3\mathbf{C}_2\mathbf{B} = [b_{jk}^{(3)}]$ 之元素 $b_{32}^{(3)} = 0$,以此類推。在進行 $n-1$ 次乘法後,可得上三角矩陣 $\mathbf{R}_0$,即

(7)
$$\mathbf{C}_n\mathbf{C}_{n-1}\cdots\mathbf{C}_3\mathbf{C}_2\mathbf{B}_0 = \mathbf{R}_0$$

這些 $n\times n$ 矩陣 $\mathbf{C}_j$ 皆很簡單。$\mathbf{C}_j$ 在第 $j-1$ 與 j 列、第 $j-1$ 與 j 行處具有 2×2 子矩陣

$$\begin{bmatrix} \cos\theta_j & \sin\theta_j \\ -\sin\theta_j & \cos\theta_j \end{bmatrix} \qquad (\theta_j \text{ 為適當值})$$

而在 $\mathbf{C}_j$ 主對角上其它位置的元素為 1;而其餘元素皆 0 (這個子矩陣即為平面旋轉 θ_j 角之矩陣;請見第 7.2 節團隊專題 30)。例如,若 $n = 4$,令 $c_j = \cos\theta_j$、$s_j = \sin\theta_j$,則可得

$$\mathbf{C}_2 = \begin{bmatrix} c_2 & s_2 & 0 & 0 \\ -s_2 & c_2 & 0 & 0 \\ 0 & 0 & 1 & 0 \\ 0 & 0 & 0 & 1 \end{bmatrix}, \quad \mathbf{C}_3 = \begin{bmatrix} 1 & 0 & 0 & 0 \\ 0 & c_3 & s_3 & 0 \\ 0 & -s_3 & c_3 & 0 \\ 0 & 0 & 0 & 1 \end{bmatrix}, \quad \mathbf{C}_4 = \begin{bmatrix} 1 & 0 & 0 & 0 \\ 0 & 1 & 0 & 0 \\ 0 & 0 & c_4 & s_4 \\ 0 & 0 & -s_4 & c_4 \end{bmatrix}$$

這些 $\mathbf{C}_j$ 皆爲正交矩陣。故在式 (7) 中之乘積爲正交，且此乘積之反矩陣亦爲正交。我們將反矩陣稱爲 $\mathbf{Q}_0$。然後由式 (7) 可得

$$\text{(8)} \qquad \mathbf{B}_0 = \mathbf{Q}_0 \mathbf{R}_0$$

其中，由於 $\mathbf{C}_j^{-1} = \mathbf{C}_j^{\mathrm{T}}$，故

$$\text{(9)} \qquad \mathbf{Q}_0 = (\mathbf{C}_n \mathbf{C}_{n-1} \cdots \mathbf{C}_3 \mathbf{C}_2)^{-1} = \mathbf{C}_2^{\mathrm{T}} \mathbf{C}_3^{\mathrm{T}} \cdots \mathbf{C}_{n-1}^{\mathrm{T}} \mathbf{C}_n^{\mathrm{T}}$$

此即爲 $\mathbf{B}_0$ 之 QR 分解。由上式及式 (5b)，對 $s = 0$ 可得

$$\text{(10)} \qquad \mathbf{B}_1 = \mathbf{R}_0 \mathbf{Q}_0 = \mathbf{R}_0 \mathbf{C}_2^{\mathrm{T}} \mathbf{C}_3^{\mathrm{T}} \cdots \mathbf{C}_{n-1}^{\mathrm{T}} \mathbf{C}_n^{\mathrm{T}}$$

我們並不須要明確地求出 $\mathbf{Q}_0$，但是爲了從式 (10) 求得 $\mathbf{B}_1$，首先計算 $\mathbf{R}_0 \mathbf{C}_2^{\mathrm{T}}$，接著計算 $(\mathbf{R}_0 \mathbf{C}_2^{\mathrm{T}}) \mathbf{C}_3^{\mathrm{T}}$，以此類推。同理可在後續步驟中求出 $\mathbf{B}_2, \mathbf{B}_3, \cdots$。

決定 $\cos \theta_j$ 與 $\sin \theta_j$　　最後，將說明如何求出旋轉角度。$\mathbf{C}_2$ 中的 $\cos \theta_2$ 與 $\sin \theta_2$ 必須使得在乘積

$$\mathbf{C}_2 \mathbf{B} = \begin{bmatrix} c_2 & s_2 & 0 & \cdots \\ -s_2 & c_2 & 0 & \cdots \\ \cdot & \cdot & \cdot & \cdots \\ \cdot & \cdot & \cdot & \cdots \end{bmatrix} \begin{bmatrix} b_{11} & b_{12} & b_{13} & \cdots \\ b_{21} & b_{22} & b_{23} & \cdots \\ \cdot & \cdot & \cdot & \cdots \\ \cdot & \cdot & \cdot & \cdots \end{bmatrix}$$

之中，$b_{21}^{(2)} = 0$。$\mathbf{C}_2$ 的第二列與 $\mathbf{B}$ 的第一行相乘可得 $b_{21}^{(2)}$，即

$$b_{21}^{(2)} = -s_2 b_{11} + c_2 b_{21} = -(\sin \theta_2) b_{11} + (\cos \theta_2) b_{21} = 0$$

因此 $\tan \theta_2 = s_2 / c_2 = b_{21} / b_{11}$，故有

$$\text{(11)} \qquad \begin{aligned} \cos \theta_2 &= \frac{1}{\sqrt{1 + \tan^2 \theta_2}} = \frac{1}{\sqrt{1 + (b_{21} / b_{11})^2}} \\ \sin \theta_2 &= \frac{\tan \theta_2}{\sqrt{1 + \tan^2 \theta_2}} = \frac{b_{21} / b_{11}}{\sqrt{1 + (b_{21} / b_{11})^2}} \end{aligned}$$

同理可求出 $\theta_3, \theta_4, \cdots$。下一範例將說明上述的過程。

例題　2　QR 分解法

計算矩陣之所有特徵值。

$$\mathbf{A} = \begin{bmatrix} 6 & 4 & 1 & 1 \\ 4 & 6 & 1 & 1 \\ 1 & 1 & 5 & 2 \\ 1 & 1 & 2 & 5 \end{bmatrix}$$

解

首先，將 $\mathbf{A}$ 化簡爲三對角形式。利用 Householder 法可得 (參考例題 1)

$$\mathbf{A}_2 = \begin{bmatrix} 6 & -\sqrt{18} & 0 & 0 \\ -\sqrt{18} & 7 & \sqrt{2} & 0 \\ 0 & \sqrt{2} & 6 & 0 \\ 0 & 0 & 0 & 3 \end{bmatrix}$$

由特徵行列式可知 $\mathbf{A}_2$ 具有特徵值 3，而 $\mathbf{A}$ 亦然 (你能否直接由 $\mathbf{A}_2$ 看出這點？) 因此，可將 QR 法套用至 3×3 矩陣

$$\mathbf{B}_0 = \mathbf{B} = \begin{bmatrix} 6 & -\sqrt{18} & 0 \\ -\sqrt{18} & 7 & \sqrt{2} \\ 0 & \sqrt{2} & 6 \end{bmatrix}$$

步驟 1：將 $\mathbf{B}$ 左乘

$$\mathbf{C}_2 = \begin{bmatrix} \cos\theta_2 & \sin\theta_2 & 0 \\ -\sin\theta_2 & \cos\theta_2 & 0 \\ 0 & 0 & 1 \end{bmatrix} \quad \text{然後將} \mathbf{C}_2\mathbf{B} \text{左乘} \quad \mathbf{C}_3 = \begin{bmatrix} 1 & 0 & 0 \\ 0 & \cos\theta_3 & \sin\theta_3 \\ 0 & -\sin\theta_3 & \cos\theta_3 \end{bmatrix}$$

在此由 $(-\sin\theta_2) \cdot 6 + (\cos\theta_2)(-\sqrt{18}) = 0$ 可得式 (11) 中之 $\cos\theta_2 = 0.81649658$ 及 $\sin\theta_2 = -0.57735027$。根據這些值而可算出

$$\mathbf{C}_2\mathbf{B} = \begin{bmatrix} 7.34846923 & -7.50555350 & -0.81649658 \\ 0 & 3.26598632 & 1.15470054 \\ 0 & 1.41421356 & 6.00000000 \end{bmatrix}$$

在 $\mathbf{C}_3$ 中，由 $(-\sin\theta_3) \cdot 3.26598632 + (\cos\theta_3) \cdot 1.41421356 = 0$ 可得 $\cos\theta_3 = 0.91766294$ 及 $\sin\theta_3 = 0.39735971$。由此可得

$$\mathbf{R}_0 = \mathbf{C}_3\mathbf{C}_2\mathbf{B} = \begin{bmatrix} 7.34846923 & -7.50555350 & -0.81649658 \\ 0 & 3.55902608 & 3.44378413 \\ 0 & 0 & 5.04714615 \end{bmatrix}$$

由此可計算

$$\mathbf{B}_1 = \mathbf{R}_0\mathbf{C}_2^{\mathrm{T}}\mathbf{C}_3^{\mathrm{T}} = \begin{bmatrix} 10.33333333 & -2.05480467 & 0 \\ -2.05480467 & 4.03508772 & 2.00553251 \\ 0 & 2.00553251 & 4.63157895 \end{bmatrix}$$

此為對稱三對角矩陣。$\mathbf{B}_1$ 中非對角線元素之絕對值仍然不小。故必須再往下進行。

步驟 2：進行與步驟 1 相同的計算，但以 $\mathbf{B}_1$ 取代 $\mathbf{B}_0 = \mathbf{B}$，並變更 $\mathbf{C}_2$ 與 $\mathbf{C}_3$，則新角度為 $\theta_2 = -0.196291533$ 及 $\theta_3 = 0.513415589$。計算可得

$$\mathbf{R}_1 = \begin{bmatrix} 10.53565375 & -2.80232241 & -0.39114588 \\ 0 & 4.08329584 & 3.98824028 \\ 0 & 0 & 3.06832668 \end{bmatrix}$$

由此我們有

$$\mathbf{B}_2 = \begin{bmatrix} 10.87987988 & -0.79637918 & 0 \\ -0.79637918 & 5.44738664 & 1.50702500 \\ 0 & 1.50702500 & 2.67273348 \end{bmatrix}$$

我們可以看出非對角元素之絕對值較 $\mathbf{B}_1$ 的要小，但對於要求得 $\mathbf{B}$ 的特徵值之良好近似而言，這些非對角元素仍然太大。

後續步驟：將主對角元素及非對角元素中絕對值為最大者，即每個步驟中的 $|b_{12}^{(j)}| = |b_{21}^{(j)}|$ 表列如下。讀者可自行證明矩陣 $\mathbf{A}$ 之譜為 11、6、3、2。

步驟 j	$b_{11}^{(j)}$	$b_{22}^{(j)}$	$b_{33}^{(j)}$	$\max_{j \neq k} |b_{jk}^{(J)}|$
3	10.9668929	5.94589856	2.08720851	0.58523582
5	10.9970872	6.00181541	2.00109738	0.12065334
7	10.9997421	6.00024439	2.00001355	0.03591107
9	10.9999772	6.00002267	2.00000017	0.01068477

回顧以上之討論，可了解到使用 QR 分解之前，應先使用 Householder 法，將可明顯減少每一次 QR 分解的計算量，特別是當 $\mathbf{A}$ 非常大時。

　　若要加快收斂速度及進一步減少計算量，則可以藉由譜位移來達成，亦即，以 $\mathbf{B}_s - k_s\mathbf{I}$ 取代 $\mathbf{B}_s$ 並選擇適當之 k_s。關於 k_s 之選擇，請見參考文獻 [E29], p.510。

習題集　20.9

1–5　**Householder 三對角化**

三對角化以下矩陣。請列出詳細過程。

1. $\begin{bmatrix} 0.98 & 0.04 & 0.44 \\ 0.04 & 0.56 & 0.40 \\ 0.44 & 0.40 & 0.80 \end{bmatrix}$　**2.** $\begin{bmatrix} 0 & 1 & 1 \\ 1 & 0 & 1 \\ 1 & 1 & 0 \end{bmatrix}$

3. $\begin{bmatrix} 7 & 2 & 3 \\ 2 & 10 & 6 \\ 3 & 6 & 7 \end{bmatrix}$　**4.** $\begin{bmatrix} 5 & 4 & 1 & 1 \\ 4 & 5 & 1 & 1 \\ 1 & 1 & 4 & 2 \\ 1 & 1 & 2 & 4 \end{bmatrix}$

5. $\begin{bmatrix} 3 & 52 & 10 & 42 \\ 52 & 59 & 44 & 80 \\ 10 & 44 & 39 & 42 \\ 42 & 80 & 42 & 35 \end{bmatrix}$

6–9　**QR 分解**

執行三個 QR 分解步驟，以求出特徵值之近似值：

6. 習題 1 答案中的矩陣。

7. 習題 3 答案中的矩陣。

8. $\begin{bmatrix} 14.2 & -0.1 & 0 \\ -0.1 & -6.3 & 0.2 \\ 0 & 0.2 & 2.1 \end{bmatrix}$　9. $\begin{bmatrix} 140 & 10 & 0 \\ 10 & 70 & 2 \\ 0 & 2 & -30 \end{bmatrix}$

10. **CAS 實驗　QR 法**　試著以實驗方法找出在 QR 法中，非對角元素的變小速度與矩陣的哪些性質相關。為了達到此目的，請

寫一程式，先進行三對角化然後執行 QR 步驟。對習題 1、3 和 4 試驗你的程式。將你的實驗結果以一份簡短報告做總結。

第 20 章　複習題

1. 數值線性代數中之主要問題領域為何？
2. 何時你會使用高斯消去法，何時你會使用 Gauss–Seidel 疊代法？
3. 何謂樞軸轉換？為何要這麼做以及如何運用它？
4. 若將高斯消去法運用於無解系統會有何結果？
5. 何謂 Cholesky 法？運用時機為何？
6. 關於 Gauss–Seidel 疊代法的收斂性，你了解多少？
7. 何謂惡劣條件？何謂條件數與其重要性？
8. 解釋最小平方近似法的觀念。
9. 何謂矩陣之特徵值？為何特徵值問題很重要？請舉出幾個典型範例。
10. 在設計數值方法時，我們如何使用矩陣的相似轉換？
11. 何謂求解特徵值之冪次法？其優點與缺點為何？
12. 就你所知的描述 Gerschgorin 定理。請舉出幾個典型範例。
13. 何謂三對角化和 QR 分解？運用時機為何？

14–17　高斯消去法

求解：

14.
$$\begin{aligned} 3x_2 - 6x_3 &= 0 \\ 4x_1 - x_2 + 2x_3 &= 16 \\ -5x_1 + 2x_2 - 4x_3 &= -20 \end{aligned}$$

15.
$$\begin{aligned} 8x_2 - 6x_3 &= 23.6 \\ 10x_1 + 6x_2 + 2x_3 &= 68.4 \\ 12x_1 - 14x_2 + 4x_3 &= -6.2 \end{aligned}$$

16.
$$\begin{aligned} 5x_1 + x_2 - 3x_3 &= 17 \\ - 5x_2 + 15x_3 &= -10 \\ 2x_1 - 3x_2 + 9x_3 &= 0 \end{aligned}$$

17.
$$\begin{aligned} 42x_1 + 74x_2 + 36x_3 &= 96 \\ -46x_1 - 12x_2 - 2x_3 &= 82 \\ 3x_1 + 25x_2 + 5x_3 &= 19 \end{aligned}$$

18–20　反矩陣

試決定反矩陣：

18. $\begin{bmatrix} 2.0 & 0.1 & 3.3 \\ 1.6 & 4.4 & 0.5 \\ 0.3 & -4.3 & 2.8 \end{bmatrix}$

19. $\begin{bmatrix} 15 & 20 & 10 \\ 20 & 35 & 15 \\ 10 & 15 & 90 \end{bmatrix}$

20. $\begin{bmatrix} 5 & 1 & 1 \\ 1 & 6 & 0 \\ 1 & 0 & 8 \end{bmatrix}$

21–23　**Gauss–Seidel 疊代法**

執行 3 個步驟，不做大小調整，從 $[1\ 1\ 1]^T$ 開始。

21.
$$\begin{aligned} 4x_1 - x_2 &= 22.0 \\ 4x_2 - x_3 &= 13.4 \\ -x_1 + 4x_3 &= -2.4 \end{aligned}$$

22.
$$\begin{aligned} 0.2x_1 + 4.0x_2 - 0.4x_3 &= 32.0 \\ 0.5x_1 - 0.2x_2 + 2.5x_3 &= -5.1 \\ 7.5x_1 + 0.1x_2 - 1.5x_3 &= -12.7 \end{aligned}$$

23.
$$
\begin{aligned}
10x_1 + x_2 - x_3 &= 17 \\
2x_1 + 20x_2 + x_3 &= 28 \\
3x_1 - x_2 + 25x_3 &= 105
\end{aligned}
$$

24–26　向量範數

請計算下列向量的 l_1、l_2 以及 l_∞ 範數：

24. $[0.2 \quad -8.1 \quad 0.4 \quad 0 \quad 0 \quad -1.3 \quad 2]^T$

25. $[8 \quad -21 \quad 13 \quad 0]^T$

26. $[0 \quad 0 \quad 0 \quad -1 \quad 0]^T$

27–30　矩陣範數

對於下列係數矩陣，計算對應於 l_∞ 向量範數的矩陣範數：

27. 複習題 15 中的矩陣。

28. 複習題 17 中的矩陣。

29. 複習題 21 中的矩陣。

30. 複習題 22 中的矩陣。

31–33　條件數

請計算下列係數矩陣的條件數 (對應於 l_∞ 向量範數)：

31. 複習題 19 中的矩陣。

32. 複習題 18 中的矩陣。

33. 複習題 21 中的矩陣。

34–35　以最小平方進行擬合

擬合併繪出圖形：

34. 一直線至 $(-1, 0)$，$(0, 2)$，$(1, 2)$，$(2, 3)$，$(3, 3)$

35. 一條二次抛物線至複習題 34 中的資料

36–39　特徵值

對於下列矩陣，請求出包含所有特徵值的三個圓盤：

36. 複習題 18 中的矩陣。

37. 複習題 19 中的矩陣。

38. 複習題 20 中的矩陣。

39. 複習題 14 中的係數矩陣。

40. 冪次法　對複習題 19 中的矩陣，從 $[1 \ 1 \ 1]$ 開始執行冪次法的步驟四次，並計算 Rayleigh 商數與誤差界限。

第 20 章摘要　數值線性代數

主要任務為線性系統的數值解 (第 20.1 – 20.4 節)、曲線擬合 (第 20.5 節) 以及特徵值問題 (第 20.6 – 20.9 節)。

線性系統 Ax = b，其中 $\mathbf{A} = [a_{jk}]$，展開表示為

(1)
$$
\begin{aligned}
E_1: \quad & a_{11}x_1 + \cdots + a_{1n}x_n = b_1 \\
E_2: \quad & a_{21}x_1 + \cdots + a_{2n}x_n = b_2 \\
& \cdots \cdots \cdots \cdots \cdots \cdots \cdots \\
E_n: \quad & a_{n1}x_1 + \cdots + a_{nn}x_n = b_n
\end{aligned}
$$

其求解方法包括**直接法 (direct methods)** (可事先預估計算次數，如高斯消去法)，或是**間接法 (indirect)** 即**疊代法 (iterative methods)** (逐步地改善初始近似)。

　　高斯消去法 (第 20.1 節) 是一種直接方法，即系統性的消去程序，將式 (1) 逐步化簡為三角形式。在步驟 1 中，我們從方程式 E_2 減去 $(a_{21}/a_{11})E_1$、從 E_3 減去 $(a_{31}/a_{11})E_1$，以此類推，將 E_2 至 E_n 中的 x_1 消去。方程式 E_1 稱為此步驟中的**樞軸方程式 (pivot equation)**，而 a_{11} 稱為**樞軸元 (pivot)**。在步驟 2 中，將新的第二個方程式作為樞軸方程式並消除 x_2，以此類推。獲得三角形式

後，即可自最後一個方程式求得 x_n，再自最後第二個方程式求得 x_{n-1}，以此類推。若樞軸元的候選人為零，則必須進行**部分樞軸轉換 (partial pivoting)** (即為方程式互調)；若樞軸元之絕對值很小時，則最好進行部分軸元轉換。

第 20.2 節中的 **Doolittle 法**、**Crout 法**以及 **Cholesky 法**是高斯消去法的變化形式。這些方法是利用 **A = LU** (**L** 為下三角矩陣，**U** 為上三角矩陣) 之分解，藉由解 **Ly = b** 求 **y** 然後解 **Ux = y** 求 **x**，來求解 **Ax = LUx = b**。

在 **Gauss–Seidel 疊代法**中 (第 20.3 節)，我們使 $a_{11} = a_{22} = \cdots = a_{nn} = 1$ (利用除法)，然後寫成 **Ax = (I + L + U)x = b**；因此 **x = b – (L + U) x**，由此可得疊代公式

$$(2) \qquad \mathbf{x}^{(m+1)} = \mathbf{b} - \mathbf{L}\mathbf{x}^{(m+1)} - \mathbf{U}\mathbf{x}^{(m)}$$

而後將最新的近似值 x_j 代入上式右側。若 $\|\mathbf{C}\| < 1$，其中 $\mathbf{C} = -(\mathbf{I}+\mathbf{L})^{-1}\mathbf{U}$，則此程序收斂。此處，$\|\mathbf{C}\|$ 代表任一種的矩陣範數 (第 20.3 節)。

若 **A** 的**條件數 (condition number)** $k(\mathbf{A}) = \|\mathbf{A}\|\|\mathbf{A}^{-1}\|$ 非常大，則系統 **Ax = b** 為**惡劣條件的 (ill-conditioned)** (第 20.4 節)，而且小的**殘數 (residual)** $\mathbf{r} = \mathbf{b} - \mathbf{A}\tilde{\mathbf{x}}$ 並不表示 $\tilde{\mathbf{x}}$ 接近精確解。

利用**最小平方法 (least square)** 對已知數據 (xy 平面上的點) $(x_1, y_1),\cdots,(x_n, y_n)$ 擬合一多項式 $p(x) = b_0 + b_1 x + \cdots + b_m x^m$，討論於第 20.5 節中。若 $m = n$，則最小平方多項式會和內差多項式一模一樣 (唯一性)。

特徵值 λ (使 **Ax = λx** 之解 **x** ≠ **0** 之值 λ，其中 **x** 稱為**特徵向量**) 可以利用不等式來描述其特性 (第 20.7 節)，例如 **Gerschgorin 定理**，此定理可求出包含 **A** 的整個譜 (所有特徵值) 的 n 個圓盤，圓盤中心為 a_{jj}，半徑為 $\sum |a_{jk}|$ (此總和是 k 從 1 到 n，但 $k \neq j$)。

特徵值之近似值可由疊代法求得，從 $\mathbf{x}_0 \neq \mathbf{0}$ 開始，計算 $\mathbf{x}_1 = \mathbf{A}\mathbf{x}_0, \mathbf{x}_2 = \mathbf{A}\mathbf{x}_1\cdots, \mathbf{x}_n = \mathbf{A}\mathbf{x}_{n-1}$。在此**幂次法 (power method)** (第 20.8 節) 中，**Rayleigh 商數**

$$(3) \qquad q = \frac{(\mathbf{A}\mathbf{x})^{\mathrm{T}}\mathbf{x}}{\mathbf{x}^{\mathrm{T}}\mathbf{x}} \qquad\qquad (\mathbf{x} = \mathbf{x}_n)$$

可給出特徵值之近似值 (通常是絕對值為最大的特徵值)，且若 **A** 為對稱，則誤差界限為

$$(4) \qquad |\epsilon| \leq \sqrt{\frac{(\mathbf{A}\mathbf{x})^{\mathrm{T}}\mathbf{A}\mathbf{x}}{\mathbf{x}^{\mathrm{T}}\mathbf{x}} - q^2}$$

收斂速度可能很緩慢，但可藉譜位移 (spectral shift) 來改善。

若要求出對稱矩陣 **A** 所有的特徵值，則最好先將 **A** 三對角化，然後運用 **QR 法** (第 20.9 節)，此法是基於 **A = QR** 之分解，其中 **Q** 為正交矩陣，**R** 為上三角矩陣，並使用相似轉換。

ODE 與 PDE 之數值方法

常微分方程式 (Ordinary differential equations，ODE) 和偏微分方程式 (partial differential equations，PDE) 在模型化工程學、物理學、數學、航空學、天文學、動力學、彈力學、生物學、醫學、化學、環境科學、經濟學和許多其它領域的問題時，扮演了一個核心的角色。第 1–6 章和第 12 章說明了解析求解 ODE 和 PDE 的主要方法。然而，在你當工程師、應用數學家或物理學家的職業生涯中，你將會面對許多無法利用解析方式求解的 ODE 和 PDE，或者會面對許多解很困難的 ODE 和 PDE，使得你必須要訴諸其它解法。在這些實際的專案中，我們會使用 ODE 和 PDE 之數值方法，而且通常它們是一套裝軟體的一部分。事實上，數值軟體已經變成工程師們不可或缺的工具。

本章一半的內容處理 ODE 之數值方法，而另一半探討處理 PDE 之數值方法。我們由 ODE 開始，在第 21.1 節，討論一階 ODE 的解法。主要的初始概念是：藉由使用微積分 Taylor 公式的前兩項，我們可以獲得一 ODE 之解在一些距離為 h 的點上的近似。我們使用這些近似來建構著名的 Euler 法的疊代公式。雖然這個方法相當不穩定且沒什麼實際的用途，但是它卻可以作為一個教學工具和一個出發點，讓讀者可以了解之後更多精緻的方法，像是很受歡迎且在實務上也很有用的 Runge–Kutta 法和它的變形 Runga–Kutta–Fehlberg (RKF) 法。正如同一般的數學發展，我們都傾向於一般化數學的概念。第 21.1 節中所討論的方法屬於單一步驟法，也就是說，目前的近似只有使用前一步驟所得之近似。多重步驟法，如 Adams–Bashforth 法和 Adams–Moulton 法使用好幾個先前的步驟所計算出的值。我們以套用 Runge–Kutta–Nyström 法和其它方法到更高階 ODE 和 ODE 的系統來總結 ODE 的數值方法。

比起 ODE 的數值方法，PDE 的數值方法或許會令人感到更為驚艷與巧妙。我們首先考慮橢圓形態的 PDE (Laplace，Poisson)。再次地，Taylor 公式是我們的出發點，讓我們可把偏導數用差商來替代。最後的結果導致出一個網目和一個使用 Gauss–Seidel 法的計算方案 (在此處也就是所謂的 Liebmann 法)。我們繼續以使用網格的方法來解 Neuman 和混合問題 (第 21.5 節)，並在第 21.6 節中以重要的 Crank–Nicholson 法來解拋物型態的 PDE 來做總結。

第 21.1 和 21.2 節可接續在第 1 章之後直接研讀，第 21.3 節則可於第 2-4 章之後直接研讀，因為這些章節與第 19 和 20 章沒有關連。

如果讀者對於代數方程式的線性系統稍有認識，也可**在第 12 章後直接研讀第 21.4–21.7 節有關於 PDE 的課題**。

本章之先修課程：ODE 為第 1.1–1.5 節，PDE 為第 12.1–12.3、12.5、12.10 節。
參考文獻與習題解答：附錄 1 的 E 部分 (同時請參考 A 和 C 部分) 及附錄 2。

21.1 一階 ODE 之數值方法 (Methods for First-Order ODEs)

回顧一下第 1.2 節,我們用一個例子簡要介紹了 Euler 法。我們將要更嚴謹地發展 **Euler 法 (Euler's method)**。請特別留意推導過程,我們使用微積分中的 Taylor 公式,以獲得一階 ODE 之解在一些距離為 h 的點上的近似。若了解這個方法,那麼你將更容易了解其它的方法,因為此方法是 ODE 數值方法的典型解法。

由第 1 章可知一階 ODE 的形式為 $F(x, y, y') = 0$,且通常可寫成顯式 $y' = f(x, y)$。此方程式的**初值問題 (initial value problem)** 之形式為

(1) $$y' = f(x, y) \qquad y(x_0) = y_0$$

其中 x_0 與 y_0 為已知,且假設在某個包含 x_0 的開區間 $a < x < b$ 內,具有唯一解。

本節將討論在 x 上的等距點處,如何計算式 (1) 之解 $y(x)$ 的近似數值;這些等距點為

$$x_1 = x_0 + h, \qquad x_2 = x_0 + 2h, \qquad x_3 = x_0 + 3h, \qquad \cdots$$

其中**步距 (step size)** h 是一固定數,例如 0.2、0.1 或 0.01,本節稍後討論如何選擇步距。這些方法是一種**步進法 (step-by-step method)**,在每一步驟中都是使用相同的公式。這些公式是由 Taylor 級數所演變而成,Taylor 級數如下

(2) $$y(x + h) = y(x) + hy'(x) + \frac{h^2}{2} y''(x) + \cdots$$

公式 (2) 是讓我們可以發展 Euler 法和它的變形的關鍵概念。你能猜出 Euler 法變形的名稱嗎?即為**改良的 Euler 法 (improved Euler method)**,也稱為 **Heun 法**。讓我們從推導 Euler 法開始。

對於小的 h,高冪次 h^2, h^3, $\cdots$ 會更小。把它們全忽略,可得粗略近似值

$$\begin{aligned} y(x + h) &\approx y(x) + hy'(x) \\ &= y(x) + hf(x, y) \end{aligned}$$

而對應的 **Euler 法**或 **Euler–Cauchy 法 (Euler-Cauchy method)** 為

(3) $$y_{n+1} = y_n + hf(x_n, y_n) \qquad (n = 0, 1, \cdots)$$

我們曾在第 1.2 節中討論過。從幾何的角度來看,它是利用一個邊切曲線 $y(x)$ 於 x_0 點的多邊形,而予以近似曲線 $y(x)$ 的一種方法 (請見第 1.2 節中圖 8)。

Euler 法之誤差　憶及微積分,含有餘數的 Taylor 級數之形式為

$$y(x + h) = y(x) + hy'(x) + \frac{1}{2} h^2 y''(\xi)$$

(其中 $x \le \xi \le x + h$)這說明了在 Euler 法中,每個步驟的截斷誤差 (truncation error) 或**局部截斷誤差 (local truncation error)** 與 h^2 成正比,寫為 $O(h^2)$,其中 O 代表階數 (請見第 20.1 節)。現在,在我們想要求解 ODE 的固定 x 區間上,步驟數正比於 $1/h$。故總誤差 (total error) 或**全域誤差 (global error)** 正比於 $h^2(1/h) = h^1$。因此,Euler 法也稱為**一階法 (first-order method)**。此外,每個方法都會涉及**捨入誤差**,當 n 增大時,此誤差會對 $y_1, y_2, \cdots$ 之值的正確性產生越來越大的影響。

現代數值軟體中的自動變量步距大小選擇　第 19.5 節所討論的適應性積分之觀念，也可以運用至 ODE 的數值求解中。我們現在希望依據由下式所決定之 $y' = f$ 的變化度來自動改變步距大小 h。

$$(4^*) \qquad\qquad y'' = f' = f_x + f_y y' = f_x + f_y f$$

因此，現代軟體會自動選擇變量步距 h_n，使得解之誤差不超過所給定之最大的 TOL (代表容許範圍)。現在在 Euler 法中，當步距為 $h = h_n$ 時，在 x_n 的局部誤差約為 $\frac{1}{2} h_n^2 | y''(\xi_n) |$。而我們要求此值必須與所給定的 TOL 相等，

$$(4) \qquad\qquad (a) \; \frac{1}{2} h_n^2 | y''(\xi_n) | = \text{TOL} \qquad 因此 \qquad (b) \; h_n = \sqrt{\frac{2\,\text{TOL}}{| y''(\xi_n) |}}$$

其中 $y''(x)$ 在所要求解的區間 $J : x_0 \le x = x_N$ 上必不為零。令 K 為 $| y''(x) |$ 在區間 J 內之最小值，並假設 $K > 0$。由式 (4) 可知，$| y''(x) |$ 的最小值對應到最大的 $h = H = \sqrt{2\,\text{TOL}/K}$。因此 $\sqrt{2\,\text{TOL}} = H\sqrt{K}$。將此代入 (4b) 式中，直接透過代數運算可得

$$(5) \qquad\qquad h_n = \varphi(x_n) H \qquad 其中 \qquad \varphi(x_n) = \sqrt{\frac{K}{| y''(\xi_n) |}}$$

對於其他方法而言，自動步距大小選擇也是基於相同原理。

改良的 Euler 法　預測值、修正值　Euler 法一般來說很不精確。對於一個大的 h (0.2) 而言，此一不精確性我們曾示範於第 1.2 節中，在該處我們計算

$$(6) \qquad\qquad y' = y + x \quad y(0) = 0$$

而對於一個小的 h 而言，計算情況也很不好，因為在太多步驟中的捨入會導致出無意義的結果。很清楚的，將式 (2) 中更多的項列入考慮，可得到更高階且更精確的數值方法。但實際上這會有一個重要的問題。也就是，如果將 $y' = f(x, y(x))$ 代入式 (2)，可得

$$(2^*) \qquad\qquad y(x+h) = y(x) + hf + \frac{1}{2} h^2 f' + \frac{1}{6} h^3 f'' + \cdots$$

因為 f 中的 y 與 x 有關，故得到式 (4*) 中所示的 f' 以及 f''、f'''，使得問題更加複雜。**一般因應的對策**是避免計算這些導數，而以一個或多個經適當選擇之 (x, y) 輔助值來計算 f。「適當」意指這些值的選定，將使方法的階數儘可能提高 (以便有高精確性)。接著將討論具有實際價值的兩種方法，亦即改良的 Euler 法及 (傳統的) Runge-Kutta 法 (Runge-Kutta Method)。

在**改良 Euler 法**的每一步驟中，我們計算兩個數值，首先計算**預測值 (predictor)**

$$(7a) \qquad\qquad y_{n+1}^* = y_n + hf(x_n, y_n)$$

它是一個輔助值，接著算出新的 y 值，即**修正值 (corrector)**

$$(7b) \qquad\qquad y_{n+1} = y_n + \frac{1}{2} h[f(x_n, y_n) + f(x_{n+1}, y_{n+1}^*)]$$

因此改良的 Euler 法是一種預測修正法 (predictor-corrector method)，因為在每個步驟中，先以式 (7a) 預測一值，然後以式 (7b) 予以修正之。

在式 (7a) 中令 $k_1 = hf(x_n, y_n)$，並在式 (7b) 中令 $k_2 = hf(x_{n+1}, y_{n+1}^*)$，如此可將此法寫成表 21.1 所示之演算法形式。

表 21.1　改良的 Euler 法 (Heun's Method)

演算法 EULER (f, x_0, y_0, h, N)

本演算法計算初始值問題 $y' = f(x, y)$、$y(x_0) = y_0$ 在等間隔點 $x_1 = x_0 + h$, $x_2 = x_0 + 2h$, $\cdots$, $x_N = x_0 + Nh$ 上的解；在此 f 使得此問題在區間 $[x_0, x_N]$ 中有唯一解 (參見第 1.6 節)。

　　輸入：初始值 x_0、y_0，步距 h，步驟次數 N

　　輸出：解 $y(x_{n+1})$ 在 $x_{n+1} = x_0 + (n+1)h$ 之近似值 y_{n+1}，其中 $n = 0, \cdots, N-1$

　　For $n = 0, 1, \cdots, N-1$ do:

$$x_{n+1} = x_n + h$$
$$k_1 = hf(x_n, y_n)$$
$$k_2 = hf(x_{n+1}, y_n + k_1)$$
$$y_{n+1} = y_n + \tfrac{1}{2}(k_1 + k_2)$$

　　　　輸出 x_{n+1}, y_{n+1}

　　End

　　Stop

End EULER

例題 1　改良的 Euler 法、和 Euler 法做比較

將改良 Euler 法運用至初始值問題 (6)，和第 1.2 節一樣選擇 $h = 0.2$。

解

對於目前的問題，代入表 21.1，我們有

$$k_1 = 0.2(x_n + y_n)$$
$$k_2 = 0.2(x_n + 0.2 + y_n + 0.2(x_n + y_n))$$
$$y_{n+1} = y_n + \tfrac{0.2}{2}(2.2x_n + 2.2y_n + 0.2) = y_n + 0.22(x_n + y_n) + 0.02$$

由表 21.2 可看出，現在的結果較表 21.1 中的 Euler 法更為精確；但是我們付出的代價是要用更多的運算量。

表 21.2　式 (6) 的改良 Euler 法、誤差

n	x_n	y_n	精確值 (4D)	改良Euler法之誤差	Euler法之誤差
0	0.0	0.0000	0.0000	0.0000	0.000
1	0.2	0.0200	0.0214	0.0014	0.021
2	0.4	0.0884	0.0918	0.0034	0.052
3	0.6	0.2158	0.2221	0.0063	0.094
4	0.8	0.4153	0.4255	0.0102	0.152
5	1.0	0.7027	0.7183	0.0156	0.230

改良 Euler 法之誤差　局部誤差的階數為 h^3，而全域誤差的階數為 h^2，故此法為二**階法 (second-order method)**。

┃證明

令 $\tilde{f}_n = f(x_n, y(x_n))$ 並利用式 (2*) (在式 (6) 之後)，可得

(8a)
$$y(x_n + h) - y(x_n) = h\tilde{f}_n + \frac{1}{2}h^2\tilde{f}_n{}' + \frac{1}{6}h^3\tilde{f}_n{}'' + \cdots$$

以 $\tilde{f}_n + \tilde{f}_{n+1}$ 近似式 (7b) 括號內的表示式，且再次利用 Taylor 展開式，可由式 (7b) 得

(8b)
$$\begin{aligned}
y_{n+1} - y_n &\approx \tfrac{1}{2}h[\tilde{f}_n + \tilde{f}_{n+1}]\\
&= \tfrac{1}{2}h[\tilde{f}_n + (\tilde{f}_n + h\tilde{f}_n{}' + \tfrac{1}{2}h^2\tilde{f}_n{}'' + \cdots)]\\
&= h\tilde{f}_n + \tfrac{1}{2}h^2\tilde{f}_n{}' + \tfrac{1}{4}h^3\tilde{f}_n{}'' + \cdots
\end{aligned}$$

(其中 $' = d/dx_n$，以此類推)。將式 (8a) 減去式 (8b) 可得局部誤差

$$\frac{h^3}{6}\tilde{f}_n{}'' - \frac{h^3}{4}\tilde{f}_n{}'' + \cdots = -\frac{h^3}{12}\tilde{f}_n{}'' + \cdots$$

因為對於一固定 x 區間，步驟數正比於 $1/h$，所以全域誤差階數為 $h^3/h = h^2$，故此法為二階法。■

　　因為 Euler 法是一個很吸引人的教學工具，在一開始學習如何用數值方法來解一階 ODE 時，它是一個很好的出發點，但是它有它的缺點，就是精確度很差甚至會產生錯的答案，所以我們研究改良 Euler 法，因而引入了預測修正法的概念。雖然改良 Euler 法會比 Euler 法要好，但在工業環境中還有更好的方法可用。因此實務工程師必須要了解有關於 Runge-Kutta 法 (Runga–Kutta methods) 和其變形的相關資訊。

21.1.1　Runge-Kutta 法 (RK 法)

另一個在實用上相當重要且精確性大於改良 Euler 法的方法為傳統四階 Runge-Kutta 法 (classical Runge-Kutta method of fourth order)，簡稱為 **Runge-Kutta 法 (Runge-Kutta method)**[1]，如表 21.3 所示。我們可看出在每個步驟中，我們先算出四個輔助量 k_1、k_2、k_3、k_4，然後再算出新值 y_{n+1}。此法相當適合由電腦執行，因為不需要特殊的起始程序、對儲存的需求非常小，而且只重複相同的直接計算程序，此法為數值穩定的。

---

[1]　為紀念兩位德國數學家 KARL RUNGE (第 19.4 節) 及 WILHELM KUTTA (1867–1944) 而命名。Runge [*Math.Annalen* **46** (1895), 167-178]，德國數學家 KARL HEUN [*Zeitschr. Math. Phys.* **45** (1900), 23–38] 及 Kutta [*Zeitschr. Math. Phys.* **46** 1901), 435–453] 都提出了許多類似的方法。理論上，在每個步驟中，有無限多的四階方法使用 4 個函數值。從實際的觀點而言，因為它的「對稱」形式及它的簡單係數，所以表 21.3 中的方法是最受歡迎的方法。它是由 Kutta 所提出的。

注意，若 f 只隨 x 變化，則此法會簡化成爲 Simpson 積分法則 (第 19.5 節)。另外，請注意 $k_1, \cdots, k_4$ 取決於 n，且一般而言在每個步驟中都不同。

表 21.3　傳統四階 Runge-Kutta 法

演算法 RUNGE–KUTTA (f, x_0, y_0, h, N)

本演算法在下列等距點處計算初始值問題 $y' = f(x, y)$ 、 $y(x_0) = y_0$

(9) $\qquad x_1 = x_0 + h,\ x_2 = x_0 + 2h,\ \cdots,\ x_N = x_0 + Nh;$

的解，其中 f 使得此問題在區間 $[x_0, x_N]$ 有唯一解 (參見第 1.7 節)。

　　輸入：函數 f，初始值 x_0、y_0，步距 h，步驟次數 N

　　輸出：解 $y(x_{n+1})$ 在 $x_{n+1} = x_0 + (n+1)h$ 之近似值 y_{n+1}，其中 $n = 0, 1, \cdots, N-1$

　　　For $\ n = 0, 1, \cdots, N-1\ $ do:

$$k_1 = hf(x_n,\ y_n)$$
$$k_2 = hf(x_n + \tfrac{1}{2}h,\ y_n + \tfrac{1}{2}k_1)$$
$$k_3 = hf(x_n + \tfrac{1}{2}h,\ y_n + \tfrac{1}{2}k_2)$$
$$k_4 = hf(x_n + h,\ y_n + k_3)$$
$$x_{n+1} = x_n + h$$
$$y_{n+1} = y_n + \tfrac{1}{6}(k_1 + 2k_2 + 2k_3 + k_4)$$

　　　　輸出 x_{n+1}, y_{n+1}

　　End

　　Stop

End RUNGE–KUTTA

例題　2　**傳統 Runge-Kutta 法**

請應用 Runge-Kutta 法於例題 1 中的初始值問題，選擇 $h = 0.2$，試計算五個步驟。

在本題中 $f(x, y) = x + y$ 因此

$$k_1 = 0.2(x_n + y_n), \qquad\qquad k_2 = 0.2(x_n + 0.1 + y_n + 0.5k_1)$$
$$k_3 = 0.2(x_n + 0.1 + y_n + 0.5k_2), \qquad k_4 = 0.2(x_n + 0.2 + y_n + k_3)$$

表 21.4 所示爲其結果及誤差，其中誤差比兩個 Euler 法的誤差分別小了 10^3 及 10^4 倍。請同時參見表 21.5。順道一提，因爲現在的 $k_1, \cdots, k_4$ 很簡單，故將 k_1 代入 k_2，然後將 k_2 代入 k_3，以此類推，可以簡化計算；如此所得之公式如表 21.4 第 4 行所示。請記住在每一步驟中我們要做四次函數估算。

表 21.4　將 Runge-Kutta 法運用至 (6)

n	x_n	y_n	$0.2214(x_n + y_n)$ $+ 0.0214$	精確值 (6D) $y = e^x - x - 1$	y_n 的誤差 $\times 10^6$
0	0.0	0	0.021400	0.000000	0
1	0.2	0.021400	0.070418	0.021403	3
2	0.4	0.091818	0.130289	0.091825	7
3	0.6	0.222107	0.203414	0.222119	12
4	0.8	0.425521	0.292730	0.425541	20
5	1.0	0.718251		0.718282	31

表 21.5　在初始值問題 (6) 中，三種方法的精確性比較，$h = 0.2$

x	$y = e^x - x - 1$	誤差 Euler法 (表21.1)	改良Euler法 (表21.3)	Runge-Kutta法 (表21.5)
0.2	0.021403	0.021	0.0014	0.000003
0.4	0.091825	0.052	0.0034	0.000007
0.6	0.222119	0.094	0.0063	0.000011
0.8	0.425541	0.152	0.0102	0.000020
1.0	0.718282	0.230	0.0156	0.000031

21.1.2　誤差與步距控制、RKF (Runge-Kutta-Fehlberg)

適應性積分 (第 19.5 節) 的觀念極類似於 Runge-Kutta 法 (以及其他方法)。在表 21.3 的 RK 法中，若分別以步距 h 與 $2h$ 來計算 $\tilde{y}$ 與 $\tilde{\tilde{y}}$，則在每個步驟中後者的誤差為前者的 $2^5 = 32$ 倍；然而，因為對於 $2h$ 只需一半的步驟數，故實際增為 $2^5 / 2 = 16$ 倍，即

$$\epsilon^{(2h)} \approx 16\epsilon^{(h)} \qquad 因此 \qquad y^{(h)} - y^{(2h)} = \epsilon^{(2h)} - \epsilon^{(h)} \approx (16-1)\epsilon^{(h)}$$

因此步距為 h 時，誤差 $\epsilon = \epsilon^{(h)}$ 約為

(10)
$$\epsilon = \frac{1}{15}(\tilde{y} - \tilde{\tilde{y}})$$

其中 $\tilde{y} - \tilde{\tilde{y}} = y^{(h)} - y^{(2h)}$，如前所述。表 21.6 以初始值問題

(11)
$$y' = (y - x - 1)^2 + 2 \quad y(0) = 1$$

說明了 (10)，其中步距 $h = 0.1$ 且 $0 \le x \le 0.4$，我們看到估計值非常接近實際誤差。雖然此誤差估計法非常簡單，但可能會不穩定。

表 21.6　將 Runge-Kutta 法運用於初始值問題 (11) 與誤差估計 (10)。精確解爲 $y = \tan x + x + 1$

x	$\widetilde{y}$ (步距 h)	$\widetilde{\widetilde{y}}$ (步距 $2h$)	誤差估計 (10)	實際誤差	精確解 (9D)
0.0	1.000000000	1.000000000	0.000000000	0.000000000	1.000000000
0.1	1.200334589			0.000000083	1.200334672
0.2	1.402709878	1.402707408	0.000000165	0.000000157	1.402710036
0.3	1.609336039			0.000000210	1.609336250
0.4	1.822792993	1.822788993	0.000000267	0.000000226	1.822793219

RKF　Fehlberg (E. Fehlberg) [*Computing* **6** (1970), 61-71] 採用不同階的兩個 RK 法，從 (x_n, y_n) 至 (x_{n+1}, y_{n+1}) 予以執行並提出和發展誤差控制，而計算在 x_{n+1} 處的 y 值差異，將可得到一誤差估算值，俾以作爲步距控制之用。Fehlberg 發現二種 RK 公式若予以結合，則每一步驟將需 6 個函數運算。我們在此提出這些公式，主要是因 RKF 現已廣爲使用。例如，MAPLE 即運用此方法 (也用於 ODE 系統中)。

Fehlberg 的五階 RK 法 (Fehlberg's fifth-order RK method) 爲

(12a) $$y_{n+1} = y_n + \gamma_1 k_1 + \cdots + \gamma_6 k_6$$

其中，係數向量 $\gamma = [\gamma_1 \cdots \gamma_6]$ 爲

(12b) $$\gamma = \left[\frac{16}{135} \quad 0 \quad \frac{6656}{12,825} \quad \frac{28,561}{56,430} \quad -\frac{9}{50} \quad \frac{2}{55}\right]$$

他的**四階 RK 法 (fourth-order RK method)** 爲

(13a) $$y_{n+1}^* = y_n + \gamma_1^* k_1 + \cdots + \gamma_5^* k_5$$

其中係數向量爲

(13b) $$\gamma^* = \left[\frac{25}{216} \quad 0 \quad \frac{1408}{2565} \quad \frac{2197}{4104} \quad -\frac{1}{5}\right]$$

在二個公式中，我們總共只使用 6 個不同的函數估計，即

(14)
$$k_1 = hf(x_n, y_n)$$
$$k_2 = hf(x_n + \tfrac{1}{4}h, \quad y_n + \tfrac{1}{4}k_1)$$
$$k_3 = hf(x_n + \tfrac{3}{8}h, \quad y_n + \tfrac{3}{32}k_1 + \tfrac{9}{32}k_2)$$
$$k_4 = hf(x_n + \tfrac{12}{13}h, \quad y_n + \tfrac{1932}{2197}k_1 - \tfrac{7200}{2197}k_2 + \tfrac{7296}{2197}k_3)$$
$$k_5 = hf(x_n + h, \quad y_n + \tfrac{439}{216}k_1 - 8k_2 + \tfrac{3680}{513}k_3 - \tfrac{845}{4104}k_4)$$
$$k_6 = hf(x_n + \tfrac{1}{2}h, \quad y_n - \tfrac{8}{27}k_1 + 2k_2 - \tfrac{3544}{2565}k_3 + \tfrac{1859}{4104}k_4 - \tfrac{11}{40}k_5)$$

由式 (12) 與式 (13) 之差可得**誤差估計 (error estimate)**

(15) $$\epsilon_{n+1} \approx y_{n+1} - y_{n+1}^* = \frac{1}{360}k_1 - \frac{128}{4275}k_3 - \frac{2197}{75,240}k_4 + \frac{1}{50}k_5 + \frac{2}{55}k_6$$

例題 3 **RKF (Runge–Kutta–Fehlberg)**

對於初始值問題 (11)，以 $h = 0.1$ 在第一步驟中，可由式 (12)–(14) 獲得 12S 值

$$k_1 = 0.200000000000 \quad k_2 = 0.200062500000$$
$$k_3 = 0.200140756867 \quad k_4 = 0.200856926154$$
$$k_5 = 0.201006676700 \quad k_6 = 0.200250418651$$

$$y_1^* = 1.20033466949$$
$$y_1 = 1.20033467253$$

以及誤差估計

$$\epsilon_1 \approx y_1 - y_1^* = 0.00000000304$$

正確的 12S 值為 $y(0.1) = 1.20033467209$。因此，y_1 之實際誤差為 $-4.4 \cdot 10^{-10}$，此值小於表 21.6 所列之值將近 200 倍。 ■

表 21.7 為本節所介紹各種方法的重要特徵概要。透過此表將可看出這些方法為**數值穩定的** (定義請見第 19.1 節)。在這些方法中，執行每一個步驟所採用的數據，皆是利用上一步驟的結果，故這些方法通稱為**單一步驟法 (one-step method)**；而在**多重步驟法 (multistep method)** 中，每一步驟所使用的數據是從先前數個步驟獲得，我們將於下節討論。

表 21.7　討論的方法與它們的階數 (=它們的全域誤差)

方法	每一步中的函數計算	全域誤差	局部誤差
Euler	1	$O(h)$	$O(h^2)$
改良Euler	2	$O(h^2)$	$O(h^3)$
RK (4階)	4	$O(h^4)$	$O(h^5)$
RKF	6	$O(h^5)$	$O(h^6)$

21.1.3　後向 Euler 法、剛性 ODE

求解 (1) 的**後向 Euler 公式**為

(16) $$y_{n+1} = y_n + hf(x_{n+1}, y_{n+1}) \qquad (n = 0, 1, \cdots)$$

此公式是藉由在新位置 (x_{n+1}, y_{n+1}) 上計算右側而求得；此法稱為**後向 Euler 法 (backward Euler scheme)**。對於已知的 y_n，它可隱含式地 (implicitly) 求得 y_{n+1}，故此法為一種**隱式法 (implicit method)**；相較之下，Euler 法 (3) 則可明確地 (explicitly) 求出 y_{n+1}。因此我們必須求解式 (16) 來獲得 y_{n+1}。其困難度依式 (1) 中的 f 而定。對於線性 ODE 而言這不會有任何問題，如下方的例題 4 所示。此方法對於「剛性 (stiff)」ODE 特別有用，這類 ODE 經常出現在震動、電路、化學反應等等的研究中。剛性的情況概述如下；細節請參閱附錄 1 中的 [E5]、[E25]、[E26]。

目前爲止所討論的方法中，誤差項都涉及高階導數。我們想了解的是：如果增加 h 會發生什麼情況。若誤差 (導數) 快速增加，但所求之解也快速增加，這樣並不會有什麼問題。然而，如果解沒有快速增加，則增加 h 會導致誤差項過大，使得數值結果變得完全沒有意義，如圖 451 所示。這類必須限制 h 值爲小值之 ODE，以及此 ODE 所模擬的物理系統，稱爲**剛性 (stiff)**。此用語是來自具有高剛性彈簧 (k 相當大的彈簧，請參見第 2.4 節) 的質量彈簧系統。例題 4 將說明在剛性狀況下隱式法可以移除 h 增加所產生的問題：經證明可知，使用隱式法時，無論 h 如何增加，解仍然能夠維持穩定，雖然精確度會隨 h 增加而減少。

例題 4　後向 Euler 法、剛性 ODE

初始值問題

$$y' = f(x, y) = -20hy + 20x^2 + 2x, \quad y(0) = 1$$

具有如下解 (請驗證！)

$$y = e^{-20x} + x^2$$

後向 Euler 法公式 (16) 爲

$$y_{n+1} = y_n + hf(x_{n+1}, y_{n+1}) = y_n + h(-20y_{n+1} + 20x_{n+1}^2 + 2x_{n+1})$$

請注意 $x_{n+1} = x_n + h$，將 $-20y_{n+1}$ 項移到左側，整理後相除，可得

(16*)
$$y_{n+1} = \frac{y_n + h\left[20(x_n + h)^2 + 2(x_n + h)\right]}{1 + 20h}$$

由表 21.8 的數值結果可知以下結論：

後向 Euler 法對 $h = 0.05$ 爲穩定，對 $h = 0.2$ 亦然，但其中對 $h = 0.2$ 誤差增加約 4 倍；

Euler 法對 $h = 0.05$ 爲穩定，但對 $h = 0.1$ 爲不穩定 (圖 451)；

RK 對 $h = 0.1$ 爲穩定，但對 $h = 0.2$ 爲不穩定。

由此可知此一 ODE 爲剛性。注意，就算是穩定的情況，在 $x = 0$ 附近之解的近似值仍然不是很好。∎

在第 21.3 節討論 ODE 系統時會進一步討論剛性。

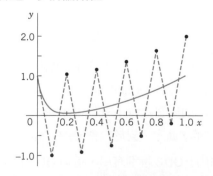

圖 451　例題 4 中剛性 ODE 的精確解以及 $h = 0.1$ 之 Euler 法

表 21.8　例題 4 中的後向 Euler 法 (BEM) 與 Euler 法及 RK 法的比較

x	BEM $h = 0.05$	BEM $h = 0.2$	Euler $h = 0.05$	Euler $h = 0.1$	RK $h = 0.1$	RK $h = 0.2$	精確值
0.0	1.00000	1.00000	1.00000	1.00000	1.00000	1.000	1.00000
0.1	0.26188		0.00750	-1.00000	0.34500		0.14534
0.2	0.10484	0.24800	0.03750	1.04000	0.15333	5.093	0.05832
0.3	0.10809		0.08750	-0.92000	0.12944		0.09248
0.4	0.16640	0.20960	0.15750	1.16000	0.17482	25.48	0.16034
0.5	0.25347		0.24750	-0.76000	0.25660		0.25004
0.6	0.36274	0.37792	0.35750	1.36000	0.36387	127.0	0.36001
0.7	0.49256		0.48750	-0.52000	0.49296		0.49001
0.8	0.64252	0.65158	0.63750	1.64000	0.64265	634.0	0.64000
0.9	0.81250		0.80750	-0.20000	0.81255		0.81000
1.0	1.00250	1.01032	0.99750	2.00000	1.00252	3168	1.00000

習題集　21.1

1–4　Euler 法

試執行 10 個步驟。求出精確值。計算誤差。列出詳細過程。

1. $y' + 0.2y = 0$, $y(0) = 5$, $h = 0.2$

2. $y' = \frac{1}{2}\pi\sqrt{1 - y^2}$, $y(0) = 0$, $h = 0.1$

3. $y' = (y - x)^2$, $y(0) = 0$, $h = 0.1$

4. $y' = (y + x)^2$, $y(0) = 0$, $h = 0.1$

5–10　改良 Euler 法

試執行 10 個步驟。求出精確值。計算誤差。列出詳細過程。

5. $y' = y$, $y(0) = 1$, $h = 0.1$

6. $y' = 2(1 + y^2)$, $y(0) = 0$, $h = 0.05$

7. $y' - xy^2 = 0$, $y(0) = 1$, $h = 0.1$

8. 邏輯的人口模型。
$y' = y - y^2$, $y(0) = 0.2$, $h = 0.1$

9. 試利用 Euler 法以 $h = 0.1$ 求解習題 7，並比較準確性。

10. 試利用改良 Euler 法以 $h = 0.05$ 做 20 個步驟求解習題 7。比較準確性。

11–17　傳統四階 Runge-Kutta 法

試執行 10 個步驟。依題意進行比較。列出詳細過程。

11. $y' - xy^2 = 0$, $y(0) = 1$, $h = 0.1$ 與習題 7 比較，將誤差估計式 (10) 運用至 y_{10}。

12. $y' = y - y^2$, $y(0) = 0.2$, $h = 0.1$ 與習題 8 比較。

13. $y' = 1 + y^2$, $y(0) = 0$, $h = 0.1$

14. $y' = (1 - x^{-1})y$, $y(1) = 1$, $h = 0.1$

15. $y' + y\tan x = \sin 2x$, $y(0) = 1$, $h = 0.1$

16. 重做習題 15 中，以 $h = 0.2$，執行 5 個步驟，並與習題 15 的結果比較誤差。

17. $y' = 4x^3y^2$, $y(0) = 0.5$, $h = 0.1$

18. Kutta 之三階法 定義為 $y_{n+1} = y_n + \frac{1}{6}(k_1 + 4k_2 + k_3^*)$，其中 k_1 和 k_2 與 RK 法相同（表 21.3），而 $k_3^* = hf(x_{n+1}, y_n - k_1 + 2k_2)$。將此法運用至 (6)。選擇 $h = 0.2$ 並執行 5 個步驟。與表 21.5 做比較。

19. CAS 實驗　Euler–Cauchy vs. RK 考慮初值問題

(17) $y' = (y - 0.01x^2)^2 \sin(x^2) + 0.02x,$
$$y(0) = 0.4$$

（解： $y = 1/[2.5 - S(x)] + 0.01x^2$ 其中 $S(x)$ 是附錄 3.1 中的 Fresnel 積分 (38)。

(a) 利用 Euler 法、改良 Euler 法與 RK 法求解 (17)，其中 $0 \le x \le 5$ 且步距 $h = 0.2$。比較 $x = 1, 3, 5$ 的誤差並評論。

(b) 以不同的正值與負值之初始值，繪出式 (17) 中 ODE 之解的曲線。

(c) 對解為單調遞增或單調遞減的初始值問題，進行與 (a) 小題相同的實驗。與 (a) 小題比較誤差的行為。評論之。

20. CAS 實驗　RKF

(a) 寫一個 RKF 程式，來計算 x_n, y_n、估計值 (10)，以及若解為已知的情況下，實際誤差 ϵ_n。

(b) 請將該程式套用至例題 3 ($h = 0.1$，10 個步驟)。

(c) 由 (b) 小題中的 ϵ_n，可以對實際誤差大小有一個相當好的概念。這是典型情況還是偶然？以其它問題進行實驗，找出 ODE 或解的何種性質與此有關？

21.2 多重步驟法 (Multistep Methods)

在**單一步驟法**中，僅使用到前面單一步驟所得到的結果值，即用前一個值 y_n 來計算 y_{n+1}。單一步驟法為「**自啟動式 (self-starting)**」，不需要幫助即可進行，因為這類方法是由初始值 y_0 求得 y_1，以此類推。第 21.1 節中的所有方法都是單一步驟。

　　相較之下，**多重步驟法 (multistep method)** 則在每個步驟中使用兩個或兩個以上先前步驟所得的結果值。使用這類方法的主因，是希望額外資訊能夠增加準確性與穩定性。若要開始，需要由 Runge-Kutta 法或其它精確方法所求得的數值，例如在四步驟法中需要 y_0、y_1、y_2、y_3。因此，多重步驟法並非自啟動式。這類方法的推導如下。

21.2.1 Adams–Bashforth 法 (Adams–Bashforth Methods)

考慮和先前一樣的初始值問題

(1)
$$y' = f(x, y), \quad y(x_0) = y_0$$

其中，假設 f 使得此問題在包含 x_0 的某區間內具有唯一解。將 $y' = f(x, y)$ 從 x_n 積分至 $x_{n+1} = x_n + h$，可得

$$\int_{x_n}^{x_{n+1}} y'(x)\, dx = y(x_{n+1}) - y(x_n) = \int_{x_n}^{x_{n+1}} f(x, y(x))\, dx$$

主要觀念在於將 $f(x, y(x))$ 以內插多項式 $p(x)$ 取代 (請見第 19.3 節)，如此將可予以積分。結果可得 $y(x_n)$ 和 $y(x_{n+1})$ 的近似值分別為 y_{n+1} 和 $y(x_n)$，其中

(2)
$$y_{n+1} = y_n + \int_{x_n}^{x_{n+1}} p(x)\, dx$$

選擇不同的 $p(x)$ 將會形成不同之方法。若取立方多項式來說明原理，亦即，多項式 $p_3(x)$ 在以下 (等距) 點處

$$x_n, \quad x_{n-1}, \quad x_{n-2}, \quad x_{n-3}$$

分別具有值

(3)
$$\begin{aligned}
f_n &= f(x_n, y_n) \\
f_{n-1} &= f(x_{n-1}, y_{n-1}) \\
f_{n-2} &= f(x_{n-2}, y_{n-2}) \\
f_{n-3} &= f(x_{n-3}, y_{n-3})
\end{aligned}$$

由此可以推導出相當實用的公式。藉由第 19.3 節的牛頓後向差分公式 (18) 將可求得 $p_3(x)$：

$$p_3(x) = f_n + r\nabla f_n + \frac{1}{2}r(r+1)\nabla^2 f_n + \frac{1}{6}r(r+1)(r+2)\nabla^3 f_n$$

其中：

$$r = \frac{x - x_n}{h}$$

將 $p_3(x)$ 對 x 從 x_n 積分至 $x_{n+1} = x_n + h$ 相當於對 r 從 0 積分至 1。因為

$$x = x_n + hr \qquad 故可得到 \qquad dx = h\,dr$$

$\frac{1}{2}r(r+1)$ 之積分值為 $\frac{5}{12}$，而 $\frac{1}{6}r(r+1)(r+2)$ 的積分值為 $\frac{3}{8}$。因此可得

(4)
$$\int_{x_n}^{x_{n+1}} p_3 \, dx = h \int_0^1 p_3 \, dr = h\left(f_n + \frac{1}{2}\nabla f_n + \frac{5}{12}\nabla^2 f_n + \frac{3}{8}\nabla^3 f_n \right)$$

實用上，可以將插分項以 f 的表示式取代：

$$\begin{aligned}
\nabla f_n &= f_n - f_{n-1} \\
\nabla^2 f_n &= f_n - 2f_{n-1} + f_{n-2} \\
\nabla^3 f_n &= f_n - 3f_{n-1} + 3f_{n-2} - f_{n-3}
\end{aligned}$$

把這些代入式 (4) 並整理之。如此可得四階 **Adams–Bashforth 法 (Adams–Bashforth method)**[2] 的多重步驟公式

(5)
$$y_{n+1} = y_n + \frac{h}{24}(55f_n - 59f_{n-1} + 37f_{n-2} - 9f_{n-3})$$

---

[2]　為了紀念兩位學者而命名：JOHN COUCH ADAMS (1819–1892)，英國天文學家和數學家，他是預測海王星存在的
　　學者之一 (使用數學計算)，Cambridge Observatory 的主任；FRANCIS BASHFORTH (1819–1912)，英國數學家。

新值 y_{n+1} [(1) 的解 y 在 x_{n+1} 處的近似值]，係利用前四步驟所得的 y 值，再計算四個 f 值而予以表示。經證明可知局部截斷誤差爲 h^5 階，因此全域誤差爲 h^4 階；故式 (5) 確實爲四階法。

21.2.2　Adams–Moulton 法 (Adams–Moulton Methods)

若在式 (2) 中，我們選擇內插 $f(x, y(x))$ 於 $x_{n+1}, x_n, x_{n-1}, \cdots$ (相較於先前所使用的 $x_n, x_{n-1}, \cdots$；這就是要點) 的多項式作爲 $p(x)$，則可獲得 Adams–Moulton 法。現在針對內插於 x_{n+1}、x_n、x_{n-1}、x_{n-2} 之多項式 $\tilde{p}_3(x)$ 說明其原理 (之前我們使用 x_n、x_{n-1}、x_{n-2}、x_{n-3})。再次使用第 19.3 節式 (18)，但令 $r = (x - x_{n+1})/h$，可得

$$\tilde{p}_3(x) = f_{n+1} + r\nabla f_{n+1} + \frac{1}{2}r(r+1)\nabla^2 f_{n+1} + \frac{1}{6}r(r+1)(r+2)\nabla^3 f_{n+1}$$

和之前一樣，我們對 x 從 x_n 積分到 x_{n+1}，這相當於對 r 從–1 積分到 0，可得

$$\int_{x_n}^{x_{n+1}} \tilde{p}_3(x)\, dx = h\left(f_{n+1} - \frac{1}{2}\nabla f_{n+1} - \frac{1}{12}\nabla^2 f_{n+1} - \frac{1}{24}\nabla^3 f_{n+1} \right)$$

如同之前一樣，取代差分項可得

(6)
$$y_{n+1} = y_n + \int_{x_n}^{x_{n+1}} \tilde{p}_3(x)\, dx = y_n + \frac{h}{24}(9f_{n+1} + 19f_n - 5f_{n-1} + f_{n-2})$$

此式通常稱爲 **Adams–Moulton 法**[3]。此爲一種**隱性公式 (implicit formula)**，因爲 $f_{n+1} = f(x_{n+1}, y_{n+1})$ 出現在右側，故僅能以隱性方式定義 y_{n+1}；相較之下，式 (5) 的右側不包含 y_{n+1}，因此爲**顯性公式 (explicit formula)**。要使用式 (6)，需要**預測**一個 y_{n+1}^* 值，例如，利用式 (5)，即

(7a)
$$y_{n+1}^* = y_n + \frac{h}{24}(55f_n - 59f_{n-1} + 37f_{n-2} - 9f_{n-3})$$

修正後之新值 y_{n+1}，則可由式 (6) 之 f_{n+1} 以 $f_{n+1}^* = f(x_{n+1}, y_{n+1}^*)$ 予以替換，而其它 f 與式 (6) 相同；故

(7b)
$$y_{n+1} = y_n + \frac{h}{24}(9f_{n-1}^* + 19f_n - 5f_{n-1} + f_{n-2})$$

此**預測修正法** (7a) 與 (7b) 稱之爲四階 **Adams–Moulton 法 (Adams-Moulton Method** of fourth order)。此法優於 RK 法之處在於由式 (7) 可得誤差估計

$$\epsilon_{n+1} \approx \frac{1}{15}(y_{n+1} - y_{n+1}^*),$$

讀者可嘗試證明之。此式類似於第 21.1 節式 (10)。

---

[3] FOREST RAY MOULTON (1872–1952)，任教於芝加哥大學的美國天文學家。ADAMS 可參見註腳 2。

若在此法的每個步驟中以式 (7b) 進行多次修正，直至獲得一特定的精確性為止，有時我們把 Adams–Moulton 法此一名稱保留給這種處理方式。此法的兩種版本都有一些普遍使用的程式碼。

準備開始　在式 (5) 中我們需要 f_0, f_1, f_2, f_3。因此，由式 (3) 可知須透過其它具有足夠精確度的方法先行求出 y_1, y_2, y_3，例如利用 RK 或 RKF。關於其它選擇請見附錄 1 中所列之參考書目 [E26]。

例題　1　　**Adams–Bashforth 預測式 (7a)；Adams–Moulton 修正式 (7b)**

求解下列初始值問題

$$(8) \qquad\qquad y' = x + y, \quad y(0) = 0$$

選擇 $h = 0.2$，利用式 (7a) 和 (7b) 在區間 $0 \le x \le 2$ 中求解。

解

此題與第 21.1 節例題 1 和 2 相同，因此可以比較其結果。先利用傳統 Runge-Kutta 法求出初始值 y_1, y_2, y_3。然後在每個步驟中以式 (7a) 來預測，且在執行下一個步驟之前以式 (7b) 來修正。表 21.9 所示為其結果以及與精確值之比較。我們可以看出修正值明顯改善了精確性。這是一個典型的範例。∎

表 **21.9**　將 Adams–Moulton 法運用於初始值問題 (8)；以式 (7a) 求出預測值並由式 (7b) 求出修正值

n	x_n	起始值 y_n	預測值 y_n^*	修正值 y_n	精確值	y_n 的誤差 $\times 10^6$
0	0.0	0.000000			0.000000	0
1	0.2	0.021400			0.021403	3
2	0.4	0.091818			0.091825	7
3	0.6	0.222107			0.222119	12
4	0.8		0.425361	0.425529	0.425541	12
5	1.0		0.718066	0.718270	0.718282	12
6	1.2		1.119855	1.120106	1.120117	11
7	1.4		1.654885	1.655191	1.655200	9
8	1.6		2.352653	2.353026	2.353032	6
9	1.8		3.249190	3.249646	3.249647	1
10	2.0		4.388505	4.389062	4.389056	−6

各種方法的比較與評論　Adams–Moulton 公式通常比同樣階數的 Adams–Bashforth 公式還要精確。因為前者有較高的複雜度與需要較多的計算量。方法 (7a) 與 (7b) 為**數值穩定的**，但若只使用 (7a) 則可能為不穩定。步距控制相當簡單。若 | 修正值 − 預測值 | > TOL，則利用內插以目前步距的一半來產生「舊」結果，然後嘗試以 $h/2$ 作為新步距。

在 Adams–Moulton 公式 (7a) 與 (7b) 中每個步驟僅需 2 次計算，而 Runge-Kutta 法則需 4 次；然而，利用 Runge-Kutta 法可取 2 倍以上的步距，故這種比較方式 (文獻中相當多) 並無意義。

關於更多的細節，請參閱附錄 1 所列之參考文獻 [E25]、[E26]。

習題集 21.2

1–10 Adams–Moulton 法

利用 Adams–Moulton 法 (7a)、(7b)，進行 10 個
步驟，每個步驟修正一次，求解下列的初始值
問題。求出精確解並計算誤差。若無給定初始
值，則利用 RK。

1. $y' = y$, $y(0) = 1$, $h = 0.1$, (1.105171, 1.221403, 1.349858)

2. $y' = 2xy$, $y(0) = 1$, $h = 0.1$

3. $y' = 1 + y^2$, $y(0) = 0$, $h = 0.1$, (0.100335, 0.202710, 0.309336)

4. 以 RK 法計算習題 2，執行 5 個步驟，$h = 0.2$。比較誤差。

5. 以 RK 法計算習題 3，執行 5 個步驟，$h = 0.2$。比較誤差。

6. $y' = (y - x - 1)^2 + 2$, $y(0) = 1$, $h = 0.1$, 10 個步驟。

7. $y' = 3y - 12y^2$, $y(0) = 0.2$, $h = 0.1$

8. $y' = 1 - 4y^2$, $y(0) = 0$, $h = 0.1$

9. $y' = 3x^2(1 + y)$, $y(0) = 0$, $h = 0.05$

10. $y' = x / y$, $y(1) = 3$, $h = 0.2$

11. 完成課文中式 (4)–(7) 的計算，並列出詳細過程。

12. **二次多項式** 試證明若將課文中之方法套用至二階多項式，則可得預測公式與修正公式如下

$$y_{n+1}^* = y_n + \frac{h}{12}(23f_n - 16f_{n-1} + 5f_{n-2}),$$
$$y_{n+1} = y_n + \frac{h}{12}(5f_{n+1} + 8f_n - f_{n-1}).$$

13. 利用習題 12 求解 $y' = 2xy$、$y(0) = 1$ (10 個步驟，$h = 0.1$，RK 初始值)。與精確值比較並評論。

14. 若在習題 13 中將 h 減半 (20 個步驟，$h = 0.05$)，則誤差會減少多少？先猜測，然後再進行計算。

15. **CAS 專題 Adams–Moulton 法。**

   (a) 在式 (7a) 與 (7b) 中，**精確的初始值**相當重要。在例題 1 中，利用改良 Euler–Cauchy 法所求出之初始值來說明此點，並將結果與表 21.8 做比較。

   (b) 在習題 11 中，若使用精確的初始值 (而非 RK 值)，則誤差會減少多少？

   (c) 以實驗的方式找出對哪種 ODE 採用不佳的開始值會對結果造成破壞性；而對哪種 ODE 則不會。

   (d) 步距為 $2h$ 之傳統 RK 法通常可以獲得與步距為 h 的 Adams–Moulton 獲得相同的精確性，在兩種情況下函數運算的總次數相同。請利用習題 8 來說明這項事實 (因此文獻中一些有利於 Adams–Moulton 的比較並無合理的根據。請同時參見習題 6 與 7)。

21.3 ODE 系統與高階 ODE 之數值方法 (Methods for Systems and Higher Order ODEs)

ODE 一階系統之初始值問題的形式為

(1) $$\mathbf{y}' = \mathbf{f}(x, \mathbf{y}), \quad \mathbf{y}(x_0) = \mathbf{y}_0$$

以分量表示為

$$y_1' = f_1(x, y_1, \cdots, y_m), \quad y_1(x_0) = y_{10}$$
$$y_2' = f_2(x, y_1, \cdots, y_m), \quad y_2(x_0) = y_{20}$$
$$\cdots\cdots\cdots\cdots\cdots\cdots\cdots \quad \cdots\cdots\cdots$$
$$y_m' = f_m(x, y_1, \cdots, y_m). \quad y_m(x_0) = y_{m0}$$

假設函數 **f** 在包含 x_0 的某 x 區間內具有唯一解 $\mathbf{y}(x)$ 。此處的討論與第四章所討論的系統沒有任何關係。

在說明求解方法之前，要注意到 (1) 包含 m 階 ODE 之初始值問題，

(2)
$$y^{(m)} = f(x, y, y', y'', \cdots, y^{(m-1)})$$

以及初始條件 $y(x_0) = K_1$, $y'(x_0) = K_2$, $\cdots$, $y^{(m-1)}(x_0) = K_m$ ，上述問題僅是一個特例而已。

事實上，令

(3)
$$y_1 = y, \quad y_2 = y', \quad y_3 = y'', \quad \cdots, \quad y_m = y^{(m-1)}$$

即可建立其關係。由此可得系統

(4)
$$y_1' = y_2$$
$$y_2' = y_3$$
$$\vdots$$
$$y_{m-1}' = y_m$$
$$y_m' = f(x, y_1, \cdots, y_m)$$

以及初始條件 $y_1(x_0) = K_1$, $\quad y_2(x_0) = K_2$, $\quad \cdots$, $\quad y_m(x_0) = K_m$ 。

21.3.1　系統之 Euler 法

單一的一階 ODE 解法可以延伸至任意系統 (1)，只要將純量函數 y 與 f 以向量函數 **y** 與 **f** 取代即可，其中 x 係為一個純量變數。

我們先從 Euler 法開始談起。如同在單一 ODE 中的情況一般，對於實際用途此方法仍然不夠精確，但可以用來說明延伸原理。

例題　1　二階 ODE 之 Euler 法、質量–彈簧系統

求解阻尼質量–彈簧系統之初始值問題

$$y'' + 2y' + 0.75y = 0, \quad y(0) = 3, \quad y'(0) = -2.5$$

試利用 Euler 法解此系統，其中 $h = 0.2$ 且 x 係從 0 至 1 (在這裡 x 是時間)。

解

利用第 21.1 節之 **Euler** 法 (3) 可產生下列的系統

(5)
$$\mathbf{y}_{n+1} = \mathbf{y}_n + h\mathbf{f}(x_n, \mathbf{y}_n)$$

以分量表示為

$$y_{1,n+1} = y_{1,n} + hf_1(x_n, y_{1,n}, y_{2,n})$$
$$y_{2,n+1} = y_{2,n} + hf_2(x_n, y_{1,n}, y_{2,n})$$

若超過二個方程式亦可得相似之系統。經由式 (4) 的方式可將方程式轉成下列的系統

$$y_1' = f_1(x, y_1, y_2) = y_2$$
$$y_2' = f_2(x, y_1, y_2) = -2y_2 - 0.75y_1$$

因此式 (5) 變成

$$y_{1,n+1} = y_{1,n} + 0.2y_{2,n}$$
$$y_{2,n+1} = y_{2,n} + 0.2(-2y_{2,n} - 0.75y_{1,n}).$$

初始條件為 $y(0) = y_1(0) = 3$、$y'(0) = y_2(0) = -2.5$。計算結果如表 21.10 所示。如同在單一 ODE 中的情況一般，此結果對於實際用途並無法達到有效的精確度。當然，本例題僅提供作為方法的說明，因為此例題是可以求出正確值的，即

$$y = y_1 = 2e^{-0.5x} + e^{-1.5x} \qquad 因此 \qquad y' = y_2 = -e^{-0.5x} - 1.5e^{-1.5x}$$

■

表 21.10　例題 1 中系統之 Euler 法 (質量–彈簧系統)

n	x_n	$y_{1,n}$	y_1 精確值 (5D)	誤差 $\epsilon_1 = y_1 - y_{1,n}$	$y_{2,n}$	y_2 精確值 (5D)	誤差 $\epsilon_2 = y_2 - y_{2,n}$
0	0.0	3.00000	3.00000	0.00000	-2.50000	-2.50000	0.00000
1	0.2	2.50000	2.55049	0.05049	-1.95000	-2.01606	-0.06606
2	0.4	2.11000	2.18627	0.76270	-1.54500	-1.64195	-0.09695
3	0.6	1.80100	1.88821	0.08721	-1.24350	-1.35067	-0.10717
4	0.8	1.55230	1.64183	0.08953	-1.01625	-1.12211	-0.10586
5	1.0	1.34905	1.43619	0.08714	-0.84260	-0.94123	-0.09863

21.3.2　系統之 Runge-Kutta 法 (RK 法)

和 Euler 法一樣，要獲得初始值問題 (1) 之 RK 法，只要為具有 m 個分量的向量寫出向量公式即可，而當 $m = 1$ 時則簡化成原先的純量公式。

因此，對於表 21.3 中的傳統四階 **RK 法**，可得

(6a)
$$\mathbf{y}(x_0) = \mathbf{y}_0 \quad (初始值)$$

對於 $n = 0, 1, \cdots, N-1$ 的每個步驟，可以得到 4 個輔助量

(6b)
$$\mathbf{k}_1 = h\mathbf{f}(x_n, \quad \mathbf{y}_n)$$
$$\mathbf{k}_2 = h\mathbf{f}(x_n + \tfrac{1}{2}h, \quad \mathbf{y}_n + \tfrac{1}{2}\mathbf{k}_1)$$
$$\mathbf{k}_3 = h\mathbf{f}(x_n + \tfrac{1}{2}h, \quad \mathbf{y}_n + \tfrac{1}{2}\mathbf{k}_2)$$
$$\mathbf{k}_4 = h\mathbf{f}(x_n + \quad h, \quad \mathbf{y}_n + \quad \mathbf{k}_3)$$

而新值 $[\mathbf{y}(x)$　在 $x_{n+1} = x_0 + (n+1)/h$ 的近似解] 爲

(6c)
$$\mathbf{y}_{n+1} = \mathbf{y}_n + \frac{1}{6}(\mathbf{k}_1 + 2\mathbf{k}_2 + 2\mathbf{k}_3 + \mathbf{k}_4)$$

例題　2　系統之 RK 法、Airy 方程式、Airy 函數 Ai(x)

求解下列初始值問題

$$y'' = xy, \quad y(0) = 1/(3^{2/3} \cdot \Gamma(\tfrac{2}{3})) = 0.35502805, \quad y'(0) = -1/(3^{1/3} \cdot \Gamma(\tfrac{1}{3})) = -0.25881940$$

採用 Runge-Kutta 法，$h = 0.2$，5 個步驟。此爲 **Airy 方程式 (Airy's equation)**[4]，主要是由光學領域發展而來 (請見附錄 1 所列之參考文獻 [A13]，P.188)。Γ 表示伽瑪函數 (請見附錄 A3.1)。初始條件使得我們能夠求出標準解，**Airy 函數 (Airy function)** Ai(x)；這是一個已經過徹底研究的特殊函數，請見參考文獻 [GenRef1]，pp.446、475。

解

對於 $y'' = xy$，令 $y_1 = y$、$y_2 = y_1' = y'$，由此可得系統 (4)

$$y_1' = y_2$$
$$y_2' = xy_1$$

因此式 (1) 中的 $\mathbf{f} = [f_1 \quad f_2]^{\mathrm{T}}$ 具有分量 $f_1(x, y) = y_2$、$f_2(x, y) = xy_1$。現將式 (6) 以分量表示。初始條件 (6a) 爲 $y_{1,0} = 0.35502805$、$y_{2,0} = -0.25881940$。在式 (6b) 中，爲了簡化下標而將符號改寫成 $\mathbf{k}_1 = \mathbf{a}$、$\mathbf{k}_2 = \mathbf{b}$、$\mathbf{k}_3 = \mathbf{c}$、$\mathbf{k}_4 = \mathbf{d}$，因此 $\mathbf{a} = [a_1 \quad a_2]^{\mathrm{T}}$，等等。則式 (6b) 之形式爲

(6b*)
$$\mathbf{a} = h \begin{bmatrix} y_{2,n} \\ x_n y_{1,n} \end{bmatrix}$$
$$\mathbf{b} = h \begin{bmatrix} y_{2,n} + \frac{1}{2}a_2 \\ (x_n + \frac{1}{2}h)(y_{1,n} + \frac{1}{2}a_1) \end{bmatrix}$$
$$\mathbf{c} = h \begin{bmatrix} y_{2,n} + \frac{1}{2}b_2 \\ (x_n + \frac{1}{2}h)(y_{1,n} + \frac{1}{2}b_1) \end{bmatrix}$$
$$\mathbf{d} = h \begin{bmatrix} y_{2,n} + c_2 \\ (x_n + h)(y_{1,n} + c_1) \end{bmatrix}$$

例如，$\mathbf{b}$ 的第二個分量可透過如下之方式獲得。$\mathbf{f}(x, y)$ 的第二個分量爲 $f_2(x, y) = xy_1$。故 $\mathbf{b}(= \mathbf{k}_2)$ 中的第一個自變數爲

---

[4] 爲紀念 Sir GEORGE BIDELL AIRY (1801–1892) 而命名。英國數學家，專長爲彈性力學與偏微分方程式。

$$x = x_n + \frac{1}{2}h$$

b 中的第二個自變數為

$$\mathbf{y} = \mathbf{y}_n + \frac{1}{2}\mathbf{a}$$

而其第一個分量為

$$y_1 = y_{1,n} + \frac{1}{2}a_1$$

相乘可得

$$xy_1 = (x_n + \frac{1}{2}h)(y_{1,n} + \frac{1}{2}a_1)$$

同理可得式 (6b*) 中的其它分量。最後結果為

(6c*)　　　　　　　　$$\mathbf{y}_{n+1} = \mathbf{y}_n + \frac{1}{6}(\mathbf{a} + 2\mathbf{b} + 2\mathbf{c} + \mathbf{d})$$

表 21.11 為 Airy 函數 Ai(x) 的值 $y(x) = y_1(x)$ 與其導數 $y'(x) = y_2(x)$，以及 $y(x)$ 之誤差 (相當的小！)。　　　　　　　　　　　　　　　　　　　　　　　　　　　　　　　■

表 **21.11**　系統之 RK 法：例題 2 中 Airy 函數 Ai(x) 之值 $y_{1,n}(x_n)$

n	x_n	$y_{1,n}(x_n)$	$y_1(x_n)$ 精確值 (8D)	$10^8 \cdot$ (y_1 的誤差)	$y_{2,n}(x_n)$
0	0.0	0.35502805	0.35502805	0	-0.25881940
1	0.2	0.30370303	0.30370315	12	-0.25240464
2	0.4	0.25474211	0.25474235	24	-0.23583073
3	0.6	0.20979973	0.20980006	33	-0.21279185
4	0.8	0.16984596	0.16984632	36	-0.18641171
5	1.0	0.13529207	0.13529242	35	-0.15914687

21.3.3　Runge–Kutta–Nyström 法 (Runge–Kutta–Nyström Methods，RKN Methods)

RKN 法係直接延伸 RK 法 (Runge-Kutta 法) 至二階 ODE $y'' = f(x, y, y')$，由芬蘭數學家 E. J. Nystrom [*Acta Soc. Sci.fenn.,* 1925, L, No. 13] 所提出。此種方法是採用下列的公式而得，其中 $n = 0, 1, \cdots, N-1$ (N 為步驟數)：

(7a)

$$k_1 = \frac{1}{2}hf(x_n, y_n, y_n')$$

$$k_2 = \frac{1}{2}hf(x_n + \frac{1}{2}h, y_n + K, y_n' + k_1) \qquad 其中 \quad K = \frac{1}{2}h(y_n' + \frac{1}{2}k_1)$$

$$k_3 = \frac{1}{2}hf(x_n + \frac{1}{2}h, y_n + K, y_n' + k_2)$$

$$k_4 = \frac{1}{2}hf(x_n + h, y_n + L, y_n' + 2k_3) \qquad 其中 \quad L = h(y_n' + k_3)$$

由此可計算出 $y(x_{n+1})$　在 $x_{n+1} = x_0 + (n+1)h$ 的近似值 y_{n+1}，

(7b)
$$y_{n+1} = y_n + h(y_n{}' + \tfrac{1}{3}(k_1 + k_2 + k_3)),$$

以及導數 $y'(x_{n+1})$　之近似值 $y_{n+1}{}'$，

(7c)
$$y_{n+1}{}' = y_n{}' + \tfrac{1}{3}(k_1 + 2k_2 + 2k_3 + k_4)$$

不含 y' 之 ODE $y'' = f(x, y)$ 的 RKN　則式 (7) 中 $k_2 = k_3$，使得此法特別有用，並將式 (7a)–(7c) 化簡為

(7*)
$$k_1 = \tfrac{1}{2}hf(x_n, y_n)$$
$$k_2 = \tfrac{1}{2}hf(x_n + \tfrac{1}{2}h,\ y_n + \tfrac{1}{2}h(y_n{}' + \tfrac{1}{2}k_1)) = k_3$$
$$k_4 = \tfrac{1}{2}hf(x_n + h,\ y_n + h(y_n{}' + k_2))$$
$$y_{n+1} = y_n + h(y_n{}' + \tfrac{1}{3}(k_1 + 2k_2))$$
$$y_{n+1}{}' = y_n{}' + \tfrac{1}{3}(k_1 + 4k_2 + k_4)$$

例題　3　RKN 法、Airy 方程式、Airy 函數 Ai(x)

對於例題 2 的問題，若 $h = 0.2$ 如同前一範例，則可簡單地從式 (7*) 得到 $k_1 = 0.1x_n y_n$ 及

$$k_2 = k_3 = 0.1(x_n + 0.1)(y_n + 0.1y_n{}' + 0.05k_1), \quad k_4 = 0.1(x_n + 0.2)(y_n + 0.2y_n{}' + 0.2k_2)$$

表 21.12 係為表列之結果。精確度與例題 2 相同，但計算量卻少很多。　■

表 **21.12**　將 Runge–Kutta–Nyström 法運用於 Airy 方程式，Airy 函數 $y = $ Ai(x) 之計算

x_n	y_n	$y_n{}'$	$y(x)$ 精確值 (8D)	$10^8 \cdot (y_n$ 的誤差)
0.0	0.35502805	-0.25881940	0.35502805	0
0.2	0.30370304	-0.25240464	0.30370315	11
0.4	0.25474211	-0.23583070	0.25474235	24
0.6	0.20979974	-0.21279172	0.20980006	32
0.8	0.16984599	-0.18641134	0.16984632	33
1.0	0.13529218	-0.15914609	0.13529242	24

例題 2 和 3 也說明了在計算「**高階超越函數**」時，ODE 之方法相當有用。

21.3.4　系統之後向 Euler 法、剛性系統

第 21.1 節中的後向 Euler 公式 (式 16) 推廣至系統形式為

(8)
$$\mathbf{y}_{n+1} = \mathbf{y}_n + h\mathbf{f}(x_{n+1}, \mathbf{y}_{n+1}) \qquad\qquad (n = 0, 1, \cdots)$$

這同樣也是隱式法，對於已知 $\mathbf{y}_n$，以間接方式求出 $\mathbf{y}_n$。因此必須求解式 (8) 來獲得 $\mathbf{y}_{n+1}$。下一個範例會以線性系統來說明。由此範例同時也可以發現，與第 21.1 節單一 ODE 的情況相同，此方法對於**剛性系統**相當有用。這類 ODE 系統的矩陣之特徵值 λ 大小相差非常多，使得 (如同第 21.1 節中一樣) 在直接法 (例如 RK 法) 中，若步距超過特定臨限值則會失去穩定性 (例題 4 中爲 $\lambda = -1$ 和 -10，但應用中確實會出現更大的差距)。

例題 4 ODE 系統之後向 Euler 法、剛性系統

以數值方法求解轉換爲一階 ODE 系統之初始值問題

$$y'' + 11y' + 10y = 10x + 11, \quad y(0) = 2, \quad y'(0) = -10$$

來比較後向 Euler 法 (8) 與 Euler 及 RK 法。

解

所給定的問題可以輕易地求解而得

$$y = e^{-x} + e^{-10x} + x$$

因此我們可以計算誤差。令 $y = y_1$、$y' = y_2$ [請見式 (4)] 轉換爲系統，可得

$$y_1' = y_2 \qquad\qquad\qquad y_1(0) = 2$$
$$y_2' = -10y_1 - 11y_2 + 10x + 11 \quad y_2(0) = -10$$

係數矩陣

$$\mathbf{A} = \begin{bmatrix} 0 & 1 \\ -10 & -11 \end{bmatrix} \quad \text{具有特徵行列式} \quad \begin{vmatrix} -\lambda & 1 \\ -10 & -\lambda - 11 \end{vmatrix}$$

其值爲 $\lambda^2 + 11\lambda + 10 = (\lambda + 1)(\lambda + 10)$。因此特徵值爲 -1 與 -10，如前所述。後向 Euler 法公式爲

$$\mathbf{y}_{n+1} = \begin{bmatrix} y_{1,n+1} \\ y_{2,n+1} \end{bmatrix} = \begin{bmatrix} y_{1,n} \\ y_{2,n} \end{bmatrix} + h \begin{bmatrix} y_{2,n+1} \\ -10y_{1,n+1} - 11y_{2,n+1} + 10x_{n+1} + 11 \end{bmatrix}$$

重新排列後可得以 $y_{1,n+1}$ 與 $y_{2,n+1}$ 爲未知數之線性系統

$$y_{1,n+1} - \qquad hy_{2,n+1} = y_{1,n}$$
$$10hy_{1,n+1} + (1 + 11h)y_{2,n+1} = y_{2,n} + 10h(x_n + h) + 11h$$

係數行列式爲 $D = 1 + 11h + 10h^2$，且由 Cramer 法則 (Cramer's rule)(第 7.6 節) 可得解

$$\mathbf{y}_{n+1} = \frac{1}{D} \begin{bmatrix} (1 + 11h)y_{1,n} + hy_{2,n} + 10h^2 x_n & + 11h^2 + 10h^3 \\ -10hy_{1,n} + y_{2,n} + 10h\,x_n + 11h + 10h^2 \end{bmatrix}$$

表 21.13　例題 4 中的後向 Euler 法 (BEM) 與 Euler 及 RK 比較

x	BEM $h = 0.2$	BEM $h = 0.4$	Euler $h = 0.1$	Euler $h = 0.2$	RK $h = 0.2$	RK $h = 0.3$	精確值
0.0	2.00000	2.00000	2.00000	2.00000	2.00000	2.00000	2.00000
0.2	1.36667		1.01000	0.00000	1.35207		1.15407
0.4	1.20556	1.31429	1.56100	2.04000	1.18144		1.08864
0.6	1.21574		1.13144	0.11200	1.18585	3.03947	1.15129
0.8	1.29460	1.35020	1.23047	2.20960	1.26168		1.24966
1.0	1.40599		1.34868	0.32768	1.37200		1.36792
1.2	1.53627	1.57243	1.48243	2.46214	1.50257	5.07569	1.50120
1.4	1.67954		1.62877	0.60972	1.64706		1.64660
1.6	1.83272	1.86191	1.78530	2.76777	1.80205		1.80190
1.8	1.99386		1.95009	0.93422	1.96535	8.72329	1.96530
2.0	2.16152	2.18625	2.12158	3.10737	2.13536		2.13534

由表 21.13 可知以下結論：

後向 Euler 法對 $h = 0.2$ 與 0.4 為穩定 (事實上對任意 h 皆為穩定；試試 $h = 5.0$)，且準確性隨 h 增加而減少；

Euler 法對 $h = 0.1$ 為穩定，但對 $h = 0.2$ 為不穩定；

RK 法對 $h = 0.2$ 為穩定，但對 $h = 0.3$ 為不穩定。

圖 452 所示為 $h = 0.18$ 之 Euler 法，這是一個有趣的情況，因為它具有初始跳動 (約在 $x < 3$ 處) 但接著為沿 $y = y_1$ 之解曲線的單調遞增。　■

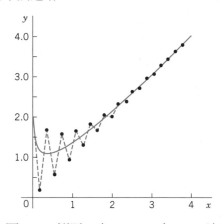

圖 452　例題 4 中 $h = 0.18$ 之 Euler 法

習題集　21.3

$\boxed{1\text{–}6}$　**系統與二階 ODE 之 Euler 法**

請利用 Euler 法求解。在 $y_1 y_2$ 平面中繪出其解。計算誤差。

1. $y_1' = 2y_1 - 4y_2, \ y_2' = y_1 - 3y_2, \ y_1(0) = 3,$
$y_2(0) = 0, \ h = 0.1$，10 個步驟

2. 螺線　$y_1' = -y_1 + y_2, \ y_2' = -y_1 - y_2,$
$y_1(0) = 0, \ y_2(0) = 4, \ h = 0.2$，5 個步驟

3. $y'' + \frac{1}{4}y = 0$, $y(0) = 1$, $y'(0) = 0$, $h = 0.2$ ，5 個步驟

4. $y_1' = -3y_1 + y_2$, $y_2' = y_1 - 3y_2$, $y_1(0) = 2$, $y_2(0) = 0$ ，$h = 0.1$，5 個步驟

5. $y'' - y = x$, $y(0) = 1$, $y'(0) = -2$, $h = 0.1$ ，5 個步驟

6. $y_1' = y_1$, $y_2' = -y_2$, $y_1(0) = 2$, $y_2(0) = 2$, $h = 0.1$，10 個步驟

7–10 系統之 RK 法

請利用傳統 RK 法求解。

7. 習題 5 之 ODE。誤差減少了幾倍？

8. 習題 2 之系統。

9. 習題 1 之系統。

10. 習題 4 之系統。

11. 擺錘方程式系統 $y'' + \sin y = 0$、$y(\pi) = 0$、$y'(\pi) = 1$，$h = 0.2$，20 個步驟。你的結果與第 4.5 節圖 93 相符的程度如何？

12. 貝索函數 J_0 $xy'' + y' + xy = 0$, $y(1) = 0.765198$, $y'(1) = -0.440051$, $h = 0.5$，5 個步驟 (由此可得第 5.4 節圖 110 中的標準解 $J_0(x)$)。

13. 請驗證例題 2 中 Airy 函數之公式與計算。

14. RKN 法 一階 ODE 的傳統 RK 法延伸至二階 ODE (E. J. Nyström, *Acta fenn.* No 13, 1925)。若 ODE 為 $y'' = f(x, y)$，不含 y'，則

$$k_1 = \frac{1}{2}hf(x_n, y_n)$$

$$k_2 = \frac{1}{2}hf(x_n + \frac{1}{2}h, y_n + \frac{1}{2}h(y_n' + \frac{1}{2}k_1)) = k_3$$

$$k_4 = \frac{1}{2}hf(x_n + h, y_n + h(y_n' + k_2))$$

$$y_{n+1} = y_n + h(y_n' + \frac{1}{3}(k_1 + 2k_2))$$

$$y_{n+1}' = y_n' + \frac{1}{8}(k_1 + 4k_2 + k_4)$$

把這個 RKN (Runge–Kutta–Nyström) 法套用至例題 2 的 Airy ODE，一樣用 $h = 0.2$，來近似 Ai(x) 的值。

15. CAS 實驗。後向 Euler 法與剛性　以如下的方式延伸例題 3。

(a) 請驗證表 21.13 中的值，並繪製像圖 452 一樣的圖。

(b) 計算並繪出當 h 接近「臨界」$h = 0.18$ 之 Euler 值，以更精確地找出不穩定性開始的地方。

(c) 計算並繪出 h 介於 0.2 與 0.3 之 RK 值，以找出 RK 近似值開始遠離精確值的 h 值。

(d) 計算並繪出當 h 相當大時的後向 Euler 值，並觀察誤差隨 h 增加而增加的情形。

21.4 橢圓 PDE 之數值方法 (Methods for Elliptic PDEs)

我們已經到達了本章的後半部分，在本章最後幾節中，將討論偏微分方程式 (PDE) 之數值解法。正如同我們在第 12 章中所提過，PDE 在許多的領域中皆有應用，像是在動力學、彈性力學、熱傳導、電磁理論、量子力學等領域中。根據它們在應用中的重要性，在這裡我們特別挑出的 PDE 包括了 Laplace 方程式、Poisson 方程式、熱方程式以及波動方程式。這些方程式除了在各類應用中舉足輕重外，它們也是在理論考量上很重要的方程式。事實上，這些方程式同時也分別是橢圓、拋物線以及雙曲線 PDE 的模型。舉例來說，Laplace 方程式是一個橢圓形態 PDE 的代表範例等等。

　　第 12.4 節曾提及，若一 PDE 的最高導數具線性型態，則稱此 PDE 為**準線性 (quasilinear)**。因此，具有兩獨立變數 x 與 y 的二階準線性方程式之形式為

$$(1) \qquad au_{xx} + 2bu_{xy} + cu_{yy} = F(x, y, u, u_x, u_y)$$

其中，u 為 x 與 y 之未知函數 (一所求之解)。F 為所示變數之已知函數。

依據判別式 $ac - b^2$，可將 PDE 分為三種類型：

橢圓型 (elliptic type)　　若　$ac - b^2 > 0$　(例如：Laplace 方程式)

拋物線型 (parabolic type)　若　$ac - b^2 = 0$　(例如：熱傳導方程式)

雙曲線型 (hyperbolic type)　若　$ac - b^2 < 0$　(例如：波動方程式)

此處，在熱傳導與波動方程式中，y 代表時間 t。係數 a、b、c 可能是 x 與 y 的函數，所以在 xy 平面上不同的區域中，式 (1) 的類型可能也不同。這種分類方式不只是形式上的分別，實際上也很重要，因為解的形式將會隨類型而有所差異，且必須列入考慮的附加條件 (邊界和初始條件) 也不同。

涉及**橢圓方程式**的應用中，通常會導出區域 R 內的邊界值問題，若在 R 的邊界曲線 C 上指定 u，則稱為第一邊界值問題或 **Dirichlet 問題 (Dirichlet problem)**；若是在 C 上指定 $u_n = \partial u / \partial n$ (u 的法向導數)，則稱為第二邊界值問題或 **Neumann 問題 (Neumann problem)**；若在 C 上某一部分指定 u 及其餘部分指定 u_n，則稱為第三邊界值問題或**混合問題 (mixed problem)**。C 通常為封閉曲線 (或有時由兩條或多條此類曲線所組成)。

21.4.1　Laplace 和 Poisson 方程式之差分方程式

本節我們將討論在各種應用上最重要的兩種橢圓型 PDE 它們的數值方法。此兩 PDE 為 **Laplace 方程式**

$$(2) \qquad \nabla^2 u = u_{xx} + u_{yy} = 0$$

以及 **Poisson 方程式**

$$(3) \qquad \nabla^2 u = u_{xx} + u_{yy} = f(x, y)$$

為獲得數值求解方法，關鍵概念為將偏導數以相對應之**差商 (difference quotients)** 取代。細節如下所述：

要發展這個概念，我們由 Taylor 公式出發，並獲得

$$(4) \quad \begin{array}{ll} \text{(a)} & u(x + h, y) = u(x, y) + hu_x(x, y) + \frac{1}{2}h^2 u_{xx}(x, y) + \frac{1}{6}h^3 u_{xxx}(x, y) + \cdots \\[2mm] \text{(b)} & u(x - h, y) = u(x, y) - hu_x(x, y) + \frac{1}{2}h^2 u_{xx}(x, y) - \frac{1}{6}h^3 u_{xxx}(x, y) + \cdots \end{array}$$

我們將式 (4a) 減去式 (4b)，忽略 h^3, h^4, $\cdots$ 各項，並解出 u_x，可得

$$(5a) \qquad u_x(x, y) \approx \frac{1}{2h}[u(x + h, y) - u(x - h, y)]$$

同理,

$$u(x, y+k) = u(x, y) + ku_y(x, y) + \frac{1}{2}k^2 u_{yy}(x, y) + \cdots$$

及

$$u(x, y-k) = u(x, y) - ku_y(x, y) + \frac{1}{2}k^2 u_{yy}(x, y) + \cdots$$

相減後,忽略 $k^3, k^4, \cdots$ 各項,並解出 u_y,可得

(5b)
$$u_y(x, y) \approx \frac{1}{2k}[u(x, y+k) - u(x, y-k)]$$

接著考慮二階導數。將式 (4a) 和式 (4b) 相加,且忽略 $h^4, h^5, \cdots$ 各項,可得 $u(x+h, y) + u(x-h, y) \approx 2u(x, y) + h^2 u_{xx}(x, y)$。解出 u_{xx},可得

(6a)
$$u_{xx}(x, y) \approx \frac{1}{h^2}[u(x+h, y) - 2u(x, y) + u(x-h, y)]$$

同理,

(6b)
$$u_{yy}(x, y) \approx \frac{1}{k^2}[u(x, y+k) - 2u(x, y) + u(x, y-k)]$$

我們不會用到 (請見習題 1)

(6c)
$$u_{xy}(x, y) \approx \frac{1}{4hk}[u(x+h, y+k) - u(x-h, y+k) - u(x+h, y-k) + u(x-h, y-k)]$$

圖 453a 所示為式 (5) 和式 (6) 中的點 $(x+h, y), (x-h, y), \cdots$。

接著將式 (6a) 和 (6b) 代入 **Poisson 方程式** (3),選擇 $k = h$ 以獲得一個簡單公式:

(7)
$$u(x+h, y) + u(x, y+h) + u(x-h, y) + u(x, y-h) - 4u(x, y) = h^2 f(x, y)$$

這是對應於式 (3) 的**差分方程式**。因此,對應於 **Laplace 方程式** (2) 的差分方程式為

(8)
$$u(x+h, y) + u(x, y+h) + u(x-h, y) + u(x, y-h) - 4u(x, y) = 0$$

h 稱為**網目尺寸 (mesh size)**。方程式 (8) 將位於 (x, y) 的 u,與圖 453b 中相鄰四點之 u 產生關連。此式有一個相當重要的解釋:位於 (x, y) 之 u 等於其四個鄰近點上 u 值的平均值。這類似於諧和函數的均值特性 (第 18.6 節)。

這四個鄰近點通常稱為 E (東)、N (北)、W (西)、S (南)。則圖 453b 變為圖 453c,且式 (7) 變為

(7*)
$$u(E) + u(N) + u(W) + u(S) - 4u(x, y) = h^2 f(x, y)$$

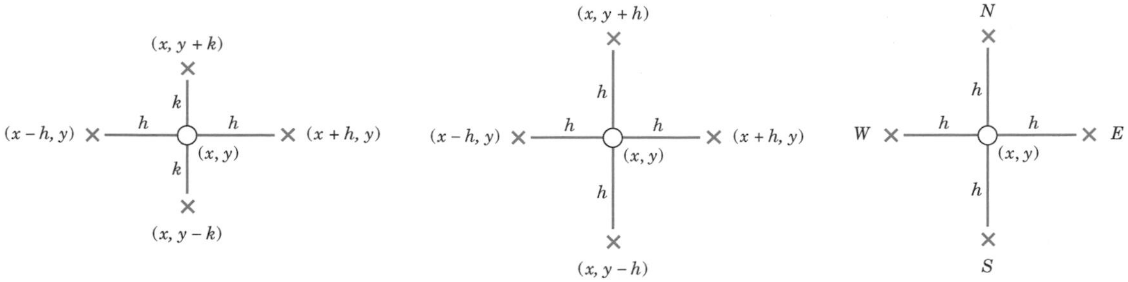

(a) 式 (5) 與式 (6) 中的點　　　　**(b)** 式 (7) 與式 (8) 中的點　　　　**(c)** 式 (7*) 中的標示法

圖 453　式 (5)–(8) 與式 (7*) 中的點

在式 (7) 和式 (8) 中 $h^2 \nabla^2 u$ 的近似值，是一種具有下列係數結構或**模板 (stencil)** (又稱爲樣式、分子或星)，而由 5 點予以近似所得之值

(9) $\quad \left\{ \begin{matrix} & 1 & \\ 1 & -4 & 1 \\ & 1 & \end{matrix} \right\}$ 　現在，我們便可將 (7) 式寫成 $\left\{ \begin{matrix} & 1 & \\ 1 & -4 & 1 \\ & 1 & \end{matrix} \right\} u = h^2 f(x, y)$

21.4.2　Dirichlet 問題

在區域 R 內之 Dirichlet 問題的數值方法中，我們選擇一個 h，並引入一個由距離爲 h 之水平線與垂直線所組成的方格。其交點稱爲**網點 (mesh point)** [或節點 (node) 或格點 (lattice point)]。請見圖 454。

接著，利用差分方式來近似所給定的 PDE [若是 Laplace 方程式則爲式 (8)]，藉此將 R 內網點處的未知 u 值與其它 u 及與已知的邊界值 (細節請見例題 1) 互相關連。如此會產生由*代數方程式*所組成之線性系統。求解此系統可得到在 R 內網點上未知 u 值之近似值。

我們將會看到方程式的數量等於未知數的數量。現在重點來了。令內部網點的數量爲 p。若 p 不大，例如 $p < 100$，則對由 $p < 100$ 個方程式與 p 個未知數所組成之線性系統，可以利用直接求解方法求解。然而，若 p 頗大，則會發生儲存問題。現在因爲每個未知 u 都只與相鄰的 4 點相關連，故此系統之係數矩陣爲**稀疏矩陣**，亦即，非零元素非常少的矩陣 (例如當 $p = 100$ 時，10,000 個元素中只有 500 個非零元素)。因此，當 p 很大時，可以利用疊代法來避免儲存問題，其中最著名的就是 Gauss–Seidel 法 (第 20.3 節)，此法在 PDE 中也稱爲 **Liebmann 法 (Liebmann's method)**。此法的儲存方便性，讓我們在獲得「新」值時，可以立即覆蓋過任何的解元素 (u 之值)。

對於工程師而言，大 p 和小 p 的兩種情況都相當重要，若我們需要使用精細的格點以獲得高精確度時，則 p 要很大；若已知的邊界值相當不精確，在這種情況下想要在區域 R 內部做高精確度嘗試是沒有任何意義的，故使用粗糙格點即可，即小數值的 p。

我們將舉一個範例來說明此方法，但爲了方便只採用少量的方程式。爲了便於表示**網點與對應解之值** (及近似解之值)，我們採用下列**表示法** (請見圖 454)

(10) $\qquad\qquad P_{ij} = (ih, jh), \quad u_{ij} = u(ih, jh)$

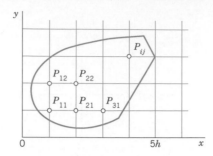

圖 454　在 xy 平面上由網目尺寸 h 的格子所覆蓋的區域，以及網點 $P_{11} = (h, h)$, $\cdots$, $P_{ij} = (ih, jh)$, $\cdots$

利用此表示法，對任何網點 P_{ij} 而言，可將式 (8) 寫成下列形式

(11)
$$u_{i+1,j} + u_{i,j+1} + i_{i-1,j} + u_{i,j-1} - 4u_{ij} = 0$$

評論　我們目前的討論和伴隨的例題都說明一件事情：**數學概念和方法的重複使用性**。憶及我們在第 20.3 節套用 Gauss–Seidel 法來解 ODE 系統，而我們現在可以套用同一個方法來解橢圓 PDE。這顯示出工程數學有一個架構，重要的數學概念和方法將會在不同的情況中一而再再而三的出現。讀者應該會覺得這實在是很吸引人，先前的知識可以被反覆地使用。

例題　**1**　**Laplace 方程式、Liebmann 法**

由均質材料所組成、邊長 12 公分之方形平板，其四邊保持 0 ℃和 100 ℃的定溫，如圖 455a 所示。利用網目為 4 公分 (非常寬) 的格子和 Liebmann 法 (亦即 Gauss–Seidel 疊代法)，試求在網點上的 (穩態) 溫度。

解

在與時間無關的情況下，熱傳導方程式 (請見第 10.8 節)

$$u_t = c^2(u_{xx} + u_{yy})$$

簡化為 Laplace 方程式。故此問題即為後者之 Dirichlet 問題。我們選擇如圖 455b 所示之方格，且依序考慮網點 P_{11}, P_{21}, P_{12}, P_{22}。我們利用式 (11) 並在各式中將已知邊界值的相關項移至右側。則我們可得系統

(12)
$$
\begin{aligned}
-4u_{11} &+ u_{21} &+ u_{12} & & &= -200 \\
-u_{11} &- 4u_{21} & &+ u_{22} &&= -200 \\
u_{11} & &- 4u_{12} &+ u_{22} &&= -100 \\
&u_{21} &+ u_{12} &- 4u_{22} &&= -100
\end{aligned}
$$

實際上，可利用高斯消去法求解此一小型系統，求出 $u_{11} = u_{21} = 87.5$、$u_{12} = u_{22} = 62.5$。

本例其真正的問題 [相較於其模型 (12)] 之精確解的值 (精確至 3S) 分別為 88.1 和 61.9 (這些值是利用傅立葉級數求得)。因此誤差約為 1%，對於一個網目尺寸 h 如此大的方格而言，這是相當精確的結果！當方程式系統非常大時，將可利用間接方法求解，例如 Liebmann 法。對於式 (12)，其方法如下。將式 (12) 寫成下列形式 (除以–4 然後將各項移至右側)：

$$u_{11} = \qquad\qquad 0.25\,u_{21} + 0.25\,u_{12} \qquad\qquad +50$$

$$u_{21} = \quad 0.25\,u_{11} \qquad\qquad\qquad +0.25\,u_{22} \ +50$$

$$u_{12} = \quad 0.25\,u_{11} \qquad\qquad\qquad +0.25\,u_{22} \ +25$$

$$u_{22} = \qquad\qquad 0.25\,u_{21} + 0.25\,u_{12} \qquad\qquad +25$$

現在將這些方程式用於 Gauss–Seidel 疊代法。它們與第 20.3 節的式 (2) 相同，其中 $u_{11} = x_1$、$u_{21} = x_2$、$u_{12} = x_3$、$u_{22} = x_4$，且疊代法已於該節說明，選擇 100、100、100、100 為起始值。使用較佳的起始值可以減少一些計算量，通常是將代入線性系統的邊界值取平均。此一系統之精確解為 $u_{11} = u_{21} = 87.5$、$u_{12} = u_{22} = 62.5$，讀者可自行驗證。

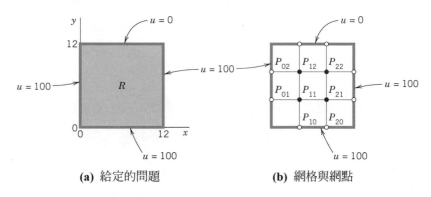

(a) 給定的問題　　　　　　　**(b)** 網格與網點

圖 455　例題 1

注意　有一事值得注意，若選取網目 $h = L/n$ ($L = R$ 之邊長)，且逐列依序考慮 $(n-1)^2$ 個內部網點 (亦即不在邊界上的點)，即

$$P_{11},\ P_{21},\ \cdots,\ P_{n-1,1},\ P_{12},\ P_{22},\ \cdots,\ P_{n-2,2},\ \cdots,$$

則方程式系統具有 $(n-1)^2 \times (n-1)^2$ 係數的矩陣

$$
(13)\qquad
\mathbf{A} =
\begin{bmatrix}
\mathbf{B} & \mathbf{I} & & & \\
\mathbf{I} & \mathbf{B} & \mathbf{I} & & \\
 & & \cdot & & \\
 & & & \cdot & \\
 & & & & \cdot \\
 & & \mathbf{I} & \mathbf{B} & \mathbf{I} \\
 & & & \mathbf{I} & \mathbf{B}
\end{bmatrix}
\qquad 此處 \qquad
\mathbf{B} =
\begin{bmatrix}
-4 & 1 & & & \\
1 & -4 & 1 & & \\
 & & \cdot & & \\
 & & & \cdot & \\
 & & 1 & -4 & 1 \\
 & & & 1 & -4
\end{bmatrix}
$$

為一個 $(n-1) \times (n-1)$ 的矩陣。(在式 (12) 中我們有 $n = 3$、$(n-1)^2 = 4$ 個網點，兩個子矩陣 **B**，以及兩個子矩陣 **I**) 矩陣 **A** 為非奇異。這是因為 **A** 各列中所有非對角元素之和為 3 (或 2)，而每個對角元素為 -4，故由第 20.7 節的 Gerschgorin 定理知，因為沒有 Gerschgorin 圓盤可以包含 0，所以 **A** 為非奇異。　■

若一矩陣的所有非零元素都在主對角線，以及平行於主對角線的斜線上 (不論是否由零的斜線分開)，則稱此矩陣為**帶狀矩陣 (band matrix)**。例如，式 (13) 中的 **A** 為帶狀矩陣。雖然高斯消去法

不會保留帶中的零元素，但也不會將非零元素引入原先斜線帶所定義的界限外。因此一個帶狀結構是有利的。在式 (13) 中是藉由仔細排列網點來獲得此種結構。

21.4.3　ADI 法

若一矩陣的所有非零元素，均位於主對角線及主對角線上方與下方相鄰斜線的位置上，則稱此矩陣稱為**三角矩陣 (tridiagonal matrix)** (也請見第 20.9 節)。在這情況下高斯消去法相當簡單。

如此將出現一個問題：「在 Laplace 或 Poisson 方程式之 Dirichlet 問題的解中，是否能得到係數矩陣為三對角矩陣的方程組？」答案是肯定的，這類問題有一普遍的方法，稱為 **ADI 法** (交互向隱性法，*alternating direction implicit method*)，此方法是由 Peaceman 和 Rachford 提出。觀念如下。由式 (9) 的模板可看出，如果在一列只有三點 (或在一行只有三點) 則可得三對角矩陣。因此，式 (11) 可寫成

(14a)
$$u_{i-1,j} - 4u_{ij} + u_{i+1,j} = -u_{i,j-1} - u_{i,j+1}$$

使得左側只屬於 y 的第 j 列，而右側只屬於 x 的第 i 行。當然，式 (11) 也可寫成

(14b)
$$u_{i,j-1} - 4u_{ij} + u_{i,j+1} = -u_{i-1,j} - u_{i+1,j}$$

使得左側屬於第 i 行，而右側屬於第 j 列。在 ADI 法中，我們以疊代法進行。在各網點選擇一個任意起始值 $u_{ij}^{(0)}$，在每一步驟中計算在所有網點上的新值。在一個步驟中使用式 (14a) 所得之疊代公式，並在下一步驟採用式 (14b) 所得之疊代公式，並以交互順序繼續進行。

詳細過程：假設已算出近似值 $u_{ij}^{(m)}$。然後，為獲得下一個近似值 $u_{ij}^{(m+1)}$，將 $u_{ij}^{(m)}$ 代入式 (14a) 的**右側**並解出左側的 $u_{ij}^{(m+1)}$；亦即，使用

(15a)
$$u_{i-1,j}^{(m+1)} - 4u_{ij}^{(m+1)} + u_{i+1,j}^{(m+1)} = -u_{i,j-1}^{(m)} - u_{i,j+1}^{(m)}$$

對於固定 j，亦即**固定的第 j 列**，及該列的所有內部網點，我們使用式 (15a) 來計算。如此可得由 N 個未知數與 N 個代數方程式 (N = 每列內部網點數) 所組成之線性系統，其中未知數即為 u 在這些網點上的新近似值。注意，式 (15a) 不只含有前一步驟所計算出的近似值，還含有已知邊界值。我們利用高斯消去法求解系統 (15a)(j 固定！)。然後我們繼續至下一列，得到另一組由 N 個方程式所組成之系統，再利用高斯法予求解，如此繼續到所有列都完成為止。在下一步驟中我們**交換方向**，亦即由 $u_{ij}^{(m+1)}$ 和已知邊界值開始，並使用將 $u_{ij}^{(m+1)}$ 代入式 (14b) **右側**所得之下列公式，再逐行計算下一個近似值 $u_{ij}^{(m+2)}$：

(15b)
$$u_{i,j-1}^{(m+2)} - 4u_{ij}^{(m+2)} + u_{i,j+1}^{(m+2)} = -u_{i-1,j}^{(m+1)} - u_{i+1,j}^{(m+1)}$$

對每一固定 i 值，亦即**對每一行**，這是一個由 M 個未知數與 M 個方程式 (M = 每行的內部網點數) 所組成之系統，可利用高斯消去法求解。然後我們再進行至下一行，並繼續至所有各行完成為止。

讓我們看一個適於說明整個方法的範例。

例題　2　**Dirichlet 問題、ADI 法**

利用例題 1 中的問題，使用相同的網格和起始值 100、100、100、100，說明 ADI 法的步驟和公式。

解

在解題時，注意圖 455b 和已知的邊界值。$m=0$ 時，由式 (15a) 得到第一次近似值 $u_{11}^{(1)},u_{21}^{(1)},u_{12}^{(1)},u_{22}^{(1)}$。我們在寫式 (15a) 中的邊界值時，不加上標以便辨認，並表示這些已知值在疊代過程中保持不變。由 $m=0$ 之式 (15a) 可得 $j=1$ (第 1 列) 之系統

$$(i=1)\quad u_{01}\ -\ 4u_{11}^{(1)}+u_{21}^{(1)}\qquad =-u_{10}-u_{12}^{(0)}$$
$$(i=2)\qquad\quad u_{11}^{(1)}-4u_{21}^{(1)}\ +u_{31}=-u_{20}-u_{22}^{(0)}$$

解為 $u_{11}^{(1)}=u_{21}^{(1)}=100$。對 $j=2$ (第 2 列)，由式 (15a) 得

$$(i=1)\quad u_{02}\ -\ 4u_{12}^{(1)}+u_{22}^{(1)}\qquad =-u_{11}^{(0)}-u_{13}$$
$$(i=2)\qquad\quad u_{12}^{(1)}-4u_{22}^{(1)}\ +u_{32}=-u_{21}^{(0)}-u_{23}$$

解為 $u_{12}^{(1)}=u_{22}^{(1)}=66.667$。

第二次近似值　$u_{11}^{(2)},u_{21}^{(2)},u_{12}^{(2)},u_{22}^{(2)}$，可由 $m=1$ 之式 (15b)，利用先前算出之第一次近似值與邊界條件求出。對於 $i=1$ (第 1 行)，則由式 (15b) 可得系統

$$(j=1)\quad u_{10}\ -\ 4u_{11}^{(2)}+u_{12}^{(2)}\qquad =-u_{01}-u_{21}^{(1)}$$
$$(j=2)\qquad\quad u_{11}^{(2)}-4u_{12}^{(2)}\ +u_{13}=-u_{02}-u_{22}^{(1)}$$

解為 $u_{11}^{(2)}=91.11$、$u_{12}^{(2)}=64.44$。對於 $i=2$ (第 2 行)，由式 (15b) 可得系統

$$(j=1)\quad u_{20}\ -\ 4u_{21}^{(2)}+u_{22}^{(2)}\qquad =-u_{11}^{(1)}-u_{31}$$
$$(j=2)\qquad\quad u_{21}^{(2)}-4u_{22}^{(2)}\ +u_{23}=-u_{12}^{(1)}-u_{32}$$

解為 $u_{21}^{(2)}=91.11$、$u_{12}^{(2)}=64.44$。

　　本範例只是用來說明 ADI 法的實際程序，其中第二次近似值的精確性幾乎與第 20.3 節中兩個 Gauss–Seidel 步驟所得的結果相同 (其中 $u_{11}=x_1$、$u_{21}=x_2$、$u_{12}=x_3$、$u_{22}=x_4$)，如下表所示。

方法	u_{11}	u_{21}	u_{12}	u_{22}
ADI，第二次近似值	91.11	91.11	64.44	64.44
Gauss–Seidel法，第二次近似值	93.75	90.62	65.62	64.06
(12) 的精確解	87.50	87.50	62.50	62.50

改善收斂性　ADI 法可利用下述觀念來改善收斂性。引入參數 p，我們可將式 (11) 寫為

(16)
$$(a)\quad u_{i-1,j}-(2+p)u_{ij}+u_{i+1,j}=-u_{i,j-1}+(2-p)u_{ij}-u_{i,j+1}$$
$$(b)\quad u_{i,j-1}-(2+p)u_{ij}+u_{i,j+1}=-u_{i-1,j}+(2-p)u_{ij}-u_{i+1,j}$$

由此可得更一般化的 ADI 疊代公式

(17)
(a) $u_{i-1,j}^{(m+1)} - (2+p)u_{ij}^{(m+1)} + u_{i+1,j}^{(m+1)} = -u_{i,j-1}^{(m)} + (2-p)u_{ij}^{(m)} - u_{i,j+1}^{(m)}$

(b) $u_{i,j-1}^{(m+2)} - (2+p)u_{ij}^{(m+2)} + u_{i,j+1}^{(m+2)} = -u_{i-1,j}^{(m+1)} + (2-p)u_{ij}^{(m+1)} - u_{i+1,j}^{(m+1)}$

當 $p=2$，此式即為式 (15)。參數 p 可用以改進收斂性。事實上，可證明 ADI 法對於正 p 值會收斂，而最大收斂速度的最佳 p 值為

(18)
$$p_0 = 2 \sin \frac{\pi}{K}$$

其中 K 為 $M+1$ 和 $N+1$ (參見上文) 中較大者。若 p 隨每一步驟變化，將可得到更好的結果。有關 ADI 法的詳盡細節和變化形式，請參閱附錄 1 所列之參考文獻 [E25]。

習題集 21.4

1. 試推導式 (5b)、(6b) 及 (6c)。

2. 請驗證例題 1 中的計算。請以實驗法求出若所求線性系統之解要準確至 3S 所需要的步驟數。

3. **對稱的使用**　由例題 1 之邊界值獲得 $u_{21} = u_{11}$ 與 $u_{22} = u_{12}$ 之結論。證明由此可導出由兩個方程式所組成之系統，並求解。

4. 3×3 內點之更精細網格。求解例題 1，選擇 $h = \frac{12}{4} = 3$ (而非 $h = \frac{12}{3} = 4$) 及相同的起始值。

5–10 高斯消去法、Gauss–Seidel 疊代法

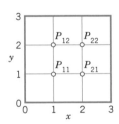

圖 456 習題 5–10

請利用高斯消去法及利用 5 個 Gauss–Seidel 疊代步驟，計算圖 456 中之四個內部點的位勢，其中起始值為 100、100、100、100 (且寫出詳細過程)，而邊界值為：

5. $u(1, 0) = 60$，$u(2, 0) = 300$，其它三個邊緣 $u = 100$。

6. 左側為 $u = 0$，下邊界為 x^3，右側為 $27 - 9y^2$，上邊界為 $x^3 - 27x$。

7. 上邊界與下邊界為 U_0，左側與右側為 $-U_0$。請繪出等位線。

8. 上邊界與下邊界為 $u = 220$，左側與右側為 110。

9. 上邊界為 $u = \sin \frac{1}{3}\pi x$，其它邊界為 0。10 個步驟。

10. 下邊界為 $u = x^4$，右側為 $81 - 54y^2 + y^4$，上邊界為 $x^4 - 54x^2 + 81$，左側為 y^4。請驗證 $x^4 - 6x^2y^2 + y^4$ 為精確解，並求出誤差。

11. 試求出圖 457 中之位勢，利用 **(a)** 稀疏網格，**(b)** 使用 5×3 細密網格，並配合高斯消去法。提示：在 **(b)** 中利用對稱性質；當二點的位勢存在一躍升時，取 $u = 0$ 為邊界值。

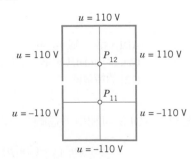

圖 457 習題 11 中的區域與網格

12. **起始值之影響**　利用 Gauss–Seidel 法，以 **0** 為起始值，重做問題 9。試比較並評論。

13. 對於 $0 \le x \le 4$、$0 \le y \le 4$ 之方形，令水平與垂直邊界上之邊界溫度分別為 0 ℃ 與 50 ℃。請求出以 $h = 1$ 之內部方格點的溫度。

14. 利用習題 13 之答案，嘗試繪出一些等溫線。

15. 對於習題 13 中之方形與方格，若水平邊界為 $u = \sin\frac{1}{4}\pi x$ 且垂直邊界為 $-\sin\frac{1}{4}\pi y$，請求出等溫線。嘗試繪出一些等溫線。

16. **ADI 法**　請將 ADI 法運用於習題 9 中的 Dirichlet 問題，和先前一樣利用圖 456 所示之網格以及起始值 0。

17. 對於習題 16，式 (18) 中的 p_0 應為何？試以 p_0 將 ADI 公式 (17) 運於習題 16 中，執行 1 個步驟。與習題 16 第一個步驟後所得之對應值 0.077、0.308 做比較，說明改善後的收斂情形 (起始值為零)。

18. **CAS 專題　Laplace 方程式**

(a) 針對 16 個方程式與 16 個未知數之 Gauss–Seidel 法撰寫一個程式，以所示之 4×4 子矩陣構成矩陣 (13)，並包含將邊界值向量轉換為 $\mathbf{Ax} = \mathbf{b}$ 中之向量 $\mathbf{b}$ 的向量轉換。

(b) 將程式套用至 $0 \le x \le 5$ 與 $0 \le y \le 5$ 中 $h = 1$ 的方形網格，且上邊界與下邊界為 $u = 220$，左邊界為 $u = 110$，右邊界為 $u = -10$。請同時利用高斯消去法求解此線性系統。在執行 Gauss–Seidel 法第 20 個步驟後，可達到之準確度為何？

21.5 Neumann 及混合問題、不規則邊界 (Neumann and Mixed Problems. Irregular Boundary)

我們接著將繼續討論 xy 平面上一區域 R 內橢圓 PDE 的邊界值問題。在上一節已經討論過 Dirichlet 問題。在求解 **Neumann** 及**混合問題** (mixed problem) (前一節已定義) 時，所面臨的是一種新情況，因為在邊界點上解的 (外) **法向導數** (normal derivative) $u_n = \partial u / \partial n$ 已知，但 u 本身為未知。要處理這類邊界點，需要一個新的觀念。這個觀念對 Neumann 和混合問題是相同的。因此，可將新觀念與這兩類問題之一一併說明。我們將依此方式進行，並考慮下列此一典型範例。

例題　1　Poisson 方程式的混合邊界值問題

求解 Poisson 方程式 (Poisson equation) 之混合邊界值問題，

$$\nabla^2 u = u_{xx} + u_{yy} = f(x, y) = 12xy$$

如圖 458a 所示。

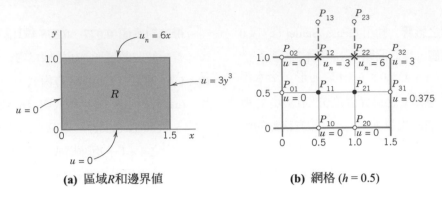

(a) 區域R和邊界值　　　　　　　　**(b)** 網格 ($h = 0.5$)

圖 458　例題 1 中的混合邊界值問題

解

使用圖 458b 所示之網格，其中 $h = 0.5$。憶及第 21.4 節式 (7) 之右側為 $h^2 f(x, y) = 0.5^2 \cdot 12xy = 3xy$。由給定之邊界條件 $u = 3y^3$ 和 $u_n = 6x$，計算得邊界數據為

(1)　　　$u_{31} = 0.375, \quad u_{32} = 3, \quad \dfrac{\partial u_{12}}{\partial n} = \dfrac{\partial u_{12}}{\partial y} = 6 \cdot 0.5 = 3, \quad \dfrac{\partial u_{22}}{\partial n} = \dfrac{\partial u_{22}}{\partial y} = 6 \cdot 1 = 6$

P_{11} 和 P_{21} 為內部網點，可採用前一節所描述之方法計算。事實上，將 $h^2 = 0.25$ 與 $h^2 f(x, y) = 3xy$ 代入第 21.4 節的式 (7)，並考慮所給定之邊界值，可得對應於 P_{11} 和 P_{21} 的兩方程式：

(2a)
$$-4u_{11} + u_{21} + u_{12} = 12(0.5 \cdot 0.5) \cdot \tfrac{1}{4} - 0 = 0.75$$
$$u_{11} - 4u_{21} + u_{22} = 12(1 \cdot 0.5) \cdot \tfrac{1}{4} - 0.375 = 1.125$$

此兩方程式唯一的問題在於，邊界上 P_{12} 和 P_{22} 處，對應的 u 值 u_{12} 和 u_{22} 為未知值，而已知值為法向導數 $u_n = \partial u / \partial n = \partial u / \partial y$ 而非 u；但可以利用下述方法克服這個困難。

考慮 P_{12} 和 P_{22}，下述觀念將有所幫助。想像區域 R 延伸過外部網點的第一列 (相當於 $y = 1.5$)，並假設卜瓦松方程式也適用在延伸區域。則可以寫出另外兩個和先前一樣的方程式 (圖 458b)

(2b)
$$u_{11} - 4u_{12} + u_{22} + u_{13} = 1.5 - 0 = 1.5$$
$$u_{21} + u_{12} - 4u_{22} + u_{23} = 3 - 3 = 0$$

在右側，1.5 為 $12xyh^2$ 在 (0.5, 1) 之值，3 為 $12xyh^2$ 在 (1, 1) 之值，而 0 (在 P_{02}) 與 3 (在 P_{32}) 為所給定之邊界值。至此尚未使用 R 之上邊界的邊界條件，且在式 (2b) 中又引入了二個未知數 u_{13}、u_{23}。但現在我們可以利用該條件，並將中央差分公式套用至 du / dy 來消去 u_{13}、u_{23}。則由式 (1) 可得 (請見圖 458b)

$$3 = \frac{\partial u_{12}}{\partial y} \approx \frac{u_{13} - u_{11}}{2h} = u_{13} - u_{11}, \qquad \text{hence} \qquad u_{13} = u_{11} + 3$$

$$6 = \frac{\partial u_{22}}{\partial y} \approx \frac{u_{23} - u_{21}}{2h} = u_{23} - u_{21}, \qquad \text{hence} \qquad u_{23} = u_{21} + 6.$$

將這些結果代入式 (2b) 並化簡，可得

$$2u_{11} - 4u_{12} + u_{22} = 1.5 - 3 = -1.5$$
$$2u_{21} + u_{12} - 4u_{22} = 3 - 3 - 6 = -6$$

上述結合式 (2a)，並寫成矩陣形式，可得

(3)
$$\begin{bmatrix} -4 & 1 & 1 & 0 \\ 1 & -4 & 0 & 1 \\ 2 & 0 & -4 & 1 \\ 0 & 2 & 1 & -4 \end{bmatrix} \begin{bmatrix} u_{11} \\ u_{21} \\ u_{12} \\ u_{22} \end{bmatrix} = \begin{bmatrix} 0.75 \\ 1.125 \\ 1.5 - 3 \\ 0 - 6 \end{bmatrix} = \begin{bmatrix} 0.75 \\ 1.125 \\ -1.5 \\ -6 \end{bmatrix}$$

(元素 2 來自於 u_{13} 與 u_{23}，而右側的 -3 與 -6 亦同)。式 (3) 之解 (由高斯消去法求得) 如下；問題之精確解示於括號內。

$$u_{12} = 0.866 \quad (\text{精確值為 } 1) \qquad u_{22} = 1.812 \quad (\text{精確值為 } 2)$$
$$u_{11} = 0.077 \quad (\text{精確值為 } 0.125) \qquad u_{21} = 0.191 \quad (\text{精確值為 } 0.25)$$

21.5.1　不規則邊界

我們繼續討論 xy 平面上區域 R 內橢圓 PDE 的邊界值問題。若 R 具有一簡單的幾何形狀，我們通常可安排一些網點在 R 的邊界 C 上，然後依照前一節所說明之方式來近似偏導數。然而，若 C 與網格的交叉點不是網點，則靠近邊界的點必須以不同的方法處理，如下所述。

圖 459 所示的網點 O 就是這種情形。對於 O 及其鄰點 A 和 P，由 Taylor 定理而可得

(4)

(a) $\quad u_A = u_O + ah \dfrac{\partial u_O}{\partial x} + \dfrac{1}{2}(ah)^2 \dfrac{\partial^2 u_O}{\partial x^2} + \cdots$

(b) $\quad u_P = u_O - h \dfrac{\partial u_O}{\partial x} + \dfrac{1}{2}h^2 \dfrac{\partial^2 u_O}{\partial x^2} + \cdots$

忽略未列出之各項並消去 $\partial u_O / \partial x$。將式 (4b) 乘以 a 後加上式 (4a)，可得

$$u_A + au_P \approx (1+a)u_O + \frac{1}{2}a(a+1)h^2 \frac{\partial^2 u_O}{\partial x^2}$$

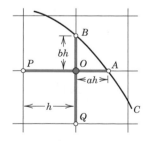

圖 459　區域 R 之曲線邊界 C，C 附近的網點 O，以及鄰點 A、B、P、Q

以代數法求解此方程式中的導數，可得

$$\frac{\partial^2 u_O}{\partial x^2} \approx \frac{2}{h^2}\left[\frac{1}{a(1+a)}u_A + \frac{1}{1+a}u_P - \frac{1}{a}u_O \right]$$

同理，考慮 O、B 及 Q 點，

$$\frac{\partial^2 u_O}{\partial y^2} \approx \frac{2}{h^2}\left[\frac{1}{b(1+b)}u_B + \frac{1}{1+b}u_Q - \frac{1}{b}u_O\right]$$

相加可得

(5)
$$\nabla^2 u_O \approx \frac{2}{h^2}\left[\frac{u_A}{a(1+a)} + \frac{u_B}{b(1+b)} + \frac{u_P}{1+a} + \frac{u_Q}{1+b} - \frac{(a+b)u_O}{ab}\right]$$

舉例來說，若 $a = \frac{1}{2}$、$b = \frac{1}{2}$，則第 21.4 節所述的模板

$$\left\{\begin{matrix} & 1 & \\ 1 & -4 & 1 \\ & 1 & \end{matrix}\right\} \quad 現在成為 \quad \left\{\begin{matrix} & \frac{4}{3} & \\ \frac{2}{3} & -4 & \frac{4}{3} \\ & \frac{2}{3} & \end{matrix}\right\}$$

因為 $1/[a(1+a)] = \frac{4}{3}$，以此類推。五項之總和仍然為零 (用來驗證答案很有用)。

利用相同的觀念，讀者可證明在圖 460 的情況下

(6)
$$\nabla^2 u_O \approx \frac{2}{h^2}\left[\frac{u_A}{a(a+p)} + \frac{u_B}{b(b+q)} + \frac{u_P}{p(p+a)} + \frac{u_Q}{q(q+b)} - \frac{ap+bq}{abpq}u_O\right]$$

此式即考慮各種可能的情況。

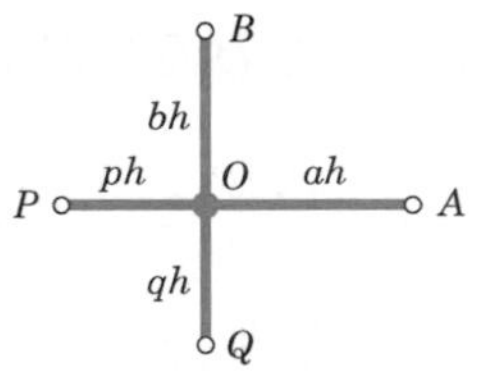

圖 460　網點 O 的鄰點 A、B、P、Q 和公式 (6) 中的標示

例題 2　Laplace 方程式之 Dirichlet 問題、曲線邊界

求出圖 461 所示區域內的位勢 u，其邊界值如圖所示；此處曲線部分的邊界是半徑為 10、圓心為 $(0, 0)$ 之圓弧。使用圖中之網格。

解

u 為 Laplace 方程式之一解。從所給定之邊界值公式 $u = x^3$，$u = 512 - 24y^2$，…，我們可計算在所需各點之值；結果示於圖中。對 P_{11} 和 P_{12} 而言，我們可得一常見規則模板；對 P_{21} 和 P_{22} 而言，使用式 (6) 可得

(7)
$$P_{11}, P_{12}: \left\{\begin{matrix} & 1 & \\ 1 & -4 & 1 \\ & 1 & \end{matrix}\right\}, \quad P_{21}: \left\{\begin{matrix} & 0.5 & \\ 0.6 & -2.5 & 0.9 \\ & 0.5 & \end{matrix}\right\}, \quad P_{22}: \left\{\begin{matrix} & 0.9 & \\ 0.6 & -3 & 0.9 \\ & 0.6 & \end{matrix}\right\}$$

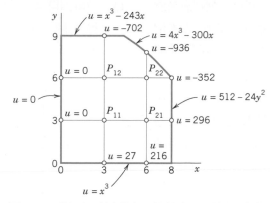

圖 461　例題 2 的區域、位勢之邊界值與網格

使用上式和邊界值，並依序取網點 P_{11}, P_{21}, P_{12}, P_{22}。則可得系統

$$
\begin{array}{rcrcrcrcl}
-4u_{11} & +u_{21} & +u_{12} & & & = 0-27 & & = -27 \\
0.6u_{11} & -2.5u_{21} & & +0.5u_{22} & = -0.9 \cdot 296 - 0.5 \cdot 216 & & = -374.4 \\
u_{11} & & -4u_{12} & +u_{22} & = 702+0 & & = 702 \\
& 0.6u_{21} & +0.6u_{12} & -3u_{22} & = 0.9 \cdot 352 + 0.9 \cdot 936 & & = 1159.2
\end{array}
$$

以矩陣表示為

$$
(8) \qquad
\begin{bmatrix}
-4 & 1 & 1 & 0 \\
0.6 & -2.5 & 0 & 0.5 \\
1 & 0 & -4 & 1 \\
0 & 0.6 & 0.6 & -3
\end{bmatrix}
\begin{bmatrix}
u_{11} \\ u_{21} \\ u_{12} \\ u_{22}
\end{bmatrix}
=
\begin{bmatrix}
-27 \\ -374.4 \\ 702 \\ 1159.2
\end{bmatrix}
$$

利用高斯消去法得到 (捨入後) 下列值

$$
u_{11} = -55.6, \quad u_{21} = 49.2, \quad u_{12} = -298.5, \quad u_{22} = -436.3
$$

明顯地，對於網點如此少的網格，我們無法期望高精確性。對於具有所給訂邊界值之 PDE，其精確解 (不是差分方程式之解) 為 $u = x^3 - 3xy^2$，由此可得

$$
u_{11} = -54, \quad u_{21} = 54, \quad u_{12} = -297, \quad u_{22} = -432
$$

實務上，我們可以使用較精細的網格，並利用間接法求解所得之大型系統。　∎

習題集　21.5

1–7　混合邊界值問題

1. 請驗證例題 1 中 Poisson 方程式的計算。檢查最後式 (3) 之值。

2. 對於圖 462 所示之區域與邊界條件，請利用所示網格求解 Poisson 方程式 $\nabla^2 u = 2(x^2 + y^2)$ 之混合邊界值問題。

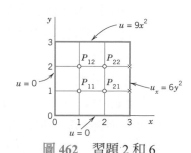

圖 462　習題 2 和 6

3. **CAS實驗 混合問題** 請自行選擇愈來愈細的網格來求解例題 1，並與精確解 $u = 2xy^3$ 比較來探討近似值之精確性。請驗證後者。

4. 試對圖 458a 中之矩形 (並使用圖 458b 中的網點)，求解 Laplace 方程式 $\nabla^2 u = 0$ 之邊界值問題格子解，其中邊界條件為：左邊界 $u_x = 0$、右邊界 $u_x = 3$、下邊界 $u = x^2$、與上邊界 $u = x^2 - 1$。

5. 求解例題 1 的 Laplace 方程式 (而非 Poisson 方程式)，邊界數據與網格如前所述。

6. 請對圖 462 所示之網格求解 $\nabla^2 u = -\pi^2 y \sin \frac{1}{3} \pi x$，邊界條件為 $u_y(1,3) = u_y(2,3) = \frac{1}{2}\sqrt{243}$、$u = 0$ 在方形的其它三邊。

7. 若習題 4 中上邊界為 $u_n = 110$ 且其它邊界為 $u = 110$，請再求解一次。

8–16 不規則邊界

8. 請驗證式 (5) 之後的模板。

9. 請在一般的情況下對推導式 (5)。

10. 請詳細推導模板公式 (6) 之通式。

11. 請推導在例題 2 中的線性系統。

12. 請驗證例題 2 中的解。

13. 請針對圖 463 所示之區域與邊界值，以網格求解 Laplace 方程式 (斜線邊界為 $y = 4.5 - x$)。

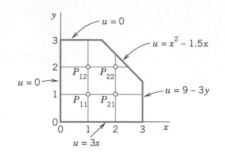

圖 463 習題 13

14. 假設在習題 13 中的座標軸為接地 ($u = 0$)，若希望要在 P_{11} 產生 220 伏特時，則其它部分邊界的定電位必須為何。

15. 假設在習題 13 中的座標軸為 $u = 100$ 伏特，它部分邊界的定電位為 $u = 0$ 伏特，則所得之電位為何？

16. 請針對圖 464 所示之區域與邊界值，利用所示之網格求解 Poisson 方程式 $\nabla^2 u = 2$。

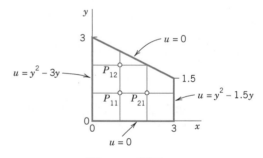

圖 464 習題 16

21.6 拋物線型 PDE 之數值方法 (Methods for Parabolic PDEs)

在前二節中討論了橢圓 PDE，而本節將討論拋物線 PDE。請回顧第 21.4 節關於橢圓、拋物線以及雙曲線 PDE 之定義。我們在該處曾提及解的一般形式會依類型而有所不同，且實際問題亦然。這也會反映所使用的數值方法。

對於這三種類型，我們將 PDE 以相對應的差分方程式取代，但對拋物線和雙曲線 PDE 而言，這樣做並不保證當網目尺寸 $h \to 0$ 時的近似解將會**收斂**至正確解；事實上，不保證能夠收斂。對這二種類型的 PDE 而言，需有額外條件 (不等式) 來確保收斂性與**穩定性**；後者意味著初始數據的小變動 (或任何時候的小誤差)，在稍後的計算中只會產生很小的影響。

在本節中，將說明拋物線 PDE 原型的數值解，一維熱傳導方程式爲

$$u_t = c^2 u_{xx} \qquad (c\ 爲常數)$$

對於此 PDE，我們通常考慮某固定區間，如 $0 \le x \le L$，內且時間 $t \ge 0$ 之 x，並指定初始溫度 $u(x,0) = f(x)$（f 爲已知）與對於所有 $t \ge 0$ 在 $x=0$ 和 $x=L$ 的邊界條件，例如 $u(0,t) = 0$、$u(L,t) = 0$。在此可假設 $c = 1$ 和 $L = 1$；任何時候只要將 x 和 t 進行線性轉換即可（習題 1）。則**熱傳導方程式**和上述條件爲

(1) $\qquad\qquad u_t = u_{xx} \qquad\qquad\qquad 0 \le x \le 1,\ t \ge 0$

(2) $\qquad\qquad u(x,0) = f(x) \qquad\qquad\qquad$（初始條件）

(3) $\qquad\qquad u(0,t) = u(1,t) = 0 \qquad\qquad$（邊界條件）

式 (1) 的一個簡單有限差分近似爲 [請見第 21.4 節式 (6a)；j 爲**時間步距 (time step)** 數]

(4) $$\frac{1}{k}(u_{i,j+1} - u_{ij}) = \frac{1}{h^2}(u_{i+1,j} - 2u_{ij} + u_{i-1,j})$$

圖 465 所示爲相對應的網格和網點。其中網目尺寸在 x 方向爲 h，且在 t 方向爲 k。公式 (4) 包含圖 466 所示之四點。在公式 (4) 左側我們使用了前向差商，因爲一開始並沒有負 t 的資訊。由式 (4) 計算對應於 $j+1$ 時間列的 $u_{i,j+1}$，以對應於 j 時間列的其它三個 u 值表示。解出式 (4) 中之 $u_{i,j+1}$，可得

(5) $\qquad u_{i,j+1} = (1-2r)u_{ij} + r(u_{i+1,j} + u_{i-1,j}) \qquad r = \dfrac{k}{h^2}$

利用這個由式 (5) 而得之**顯性法 (explicit method)** 來計算相當簡單。然而，我們可以證明下列的條件對此法之收斂性相當重要：

(6) $\qquad\qquad r = \dfrac{k}{h^2} \le \dfrac{1}{2}$

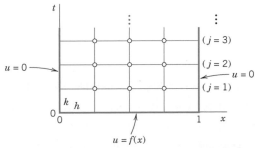

圖 465　對應於式 (4)、(5) 的網格與網點

圖 466　式 (4) 與式 (5) 中的四點

亦即，u_{ij} 在式 (5) 中必須具有正係數或不出現在式 (5) 中 ($r = \frac{1}{2}$ 時)。根據直覺判斷，式 (6) 表示在 t 方向不應移動太快。後面會舉一範例說明。

21.6.1　Crank–Nicolson 法 (Crank–Nicolson Method)

條件式 (6) 在實用上相當不利。事實上，要達到足夠的精確性，則必須選擇非常小的 h，使得式(6) 中的 k 非常小。舉例來說，若 $h = 0.1$，則 $k \leq 0.005$。因此，我們必須找出一個更令人滿意的熱傳導方程式解法。

一種對 $r = k/h^2$ 沒有限制的方法為 **Crank–Nicolson 法 (Crank-Nicolson method)**[5]；此法使用圖 467 所示 6 點的 u 值。此法的觀念乃是將式 (4) 右側的差商，利用二時間列 (請見圖 467) 的二個差商之和的 $\frac{1}{2}$ 倍來取代。不用 (4)，我們有

$$
(7) \quad
\begin{aligned}
\frac{1}{k}(u_{i,j+1} - u_{ij}) &= \frac{1}{2h^2}(u_{i+1,j} - 2u_{ij} + u_{i-1,j}) \\
&\quad + \frac{1}{2h^2}(u_{i+1,j+1} - 2u_{i,j+1} + u_{i-1,j+1})
\end{aligned}
$$

乘以 $2k$ 並和先前一樣令 $r = k/h^2$，接著將對應於 $j+1$ 時間列的三項置於左側，對應於 j 時間列的三項置於右側，可得

$$
(8) \quad (2+2r)u_{i,j+1} - r(u_{i+1,j+1} + u_{i-1,j+1}) = (2-2r)u_{ij} + r(u_{i+1,j} + u_{i-1,j})
$$

如何使用式 (8)？一般而言，左側的三個值為未知，而右側的三個值為已知。若將式 (1) 的 x 區間 $0 \leq x \leq 1$ 分成 n 個等長間隔，則每個時間列上有 $n-1$ 個內部網點 (請見圖 465，其中 $n = 4$)。然後，對於 $j = 0$ 和 $i = 1, \cdots, n-1$，由式 (8) 可得一組由 $n-1$ 個方程式所組成，未知數為第一時間列中 $n-1$ 個未知值 $u_{11}, u_{21}, \cdots, u_{n-1,1}$ 之系統，以初始值 $u_{00}, u_{10}, \cdots, u_{n0}$ 與邊界值 $u_{01}(=0)$、$u_{n1}(=0)$ 表示。對 $j = 1$、$j = 2$ 等等亦同理；亦即，對於每一時間列，必須解出由式 (8) 所求出 $n-1$ 個方程式所組成之線性系統。

雖然 $r = k/h^2$ 不再受限制，但 r 愈小仍然會得到愈好的結果。實際上，可選取不會使 r 太大的 k 值，來減少運算量。例如，通常會選擇 $r = 1$ (此選擇在先前的方法中是不可能的)。則式 (8) 可簡化成

$$
(9) \quad 4u_{i,j+1} - u_{i+1,j+1} - u_{i-1,j+1} = u_{i+1,j} + u_{i-1,j}
$$

---

[5] JOHN CRANK (1916–2006)，Courtaulds Fundamental Research Laboratory 的英國數學家和物理學家，英國 Brunel University 的教授。JOHN CRANK 是 Sir WILLIAM LAWRENCE BRAGG 的學生。Sir WILLIAM LAWRENCE BRAGG (1890–1971) 是澳大利亞裔英國物理學家，他和他的父親，Sir WILLIAM HENRY BRAGG (1862–1942)，以他們在 X 射線晶體學方面的基礎研究，共同獲得 1915 年諾貝爾物理獎 (這是父子以相同的研究共享諾貝爾獎的唯一例子。而且，W. L. Bragg 是有史以來最年輕的諾貝爾獎得主)。PHYLLIS NICOLSON (1917–1968)，英國數學家，英國 University of Leeds 的教授。

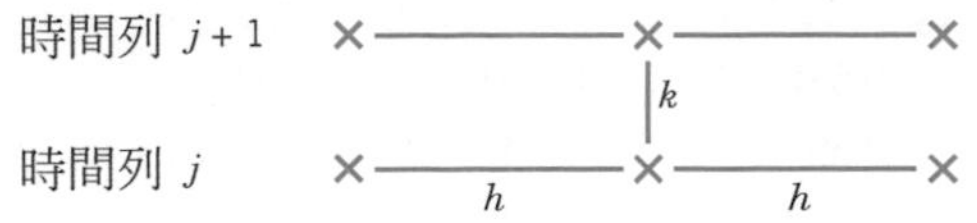

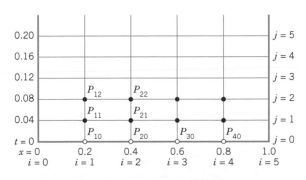

圖 467 Crank–Nicolson 公式 (7) 和 (8) 中的 6 點

圖 468 例題 1 中的網格

例題 1 金屬桿之溫度、Crank–Nicolson 法、顯性法

考慮側邊為絕熱而長度為 1 之金屬桿，其熱傳導方程式中 $c^2 = 1$。假設桿的兩端保持在 $u = 0\ ℃$ 的溫度，且桿中在某一瞬間，稱此瞬間為 $t = 0$，之溫度分佈為 $f(x) = \sin \pi x$。請運用 Crank–Nicolson 法，以 $h = 0.2$ 和 $r = 1$，求出 $0 \le t \le 0.2$ 時桿之溫度 $u(x,t)$。請將結果與精確解進行比較。此外，試分別針對滿足式 (6) 的 r，如 $r = 0.25$，和不滿足 (6) 式的 r，如 $r = 1$ 和 $r = 2.5$，運用式 (5)。

以 Crank–Nicolson 法求解 因為 $r = 1$，故式 (8) 之形式為式 (9)。因 $h = 0.2$ 且 $r = k/h^2 = 1$，可得 $k = h^2 = 0.04$。所以必須進行 5 個步驟。網格如圖 468 所示。我們將會需要初始值

$$u_{10} = \sin 0.2\pi = 0.587785, \quad u_{20} = \sin 0.4\pi = 0.951057$$

而且，$u_{30} = u_{20}$ 和 $u_{40} = u_{10}$（請注意圖 468 中 u_{10} 表示在 P_{10} 的 u 值，以此類推)。在圖 468 的每一時間列中有 4 個內部網點。因此在每一時間步距中，必須求解含有 4 個未知數的 4 個方程式。但因初始溫度分佈對稱於 $x = 0.5$，且對所有 t 而言，兩端的 $u = 0$，由此可得第一時間列中 $u_{31} = u_{21}$、$u_{41} = u_{11}$，且其它列也類似。這使得每個系統簡化成含有 2 個未知數的 2 個方程式。由式 (9)，因為 $u_{31} = u_{21}$ 和 $u_{01} = 0$，故對 $j = 0$ 而言，這些方程式為

$$\begin{aligned}(i=1) \quad & 4u_{11} - u_{21} && = u_{00} + u_{20} = 0.951057 \\ (i=2) \quad & -u_{11} + 4u_{21} - u_{21} && = u_{10} + u_{20} = 1.538842\end{aligned}$$

解為 $u_{11} = 0.399274$、$u_{21} = 0.646039$。同理，對於 $j = 1$ 而言，可得系統

$$\begin{aligned}(i=1) \quad & 4u_{12} - u_{22} = u_{01} + u_{21} = 0.646039 \\ (i=2) \quad & -u_{12} + 3u_{22} = u_{11} + u_{21} = 1.045313\end{aligned}$$

解為 $u_{12} = 0.271221$、$u_{22} = 0.438844$，以此類推。如此可得溫度分佈 (圖 469)：

t	$x=0$	$x=0.2$	$x=0.4$	$x=0.6$	$x=0.8$	$x=1$
0.00	0	0.588	0.951	0.951	0.588	0
0.04	0	0.399	0.646	0.646	0.399	0
0.08	0	0.271	0.439	0.439	0.271	0
0.12	0	0.184	0.298	0.298	0.184	0
0.16	0	0.125	0.202	0.202	0.125	0
0.20	0	0.085	0.138	0.138	0.085	0

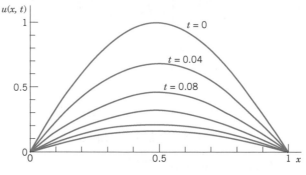

圖 469　例題 1 桿中之溫度分佈

與精確解比較 本題可由分離變數法 (第 12.5 節) 求出精確解；結果為

$$(10) \qquad u(x,t) = \sin \pi x e^{-\pi^2 t}$$

利用顯性法 (5) 以 $r = 0.25$ 求解 對於 $h = 0.2$ 和 $r = k/h^2 = 0.25$ 我們有 $k = rh^2 = 0.25 \cdot 0.04 = 0.01$。因此所需步驟數為 Crank–Nicolson 法的 4 倍！若 $r = 0.25$ 則式 (5) 為

$$(11) \qquad u_{i,j+1} = 0.25(u_{i-1,j} + 2u_{ij} + u_{i+1,j})$$

再次利用對稱性。對於 $j = 0$ 而言，我們需要 $u_{00} = 0$、$u_{10} = 0.587785$、$u_{20} = u_{30} = 0.951057$，並計算得

$$u_{11} = 0.25(u_{00} + 2u_{10} + u_{20}) = 0.531657$$
$$u_{21} = 0.25(u_{10} + 2u_{20} + u_{30}) = 0.25(u_{10} + 3u_{20}) = 0.860239$$

當然，我們省略公式中的邊界項 $u_{01} = 0$, $u_{02} = 0$, $\cdots$。對於 $j = 1$，可算出

$$u_{12} = 0.25(2u_{11} + u_{21}) = 0.480888$$
$$u_{22} = 0.25(u_{11} + 3u_{21}) = 0.778094$$

以此類推。我們必須進行 20 個步驟，而非 5 個 CN 步驟，但數值顯示其精確性大約與 Crank–Nicolson 法之值 CN 相同。精確 3D 值由式 (10) 而得。

t	$x = 0.2$			$x = 0.4$		
	CN	由式 (11)	精確值	CN	由式 (11)	精確值
0.04	0.399	0.393	0.396	0.646	0.637	0.641
0.08	0.271	0.263	0.267	0.439	0.426	0.432
0.12	0.184	0.176	0.180	0.298	0.285	0.291
0.16	0.125	0.118	0.121	0.202	0.191	0.196
0.20	0.085	0.079	0.082	0.138	0.128	0.132

r 不滿足式 (6) 則式 (5) 失效　若 $h = 0.2$ 且 $r = 1$（違反式 (6)），則式 (5) 為

$$u_{i,j+1} = u_{i-1,j} - u_{ij} + u_{i+1,j}$$

會產生極差的數據；部分結果如下所列：

t	$x = 0.2$	精確值	$x = 0.4$	精確值
0.04	0.363	0.396	0.588	0.641
0.12	0.139	0.180	0.225	0.291
0.20	0.053	0.082	0.086	0.132

對於更大的 $r = 2.5$（而 $h = 0.2$ 如前），則式 (5) 將會得到完全沒有意義的結果；部分結果如下所列：

t	$x = 0.2$	精確值	$x = 0.4$	精確值
0.1	0.0265	0.2191	0.0429	0.3545
0.3	0.0001	0.0304	0.0001	0.0492.

習題集　21.6

1. **無因次型**　試證明若令 $x = \tilde{x}/L$、$t = c^2\tilde{t}/L^2$、$u = \tilde{u}/u_0$，其中 u_0 為任意之定溫值，則熱方程式 $\tilde{u}_{\tilde{t}} = c^2\tilde{u}_{\tilde{x}\tilde{x}}$、$0 \le \tilde{x} \le L$ 將可轉化成「無因次」標準形式 $u_t = u_{xx}$、$0 \le x \le 1$。

2. **差分方程式**　試推導出熱方程式的差分近似式 (4)。

3. **顯性法**　請由式 (4) 解 $u_{i,j+1}$ 推導出式 (5)。

4. **CAS 實驗。各種方法之比較。**
   (a) 針對顯性法和 Crank–Nicolson 法撰寫程式。
   (b) 請將程式運用於長度為 1 之側向絕緣棒的熱問題；其中對於所有 t，$u(x,0) = \sin \pi x$ 且 $u(0,t) = u(1,t) = 0$。

   對顯性法採用 $h = 0.2$、$k = 0.01$，20 個步驟；對於 Crank–Nicolson 法則使用 $h = 0.2$ 及式 (9)，5 個步驟。請利用適當級數求出精確之 6D 值，並比較。
   (c) 在兩個類似於第 12.7 節圖 299 的圖形中繪出 (b) 小題中的溫度曲線。
   (d) 以更小的 h（0.1、0.05 等等）來測試兩種方法，以找出在 h 和 k 的系統性改變下，準確度增加的程度如何？

顯性法

5. 長度為 10 ft 的側向絕緣棒，初始溫度為 $f(x) = x(1-0.1x)$，請利用式 (5)，$h = 1$、$k = 0.5$，解熱傳導問題 (1)–(3) 以求出 $t = 2$ 時之溫度。

6. 若 $0 \leq x < \frac{1}{2}$ ， $f(x) = x$ ；若 $\frac{1}{2} \leq x \leq 1$ ， $f(x) = 1 - x$ 。請利用顯性法，以 $h = 0.2$ 、 $k = 0.01$ ，8 個時間步距求解熱問題 (1)–(3)。請與以 $t = 0.08$ ， $x = 0.2, 0.4$ 用第 12.5 節級數 (2 項) 所獲得之 3S 值 0.108、0.175 做比較。

7. 顯性法之精確性視 $r (\leq \frac{1}{2})$ 而定。請利用習題 6，取 $r = \frac{1}{2}$ (和先前一樣取 $h = 0.2$) 來說明此敘述。進行 4 個步驟。將 $t = 0.04$ 與 $t = 0.08$ 之結果與習題 6 中之 3S 值，0.156、0.254 ($t = 0.04$)，0.105、0.170 ($t = 0.08$) 進行比較。

8. 在一長度為 1 之側邊絕緣棒中，令初始溫度為：若 $0 \leq x < 0.5$ ， $f(x) = x$ ；若 $0.5 \leq x \leq 1$, $f(x) = 1 - x$。令式 (1) 和式 (3) 成立。套用顯性法，以 $h = 0.2$ 、 $k = 0.01$ ，進行 5 個步驟。對於所有 t，你是否能預期解會滿足 $u(x, t) = u(1 - x, t)$ ？

9. 重解習題 8，若 $0 \leq x \leq 0.2$ ， $f(x) = x$ ；若 $0.2 < x \leq 1$ ， $f(x) = 0.25(1 - x)$ 。其它資料同前。

10. 絕緣端 若一根側邊絕緣棒的左端，從 $x = 0$ 延伸至 $x = 1$ 均為絕緣狀況，而在 $x = 0$ 的邊界條件為 $u_n(0, t) = u_x(0, t) = 0$ 。

請證明當套用式 (5) 所得之顯性法時，可以由下列公式計算 $u_{0\,j+1}$ ：

$$u_{0\,j+1} = (1 - 2r)u_{0j} + 2ru_{1j}$$

由 $x = 0$ 延伸至 $x = 1$ 之側邊絕緣棒，若 $u(x, 0) = 0$ ，左端為絕緣而右端保持在溫度 $g(t) = \sin \frac{50}{3} \pi t$ ，請運用上式，以 $h = 0.2$ 及 $r = 0.25$ 求出溫度 $u(x, t)$ 。提示：利用 $0 = \partial u_{0j} / \partial x = (u_{1j} - u_{-1j})/2h$ 。

Crank–Nicolson 法

11. 利用式 (9)，以 $h = 0.2$ 求解習題 9，進行 2 個步驟。請與第 12.5 節之級數 (2 項) 以適當係數所求得的精確值做比較。

12. 若 $0 \leq x < \frac{1}{2}$ ， $f(x) = x$ ；若 $\frac{1}{2} \leq x \leq 1$ ， $f(x) = 1 - x$ 。請利用 Crank–Nicolson 法，以 $h = 0.2$ 和 $k = 0.04$ ，針對 $0 \leq t \leq 0.20$ 求解熱問題式 (1)–(3)。請 $t = 0.20$ 之結果與第 12.5 節級數 (2 項) 所獲得之精確值做比較。

13–15

請利用 Crank–Nicolson，以 $r = 1$ (5 個步驟) 求解式 (1)–(3)，其中

13. 若 $0 \leq x < 0.25$ ， $f(x) = 5x$ ；若 $0.25 \leq x \leq 1$ ， $f(x) = 1.25(1 - x)$ ， $h = 0.2$ 。

14. $f(x) = x(1 - x), h = 0.1$ (與習題 15 做比較)。

15. $f(x) = x(1 - x), h = 0.2$

21.7 雙曲線 PDE 之數值方法 (Method for Hyperbolic PDEs)

在本節將討論有關雙曲線 PDE 問題之數值方法。我們以雙曲線 PDE 的一個典型標準型式來說明其標準數值方法，此標準型式即為**波動方程式** (wave equation)：

(1) $$u_{tt} = u_{xx} \qquad\qquad 0 \leq x \leq 1, t \geq 0$$

(2) $$u(x, 0) = f(x) \qquad\qquad \text{(已知初始位移)}$$

(3) $$u_t(x, 0) = g(x) \qquad\qquad \text{(已知初始速度)}$$

(4)
$$u(0,t) = u(1,t) = 0$$
(邊界條件)

注意，方程式 $u_{tt} = c^2 u_{xx}$ 和其它的 x 區間可由 x 和 t 的線性轉換化簡成形式 (1)。這與第 21.6 節習題 1 類似。

舉例來說，式 (1)–(4) 所描述之數學模型爲一個固定端在 $x = 0$ 和 $x = 1$ 之振動彈性弦 (請見第 12.2 節)。雖然此類問題可由第 12.4 節式 (13) 求出解析解，但我們仍將利用此問題來說明更爲複雜雙曲線 PDE 也適用之數值方法基本觀念。

如前所述，以差商取代導數，則由式 (1) 可得 [請見第 21.4 節式 (6)，$y = t$]

(5)
$$\frac{1}{k^2}(u_{i,j+1} - 2u_{ij} + u_{i,j-1}) = \frac{1}{h^2}(u_{i+1,j} - 2u_{ij} + u_{i-1,j})$$

其中 h 爲 x 方向的網目尺寸，而 k 爲 t 方向的網目尺寸。如圖 470a 所示，此差分方程式與 5 個點相關連。在此建議使用與前一節拋物線方程式所使用網格類似的矩形網格。選擇 $r^* = k^2 / h^2 = 1$。則 u_{ij} 被消去而得

(6)
$$u_{i,j+1} = u_{i-1,j} + u_{i+1,j} - u_{1,j-1}$$
(圖 470b)

對 $0 < r^* \leq 1$ 而言，由此可證明此**顯性法**將是穩定的，所以由式 (6) 我們可以預期沒有連續性的初始資料還是可以產生合理的結果 (對於雙曲線 PDE 而言，不連續性會擴散至解域，這種現象以目前的網格難以處理。關於不連續穩定**隱式法**，請參閱附錄 1 中之參考文獻 [E1])。

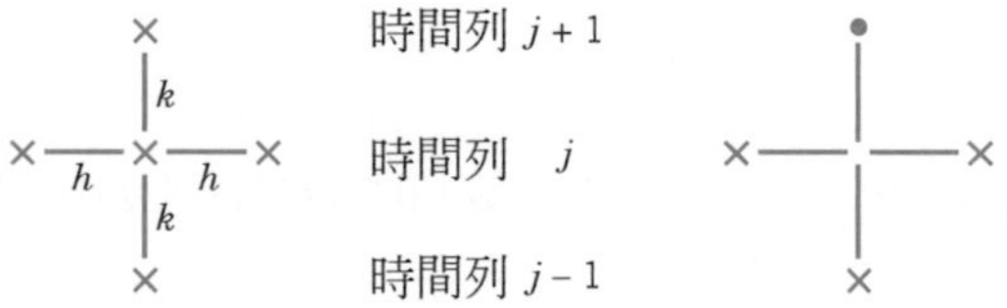

圖 470　式 (5) 和 (6) 中使用的網點

方程式 (6) 仍然具有三個時間步距 $j-1$、j、$j+1$，而拋物線型式的公式中只有二個時間步距。此外，我們現在有兩個初始條件。因此我們想要知道應該如何開始及如何使用初始條件 (3)。方式如下。

由 $u_t(x,0) = g(x)$ ，可導出差分公式

(7)
$$\frac{1}{2k}(u_{i1} - u_{i,-1}) = g_i \qquad 因此 \qquad u_{i,-1} = u_{i1} - 2kg_i$$

其中 $g_i = g(ih)$。對於 $t = 0$ (亦即 $j = 0$)，式 (6) 爲

$$u_{i1} = u_{i-1,0} + u_{i+1,0} - u_{i,-1}$$

將式 (7) 中的 $u_{i,-1}$ 代入上式。可得 $u_{i1} = u_{i-1,0} + u_{i+1,0} - u_{i1} + 2kg_i$ ，化簡爲

(8)
$$u_{i1} = \frac{1}{2}(u_{i-1,0} + u_{i+1,0}) + kg_i,$$

此式將 u_{i1} 以初始數據表示，但是這僅適用於一開始而已，然後使用式 (6)。

例題　1　振動弦、波動方程式

以 $h = k = 0.2$，將所討論的方法運用至問題 (1)–(4)，其中

$$f(x) = \sin \pi x, \quad g(x) = 0$$

解

除了 t 值改為 0.2, 0.4, ⋯ (而非 0.04, 0.08, ⋯) 之外，網格與第 21.6 節圖 468 相同。初始值 $u_{00}, u_{10}, \cdots$ 與第 21.6 節例題 1 相同。由式 (8) 及 $g(x) = 0$，可得

$$u_{i1} = \frac{1}{2}(u_{i-1,0} + u_{i+1,0})$$

由此，並利用 $u_{10} = u_{40} = \sin 0.2\pi = 0.587785$、$u_{20} = u_{30} = 0.951057$ 可算出

$$(i=1) \quad u_{11} = \tfrac{1}{2}(u_{00} + u_{20}) = \tfrac{1}{2} \cdot 0.951057 = 0.475528$$
$$(i=2) \quad u_{21} = \tfrac{1}{2}(u_{10} + u_{30}) = \tfrac{1}{2} \cdot 1.538842 = 0.769421$$

且由第 21.6 節例題 1 中的對稱性，可得 $u_{31} = u_{21}$、$u_{41} = u_{11}$。由式 (6)，取 $j = 1$，利用 $u_{01} = u_{02} = \cdots = 0$ 可得，

$$(i=1) \quad u_{12} = u_{01} + u_{21} - u_{10} = 0.769421 - 0.587785 \qquad = 0.181636$$
$$(i=2) \quad u_{22} = u_{11} + u_{31} - u_{20} = 0.475528 + 0.769421 - 0.951057 = 0.293892$$

且由對稱性可得 $u_{32} = u_{22}$、$u_{42} = u_{12}$；其餘以此類推。因此，可得該弦在第一個半週期的位移值 $u(x,t)$，

t	$x = 0$	$x = 0.2$	$x = 0.4$	$x = 0.6$	$x = 0.8$	$x = 1$
0.0	0	0.588	0.951	0.951	0.588	0
0.2	0	0.476	0.769	0.769	0.476	0
0.4	0	0.182	0.294	0.294	0.182	0
0.6	0	−0.182	−0.294	−0.294	−0.182	0
0.8	0	−0.476	−0.769	−0.769	−0.476	0
1.0	0	−0.588	−0.951	−0.951	−0.588	0

上列值精確至 3D，本題的精確解為 (請見第 12.3 節)

$$u(x,t) = \sin \pi x \cos \pi t$$

精確值是由第 12.4 節的達朗柏特解 (d'Alembert's solution) (4) 而得 (請同時參考習題 4)。　∎

第 21 章關於 ODE 和 PDE 數值方法的討論至此告一段落。這是一個正迅速發展的領域，包含許多基本應用和有趣的研究。現今這個領域之所以如此活躍要歸功於電腦。當我們在對付這些大型且複雜的問題，以及對全新的概念做測試和實驗時，電腦是一項無價的工具。以上所提的這些研究活動可，能是對現存的數值演算法做個微小的或是巨大的改善，或者是測試新的演算法及其它概念。

習題集　21.7

振動弦

1–3　利用本節之數值方法，以 $h = k = 0.2$ 在所給定 t 區間求解 (1)–(4)，其中初始速度為 0，初始偏量為 $f(x)$。

1. 若 $0 = x < \frac{1}{5}$，$f(x) = x$；若 $\frac{1}{5} \le x \le 1$，$f(x) = \frac{1}{4}(1-x)$；$0 \le t \le 1$。

2. $f(x) = x^2 - x^3,\ 0 \le t \le 2$

3. $f(x) = 0.2(x - x^2),\ 0 \le t \le 2$

4. **另一種起始公式**　證明由第 12.4 節的式 (12) 可得另一種起始公式
$$u_{i,1} = \frac{1}{2}(u_{i+1,0} + u_{i-1,0}) + \frac{1}{2}\int_{x_i-k}^{x_i+k} g(s)\,ds$$
(必要時，可用數值方法算出積分項)。在什麼情況下會與式 (8) 相同？

5. **非零初始位移和速度**　說明本節方法在 f 和 g 不完全為零的起始步驟，例如 $f(x) = 1 - \cos 2\pi x$、　$g(x) = x(1-x)$。取 $h = k = 0.1$ 並計算 2 個時間步距。

6. 針對 $f(x) = x^2$、$g(x) = 2x$，$u_x(0,t) = 2t$、$u(1,t) = (1+t)^2$；求解 (1)–(3) ($h = k = 0.2$，5 個時間步距)。

7. **零初始位移**　若波動方程式 (1) 所表示的弦從平衡位置以初速 $g(x) = \sin \pi x$ 開始，則在時間 $t = 0.4$ 且 $x = 0.2, 0.4, 0.6, 0.8$ 處的位移為何？(使用本節方法並取 $h = 0.2$、$k = 0.2$)。利用式 (8) (與第 12.4 節式 (12) 所得之精確值比較)。

8. 使用細小網格 ($h = 0.1$、$k = 0.1$) 計算習題 7 中的近似值，並注意精確性的提升。

9. 利用習題 8 的公式，取 $t = 0.1$ 且 $x = 0.1, 0.2, \cdots, 0.9$，計算習題 5 的 u，並比較所得之值。

10. 證明由第 12.4 節的達朗柏特解 (13)，取 $c = 1$，則由本節式 (6) 可得精確值 $u_{i,j+1} = u(ih, (j+1)h)$。

第 21 章　複習題

1. 請以幾何觀念說明 Euler 法與改良 Euler 法。為何我們要考慮這些方法？

2. 我們如何利用 Taylor 級數獲得數值方法？

3. 何謂方法的局部階數與全域階數？請舉例說明。

4. 為什麼在 Runge-Kutta 法中，我們必須算出輔助值？幾個？

5. 何謂適應性積分？這個概念如何延伸至 Runge-Kutta 法？

6. 何謂單一步驟法？何謂多重步驟法？潛在的觀念為何？請舉例說明。

7. 一個方法「不是自行啟動的」是什麼意思？如何克服這個問題？

8. 何謂預測修正法？請舉例說明。

9. 何謂步距大小控制？何時需要它？實際上如何達成？

10. Runge-Kutta 法如何推廣至 ODE 系統？

11. 為何我們要在不同的節次中來處理一些 PDE 的主要型態？請表列出 PDE 類型及其數值求解方法。

12. 在本章中，為何要使用有限差分？又如何使用？試以記憶所及盡可能詳細的回答，不要翻閱課文。

13. 如何近似 Laplace 方程式和 Poisson 方程式？

14. 我們為波動方程式指定了幾個初始條件？為熱傳導方程式呢？

15. 是否可利用差分方程式求出對應 PDE 的精確解？

16. PDE 的哪一個方法會有收斂問題？

17. 請利用 Euler 法，以 $h = 0.1$、10 個步驟，求解 $y' = y$、$y(0) = 1$。

18. 重做習題 17，以 $h = 0.01$、10 個步驟。計算誤差。對於 $x = 0.1$ 與習題 17 的誤差做比較。

19. 請利用改良 Euler 法，以 $h = 0.1$、10 個步驟，求解 $y' = 1 + y^2$、$y(0) = 0$。

20. 請利用改良 Euler 法，以 $h = 0.1$、10 個步驟，求解 $y' + y = (x+1)^2$、$y(0) = 3$。計算誤差。

21. 請利用 RK 法，以 $h = 0.1$，5 個步驟，求解習題 19。計算誤差。與習題 19 做比較。

22. **公平比較** 求解 $y' = 2x^{-1}\sqrt{y - \ln x} + x^{-1}$、$y(1) = 0$，$1 \le x \le 1.8$，**(a)** 利用 Euler 法，$h = 0.1$；**(b)** 利用改良 Euler 法，$h = 0.2$；**(c)** 利用 RK 法，$h = 0.4$。請驗證精確解為 $y = (\ln x)^2 + \ln x$。計算誤差。比較為何公平？

23. 請利用 Adams–Moulton 法，以 $h = 0.2$ 及起始值 0.198668、0.389416、0.564637 解 $y' = \sqrt{1 - y^2}$，$y(0) = 0$，$x = 0, \cdots, 1$。

24. 請利用 Adams–Moulton 法，以 $h = 0.2$ 及起始值 4.00271、4.02279、4.08413 解 $y' = (x + y - 4)^2$、$y(0) = 4$、$x = 0, \cdots, 1$。

25. 請利用系統之 Euler 法，以 $h = 0.1$、5 個步驟，求解 $y'' = x^2 y$、$y(0) = 1$、$y'(0) = 0$。

26. 請利用系統之改良 Euler 法，以 $h = 0.2$、10 個步驟，求解 $y_1' = y_2$、$y_2' = -4y_1$、$y_1(0) = 2$、$y_2(0) = 0$。請繪出解。

27. 請利用系統之 RK 法，以 $h = 0.2$、5 個步驟，求解 $y'' + y = 2e^x$、$y(0) = 0$、$y'(0) = 1$。請計算誤差。

28. 請利用系統之 RK 法，以 $h = 0.05$、3 個步驟，求解 $y_1' = 6y_1 + 9y_2$、$y_2'' = y_1 + 6y_2$、$y_1(0) = -3$、$y_2(0) = -3$。

29. 一組導電板的電位保持在 0 和 220 伏特 (如圖 471 所示之矩形側邊)，請求出在導電板之間的電場中，位於 P_{11}、P_{12}、P_{13} 處靜電位的概略近似值(使用所示之網格)。

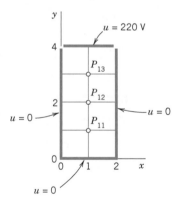

圖 471　習題 29

30. 一根兩端在 $x = 0$ 與 $x = 1$ 的側向絕緣均質棒，初始溫度為 0。其左端保持在 0，右端的溫度則呈正弦變化，即

$$u(t, 1) = g(t) = \sin\frac{25}{3}\pi t$$

請利用顯性法，取 $h = 0.2$ 與 $r = 0.5$ (一個週期，即 $0 \le t \le 0.24$)，求出棒中溫度 $u(x, t)$ [第 21.6 節中式 (1) 之解]。

31. 請利用第 21.7 節的方法，取 $h = 0.1$、$k = 0.1$ 且 $t = 0.3$，求解振動弦問題 $u_{tt} = u_{xx}$、$u(x,0) = x(1-x)$、$u_t = 0$、$u(0,t) = u(1,t) = 0$。

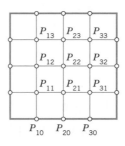

圖 472　習題 32–34

32–34　位勢

請利用所給定之網格與邊界值，求出圖 472 中之位勢：

32. $u(P_{01}) = u(P_{03}) = u(P_{41}) = u(P_{43}) = 200,$
$u(P_{10}) = u(P_{30}) = -400, u(P_{20}) = 1600,$
$u(P_{02}) = u(P_{42}) = u(P_{14}) = u(P_{24}) = u(P_{34}) = 0$

33. $u(P_{10}) = u(P_{30}) = 960, u(P_{20}) = -480$ 在邊界的其它處 $u = 0$

34. 上邊界與下邊界為 $u = 70$，左側與右側為 $u = 0$。

35. 請利用 Crank–Nicolson 法，取 $h = 0.2$、$k = 0.04$，5 個步驟，求解 $u_t = u_{xx} (0 \le x \le 1, t \ge 0)$、$u(x,0) = x^2(1-x)$、$u(0,t) = u(1,t) = 0$。

第 21 章摘要　ODE 與 PDE 之數值方法

本章討論了 ODE 的數值方法 (第 21.1–21.3 節) 和 PDE 的數值方法 (第 21.4–21.7 節)。對於一階 ODE，考慮下列型式的初始值問題

(1)
$$y' = f(x,y), \quad y(x_0) = y_0$$

解此問題的數值方法，可由截去下列 Taylor 級數而得

$$y(x+h) = y(x) + hy'(x) + \frac{h^2}{2}y''(x) + \cdots$$

其中，由式 (1) 得 $y' = f$、$y'' = f' = \partial f / \partial x + (\partial f / \partial y)y'$，以此類推。截去 hy' 以後的各項將可得到 **Euler 法**，此法是逐步計算

(2)
$$y_{n+1} = y_n + hf(x_n, y_n) \qquad\qquad (n = 0, 1, \cdots)$$

若多考慮一項則可得改良 Euler 法。這兩種方法都以簡單形式表達基本觀念，但對於多數的實際用途卻不夠精確。

　　若截去 h^4 以後的各項，可得到重要的傳統四階 **Runge-Kutta 法 (Runge-Kutta method，RK)**。此法的重要概念，在於以適當點 (x,y) 所算出的 $f(x,y)$ 取代繁雜的導數計算；因此在每一步驟中，首先算出四個輔助量 (第 21.1 節)

(3a)
$$\begin{aligned}
k_1 &= hf(x_n, y_n) \\
k_2 &= hf(x_n + \tfrac{1}{2}h, y_n + \tfrac{1}{2}k_1) \\
k_3 &= hf(x_n + \tfrac{1}{2}h, y_n + \tfrac{1}{2}k_2) \\
k_4 &= hf(x_n + h, y_n + k_3)
\end{aligned}$$

接著算出新值

(3b)
$$y_{n+1} = y_n + \frac{1}{6}(k_1 + 2k_2 + 2k_3 + k_4)$$

誤差與步距控制透過步距減半或 **RKF 法** (Runge–Kutta–Fehlberg) 來達成。

　　第 21.1 節中所討論的方法屬於**單一步驟法**，因為 y_{n+1} 只由先前單一步驟所得之 y_n 而得。**多重步驟法** (第 21.2 節) 使用多個步驟的 y_n, y_{n-1}, … 值來計算 y_{n+1}。結合三次內插多項式後可得 **Adams–Bashforth 預測式** (第 21.2 節)

(4a)
$$y_{n+1}^* = y_n + \frac{1}{24}h(55f_n - 59f_{n-1} + 37f_{n-2} - 9f_{n-3})$$

其中 $f_j = f(x_j, y_j)$，以及 **Adams–Moulton 修正式** (實際新值)

(4b)
$$y_{n+1} = y_n + \frac{1}{24}h(9f_{n+1}^* + 19f_n - 5f_{n-1} + f_{n-2})$$

其中 $f_{n+1}^* = f(x_{n+1}, y_{n+1}^*)$。此處，為了要啟動運算程序，必須先由 Runge-Kutta 法或其它精確方法計算出 y_1、y_2、y_3。

　　在第 21.3 節中，我們將 Euler 法與 RK 法推廣至系統

$$\mathbf{y}' = \mathbf{f}(x, \mathbf{y}) \qquad 因此 \qquad y_j' = f_j(x, y_1, \cdots, y_m) \qquad j=1, \ldots, m$$

這包含一個化簡為系統的 m 階 ODE。二階方程式也可以利用 **RKN 法** (Runge–Kutta–Nyström) 求解。這對求解不含的 y' 的 $y'' = f(x, y)$ 相當有幫助。

　　PDE 之數值解法，以差分商取代偏導數而得。由此可推導出近似差分方程式，對 **Laplace 方程式**為

(5)
$$u_{i+1,j} + u_{i,j+1} + u_{i-1,j} + u_{i,j-1} - 4u_{ij} = 0 \qquad (第 21.4 節)$$

對**熱傳導方程式**為

(6)
$$\frac{1}{k}(u_{i,j+1} - u_{ij}) = \frac{1}{h^2}(u_{i+1,j} - 2u_{ij} + u_{i-1,j}) \qquad (第 21.6 節)$$

而對**波動方程式**為

(7)
$$\frac{1}{k^2}(u_{i,j+1} - 2u_{i,j} + u_{i,j-1}) = \frac{1}{h^2}(u_{i+1,j} - 2u_{ij} + u_{i-1,j}) \qquad (第 21.7 節)$$

其中，h 和 k 分別是 x 和 y 方向網格的網目尺寸，而式 (6) 和式 (7) 中的變數 y 為時間 t。

　　這些 PDE 分別為橢圓、拋物線以及雙曲線。相對應的數值解法各有不同，原因如下。對於橢圓 PDE，有邊界值問題，主要討論 **Gauss–Seidel 法** (又稱 **Liebmann 法**) 以及 **ADI 法** (第 21.4、21.5 節)。對於拋物線方程式而言，由於已知初值條件和邊界條件，故我們討論顯性法和 **Crank–Nicolson 法** (第 21.6 節)。對於雙曲線 PDE，問題相似，但多了第二個初值條件 (第 21.7 節)。

PART F

最佳化、圖形

(Optimization, Graphs)

第二十二章　未限制的最佳化、線性規劃

第二十三章　圖論、組合最佳化

F 部分的內容在模型化大型實際問題時特別有用。我們在 E 部分中對數值方法做評論時曾提及，由於高品質軟體和計算力愈來愈容易取得，成就了數值方法此塊一直在持續成長的領域，相同的評論對於最佳化和組合最佳化這兩領域也適用。一些問題，像是在不同的工業 (微晶片、製藥、汽車、鋁業、煉鋼、化學) 中最佳化生產計畫、最佳化運輸系統的使用 (機場跑道的使用、地下鐵軌道的使用)、發電廠運行的效率、最佳的貨品運輸 (貨運服務、貨櫃運輸、從工廠到倉庫的貨品運輸以及從倉庫到店面的貨品運輸)，設計最佳的金融投資組合，等等，對於這些例子，它們問題的大小通常需要使用最佳化軟體。在最近，環保考量已經在整體局面中加入了新的思維，加入到這些問題中的一個重要的考量就是要最小化它們對環境的衝擊。主要的任務就是要正確模型化這些問題。F 部分的目的就是要介紹未受限制的最佳化和受限制之最佳化的主要概念和方法 (第 22 章)，圖論及其在組合最佳化上的討論 (第 23 章)。

第 22 章，我們由討論**最陡下降法 (method of steepest descent)** 來介紹未受限制的最佳化，並以多方面適用的**單體法 (simplex method)** 來介紹受限制之最佳化。對於許多的線性最佳化問題 (也稱為線性規劃問題)，單體法 (第 22.3、22.4 節) 是非常有用的解題利器。

圖論讓我們可以數學模型化一些問題：傳輸邏輯、通訊網路的有效使用、工作的最佳人員配置，等等。我們考慮最短路徑問題 (第 22.2、22.3 節)、最短的生成樹 (第 23.4、23.5 節)、網路流量問題 (第 23.6、23.7 節) 和指派問題 (第 23.8 節)。我們討論 Moore, Dijkstra 演算法 (兩者皆對付最短路徑問題)、Kruskal、Prim 演算法 (處理最短的生成樹問題)，和 Ford–Fulkerson 演算法 (對付流量問題)。

CHAPTER **22**

未受限制的最佳化、線性規劃

最佳化是一個一般的術語,用來描述在專案計畫中對有限資源做最好的 (「最佳」) 安排。此類型態的問題和求解方法分別稱為最佳化問題和最佳化方法。典型的問題為規劃和決策判斷,像是選擇一個最佳的生產計畫。一家公司必須要從它的生產清單中,決定每一項產品要生產多少個單位。當不同的產品有不同的利潤時,公司的目標就是要最大化整體的利益。除此之外,該公司會面臨一些特定的限制。它可能有一特定數量的機台,要產生某一項產品需要使用特定的機台數和特定的時間量,而需要特定數量的工作人員來操控機台,和其它可能的條件。為了解此一問題,你指派第一個變數給第一項產品要生產的單位數,指派第二個變數給第二項產品要生產的單位數,以此類推,一直到該公司的每一項不同產品均指派完變數為止。然後你把這些變數分別乘以一個值,舉例來說,它們個別的價格,你會獲得一個線性函數,我們稱之為目標函數。你也把前述的一些條件以這些變數表示出來,因此獲得了一些不等式,我們稱之為限制。因為在目標函數中的變數也出現在限制中,目標函數和限制以數學式的方式彼此綁在一起,而你已經設置了一個線性最佳化問題,也稱為**線性規劃問題 (linear programming problem)**。

本章主要聚焦在設置線性規劃問題 (第 22.2 節) 和解決線性規劃問題 (第 22.3、22.4 節)。解決此類問題的一個很有名且多功能的方法即為單體法。在**單體法 (simplex method)** 中,目標函數和限制是設置成一個增廣矩陣的形式,如第 7.3 節所示,然而,解決此一受限線性最佳化問題的方法卻是一個新的方式。

單體法的美麗之處在於讓我們可以處理含有數千或更多個限制的問題,因此讓我們可以模擬現實世界的情況。我們可以從一個小的模型開始,然後逐漸增加更多的條件限制。最困難的部分是如何正確的模型化我們的問題。解決大型最佳化問題的實際工作是由單體法或是其它最佳化方法的軟體實現來搞定。

除了最佳的生產計畫之外,最佳運輸問題、倉庫和門市的最佳位置、消除交通壅塞、發電廠的運行效率都是最佳化應用的例子。近年來的應用則是要最小化汙染、二氧化碳排放和其它他因素對環境的危害。事實上,綠色邏輯和綠色製造這兩個新的領域正邁開大步進展中,自然也使用了最佳化的方法。

本章之先修課程:具備線性系統方程組的知識。

參考文獻與習題解答:附錄 1 的 F 部分及附錄 2。

22.1 基本觀念、未受限制的最佳化：最陡下降法 (Basic Concepts. Unconstrained Optimization: Method of Steepest Descent)

在**最佳化問題 (optimization problem)** 中，目標乃是將某個函數 f 最佳化 (最大化或最小化) 處理。而此函數 f 稱爲**目標函數 (objective function)**。它是我們最佳化問題的焦點與目標。

舉例來說，一個要被最大化的目標函數，可能是電視機生產的利潤、金融投資組合的報酬率、化學反應中每分鐘的產量、特定型號車輛每加侖汽油可行駛的里程數、銀行每小時服務的顧客人數、鋼材的硬度，或是繩索的張力強度。

同樣地，目標函數 f 也許會想要被最小化，例如當 f 表示生產特定相機每台的成本、某發電廠的運作費用、加熱系統中每日損失的熱量、一貨物運輸卡車隊的 CO_2 排放量、車床停機時間，或是生產擋泥板所需的時間。

在大部分的最佳化問題中，目標函數 f 通常與數個變數有關，即

$$x_1, \cdots, x_n$$

這些變數稱爲**控制變數 (control variables)**，因爲我們爲其設定不同的數值即可「控制」這些變數。

舉例來說，化學反應的產量可能與壓力 x_1 和溫度 x_2 有關。某空調系統的效率可能與溫度 x_1、氣壓 x_2、濕度 x_3、送風口的截面積 x_4 等等有關。

最佳化理論發展出可經由 $x_1, \cdots, x_n$ 的最佳選擇，以使得目標函數 f 極大化 (或極小化) 的方式，即爲找出 $x_1, \cdots, x_n$ 最佳值的方法。

在許多問題中，$x_1, \cdots, x_n$ 值的選擇並非完全不受約束，而是必須受到某些**限制 (constraints)**，即由問題及變數之特性所衍生的額外條件。

舉例而言，如果 x_1 是生產費用則 $x_1 \geq 0$，還有許多的變數 (時間、重量、一個推銷員所旅行的距離等等) 只能取非負數的值。限制條件也可採用方程式的形式 (以取代不等式) 予以描述。

首先，我們考慮實數值函數 $f(x_1, \cdots, x_n)$ 的**未受限制最佳化 (unconstrained optimization)**，爲簡便起見，我們也寫成 $\mathbf{x} = (x_1, \cdots, x_n)$ 以及 $f(\mathbf{x})$。

根據定義，在 f 被定義的區域 R 內，如果對 R 內所有的 $\mathbf{x}$，存在有一點 $\mathbf{x} = \mathbf{X_0}$ 使得

$$f(\mathbf{x}) \geq f(\mathbf{X_0})$$

則在點 $\mathbf{X_0}$ 處，函數 f 有一**極小值 (minimum)**。同樣地，如果對 R 內所有的 $\mathbf{x}$，存在有一點 $\mathbf{x} = \mathbf{X_0}$ 使得

$$f(\mathbf{x}) \leq f(\mathbf{X_0})$$

則在點 $\mathbf{X_0}$ 處，函數 f 有一**極大值 (maximum)**。極大值與極小值合稱爲**極值 (extrema)**。

進一步來說，倘若對於 $\mathbf{X_0}$ 之鄰近區域內的所有 $\mathbf{x}$，均使得

$$f(\mathbf{x}) \geq f(\mathbf{X_0})$$

則 f 在 $\mathbf{X_0}$ 處有一局部極小值 (local minimum)，所謂的 $\mathbf{X_0}$ 之鄰近區域，例如，可爲所有滿足下式的 $\mathbf{x}$：

$$|\mathbf{x} - \mathbf{X_0}| = [(x_1 - X_1)^2 + \cdots + (x_n - X_n)^2]^{1/2} < r$$

其中 $\mathbf{X_0} = (X_1, \cdots, X_n)$，$r > 0$ 且非常的小。

同理，如果對於所有滿足 $|\mathbf{x} - \mathbf{X_0}| < r$ 的 $\mathbf{x}$ 皆使得 $f(\mathbf{x}) \leq f(\mathbf{X_0})$，則 f 在 $\mathbf{X_0}$ 上有一個**局部最大值 (local maximum)**。

如果 f 是可微分的，且在區域 R 內部 (即不在邊界上) 中的一點 $\mathbf{X_0}$ 上具有極值，則在 $\mathbf{X_0}$ 上偏導數 $\partial f / \partial x_1, \cdots, \partial f / \partial f_n$ 必須爲零。這些是稱爲 f 的**梯度 (gradient)** 向量之構成要素，並以 $\text{grad} f$ 或 ∇f 來加以表示 (當 $n = 3$ 時，這會如同 9.7 節所述)。因此

(1) $$\nabla f(\mathbf{X_0}) = \mathbf{0}$$

使得式 (1) 成立的點 $\mathbf{X_0}$ 被稱爲 f 的**靜止點 (stationary point)**。

條件 (1) 是 R 內部一點 $\mathbf{X_0}$ 有極值的必要條件，但並非充分條件。確實，當 $n = 1$ 時，則對於 $y = f(x)$，條件 (1) 是 $y' = f'(X_0) = 0$；那麼例如 $y = x^3$ 在 $x = X_0 = 0$ 處滿足 $y' = 3x^2 = 0$，但是 $x = X_0 = 0$ 在該處並無極值，但有一反曲點 (point of inflection)。同理，對於 $f(\mathbf{x}) = x_1 x_2$ 存在 $\nabla f(\mathbf{0}) = \mathbf{0}$，但 f 在 $\mathbf{0}$ 點上並無極值，卻具有鞍點 (saddle point) 存在。因此在求解式 (1) 後，仍然必須確定是否已經找到極值。在 $n = 1$ 的情形中，條件 $y'(X_0) = 0$、$y''(X_0) > 0$ 保證在 X_0 爲局部極小值，而條件 $y'(X_0) = 0$、$y''(X_0) < 0$ 則爲局部極大值，以上均可由微積分得知。對於 $n > 1$ 存在類似的判斷標準，但是，在實際上，可能連求解式 (1) 都很困難。因此，一般偏好以疊代法來求解，即由某起始點開始逐步朝向使 f 變小 (如果是要求 f 的最小值) 或使 f 變大 (如果是要求 f 的最大值) 的點逼近尋找過程。

最陡下降法 (method of steepest descent) 或**梯度法 (gradient method)** 就是屬於這種類型。在此僅敘述標準形式 (對於改進的版本，請參考附錄 1 中的參考文獻[E25])。

這個方法的概念是經由反覆計算只有單一變數 t 之函數 $g(t)$ 的極小值，以便找出 $f(\mathbf{x})$ 的極小值，其方法如下所述。假設 f 在 $\mathbf{X_0}$ 具有極小值且從點 $\mathbf{x}$ 開始著手，然後在接近 $\mathbf{x}$ 且沿著在 $-\nabla f(\mathbf{x})$ 的方向，亦即 f 在 $\mathbf{x}$ 的最陡下降方向 (= 最大遞減方向) 的直線來找出 f 的最小值。亦即決定 t 值以及相對應點

(2) $$\mathbf{z}(t) = \mathbf{x} - t\nabla f(\mathbf{x})$$

使得函數

(3) $$g(t) = f(\mathbf{z}(t))$$

有一極小值。此 $\mathbf{z}(t)$ 將被當作 $\mathbf{X_0}$ 的下一個近似值。

例題　1　最陡下降法

求下式函數的極小值

(4) $f(\mathbf{x}) = x_1^2 + 3x_2^2$

從 $\mathbf{x_0} = (6, 3) = 6\mathbf{i} + 3\mathbf{j}$ 開始,且利用最陡下降法。

解

由觀察法可以明顯的看出,$f(\mathbf{x})$ 在 $\mathbf{0}$ 上有一極小值,知道答案後將更深刻了解此方法的運作。首先得到 $\nabla f(\mathbf{x}) = 2x_1\mathbf{i} + 6x_2\mathbf{j}$,且據此又可獲得

$$\mathbf{z}(t) = \mathbf{x} - t\nabla f(\mathbf{x}) = (1-2t)x_1\mathbf{i} + (1-6t)x_2\mathbf{j}$$
$$g(t) = f(\mathbf{z}(t)) = (1-2t)^2 x_1^2 + 3(1-6t)^2 x_2^2$$

接著計算導數

$$g'(t) = 2(1-2t)x_1^2(-2) + 6(1-6t)x_2^2(-6)$$

設定 $g'(t) = 0$,然後求解 t,得到

$$t = \frac{x_1^2 + 9x_2^2}{2x_1^2 + 54x_2^2}$$

從 $x_0 = 6\mathbf{i} + 3\mathbf{j}$ 開始,可計算出於圖 473 中,表 22.1 所列的值。

圖 473 使人聯想到在較為扁平的橢圓(「一狹長山谷」)狀況下,收斂的情形將會較差。讀者可經由將式 (4) 中的係數 3,利用較大的係數取代而得到證實。對於更複雜的下降法以及其他方法,其中有些適用於向量變數的向量函數,請參考附錄 1 中 F 部分所列的參考文獻;亦可參閱 [E25]。

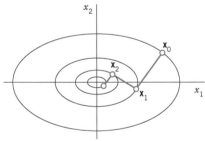

圖 473   例題 1 中的最陡下降法

表 22.1   例題 1 中最陡下降法的計算

n	$\mathbf{x}$		t	$1 - 2t$	$1 - 6t$
0	6.000	3.000	0.210	0.581	−0.258
1	3.484	−0.774	0.310	0.381	−0.857
2	1.327	0.664	0.210	0.581	−0.258
3	0.771	−0.171	0.310	0.381	−0.857
4	0.294	0.147	0.210	0.581	−0.258
5	0.170	−0.038	0.310	0.381	−0.857
6	0.065	0.032			

1. **正交性**   證明在例題 1 中，連續的梯度是正交的。理由為何？

2. 如果你採用最陡下降法到 $f(\mathbf{x}) = x_1^2 + x_2^2$ 上會發生什麼事？先猜一猜，然後再計算。

3–6   最陡下降

請運用最陡下降步驟到下列各題：

3. $f(\mathbf{x}) = 2x_1^2 + x_2^2 - 4x_1 + 4x_2$，$\mathbf{x}_0 = \mathbf{0}$，進行 3 個步驟

4. $f(\mathbf{x}) = x_1^2 - x_2^2$，$\mathbf{x}_0 = (1, 2)$，進行 5 個步驟。先猜一猜，然後再計算。描繪出路徑。若 $\mathbf{x}_0 = (2, 1)$ 會發生何事？

5. $f(\mathbf{x}) = x_1^2 - x_2$，$\mathbf{x}_0 = (1, 1)$，進行 3 個步驟。描繪出路徑。預測後續步驟所得的結果。

6. **CAS 實驗   最陡下降**

   (a) 試針對此種方法寫一程式。

   (b) 請將你的程式運用到 $f(\mathbf{x}) = x_1^2 + 4x_2^2$，依據 $\mathbf{x}_0$ 的選擇測試收斂速率。

   (c) 請將你的程式運用到 $f(\mathbf{x}) = x_1^2 + x_2^2$ 和 $f(\mathbf{x}) = x_1^4 + x_2^4$、$\mathbf{x}_0 = (2, 1)$。請描繪出等位曲線與下降路徑 (試著在程式中，直接寫出包括繪圖的程式部分)。

22.2 線性規劃 (Linear Programming)

線性規劃 (linear programming) 或**線性最佳化 (linear optimization)** 是由求解**有限制 (with constraints)** 最佳化問題的方法所組成，亦即求解下列**線性**目標函數的最大值 (或最小值) $\mathbf{x} = (x_1, \cdots, x_n)$ 的方法

$$z = f(\mathbf{x}) = a_1 x_1 + a_2 x_2 + \cdots a_n x_n$$

同時滿足限制式。限制式為**線性不等式 (linear inequalities)**，如 $3x_1 + 4x_2 \le 36$ 或是 $x_1 \ge 0$ 等等 (例子請見下文)。這類問題非常常見，幾乎是天天都碰得到，舉例來說，生產、庫存管理、債券交易、發電廠的運行、送貨車路線規劃、飛機排程等等。因為電腦技術的發展，使得求解涉及到數百或數千或更多個變數的規劃問題變得更為簡單。接著我們將解釋線性規劃問題的設定以及「幾何」解的觀念求解，以便更深入了解線性規劃問題。

例題   1   **生產計畫**

能源節約公司生產了 S 與 L 二種型式的暖氣機。每一台 S 的售價為 \$40，而每台 L 的售價則為 \$88 元。兩部機器 M_1 和 M_2 的使用時間限制了生產的結果。在 M_1 機器上，生產一台 S 暖氣機需要 2 分鐘，而生產一台 L 暖氣機則需要 8 分鐘。在 M_2 機器上，生產一台 S 暖氣機需要 5 分鐘，而生產一台 L 暖氣機則需要 2 分鐘。以 x_1 代表暖氣機 S 每小時生產的數量與以 x_2 代表暖氣機 L 每小時生產的數量，請繪出生產圖以決定如何能使每小時的收入

$$z = f(\mathbf{x}) = 40x_1 + 88x_2$$

達到最大值。

解

由生產圖知 x_1 和 x_2 必須是非負數。因此目標函數 (要被最大化的函數) 以及四個限制式分別為

(0) $\qquad z = 40x_1 + 88x_2$

(1) $\qquad 2x_1 + 8x_2 \leq 60 \qquad M_1$ 機器每小時可用分鐘數

(2) $\qquad 5x_1 + 2x_2 \leq 60 \qquad M_2$ 機器每小時可用分鐘數

(3) $\qquad x_1 \qquad\quad \geq 0$

(4) $\qquad\qquad x_2 \geq 0$

圖 474 顯示了式 (0)–(4) 的描述,如下所示,常數線

$$z = 常數$$

被標註為 (0)。這些常數數線乃為**定值收入線 (lines of constant revenue)**。它們的斜率則為$-40/88$ $= -5/11$。若欲增加 z 值,則需將此線向上移動 (平行於原線),如箭頭所示。式 (1) 在等號成立時乃標註為 (1) 之線,此線和座標軸相交於 $x_1 = 60/2 = 30$ (設 $x_2 = 0$)、$x_2 = 60/8 = 7.5$ (設 $x_1 = 0$)。箭頭則標示了點 (x_1, x_2) 要位處於哪一邊才能滿足 (1) 的不等式。同理,式 (2)–(4) 亦須採用上述的方式處理。結果可得藍色四邊形區域稱為**可行域 (feasibility region)**;而此乃為所有的**可行解 (feasible solutions)** 所形成之集合,所謂的可行解為滿足所有四個限制式的可能解答。此圖也列出了在 O、A、B、C 四點上的收入,最佳解乃是將定值收入線向上儘可能地移動,但不能完全移離可行域。顯然的,當此線通過 B 點時將會產生最佳解,即 (1) 與 (2) 兩線相交的點 $(10, 5)$。由此可知最佳的收入為

$$z_{max} = 40 \cdot 10 + 88 \cdot 5 = \$840$$

此正意味著暖氣機 S 的生產量要為暖氣機 L 生產量的兩倍。 ∎

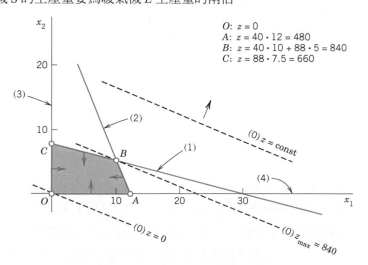

O: $z = 0$
A: $z = 40 \cdot 12 = 480$
B: $z = 40 \cdot 10 + 88 \cdot 5 = 840$
C: $z = 88 \cdot 7.5 = 660$

圖 474 例題 1 中的線性規劃

注意,對例題 1 所描述的問題或類似的最佳化問題,無法經由設定偏導數為零的方式而加以求解,因為這類問題重要的是控制變數只能被在被允許的區域內變動。

　　此外，在例題 1 中所使用的「幾何」法或圖解法，只限於兩個變數 x_1、x_2。然而在大部分的實際問題中，所涉及的變數數目通常遠超過兩個，因此需要採用其他的解題方法。

22.2.1　線性規劃問題的正規形式

在討論這些一般的解法之前，我們先把限制條件以更加一致的方式寫出。在此將透過式 (1) 的不等關係來解釋此處的概念，(1) 為

$$2x_1 + 8x_2 \leq 60$$

此不等式等價於 $60 - 2x_1 - 8x_2 \geq 0$，亦即以下定義的新變數

$$x_3 = 60 - 2x_1 - 8x_2$$

為非負值。因此，原來的不等式可表示成

$$2x_1 + 8x_2 + x_3 = 60$$

其中

$$x_3 \geq 0$$

x_3 為一非負數的輔助變數，其功能是將不等式轉換成等式。此一變數則稱為**鬆弛變數 (slack variable)**，因為它「拉緊了」介於不等式兩側的「鬆弛」部分，即兩側不同的部分。

> **例題　2　利用鬆弛變數將不等式轉換為等式**

經由兩個鬆弛變數 x_3、x_4 的幫助，例題 1 中線性規劃的問題可以寫成下列形式。**最大化**

$$f = 40x_1 + 88x_2$$

限制條件為

$$
\begin{aligned}
2x_1 + 8x_2 + x_3 &= 60 \\
5x_1 + 2x_2 + x_4 &= 60 \\
x_i \geq 0 \quad (i = 1, \cdots, 4)
\end{aligned}
$$

現在有 $n = 4$ 個變數以及 $m = 2$ 個 (線性獨立) 方程式，所以，四個變數中的其中兩個，例如 x_1、x_2，將可決定其他變數的值。另外要注意在圖 474 中四邊形的任一邊，各具有一個 $x_i = 0$ 的方程式：

$$
\begin{aligned}
OA&: x_2 = 0, \\
AB&: x_4 = 0, \\
BC&: x_3 = 0, \\
CO&: x_1 = 0,
\end{aligned}
$$

四邊形的任意一頂點為某兩邊的交點，因此在任一頂點上 $n-m=4-2=2$ 個變數值為零，其餘則為非負值。於是在 A 點我們有 $x_2=0$、$x_4=0$，以此類推。　　　　　　　　　　　　　　■

由以上範例可得知，一般的線性最佳化問題可轉換成下列的**標準形式 (normal form)**。最大化

(5)
$$f = c_1 x_1 + c_2 x_2 + \cdots + c_n x_n$$

限制條件為

(6)
$$\begin{aligned}
a_{11}x_1 + \cdots + a_{1n}x_n &= b_1 \\
a_{21}x_1 + \cdots + a_{2n}x_n &= b_2 \\
&\cdots\cdots\cdots\cdots\cdots\cdots \\
a_{m1}x_1 + \cdots + a_{mn}x_n &= b_m \\
x_i \geq 0 \quad (i &= 1, \cdots, n)
\end{aligned}$$

其中所有的 b_j 都是非負值 (若 $b_j < 0$，則將該方程式乘上 -1)。此處 $x_1, \cdots, x_n$ 包含鬆弛變數 (其在 f 中的 c_j 值為零)。假設在式 (6) 中的方程式是線性獨立。若我們先選擇其中 $n-m$ 個變數的值，則此系統將可唯一決定其他變數的值。當然，先決條件必須滿足

$$x_1 \geq 0, \cdots, x_n \geq 0$$

因此這樣的選擇並非是完全自由的。

由於所考慮的問題亦包括目標函數 f 的**極小化**，而這相當於 $-f$ 的極大化，因此無需分開考慮。

滿足式 (6) 中所有限制條件的一個 n 元組 $(x_1, \cdots, x_n)$ 被稱為**可行點 (feasible point)** 或稱**可行解 (feasible solution)**。在所有可行解中，一組使目標函數 f 為極大的可行解稱為**最佳解 (optimal solution)**。

最後，變數 $x_1, \cdots, x_n$ 中至少有 $n-m$ 個為零的可行解，稱為**基本可行解 (basic feasible solution)**。例如在例題 2 中，$n=4$ 且 $m=2$，故基本可行解為圖 474 中的四個頂點 O、A、B、C。此處 B 是最佳解 (在此例題中唯一的一個)。

下列定理非常重要。

定理　1

最佳解

線性規劃問題式 (5) 與 (6) 的最佳解，亦是式 (5) 與 (6) 的基本可行解。

證明請參閱參考文獻 [F5] 之第 3 章 (列於附錄 1 中)。一個問題可以有許多的最佳解，而並非所有的最佳解都是基本可行解；但此定理保證，一定可由基本可行解中找到一個最佳解。這使得問題將可大為簡化，但是因為欲使 n 個變數中的 $n-m$ 個為零，可能的方式有 $\binom{n}{n-m} = \binom{n}{m}$ 種，若考慮所有的可能情形，並去掉一些不可行的，然後再搜尋所剩下的，即使 n 與 m 值相當小，所費的工夫仍相當的大。因此系統化的搜尋是有必要的。下一節將解釋此類方法中的一種重要方法。

1–3　區域、限制

描述並且畫出由下列不等式，在 $x_1 x_2$ 平面之第一象限所決定的區域：

1. $x_1 - 3x_2 \geq -6$
   $x_1 + x_2 \leq 6$
   $-x_1 + x_2 \geq 0$

2. $x_1 + x_2 \leq 5$
   $-2x_1 + x_2 \leq 16$
   $x_1 + x_2 \geq 2$

3. $3x_1 + 5x_2 \geq 15$
   $2x_1 - x_2 \geq -2$
   $-x_1 + 2x_2 \leq 10$

4. **最大值的位置**　是否可找到利潤 $f(x_1, x_2) = a_1 x_1 + a_2 x_2$ 之解，其最大值係位在圖 474 的四邊形內部？試說明您回答的理由。

5. **鬆弛變數**　為何鬆弛變數總是非負的？它們需要多少個？

6. 根據例題 1 中的問題，試說明例題 2 中的鬆弛變數 x_3、x_4 的意義為何？

7. **唯一性**　我們是否總是可以預期只有一個唯一解 (如同在例題 1 中的情形)？

8–10　最大化、最小化

最大化和最小化受到限制條件的目標函數

8. 在習題 2 的區域內最大化 $f = 30x_1 + 10x_2$。

9. 在習題 2 的區域內最大化 $f = 5x_1 + 25x_2$。

10. 最大化 $f = 20x_1 + 30x_2$，限制條件為 $4x_1 + 3x_2 \geq 12$、$x_1 - x_2 \geq -3$、$x_2 \leq 6$、$2x_1 - 3x_2 \leq 0$。

11. **最大利潤**　聯合金屬公司專門生產合金 B_1 (特殊黃鋼) 和 B_2 (德國黃銅)。B_1 含有 50%銅和 50%鋅 (普通黃銅約含 65%銅和 35%鋅)。B_2 含有 75%銅及 25%鋅。假使每噸 B_1 的利潤為 \$120，B_2 則為 \$100。每日的銅供應量為 45 噸，每日鋅供應量則為 30 噸。試將每日產量的淨利予以最大化。

12. **最大利潤**　DC 製藥公司生產兩種止痛藥水，N (一般) 和 S (強效)。每一瓶 N 需要 2 單位的 A 藥、1 單位的 B 藥、1 單位的 C 藥。每一瓶 S 需要 1 單位的 A 藥、1 單位的 B 藥、3 單位的 C 藥。該公司每星期只能夠產生 1400 單位的 A 藥、800 單位的 B 藥和 1800 單位的 C 藥。每一瓶 N 有 \$11 的利潤，而每一瓶 S 有 \$15 的利潤。試極大化整體利潤。

13. **營養**　食物 A 和 B 每單位分別擁有 600 與 500 卡熱量、15 g 和 30 g 的蛋白質以及 \$1.80 和 \$2.10 的成本。若欲獲取至少 3900 卡熱量及至少 190 g 蛋白質，試求出最低的花費方式。

22.3　單體法 (Simplex Method)

回憶上一節的內容後，我們摘要敘述如下：一個線性最佳化的問題 (線性規劃問題) 可寫成標準形式，即

(1)

最大化
$$z = f(x) = c_1 x_1 + \cdots + c_n x_n$$
限制條件為
$$a_{11} x_1 + \cdots + a_{1n} x_n = b_1$$
$$a_{21} x_1 + \cdots + a_{2n} x_n = b_2$$
$$\cdots\cdots\cdots\cdots\cdots\cdots\cdots$$
$$a_{m1} x_1 + \cdots + a_{mn} x_n = b_m$$
$$x_i \geq 0 \qquad (i = 1, \cdots, n)$$

(2)

求解此問題的最佳解，只需要考慮**基本可行解**即可 (定義在第 22.2 節)，但是這種解相當的多，還是需要依循系統化的搜尋步驟規則。很慶幸的單濟格 (G. B. Dantzig[1]) 在 1948 年發展出一種叫**單體法 (simplex method)** 的疊代方式。在這個方法中，我們可以從一個基本的可行解開始，逐步地移向另一個可使目標函數 f 值增加的基本可行解。爲了進一步的闡釋此種方法，本節將利用上一節的範例作爲說明之證例。

　　原先的問題係有關於目標函數的最大化，而所給定的函數爲淨利，即

$$z = 40x_1 + 88x_2$$
$$2x_1 + 8x_2 \leq 60$$
限制條件爲　　　　　　　　　　　　$$5x_1 + 2x_2 \leq 60$$
$$x_1 \qquad\quad \geq 0$$
$$x_2 \geq 0$$

引入二個鬆弛變數 x_3、x_4，而將前二個不等式轉換成等式，則可獲得例題 2 所描述問題之**標準形式**；倘若與目標函數 (寫成 $z - 40x_1 - 88x_2 = 0$ 的形式) 予以組合，則形成如下之標準形式

(3)
$$z - 40x_1 - 88x_2 \qquad\qquad = 0$$
$$2x_1 + 8x_2 + x_3 \qquad = 60$$
$$5x_1 + 2x_2 \qquad + x_4 = 60$$

---

[1] GEORGE BERNARD DANTIZG(1914-2005)，美國數學家，他是線性規畫的先驅者之一和單體法的發明者。根據 Dantzig 自己所言(參見 G. B. Dantzig, Linear Programming: The Story of how it began, in J.K. Lenestra et al., *History of Mathematical Programming: A Collection of Personal Reminiscences. Amsterdam:* Elsevier, 1991, pp. 19-31)，他對 Wassilly Leontief 的輸入-輸出模型(第 8.2 節)非常的著迷，並發明了他用來解決大型規畫(邏輯)問題的著名方法。除了 Leontief 之外，Dantzig 也參考了其他人在線性規劃方面的先驅工作，包含了，JOHN VON NEUMANN(1903-1957)，匈牙利裔美籍數學家，任教於 Institute for Advanced Studies, Princeton University，他在遊戲理論、計算機科學、泛函分析、集合論、量子力學、遍歷理論、和其他領域做出了重大的貢獻；諾貝爾獎得主 LEONID VITALIYEVICH KANTOROVICH(1912-1986)，蘇俄經濟學家；和 TJALLING CHARLES KOOPMANS(1910-1985)，荷蘭裔美籍經濟學家，在 1975 年因爲在資源最佳配置理論上做出貢獻而獲得諾貝爾經濟獎的得主之一。Dantzig 是建立線性規劃這個領域的驅動力，而成爲史丹福大學傳輸科學、作業研究、和機算機科學的教授。若要看看他的貢獻，請參見 R. W. Cottle (ed.), *The Basic George B. Dantzig*, Palo Alto, CA: Stanford University Press, 2003。

其中 $x_1 \geq 0, \cdots, x_4 \geq 0$。上列方程式組即為一個線性方程組。若欲求得上列系統的最佳解，則需考慮其對應的**增廣矩陣 (augumented matrix)** (參考第 7.3 節)，即

(4)

$$\mathbf{T}_0 = \left[\begin{array}{c|cc|cc|c} z & x_1 & x_2 & x_3 & x_4 & b \\ \hline 1 & -40 & -88 & 0 & 0 & 0 \\ \hline 0 & 2 & 8 & 1 & 0 & 60 \\ 0 & 5 & 2 & 0 & 1 & 60 \end{array}\right]$$

此矩陣稱之為**單體表列 (simplex tableau)** 或**單體表 (simplex table**；初始單體表，initial simplex table)，這些都是標準的名稱；至於虛線以及字母

$$z, x_1, \cdots, b$$

則是為了能簡化的更進一步處理而設計的。

每一個單體表的變數 x_j 包含了二種形式。所謂的**基本變數 (basic variable)** 意指在該行中僅具有一個非零項次的變數。因此在(4)中的 x_3、x_4 為基本變數，而 x_1、x_2 則為**非基本變數 (nonbasic variables)**。

每一單體表均可獲得一基本可行解。主要可將非基本變數設定為零而得。因此由 (4) 可得基本可行解為

$$x_1 = 0, \quad x_2 = 0, \quad x_3 = 60/1 = 60, \quad x_4 = 60/1 = 60, \quad z = 0$$

其中 x_3 是由第二列而得，x_4 則是由第三列獲得。

最佳解 (它的位置與值) 現可由樞軸元點逐步地求得，並引導我們循序地獲得愈來愈大 z 值的基本可行解，直到 z 值達到最大為止。在本節中，對於**樞軸方程式 (pivot equation)** 和**樞軸元 (pivot)** 的選擇，將與高斯消去法中的做法有所不同，理由是 x_1、x_2、x_3、x_4 的值是被限制為非負值。

步驟 1

運算 O_1：選擇樞軸元行。選擇在第一列 (Row1) 中第一個具有負值的首行作為樞軸元行。在 (4) 中，具備此條件的是第二行 (Column 2) (因為值為 -40)。

運算 O_2：選擇樞軸元列。將右側變數 [在式 (4) 式中的 60 以及 60] 除以所選擇樞軸元行的對應元素，即 60/2= 30、60/5 = 12。接著，再取上列計算所得**最小商數**的方程式作為樞軸方程式。因為 60/5 是最小的，因此樞軸元為 5。

運算 O_3：利用列運算消去法。此種方式將會促使在樞軸元上、下方的值均變成零 (如同 7.8 節，在 Gauss–Jordan 消去法中的情形)。

透過在第 7.3 節所介紹的列運算方式，則在 (4) 中的單體表 $\mathbf{T}_0$ 經過步驟 1 的計算，結果將得下列的單體表 (增廣矩陣)，其中藍色的字母參考到的是**前次的單體表 (previous table)**。

(5)
$$T_1 = \begin{bmatrix} 1 & 0 & -72 & 0 & 8 & 480 \\ \hline 0 & 0 & 7.2 & 1 & -0.4 & 36 \\ \hline 0 & 5 & 2 & 0 & 1 & 60 \end{bmatrix}$$

	z	x_1	x_2	x_3	x_4	b

列 $1 + 8$ 列 3

列 $2 - 0.4$ 列 3

由此可見，基本變數現爲 x_1, x_3，而非基本變數則是 x_2, x_4。設定後者爲零，則可由 T_1 得到基本可行解爲

$$x_1 = 60/5 = 12, \quad x_2 = 0, \quad x_3 = 36/1 = 36, \quad x_4 = 0, \quad z = 480.$$

此結果爲圖 474 (第 22.2 節) 中的 A。由此可從 $O:(0,0)$ 之 $z = 0$ 移動至 $A:(12, 0)$ 之較大值 $z = 480$。而 z 值增加的理由，乃是肇因於消去係數爲負之 $(-40x_1)$ 項的緣故。因此，在列 1 中的**消去只被套用到係數爲負的項次**，而不會應用到其他項次中。這正是選擇樞軸元所在的**行**之動機。

接著將探討選擇樞軸元所在之**列**的動機。倘若選擇的是 T_0 的第二列 (因此 2 作爲軸元)，則結果將會得到 $z = 1200$ (加以驗證！)，但是相對於整個 $z = 1200$ 的等值收入線將會位在圖 474 中的可行區域之外，這使我們注意到要更小心地選擇元素 5 作爲我們樞軸元的動機，因爲它給出了最小商 $(60/5=12)$。

步驟 2　由式 (5) 所獲得的基本可行解還不是最佳解，因爲在列 1 中的負值項次 -72。同樣地，我們要選擇在 -72 所在之行的某個元素作爲軸元，再進行一次 O_1 到 O_3 運算。

運算 O_1：選擇在式 (5)中 T_1 的行 3 作爲樞軸行 (因爲 $-72 < 0$)。

運算 O_2：由計算可得 $36/7.2 = 5$ 以及 $60/2 = 30$。故選擇 7.2 作爲樞軸元 (因爲 $5 < 30$)。

運算 O_3：透過列運算消去法，可得

(6)
$$T_2 = \begin{bmatrix} 1 & 0 & 0 & 10 & 4 & 840 \\ \hline 0 & 0 & 7.2 & 1 & -0.4 & 36 \\ \hline 0 & 5 & 0 & -\dfrac{1}{3.6} & \dfrac{1}{0.9} & 50 \end{bmatrix}$$

	z	x_1	x_2	x_3	x_4	b

列 $1 + 10$ 列 2

列 $3 - \dfrac{2}{7.2}$ 列 2

由此可見 x_1、x_2 是基本變數，而 x_3、x_4 則是非基本變數。將後者設定爲零，則可從 T_2 中求得基本可行解爲

$$x_1 = 50/5 = 10, \quad x_2 = 36/7.2 = 5, \quad x_3 = 0, \quad x_4 = 0, \quad z = 840$$

此結果爲圖 474 (第 22.2 節) 中的 B。藉由此一步驟，由於在 T_1 中消去 -72，z 值由 480 增加到 840。因爲 T_2 在列 1 中不再含有係數爲負的項次，故歸納的結論爲 $z = f(10,5) = 40 \cdot 10 + 88 \cdot 5 = 840$ 是最大可能的收入。這項目標是在當我們製造 S 暖氣機的數量是製造 L 暖氣機數量的兩倍而達到的。這就是經由線性規劃的單體法對於我們問題的求解。

最小化 (minimization) 倘若要最小化 $z = f(\mathbf{x})$ (而非最大化)，則應取在列 1 中的項次爲**正的** (而不是負的) 爲樞軸行。在如此所選取的行 k 中，僅考慮正值 t_{jk}，並取能使 b_j / t_{jk} 爲最小 (如前相同) 的分母 t_{jk} 作爲樞軸點。對於範例，見習題集。

習題集　**22.3**

1–6　單體法
以標準形式寫出下列問題並以單體法求解，假設所有的 x_j 均爲非負值。

1. 重做本節中的例題，但限制條件的順序更換。

2. 最大化 $f = 3x_1 + 2x_2$，限制條件爲 $3x_1 + 4x_2 \leq 60$，$4x_1 + 3x_2 \leq 60$，$10x_1 + 2x_2 \leq 120$。

3. 最小化 $f = 5x_1 - 20x_2$，限制條件爲 $-2x_1 + 10x_2 \leq 5$、$2x_1 + 5x_2 \leq 10$。

4. 假設我們以程序 P_1 產生 x_1 個二號電池、以程序 P_2 產生 x_2 個二號電池、以程序 P_3 產生 x_3 個一號電池、以程序 P_4 產生 x_4 個一號電池。每 100 顆二號電池的利潤爲 \$10，每 100 顆一號電池的利潤爲 \$20。請最大化總利潤，限制爲

$$12x_1 + 8x_2 + 6x_3 + 4x_4 \leq 120 \quad \text{(材料)}$$
$$3x_1 + 6x_2 + 12x_3 + 24x_4 \leq 180 \quad \text{(人工)}$$

5. 假設製造金屬框架之工廠，每日生產框架 F_1 (每個淨利 \$90) x_1 個、框架 F_2 (每個淨利 \$50) x_2 個，限制條件爲 $x_1 + 3x_2 \leq 18$ (材料)、$x_1 + x_2 \leq 10$ (機器工時)、$3x_1 + x_2 \leq 24$ (勞工工時)，試將每日淨利予以最大化。

6. 習題集 22.2 習題 13。

7. **CAS 專題　單體法**
   (a) 利用線性限制條件，試寫一程式描繪在 $x_1 x_2$ 平面的第一象限所形成的區域 R。
   (b) 針對區域 R，寫一程式最大化 $z = a_1 x_1 + a_2 x_2$
   (c) 在線性限制條件下，試寫一程式將 $z = a_1 x_1 + \cdots + a_n x_n$ 最大化。
   (d) 運用您的程式於本節與前一節的習題集。

22.4　單體法：困難點 (Simplex Method: Difficulties)

回憶前一節所提的單體法中，我們係由一個基本可行解逐步移向另一個基本可行解。藉由這麼做，我們增加目標函數 f 的值。我們持續此一過程直到找到一個最佳解爲止。這就是我們在第 22.3 節中所解釋的所有事情。然而，單體法並不是一定可以這麼順利的進行。有時候 (但在實際上並不常出現) 有兩種類型的困難會發生。第一種是退化，第二種是起始解的困難。

22.4.1　退化

一個**退化可行解 (degenerate feasible solution)** 是一個超過 $n - m$ 個變數爲零的可行解。其中 n 是變數的個數 (包括鬆弛變數及其他變數)，而 m 爲限制式的個數 (但並不包含 $x_j \geq 0$ 的條件在內)。在

上一節中 $n = 4$ 而 $m = 2$，並且出現的基本可行解並不是退化的；因為在每一個這樣的解中 $n - m = 2$ 個變數為零。

在退化可行解的狀況中，有一個為零的基本變數，我們進行了一次額外的消去步驟來使該基本變數變成是非基本的 (同時，一個非基本變數會變為基本變數)。我們以一個典型的狀況來加以解釋。對於更為複雜的狀況以及技術 (在實際上很少需要) 請參閱在附錄 1 中的參考文獻 [F5]。

例題 1 單體法、退化可行解

AB 鋼鐵公司鑄造兩種類型的鐵 I_1、I_2，藉由使用的三種類型的原料 R_1、R_2、R_3 (廢鐵以及兩種類型的礦石) 如下表所示。試極大化每日的淨利。

原料	每噸所需的原料		每日可供應的原料 (噸)
	鐵 I_1	鐵 I_2	
R_1	2	1	16
R_2	1	1	8
R_3	0	1	3.5
每噸的淨利	\$150	\$300	

解

令 x_1 和 x_2 分別表示鐵 I_1 和 I_2 每日的產量 (噸)。則我們的問題如下所列，最大化

$$(1) \qquad z = f(x) = 150x_1 + 300x_2$$

限制條件為 $x_1 \geq 0$、$x_2 \geq 0$，以及

$$2x_1 + x_2 \leq 16 \quad (原料\ R_1)$$
$$x_1 + x_2 \leq 8 \quad (原料\ R_2)$$
$$x_2 \leq 3.5 \quad (原料\ R_3)$$

經由引入鬆弛變數 x_3、x_4、x_5，可得標準形式如下：

$$(2) \qquad \begin{aligned} 2x_1 + x_2 + x_3 \qquad\qquad &= 16 \\ x_1 + x_2 \qquad + x_4 \qquad &= 8 \\ x_2 \qquad\qquad + x_5 &= 3.5 \\ x_i \geq 0 \qquad (i = 1, \cdots, 5) \end{aligned}$$

如同上一節的方式，從 (1) 與 (2) 可獲得初始的單體表

$$(3) \qquad \mathbf{T}_0 = \begin{bmatrix} z & x_1 & x_2 & x_3 & x_4 & x_5 & b \\ 1 & -150 & -300 & 0 & 0 & 0 & 0 \\ 0 & 2 & 1 & 1 & 0 & 0 & 16 \\ 0 & 1 & 1 & 0 & 1 & 0 & 8 \\ 0 & 0 & 1 & 0 & 0 & 1 & 3.5 \end{bmatrix}$$

由此可見 x_1、x_2 為非基本變數，而 x_3、x_4、x_5 為基本變數。設 $x_1 = x_2 = 0$，由 (3) 可得基本可行解為

$$x_1 = 0, \quad x_2 = 0, \quad x_3 = 16/1 = 16, \quad x_4 = 8/1 = 8, \quad x_5 = 3.5/1 = 3.5, \quad z = 0$$

此結果即為圖 475 中的 $O : (0, 0)$。由此可知，問題型態包括變數 $n = 5$ 個 x_j、$m = 3$ 個限制條件，故在解之中有 $n - m = 2$ 個變數為零，因此為非退化的情形。

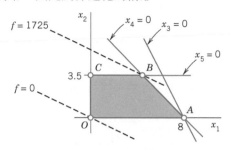

圖 475　例題 1，其中 A 是退化的

樞軸運算的步驟 1

運算 O_1：選擇樞軸行。選擇行 2 (因為 $-150 < 0$)。

運算 O_2：選擇樞軸列。$16/2 = 8$、$8/1 = 8$；而 $3.5/0$ 不可能。因此根據結果可以選擇列 2 或列 3。若選列 2，則樞軸元將為 2。

運算 O_3：利用列運算消去法。結果可得下列的單體表

(4)
$$\mathbf{T_1} = \begin{bmatrix} \begin{array}{c|ccccc|c} z & x_1 & x_2 & x_3 & x_4 & x_5 & b \\ \hline 1 & 0 & -225 & 75 & 0 & 0 & 1200 \\ 0 & 2 & 1 & 1 & 0 & 0 & 16 \\ 0 & 0 & \frac{1}{2} & -\frac{1}{2} & 1 & 0 & 0 \\ 0 & 0 & 1 & 0 & 0 & 1 & 3.5 \end{array} \end{bmatrix} \begin{array}{l} \text{列 } 1 + 75 \text{ 列 } 2 \\ \\ \text{列 } 3 - \frac{1}{2} \text{ 列 } 2 \\ \text{列 } 4 \end{array}$$

由此可見 x_1、x_4、x_5 為基本變數；x_2、x_3 為非基本變數。設定非基本變數為零，則由 $\mathbf{T_1}$ 可得基本可行解為

$$x_1 = 16/2 = 8, \quad x_2 = 0, \quad x_3 = 0, \quad x_4 = 0/1 = 0, \quad x_5 = 3.5/1 = 3.5, \quad z = 1200$$

此結果即為圖 475 中的 $A : (8, 0)$。由於 $x_4 = 0$ (加上 $x_2 = 0$、$x_3 = 0$)，故此解係為退化解，而就幾何圖形來看，$x_4 = 0$ 的直線也通過 A 點。這需要下一個步驟，其中 x_4 將變成非基本變數。

樞軸運算的步驟 2

運算 O_1：選擇樞軸行。選擇行 3 (因為 $-225 < 0$)。

運算 O_2：選擇樞軸列。$16/1 = 16$，$0/\frac{1}{2} = 0$，因此必須以 $\frac{1}{2}$ 作為樞軸元。

運算 O_3：利用列運算消去法。結果可得下列的單體表

(5)
$$\mathbf{T}_2 = \begin{bmatrix} 1 & 0 & 0 & -150 & 450 & 0 & 1200 \\ 0 & 2 & 0 & 2 & -2 & 0 & 16 \\ 0 & 0 & \frac{1}{2} & -\frac{1}{2} & 1 & 0 & 0 \\ 0 & 0 & 0 & 1 & -2 & 1 & 3.5 \end{bmatrix}$$

列 1 + 450 列 3
列 2 − 2 列 3

列 4 − 2 列 3

（表頭）$z \quad x_1 \quad x_2 \quad x_3 \quad x_4 \quad x_5 \quad b$

由此可見 x_1、x_2、x_5 為基本變數；x_3、x_4 為非基本變數。因此 x_4 已變成非基本變數。故將非基本變數均設定為零，則可從 $\mathbf{T}_2$ 中獲得基本可行解

$$x_1 = 16/2 = 8, \quad x_2 = 0/\frac{1}{2} = 0, \quad x_3 = 0, \quad x_4 = 0, \quad x_5 = 3.5/1 = 3.5, \quad z = 1200$$

結果這個在圖 475 中仍為 $A:(8, 0)$，而且 z 值並沒有增加；但是這個動作卻為達到最大值開了一個大道，下一個步驟將會達到目的地。

樞軸運算的步驟 3

運算 O_1： 選擇樞軸行。選擇行 4 (因為 $-150 < 0$)。

運算 O_2： 選擇樞軸列。$16/2 = 8$、$0/(-\frac{1}{2}) = 0$、$3.5/1 = 3.5$，因此要選 1 為軸元 (若選 $-\frac{1}{2}$ 作為樞軸元，則我們將離不開 A，試證明之)。

運算 O_3： 利用列運算消去法。結果可得下列的單體表

（表頭）$z \quad x_1 \quad x_2 \quad x_3 \quad x_4 \quad x_5 \quad b$

(6)
$$\mathbf{T}_3 = \begin{bmatrix} 1 & 0 & 0 & 0 & 150 & 150 & 1725 \\ 0 & 2 & 0 & 0 & 2 & -2 & 9 \\ 0 & 0 & \frac{1}{2} & 0 & 0 & \frac{1}{2} & 1.75 \\ 0 & 0 & 0 & 1 & -2 & 1 & 3.5 \end{bmatrix}$$

列 1 + 150 列 4
列 2 − 2 列 4
列 3 + $\frac{1}{2}$ 列 4

由此可看出 x_1、x_2、x_3 為基本變數；而 x_4、x_5 則為非基本變數，設定後者為零，則可由 $\mathbf{T}_3$ 得到基本可行解為

$$x_1 = 9/2 = 4.5, \quad x_2 = 1.75/\frac{1}{2} = 3.5, \quad x_3 = 3.5/1 = 3.5, \quad x_4 = 0, \quad x_5 = 0, \quad z = 1725$$

結果這是圖 475 中的 $B:(4.5, 3.5)$。因為 $\mathbf{T}_3$ 中的列 1 沒有負值，因此將可獲得最大的每日淨利 $z_{\max} = f(4.5, 3.5) = 150 \cdot 4.5 + 300 \cdot 3.5 = \$1725$。欲達此目標，該公司需生產 4.5 噸的鐵 I_1、3.5 噸的鐵 I_2。 ■

22.4.2 起始解的困難

有時後，要找到一組基本可行解來開始進行解題可能會很難，這是單體法的第二種困難類型。在這樣的狀況下，使用一個**人為變數** (artificial variable) (或數個這樣子的變數) 將是個好主意，以下將利用一個典型的範例來解釋這個方法。

例題　2　單體法：起始困難、人為變數

最大化

(7)
$$z = f(\mathbf{x}) = 2x_1 + x_2$$

限制條件為 $x_1 \geq 0$、$x_2 \geq 0$，以及 (圖 476)

$$x_1 - \frac{1}{2}x_2 \geq 1$$
$$x_1 - x_2 \leq 2$$
$$x_1 + x_2 \leq 4.$$

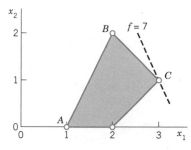

圖 476　例題 2 中的可行域

解

利用鬆弛變數，可得到下列的標準形式

(8)
$$
\begin{aligned}
z - 2x_1 - x_2 &&&&&= 0 \\
x_1 - \tfrac{1}{2}x_2 - x_3 &&&&&= 1 \\
x_1 - x_2 &+ x_4 &&&= 2 \\
x_1 + x_2 &&+ x_5 &= 4 \\
x_i \geq 0 \quad (i = 1, \cdots, 5)
\end{aligned}
$$

請注意第一個鬆弛變數是負值 (或零)，這使得在可行域內 x_3 是非負值 (而在可行域外則為負值)。
從式 (7) 與式 (8) 將可得到單體表

z	x_1	x_2	x_3	x_4	x_5	b
1	-2	-1	0	0	0	0
0	1	$-\frac{1}{2}$	-1	0	0	1
0	1	-1	0	1	0	2
0	1	1	0	0	1	4

x_1、x_2是非基本變數，而我們希望 x_3、x_4、x_5 為基本變數。藉由慣用的程序將非基本變數設定為零，結果可從上列表中獲得

$$x_1 = 0, \quad x_2 = 0, \quad x_3 = 1/(-1) = -1, \quad x_4 = \frac{2}{1} = 2, \quad x_5 = \frac{4}{1} = 4, \quad z = 0$$

$x_3 < 0$ 表示 $(0, 0)$ 位於可行域之外。由於 $x_3 < 0$，故無法立即再進行下去。現在，我們不再蒐尋其他的基本變數，而使用如下的概念。首先，以式 (8) 中的第二個方程式，求解 x_3，即

$$x_3 = -1 + x_1 - \frac{1}{2}x_2$$

現在於右側加入一變數 x_6

$$(9) \qquad x_3 = -1 + x_1 - \frac{1}{2}x_2 + x_6$$

其中 x_6 稱為**人為變數**，並且受到條件 $x_6 \geq 0$ 的限制。

在此務必要注意 x_6（它並不屬於給定問題的一部分）最終一定要消失掉。因此必須藉由加入一個具有非常大的 M 值，而將 $-Mx_6$ 項加入目標函數而達成，我們將會看到這點。由於式 (7) 和式 (9)（解出 x_6），可給出修正目標函數而成為「**延伸問題 (extended problem)**」

$$(10) \qquad \hat{z} = z - Mx_6 = 2x_1 + x_2 - Mx_6 = (2 + M)x_1 + (1 - \frac{1}{2}M)x_2 - Mx_3 - M$$

由此看出對於式 (10) 以及式 (8) 的單體表為

	$\hat{z}$	x_1	x_2	x_3	x_4	x_5	x_6	b
$\mathbf{T_0} =$	1	$-2 - M$	$-1 + \frac{1}{2}M$	M	0	0	0	$-M$
	0	1	$-\frac{1}{2}$	-1	0	0	0	1
	0	1	-1	0	1	0	0	2
	0	1	1	0	0	1	0	4
	0	1	$-\frac{1}{2}$	-1	0	0	1	1

此表的最後一列是由式 (9) 而得，亦可寫為 $x_1 - \frac{1}{2}x_2 - x_3 + x_6 = 1$。由此，現在將可開始，取 x_4、x_5、x_6 為基本變數；x_1、x_2、x_3 為非基本變數。行 2 具有第一個負值元素。我們取第二個元素（即在列 2 中的 1）作為樞軸元。結果可得

	$\hat{z}$	x_1	x_2	x_3	x_4	x_5	x_6	b
$\mathbf{T_1} =$	1	0	-2	-2	0	0	0	2
	0	1	$-\frac{1}{2}$	-1	0	0	0	1
	0	0	$-\frac{1}{2}$	1	1	0	0	1
	0	0	$\frac{3}{2}$	1	0	1	0	3
	0	0	0	0	0	0	1	0

這對應到 $x_1 = 1$、$x_2 = 0$（在圖 476 中的 A 點），$x_3 = 0$、$x_4 = 1$、$x_5 = 3$、$x_6 = 0$。現在可以去除列 5 和行 7。用這種方式，我們如同期望地將一併去除 x_6，並且得到

	z	x_1	x_2	x_3	x_4	x_5	b
$\mathbf{T_2} =$	1	0	-2	-2	0	0	2
	0	1	$-\frac{1}{2}$	-1	0	0	1
	0	0	$-\frac{1}{2}$	1	1	0	1
	0	0	$\frac{3}{2}$	1	0	1	3

在行 3 中選擇 3/2 為下一個樞軸元。得到

$$
\mathbf{T}_3 = \left[\begin{array}{c|ccc|ccc|c}
 & z & x_1 & x_2 & x_3 & x_4 & x_5 & b \\
\hline
1 & 0 & 0 & -\frac{2}{3} & 0 & \frac{4}{3} & 6 \\
\hline
0 & 1 & 0 & -\frac{2}{3} & 0 & \frac{1}{3} & 2 \\
0 & 0 & 0 & \frac{4}{3} & 1 & \frac{1}{3} & 2 \\
0 & 0 & \frac{3}{2} & 1 & 0 & 1 & 3
\end{array}\right]
$$

這對應到 $x_1 = 2$、$x_2 = 2$（這是在圖 476 中的 B 點），$x_3 = 0$、$x_4 = 2$、$x_5 = 0$。在行 4 中，運用慣用方式，我們選擇 4/3 作為下一個樞軸元。結果可得

$$
\mathbf{T}_4 = \left[\begin{array}{c|ccc|ccc|c}
 & z & x_1 & x_2 & x_3 & x_4 & x_5 & b \\
\hline
1 & 0 & 0 & 0 & \frac{1}{2} & \frac{3}{2} & 7 \\
\hline
0 & 1 & 0 & 0 & \frac{1}{2} & \frac{1}{2} & 3 \\
0 & 0 & 0 & \frac{4}{3} & 1 & \frac{1}{3} & 2 \\
0 & 0 & \frac{3}{2} & 0 & -\frac{3}{4} & \frac{3}{4} & \frac{3}{2}
\end{array}\right]
$$

這對應到 $x_1 = 3$、$x_2 = 1$（在圖 476 中的 C 點），$x_3 = \frac{3}{2}$、$x_4 = 0$、$x_5 = 0$。這就是最大值 $f_{\max} = f(3, 1) = 7$。 ∎

至此，我們已經結束了我們對線性規劃的討論。我們已經詳細呈現了單體法，這個方法有許多美妙的應用，而且能夠解決大部分的實際問題事實上，最佳化問題出現在土木工程、化學工程、環境工程、管理科學、邏輯、策略規劃、作業管理、工業工程、金融，和其它的領域中。而且，藉由增加更多的限制和變數，單體法讓你可以由處理小型的問題模型開始，一直膨脹到處理大型的問題模型，因而使得你的模型變得更為的真實。研究發展最佳化方法是一個很活躍的最佳化領域，除了單體法之外，還有許多的方法正在被探索和實驗中。

習題集 22.4

1. 最大化 $z = f_1(\mathbf{x}) = 7x_1 + 14x_2$，限制條件為 $0 \le x_1 \le 6$，$0 \le x_2 \le 3$，$7x_1 + 14x_2 \le 84$。

2. 重做習題 1，但將最後二個限制條件交換。

3. 某工廠以製程 P_A 日生產 x_1 個鋼板、以製程 P_B 日生產 x_2 個鋼板，試最大化每日的產量，其中限制條件為人工工時、機器工時、原料供應為：

$$3x_1 + 2x_2 \le 180, \quad 4x_1 + 6x_2 \le 200,$$
$$5x_1 + 3x_2 \le 160.$$

4. 最大化 $z = 300x_1 + 500x_2$，限制條件為 $2x_1 + 8x_2 \le 60$，$2x_1 + x_2 \le 30$，$4x_1 + 4x_2 \le 60$。

5. 重做習題 4，但將最後二個限制條件交換。對於所造成的簡化作出評論。

6. 最大化總產量 $f = x_1 + x_2 + x_3$（三個不同製程的產值），所受的輸入限制條件為（生產工時限制）

$$5x_1 + 6x_2 + 7x_3 \le 12,$$
$$7x_1 + 4x_2 + x_3 \le 12.$$

7. 使用人為變數最大化 $f = 4x_1 - x_2$，限制條件為 $x_1 + x_2 \ge 2$、$-2x_1 + 3x_2 \le 1$、$5x_1 + 4x_2 \le 50$。

第 22 章　複習題

1. 何謂未受限制的最佳化？何謂限制最佳化？哪一個可以用微積分的方法來處理？

2. 說明最陡下降法的觀念以及基本公式。

3. 寫出一個最陡下降法的演算法。

4. 設計一個「最陡上升法」來決定最大值。

5. 在單一個變數的狀況下，最陡下降法為何？

6. 什麼是線性規劃的基本概念？

7. 何謂目標函數？何謂可行解？

8. 何謂鬆弛變數？為何用到它們？

9. 在第 22.1 節中的例題 1，假如你把 $f(\mathbf{x}) = x_1^2 + 3x_2^2$ 換成 $f(\mathbf{x}) = x_1^2 + 5x_2^2$，會發生何事？從 $\mathbf{x_0} = [6 \ \ 3]^{\mathrm{T}}$ 開始。進行 5 個步驟。它的收斂比較快還是比較慢？

10. 應用最陡下降法處理 $f(\mathbf{x}) = 9x_1^2 + x_2^2 + 18x_1 - 4x_2$，進行 5 個步驟。從 $\mathbf{x_0} = [2 \ \ 4]^{\mathrm{T}}$ 開始。

11. 在習題 10 中，你是否可以由 $[0 \ \ 0]^{\mathrm{T}}$ 起始並且進行 5 個步驟？

12. 證明在習題 11 中的梯度是正交的。說明理由。

第 22 章摘要　未受限制的最佳化、線性規劃

在最佳化問題中，我們最大化或最小化一個基於控制變數 $x_1, \cdots, x_m$ 的**目標函數** $z = f(\mathbf{x})$，而這些控制變數的定義域可能是不受限制的 (「**未受限制的最佳化**」，第 22.1 節)，或者控制變數的定義域可能是以不等式或等式或兩者皆有的形式來加以約束限制的 (「**限制最佳化**」，第 22.2 節)。

如果目標函數是 $x_1, \cdots, x_m$ 的線性函數，且限制條件是 $x_1, \cdots, x_m$ 的線性不等式，則經由引入**鬆弛變數** $x_{m+1}, \cdots, x_n$ 最佳化問題可寫成**標準形式**且目標函數為

(1) $$f_1 = c_1 x_1 + \cdots + c_n x_n$$

(其中 $c_{m+1} = \cdots = c_n = 0$) 並且限制條件為

(2)
$$a_{11}x_1 + a_{12}x_2 + \cdots + a_{1n}x_n = b_1$$
$$\cdots\cdots\cdots\cdots\cdots\cdots\cdots\cdots$$
$$\cdots\cdots\cdots\cdots\cdots\cdots\cdots\cdots$$
$$a_{m1}x_1 + a_{m2}x_2 + \cdots + a_{mn}x_n = b_m$$
$$x_i \geq 0, \cdots, x_n \geq 0.$$

在這個狀況下我們可以應用已被廣泛使用的**單體法** (第 22.3 節)，這是一個針對已被大量縮減之所有可行解的子集合來進行系統化逐步搜尋的方法。第 22.4 節指出了如何克服這個方法所面臨的一些困難。

圖論、組合最佳化
(Graphs. Combinatorial Optimization)

在電機工程、土木工程、作業研究、工業工程、管理學、邏輯、行銷學和經濟學中的許多問題可以用**圖 (graphs)** 與**有向圖 (digraphs)** 來模型化之。它們讓我們可以模型化網路，像是道路和纜線，而對應的節點可能是城市或電腦，這結果並不令人意外。接下來的任務可能是要尋找網路中的最短路徑，或是連接電腦的最佳方式。事實上，許多學者對組合最佳化和圖論做出了重大的貢獻，而以他們的名字來命名的基本演算法會出現在本章中，像是 Fulkerson、Kruskal、Moore 和 Prim，他們工作的地點都是在 New Jersey 的貝爾實驗室 (Bell Laboratories)，該實驗室是美國大型的電話和遠距通訊公司 AT&T 最主要的研發單位。所以，他們致力於發展一些方法來建構最佳的電腦網路和電話網路。目前，這個領域已經進展成對非常大型的問題發展更為有效的演算法。

　　組合最佳化所關切的是一個離散本質或是組合結構的最佳化問題，通常，這些問題的解空間很大，用直接搜尋法可能是不切實際的。正如同在線性規劃 (第 22 章) 中的情況一般，電腦是一個不可或缺的工具，因而使得解決大型模擬問題變得可能。因為本領域與之前的領域大異其趣，如和微分方程、線性代數等領域大不相同，所以我們從最基礎的內容開始，漸漸地介紹最短路徑問題的演算法 (第 23.2、23.3 節)、最短生成樹的演算法 (第 23.4、23.5 節)、網路流量問題的演算法 (第 23.6、23.7 節) 和指派問題的演算法 (第 23.8 節)。

　　本章之先修課程：無。

　　參考文獻與習題解答：附錄 1 的 F 部分及附錄 2。

23.1 圖與有向圖 (Graphs and Digraphs)

大體上來說，一個圖形 (graph) 是由稱為頂點 (vertices) 及連接這些點的邊 (edges) 所組成。例如，在圖 477 中有四個城市與五條連接這些城市的高速公路；或者這些點可能代表某些人，彼此有生意來往者以一個邊來連接；或者頂點可能代表電腦，且邊代表彼此間的網路連接。現在讓我們給一個正式的定義，如下所敘述。

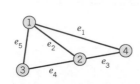

圖 477　由 4 個頂點與 5 條邊構成的圖形　　圖 478　(被定義所排除的) 孤立點、迴圈、雙重邊

定　義

> **圖形**
>
> 一個**圖形 (Graph)** G 包括了兩個有限集合 (存在有限多個元素的集合)，一個稱為**頂點 (vertices)** 的點集合 V；以及一個稱為**邊 (edges)** 的連接線集合 E，使得每邊連接兩個頂點，稱為該邊的兩個端點 (endpoints)，表示成
>
> $$G = (V, E)$$
>
> 此處不包括孤立點 (不為任何邊之端點的頂點)、迴圈 (兩端點重合的邊) 以及多重邊 (具有相同兩端點的邊)。參見圖 478。

注意！由本書定義所排除的孤立點、迴圈及多重邊乃是實際的並廣為接受，但並非每位作者都認同。例如，有些作者允許多重邊存在且稱沒有多重邊的圖為簡單圖 (simple graph)。　　■

　　本書的頂點以字母 $u, v, \cdots$ 或 $v_1, v_2, \cdots$ 或單純使用數字 1, 2, $\cdots$ (如圖 477) 來表示。邊是以 $e_1, e_2, \cdots$ 或是其兩端點來表示；例如，在圖 477 中 $e_1 = (1, 4)$、$e_2 = (1, 2)$。

　　邊 (v_i, v_j) 係為與頂點 v_i **相接 (incident)**，反之亦然；同理，(v_i, v_j) 與頂點 v_j 亦相接。與某頂點 v 相連接邊的數目稱為 v 的**度數 (degree)**；若兩頂點在 G 中為一邊所連接，則稱此兩頂點為**相鄰 (adjacent)** (亦即是在 G 中，它們為某邊的兩端點)。

　　圖形在不同的領域有不同的名稱，例如：在電機工程中的「網路」、在土木工程中的「結構」、在化學中的「分子結構」、在經濟學中的「組織結構」，以及「社會關係網圖」、「道路網圖」、「通訊網路」等等。

23.1.1　有向圖 (有方向性的圖)

單行道的路網、管線網路、建築工程中的工作順序、電腦中的計算流程、生產者與消費者的關係以及許多其他方面的應用，啟發了「有向圖」 (有方向性的圖) 的觀念，在其中的每一個邊都有一個方向 (如圖 479，以一個箭號表示)。

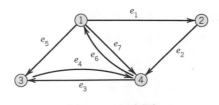

圖 479　有向圖

> **定義**
>
> **有向圖 (有方向性的圖)**
>
> **有向圖** $G = (V, E)$ 是一個圖，在此圖之中的每一邊 $e = (i, j)$ 都有一方向，從「起點 (initial point)」 i 到「終點 (terminal point)」 j。

連接相同兩點 i 與 j 的兩邊是不允許的，除非具有相反的方向，即為 (i, j) 以及 (j, i)。例如在圖 479 中的 $(1, 4)$ 與 $(4, 1)$。

一個給定的圖或有向圖 $G = (V, E)$ 的**子圖 (subgraph)** 或子有向圖 (subdigraph)，是刪除 G 的某些邊與頂點，並且保留圖 G 所剩下的其他邊 (與這些邊相接的端點對) 而得到的圖或有向圖。例如，在圖 477 中，e_1、e_3 (以及頂點 1、2、4) 形成子圖；在圖 479 中，e_3、e_4、e_5 (以及頂點 1、3、4) 則形成了子有向圖。

23.1.2　圖與有向圖的電腦表示法

繪製圖形在解釋或說明特定情況是很有幫助的。此處必須注意，一個圖形可能有許多的畫法 (如圖 480)，為了在電腦中處理圖以及有向圖，將使用如下的矩陣或串列作為合適的資料結構，說明如下。

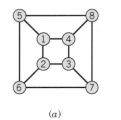 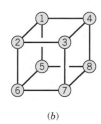 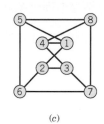

(a)　　　　　(b)　　　　　(c)

圖 480　同樣圖形的不同畫法

圖 G 的相鄰矩陣 (adjacency matrix)：矩陣 $\mathbf{A} = [a_{ij}]$，其元素為

$$a_{ij} = \begin{cases} 1 & \text{若 } G \text{ 有一邊 } (i, j) \\ 0 & \text{其他} \end{cases}$$

頂點 i 和 j 在 G 中是相鄰的若且唯若 $a_{ij} = 1$。在本書中，根據定義，每個頂點與本身是不相鄰的；故 $a_{ii} = 0$。$\mathbf{A}$ 必定是對稱的，我們必有 $a_{ij} = a_{ji}$ (為什麼？)

某一圖的相鄰矩陣，一般而言遠小於所謂的關聯矩陣 (incidence matrix) (見習題 13)，如果我們在電腦中以矩陣的方式儲存圖時，則前者較後者為佳。

例題　1　圖的相鄰矩陣

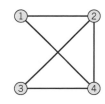
$$\begin{array}{c|cccc} \text{頂點} & 1 & 2 & 3 & 4 \\ \hline \text{頂點 } 1 & 0 & 1 & 0 & 1 \\ 2 & 1 & 0 & 1 & 1 \\ 3 & 0 & 1 & 0 & 1 \\ 4 & 1 & 1 & 1 & 0 \end{array}$$

有向圖 G 的相鄰矩陣：矩陣 $\mathbf{A} = [a_{ij}]$，其元素為

$$a_{ij} = \begin{cases} 1 & \text{若 } G \text{ 有一有向邊 } (i, j) \\ 0 & \text{其他} \end{cases}$$

此矩陣 $\mathbf{A}$ 不需要為對稱的。(為什麼？)

例題 2　有向圖的相鄰矩陣

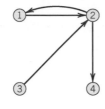

終點	1	2	3	4
起點 1	0	1	0	0
2	1	0	0	1
3	0	1	0	0
4	0	0	0	0

串列　某圖的**頂點關聯串列 (vertex incidence list)** 顯示每個頂點之相接的邊。而**邊關聯串列 (edge incidence list)** 則顯示出每邊的兩個端點。同理，對一有向圖而言，在頂點串列中離開的邊會有一負號加以表示，且在邊串列中為有序的頂點對。

例題 3　圖的頂點關聯串列與邊關聯串列

除了符號不同外，此圖與例題 1 中的圖相同。

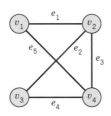

頂點	相接邊
v_1	e_1, e_5
v_2	e_1, e_2, e_3
v_3	e_2, e_4
v_4	e_3, e_4, e_5

邊	端點
e_1	v_1, v_2
e_2	v_2, v_3
e_3	v_2, v_4
e_4	v_3, v_4
e_5	v_1, v_4

「**稀疏圖形 (sparse graphs)**」為只有少數邊的圖 (遠較最大可能數目 $n(n-1)/2$ 少很多，其中 n 是頂點的數目)。對這些圖形使用矩陣表示並沒有效率。串列法具有使用較少儲存量與容易處理的優點；它們可以是有序的、排好序的或是在電腦中以許多其他不同的方式直接加以處理。例如，要追縱一條「路徑」(一串相互連接的邊，每一對邊有相同的端點)，就可以很容易地在兩個剛剛所討論的串列中來回移動，而不必只為了找一個 1 而檢視矩陣中的一大行。

　　電腦科學已發展出更多精巧的串列，除了實際的內容之外，還包括可以指出欲檢視的前一項或後一項，或是兩項都要檢視的「指標」(在一條「路徑」的情況下：指的是前一條邊或下一條邊)。詳細情形請參閱參考文獻 [E16] 以及 [F7]。

　　本節致力於基本觀念以及符號表示法之簡介，接著將會討論組合最佳化問題中的某些重要部分。這將有助於我們對圖與有向圖愈來愈熟悉。

習題集　23.1

1. 解釋下列的關係，何以可被視為圖或有向圖：族譜；介於已知城市間的飛行航線；國家之間的貿易關係；網球錦標賽；在委員會中某些委員的會員資格。

2. 試描繪出包括著頂點及邊的三角形。五邊形。四面體。

3. 如何以有向圖表示一個包含單行道與雙向道路的路網？

4. 工人 W_1 可做工作 J_1、J_3、J_4，工人 W_2 可做工作 J_3，工人 W_3 可做工作 J_2、J_3、J_4。以一圖形來表示此種情形。

5. 舉出可以表示為圖或有向圖的更多例子。

相鄰矩陣

6. 證明一個圖的相鄰矩陣是對稱的。

7. 在什麼情況下，一個有向圖的相鄰矩陣會是對稱的？

8–10 找出圖形或有向圖的相鄰矩陣：

8.

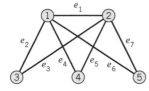

9.

10.

11. 完全圖 試說明具有 n 個頂點的圖形 G 最多能有 $n(n-1)/2$ 個邊，如果 G 是完全的，則 G 剛好有 $n(n-1)/2$ 條邊，也就是說，此時 G 的每一組頂點對都會有一個相對應的邊 (注意，迴圈以及多重邊是被排除的)。

12. 在什麼情形下，一個圖形 G 的相鄰矩陣其所有非對角元素都等於 1？

13. 一個圖形的關聯矩陣 B 定義為 $\mathbf{B} = [b_{jk}]$，其中

$$b_{jk} = \begin{cases} 1 & \text{若頂點 } j \text{ 是 } e_k \text{ 的一個端點} \\ 0 & \text{上述為否} \end{cases}$$

請找出習題 8 中圖的關聯矩陣。

23.2 最短路徑問題、複雜度 (Shortest Path Problems. Complexity)

從本節開始，我們將致力於組合最佳化的一些最重要的問題類型，這些問題類型可以用圖與有向圖來表示。我們之所以會選擇這些問題的原因為他們在實際應用中的重要性，而且我們會把它們的解用演算法的形式表示出來。雖然基本概念與演算法將以小的圖形來解釋與說明，但要記住在實際生活所涉及的問題，通常含有成千上萬的頂點與邊。想像一下電腦網路、電話網路、電力網格、環遊世界的空中旅遊、在各大城市擁有辦公室與商店的公司。你也可以想像一下其它網路與 Internet 有關的概念，像是電子商務 (在 Internet 上商品的買家與賣家的網路) 和社群網路和相關的網站，如

臉書 (Facebook)。因此，借助可靠與有效的系統化方法乃是絕對必要的，以檢視法或試誤法求解已不再可行，即使是「近似最佳」的解也是可以接受的。

我們由**最短路徑問題 (shortest path problems)** 作為開始。這個問題起源於，例如，為推銷員、貨船等設計一最短的 (或最少開銷或是最快的) 路徑。首先我們將解釋何謂路徑，如以下之說明。

在一圖形 $G = (V, E)$ 中，可由頂點 v_1 開始，沿著某些邊走到其他頂點 v_k。此處我們可以

(A) 不作任何的限制，或

(B) 要求 G 中的每一邊最多只能被通過一次，或

(C) 要求每一頂點最多只能被經過一次。

在狀況 (A) 中我們稱之為一個**路程 (walk)**。因此，一個從 v_1 到 v_k 的路程具有下列形式

(1)
$$(v_1, v_2), (v_2, v_3), \cdots, (v_{k-1}, v_k),$$

其中某些邊或頂點可能相同。在狀況 (B) 中，每一邊最多只能出現一次，這個路程稱為**路跡 (trail)**。最後在狀況 (C) 中，每個頂點最多只能出現一次 (因此每一邊自動地最多只能出現一次)，此一路跡稱為**路徑 (path)**。

路程、路跡或路徑可以有相同的起始與終止頂點，在此情形下我們稱它為**封閉的 (closed)**；因此在式 (1) 中 $v_k = v_1$。

一條封閉的路徑稱為一個**循環 (cycle)**。一個循環最少有三個邊 (因為不允許有雙重邊，見第 23.1 節)，圖 481 說明了所有的這些觀念。

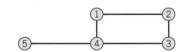

圖 481　路程、路跡、路徑、循環

1 – 2 – 3 – 2 是一個路程 (不是一個路跡)。

4 – 1 – 2 – 3 – 4 – 5 是一路跡 (不是一條路徑)。

1 – 2 – 3 – 4 – 5 是一條路徑 (不是一個循環)。

1 – 2 – 3 – 4 – 1 是一個循環。

23.2.1　最短路徑

為了定義出最短路徑這個觀念，假設 $G = (V, E)$ 是一個**權重圖 (weighted graph)**，即在 G 中的每一邊 (v_i, v_j) 有著一給定的權重或是長度 $l_{ij} > 0$。則一條**最短路徑** $v_1 \to v_k$ (v_1 與 v_k 是固定的) 是如式 (1) 的路徑，使得其每邊長度的總和

$$l_{12} + l_{23} + l_{34} + \cdots + l_{k-1,k}$$

($l_{12} = (v_1, v_2)$ 的長度，等等) 為最小 (在所有從 v_1 到 v_k 的路徑之中的最小者)。同理，$v_1 \to v_k$ 的**最長路徑**則是總和為最大的路徑。

最短 (與最長) 路徑問題，乃是最佳化問題中最重要的一部分。這裡「長度」l_{ij} (通常也被稱爲「成本」或「權重」) 可爲實際量測的哩程數或旅行時間亦或耗油量，但也可能是完全不同的事物。

舉例來說，「旅行推銷員問題 (traveling salesman problem)」要求在給定的圖形中，決定最短的**漢米爾頓循環 (Hamiltonian cycle)**[1]，亦即，包含圖形中所有頂點的循環。

講得更詳細一點，解決旅行推銷員問題的最基本和最直覺的想法如下。有一位推銷員必須要開車來拜訪他的客戶。他必須要開車到 n 個城市。他可以從任何一個城市開始拜訪旅程，但在完成旅行後，他必須要返回該起始城市。而且，每一個城市他只能去一次。所有的城市彼此之間都有道路連接，所以他可以從某一城市直接前往到另一個城市，也就是說，假如他想要從某一城市到另一個城市，在那兩個城市之間有唯一一條直接連接的道路。他必須要找出最佳的路徑，即讓整體旅程有最短里程數的路徑。這是在組合最佳化中的一個典型的問題，而且以許多不同的版本和應用的形式出現。要爲 n 個城市選擇出最佳路徑，需要檢視可能路徑之最大數目爲 $(n-1)!/2$，因爲，在你選擇了第一個城市之後，對於第二個城市你有 $n-1$ 個選擇，對於第三個城市你有 $n-2$ 個選擇，依此類推。你總共有 $(n-1)!$ 種選擇 (參見第 24.4 節)。然而，因爲里程數和旅程的方向無關 [舉例來說，對於 $n=4$ 而言 (四個城市 1、2、3、4)，旅程 1–2–3–4–1 和 1–4–3–2–1 有相同的里程數，等等，所以我們重複計算了兩次！]，所以最後的答案爲 $(n-1)!/2$。就算城市的數目不多，例如，$n=15$，可能路徑之最大數目還是非常的大。你可以使用你的計算機或是你的 CAS 來計算看看！這意味著對於較大的 n 這是一個非常困難的問題，而且在組合最佳化中這是一個典型的問題。在這裡你想要一個離散解，但是若要用窮舉的方式把所有可能的情況都搜尋檢視一次，幾乎是一件不可能的事情，因此，我們可能訴諸於某些啓發方法 (heuristics)(經驗法則，捷徑)，而一個比最佳解稍差的答案就足夠了。

旅行推銷員問題的一個變型如下。在選擇「最大利潤」的路徑 $v_1 \to v_k$ 時，推銷員想要極大化 $\sum l_{ij}$，此處 l_{ij} 是所預期的佣金減掉從村莊 i 到村莊 j 的旅行開銷。

在一個投資問題中，i 可能是投資的起始日，j 則是投資到期日，而 l_{ij} 爲所得之利潤；則在一段時間內，考慮投資與再投資的眾多可行性，結果將會得到一個圖形。

23.2.2　所有邊等長時的最短路徑

顯然，如果所有的邊其長度均爲 l，則在給定圖形 G 中的最短路徑 $v_1 \to v_k$，乃爲所有的 $v_1 \to v_k$ 路徑中，邊數目最少的路徑。針對此一問題我們討論一種 BFS 演算法。BFS 指的是**廣度優先搜尋 (breadth first search)**。意指在每一個步驟中，演算法會拜訪一頂點所能連接到的所有鄰近 (相鄰) 的頂點；和它相對的是 DFS 演算法 [**深度優先搜尋 (depth first search)** 演算法]，這會產生一條最長的路跡 (有如在迷宮中)。這個廣泛使用的 BFS 演算法如表 23.1 所示。

---

[1] WILLIAM ROWAN HAMILTON (1805–1865)，愛爾蘭數學家，由他在動力學上的成就而聞名。

我們想要在 G 中找出一條從頂點 s (**起點**) 到頂點 t (**終點**) 的最短路徑。為了保證存在有一條由 s 到 t 的路徑，必須要確定 G 不包含分離的部分。因此，假設 G 是**連通的 (connected)**，亦即對於在 G 中的任何兩個頂點 v 與 w，存在著一條路徑 $v \to w$ (憶及如果在 G 中有一個邊 (u, v)，則頂點 v 被稱為**相鄰於**頂點 u)。

表 23.1　Moore[2] 的最短路徑 BFS 演算法 (所有的長度均是 1)

Proceedings of the International Symposium for Switching Theory, Part II. pp. 285–292.
Cambridge:Harvard University Press, 1959.

演算法 MOORE $[G = (V, E), s, t]$

這個演算法決定了在一個連通圖形 $G = (V, E)$ 中從一個頂點 s 到頂點 t 的最短路徑。

  輸入：連通圖形 $G = (V, E)$，其中一個頂點記為 s 而另一個頂點記為 t，且每一條邊 (i, j) 的長度均為 $l_{ij} = 1$。一開始所有的頂點都是沒有標記的。

  輸出：一條在 $G = (V, E)$ 中的 $s \to t$ 最短路徑

1. 把 s 標記成 0。
2. 設定 $i = 0$。
3. 找出相鄰於頂點 i 之所有尚未被標記的頂點。
4. 把剛剛找到的頂點都標記成 $i + 1$。
5. If 頂點 t 被標記到了，then「回溯」回去可給出最短路徑

    $k (= t$ 的標記$), \quad k-1, k-2, \cdots, 0$

  輸出 $k, k-1, k-2, \cdots, 0$。Stop

  Else 把 i 增加 1。跳到步驟 3。

End MOORE

例題　1　**Moore BFS 演算法的應用**

在圖 482 的圖形 G 中，試找出 $s \to t$ 的最短路徑。

解

圖 482 中顯示了標記。藍色的邊形成一條最短路徑 (長度為 4)。另外還有一條最短路徑 $s \to t$ (你可以找出它嗎？)。因此在程式中，必須加入一條規則使得回溯是唯一的，否則，電腦在走到某一具有好幾個選擇的步驟時 (例如，在圖 482 中當它回溯到標記為 2 的頂點時)，電腦將不知如何繼續執行任務。以下的規則似乎很自然：

---

[2] EDWARD FORREST MOORE (1925–2003)，美國數學家和計算機科學家，他是理論計算機科學 [自動機理論 (automata theory)、圖靈機 (Turing machines)] 等領域中的先驅。

回溯規則　在每一個步驟中使用從 1 到 n (而不是標記距離的編號！) 來作爲頂點的編號，當抵達一個標記爲 i 的頂點時，選取在所有標記爲 $i-1$ 的頂點中具有最小的編號 (注意，不是標記本身！) 者作爲下一個頂點。 ■

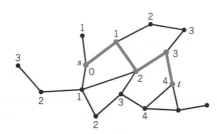

圖 482　例題 1，給定的圖形以及標記的結果

23.2.3　演算法的複雜度

Moore 演算法的**複雜度**。爲了找出將要標記爲 1 的頂點，必須檢視所有與 s 相接的邊。接下來，當 $i = 1$ 時，必須檢視與所有標記爲 1 的頂點相接的邊，以此類推。因此每個邊被檢視兩次。共有 $2m$ 次運算 ($m = G$ 中邊的數目)。此爲一函數 $c(m)$。此一函數到底爲 $2m$ 或 $5m+3$ 或 $12m$ 並不重要；重要的是 $c(m)$ 與 m 成正比 (而非與 m^2 成正比，舉例來說)；其「階 (order)」數爲 m。任何 $am+b$ 的函數簡單寫成 $O(m)$；或任何 $am^2 + bm + d$ 的函數簡單寫成 $O(m^2)$，以此類推；其中 O 間接表明了**階**。潛在的觀念與實用情形如下所描述。

　　在評斷演算法時，值得注意的是在大問題情形的行爲 (此處爲大 m)，因爲這些將決定此演算法應用性的限制。因此，最重要的項是增加最快的項 (am^2 中的 $am^2 + bm + d$，餘此類推)，因爲當 m 夠大時，此項將遠較其他項重要。而且此項中的常數因子並不是很重要，例如：兩個分別爲 $5m^2$ 與 $8m^2$ 階的演算法，其差別不是很重要，而且可適當地增加電腦速度而使其變得不相關。但是，當演算法的階數爲 m 或 m^2 或更高冪次 m^p 時，則會存在相當大的實際差別，而且最大的差別會發生在「多項式階」與「指數階」(如 2^m) 之間。

　　例如，在一台每秒執行 10^9 個運算的電腦上，當問題大小爲 $m = 50$ 時，需要執行 m^5 個運算的演算法將需耗時 0.3 秒，而需要執行 2^m 個運算的演算法則需 13 天，但這並非意味著多項式階好而指數階差的唯一理由，另一理由是**使用較快電腦所獲得的好處**。例如，令兩個演算法爲 $O(m)$ 以及 $O(m^2)$。那麼，因爲 $1000 = 31.6^2$，在速度上增加 1000 倍，那兩個演算法就會有著每小時分別可以解決 1000 倍與 31.6 倍大的問題的效益。但是因爲 $1000 = 2^{9.97}$，以一個 $O(2^m)$ 的演算法來說，相對上只能在問題的大小上些微地增加 10 (注意，不是倍！) 而已，因爲 $2^{9.97} \cdot 2^m = 2^{m+9.97}$。

　　當函數成長的階數很重要時，**符號 O** 相當的實用與常用，而不是使用一函數的特定形式。因此，若一函數 $g(m)$ 的形式如下：

$$g(m) = kh(m) + 更緩慢成長的項 \qquad (k \neq 0 \text{ 爲常數})$$

則我們稱 $g(m)$ 的階爲 $h(m)$ 並寫成

$$g(m) = O(h(m))$$

例如

$$am + b = O(m) \qquad am^2 + bm + d = O(m^2) \qquad 5 \cdot 2^m + 3m^2 = O(2^m)$$

我們希望演算法 $\mathscr{A}$ 是「有效率」的，亦即相對於

(i) 時間 (電腦運算的數目 $c_{\mathscr{A}}(m)$)，或

(ii) 空間 (在內部記憶體中需要的儲存量)

而言為佳，或是相對於以上兩者皆為佳。此處 $c_{\mathscr{A}}$ 表示 $\mathscr{A}$ 的「**複雜度 (complexity)**」。$c_{\mathscr{A}}$ 的兩種常用選擇為

(最差情形) $c_{\mathscr{A}}(m) = $ 對一個大小為 m 的問題，演算法 $\mathscr{A}$ 所需花的最長時間。

(平均情形) $c_{\mathscr{A}}(m) = $ 對一個大小為 m 的問題，演算法 $\mathscr{A}$ 所需花的平均時間。

在圖形的問題中，所謂「大小」通常指是 m (邊的個數) 或 n (頂點的個數)。對 Moore 演算法而言，這兩種狀況都是 $c_{\mathscr{A}}(m) = 2m$。因此，Moore 演算法複雜度的階為 $O(m)$。

對於一個「好的」演算法 $\mathscr{A}$，我們希望 $c_{\mathscr{A}}(m)$ 並不會成長的太快。因此，如果對某個整數 $k \geq 0$ 存在 $c_{\mathscr{A}}(m) = O(m^k)$，則稱 $\mathscr{A}$ 是**有效率 (efficient)** 的；亦即可以只含有 m 的次方 (或是增加得更緩慢的函數，如 $\ln m$)，但不包含指數函數。更進一步說，當選擇「最差狀況」的 $c_{\mathscr{A}}(m)$ 時，如果 $\mathscr{A}$ 仍是有效率的，則稱 $\mathscr{A}$ 是**受多項式界限 (polynomially bounded)**。如討論所示，這些傳統的觀念具有直覺上的訴求。

對所有的演算法都要研究其複雜性，以便針對同樣的工作但不同的演算法作一比較。但是這個可能超出本章所設定的水平，因此在此一方向我們將只作少數的評論。

習題集　23.2

最短路徑、Moore 的 BFS
(所有的邊長均為 1)

1–2　以 Moore 的 BSF 演算法，找出一個最短路徑 $p : s \to v$ 以及它的長度。畫出具有標記的圖形，並且以較粗的線 (如圖 482) 來指出 P。

1. 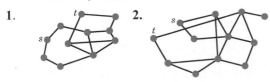 **2.**

3. **Moore 演算法**　證明如果一個頂點 v 的標記為 $\lambda(v) = k$，那麼就有一條長度為 k 的路徑 $s \to v$。

4. **最大長度**　如果 P 是在一個具有 n 個頂點的圖形中介於任意兩個頂點之間的最短路徑，則 P 最多可以有幾個邊？給出一個理由。在一個所有邊長為 1 的完全圖形中的話呢？

5. **非唯一性**　試以找出另外一條在課文中的例題 1 中的最短路徑 $s \to t$ 來說明這一點。

6. **Moore 演算法**　我們稱一條最短路徑 $s \to v$ 的長度為從 s 到 v 的距離。證明如果 v 有距離 l，它就有標籤為 $\lambda(v) = l$。

7. **CAS 習題　Moore 演算法**　撰寫在表 23.1 中演算法的一電腦程式。以例題 1 中的圖形來測試你的程式。用習題 1–2 以及你自行選擇的某些圖形來測試你的程式。

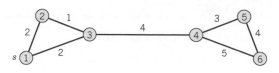

圖 484　習題 11

| 8–10 | 漢米爾頓循環 |

8. 找出並且繪出一個 12 面體圖形中的漢米爾頓循環，此 12 面體具有 12 個五邊形面和 20 個頂點 (圖 483)，這是一個漢米爾頓他本人所考慮的問題。

圖 483　習題 8

9. 找出並且繪出在習題 1 中的一個漢米爾頓循環。

10. 在習題 2 中的圖形有一個漢米爾頓循環嗎？

| 11–12 | 郵差問題 |

11. **郵差問題**是在一個圖形 G 中找出一個封閉路程 $W: s \to s$ (s 是郵局) 的問題，其中邊 (i, j) 具有長度 $l_{ij} > 0$，並使得 G 的每一個邊最少被走訪一次而且 W 的長度為最小。以觀察法找出在圖 484 中圖形的一個解 (這個問題也被稱為中國郵差問題，因為它是被發表在期刊 *Chinese Mathematics* 1 (1962), 273-277)

12. 證明最短郵差路跡的長度，對於每一個起始端點來說都是相同的。

| 13–15 | Euler 圖 |

13. 一個 **Euler 圖** G 是一個具有封閉的 Euler 路跡的圖形。一條 **Euler 路跡**是包含有 G 的每一個邊剛好一次的一條路跡。在第 23.1 節例題 1 的圖形中，哪一個具有四個邊的子圖形是一個 Euler 圖？

14. 在圖 485 中找出四個不同的封閉 Euler 路跡。

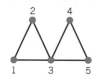

圖 485　習題 14

15. 在圖 484 中的圖形是一個 Euler 圖嗎？給出理由。

23.3 Bellman 原理、Dijkstra 演算法 (Bellman's Principle. Dijkstra's Algorithm)

我們繼續討論在圖 G 中的最短路徑問題。在前一節所關心的是所有邊長度均為 1 之特殊情形。但是在大部分的應用中，邊 (i, j) 可為任意長度 $l_{ij} > 0$，且此情形在實際上更為重要。在 G 中並不存在的任何一邊 (i, j)，我們可表示為 $l_{ij} = \infty$ (如同一般情況，對任意數 a，令 $\infty + a = \infty$)。

　　考慮從一個給定的頂點找出最短路徑的問題，這個頂點以 1 表示且稱為**原點**，G 的**所有**其他頂點則為 2, 3, $\cdots$, n。令 L_j 表示為在 G 中的一條最短路徑 $P_j : 1 \to j$ 的長度。

定理 1

Bellman 的極化定理或最佳化定理[3]

如果 $P_j : 1 \to j$ 是在 G 中一條由 1 到 j 的最短路徑，並且 (i, j) 是 P_j 的最後一邊 (如圖 486)，則 $P_j : 1 \to i$ [由 P_j 中捨棄 (i, j) 而得到] 是一條由 $1 \to i$ 的最短路徑。

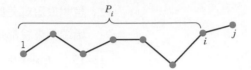

圖 486　在 Bellman 極化定理中的路徑 P 與 P_i

證明

設結論為偽。則存在一條路 $P_i^* : 1 \to i$ 比 P_i 還要短。因此，如果將 (i, j) 加到 P_i^* 中，可得到一條比 P_j 還要短的路徑 $1 \to j$。此與 P_j 是最短路徑的假設相互矛盾。∎

由貝爾曼定理可以導出如下的基本公式：對固定的 j，可對 G 中存在邊 (i, j) 之不同的 i 值取最短路徑 P_i，再加 (i, j) 而得到不同的路徑 $1 \to j$。顯然地，這些路徑的長度為 $L_i + l_{ij}$ （$L_i = P_i$ 的長度)。此時可對所有的 i 取最小值，即選擇使 $L_i + l_{ij}$ 為最小的 i。根據貝爾曼定理可得到最短路徑 $1 \to j$，其長度為

(1)
$$\begin{aligned} L_1 &= 0 \\ L_j &= \min_{i \neq j} (L_i + l_{ij}) \end{aligned} \qquad j = 2, \cdots, n$$

這些是 **Bellman 方程式 (Bellman equations)**。因為由定義 $l_{ii} = 0$，所以我們可以簡寫成 $\min_i$ 而不用寫成 $\min_{i \neq j}$。這些方程式提供了最短路徑問題之最有名演算法的潛在觀念，如下所述。

23.3.1 Dijkstra 最短路徑演算法

Dijkstra 演算法 (Dijkstra algorithm)[4] 如表 23.2 所示，其中**連通圖** G 意指，在 G 中的任何兩個頂點 v 和 w，存在著一條路徑 $v \to \omega$ 的圖形。這個演算法是一種加註標記的程序。在各個階段的計算中，每一個頂點 v 會得到一個標記，為以下兩種情況之一

　　　　(PL) 永久標記 (permanent label) ＝ 一條最短路徑 $1 \to v$ 的長度 L_v

或

　　　　(TL) 臨時標記 (temporary label) ＝ 一個最短路徑 $1 \to v$ 的長度的上界值 $\tilde{L}_v$。

---

[3] RICHARD BELLMAN (1920–1984)，美國數學家，以他在動態規劃上的工作聞名。

[4] EDSGER WYBE DIJKSTRA (1930–2002)，荷蘭電腦科學家，1972 年 ACM Turing Award 的得主。他的演算法是出現在 *Numerische Mathematik* **1** (1959), 269–271。

我們以 $\mathscr{PL}$ 和 $\mathscr{TL}$ 分別表示具有永久標記頂點以及臨時標記頂點所組成的集合。這個演算法的起始步驟為頂點 1 得到永久標記 $L_1 = 0$，而其他的頂點得到臨時標記，接著演算法在步驟 2 和 3 之間交互進行。在步驟 2 中，其觀念是挑出一個「最小的」k。步驟 3 中的觀念為一般而言，上界值都會獲得改善 (也就是降低)，所以必需要加以更新。亦即，如果沒有改進，頂點 j 的新臨時標記會是原來的 $\tilde{L}_j$，如果有改進的話，則會是 $L_k + l_{kj}$。

表 23.2　Dijkstra 最短路徑演算法

演算法 DIJKSTRA $[G = (V, E), V = \{1, \cdots, n\}, E$ 中所有 (i, j) 的長度 $l_{ij}]$

給定一個連通圖 $G = (V, E)$，其頂點為 $1, \cdots, n$，邊 (i, j) 具有長度 $l_{ij} > 0$，這個演算法決定從頂點 1 到頂點 $2, \cdots, n$ 之最短路徑的長度。

　　輸入：頂點數目 n，邊 (i, j)，和長度 l_{ij}

　　輸出：最短路徑 $1 \rightarrow j$，其長度 L_j，$j = 2, \cdots, n$

1. 起始步驟

　　頂點 1 獲得 PL：$L_1 = 0$

　　頂點 $j (= 2, \cdots, n)$ 獲得 TL：$\tilde{L}_j = l_{1j}$ (假若在 G 中沒有邊 $(1, j)$，那麼該值 $= \infty$)

　　設定 $\mathscr{PL} = \{1\}$，$\mathscr{TL} = \{2, 3, \cdots, n\}$

2. 固定一個永久的標記

　　在 $\mathscr{TL}$ 中找到使得 $\tilde{L}_k$ 為最小值的 k 值，設定 $L_k = \tilde{L}_k$　。如果有好幾個這樣子的 k，則選取其中最小的一個。從 $\mathscr{TL}$ 中去除 k，把它加入到 $\mathscr{PL}$ 中。

　　If $\mathscr{TL} = \varnothing$ (即 $\mathscr{TL}$ 是空集合) then

　　　　輸出 $L_2, \cdots, L_n$。Stop

　　Else 繼續執行 (即往下執行步驟 3)。

3. 更新暫時的標記

　　對 $\mathscr{TL}$ 中所有的 j，令 $\tilde{L}_j = \min_k \{\tilde{L}_j, L_k + l_{kj}\}$ (也就是說，在 $\tilde{L}_j$ 和 $L_k + l_{kj}$ 中選較小者當作是新的 $\tilde{L}_j$)。

　　跳到步驟 2。

End DIJKSTRA

例題　1　**Dijkstra 演算法的應用**

對圖 487a 中的圖形運用 Dijkstra 演算法，試找出從頂點 1 到頂點 2、3、4 的最短路徑。

解

我們列出步驟與計算如下。

1. $L_1 = 0, \tilde{L}_2 = 8, \tilde{L}_3 = 5, \tilde{L}_4 = 7,$ 　　　　$\mathscr{PL} = \{1\},$ 　　　　$\mathscr{TL} = \{2, 3, 4\}$

2. $L_3 = \min\{\tilde{L}_2, \tilde{L}_3, \tilde{L}_4\} = 5, k = 3,$ 　　　　$\mathscr{PL} = \{1, 3\},$ 　　　　$\mathscr{TL} = \{2, 4\}$

3. $\tilde{L}_2 = \min\{8, L_3 + l_{32}\} = \min\{8, 5 + 1\} = 6$

　　$\tilde{L}_4 = \min\{7, L_3 + l_{34}\} = \min\{7, \infty\} = 7$

2. $L_2 = \min\{\tilde{L}_2, \tilde{L}_4\} = \min\{6, 7\} = 6, k = 2,$ $\quad\quad \mathscr{PL} = \{1, 2, 3\},$ $\quad\quad \mathscr{TL} = \{4\}$

3. $\tilde{L}_4 = \min\{7, L_2 + l_{24}\} = \min\{7, 6 + 2\} = 7$

2. $L_4 = 7, k = 4$ $\quad\quad\quad\quad\quad\quad\quad\quad\quad\quad\quad \mathscr{PL} = \{1, 2, 3, 4\},$ $\quad\quad \mathscr{TL} = \varnothing$

圖 487b 顯示了得到的最短路徑，其中長度為 $L_2 = 6$、$L_3 = 5$、$L_4 = 7$。

複雜度　Dijkstra 演算法是 $O(n^2)$。

證明

步驟 2 需要比較元素，首先要 $n-2$ 次，接著 $n-3$ 次，依此類推；總共需要進行 $(n-2)(n-1)/2$ 次。
步驟 3 需要相同數目的比較，總數為 $(n-2)(n-1)/2$ 次，以及加法，首先 $n-2$ 次，接著 $n-3$ 次，依此類推，總次數也是 $(n-2)(n-1)/2$。因此，運算的總數為 $3(n-2)(n-1)/2 = O(n^2)$。 ∎

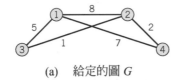

(a)　給定的圖 G　　　　　(b)　G 中的最短路徑

圖 487　例題 1

習題集　23.3

1. 在圖 488 中的路網連接了四個城鎮，在縮短距離的情形下仍然可以從其中的一個城鎮到任何另一個城鎮。哪些道路應該被保留？以 **(a)** 觀察法，**(b)** Dijkstra 演算法求解。

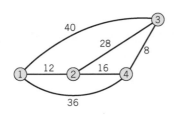

圖 488　習題 1

2. 證明在 Dijkstra 演算法中，對於 L_k 存在一個長度為 L_k 的路徑 $P: 1 \to k$。

3. 證明在 Dijkstra 演算法中，在每一個時刻中對於儲存量的要求都很少 (少於 n 個邊的資料量)。

4–6　**Dijkstra 演算法**
找出下列圖形的最短路徑。

4.

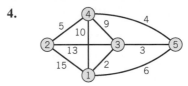

5.

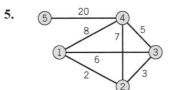

6.

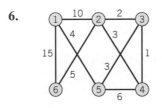

23.4 最短生成樹：貪婪演算法 (Shortest Spanning Trees: Greedy Algorithm)

到目前為止，我們已經討論了最短路徑的問題。本節將討論一種稱為樹 (tree) 的特別重要圖形，以及在這些圖形上實際經常發生之相關的最佳化問題。

根據定義，一顆**樹** T 為一連通且無循環的圖形。在 23.3 節中，已經定義過「**連通**」，意指從 T 中的任何一個頂點開始，存在一條路徑到 T 中的任何其他頂點。一個**循環**為至少有三個邊的封閉路徑 $s \to t$ ($t = s$)；請參閱第 23.2 節。圖 489a 顯示了一個例子。

注意！術語有可能不同；循環有時候也被稱為迴路 (circuits)。

在一連通圖 $G = (V, E)$ 中的**生成樹 (spanning tree)** T，是一個包含 G 中所有 n 個頂點的樹。見圖 489b。而此樹具有 $n-1$ 個邊。(你會不會證明？)

在邊 (i, j) 的長度為 $l_{ij} > 0$ 之連通圖形 G 中，**最短生成樹 (shortest spanning tree)** T 是 G 中的所有生成樹中，其 $\sum l_{ij}$ (對 T 中的所有邊求和) 為最小的一個。

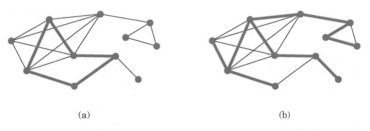

(a)　　　　　　　　　　　　　　(b)

圖 489　在圖中的 (a) 一個循環，(b) 一顆生成樹的例子

樹是最重要圖形中的一種，且發生在不同的應用範疇中。熟悉的例子有家族樹和組織圖。樹可以用來作展示、組織、或是分析電子網路、生產者－消費者與其他商業關係、資料庫系統中的資訊、電腦程式的語法結構等等。但在此處我們將敘述一些不需要做冗長解釋的範例。

根據上一節的描述，由頂點 1 到頂點 2, …, n 的最短路徑，所形成之集合將構成一生成樹。

鐵路連接了一些城市 (也就是頂點)，可以被設定成一棵生成樹的形式，其中路 (邊) 的「長度」為建設成本，而我們想要最小化總建設成本。對公車路線而言也是相似的，其中「長度」可以是每年的平均運作成本。或是對於汽船路線 (貨運路線) 而言，其中「長度」可能是利潤，而目標則是使總利潤最大化。或是在一些城市間電話網路的線路中，最短生成樹可能代表以最低成本來連接所有城市的線路選擇。除了上述例子之外，還可用其他分配網路作為範例。

現在將討論找出最短生成樹的演算法，此演算法 (表 23.3) 對稀疏圖形 (只有很少邊的圖形，見 23.1 節) 特別合適。

表 23.3　最短生成樹的 Kruskal[5]貪婪演算法。

Proceedings of the American Mathematical Society **7** (1956) , 48-50

演算法 KRUSKAL [$G = (V, E)$ ，E 中所有 (i, j) 的長度 l_{ij}]

給定一個連通圖 $G = (V, E)$，其頂點為 1, 2, $\cdots$, n，邊 (i, j) 具有長度 $l_{ij} > 0$，這個演算法決定 G 中的一棵最短生成樹 T。

　　　輸入：G 的邊 (i, j) 和它們的長度 l_{ij}

　　　輸出：G 中的最短生成樹 T

　　1. 將 G 中各邊依其長度排序，由短排到長。

　　2. 以此順序選為 T 的邊，我們丟棄一個邊唯若該邊和已經選取的邊形成一個循環。

　　　　If 已經選取 $n-1$ 條邊，then

　　　輸出 T (= 選取邊的集合)。Stop

End KRUSKAL

| 例題　**1**　**Kruskal 演算法的應用**

使用 Kruskal 演算法，求出圖 490 中圖的最短生成樹。

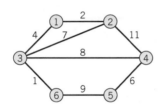

圖 490　在例題 1 中的圖形

表 23.4　例題 1 中的解

邊	長度	選擇
(3, 6)	1	1st
(1, 2)	2	2nd
(1, 3)	4	3rd
(4, 5)	6	4th
(2, 3)	7	丟棄
(3, 4)	8	5th
(5, 6)	9	
(2, 4)	11	

| 解

參見表 23.4。在某些中間步驟中，已選取的邊形會成非連通圖 (見圖 491)，此為一個典型的現象。因為擴張樹有 $n-1$ 個邊，我們在 $n-1 = 5$ 次選擇之後停止。在此問題中我們所選取的邊位於表的上半部，對於任意大小的問題而言，此為一個典型情形；一般來說，位於表之越下面的邊，越不可能被選擇。　　　　　　　　　　　　　　　　　　　　　　　　　　　　　　　■

Kruskal 法的效率可以利用下列方式加以提高。

---

[5]　JOSEPH BERNARD KRUSKAL (1928–)，美國數學家，任職於貝爾實驗室，以他在圖論和統計學中的貢獻聞名於世。

頂點的雙重標記　每個頂點 i 均含有雙標記 (r_i, p_i)，其中

$$r_i = i \text{ 所屬之子樹的根}$$

$$p_i = \text{ 在所屬子樹中 } i \text{ 的祖先}$$

$$p_i = 0，\text{根的祖先令之爲 } 0$$

如此可以簡化下列情況：

丟棄　如果 (i, j) 是在列表中下一個要被考慮的，若 $r_i = r_j$，則捨棄 (i, j) (即 i 和 j 在同一子樹中已被邊所連接，再加入 (i, j) 會產生一循環)。若 $r_i \neq r_j$，則把 (i, j) 納於 T 中。

　　若 r_i 同時有數個選擇，則選取最小的一個。若子樹合併 (成爲單一樹)，則保留最小的根作爲新子樹的根。

　　對於例題 1 而言，雙標記列表如表 23.5 所示。在任一時刻做儲存時，可僅保留最新的雙標記。表中列出所有的雙標記以顯示所有階段的處理程序，保持不變的標記則不再列出。畫底線的兩個 1 乃爲頂點 2 與 3 之共同根，其爲捨棄邊 (2, 3) 的原因。經由讀取每個頂點的最新標記，在表列中頂點 1 被選爲根，而樹正如圖 491 中的最後一部分所示。這之所以可能是由於每個頂點中都帶有祖先標記。而且對於接受或是捨棄一個邊，只需要作一次比較即可 (邊的兩個端點的根)。

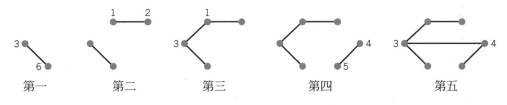

第一　　　第二　　　第三　　　第四　　　第五

圖 491　例題 1 的選擇過程

表 23.5　例題 1 中雙標記的列表

頂點	選擇 1 (3, 6)	選擇 2 (1, 2)	選擇 3 (1, 3)	選擇 4 (4, 5)	選擇 5 (3, 4)
1		(1, 0)			
2		(<u>1</u>, 1)			
3	(3, 0)		(<u>1</u>, 1)		
4				(4, 0)	(1, 3)
5				(4, 4)	(1, 4)
6	(3, 3)		(1, 3)		

　　順序排列 (ordering) 爲此演算法中較費時的部分，此爲資料處理中的標準程序，且有不同的方法已被提出 (見附錄 1 參考資料 [E25] 中的**排序**)。對一完整的 m 邊表列，一演算法的複雜度將爲 $O(m \log_2 m)$，但因爲此樹的 n–1 邊可能在檢視 q (< m) 個最上面的邊時而提早找到，針對此 q 邊的表列我們有 $O(q \log_2 m)$ 複雜度。

以 Kruskal 演算法找出下列圖形的最短生成樹。將它畫出。

1.

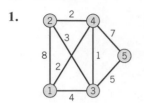

2.

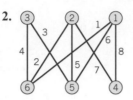

3.

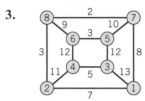

4. **CAS 習題**　**Kruskal 演算法**　撰寫一個相對應的程式 (排序是在列於附錄 1 中的參考文獻 [E25] 中討論)。

5. 要得到一棵最小生成樹，如果不採用增加最短邊的方法，我們可以嘗試刪除最長的邊。對什麼樣的圖形這是可行的？請描述一個這樣的演算法。

6. 應用習題 5 中所提的方法到例題 1 中的圖形。你是否得到相同的樹？

7. 設計一個演算法以得出最長生成樹。

8. **空運**　在給定的六個城市 (距離以飛行哩程計算，四捨五入) 的所有可能的 15 條連接的完全圖形中，找出一棵最短生成樹。你可以由結果想出一個實際的應用嗎？

	Dallas	Denver	Los Angeles	New York	Washington, DC
Chicago	800	900	1800	700	650
Dallas		650	1300	1350	1200
Denver			850	1650	1500
Los Angeles				2500	2350
New York					200

23.5 最短生成樹：Prim 演算法 (Shortest Spanning Trees: Prim's Algorithm)

在表 23.6 中所示的 Prim 演算法 (Prim's Algorithm)[6]，是針對最短生成樹問題 (見第 23.4 節) 的另一個普遍使用之演算法。這個演算法避免了排序各邊的動作，並且在每個階段中都產生一樹 T，上節之 Kruskal 演算法並不具有此一特性 (若您尚未注意到，請回顧圖 491)。

在 Prim 演算法中，從任意一個稱為 1 的頂點開始，根據某些規則 (描述在表 23.6) 而將邊一次一個的加入 T，使 T「增長」直到成為最短的生成樹為止。

---

[6] ROBERT CLAY PRIM (1921–)，美國計算機科學家，任職於 General Electric，貝爾實驗室，和 Sandia National Laboratories。

表 **23.6**　最短生成樹的 Prim 演算法

Bell System Technical Journal **36** (1957), 1389-1401.

這個演算法的改進版本見 Cheriton and Tarjan, *SIAM Journal on Computation* **5** (1976),724-742.

演算法 PRIM [$G = (V, E), V = \{1, \cdots, n\}$ ， l_{ij} 為 E 中所有 (i, j) 的長度]

給定一個連通圖 $G = (V, E)$，其頂點為 1, 2, $\cdots, n$，邊 (i, j) 具有長度 $l_{ij} > 0$，這個演算法決定 G 中的一棵最短生成樹 T 且其長度為 $L(T)$。

輸入：n，G 的邊 (i, j) 和它們的長度 l_{ij}

輸出：G 中的一棵最短生成樹 T 的邊集合 S；$L(T)$

[起始時，所有的頂點都未被標記]。

 1. 起始步驟

  令 $i(k) = 1$，$U = \{1\}$，$S = \varnothing$。

  把頂點 $k (= 2, \cdots, n)$ 標記為 $\lambda_k = l_{ik}$ [若 G 沒有邊 $(1, k)$，則 $= \infty$]。

 2. 加入一邊到樹 T

  令 λ_j 為不在 U 中之 k 的最小 λ_k。把頂點 j 納入 U 中並把邊 $(i(j), j)$ 納入 S 中。

  If $U = V$ then 計算

   $L(T) = \sum l_{ij}$ （對 S 中所有的邊加總）

   輸出 $S, L(T)$。Stop

   [S 是 G 中的一棵最短生成樹 T 的邊集合]

  Else 繼續執行 (即往下執行步驟 3)。

 3. 標記更新

  對於不在 U 中之每一個 k，if $l_{jk} < \lambda_k$, then 令 $\lambda_k = l_{jk}$ 和 $i(k) = j$

  跳到步驟 2。

End PRIM

我們以 U 代表增長中的樹 T 之頂點所構成的集合，且以 S 代表邊所組成的集合。因此，在一開始 $U = \{1\}$ 且 $S = \varnothing$；在結束時，$U = V$，為一給定圖形 $G = (V, E)$ 之頂點集合，其中邊 (i, j) 的長度 $l_{ij} > 0$，如前一般。

因此在開始 (步驟 1) 時，

$$\lambda_2, \cdots, \lambda_n \qquad 分別為頂點 \qquad 2, \cdots, n$$

的標記，乃為其連接到頂點 1 的邊之長度 (若在 G 中沒有這樣的邊，則是 ∞)。我們選取 (步驟 2) 最短之邊作為增長中樹 T 的第一個邊，並且將它的另一端點 j 納入至 U 中 (如果有數個選擇的話，那麼就選最小的 j 以使得這個程序是唯一的)。在步驟 3 中我們更新標記 (在目前的階段以及之後的階段均要)，所關切的是還不是在 U 中的每一個頂點 k。由前面得知頂點 k 具有標記 $\lambda_k = l_{i(k), k}$。如果 $l_{jk} < \lambda_k$，這表示 k 和這個剛剛被加入到 U 中的新成員 j 的距離，比 k 到它在 U 中原來的「最近

鄰居」 $i(k)$ 還要近。那麼我們會更新 k 的標籤，以 $\lambda_k = l_{jk}$ 取代 $\lambda_k = l_{i(k),k}$，並且設定 $i(k) = j$。然而，如果 $l_{jk} \geq \lambda_k$ (k 的舊標記) 的話就不更動舊標記。因此，標籤 λ_k 總是指出在 U 中 k 的最近鄰居，並且隨著 U 以及樹 T 的增長，它也會在步驟 3 中被更新。從最後的標記我們可以回溯到最終的樹，並且由它們的數值可算出這棵樹的總長度 (邊的長度的總和)。

Prim 演算法在電腦網路設計、纜線、分配網路和運輸網路中非常有用。

例題 1 Prim 演算法的應用

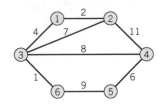

圖 492 在例題 1 中的圖形

在圖 492 的圖形中，試找出一最短生成樹 (此圖與第 23.4 節的例題 1 相同，故可作為比較)。

解

步驟如下：

   1. $i(k) = 1$、$U = \{1\}$、$S = \varnothing$，起始的標記請見表 23.7。

   2. $\lambda_2 = l_{12} = 2$ 為最小，$U = \{1, 2\}$、$S = \{(1, 2)\}$。

   3. 更新標籤，如表 23.7 如欄 (Ⅰ) 所示。

   2. $\lambda_3 = l_{13} = 4$ 為最小，$U = \{1, 2, 3\}$、$S = \{(1, 2), (1, 3)\}$。

   3. 更新標籤，如表 23.7 欄 (Ⅱ) 所示。

   2. $\lambda_6 = l_{36} = 1$ 為最小，$U = \{1, 2, 3, 6\}$、$S = \{(1, 2), (1, 3), (3, 6)\}$。

   3. 更新標籤，如表 23.7 欄 (Ⅲ) 所示。

   2. $\lambda_4 = l_{34} = 8$ 為最小，$U = \{1, 2, 3, 4, 6\}$、$S = \{(1, 2), (1, 3), (3, 4), (3, 6)\}$。

   3. 更新標籤，如表 23.7 欄 (Ⅳ) 所示。

   2. $\lambda_5 = l_{45} = 6$ 為最小，$U = V$、$S = (1, 2), (1, 3), (3, 4), (3, 6), (4, 5)$。停止。

這棵樹和第 23.4 節中的例題 1 相同。它的長度為 21。你會發現將目前這棵樹的增長過程和 23.4 節中的樹相比很有趣。 ■

表 23.7 例題 1 中頂點的標籤化

頂點	初始標記	重新標記			
		(I)	(II)	(III)	(IV)
2	$l_{12} = 2$	—	—	—	—
3	$l_{13} = 4$	$l_{13} = 4$	—	—	—
4	∞	$l_{24} = 11$	$l_{34} = 8$	$l_{34} = 8$	—
5	∞	∞	∞	$l_{65} = 9$	$l_{45} = 6$
6	∞	∞	$l_{36} = 1$	—	—

最短生成樹、Prim 演算法

1. 在 Prim 演算法的終點何時 $S = E$？

2. **複雜度** 證明 Prim 演算法有著複雜度 $O(n^2)$。

3. 如果將 Prim 演算法運用於不連通的圖形中，結果爲何？

4. 對於一個完全圖形 (或幾乎完全的圖形) 而言，如果我們的資料是一個 $n \times n$ 的距離表 (如第 23.4 節習題 8)，證明目前的演算法 [它是 $O(n^2)$] 沒有辦法簡單地用一個小於 $O(n^2)$ 的演算法來加以取代。

5. 在增長 T 時 Prim 演算法是如何避免循環的形成？

6–10 以 Prim 演算法找出下列圖形的最短生成樹。

6.
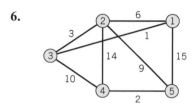

7.
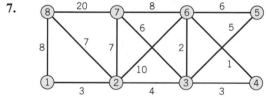

8.
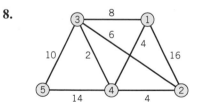

9. 在第 23.4 節習題 3 中的圖形。

10. **CAS 習題 Prim 演算法** 撰寫一程式，並且將它應用到習題 6-8 中。

11. **團隊專題 圖形中心和相關觀念**

    (a) **距離、偏距** 我們稱圖 $G = (V, E)$ 中的一條最短路徑 $u \to v$ 的長度爲從 u 到 v 的距離 $d(u, v)$。對於固定的 u，我們稱最長的 $d(u, v)$ 是 v 在 V 上變化之 u 的偏距 $\epsilon(u)$。找出在線上習題 1 中圖形頂點 1、2、3 的偏距。

    (b) **直徑、半徑、中心** 圖形 $G = (V, E)$ 的直徑 $d(G)$ 是在 V 上變化的 u 與 v 的 $d(u, v)$ 最大值，並且半徑 $r(G)$ 是頂點 v 的最小偏距。一個具有 $\epsilon(v) = r(G)$ 的頂點 v 被稱爲中央頂點。所有中央頂點的集合被稱爲 G 的中心。找出在線上習題 1 中的 $d(G)$、$r(G)$ 和中心。

    (c) 例題 1 中生成樹的直徑、半徑與中心爲何？

    (d) 解釋中心的觀念，要如何用在設立交通運輸網的緊急服務設施上，例如設立消防站、購物中心。如何將此觀念延伸於有兩種，或更多設施的情形？

    (e) 證明所有邊長均爲 1 的樹 T，它的中心不是僅含有一個頂點就是爲兩個相鄰頂點。

    (f) 設計複雜性爲 $O(n)$ 的演算法來找出一棵樹 T 的中心。

23.6 網路中的流量 (Flows in Networks)

最短路徑問題與樹的問題之後，我們將要討論在組合最佳化中第三大領域的**網路流量問題 (flow problems in networks)** (有關電、水、通訊、交通、商業關係等等)，主要是將圖轉變成有向圖 (有方向性的圖形，見第 23.1 節的說明)。

　　根據定義，**網路 (network)** 是一個有向圖形 $G = (V, E)$，其中每邊 (i, j) 都有一指定的**容量 (capacity)** $c_{ij} > 0$ [= 沿著 (i, j) 的最大可能流量]，且在一個稱為**源點 (source)** 的頂點 s 處產生流量；沿著邊流到另一稱為**目標 (target)** 或**匯點 (sink)** 的另一頂點 t，而流量係在此消失。

　　在應用方面，上述提及的源點或匯點，可能為電線中的電流量、水管中的水流量、道路上的車流量、公共運輸系統中的人潮、從一生產者到消費者的貨物流量、在網際網路中寄信者到收信者的 E-mail，等等。

　　我們以 f_{ij} 表示沿著一 (有方向性的！) 邊 (i, j) 的流量，且加上下列兩個條件：

　　1. 在 G 中，每邊 (i, j) 的流量不超過其容量 c_{ij}

(1) $$0 \le f_{ij} \le c_{ij}$$ 　　　　　　　　　　**(「邊條件」)**

　　2. 對於不為 s 或 t 的每一頂點 i

　　流入量 = 流出量　　**(「頂點條件 (vertex condition)」，「Kirchhoff 定律 (Kirchhoff's law)」)**

若以公式表示

(2) $$\sum_{\underset{\text{流入量}}{k}} f_{ki} - \sum_{\underset{\text{流出量}}{j}} f_{ij} = \begin{cases} 0 \text{，若 } i \ne s \text{ 且 } i \ne t \\ -f \text{，在源點 } s \\ f \text{，在目標 } t \end{cases}$$

其中 f 為總流量 (在 s 處的流入量為零，而在 t 處的流出量為零)，圖 493 說明了這些符號 (針對某些假設的圖形)。

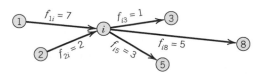

圖 493　在式 (2) 中的符號：頂點 i (s 和 t 除外) 的流入量與流出量

23.6.1　路徑

在有向圖形 G 中，經由**路徑 (path)** $v_1 \to v_k$ 從頂點 v_1 至頂點 v_k，意指由無向 (undirected) 邊序列

$$(v_1, v_2), (v_2, v_3), \cdots, (v_{k-1}, v_k),$$

而不考慮它們在 G 中的方向，所形成的路徑 (見第 23.2 節)。因此，當沿著這條路徑從 v_1 移到 v_k，也許會走訪在既定方向上的某邊——則我們稱其為我們路徑的**向前邊 (forward edge)**——或以**相反的**方向走訪某邊——則我們稱其為我們路徑的**向後邊 (backward edge)**。換句話說，我們的路徑由單行道組成，而我們走訪時是正確方向的 (或是錯誤方向的) 向前邊 (向後邊)。圖 494 中顯示路徑 $v_1 \to v_k$ 的一個向前邊 (u, v)，與一個向後邊 (w, v)。

注意！網路中的每一邊具有既定方向，此為我們所不能改變的事實。因此，如果在路徑 $v_1 \to v_k$ 上，(u, v) 是一個向前邊，則 (u, v) 只有在另一路徑 $x_1 \to x_j$ 才能成為向後邊，而在這條路徑上，它是與從 x_1 走到 x_j 的走訪方向相反的邊；見圖 495。切記此點以避免誤解。

圖 494　一條路徑 $v_1 \to v_k$ 中的向前邊 (u, v) 和向後邊 (w, v)

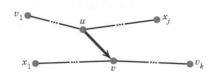

圖 495　邊 (u, v) 在路徑 $v_1 \to v_k$ 中是作為向前邊，而在路徑 $x_1 \to x_j$ 中是作為向後邊

23.6.2　流量增大路徑

本節的主要**目標**，乃是將既定網路從源點 s 到匯點 t 的**流量極大化**，我們的策略係以發展一些方法來增加一現行的流量 (包括流量為零的特殊情形) 以達此目標。上述觀念為找一路徑 $P\!:\; s \to t$，其所有的邊均未被完全使用，故可以加入額外的流量通過 P。這啟發了下列的觀念。

| 定　義 |

流量增大路徑

在每邊 (i, j) 上都有既定流量 f_{ij} 的網路中，**流量增大路徑 (flow augmenting path)** 是一路徑 $P\!:\; s \to t$ 使得

(i) 沒有向前邊已用罄其容量，即對於那些邊 $f_{ij} < c_{ij}$；

(ii) 沒有流量為零的向後邊，即對於那些邊 $f_{ij} > 0$。

例題　1　流量增大路徑

找出圖 496 網路中的流量增大路徑，其中第一個數字為容量，而第二個數字為一給定的流量。

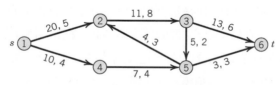

圖 496　在例題 1 中的網路
第一個數字 = 容量，第二個數字 = 給定流量

解

在實際問題中，網路通常很大，所以需要透過**有系統的方法來增大流量，在下一節將討論此方法**。本例的小網路將有助於說明、澄清觀念與想法，在此可用檢視法找出流量增大路徑，並且增大圖 496 中的現行流量 $f = 9$ (從 s 的流出量為 $5 + 4 = 9$，等於進入 t 的流入量 $6 + 3$)。

我們利用以下符號

$$\Delta_{ij} = c_{ij} - f_{ij} \qquad \text{針對向前邊}$$

$$\Delta_{ij} = f_{ij} \qquad \text{針對向後邊}$$

$$\Delta = \min \Delta_{ij} \qquad \text{取自一路徑中所有的邊}$$

由圖 496 可看出，一條流量增大路徑 $P_1 : s \to t$ 為 $P_1 : 1-2-3-6$ (圖 497)，其中 $\Delta_{12} = 20-5 = 15$，餘此類推，且 $\Delta = 3$。因此，可將 P_1 由其既定流量 9 增大到 $f = 9+3 = 12$。P_1 的所有三個邊都是向前邊，流量增大值為 3。因此 P_1 中每邊的流量也增加了 3，所以現在有了 $f_{12} = 8$ (而不是 5)、$f_{23} = 11$ (而不是 8) 以及 $f_{36} = 9$ (而不是 6)。邊 $(2, 3)$ 現在已使用到其最大容量，其他邊的流量則保持不變。

現在可以試著在圖 496 中，將網路的流量增大到超過 $f = 12$。

另外，還有一條流量增大路徑 $P_2 : s \to t$，即 $P_2 : 1-4-5-3-6$ (圖 497)。此路徑顯示了一向後邊如何加入與如何處理。邊 $(3, 5)$ 是一向後邊。其流量為 2，故 $\Delta_{36} = 2$。由計算得 $\Delta_{14} = 10-4 = 6$，餘此類推 (圖 497)，並且 $\Delta = 2$。因此，可用 P_2 作另一次的增大，以得到 $f = 12+2 = 14$。新的流動顯示在圖 498 中，無法再作任何的增大；稍後我們將會證實 $f = 14$ 是最大值。　　　　　　　　　　　　　　　　　　　　　　　　　　　　　　■

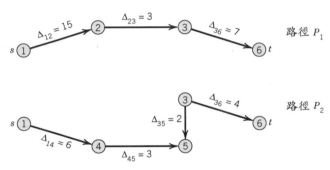

圖 497　例題 1 中的流量增大路徑

23.6.3　切割集

「**切割集 (cut set)**」是在網路中，由邊所組成的集合。其潛在的觀念簡單而自然。如果想要找出一網路從 s 到 t 的流量，可以在介於 s 和 t 之間的某處切割此一網路 (圖 498 顯示一範例)，然後再看被切割邊上的流量，因為任何從 s 到 t 的流量，在某個時刻必須通過這些邊中的某一部分，如此就形成所謂的**切割集**。[在圖 498 中，切割集包括了邊 $(2, 3)$、$(5, 2)$、$(4, 5)$]。我們以 (S, T) 來表示這個切割集。其中 S 所表示的是 s 所處那一邊 (因切割分成兩邊) 的頂點的集合 (在圖 498 中對於這個切割的 $S = \{s, 2, 4\}$)，而 T 是其他頂點的集合 (在圖 498 中，$T = \{3, 5, t\}$)。我們說一個切割將頂點集合 V「**分割**」成兩個部分 S 與 T。顯然，相對應的切割集 (S, T) 包括了在網路中具有一端是在 S 而另一端在 T 此一特性的所有邊。

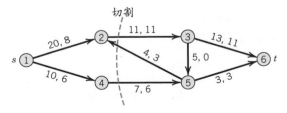

圖 498　例題 1 中的最大流量

　　根據定義，一個切割集 (S, T) 的**容量** cap (S, T)，是在 (S, T) 中所有**向前邊**的容量總和 (只有向前邊！)，即由 S 朝向 T 的邊的容量總和，

(3)
$$\text{cap}(S, T) = \sum c_{ij}$$
　　　　　　　　　　　　　　　　　　　[(S, T) 的向前邊的總和]

因此，在圖 498 中 $(S, T) = 11 + 7 = 18$。

解釋　這由以下可見。檢視圖 498。注意在該圖中的每一個邊，第一個數字代表容量而第二個數字代表流量。直覺地來說，你可以把這些邊想像成是道路，所謂的容量指的是該道路可以有多少車輛在其上，而所謂的流量指的是該道路事實上有多少車輛在其上。為了要計算容量 cap (S, T)，我們只檢視邊的第一個數字。在圖 498 中，該切割實際上切割了 3 個邊，即$(2, 3)$、$(4, 5)$、$(5, 2)$。該切割只關心正被切割的向前邊，所以它留意邊 $(2, 3)$ 和 $(4, 5)$ (並不包括邊 $(5, 2)$，它雖然也被切到，但是它是向後邊，所以不算)。因此 $(2, 3)$ 和 $(4, 5)$ 分別貢獻了 11 和 7 給容量 cap (S, T)，在圖 498 中總共是 18。因此 cap $(S, T) = 18$。

　　其餘的邊 (方向由 T 朝向 S) 稱為切割集合 (S, T) 的**向後邊**，且對於切割集合的**淨流量 (net flow)**，我們指的是此切割集合中向前邊之流量和減去向後邊之流量和。

注意！仔細分辨切割集合與路徑中之向前邊與向後邊：在圖 498 中 $(5, 2)$ 為所示切割之向後邊，但是在路徑 $1 - 4 - 5 - 2 - 3 - 6$ 中，則是一個向前邊。

　　針對在圖 498 中的切割，其淨流量為 $11 + 6 - 3 = 14$。對於在圖 496 進行同樣的切割 (未在該圖中顯示)，其淨流量為 $8 + 4 - 3 = 9$。在這兩個狀況中都等於流量 f。這並不是僅靠運氣而已，而是切割確實能夠滿足我們之所以要介紹它們的目的：

定理　1

切割集內的淨流量

在網路 G 中的任何給定流量，是流過 G 中的任何切割集 (S, T) 的淨流量。

證明

根據 Kirchhoff 定律 (2) 式，乘以 -1，在頂點 i 上有

(4)
$$\underbrace{\sum_{j} f_{ij}}_{\text{流出量}} - \underbrace{\sum_{l} f_{li}}_{\text{流入量}} = \begin{cases} 0 & \text{若 } i \neq s, t \\ f & \text{若 } i = s \end{cases}$$

令 $j = i$ 及沒有流量或不存在之邊之 $f_{ij} = 0$ 的方式，可對 j 與 l 從 1 到 n (頂點的數目) 求和；因此，兩個總和式可寫成一個

$$\sum_{j} (f_{ij} - f_{ji}) = \begin{cases} 0 & \text{若 } i \neq s, t \\ f & \text{若 } i = s \end{cases}$$

現在對 S 中所有的 i 求和。因為 s 是在 S 中，這項總和相等於 f：

(5)
$$\sum_{j \in S} \sum_{j \in V} (f_{ij} - f_{ji}) = f$$

在此總和中，只有屬於切割集的邊才有貢獻。確實，兩端點都在 T 中的邊無法作出貢獻，因為我們只對 S 中所有的 i 求和；但是對於兩端點都在 S 中的邊 (i, j)，在其中一端點貢獻了 $+f_{ij}$ 而在另一端則貢獻了 $-f_{ij}$，所以全部的貢獻為 0。因此在式 (5) 中的左側相當於流經這個切割集的淨流量。根據式 (5) 得知切割集合的淨流量等於流量 f，且證明了此定理。 ∎

這項定理具有下列的結果，在本節稍後將會需要它。

定理 2

流量的上界值

在網路 G 中的流量 f，將不能超過 G 中的任何切割集 (S, T) 的容量。

證明

由定理 1，流量 f 等於經過此切割集的淨流量，即 $f = f_1 - f_2$，其中 f_1 為經過此切割集合中向前邊之流量和，而 $f_2 (\geq 0)$ 為經過向後邊之流量和，因此 $f \leq f_1$。現在，f_1 不可能超過向前邊之容量和；但是根據定義，此和等於此切割集合之容量。綜合以上觀點，$f \leq \text{cap}(S, T)$ 得證。 ∎

切割集現在將會帶出增大路徑的全部重要性：

定理 3

主要定理、流量的增大路徑定理

在一個網路 G 中從 s 到 t 的流量是最大的若且唯若在 G 中並不存在一條流量增大路徑 $s \to t$。

證明

(a) 如果存在一條流量增大路徑 $P: s \to t$，則可以利用它來加入額外的流量。因此既定的流量就不是最大的。

(b) 在另一方面，假設在 G 中並不存在流量增大路徑 $s \to t$。令 S_0 為所有頂點 i (包括 s) 的集合，以使得一條流量增大路徑 $s \to i$ 得以存在，並且令 T_0 為在 G 中的其他頂點的集合。考慮 i 在 S_0 中並且 j 在 T_0 中的任何邊 (i, j)。則存在一條流量增大路徑 $s \to i$，因為 i 在 S_0 中。但是 $s \to i \to j$ 並不是流量增大路徑，因為 j 並不在 S_0 中。因此，我們必定得到

$$(6) \qquad f_{ij} = \begin{cases} c_{ij} \\ 0 \end{cases} \quad \text{如果 } (i, j) \text{ 是路徑 } s \to i \to j \text{ 的一個} \begin{cases} \text{向前} \\ \text{向後} \end{cases} \text{邊}$$

否則我們可用 (i, j) 來得到一條流量增大路徑 $s \to i \to j$。現在，(S_0, T_0) 定義了一個切割集 (因為 t 是在 T_0 中；為什麼？)。因為由式 (6) 知，向前邊是用到容量中而向後邊並不帶任何流量，所以通過切割集 (S_0, T_0) 的淨流量等於向前邊的容量總和。由定義可知它就等於 $\text{cap}(S_0, T_0)$；這個淨流量由定理 1 相等於給定的流量 f。因此 $f = \text{cap}(S_0, T_0)$。由定理 2 也有 $f \leq \text{cap}(S_0, T_0)$，因此 f 必須為最大值，因為我們已經獲得了相等性。 ∎

這項證明的後面產生了另一個基本結果 [Ford and Fulkerson，*Canadian Journal of Mathematics* **8** (1956), 399-404]，也就是所謂的：

定理　4

最大流量、最小切割定理

在任意網路 G 中，其最大流量等於在 G 中「**最小切割集合**」(= 最小容量的切割集合) 的容量。

證明

剛剛已經看到對於最大流量 f 以及適合的切割集 (S_0, T_0) 而言，$f = \mathrm{cap}\,(S_0, T_0)$。現在由定理 2，對此 f 以及任何在 G 中的切割集 (S, T)，也有 $f \le \mathrm{cap}\,(S, T)$。綜合以上諸點，$\mathrm{cap}\,(S_0, T_0) \le \mathrm{cap}\,(S, T)$。因此 (S_0, T_0) 是一個最小切割集。

　　此定理中之最大流量的存在性跟隨著可由下節演算法得知的合理的容量，和可由下節 Edmonds-Karp BFS 得知的任意容量。　■

和網路相關的兩個工具為流量增大路徑以及切割集。在下一節中，我們將說明在最大流量演算法中，流量增大路徑是如何地被使用來當作基本的工具。

習題集　23.6

1–3　切割集、容量

找出 T 以及 $\mathrm{cap}\,(S, T)$：

1. 圖 498，$S = \{1, 2, 4, 5\}$
2. 圖 499，$S = \{1, 2, 4, 5\}$
3. 圖 498，$S = \{1, 3, 5\}$

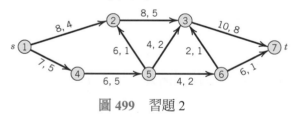

圖 499　習題 2

最小切割集

找出網路的一個最小切割集以及它的容量：

4. 圖 499
5. 為何向後邊並不被考慮在一個切割集的容量定義中？
6. **漸增網路**　畫出在圖 499 中的網路，並且在每一個邊 (i, j) 寫上 $c_{ij} - f_{ij}$ 和 f_{ij}。從這個「漸增網路」我們可以更為容易地看出流量增大路徑，你認同嗎？
7. **邊的刪除**　在不減少最大流量的情況下，在圖 499 的網路中哪些邊可以刪除？

8–9　流量增大路徑

找出流量增大路徑：

8.
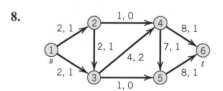

9.
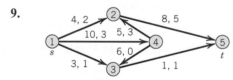

10–11　最大流量

由觀察法找出最大流量：

10. 線上習題 5。

11.
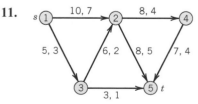

12. 找出習題 11 的另外一個最大流量 $f = 15$。

23.7 最大流量：Ford–Fulkerson 演算法 (Maximum Flow: Ford–Fulkerson Algorithm)

在上一節所討論的流量增大路徑，是在表 23.8 中的 Ford–Fulkerson[7]演算法中的基本工具。在此演算法中，增加一給定流量 (例如，所有的邊上為零流量) 直至達到最大值為止。此演算法是經由逐步建構流量增大路徑的方式，一次一個直到不能再建構此路徑為止，這剛好發生在流量為最大時達成。

在步驟 1 中，可給定一起始流量。在步驟 3 中，頂點 j 可以被標記，如果存在一個具有標註為 i 的邊 (i, j) 並且

$$c_{ij} > f_{ij} \qquad \text{(「向前邊」)}$$

或者一個具有標記為 i 的邊 (j, i)，且

$$f_{ji} > 0 \qquad \text{(「向後邊」)}$$

掃描 (scan) 一個被標記過的頂點 i，意指要標記每一個與 i 相鄰可標記但尚未標記的頂點 j。在掃描有著標記的頂點 i 之前，要先掃描比 i 早先標記的頂點。這項 **BFS (寬度優先搜尋)** 策略是 Edmonds 與 Karp 於 1972 年 (*Journal of the Association for Computing Machinery* **19**, 248-64) 所提出。它具有得到最短可能增大路徑的效果。

表 23.8　最大流量的 Ford–Fulkerson 演算法

Canadian Journal of Mathematics **9** (1957), 210–218

演算法 FORD–FULKERSON

[$G = (V, E)$、頂點 1 $(= s), \cdots, n(= t)$、邊 (i, j)、c_{ij}]

這個演算法計算一網路 G 中最大流量，源點為 s、匯點為 t、邊 (i, j) 的容量為 $c_{ij} > 0$。

輸入：$n, s = 1, t = n, G$ 的邊 $(i, j),\ c_{ij}$

輸出：G 中最大流量 f

1. 指定一初流量 f_{ij} (例如，對所有的邊 $f_{ij} = 0$)，計算 f。
2. 以 $\emptyset$ 標記 s。把其它的頂點註明「未標記」。
3. 找到一個尚未被掃描之已標記的頂點 i。掃描 i 如下。對每一個尚未被標記的頂點 j，若 $c_{ij} > f_{ij}$，計算

$$\Delta_{ij} = c_{ij} - f_{ij} \quad \text{和} \quad \Delta_j = \begin{cases} \Delta_{ij} & \text{若 } i = 1 \\ \min(\Delta_i, \Delta_{ij}) & \text{若 } i > 1 \end{cases}$$

---

[7] LESTER RANDOLPH FORD Jr. (1927–) 以及 DELBERT RAY FULKERSON (1924–1976)，美國數學家，以他們在流量演算法中的開創性工作而聞名。

並以「向前標記」 (i^+, Δ_j) 來標記 j；或若 $f_{ji} > 0$，計算

$$\Delta_j = \min(\Delta_i, f_{ji})$$

並以「向後標記」 (i^-, Δ_j) 來標記 j。

If 沒有如此的 j 存在 then 輸出 f。Stop

[f 是最大流量]。

Else 繼續執行 (即往下執行步驟 4)。

4. 重複步驟 3 直到達到 t 為止。

[這給出一條流量增大路徑 $P: s \to t$]。

If 無法達到 t then 輸出 f。Stop

[f 是最大流量]。

Else 繼續執行 (即往下執行步驟 5)。

5. 利用標記回溯路徑 P。

6. 利用 P，將目前的流量增加 Δ_t 令 $f = f + \Delta_t$。

7. 移除在頂點 2, $\cdots$, n 上的標記。跳到步驟 3。

End FORD–FULKERSON

例題 1 Ford–Fulkerson 演算法

應用 Ford–Fulkerson 演算法，決定圖 500 中網路的最大流量 (與第 23.6 節例題 1 中的圖相同，故可以比較)。

解

演算法的進行如下：

1. 已知初始流量 $f = 9$。

2. 以空集合 $\varnothing$ 標記 $s (= 1)$。註記 2、3、4、5、6 為「未標記的」。

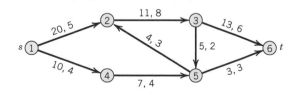

圖 500　在例題 1 中具有容量 (第一個數字) 以及給定流量的網路

3. 掃描 1。
   計算 $\Delta_{12} = 20 - 5 = 15 = \Delta_2$。以 $(1^+, 15)$ 標記 2。
   計算 $\Delta_{14} = 10 - 4 = 6 = \Delta_4$。以 $(1^+, 6)$ 標記 4。

4. 掃描 2。
   計算 $\Delta_{23} = 11 - 8 = 3$、$\Delta_3 = \min(\Delta_2, 3) = 3$。以 $(2^+, 3)$ 標記 3。
   計算 $\Delta_5 = \min(\Delta_2, 3) = 3$。以 $(2^-, 3)$ 標記 5。

掃描 3。

計算 $\Delta_{36} = 13 - 6 = 7$、$\Delta_6 = \Delta_t = \min(\Delta_3, 7) = 3$。以 $(3^+, 3)$ 標記 6。

5. $P: 1-2-3-6(=t)$ 為一條流量增大路徑。

6. $\Delta_t = 3$，增大動作給出了 $f_{12} = 8$、$f_{23} = 11$、$f_{36} = 9$，其他的 f_{ij} 不變。增大流量 $f = 9 + 3 = 12$。

7. 移除在頂點 2, $\cdots$, 6 上的標記。跳到步驟 3。

3. 掃描 1。

計算 $\Delta_{12} = 20 - 8 = 12 = \Delta_2$。以 $(1^+, 12)$ 標記 2。

計算 $\Delta_{14} = 10 - 4 = 6 = \Delta_4$。以 $(1^+, 6)$ 標記 4。

4. 掃描 2。

計算 $\Delta_5 = \min(\Delta_2, 3) = 3$。以 $(2^-, 3)$ 標記 5。

掃描 4。[沒有剩下的頂點要標記。]

掃描 5。

計算 $\Delta_3 = \min(\Delta_5, 2) = 2$。以 $(5^-, 2)$ 標記 3。

掃描 3。

計算 $\Delta_{36} = 13 - 9 = 4$、$\Delta_6 = \min(\Delta_3, 4) = 2$。以 $(3^+, 2)$ 標記 6。

5. $P: 1-2-5-3-6(=t)$ 為一條流量增大路徑。

6. $\Delta_t = 2$，增大動作給出了 $f_{12} = 10$、$f_{32} = 1$、$f_{35} = 0$、$f_{36} = 11$，其他的 f_{ij} 不變。增大流量 $f = 12 + 2 = 14$。

7. 移除在頂點 2, $\cdots$, 6 上的標記。跳到步驟 3。

現在，可以和先前一樣掃描 1 再掃描 2，但在掃描 4 再掃描 5 時發覺沒有剩下的頂點可以加以標記。因此我們不可能再到達 t 了。所以得到的流動 (圖 501) 是最大的，這與上一節的結果一致。 ∎

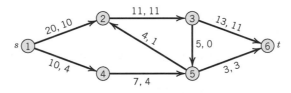

圖 501　例題 1 中的最大流量

習題集　23.7

1. 詳細地進行例題 1 的結尾計算。

2. 以具有起始流量 0 的 Ford–Fulkerson 來求解例題 1。它的運算量會比例題 1 中還要大嗎？

3. 在例題 1 中真正限制到流量的「瓶頸」邊為何？因此哪些容量可以減少而不會降低最大流量？

4. Kirchhoff 定律被保留在以流量增大路徑的使用來增大流量的 (簡單) 原因為何？

5. Ford–Fulkerson 是如何避免循環的形成？

6–8　最大流量

以 Ford–Fulkerson 來找出最大流量：

6. 在 23.6 節中的習題 8

7. 在 23.6 節中的習題 9

8.

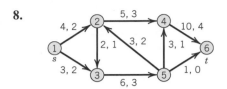

9. 整數流量定律。 證明如果在網路 G 中的容量是整數的，則最大流量存在並且為整數值。

10. CAS 習題 Ford–Fulkerson 撰寫一程式，並且將它應用到習題 6-8 中。

11. 你如何看出 Ford–Fulkerson 是遵循 BFS 技術？

12. 由 Ford–Fulkerson 所產生的連續流量增大路徑是否唯一？

13. 如果 Ford–Fulkerson 演算法在抵達 t 之前就停止，證明那些在一端有標記而在另一端沒有標記的邊形成了一個容量等於最大流量的切割集 (S, T)。

14. 找出在圖 502 中具有兩個源點 (工廠) 以及兩個匯點 (消費者) 的網路中的最大流量。

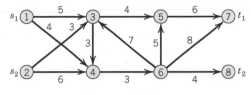

圖 502 習題 14

23.8 雙分圖指派問題

從有向圖形我們回到圖形的領域，並討論組合最佳化問題的另一重要類別，此問題常在**指派問題 (assignment problem)** 中發生，例如：工人對工作、工作對機器、貨物對儲存、船隻對碼頭、課程對教室、考試對時間，餘此類推。若要解釋這種問題，需要具備下列的觀念。

雙分圖形 (bipartite graph) $G = (V, E)$ 是一個它的頂點集合 V 被分割成兩個集合 S 與 T(根據分割的定義，兩者沒有共同元素) 的一個圖形，以使得 G 的每一邊的其中一端是在 S 中，而另一端是在 T 中。所以，在 G 中沒有任何一邊的兩個端點是同時在 S 中或同時在 T 中的。此圖形 $G = (V, E)$ 也可寫成 $G = (S, T; E)$。

以圖 503 作為說明。V 包含 7 個元素，三個工人 a、b、c 形成一個集合 S，而四份工作 1、2、3、4 形成集合 T。這些邊指出工人 a 可做工作 1 與工作 2，工人 b 可做工作 1、2、3，而工人 c 可做工作 4。這個問題是指派每個工人一個工作，以使得每個工人都有一個工作可做。這啟發如下的觀念。

> **定 義**

最大基數配對

在 $G = (S, T; E)$ 中的一項**配對 (matching)** 是 G 中的一組邊集合 M，使得此集合中沒有任何兩邊具有共同的頂點。若 M 包含了最大可能數目的邊，則稱其為在 G 中的**最大基數配對 (maximum cardinality maching)**。

例如，圖 503 中的一項配對為 $M_1 = \{(a, 2), (b, 1)\}$。另一個是 $M_2 = \{(a, 1), (b, 3), (c, 4)\}$；顯然，後者是最大基數配對。

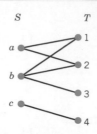

圖 503　指派一個工人的集合 $S = \{a, b, c\}$ 到一個工作的集合 $T = \{1, 2, 3, 4\}$ 的雙分圖形

一個頂點 v 被一項配對 M **遺棄 (exposed)** (或不包含)，如果 v 不是 M 中任一邊的端點。這個總是參照到某個配對的觀念，在我們開始增大某給定的配對 (如下) 時相當重要。如果配對不會使任一個頂點被遺棄，則稱其為**完全配對 (complete matching)**。顯然，一項完全配對只有當 S 和 T 包含同樣數目的頂點時才會存在。

現在，我們將要說明如何逐步增加一項配對 M 的基數，直到它成為最大值為止。這個問題的中心在於一條增大路徑的觀念。

交替路徑 (alternating path) 是包含在 M 中的邊與不在 M 中的邊交替組成之路徑 (如圖 504A 所示)。**增大路徑 (augmenting path)** 是兩個端點都被遺棄(如圖 504B 所示的 a 與 b 點) 的交替路徑。在配對 M 中捨棄其在增大路徑 P 上 (在圖 504B 中的兩個邊) 的邊，再加上 P 的其他邊 (在圖中的三個) 到 M 上，得到一個新的配對，並且比 M 多了一邊。此即利用增大路徑以**增大一個給定的配對**而使其多一邊。在進行一些步驟之後，此方法肯定可導出一最大基數匹配。事實上，增大路徑的基本角色表示在下列定理中。

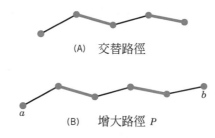

(A)　交替路徑

(B)　增大路徑 P

圖 504　交替與增大路徑。粗線的邊是屬於一個配對 M 的邊

定理　1

雙分配對的增大路徑定理

在一個雙分圖形 $G = (S, T; E)$ 中的配對 M 是最大基數配對若且唯若並不存在一條對於 M 的增大路徑 P。

證明

(a) 我們證明若此一路徑 P 存在，則 M 不為最大基數的。令 P 有 q 個邊屬於 M。則 P 有 $q + 1$ 個邊不屬於 M(如圖 504 (B) 中，$q = 2$)。P 的兩個端點 a 和 b 被遺棄，而所有在 P 上其它的頂點由交替路徑的定義知道它們是在 M 中的邊的頂點。因此，如果 M 的一個邊並不是 P 的一個邊，它就無法在 P 上有一個端點，因為這樣的話 M 就不是一個配對了。結果是，不在 P 上之 M 的邊，連同不屬於 M 之 P 的 $q + 1$ 個邊，形成了一個基數比 M 的基數還要

多 1 的配對，因為我們從 M 中刪除了 q 個邊並且加入 $q + 1$ 個以作為取代。因此，M 不可能是最大基數配對。

(b) 我們證明如果 M 沒有增大路徑，則 M 就是最大基數配對。令 M^* 為一個最大基數配對，並且考慮圖形 H，它包含所有不是屬於 M 就是屬於 M^* 的邊，但不能同時屬於兩者。那麼 H 的兩個邊就有可能有一個共同的頂點，不過三個邊不能有一個共同頂點，否則三個中的兩個會同時屬於 M (或 M^*)，因而違反了 M 和 M^* 是配對的假設。所以在 V 中的每一個 v 可以是 H 其兩邊的共同點或是其一邊的點或不是其邊的點。因此我們可以特徵化 H 的每一個「成分」(= 最大連通子集合) 如下。

(A) H 的一個成分可以是具有一個偶數個邊的封閉路徑 (在奇數的情形下，兩個 M 的邊或兩個 M^* 的邊會碰到，違反配對的特性)。見圖 505 中的 (A)。

(B) H 的一個成分可以是由相同個數的 M 的邊和 M^* 的邊所形成的一條開放路徑 P，理由如下。P 必須是交替的，也就是說，M 的一個邊會跟著 M^* 的一個邊 (因為 M 以及 M^* 為配對)。現在如果 P 中來自 M^* 的邊多一個，則 P 就會對 M 增大 [見圖 505 中的 (B2)]，這和我們對於 M 並不存在增大路徑的假設矛盾。如果 P 中來自 M 的邊多一個，它就會對 M^* 增大 [見圖 505 中的 (B3)]，由本證明的 (a) 部分知道這違反了 M^* 的最大基數。因此，在 H 的每一個成份中這兩個配對都有著相同個數的邊。我們還可以加入同時屬於 M 和 M^* 的邊的個數(當我們建構 H 時，這類邊是不予以考慮的)，最後的結論是：M 以及 M^* 必須有著相同個數的邊。因為 M^* 是最大基數的，這顯示對於 M 而言也同樣成立，這正是所要證明的事實。　■

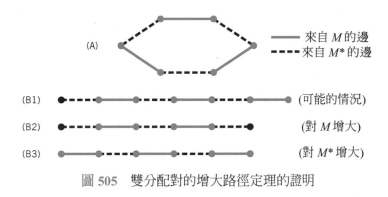

圖 505　雙分配對的增大路徑定理的證明

這項定理啟發了在表 23.9 中用來得到增大路徑的演算法，其中頂點為了回溯的目的而被標記化。這樣的一個標記對於也要保存的頂點號碼而言是額外增加的。顯然，要得到一條增大路徑必須從一個遺棄頂點開始，並且接著追蹤一條交替路徑直到到達另一個遺棄頂點為止。在步驟 3 之後，所有在 S 中的頂點都被標記化了。在步驟 4 中，集合 T 至少包含一個遺棄頂點，否則我們在步驟 1 就停止了。

表 23.9　雙分最大基數配對

演算法 MATCHING [$G = (S, T; E)$, M, n]

這個演算法以增大雙分圖 G 中的一個給定的配對來決定 G 的一個最大基數配對 M。

　　輸入：雙分圖 $G = (S, T; E)$，頂點 1, …, n，G 中的一個配對 M(舉例來說，$M = \varnothing$)

　　輸出：G 中的最大基數配對 M

　　1. If 在 S 中沒有遺棄的頂點 then

　　　　　輸出 M。Stop

　　　　　[M 是 G 中的最大基數配對。]

　　　　Else 把在 S 中所有的遺棄頂點標記為 $\varnothing$。

　　2. 對在 S 中的每一個 i 與不在 M 中的邊 (i, j)，以 i 標記 j，除非它已經被標記。

　　3. 對在 T 中的每一個非遺棄 j，以 j 標記 i，此處 i 是 M 中唯一邊 (i, j) 的另外一端。

　　4. 利用頂點的標記，回溯交替路徑 P，於 T 中的一個遺棄頂點結束。

　　5. If 在步驟 4 中沒有 P 增大 then

　　　　　輸出 M。Stop

　　　　　[M 是 G 中的最大基數配對。]

　　　　Else 利用增大路徑 P 來增大 M。

　　　　移除所有的標記。

　　　　跳到步驟 1。

End MATCHING

例題　1　**最大基數配對**

在圖 506a 中的配對 M_1 是否屬於最大基數？若不是的話，將其增大直到它達到最大基數。

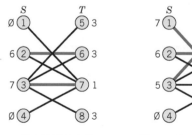

(a)　給定的圖和配對 M_1　　(b)　配對 M_2 和新的標記

圖 506　例題 1

解

演算法應用如下：

　　1. 以空集合 $\varnothing$ 標記 1 和 4。

　　2. 以 1 標記 7。以 3 標記 5、6、8。

　　3. 以 6 標記 2，並以 7 標記 3。

　　　　[所有的頂點現在都已經被標記，如圖 506a 所示。]

4. $P_1 : 1-7-3-5$　[由回溯，P_1 用來增大。]

$P_2 : 1-7-3-8$　[P_2 用來增大。]

5. 使用 P_1 來增大 M_1，由 M_1 中捨棄 $(3, 7)$ 納入 $(1, 7)$ 並且移除所有的標記。跳到步驟 1。圖 506b 顯示了得到的配對 $M_2 = \{(1, 7), (2, 6), (3, 5)\}$。

1. 以空集合 $\varnothing$ 標記 4。

2. 以 2 標記 7。以 3 標記 6 和 8。

3. 以 7 標記 1、以 6 標記 2、以 5 標記 3。

4. $P_3 : 5-3-8$。[P_3 是交替的，但並不增大。]

5. 停止。 M_2 屬於最大基數 (也就是 3)。　■

習題集　23.8

1–3　是否爲雙分圖？

如果你的答案是肯定的；請找出 S 和 T。

1.

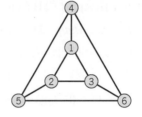

2.

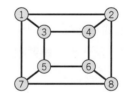

3.

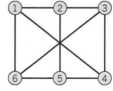

4. 在連線習題 1 中若刪除兩條邊，你可以得到一個雙分子圖嗎?刪除任意的兩條邊呢?刪除沒有共同頂點的任意兩條邊呢?

5–7　配對。增大路徑

找出一條增大路徑：

5.

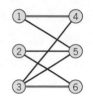

6.

7.

8. **完全雙分圖形**　一個雙分圖形 $G = (S, T; E)$ 被稱爲完全的，如果在 S 中的每一個頂點和在中 T 的每一個頂點都以一個邊來結合，並且以 K_{n_1, n_2} 來加以表示，其中 n_1 和 n_2 分別是在 S 和 T 中的頂點個數。這個圖形有多少個邊？

9. **平面圖**　一個平面圖是可以畫在一張紙上並且任兩個邊都不會相交的圖形。證明具有四個頂點的完全圖 K_4 是平面的；具有五個頂點的完全圖 K_5 不是平面的。嘗試以沒有邊會相交的方式繪製 K_5 來使這項陳述合理化。以一介於五座城市間的道路網來解釋這項結果。

10. **雙分圖 $K_{3,3}$ 不是平面的。** 三座工廠 1、2、3，分別從點 A、B、C 由地下獲得水、瓦斯以及電的供應。證明這可以用 $K_{3,3}$ 來加以表示 [具有 S 和 T 分別包括三個頂點的完全雙邊圖 $G = (S, T; E)$)]，並且九條供應線 (邊) 中的八條可以沒有相交地加以配置。嘗試畫出第九條不會和其他線相交的線，來合理化 $K_{3,3}$ 並不是平面的。

11–15　頂點塗色

11. **頂點塗色以及考試排程**　考慮 a、b、c、d、e、f 六門科目。如果某些學生同時修 a、b、f，某些同時修 c、d、e，某些同時修 a、c、e，還有一些修 c、e 時，則最少考試時段數為何？試以下列方法求解。畫出具有六個頂點 $a, …, f$ 的圖形，並且將它們加以結合，如果它們表示的是某些學生同時選修科目的話。將頂點加以塗色以使得相鄰的頂點具有不同的顏色 (你可以使用數字 1, 2, … 來取代實際的顏色)。你所需要的最小頂點個數為何？對於任意圖形 G，這個最小個數被稱為 (頂點的) **彩色個數** $\chi_v(G)$。為什麼這是本題的一個答案？寫下一個可能的排程。

13. **港口管理**　六艘遊輪 $S_1, …, S_6$ 在七月份的預定停靠日期 (入港日 A、出港日 D) 分別為 $(A, D) = (10, 13), (13, 15), (14, 17), (12, 15), (16, 18), (14, 17)$。如果每一個碼頭同一時間只可以停靠一艘船，並且入港時間為早上 6 點而出港時間為晚上 11 點，港口管理員需要多少個碼頭？提示：以一個邊來結合 S_i 和 S_j，如果它的停靠時間重疊的話。接著對頂點塗色。

14. **四-(頂點) 色定理**　著名的四色定理說明了任何的平面圖都可以用最多四個顏色來對頂點塗色，並且使得相鄰頂點有不同的顏色。它已經被臆測了一段很長的時期，並且最終在 1976 年由 Appel 和 Haken 加以證明 [*Illinois J. Math* **21** (1977), 429-576]。你是否可以用四個顏色來對完全圖形 K_5 加以塗色？這個結果是否與四色定理相抵觸？(對於更多的細節參閱在附錄 1 中的參考文獻[F1])。

15. 請找出一個圖，愈簡單愈好，它無法以三種顏色做頂點塗色。為什麼這和習題 14 的結果有關聯性？

第 19 章　複習題

1. 什麼是圖形？有向圖？樹？循環？
2. 舉出幾種狀況與問題，以便能藉由圖形與有向圖形來加以模擬。
3. 在電腦中如何處理圖形和有向圖形，試從記憶中陳述幾種可能性。
4. 什麼是最短路徑問題？試舉出它的應用。
5. 旅行推銷員問題模型可以處理哪些狀況？
6. 試舉出一些生成樹的典型應用。
7. 在處理流量時，基本的想法和概念為何？
8. 什麼是組合最佳化？本章的哪些節次和它有關？解釋細節。
9. 定義雙分圖，並描述它們的某些典型應用。
10. 什麼是 BFS？什麼是 DFS？這些觀念與本章的關聯為何？
11. A 公司在芝加哥、洛杉磯與紐約有辦公室；B 公司在波士頓與紐約有辦公室；C 公司則在芝加哥、達拉斯與洛杉磯有辦公室。以雙邊圖來表示這些關係。

12. 在習題 5 中的頂點塗色，需要多少顏色？

第 23 章摘要   圖論。組合最佳化

組合最佳化所關切的是一個離散或是組合結構的最佳化問題，它使用圖形與有向圖形 (23.1 節) 作為基本工具。

一個**圖** $G = (V, E)$ 包括了一個有著**頂點** $v_1, v_2, \cdots, v_n$ (通常以 1, 2, …, n 來加以表示) 的集合 V，以及一個具有**邊** $e_1, e_2, \cdots, e_m$ (每一個都連接到兩個頂點) 的集合 E。我們也以 (i, j) 來表示以頂點 i 和 j 作為端點的一個邊。一個**有向圖** (= 有方向性的圖形) 是一個每一個邊都有方向 (以箭頭表示) 的圖形。要在電腦中處理圖形或有向圖形，可以使用矩陣或串列 (23.1 節)。

本章致力於處理圖形以及有向圖其最佳化問題的重要類別，它們全都出現在如下所示之實際應用和相對應的演算法中。

在**最短路徑問題**中 (23.2 節)，我們決定在一個圖形中從頂點 s 到另一頂點 t 的最短長度路徑 (由邊組成)，其中邊 (i, j) 有著「長度」 $l_{ij} > 0$，並且可能是實際長度、旅行時間、成本、電阻 [如果 (i, j) 是網路中的電路的話]，餘此類推。**Dijkstra 演算法** (23.3 節)、或是當所有 $l_{ij} = 1$ 時的 **Moore 演算法** (23.2 節) 適用於這類問題。

一棵**樹**是連通的並且沒有**循環** (無封閉路徑) 的圖形。樹在實用上非常重要。在圖形 G 中的一棵生成樹，是包括了 G 的所有頂點的樹。如果 G 的邊有長度，我們可以用 **Kruskal 演算法**或 **Prim 演算法** (23.4、23.5 節) 來決定一棵**最短生成樹**，在其中它的所有邊的長度總和是最小的。

一個**網路** (23.6 節) 是一個在每個邊 (i, j) 上有著一個容量 $c_{ij} > 0$ [= 通過 (i, j) 的最大可能流量] 的有向圖，並且在一個頂點 (源點 s) 產生一流量，然後沿著邊流動到流量消失的頂點 t (匯點或目標點)。問題在於如何使流量為最大，例如：可以應用使用了**流量增大路徑** (23.6 節) 的 **Ford–Fulkerson 演算法** (23.7 節)。另一個相關的觀念是定義在 23.6 節中的**切割集**。

一個**雙分圖** $G = (V, E)$ (23.8 節) 是一個頂點集合 V 包含了 S 和 T 兩個部分的圖形，使得 G 的每一邊有一端在 S 中而另一端在 T 中，因此沒有邊會連接 S 中的兩個頂點或連接 T 中的兩個頂點。在 G 中的**配對**是一個邊的集合，並且在其中的任兩個邊不會有相同的端點，問題因此是去找出 G 中的**最大基數配對**，也就是有著最大的邊個數的配對。演算法請參見 23.8 節。

參考文獻

相關軟體請見第 19 章開頭部分

共通參考文獻

[GenRef1] Abramowitz, M. and I. A. Stegun (eds.), *Handbook of Mathematical Functions.* 10th printing, with corrections.Washington, DC:National Bureau of Standards.1972 (also New York:Dover, 1965).另參見 [W1]

[GenRef2] Cajori, F., *History of Mathematics.* 5th ed. Reprinted. Providence, RI:American Mathematical Society, 2002.

[GenRef3] Courant, R. and D. Hilbert, *Methods of Mathematical Physics.*2 vols. Hoboken, NJ:Wiley, 1989.

[GenRef4] Courant, R., *Differential and Integral Calculus.*2 vols. Hoboken, NJ:Wiley, 1988.

[GenRef5] Graham, R. L. et al., *Concrete Mathematics.*2nd ed. Reading, MA:Addison-Wesley, 1994.

[GenRef6] Ito, K. (ed.), *Encyclopedic Dictionary of Mathematics.*4 vols. 2nd ed. Cambridge, MA:MIT Press, 1993.

[GenRef7] Kreyszig, E., Introductory Functional Analysis with Applications.New York:Wiley, 1989.

[GenRef8] Kreyszig, E., *Differential Geometry.* Mineola, NY:Dover, 1991.

[GenRef9] Kreyszig, E. *Introduction to Differential Geometry and Riemannian Geometry.* Toronto: University of Toronto Press, 1975.

[GenRef10] Szegö, G., *Orthogonal Polynomials.*4th ed. Reprinted. New York:American Mathematical Society, 2003.

[GenRef11] Thomas, G. et al., *Thomas' Calculus, Early Transcendentals Update.*10th ed. Reading, A:Addison-Wesley, 2003.

A 部分 常微分方程式 (ODE) (第 1–6 章)

另參見 E 部分:數值分析

[A1] Arnold, V. I., *Ordinary Differential Equations.*3rd ed. New York:Springer, 2006.

[A2] Bhatia, N. P. and G. P. Szego, *Stability Theory of Dynamical Systems.*New York : Springer, 2002.

[A3] Birkhoff, G. and G.-C. Rota, *Ordinary Differential Equations.*4th ed. New York : Wiley, 1989.

[A4] Brauer, F. and J. A. Nohel, *Qualitative Theory of Ordinary Differential Equations.* Mineola, NY : Dover, 1994.

[A5] Churchill, R. V., *Operational Mathematics.* 3rd ed. New York:McGraw-Hill, 1972.

[A6] Coddington, E. A. and R. Carlson, *Linear Ordinary Differential Equations.* Philadelphia: SIAM, 1997.

[A7] Coddington, E. A. and N. Levinson, *Theory of Ordinary Differential Equations.*Malabar, FL:Krieger, 1984.

[A8] Dong, T.-R. et al., *Qualitative Theory of Differential Equations.*Providence, RI:American Mathematical Society, 1992.

[A9] Erdélyi, A. et al., *Tables of Integral Transforms.*2 vols. New York:McGraw-Hill, 1954.

[A10] Hartman, P., *Ordinary Differential Equations.*2nd ed. Philadelphia:SIAM, 2002.

[A11] Ince, E. L., *Ordinary Differential Equations.* New York:Dover, 1956.

[A12] Schiff, J. L., The Laplace Transform : Theory and Applications.New York:Springer, 1999.

[A13] Watson, G. N., *A Treatise on the Theory of Bessel Functions.*2nd ed. Reprinted. New York:Cambridge University Press, 1995.

[A14] Widder, D. V., *The Laplace Transform.*Princeton, NJ:Princeton University Press, 1941.

[A15] Zwillinger, D., *Handbook of Differential Equations.*3rd ed. New York:Academic Press, 1998.

B 部分　線性代數、向量微積分 (第 7–10 章)

有關數值線性代數的書籍，參見 E 部分：數值分析

[B1] Bellman, R., *Introduction to Matrix Analysis.* 2nd ed. Philadelphia:SIAM, 1997.

[B2] Chatelin, F., *Eigenvalues of Matrices.*New York:Wiley-Interscience, 1993.

[B3] Gantmacher, F. R., *The Theory of Matrices.*2 vols. Providence, RI:American Mathematical Society, 2000.

[B4] Gohberg, I. P. et al., Invariant Subspaces of Matrices with Applications.New York:Wiley, 2006.

[B5] Greub, W. H., *Linear Algebra.*4th ed. New York:Springer, 1975.

[B6] Herstein, I. N., *Abstract Algebra.*3rd ed. New York:Wiley, 1996.

[B7] Joshi, A. W., *Matrices and Tensors in Physics.*3rd ed. New York:Wiley, 1995.

[B8] Lang, S., *Linear Algebra.*3rd ed. New York : Springer, 1996.

[B9] Nef, W., *Linear Algebra.*2nd ed. New York : Dover, 1988.

[B10] Parlett, B., *The Symmetric Eigenvalue Problem.*Philadelphia:SIAM, 1998.

C 部分　傅立葉分析及 PDE (第 11–12 章)

關於 PDE 之數值方法的書籍請參見 E 部分：數值分析

[C1] Antimirov, M. Ya., *Applied Integral Transforms.* Providence, RI : American Mathematical Society, 1993.

[C2] Bracewell, R., *The Fourier Transform and Its Applications.*3rd ed. New York:McGraw-Hill, 2000.

[C3] Carslaw, H. S. and J. C. Jaeger, *Conduction of Heat in Solids.*2nd ed. Reprinted. Oxford:Clarendon, 2000.

[C4] Churchill, R. V. and J. W. Brown, *Fourier Series and Boundary Value Problems.*6th ed. New York:McGraw-Hill, 2006.

[C5] DuChateau, P. and D. Zachmann, *Applied Partial Differential Equations.*Mineola, NY : Dover, 2002.

[C6] Hanna, J. R. and J. H. Rowland, *Fourier Series, Transforms, and Boundary Value Problems.*2nd ed. New York:Wiley, 2008.

[C7] Jerri, A. J., The Gibbs Phenomenon in Fourier Analysis, Splines, and Wavelet Approximations.Boston:Kluwer, 1998.

[C8] John, F., *Partial Differential Equations.*4th edition New York:Springer, 1982.

[C9] Tolstov, G. P., *Fourier Series.*New York : Dover, 1976. [C10] Widder, D. V., *The Heat Equation.*New York:Academic Press, 1975.

[C11] Zauderer, E., Partial Differential Equations of Applied Mathematics.3rd ed. New York:Wiley, 2006.

[C12] Zygmund, A. and R. Fefferman, *Trigonometric Series.*3rd ed. New York:Cambridge University Press, 2002.

D 部分　複變分析 (第 13–18 章)

[D1] Ahlfors, L. V., *Complex Analysis.*3rd ed. New York:McGraw-Hill, 1979.

[D2] Bieberbach, L., *Conformal Mapping.* Providence, RI:American Mathematical Society, 2000.

[D3] Henrici, P., *Applied and Computational Complex Analysis.*3 vols. New York:Wiley, 1993.

[D4] Hille, E., *Analytic Function Theory.*2 vols. 2nd ed. Providence, RI:American Mathematical Society, Reprint V1 1983, V2 2005.

[D5] Knopp, K., *Elements of the Theory of Functions.* New York : Dover, 1952.

[D6] Knopp, K., *Theory of Functions.*2 parts.New York:Dover, Reprinted 1996.

[D7] Krantz, S. G., *Complex Analysis : The Geometric Viewpoint.* Washington, DC : The Mathematical Association of America, 1990.

[D8] Lang, S., *Complex Analysis.*4th ed. New York : Springer, 1999.

[D9] Narasimhan, R., *Compact Riemann Surfaces.* New York:Springer, 1996.

[D10] Nehari, Z., *Conformal Mapping.*Mineola, NY:Dover, 1975.

[D11] Springer, G., *Introduction to Riemann Surfaces.*Providence, RI:American Mathematical Society, 2001.

E 部分　數值分析 (第 19–21 章)

[E1] Ames, W. F., *Numerical Methods for Partial Differential Equations.* 3rd ed. New York : Academic Press, 1992.

[E2] Anderson, E., et al., *LAPACK User's Guide.* 3rd ed. Philadelphia : SIAM, 1999.

[E3] Bank, R. E., PLTMG.A Software Package for Solving Elliptic Partial Differential Equations: Users' Guide 8.0.Philadelphia : SIAM, 1998.

[E4] Constanda, C., Solution Techniques for Elementary Partial Differential Equations.Boca Raton, FL : CRC Press, 2002.

[E5] Dahlquist, G. and A. Björck, *Numerical Methods.*Mineola, NY : Dover, 2003.

[E6] DeBoor, C., *A Practical Guide to Splines.* Reprinted. New York:Springer, 2001.

[E7] Dongarra, J. J. et al., *LINPACK Users Guide.*Philadelphia:SIAM, 1979. (See also at the beginning of Chap. 19.)

[E8] Garbow, B. S. et al., *Matrix Eigensystem Routines:EISPACK Guide Extension.* Reprinted. New York:Springer, 1990.

[E9] Golub, G. H. and C. F. Van Loan, *Matrix Computations*.3rd ed. Baltimore, MD : Johns Hopkins University Press, 1996.

[E10] Higham, N. J., *Accuracy and Stability of Numerical Algorithms*.2nd ed. Philadelphia : SIAM, 2002.

[E11] IMSL (International Mathematical and Statistical Libraries), *FORTRAN Numerical Library*.Houston, TX:Visual Numerics, 2002. (See also at the beginning of Chap. 19.)

[E12] IMSL, *IMSL for Java*.Houston, TX:Visual Numerics, 2002.

[E13] IMSL, *C Library*.Houston, TX : Visual Numerics, 2002.

[E14] Kelley, C. T., Iterative Methods for Linear and Nonlinear Equations.Philadelphia:SIAM, 1995.

[E15] Knabner, P. and L. Angerman, *Numerical Methods for Partial Differential Equations*. New York : Springer, 2003.

[E16] Knuth, D. E., *The Art of Computer Programming*. 3 vols. 3rd ed. Reading, MA : Addison-Wesley, 1997– 2009.

[E17] Kreyszig, E., Introductory Functional Analysis with Applications.New York:Wiley, 1989.

[E18] Kreyszig, E., On methods of Fourier analysis in multigrid theory.*Lecture Notes in Pure and Applied Mathematics* 157. New York:Dekker, 1994, pp. 225–242.

[E19] Kreyszig, E., Basic ideas in modern numerical analysis and their origins. Proceedings of the Annual Conference of the Canadian Society for the History and Philosophy of Mathematics.1997, pp. 34–45.

[E20] Kreyszig, E., and J. Todd, *QR* in two dimensions.*Elemente der Mathematik* 31 (1976), pp. 109–114.

[E21] Mortensen, M. E., *Geometric Modeling*.2nd ed. New York:Wiley, 1997.

[E22] Morton, K. W., and D. F. Mayers, *Numerical Solution of Partial Differential Equations : An Introduction*. New York : Cambridge University Press, 1994.

[E23] Ortega, J. M., Introduction to Parallel and Vector Solution of Linear Systems.New York:Plenum Press, 1988.

[E24] Overton, M. L., Numerical Computing with IEEE Floating Point Arithmetic. Philadelphia: SIAM, 2004.

[E25] Press, W. H. et al., *Numerical Recipes in C:The Art of Scientific Computing*.2nd ed. New York:Cambridge University Press, 1992.

[E26] Shampine, L. F., *Numerical Solutions of Ordinary Differential Equations*.New York : Chapman and Hall, 1994.

[E27] Varga, R. S., *Matrix Iterative Analysis*.2nd ed. New York:Springer, 2000.

[E28] Varga, R. S., *Gers ̆gorin and His Circles*. New York:Springer, 2004.

[E29] Wilkinson, J. H., *The Algebraic Eigenvalue Problem*.Oxford:Oxford University Press, 1988.

F 部分　最佳化、圖形法 (第 22–23 章)

[F1] Bondy, J. A. and U.S.R. Murty, *Graph Theory with Applications*.Hoboken, NJ :Wiley-Interscience, 1991.

[F2] Cook, W. J. et al., *Combinatorial Optimization*. New York:Wiley, 1997.

[F3] Diestel, R., *Graph Theory*.4th ed. New York:Springer, 2006.

[F4] Diwekar, U. M., *Introduction to Applied Optimization*.2nd ed. New York:Springer, 2008.

[F5] Gass, S. L., *Linear Programming.Method and Applications*.3rd ed. New York:McGraw-Hill, 1969.

[F6] Gross, J. T. and J.Yellen (eds.), *Handbook of Graph Theory and Applications*.2nd ed. Boca Raton, FL:CRC Press, 2006.

[F7] Goodrich, M. T., and R. Tamassia, Algorithm Design:Foundations, Analysis, and Internet Examples. Hoboken, NJ:Wiley, 2002.

[F8] Harary, F., *Graph Theory*. Reprinted. Reading, MA:Addison-Wesley, 2000.

[F9] Merris, R., *Graph Theory*.Hoboken, NJ : Wiley-Interscience, 2000.

[F10] Ralston, A., and P. Rabinowitz, *A First Course in Numerical Analysis*.2nd ed. Mineola, NY:Dover, 2001.

[F11] Thulasiraman, K., and M. N. S. Swamy, *Graph Theory and Algorithms*.New York : Wiley-Interscience, 1992.

[F12] Tucker, A., *Applied* Hoboken, NJ:Wiley, 2007. *Combinatorics*.5th ed.

網路參考資料

[W1] upgraded version of [GenRef1] online at http://dlmf.nist.gov/.Hardcopy and CD-Rom: Oliver, W. J. et al.(eds.), *NIST Handbook of Mathematical Functions*.Cambridge; New York:Cambridge University Press, 2010.

[W2] O'Connor, J. and E. Robertson, MacTutor History of Mathematics Archive.St. Andrews, Scotland:University of St. Andrews, School of Mathematics and Statistics.Online at http://www-history.mcs.st-andrews. ac.uk. (Biographies of mathematicians, etc.).

部分習題答案

習題集 13.1

1. $1/i = i/i^2 = -i, \ 1/i^3 = i/i^4 = i$

3. $4.8 - 1.4i$

5. $x - iy = -(x + iy), \ x = 0$

9. $-21, \ 4$

11. $-\dfrac{11}{16} - \dfrac{15}{4}i$，相同

13. $-29 - 14i$，相同

15. $\dfrac{76}{61} - \dfrac{104}{61}i$

17. $-4x^2 y^2$

19. $(x^2 - y^2)/(x^2 + y^2), \ 2xy/(x^2 + y^2)$

習題集 13.2

1. $\sqrt{2}(\cos\frac{1}{4}\pi + i\sin\frac{1}{4}\pi)$

3. $2(\cos\frac{1}{2}\pi + i\sin\frac{1}{2}\pi), \ 2(\cos\frac{1}{2}\pi - i\sin\frac{1}{2}\pi)$

5. $\dfrac{1}{2}(\cos\pi + i\sin\pi)$

7. $\sqrt{1 + \frac{1}{4}\pi^2}\,(\cos\arctan\frac{1}{2}\pi + i\sin\arctan\frac{1}{2}\pi)$

9. $-\dfrac{1}{4}\pi$

11. $\pm\dfrac{\pi}{6}$

13. $-1024, \ \pi$

15. $4i$

17. $-2 - 2i$

21. $\sqrt[6]{2}(\cos\frac{1}{12}k\pi - i\sin\frac{1}{12}k\pi), \ \ k = 1, 9, 17$

23. $7, \ -\dfrac{7}{2} \pm \dfrac{7}{2}\sqrt{3}i$

25. $\cos(\frac{1}{8}\pi + \frac{1}{2}k\pi) + i\sin(\frac{1}{8}\pi + \frac{1}{2}k\pi), \ k = 0, 1, 2, 3$

27. $\cos\frac{1}{5}\pi \pm i\sin\frac{1}{5}\pi, \ \cos\frac{3}{5}\pi \pm i\sin\frac{3}{5}\pi, \ -1$

29. $i, \ 1 - i$

31. $\pm(1 - i), \ \pm(2 + 2i)$

33. $|z_1 + z_2|^2 = (z_1 + z_2)\overline{(z_1 + z_2)} = (z_1 + z_2)(\overline{z_1} + \overline{z_2})$。乘開後再利用 $\operatorname{Re} z_1\overline{z_2} \leq |z_1 z_2|$（習題 34）。
$z_1\overline{z_1} + z_1\overline{z_2} + z_2\overline{z_1} + z_2\overline{z_2} = |z_1|^2 + 2\operatorname{Re} z_1\overline{z_2} + |z_2|^2 \leq |z_1|^2 + 2|z_1||z_2| + |z_2|^2 = (|z_1| + |z_2|)^2$。因此 $|z_1 + z_2|^2 \leq (|z_1| + |z_2|)^2$。開根號後可得式 (6)。

35. $[(x_1 + x_2)^2 + (y_1 + y_2)^2] + [(x_1 - x_2)^2 + (y_1 - y_2)^2] = 2(x_1^2 + y_1^2 + x_2^2 + y_2^2)$

習題集 13.3

1. 一封閉圓盤，圓心為 $-1 + 2i$，半徑為 $\frac{1}{4}$

3. 一圓環，圓心為 $1 - 2i$，半徑為 $\pi/2, \pi$

5. 為由兩條直線所界定的整域，那兩條直線分別在第 1 象限和第 4 象限，並均和水平軸夾 60° 角。

7. 在垂直線 $x = -1$ 左邊的半平面。

11. $u(x, y) = \dfrac{x+1}{(x+1)^2 + y^2}$, 　$v(x, y) = \dfrac{-y}{(x+1)^2 + y^2}$, 　$u(1, -1) = \dfrac{2}{5}$, 　$v(1, -1) = \dfrac{1}{5}$

15. 是的，因為 $\mathrm{Im}(|z|^2 / z) = \mathrm{Im}(|z|^2 \, \overline{z} / (z\overline{z})) = \mathrm{Im}\,\overline{z} = -r \sin \theta \to 0$.

17. 是的，因為當 $r \to 0$ 時 $\mathrm{Re}\,z = r \cos \theta \to 0$ 且 $1 - |z| \to 1$。

19. $f'(z) = 3(z - 2i)^2$ 。因為 $z - 2i = 5$, 　$f'(5 + 2i) = 3 \cdot 5^2 = 75$

21. $n(1 - z)^{-n-1}i$, 　ni

23. $-3iz^2 / (z - i)^4$, 　$3i / 16$

習題集 13.4

1. $r_x = x / r = \cos \theta$, 　$r_y = \sin \theta$, 　$\theta_x = -(\sin \theta) / r$, 　$\theta_y = (\cos \theta) / r$

    (a) $0 = u_x - v_y = u_r \cos \theta + u_\theta (-\sin \theta) / r - v_r \sin \theta - v_\theta (\cos \theta) / r$

    (b) $0 = u_y + v_x = u_r \sin \theta + u_\theta (\cos \theta) / r + v_r \cos \theta + v_\theta (-\sin \theta) / r$

    式 (a) 乘以 $\cos \theta$，式 (b) 乘以 $\sin \theta$，兩式相加，其餘自行完成。

3. 是

5. 否，$f(z) = \overline{(z^2)}$

7. 是，當 $z \neq 0$ 時。使用式 (7)。

9. 是，當 $z \neq 0, -2\pi i, 2\pi i$ 時。

11. 是

13. $f(z) = i(z^2 + c)$，c 為實數

15. $f(z) = -1 / z + c$，（c 為實數）

17. $f(z) = z^2 - z + c$，c 為實數

19. 否

21. $a = \pi$, 　$v = e^{-\pi x} \cos \pi y$

23. $a = 0$, 　$v = \dfrac{1}{2} b(y^2 - x^2) + c$

27. $f = u + iv$ 意味著 $if = -v + iu$ 。

29. 使用式 (4)、(5) 和 (1)。

習題集 13.5

3. $e^{2\pi} \cdot e^{2\pi i} = e^{2\pi} = 535.4916$

5. $-e = -2.718$

7. $-e^{\sqrt{3}} = -5.652i$

9. $5e^{-\arctan(4/3)i} = 5e^{-0.9272i}$

11. $\dfrac{3}{2} e^{\pi i}$

13. $\sqrt{2} e^{-(\pi / 4)}$

15. $e^{-x^2 + y^2} \cos 2xy$, 　$-e^{-x^2 + y^2} \sin 2xy$

17. $\mathrm{Re}(\exp(z^3)) = \exp(x^3 - 3xy^2) \cos(3x^2 y - y^3)$

19. $z = 2n\pi i$, 　$n = 0, 1, \cdots$

習題集 13.6

1. 使用式 (11)，然後對 e^{iy} 使用式 (5)，再化簡。

7. $\cosh 1 = 1.543$, 　$-i \sinh 1 = -1.175i$

9. 兩者都是 $2.033 - 3.052i$ 。為什麼?

11. $i \sinh \pi / 4 = 0.8688i$，兩者都是

15. 將定義帶入左式，乘開，再化簡。

17. $(2n + 1)\pi i / 4$

19. $z = \pm n\pi i$

習題集 13.7

5. $\ln 7 + \pi i$

7. $\dfrac{7}{2}\ln 2 - \pi i/4 = 2.426 - 0.7854i$

9. $-i\arctan(4/3) = -0.927i$

11. $1 + \pi i$

13. $\pm 2n\pi i,\quad n = 0, 1, \cdots$

15. $\ln|e^i| + i\arctan\dfrac{\sin 1}{\cos 1} \pm 2n\pi i = 0 + i + 2n\pi i,\quad n = 0, 1, \cdots$

17. $\ln(i^2) = \ln(-1) = (1 \pm 2n)\pi i,\quad 2\ln i = (1 \pm 4n)\pi i,\quad n = 0, 1, \cdots$

19. $e^{4-3i} = e^4(\cos 3 - i\sin 3) = -54.05 - 7.70i$

21. $e^{0.4}e^{0.2i} = e^{0.4}(\cos 0.2 + i\sin 0.2) = 1.462 + 0.2964i$

23. $e^{(1-i)\mathrm{Ln}(1+i)} = e^{\ln\sqrt{2} + \pi i/4 - i\ln\sqrt{2} + \pi/4} = 2.8079 + 1.3179i$

25. $e^{(3-i)(\ln 3 + \pi i)} = 27e^\pi(\cos(3\pi - \ln 3) + i\sin(3\pi - \ln 3)) = -284.2 + 556.4i$

27. $e^{(2-i)\mathrm{Ln}(-1)} = e^{(2-i)\pi i} = e^\pi = 23.14$

第 13 章複習問題與習題

1. $2 - 3i$

3. $27.46e^{0.9929i},\ 7.616e^{1.976i}$

11. $-9 + 40i$

13. $\dfrac{3}{25} + \dfrac{4}{25}i$

15. $-i$

17. $2\sqrt{2}e^{-\frac{\pi}{4}i}$

19. $5e^{-\pi/2i}$

21. $\pm 5,\ \pm 5i$

23. $(\pm 1 \pm i)/\sqrt{2}$

25. $f(z) = iz^2/2$

27. $f(z) = e^{-3z}$

29. $f(z) = e^{-z^2/2}$

31. $\cos(5)\cosh(2) + i\sin(5)\sinh(2) = 1.067 - 3.478i$

33. $\dfrac{\sin(1)\cos(1)}{(\cos^2(1)) + (\sinh^2(1))} + \dfrac{i\sinh(1)\cosh(1)}{(\cos^2(1) + (\sinh^2(1))} = 0.2718 + 1.084i$

35. $-\sinh\pi = -11.55$

習題集 14.1

1. 從 $(1, 0)$ 到 $(6, 1.5)$ 的直線段。

3. 從 $(1, 4)$ 到 $(2, 16)$ 的抛物線 $y = 4x^2$。

5. 通過 $(0, 0)$ 的圓，圓心為 $(2, -2)$，半徑為 $\sqrt{5}$，順時針方向。

7. 在第一象限內的四分之一圓，圓心為 $(1, 0)$，半徑為 2。

9. 三次曲線 $y = 1 - x^3 (-2 \le x \le 2)$

11. $z(t) = t + (3+t)i$

13. $z(t) = 1 - i + 4e^{it}\ (0 \le t \le \pi)$

15. $z(t) = \cosh t + i2\sinh t\ (-\infty < t < \infty)$

17. 圓 $z(t) = -a + ib + re^{-it},\ (0 \le t \le 2\pi)$

19. $z(t) = t + (1 - \dfrac{1}{2}t^2)i,\ (-2 \le t \le 2)$

21. $z(t) = (1+i)t$, $(1 \le t \le 5)$, $\operatorname{Re} z = t$, $z'(t) = 1+i$; $12+12i$

23. $e^{\pi i} - e^{\pi/2i} = -1 - i$ **25.** $\frac{1}{2} \exp z^2 \big|_1^i = \frac{1}{2}(e^{-1} - e^1) = -\sinh 1$

27. $\tan \frac{1}{4}\pi i - \tan \frac{1}{4} = i \tanh \frac{1}{4} - 1$

29. 在雙軸上 $\operatorname{Im} z^2 = 2xy = 0$。$z = 1 + (-1+i)t$ $(0 \le t \le 1)$，$(\operatorname{Im} z^2)\dot{z} = 2(1-t)y(-1+i)$ 積分為 $(-1+i)/3$

35. $|\operatorname{Re} z| = |x| \le 3 = M$ on C, $L = \sqrt{8}$

習題集 14.2

1. 使用式 (12)，第 14.1 節，其中 $m=2$。   **3.** 是

5. 5

7. **(a)** 是 **(b)** 否，我們必須移動橫越 $\pm 2i$ 的圍線。

9. 0，是   **11.** $\frac{\pi}{2}i$，否

13. 0，是   **15.** $i\pi$，否

17. 0，否   **19.** 0，是

21. $2\pi i$ **23.** $1/z + 1/(z-1)$，因此 $2\pi i + 2\pi i = 4\pi i$

25. 0 (為什麼?)   **27.** 0 (為什麼?)

29. 0

習題集 14.3

1. $2\pi i z^2 /(z-1) \big|_{z=-1} = -\pi i$ **3.** 0

5. $2\pi i (\cos 2z)/4 \big|_{z=0} = \pi i / 2$ **7.** $2\pi i (i/4)^2 /4 = -\dfrac{1}{32}\pi i$

11. $2\pi i \cdot \dfrac{1}{z+2i} \bigg|_{z=2i} = \dfrac{\pi}{2}$ **13.** $2\pi i (z+2) \big|_{z=2} = 8\pi i$

15. $2\pi i \cosh(-\pi^2 - \pi i) = -2\pi i \cos \pi^2 = -60{,}739i$，因為 $\cosh \pi i = \cos \pi = -1$ 且 $\sinh \pi i = i \sin \pi = 0$

17. $2\pi i \dfrac{\operatorname{Ln}(z+1)}{z+i} \bigg|_{z=i} = 2\pi i \dfrac{\operatorname{Ln}(1+i)}{2i} = \pi(\ln\sqrt{2} + i\pi/4) = 1.089 + 2.467i$

19. $2\pi i e^{2i}/(2i) = \pi e^{2i}$

習題集 14.4

1. $(2\pi i/3!)(-8\cos 0) = -\dfrac{8}{3}\pi i$ **3.** $(2\pi/(n-1)!)e^0$

5. $\dfrac{2\pi i}{3!}(\sinh 2z)''' = \dfrac{8}{3}\pi i \cosh 1 = 12.93i$

7. $(2\pi i/(2n)!)(\cos z)^{(2n)} \big|_{z=0} = (2\pi i/(2n)!)(-1)^n \cos 0 = (-1)^n 2\pi i/(2n)!$

9. $-2\pi i(\tan \pi z)' \big|_{z=0} = \dfrac{-2\pi i \cdot \pi}{\cos^2 \pi z}\Big|_{z=0} = -2\pi^2 i$

11. $\dfrac{2\pi i}{4}((1+z)\cos z)' \Big|_{z=1/2} = \dfrac{1}{2}\pi i(\cos z - (1+z)\sin z)$

$$= \dfrac{1}{2}\pi i(\cos\tfrac{1}{2} - \tfrac{3}{8}\sin\tfrac{1}{2})$$

$$= 0.2488i$$

13. $2\pi i \cdot \dfrac{1}{z}\Big|_{z=4} = \dfrac{1}{2}\pi i = 1.571i$　　　**15.** 0，爲什麼?

17. 根據雙連通整域的柯西積分定理可知爲 0；參見第 14.2 節的式 (6)。

19. $(2\pi i / 2!)4^{-3}(e^{3z})'' \big|_{z=\pi i/4} = -9\pi(1+i)/(64\sqrt{2})$

第 14 章複習問題與習題

21. $-\dfrac{1}{2}\sinh(\dfrac{1}{4}\pi^2) = -2.928$　　　**23.** $2\pi i \cdot \dfrac{1}{3!}(e^{-z})^{(3)} \big|_{z=0} = -\dfrac{1}{3}\pi i e^0 = -1.047i$

25. $-2\pi i(\tan \pi z)' \big|_{z=1} = -2\pi^2 i / \cos^2 \pi z \big|_{z=1} = -2\pi^2 i$

27. 0，因爲 $z^2 + \bar{z} - 2 = 2(x^2 - y^2)$ 且 $y = x$　　　**29.** $8\pi i$

習題集 15.1

1. $z_n = (2i/2)^n$；有界，發散，$\pm 1, \pm i$　　　**3.** 由代數得 $z_n = -\dfrac{1}{2}\pi i / (1 + 2/(ni))$；收斂到 $-\pi i / 2$

5. 有界，發散，$\pm 1 + 10i$　　　**7.** 無界，因此發散

9. 收斂到 0，因此有界　　　**17.** 發散；利用 $1/\ln n > 1/n$

19. 收斂；利用 $\sum 1/n^2$　　　**21.** 收斂

23. 收斂　　　**25.** 發散

29. 根據絕對收斂性和柯西收斂原理，針對已知的 $\epsilon > 0$，對於每一個 $n > N(\epsilon)$ 和 $p = 1, 2, \cdots$ 我們有

$$|z_{n+1}| + \cdots + |z_{n+p}| < \epsilon$$

因此由第 13.2 節式(6*)，$|z_{n+1} + \cdots + z_{n+p}| < \epsilon$，因此由柯西原理可知爲收斂。

習題集 15.2

1. 否!只能有 z (或 $z - z_0$) 的非負整數冪次項!

3. 在中心點，在一圓盤中，在整個平面中

5. $\sum a_n z^{2n} = \sum a_n (z^2)^n$, $|z^2| < R = \lim |a_n / a_{n+1}|$；因此 $|z| < \sqrt{R}$

7. $\pi / 2, \infty$　　　**9.** $i, \sqrt{3}$

11. $0, \sqrt{\dfrac{26}{5}}$　　　**13.** $-i, \dfrac{1}{2}$

15. $2i, 1$　　　**17.** $1/\sqrt{2}$

習題集 15.3

3. $f = \sqrt[n]{n}$，套用 l'Hôpital's 法則到 $\ln f = (\ln n)/n$

5. 2

7. $\sqrt{3}$

9. $1/\sqrt{2}$

11. $\sqrt{\dfrac{7}{3}}$

13. 1

15. $\dfrac{3}{4}$

習題集 15.4

3. $2z^2 - \dfrac{(2z^2)^3}{3!} + \cdots = 2z^2 - \dfrac{4}{3}z^6 + \dfrac{4}{15}z^{10} - + \cdots,\ \ R = \infty$

5. $\dfrac{1}{2} - \dfrac{1}{4}z^4 + \dfrac{1}{8}z^8 - \dfrac{1}{16}z^{12} + \dfrac{1}{32}z^{16} - + \cdots,\ \ R = \sqrt[4]{2}$

7. $\dfrac{1}{2} + \dfrac{1}{2}\cos z = 1 - \dfrac{1}{2 \cdot 2!}z^2 + \dfrac{1}{2 \cdot 4!}z^4 - \dfrac{1}{2 \cdot 6!}z^6 + - \cdots,\ \ R = \infty$

9. $\displaystyle\int_0^z \left(1 - \dfrac{1}{2}t^2 + \dfrac{1}{8}t^4 - + \cdots\right) dt = z - \dfrac{1}{6}z^3 + \dfrac{1}{40}z^5 - + \cdots,\ \ R = \infty$

11. $z^3/(1!3) - z^7/(3!7) + z^{11}/(5!11) - + \cdots,\ \ R = \infty$

13. $(2/\sqrt{\pi})(z - z^3/3 + z^5/(2!5) - z^7/(3!7) + \cdots),\ \ R = \infty$

17. **團隊專題。** **(a)** $(\mathrm{Ln}(1+z))' = 1 - z + z^2 - + \cdots = 1/(1+z)$

　　　(c) 因為 $(\sin iy)/(iy)$ 的每一項都是正的，所以總和不可能為 0。

19. $\dfrac{1}{2} + \dfrac{1}{2}i + \dfrac{1}{2}i(z-i) + (-\dfrac{1}{4} + \dfrac{1}{4}i)(z-i)^2 - \dfrac{1}{4}(z-i)^3 + \cdots,\ \ R = \sqrt{2}$

21. $1 - \dfrac{1}{2!}\left(z - \dfrac{1}{2}\pi\right)^2 + \dfrac{1}{4!}\left(z - \dfrac{1}{2}\pi\right)^4 - \dfrac{1}{6!}\left(z - \dfrac{1}{2}\pi\right)^6 + - \cdots,\ \ R = \infty$

23. $-\dfrac{1}{4} - \dfrac{2}{8}i(z-i) + \dfrac{3}{16}(z-i)^2 + \dfrac{4}{32}i(z-i)^3 - \dfrac{5}{64}(z-i)^4 + \cdots,\ \ R = 2$

25. $2\left(z - \dfrac{1}{2}i\right) + \dfrac{2^3}{3!}\left(z - \dfrac{1}{2}i\right)^3 + \dfrac{2^5}{5!}\left(z - \dfrac{1}{2}i\right)^5 + \cdots,\ \ R = \infty$

習題集 15.5

3. $|z + i| \le \sqrt{3} - \delta,\ \delta > 0$

5. $|z + \dfrac{1}{2}i| \le \dfrac{1}{4} - \delta,\ \delta > 0$

7. 無一處

9. $|z - 2i| \le 2 - \delta,\ \delta > 0$

11. $|z^n| \le 1$ 且 $\sum 1/n^2$ 收斂。使用定理 5。

13. 對於所有的 z，$|\sin^n|z|| \le 1$，且 $\sum 1/n^2$ 收斂。使用定理 5。

15. 根據第 15.2 節的定理 2 $R = 4$；使用定理 1。

17. $R = 1/\sqrt{\pi} > 0.56$；使用定理 1。

第 15 章複習問題與習題

11. 1

13. 3

15. $\dfrac{1}{2}$

17. ∞,　e^{2z}

19. ∞,　$\cosh\sqrt{z}$

21. $\displaystyle\sum_{n=0}^{\infty}\dfrac{z^{4n}}{(2n+1)!}$,　$R=\infty$

23. $\dfrac{1}{2}+\dfrac{1}{2}\cos 2z=1+\dfrac{1}{2}\displaystyle\sum_{n=1}^{\infty}\dfrac{(-1)^n}{(2n)!}(2z)^{2n}$,　$R=\infty$

25. $\displaystyle\sum_{n=1}^{\infty}\dfrac{(-1)^{n+1}}{n!}z^{2n-2}$,　$R=\infty$

27. $\cos[(z-\tfrac{1}{2}\pi)+\tfrac{1}{2}\pi]=-(z-\tfrac{1}{2}\pi)+\dfrac{1}{6}(z-\tfrac{1}{2}\pi)^3-+\cdots=-\sin(z-\tfrac{1}{2}\pi)$

29. $\ln 3+\dfrac{1}{3}(z-3)-\dfrac{1}{2\cdot 9}(z-3)^2+\dfrac{1}{3\cdot 27}(z-3)^3-+\cdots$,　$R=3$

習題集 16.1

1. $z^{-4}-\dfrac{1}{2}z^{-2}+\dfrac{1}{24}-\dfrac{1}{720}z^2+-\cdots$,　$0<|z|<\infty$

3. $z^3+\dfrac{1}{2}z+\dfrac{1}{24}z^{-1}+\dfrac{1}{720}z^3+\cdots$,　$0<|z|<\infty$

5. $\exp[1+(z-1)](z-1)^{-2}=e\cdot[(z-1)^{-2}+(z-1)^{-1}+\dfrac{1}{2}+\dfrac{1}{6}(z-1)+\cdots]$,　$0<|z-1|<\infty$

13. $z^8+z^{12}+z^{16}+\cdots$,　$|z|<1$,　$-z^4-1-z^{-4}-z^{-8}-\cdots$,　$|z|>1$

習題集 16.2

1. $0\pm 2\pi$,　$\pm 4\pi$,　$\cdots$，4 階

5. $f(z)=(z-z_0)^n g(z)$,　$g(z_0)\neq 0$，因此 $f^2(z)=(z-z_0)^{2n}g^2(z)$

7. 二階極點在 i 和 $-2i$

習題集 16.3

1. $\dfrac{4}{15}$ 位於 0

7. 在 C 內位於 $\dfrac{1}{4}$ 的簡單極點，留數為 $-1/(2\pi)$，答案：$-i$

習題集 16.4

1. $2\pi/\sqrt{k^2-1}$

7. 位於 ± 1,　i（和 $-i$）的簡單極點；$2\pi i\cdot\dfrac{1}{4}i+\pi i(-\dfrac{1}{4}+\dfrac{1}{4})=-\dfrac{1}{2}\pi$

9. $-\pi/2$

習題集 17.1

15. $z^3 + az^2 + bz + c$, $\quad z = -\frac{1}{3}(a \pm \sqrt{a^2 - 3b})$

習題集 17.2

9. $w = \dfrac{az+b}{-bz+a}$

習題集 17.3

3. 在 $z_1 = f(z_1)$ 的兩邊同時套用 f 的反函數 g 可得到 $g(z_1) = g(f(z_1)) = z_1$。

7. $w = 1/z$，由觀察即可得。　　　　　**11.** $w = (z^4 - i)(-iz^4 + 1)$

習題集 17.4

1. 圓 $|w| = e^c$　　　　　**3.** 圓環 $1/\sqrt{e} \le |w| \le \sqrt{e}$

習題集 17.5

1. w 沿著圓 $|w| = \dfrac{1}{2}$ 繞一圈。

習題集 18.1

1. $2.5\ \text{mm} = 0.25\ \text{cm}$;　$\Phi = \text{Re}\,110\,(1 + (\text{Ln}\,z)\,/\,\text{ln}4)$

3. $\Phi(x) = \text{Re}(375 + 25z)$

9. 使用第 17.4 節的圖 391，其中 z 平面和 w 平面互換，並使用 $\cos z = \sin(z + \frac{1}{2}\pi)$

習題集 18.2

3. (a) $\dfrac{(x-2)(2x-1) + 2y^2}{(x-2)^2 + y^2} = c$,　(b) $x^2 - y^2 = c,\ xy = c,\ e^x \cos y = c$

5. 參見第 17.4 節的圖 392。　$\Phi = \text{Re}(\sin^2 z)$, $\sin^2 x\,(y=0)$, $\sin^2 x \cosh^2 1 - \cos^2 x \sinh^2 1\ (y=1)$, $-\sinh^2 y\,(x = 0, \pi)$

9. $\Phi = \dfrac{5}{\pi}\text{Arg}\,(z-2)$, $\quad F = -\dfrac{5i}{\pi}\text{Ln}\,(z-2)$

習題集 18.3

1. $(80/d)y + 20$。旋轉 $\pi/2$ 即可看出。

習題集 18.4

1. $V(z)$ 連續地可微分。

3. $|F'(iy)| = 1 + 1/y^2$, $|y| \ge 1$，在 $y = \pm 1$ 有最大值，即 2。

5. 直接計算或留意到 $\nabla^2 = \mathrm{div}\,\mathrm{grad}$ 且 curl grad 是零向量；參見 9.8 節和習題集 9.7。

習題集 18.5

7. $\Phi = \dfrac{1}{3} - \dfrac{4}{\pi^2}(r\cos\theta - \dfrac{1}{4}r^2\cos 2\theta + \dfrac{1}{9}r^3\cos 3\theta - + \cdots)$

習題集 18.6

1. 使用式 (2)。$F(z_0 + e^{i\alpha}) = (\dfrac{7}{2} + e^{i\alpha})^3$，等等。$F(\dfrac{5}{2})\dfrac{343}{8}$

3. 否，因為 $|z|$ 不是解析的。

5. $\Phi(2,-2) = -3 = \dfrac{1}{\pi}\displaystyle\int_0^1\int_0^{2\pi}(1 + r\cos\alpha)(-3 + r\sin\alpha)r\,dr\,d\alpha$

$= \dfrac{1}{\pi}\displaystyle\int_0^1\int_0^{2\pi}(-3r + \cdots)\,dr\,d\alpha = \dfrac{1}{\pi}\left(-\dfrac{3}{2}\right)\cdot 2\pi$

7. $\Phi(1,1) = 3 = \dfrac{1}{\pi}\displaystyle\int_0^1\int_0^{2\pi}(3 + r\cos\alpha + r\sin\alpha + r^2\cos\alpha\sin\alpha)r\,dr\,d\alpha = \dfrac{1}{\pi}\cdot\dfrac{3}{2}\cdot 2\pi$

第 18 章複習問題與習題

15. $\Phi = x + y = \mathrm{const},\ V = \overline{F'(z)} = 1 - i$，平行流動 **17.** $T(x,y) = x(2y+1) = $ 常數

習題集 19.1

1. $0.84175 \cdot 10^2,\ -0.52868 \cdot 10^3,\ 0.92414 \cdot 10^{-3},\ -0.36201 \cdot 10^6$

5. $29.9667,\ 0.0335;\ 29.9667,\ 0.0333704$ (精確至 6S)

13. 在目前的情況中，(b) 稍微的比 (a) 精確 (後者可能會產生無意義的結果，必較習題 20)。

15. $n = 26$，一開始為 $0.09375\ (n = 1)$。

17. $I_{14} = 0.1812\ (0.1705$ 精確至 4S), $I_{13} = 0.1812\ (0.1820),\ I_{12} = 0.1951\ (0.1951),\ I_{11} = 0.2102$ (0.2103)，等等。

習題集 19.2

3. $g = 0.5\cos x,\ x = 0.450184\ (= x_{10},$ 精確至 6S)

5. 收斂到 4。全都收斂到 7。

7. $x = x/(e^x\sin x)$；$0.5,\ 0.63256,\ \cdots$ 用 14 個步驟收斂到 0.58853 (精確至 5S)。

9. $g = 4/x + x^3/16 - x^5/576$；$x_0 = 2,\ x_n = 2.39165\ (n \geq 6),\ 2.405$ 精確至 4S

11. 這可由微積分的中間值定理得出。

13. $x_3 = 0.450184$

15. 分別收斂到 $x = 4.7, 4.7, 0.8, -0.5$。可以很容易地由 f 的圖形看出理由。

習題集 19.3

1. $L_0(x) = -2x + 19$, $L_1(x) = 2x - 18$, $p_1(9.3) = L_0(9.3) \cdot f_0 + L_1(9.3) \cdot f_1$

$= 0.1086 \cdot 9.3 + 1.230 = 2.2297$

3. $p_2(x) = \dfrac{(x-1.02)(x-1.04)}{(-0.02)(-0.04)} \cdot 1.0000 + \dfrac{(x-1)(x-1.04)}{0.02(-0.02)} \cdot 0.9888$

$+ \dfrac{(x-1)(x-1.02)}{0.04 \cdot 0.02} \cdot 0.9784 = x^2 - 2.580x + 2.580$; 0.9943, 0.9835

5. 0.8033 (誤差 -0.0245),   0.4872 (誤差 -0.0148);   二次: 0.7839 (-0.0051), 0.4678 (0.0046)

7. $p_2(x) = -0.44304x^2 + 1.30896x - 0.023220$, $p_2(0.75) = 0.70929$ (精確至 5S 0.71116)

9. $L_0 = -\dfrac{1}{6}(x-1)(x-2)(x-3)$, $L_1 = \dfrac{1}{2}x(x-2)(x-3)$, $L_2 = -\dfrac{1}{2}x(x-1)(x-3)$,

$L_3 = \dfrac{1}{6}x(x-1)(x-2)$; $p_3(x) = 1 + 0.039740x - 0.335187x^2 + 0.060645x^3$;

$p_2(0.5) = 0.943654$, $p_3(1.5) = 0.510116$, $p_3(2.5) = -0.047991$

習題集 19.4

7. 使用三次多項式之三次導函數爲常數的事實，可知 g''' 爲分段常數的函數，因此在目前的假設下可知在整個實數上爲常數。現在積分三次。

9. 若 $|f'|$ 很小，曲率 $f'' / (1 + f'^2)^{3/2} \approx f''$。

習題集 19.5

1. 0.747131，比 0.746824 要大。爲什麼?   **5.** 0.693254 (精確至 6S 爲 0.693147)

7. 0.785392 (精確至 6S 爲 0.785398)

第 19 章複習問題與習題

21. 0.90443, 0.90452 (精確至 5S 爲 0.90452)

習題集 20.1

1. $x_1 = 7.3$, $x_2 = -3.2$ **3.** 無解   **5.** $x_1 = 2$, $x_2 = 1$

7.
$$\begin{bmatrix} -3 & 6 & -9 & -46.725 \\ 0 & 9 & -13 & -51.223 \\ 0 & 0 & -2.88889 & -7.38689 \end{bmatrix}$$

$x_1 = 3.908$, $x_2 = -1.998$, $x_3 = 2.557$

9.
$$\begin{bmatrix} 13 & -8 & 0 & 178.54 \\ 0 & 6 & 13 & 137.86 \\ 0 & 0 & -16 & -253.12 \end{bmatrix}$$

$x_1 = 6.78$, $x_2 = -11.3$, $x_3 = 15.82$

11. $\begin{bmatrix} 3.4 & -6.12 & -2.72 & 0 \\ 0 & 0 & 4.32 & 0 \\ 0 & 0 & 0 & 0 \end{bmatrix}$

$x_1 = t_1$ 為任意值, $x_2 = (3.4/6.12)t_1$, $x_3 = 0$

13. $\begin{bmatrix} 5 & 0 & 6 & -0.329193 \\ 0 & -4 & -3.6 & -2.143144 \\ 0 & 0 & 2.3 & -0.4 \end{bmatrix}$

$x_1 = 0.142856$, $x_2 = 0.692307$, $x_3 = -0.173912$

15. $\begin{bmatrix} -1 & -3.1 & 2.5 & 0 & -8.7 \\ 0 & 2.2 & 1.5 & -3.3 & -9.3 \\ 0 & 0 & -1.493182 & -0.825 & 1.03773 \\ 0 & 0 & 0 & 6.13826 & 12.2765 \end{bmatrix}$

$x_1 = 4.2$, $x_2 = 0$, $x_3 = -1.8$, $x_4 = 2.0$

習題集 20.2

1. $\begin{bmatrix} 1 & 0 \\ 3 & 1 \end{bmatrix}\begin{bmatrix} 4 & 5 \\ 0 & -1 \end{bmatrix}$, $\begin{matrix} x_1 = -4 \\ x_2 = 6 \end{matrix}$

3. $\begin{bmatrix} 1 & 0 & 0 \\ 2 & 1 & 0 \\ 2 & 5 & 1 \end{bmatrix}\begin{bmatrix} 5 & 4 & 1 \\ 0 & 1 & 2 \\ 0 & 0 & 3 \end{bmatrix}$, $\begin{matrix} x_1 = 0.4 \\ x_2 = 0.8 \\ x_3 = 1.6 \end{matrix}$

5. $\begin{bmatrix} 1 & 0 & 0 \\ 6 & 1 & 0 \\ 3 & 9 & 1 \end{bmatrix}\begin{bmatrix} 3 & 9 & 6 \\ 0 & -6 & 3 \\ 0 & 0 & -3 \end{bmatrix}$, $\begin{matrix} x_1 = -\frac{1}{15} \\ x_2 = \frac{4}{15} \\ x_3 = \frac{2}{5} \end{matrix}$

7. $\begin{bmatrix} 3 & 0 & 0 \\ 2 & 3 & 0 \\ 4 & 1 & 3 \end{bmatrix}\begin{bmatrix} 3 & 2 & 4 \\ 0 & 3 & 1 \\ 0 & 0 & 3 \end{bmatrix}$, $\begin{matrix} x_1 = 0.6 \\ x_2 = 1.2 \\ x_3 = 0.4 \end{matrix}$

9. $\begin{bmatrix} 0.1 & 0 & 0 \\ 0 & 0.4 & 0 \\ 0.3 & 0.2 & 0.1 \end{bmatrix}\begin{bmatrix} 0.1 & 0 & 0.3 \\ 0 & 0.4 & 0.2 \\ 0 & 0 & 0.1 \end{bmatrix}$, $\begin{matrix} x_1 = 2 \\ x_2 = -11 \\ x_3 = 4 \end{matrix}$

11. $\begin{bmatrix} 1 & 0 & 0 & 0 \\ -1 & 2 & 0 & 0 \\ 3 & -1 & 3 & 0 \\ 2 & 0 & -1 & 4 \end{bmatrix}\begin{bmatrix} 1 & -1 & 3 & 2 \\ 0 & 2 & -1 & 0 \\ 0 & 0 & 3 & -1 \\ 0 & 0 & 0 & 4 \end{bmatrix}$, $\begin{matrix} x_1 = 2 \\ x_2 = -3 \\ x_3 = 4 \\ x_4 = -1 \end{matrix}$

13. 否，因為 $\mathbf{x}^T(-\mathbf{A})\mathbf{x} = -\mathbf{x}^T\mathbf{A}\mathbf{x} < 0$；是；是；否

15. $\begin{bmatrix} -3.5 & 1.25 \\ 3.0 & -1.0 \end{bmatrix}$

17. $\dfrac{1}{36}\begin{bmatrix} 584 & 104 & -66 \\ 104 & 20 & -12 \\ -66 & -12 & 9 \end{bmatrix}$

19. $\dfrac{1}{16}\begin{bmatrix} 21 & -6 & -14 & 6 \\ -6 & 36 & -12 & -4 \\ -14 & -12 & 20 & -4 \\ 6 & -4 & -4 & 4 \end{bmatrix}$

習題集 20.3

5. 正確解為 0.5, 0.5, 0.5

7. $x_1 = 2$, $x_2 = -4$, $x_3 = 8$

9. 正確解為 2, 1, 4

11. (a) $\mathbf{x}^{(3)\mathrm{T}} = [0.49983 \quad 0.50001 \quad 0.500017]$,

　　(b) $\mathbf{x}^{(3)\mathrm{T}} = [0.50333 \quad 0.49985 \quad 0.49968]$

13. 8, –16, 43, 86 個步驟；譜半徑大約為 0.09, 0.35, 0.72, 0.85。

15. $[1.99934 \quad 1.00043 \quad 3.99684]^{\mathrm{T}}$ (Jacobi, 步驟 5); $[2.00004 \quad 0.998059 \quad 4.00072]^{\mathrm{T}}$

　　(Gauss–Seidel)

19. $\sqrt{306} = 17.49, 12, 12$

習題集 20.4

1. 18, $\sqrt{110} = 10.49$, 8, $[0.125 \quad -0.375 \quad 1 \quad 0 \quad -0.75 \quad 0]$

3. 5.9, $\sqrt{13.81} = 3.716$, 3, $\frac{1}{3}[0.2 \quad 0.6 \quad -2.1 \quad 3.0]$

5. 5, $\sqrt{5}$, 1, $[1 \quad 1 \quad 1 \quad 1 \quad 1]$

7. $ab + bc + ca = 0$

9. $\kappa = 5 \cdot \frac{1}{2} = 2.5$

11. $\kappa = (5 + \sqrt{5})(1 + 1/\sqrt{5}) = 6 + 2\sqrt{5}$

13. $\kappa = 19 \cdot 13 = 247$；惡劣條件的

15. $\kappa = 20 \cdot 20 = 400$；惡劣條件的

17. $167 \le 21 \cdot 15 = 315$

19. $[-2 \quad 4]^{\mathrm{T}}$, $[-144.0 \quad 184.0]^{\mathrm{T}}$, $\kappa = 25,921$, 極度惡劣條件的

21. 雖有小殘數 $[0.145 \quad 0.120]$，但是為 $\tilde{x}$ 之大偏移。

23. 27, 748, 28,375, 943,656, 29,070,279

習題集 20.5

1. $1.846 - 1.038x$

3. $1.48 + 0.09x$

5. $s = 90t - 675$, $v_{\mathrm{aV}} = 90$ km/hr

9. $-11.36 + 5.45x - 0.589x^2$

11. $1.89 - 0.739x + 0.207x^2$

13. $2.552 + 16.23x$, $-4.114 + 13.73x + 2.500x^2$, $2.730 + 1.466x - 1.778x^2 + 2.852x^3$

習題集 20.7

1. 5, 0, 7; 半徑 6, 4, 6，譜為 $\{-1, 4, 9\}$

3. 圓心 0; 半徑 0.5, 0.7, 0.4，反對稱，因此 $\lambda = i\mu$, $-0.7 \le \mu \le 0.7$

5. 2, 3, 8; 半徑 $1 + \sqrt{2}, 1, \sqrt{2}$; 實際上 (4S) 1.163, 3.511, 8.326

7. $t_{11} = 100$, $t_{22} = t_{33} = 1$

9. 它們位於以 $a_{jj} \pm (n-1) \cdot 10^{-5}$ 為端點的區間上。為什麼?

11. $\rho(\mathbf{A}) \le$ 列和範數 $\|\mathbf{A}\|_{\infty} = \max_{j} \sum_{k} |a_{jk}| = \max_{j} (|a_{jj}| + \text{Gerschgorin 半徑})$

13. $\sqrt{122} = 11.05$

15. $\sqrt{0.52} = 0.7211$

17. 證明 $\mathbf{A}\overline{\mathbf{A}}^T = \overline{\mathbf{A}}^T\mathbf{A}$ 即可。

19. 由式 (3) 中含 > 的式子，可知 0 並不在任何一個 Gerschgorin 圓盤內; 因此 $\det \mathbf{A} = \lambda_1 \cdots \lambda_n \neq 0$

習題集 20.8

1. $q = 10,\ 10.9908,\ 10.9999$; $|\epsilon| \leq 3,\ 0.3028,\ 0.0275$

3. $q \pm \delta = 4 \pm 1.633,\ 4.786 \pm 0.619,\ 4.917 \pm 0.398$

5. 和習題 3 的答案相同，除了可能有一些些微的捨入誤差之外。

7. $q = 5.5,\ 5.5738,\ 5.6018$; $|\epsilon| \leq 0.5,\ 0.3115,\ 0.1899$; 特徵值 (4S) 1.697, 3.382, 5.303, 5.618

9. $\mathbf{y} = \mathbf{A}\mathbf{x},\ \mathbf{y}^T\mathbf{x} = \lambda\mathbf{x}^T\mathbf{x},\ \mathbf{y}^T\mathbf{y} = \lambda^2\mathbf{x}^T\mathbf{x},\ \epsilon^2 \leq \mathbf{y}^T\mathbf{y}/\mathbf{x}^T\mathbf{x} - (\mathbf{y}^T\mathbf{x}/\mathbf{x}^T\mathbf{x})^2 = \lambda^2 - \lambda^2 = 0$

11. $q = 1, \cdots, -2.8993$ 近似 -3 (原本的矩陣值為 0), $|\epsilon| \leq 1.633, \cdots, 0.7024$ (步驟 8)

習題集 20.9

1.
$$\begin{bmatrix} 0.98 & -0.4418 & 0 \\ -0.4418 & 0.8702 & 0.3718 \\ 0 & 0.3718 & 0.4898 \end{bmatrix}$$

3.
$$\begin{bmatrix} 7 & -3.6056 & 0 \\ -3.6056 & 13.462 & 3.6923 \\ 0 & 3.6923 & 3.5385 \end{bmatrix}$$

5.
$$\begin{bmatrix} 3 & -67.59 & 0 & 0 \\ -67.59 & 143.5 & 45.35 & 0 \\ 0 & 45.35 & 23.34 & 3.126 \\ 0 & 0 & 3.126 & -33.87 \end{bmatrix}$$

7. 特徵值 16, 6, 2
$$\begin{bmatrix} 11.2903 & -5.0173 & 0 \\ -5.0173 & 10.6144 & 0.7499 \\ 0 & 0.7499 & 2.0952 \end{bmatrix}, \begin{bmatrix} 14.9028 & -3.1265 & 0 \\ -3.1265 & 7.0883 & 0.1966 \\ 0 & 0.1966 & 2.0089 \end{bmatrix}, \begin{bmatrix} 15.8299 & -1.2932 & 0 \\ -1.2932 & 6.1692 & 0.0625 \\ 0 & 0.0625 & 2.0010 \end{bmatrix}$$

9. 特徵值(4S) 141.4, 68.64, −30.04
$$\begin{bmatrix} 141.1 & 4.926 & 0 \\ 4.926 & 68.97 & 0.8691 \\ 0 & 0.8691 & -30.03 \end{bmatrix}, \begin{bmatrix} 141.3 & 2.400 & 0 \\ 2.400 & 68.72 & 0.3797 \\ 0 & 0.3797 & -30.04 \end{bmatrix}, \begin{bmatrix} 141.4 & 1.166 & 0 \\ 1.166 & 68.66 & 0.1661 \\ 0 & 0.1661 & -30.04 \end{bmatrix}$$

第 20 章複習問題與習題

15. $[3.9 \quad 4.3 \quad 1.8]^T$

17. $[-2 \quad 0 \quad 5]^T$

19.
$$\begin{bmatrix} 0.28193 & -0.15904 & -0.00482 \\ -0.15904 & 0.12048 & -0.00241 \\ -0.00482 & -0.00241 & 0.01205 \end{bmatrix}$$

21. $\begin{bmatrix} 5.750 \\ 3.600 \\ 0.838 \end{bmatrix}, \begin{bmatrix} 6.400 \\ 3.559 \\ 1.000 \end{bmatrix}, \begin{bmatrix} 6.390 \\ 3.600 \\ 0.997 \end{bmatrix}$

正確解為:$[6.4 \quad 3.6 \quad 1.0]^T$

23. $\begin{bmatrix} 1.700 \\ 1.180 \\ 4.043 \end{bmatrix}, \begin{bmatrix} 1.986 \\ 0.999 \\ 4.002 \end{bmatrix}, \begin{bmatrix} 2.000 \\ 1.000 \\ 4.000 \end{bmatrix}$

正確解為:$[2 \quad 1 \quad 4]^T$

25. $42,\ \sqrt{674} = 25.96,\ 21$ **27.** 30

29. 5   **31.** $115 \cdot 0.4458 = 51.27$

33. $5 \cdot \dfrac{21}{63} = \dfrac{5}{3}$ **35.** $1.514 + 1.129x - 0.214x^2$

37. 圓心分別為 15, 35, 90;半徑分別為 30, 35, 25。特徵值(3S) 2.63, 40.8, 96.6

39. 圓心分別為 0, –1, –4; 半徑分別為 9, 6, 7; 特徵值 0, 4.446, –9.446

習題集 21.1

1. $y = 5e^{-0.2x}$,   0.00458,   0.00830 (y_5, y_{10} 的誤差)

3. $y = x - \tanh x$ (令 $y - x = u$),   0.00929,   0.01885 (y_5, y_{10} 的誤差)

5. $y = e^x$,   0.0013,   0.0042 (y_5, y_{10} 的誤差)

7. $y = 1/(1 - x^2/2)$,   0.00029,   0.01187 (y_5, y_{10} 的誤差)

9. y_5 和 y_{10} 的誤差 0.03547 和 0.28715 大很多

11. $y = 1/(1 - x^2/2)$;誤差 $-10^{-8}, -4 \cdot 10^{-8}, \cdots, -6 \cdot 10^{-7}, +9 \cdot 10^{-6}$;$\epsilon = 0.0002/15 = 1.3 \cdot 10^{-5}$ (使用 RK 以 $h = 0.2$)

13. $y = \tan x$;誤差 $0.83 \cdot 10^{-7}, 0.16 \cdot 10^{-6}, \cdots, -0.56 \cdot 10^{-6}, +0.13 \cdot 10^{-5}$

15. $y = 3\cos x - 2\cos^2 x$;誤差 $\cdot 10^7$:0.18, 0.74, 1.73, 3.28, 5.59, 9.04, 14.3, 22.8, 36.8, 61.4

17. $y' = 1/(2 - x^4)$;error $\cdot 10^9$: 0.2, 3.1, 10.7, 23.2, 28.5, –32.3, –376, –1656, –3489, +80444

19. 使用 Euler–Cauchy 法的誤差為 0.02002, 0.06286, 0.05074;使用改良 Euler–Cauchy 法的誤差為 –0.000455, 0.012086, 0.009601;使用 Runge–Kutta 法的誤差為 0.0000011, 0.000016, 0.000536

習題集 21.2

1. $y = e^x$, $y_5^* = 1.648717$, $y_5 = 1.648722$, $\epsilon_5 = -3.8 \cdot 10^{-8}$
$y_{10}^* = 2.718276$, $y_{10} = 2.718284$, $\epsilon_{10} = -1.8 \cdot 10^{-6}$

3. $y = \tan x$, $y_4, \cdots, y_{10}$(誤差 $\cdot 10^5$) 0.422798 (–0.49), 0.546315 (–1.2), 0.684161 (–2.4), 0.842332 (–4.4), 1.029714 (–7.5), 1.260288 (–13), 1.557626 (–22)

5. RK 法的誤差較小,誤差 $\cdot 10^5 = 0.4, 0.3, 0.2, 5.6$ (分別對於 $x = 0.4, 0.6, 0.8, 1.0$)

7. $y = 1/(4+e^{-3x})$, $y_4, \cdots, y_{10}$(誤差 · 10^5)　0.232490 (0.34), 0.236787 (0.44), 0.240075 (0.42), 0.242570 (0.35), 0.244453 (0.25), 0.245867 (0.16), 0.246926 (0.09)

9. $y = \exp(x^3) - 1$, $y_4, \cdots, y_{10}$(誤差 · 10^7)　0.008032 (–4), 0.015749 (–10), 0.027370 (–17), 0.043810 (–26), 0.066096 (–39), 0.095411 (–54), 0.133156 (–74)

13. $y = \exp(x^2)$。從 $x = 0.3$ 到 0.7 的誤差 · 10^5 為：$-5, -11, -19, -31, -41$

15. **(a)** 0, 0.02, 0.0884, 0.215848, $y_4 = 0.417818$, $y_5 = 0.708887$ (很差)

(b) 大約 30–50%

習題集 21.3

1. $y_1 = -e^{-2x} + 4e^x$, $y_2 = -e^{-2x} + e^x$；y_1 的誤差（y_2 的誤差）從 0.002 增加到 0.5 (從 -0.01 到 0.1)，單調增加

3. $y_1' = y_2$, $y_2' = -\frac{1}{4}y_1$, $y = y_1 = 1, 0.99, 0.97, 0.94, 0.9005$, 誤差 -0.005, -0.01, -0.015, -0.02, -0.0229；正確解為 $y = \cos\frac{1}{2}x$

5. $y_1' = y_2$, $y_2' = y_1 + x$, $y_1(0) = 1$, $y_2(0) = -2$, $y = y_1 = e^{-x} - x$, $y = 0.8$ (誤差 0.005)，0.61 (0.01), 0.429 (0.012), 0.2561 (0.0142), 0.0905 (0.0160)

7. 大約為 10^5, $\epsilon_n(y_1) \cdot 10^6 = -0.082, \cdots, -0.27$, $\epsilon_n(y_2) \cdot 10^6 = 0.08, \cdots, 0.27$

9. y_1 的誤差(y_2 的誤差) 從 $0.3 \cdot 10^{-5}$ 到 $1.3 \cdot 10^{-5}$ (從 $0.3 \cdot 10^{-5}$ 到 $0.6 \cdot 10^{-5}$)

11. $(y_1, y_2) = (0, 1), (0.20, 0.98), (0.39, 0.92), \ldots, (-0.23, -0.97), (-0.42, -0.91), (-0.59), (-0.81)$；延續下去會給出一個「橢圓」。

習題集 21.4

3. $-3u_{11} + u_{12} = -200$, $u_{11} - 3u_{12} = -100$

5. 105, 155, 105, 115；步驟 5: 104.94, 154.97, 104.97, 114.98

7. 0, 0, 0, 0。所有的等勢線會在角落處相交 (為什麼?)
步驟 5: 0.29298, 0.14649, 0.14649, 0.073245

9. 0.108253, 0.108253, 0.324760, 0.324760；步驟 10: 0.108538, 0.108396, 0.324902, 0.324831

11. (a) $u_{11} = -u_{12} = -66$，(b) 依對稱性可以縮減成 4 個方程式。
$u_{11} = u_{31} = -u_{15} = -u_{35} = -92.92$, $u_{21} = -u_{25} = -87.45$,
$u_{12} = u_{32} = -u_{14} = -u_{34} = -64.22$, $u_{22} = -u_{24} = -53.98$,
$u_{13} = u_{23} = u_{33} = 0$

13. $u_{12} = u_{32} = 31.25$, $u_{21} = u_{23} = 18.75$，其餘的 u_{jk} 為 25

15. $u_{21} = u_{23} = 0.25$, $u_{12} = u_{32} = -0.25$，其餘的 u_{jk} 0

17. $\sqrt{3}$, $u_{11} = u_{21} = 0.0849$, $u_{12} = u_{22} = 0.3170$ (0.1083, 0.3248 為該問題的線性方程組的解取 4 位有效位數的值。)

習題集 21.5

5. $u_{11} = 0.766,\ u_{21} = 1.109,\ u_{12} = 1.957,\ u_{22} = 3.293$

7. **A**，如同範例 1，右側的數為 $-220, -220, -220, -220$
解為 $u_{11} = u_{21} = 125.7,\ u_{21} = u_{22} = 157.1$

13. $-4u_{11} + u_{21} + u_{12} = -3,\ u_{11} - 4u_{21} + u_{22} = -12,\ u_{11} - 4u_{12} + u_{22} = 0,$
$2u_{21} + 2u_{12} - 12u_{22} = -14,\ u_{11} = u_{22} = 2,\ u_{21} - 4,\ u_{12} = 1$
此處 $-\dfrac{14}{3} = -\dfrac{4}{3}(1 + 2.5)$ 其中 $\dfrac{4}{3}$ 是由模板上得到。

15. $\mathbf{b} = [-200,\ -100,\ -100,\ 0]^{\mathrm{T}}$；$u_{11} = 73.68,\ u_{21} = u_{12} = 47.37,\ u_{22} = 15.79$　(4S)

習題集 21.6

5. $0, 0.6625,\ 1.25,\ 1.7125,\ 2,\ 2.1,\ 2,\ 1.7125,\ 1.25,\ 0.6625,\ 0$

7. 大體上較不精確，$0.15,\ 0.25\ (t = 0.04),\ 0.100,\ 0.163\ (t = 0.08)$

9. 步驟 5 給出 $0,\ 0.06279,\ 0.09336,\ 0.08364,\ 0.04707,\ 0$

11. 步驟 2:$0\ (0),\ 0.0453\ (0.0422),\ 0.0672\ (0.0658),\ 0.0671\ (0.0628),\ 0.0394\ (0.0373),\ 0\ (0)$

13. $0.3301,\ 0.5706,\ 0.4522,\ 0.2380\ (t = 0.04),\ 0.06538,\ 0.10603,\ 0.10565,\ 0.6543\ (t = 0.20)$

15. $0.1018,\ 0.1673,\ 0.1673,\ 0.1018\ (t = 0.04),\ 0.0219,\ 0.0355, \cdots (t = 0.20)$

習題集 21.7

1. $u(x, 1) = 0,\ -0.05,\ -0.10,\ -0.15,\ -0.20,\ 0$

3. 當 $x = 0.2, 0.4$ 可得 $0.24, 0.40\ (t = 0.2),\ 0.08, 0.16\ (t = 0.4),\ -0.08, -0.16\ (t = 0.6)$，等等。

5. $0, 0.354, 0.766, 1.271, 1.679, 1.834, \ldots\ (t = 0.1);\ 0, 0.575, 0.935, 1.135, 1.296, 1.357, \ldots\ (t = 0.2)$

7. $0.190,\ 0.308,\ 0.308,\ 0.190,\ $(3S 正確值:$0.178,\ 0.288,\ 0.288,\ 0.178$)

第 21 章複習問題與習題

17. $y = e^x,\ 0.038,\ 0.125\ (y_5$ 和 y_{10} 的誤差)

19. $y \tan x$;$0\ (0),\ 0.10050\ (-0.00017),\ 0.20304\ (-0.00033),\ 0.30981\ (-0.00048),\ 0.42341\ (-0.00062),$
$0.54702\ (-0.00072),\ 0.68490\ (-0.00076),\ 0.84295\ (-0.00066),\ 1.0299\ (-0.0002),\ 1.2593\ (0.0009),$
$1.5538\ (0.0036)$

21. $0.1003346\ (0.8 \cdot 10^{-7})\ 0.2027099\ (1.6 \cdot 10^{-7}),\ 0.3093360\ (2.1 \cdot 10^{-7}),\ 0.4227930\ (2.3 \cdot 10^{-7}),$
$0.5463023\ (1.8 \cdot 10^{-7})$

23. $y = \sin x,\ y_{0.8} = 0.717366,\ y_{1.0} = 0.841496$　(誤差 $-1.0 \cdot 10^{-5},\ -2.5 \cdot 10^{-5}$)

25. $y_1' = y_2,\ y_2' = x^2 y_1,\ y = y_1 = 1, 1, 1, 1.0001, 1.0006, 1.002$

27. $y_1' = y_2,\ y_2' = 2e^x - y_1,\ y = e^x - \cos x,\ y = y_1 = 0, 0.241, 0.571, \cdots$;誤差在 10^{-6} 和 10^{-5} 之間

29. $3.93,\ 15.71,\ 58.93$

31. $0,\ 0.04,\ 0.08,\ 0.12,\ 0.15,\ 0.16,\ 0.15,\ 0.12,\ 0.08,\ 0.04,\ 0\ (t = 0.3。3$ 個時間步驟)

33. $u(P_{11}) = u(P_{31}) = 270, \ u(P_{21}) = u(P_{13}) = u(P_{23}) = u(P_{33}) = 30, \quad u(P_{12}) = u(P_{32}) = 90, \ u(P_{22}) = 60$

35. 0.043330,　0.077321,　0.089952,　0.058488 ($t = 0.04$),　0.010956,　0.017720,　0.017747, 0.010964 ($t = 0.20$)

習題集 22.1

3. $f(\mathbf{x}) = 2(x_1 - 1)^2 + (x_2 + 2)^2 - 6$;步驟 3:(1.037, –1.926),　值 –5.992

習題集 22.2

9. $f(-\dfrac{11}{3}, \dfrac{26}{3}) = 198\dfrac{1}{3}$

11. $0.5x_1 + 0.75x_2 \le 45$ （銅），　$0.5x_1 + 0.25x_2 \le 30, f = 120x_1 + 100x_2, \quad f_{\max} = f(45, 30) = 8400$

習題集 22.3

3. 在第 3 行做消去，所以 20 不見了。$f_{\min} = f(0, \dfrac{1}{2}) = -10$

習題集 22.4

1. $f(6, 3) = 84$

3. $f(20, 20) = 40$

5. $f(10, 5) = 5500$

第 22 章複習問題與習題

9. 步驟 5:$[0.353 \quad -0.028]^{\mathrm{T}}$　較慢。為什麼？　**11.** 當然！步驟 5:$[-1.003 \quad 1.897]^{\mathrm{T}}$

習題集 23.2

1. 5

3. 想法是從後向前推論。有一個連接到 v_k 且標記為 $k-1$ 的點 v_{k-1}，等等。現在唯一標記為 0 的點是 s。因此，$\lambda(v_0) = 0$ 意味著 $v_0 = s$，所以 $v_0 - v_1 - \cdots - v_{k-1} - v_k$ 是一條 $s \to v_k$ 長度為 k 的路徑。

13. 刪除邊 $(2, 4)$

15. 否

習題集 23.3

1. $(1, 2), (2, 4), (4, 3)$; $L_2 = 12, L_3 = 36, L_4 = 28$

習題集 23.4

1.
$$\begin{array}{c} 2\diagdown \\ \\ 1\diagup \end{array} 4 - 3 - 5 \quad L = 10$$

習題集 23.5

1. 若 G 是一棵樹則成立。

3. 包含頂點 1 最大連通圖內所找出的最小生成樹。

習題集 23.6

1. $\{3, 6\}$, $\quad 11 + 3 = 14$

5. 我們感興趣的是從 s 到 t 的流量，而不是相反方向的流量。

9. $1 - 2 - 5, \Delta f = 2; 1 - 4 - 2 - 5, \Delta f = 2$，等等。

11. 舉例來說，$f_{12} = 10$, $f_{24} = f_{45} = 7$, $f_{13} = f_{25} = 5$, $f_{35} = 3$, $f_{32} = 2$, $f = 3 + 5 + 7 = 15$, $f = 15$ 是獨一無二的。

習題集 23.7

3. $(2, 3)$ 和 $(5, 6)$

5. 只要考慮一端有標記而另外一端無標記的邊即可。

7. $1 - 2 - 5$, $\Delta_t = 2$；$1 - 4 - 2 - 5$, $\Delta_t = 1$；$f = 6 + 2 + 1 = 9$，其中 6 是給定的流量

習題集 23.8

3. 是，$S = \{1, 3, 5\}$　　　　　　　　11. 3

15. K_4

輔助教材

A3.1 特殊函數之公式

特殊函數的數值表列，請參閱附錄 5。

指數函數 e^x (圖 545)

$$e = 2.71828\ 18284\ 59045\ 23536\ 02874\ 71353$$

(1) $$e^x e^y = e^{x+y}, \quad e^x / e^y = e^{x-y}, \quad (e^x)^y = e^{xy}$$

自然對數 (圖 546)

(2) $$\ln(xy) = \ln x + \ln y, \quad \ln(x/y) = \ln x - \ln y, \quad \ln(x^a) = a \ln x$$

$\ln x$ 是 e^x 的逆轉，且 $e^{\ln x} = x$、$e^{-\ln x} = e^{\ln(1/x)} = 1/x$。

以 10 為基底之對數 $\log_{10} x$ 或簡寫為 $\log x$

(3) $$\log x = M \ln x, \quad M = \log e = 0.43429\ 44819\ 03251\ 82765\ 11289\ 18917$$

(4) $$\ln x = \frac{1}{M} \log x, \quad \frac{1}{M} = \ln 10 = 2.30258\ 50929\ 94045\ 68401\ 79914\ 54684$$

$\log x$ 是 10^x 的逆轉，且 $10^{\log x} = x$、$10^{-\log x} = 1/x$。

正弦與餘弦函數 (圖 547、548) 在微積分中角度是以 radian (徑) 為單位，因此 $\sin x$ 與 $\cos x$ 之週期為 2π。

$\sin x$ 為奇函數，$\sin(-x) = -\sin x$；而 $\cos x$ 為偶函數，$\cos(-x) = \cos x$。

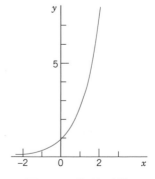

圖 545　指數函數 e^x

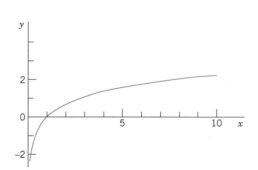

圖 546　自然對數 $\ln x$

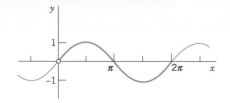

圖 547　$\sin x$

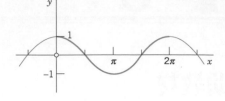

圖 548　$\cos x$

$$1° = 0.01745\ 32925\ 19943\ \text{radian}$$

$$1\ \text{radian} = 57°\ 17'\ 44.80625''$$

$$= 57.29577\ 95131°$$

(5) $$\sin^2 x + \cos^2 x = 1$$

(6)
$$\begin{cases} \sin(x+y) = \sin x \cos y + \cos x \sin y \\ \sin(x-y) = \sin x \cos y - \cos x \sin y \\ \cos(x+y) = \cos x \cos y - \sin x \sin y \\ \cos(x-y) = \cos x \cos y + \sin x \sin y \end{cases}$$

(7) $$\sin 2x = 2 \sin x \cos x, \quad \cos 2x = \cos^2 x - \sin^2 x$$

(8)
$$\begin{cases} \sin x = \cos\left(x - \frac{\pi}{2}\right) = \cos\left(\frac{\pi}{2} - x\right) \\ \cos x = \sin\left(x + \frac{\pi}{2}\right) = \sin\left(\frac{\pi}{2} - x\right) \end{cases}$$

(9) $$\sin(\pi - x) = \sin x, \quad \cos(\pi - x) = -\cos x$$

(10) $$\cos^2 x = \tfrac{1}{2}(1 + \cos 2x), \quad \sin^2 x = \tfrac{1}{2}(1 - \cos 2x)$$

(11)
$$\begin{cases} \sin x \sin y = \tfrac{1}{2}[-\cos(x+y) + \cos(x-y)] \\ \cos x \cos y = \tfrac{1}{2}[\cos(x+y) + \cos(x-y)] \\ \sin x \cos y = \tfrac{1}{2}[\sin(x+y) + \sin(x-y)] \end{cases}$$

(12)
$$\begin{cases} \sin u + \sin v = 2 \sin \frac{u+v}{2} \cos \frac{u-v}{2} \\ \cos u + \cos v = 2 \cos \frac{u+v}{2} \cos \frac{u-v}{2} \\ \cos v - \cos u = 2 \sin \frac{u+v}{2} \sin \frac{u-v}{2} \end{cases}$$

(13) $$A \cos x + B \sin x = \sqrt{A^2 + B^2} \cos(x \pm \delta), \quad \tan \delta = \frac{\sin \delta}{\cos \delta} = \mp \frac{B}{A}$$

(14) $$A \cos x + B \sin x = \sqrt{A^2 + B^2} \sin(x \pm \delta), \quad \tan \delta = \frac{\sin \delta}{\cos \delta} = \pm \frac{A}{B}$$

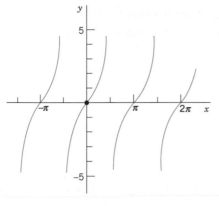

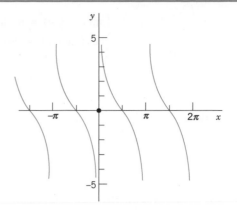

圖 549　$\tan x$　　　　　　　　　圖 550　$\cot x$

正切、餘切、正割、餘割 (圖 549、550)

(15) $\qquad \tan x = \dfrac{\sin x}{\cos x}, \quad \cot x = \dfrac{\cos x}{\sin x}, \quad \sec x = \dfrac{1}{\cos x}, \quad \csc x = \dfrac{1}{\sin x}$

(16) $\qquad \tan(x+y) = \dfrac{\tan x + \tan y}{1 - \tan x \tan y}, \quad \tan(x-y) = \dfrac{\tan x - \tan y}{1 + \tan x \tan y}$

雙曲線函數 (雙曲正弦 $\sinh x$ 等；圖 551、552)

(17) $\qquad \sinh x = \tfrac{1}{2}(e^x - e^{-x}), \qquad \cosh x = \tfrac{1}{2}(e^x + e^{-x})$

(18) $\qquad \tanh x = \dfrac{\sinh x}{\cosh x}, \qquad \coth x = \dfrac{\cosh x}{\sinh x}$

(19) $\qquad \cosh x + \sinh x = e^x, \qquad \cosh x - \sinh x = e^{-x}$

(20) $\qquad \cosh^2 x - \sinh^2 x = 1$

(21) $\qquad \sinh^2 x = \tfrac{1}{2}(\cosh 2x - 1), \qquad \cosh^2 x = \tfrac{1}{2}(\cosh 2x + 1)$

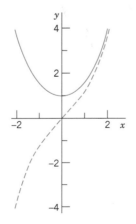

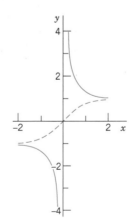

圖 551　$\sinh x$ (虛線) 與 $\cosh x$　　　圖 552　$\tanh x$ (虛線) 與 $\cosh x$

(22)
$$\begin{cases} \sinh(x \pm y) = \sinh x \cosh y \pm \cosh x \sinh y \\ \cosh(x \pm y) = \cosh x \cosh y \pm \sinh x \sinh y \end{cases}$$

(23)
$$\tanh(x \pm y) = \frac{\tanh x \pm \tanh y}{1 \pm \tanh x \tanh y}$$

Gamma 函數 (圖 553；附錄 5 中之表 A2)　**Gamma 函數** $\Gamma(\alpha)$ 由下列積分式所定義

(24)
$$\Gamma(\alpha) = \int_0^\infty e^{-t} t^{\alpha-1}\, dt \qquad\qquad (\alpha > 0)$$

上式只在 $\alpha > 0$ 才有意義 (或，若考慮複數的 α，則是實部為正的 α)。由部分積分得出 *Gamma* 函數之重要泛函關係

(25)
$$\Gamma(\alpha+1) = \alpha\Gamma(\alpha)$$

由 (24) 式可得 $\Gamma(1) = 1$；因此，若 α 為正整數 (比如 k)，則由 (25) 式之重複運用可得

(26)
$$\Gamma(k+1) = k! \qquad\qquad (k = 0, 1, \cdots)$$

這顯示出 *Gamma* 函數可視為基本階乘函數的一般化 [即使 α 值不為整數，有時仍用符號 $(\alpha-1)!$ 來表示 $\Gamma(\alpha)$，而 Gamma 函數也被稱為**階乘函數**]。

由重復利用 (25) 式，可得

$$\Gamma(\alpha) = \frac{\Gamma(\alpha+1)}{\alpha} = \frac{\Gamma(\alpha+2)}{\alpha(\alpha+1)} = \cdots = \frac{\Gamma(\alpha+k+1)}{\alpha(\alpha+1)(\alpha+2)\cdots(\alpha+k)}$$

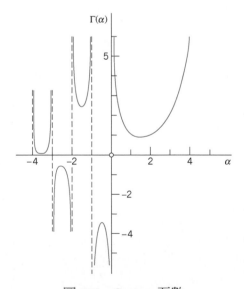

圖 553　Gamma 函數

利用此關係式

$$(27) \qquad \Gamma(\alpha) = \frac{\Gamma(\alpha+k+1)}{\alpha(\alpha+1)\cdots(\alpha+k)} \qquad (\alpha \neq 0, -1, -2, \cdots),$$

以定義負 $\alpha(\neq -1, -2, \cdots)$ 值的 gamma 函數，選擇 k 為滿足 $\alpha+k+1>0$ 的最小整數。再加上 (24) 式，這樣就得到 $\Gamma(\alpha)$ 對所有 α 值的定義，但 α 不能等於零或負的整數 (圖 553)。

　　Gamma 函數也可利用乘數之極限來表示，即公式

$$(28) \qquad \Gamma(\alpha) = \lim_{n \to 0} \frac{n!n^{\alpha}}{\alpha(\alpha+1)(\alpha+2)\cdots(\alpha+n)} \quad (\alpha \neq 0, -1, \cdots)$$

　　由 (27) 或 (28) 式我們可看出，對於複數的 α 值，gamma 函數 $\Gamma(\alpha)$ 是一個半純 (meromorphic) 函數，它在 $\alpha = 0, -1, -2, \cdots$ 有單一極點。

　　當 α 是很大的正值時，可以用 **Stirling 公式計算** gamma 函數的近似值

$$(29) \qquad \Gamma(\alpha+1) \approx \sqrt{2\pi\alpha}\left(\frac{\alpha}{e}\right)^{\alpha}$$

其中 e 為自然對數的基底。最後提到一個特殊值

$$(30) \qquad \Gamma(\tfrac{1}{2}) = \sqrt{\pi}$$

不完全 gamma 函數

$$(31) \qquad P(\alpha, x) = \int_0^x e^{-t}t^{\alpha-1}\,dt \qquad Q(\alpha, x) = \int_0^{\infty} e^{-t}t^{\alpha-1}\,dt \qquad (\alpha > 0)$$

$$(32) \qquad \Gamma(\alpha) = P(\alpha, x) + Q(\alpha, x)$$

Beta 函數

$$(33) \qquad B(x, y) = \int_0^1 t^{x-1}(1-t)^{y-1}\,dt \qquad (x > 0, y > 0)$$

用 gamma 函數來表示：

$$(34) \qquad B(x, y) = \frac{\Gamma(x)\,\Gamma(y)}{\Gamma(x+y)}$$

誤差函數 (Error Function) (圖 554；附錄 5 中之表 A4)

$$(35) \qquad \operatorname{erf} x = \frac{2}{\sqrt{\pi}}\int_0^x e^{-t^2}\,dt$$

$$(36) \qquad \operatorname{erf} x = \frac{2}{\sqrt{\pi}}\left(x - \frac{x^3}{1!3} + \frac{x^5}{2!5} - \frac{x^7}{3!7} + -\cdots\right)$$

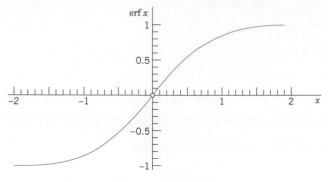

圖 554　誤差函數

erf $(\infty) = 1$，餘誤差函數

$$(37) \qquad \operatorname{erfc} x = 1 - \operatorname{erf} x = \frac{2}{\sqrt{\pi}} \int_x^\infty e^{-t^2}\, dt$$

Fresnel 積分[1] (圖 555)

$$(38) \qquad C(x) = \int_0^x \cos(t^2)\, dt, \quad S(x) = \int_0^x \sin(t^2)\, dt$$

$C(\infty) = \sqrt{\pi/8},\ S(\infty) = \sqrt{\pi/8}$，餘函數

$$(39) \qquad \begin{aligned} c(x) &= \sqrt{\frac{\pi}{8}} - C(x) = \int_x^\infty \cos(t^2)\, dt \\ s(x) &= \sqrt{\frac{\pi}{8}} - S(x) = \int_x^\infty \sin(t^2)\, dt \end{aligned}$$

正弦積分 (圖 556；附錄 5 之表 A4)

$$(40) \qquad \operatorname{Si}(x) = \int_0^x \frac{\sin t}{t}\, dt$$

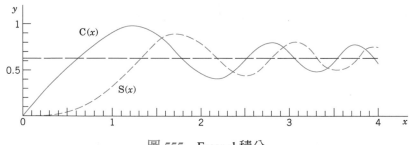

圖 555　Fresnel 積分

---

[1] AUGUSTIN FRESNEL (1788–1827)：法國物理及數學家；函數表請參考文獻 [GenRef1]。

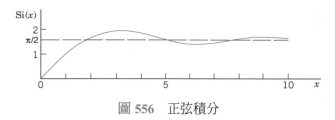

圖 556　正弦積分

Si $(\infty) = \pi/2$，餘函數

$$(41) \qquad \text{si}\,(x) = \frac{\pi}{2} - \text{Si}\,(x) = \int_x^\infty \frac{\sin t}{t}\,dt$$

餘弦積分 (附錄 5 中之表 A4)

$$(42) \qquad \text{ci}\,(x) = \int_x^\infty \frac{\cos t}{t}\,dt \qquad\qquad (x > 0)$$

指數積分

$$(43) \qquad \text{Ei}\,(x) = \int_x^\infty \frac{e^{-t}}{t}\,dt \qquad\qquad (x > 0)$$

對數積分

$$(44) \qquad \text{li}\,(x) = \int_0^x \frac{dt}{\ln t}$$

A3.2　偏導數 (Partial Derivatives)

微分公式請見封面內頁。

令 $z = f(x, y)$ 為兩獨立實變數 x 與 y 之實函數。若令 y 為常數 (比如 $y = y_1$)，並且將 x 視為一變數，則 $f(x, y_1)$ 只取決於 x。若 $f(x, y_1)$ 在 $x = x_1$ 時，其對 x 之導數存在，則此導數值稱為在點 (x_1, y_1) 處 $f(x, y)$ 對 x 之**偏導數**，並表示為

$$\left.\frac{\partial f}{\partial x}\right|_{(x_1,\,y_1)} \qquad \text{或用} \qquad \left.\frac{\partial z}{\partial x}\right|_{(x_1,\,y_1)}$$

其他表示方式有

$$f_x(x_1, y_1) \quad \text{及} \quad z_x(x_1, y_1)\,;$$

當下標不作它用，且不產生混淆時可使用上式。

因此由導數之定義可得

(1)
$$\left.\frac{\partial f}{\partial x}\right|_{(x_1, y_1)} = \lim_{\Delta x \to 0} \frac{f(x_1 + \Delta x, y_1) - f(x_1, y_1)}{\Delta x}$$

$z = f(x, y)$ 對 y 之偏導數，亦可依相同方式定義；令 x 爲常數 (比如 $x = x_1$)，而後將 $f(x_1, y)$ 對 y 微分，因此得到

(2)
$$\left.\frac{\partial f}{\partial y}\right|_{(x_1, y_1)} = \left.\frac{\partial z}{\partial y}\right|_{(x_1, y_1)} = \lim_{\Delta y \to 0} \frac{f(x_1, y_1 + \Delta y) - f(x_1, y_1)}{\Delta y}$$

其他表示式爲 $f_y(x_1, y_1)$ 與 $z_y(x_1, y_1)$。

顯然地，此兩偏導數之值通常是取決於點 (x_1, y_1)。因此，偏導數 $\partial z / \partial x$ 與 $\partial z / \partial y$ 在一變化點 (x, y) 處爲 x 與 y 之函數。函數 $\partial z / \partial x$ 可經由一般微積分的方法將 $z = f(x, y)$ 對 x 微分，同時**將 y 視爲常數**而得；而 $\partial z / \partial y$ 則是將 z 對 y 微分，同時**將 x 視爲常數**而得。

| 例題 1 | 令 $z = f(x, y) = x^2 y + x \sin y$，則 |

$$\frac{\partial f}{\partial x} = 2xy + \sin y, \qquad \frac{\partial f}{\partial y} = x^2 + x \cos y \qquad\blacksquare$$

函數 $z = f(x, y)$ 之偏導數 $\partial z / \partial x$ 與 $\partial z / \partial y$ 有非常簡單的**幾何解釋**。函數 $z = f(x, y)$ 可由一空間中的曲面來表示。方程式 $y = y_1$ 則代表一垂直平面與此曲面相交之曲線，在點 (x_1, y_1) 處的偏導數 $\partial z / \partial x$，則是此曲線之切線的斜率 (亦即 $\tan \alpha$，其中 α 爲圖 557 所示之角)。同樣的，在 (x_1, y_1) 處之偏導數 $\partial z / \partial y$，就是曲面 $z = f(x, y)$ 上的曲線 $x = x_1$ 在點 (x_1, y_1) 之切線的斜率。

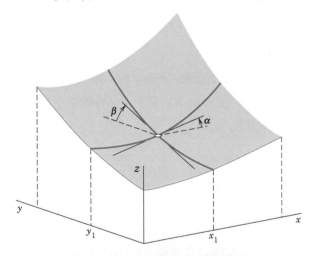

圖 557　一次偏導數之幾何說明

偏導數 $\partial z / \partial x$ 與 $\partial z / \partial y$ 稱為一次偏導數或一階偏導數。將這些導數再微分一次，可得四個二次偏導數 (或二階偏導數)[2]

(3)
$$\frac{\partial^2 f}{\partial x^2} = \frac{\partial}{\partial x}\left(\frac{\partial f}{\partial x}\right) = f_{xx}$$

$$\frac{\partial^2 f}{\partial x \partial y} = \frac{\partial}{\partial x}\left(\frac{\partial f}{\partial y}\right) = f_{yx}$$

$$\frac{\partial^2 f}{\partial y \partial x} = \frac{\partial}{\partial y}\left(\frac{\partial f}{\partial x}\right) = f_{xy}$$

$$\frac{\partial^2 f}{\partial y^2} = \frac{\partial}{\partial y}\left(\frac{\partial f}{\partial y}\right) = f_{yy}$$

我們可以證明，若其中所有的導數皆為連續的，則其中兩個混合偏導數是相等的，也就是微分的順序並不重要 (見附錄 1 之參考文獻 [GenRef4])，即

(4)
$$\frac{\partial^2 z}{\partial x \partial y} = \frac{\partial^2 z}{\partial y \partial x}$$

例題　2　在例題 1 中之函數

$$f_{xx} = 2y, \quad f_{xy} = 2x + \cos y = f_{yx}, \quad f_{yy} = -x \sin y$$

■

將二次偏導數再分別對 x 與 y 微分，則可得 f 的三次偏導數或三階偏導數等。

若考慮含有**三個獨立變數**之函數 $f(x, y, z)$，則可得三個一次偏導數 $f_x(x, y, z)$、$f_y(x, y, z)$ 以及 $f_z(x, y, z)$。此處 f_x 是將 f 對 x 微分並**將 y 與 z 視為常數**而得。因此類似於 (1) 式，可得

$$\frac{\partial f}{\partial x}\bigg|_{(x_1, y_1, z_1)} = \lim_{\Delta x \to 0} \frac{f(x_1 + \Delta x, y_1, z_1) - f(x_1, y_1, z_1)}{\Delta x},$$

再次以此方式對 f_x、f_y、f_z 微分，可得 f 之二次偏導數，並以此類推。

例題　3　令 $f(x, y, z) = x^2 + y^2 + z^2 + xye^z$，則

$$\begin{aligned}
&f_x = 2x + y\,e^z, \quad &&f_y = 2y + x\,e^z, \quad &&f_z = 2z + xy\,e^z, \\
&f_{xx} = 2, \quad &&f_{xy} = f_{yx} = e^z, \quad &&f_{xz} = f_{zx} = y\,e^z, \\
&f_{yy} = 2, \quad &&f_{yz} = f_{zy} = x\,e^z, \quad &&f_{zz} = 2 + xy\,e^z
\end{aligned}$$

■

---

[2] **注意！**下標之標示乃依微分之順序而標示，然而「∂」標之順序相反。

A3.3 數列與級數

參見第 *15* 章。

單調實數數列

一實數數列 $x_1, x_2, \cdots, x_n, \cdots$ 稱為是**單調數列 (monotone sequence)**；如果它是**單調遞增 (monotone increasing)**，即

$$x_1 \leq x_2 \leq x_3 \leq \cdots$$

或**單調遞減 (monotone decreasing)**，即

$$x_1 \geq x_2 \geq x_3 \geq \cdots$$

對數列 $x_1, x_2, \cdots$，若存在一正的常數 K 使得在任何 n 值時都有 $|x_n| < K$，我們稱 $x_1, x_2, \cdots$ 是一個**有界數列 (bounded sequence)**。

定理 1

若一實數數列爲有界及單調，則它必收斂。

證明

令 $x_1, x_2, \cdots$ 爲一有界的單調遞增數列。則其各項必小於某數 B，而且，因爲對所有 n 而言 $x_1 \leq x_n$，故此數列的各項必落在 $x_1 \leq x_n \leq B$ 區間內，將此區間記爲 I_0。將 I_0 等分爲二；亦即將它分爲等長的二部分。若右半部 (包含端點) 包含此數列之各項，則將其記爲 I_1。如果它並未包含此數列之項，則將 I_0 之左半部 (包含其端點) 記爲 I_1。此爲第一步。

第二步，再將 I_1 二等分，依同樣的規則選取其中一半並記爲 I_2，餘以此類推 (參考圖 558)。

依此等分下去，我們會得到愈來愈短的區間 $I_0, I_1, I_2, \cdots$，並有以下特性。對 $n > m$ 而言，每一 I_m 包含所有的 I_n，此數列沒有一項位在 I_m 之右邊，且因爲此序列爲單調遞增，故所有 x_n (只要 n 大於某數 N) 皆位在 I_m 中；當然 N 通常依 m 而定。當 m 趨向於無限大，則 I_m 之長度趨近於零。因此，僅有一數，且稱爲 L，位在所有區間中[3]，我們現在就可以很容易的證明此數列收斂至極限 L。

---

[3] 此敘述看似顯而易見，其實不然；它可被當成實數系統在下面形式之準則。令 $J_1, J_2, \cdots$ 閉區間使得每一 J_m 包含於所有 J_n，同時 $n > m$，並且當 m 趨於無限大，J_m 之長度趨近於零。故必定有一實數包含於所有這些區間內。這稱爲 **Cantor–Dedekind 準則**，以德國數學家 GEORG CANTOR (1845–1918)，集合論之創作者，以及 RICHARD DEDEKIND (1831–1916)，以數理之基本工作著名而命名。欲獲知更詳細文獻，請參閱附錄 1 中之參考文獻 [GenRef2] (若一區間 I 之兩端點被視爲屬於 I 之點，則此區間稱爲**閉區間**。若其兩端點不屬於 I 之點，則此區間稱爲**開區間**)。

　　事實上，給定一 $\epsilon > 0$，選取 m 使得 I_m 之長度小於 ϵ。則 L 以及所有 x_n [$n > N(m)$] 皆位在 I_m 中，因此對所有 n 而言，$|x_n - L| < \epsilon$。對於遞減數列之證明亦同，除了在建立這些區間時將「左」與「右」作適當之對調。

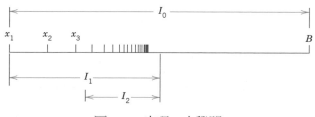

圖 558　定理 1 之證明

實數級數

定理 2

實數級數之萊布尼茲檢定 (Leibniz test)

令 $x_1, x_2, \cdots$ 為實數且單調遞減至零，即

(1) $\qquad\qquad$ (a) $\;\; x_1 \geq x_2 \geq x_3 \geq \cdots,$ $\quad$ (b) $\;\; \lim_{m \to \infty} x_m = 0$

則以下各項交互變換符號之級數

$$x_1 - x_2 + x_3 - x_4 + - \cdots$$

收斂，且在第 n 項之後的餘數 R_n 的估計值為

$$|R_n| \leq x_{n+1}$$

┃證明

令 s_n 為級數的第 n 個部分和。則由 (1a) 式

$$s_1 = x_1, \qquad\qquad s_2 = x_1 - x_2 \leq s_1,$$
$$s_3 = s_2 + x_3 \geq s_2, \qquad s_3 = s_1 - (x_2 - x_3) \leq s_1,$$

所以 $s_2 \leq s_3 \leq s_1$，以這種方式繼續下去，我們可推論 (見圖 559)

(3) $\qquad\qquad\qquad s_1 \geq s_3 \geq s_5 \geq \cdots \geq s_6 \geq s_4 \geq s_2$

可知奇數部分和形成一有界的單調數列，偶數部分和亦然如此。故由定理 1 得知，兩數列均收斂，比如

$$\lim_{n \to \infty} s_{2n+1} = s \qquad\qquad \lim_{n \to \infty} s_{2n} = s *$$

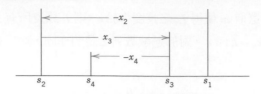

圖 559 萊布尼茲檢定的證明

因 $s_{2n+1} - s_{2n} = x_{2n+1}$，故可看出 (1b) 式代表了

$$s - s^* = \lim_{n \to \infty} s_{2n+1} - \lim_{n \to \infty} s_{2n} = \lim_{n \to \infty}(s_{2n+1} - s_{2n}) = \lim_{n \to \infty} x_{2n+1} = 0$$

故 $s^* = s$，且此級數收斂而其和爲 s。

接著證明餘式的估計式 (2)。因爲 $s_n \to s$，由 (3) 式可得

$$s_{2n+1} \geq s \geq s_{2n} \qquad \text{同樣} \qquad s_{2n-1} \geq s \geq s_{2n}$$

分別減去 s_{2n} 及 s_{2n-1}，可得

$$s_{2n+1} - s_{2n} \geq s - s_{2n} \geq 0, \qquad 0 \geq s - s_{2n-1} \geq s_{2n} - s_{2n-1}$$

在這些不等式中，第一個式子等於 x_{2n+1}，最後一個等於 $-x_{2n}$，且不等號之間的式子爲餘式 R_{2n} 及 R_{2n-1}，因此這兩個不等式可寫成

$$x_{2n+1} \geq R_{2n} \geq 0 \qquad 0 \geq R_{2n-1} \geq -x_{2n}$$

它們就代表了 (2) 式，至此完成證明。　　　　　　　　　　　　　　　■

A3.4 在曲線座標中的梯度、散度、旋度、以及 ∇^2 (Grad, Div, Curl, ∇^2 in Curvilinear Coordinates)

爲簡化公式，我們將卡氏座標寫成 $x = x_1, y = x_2, z = x_3$。我們用 q_1, q_2, q_3 來代表曲線座標。通過每一個點 P，會有三個座標曲面 $q_1 = $ 常數、$q_2 = $ 常數、$q_3 = $ 常數通過，它們相交於座標曲線。我們假設通過 P 點的座標曲線爲**正交** (即相互垂直)。則座標轉換可表示成

(1) $\qquad x_1 = x_1(q_1, q_2, q_3), \qquad x_2 = x_2(q_1, q_2, q_3), \qquad x_3 = x_3(q_1, q_2, q_3)$。

則 grad、div、curl 以及 ∇^2 等相對的轉換，可利用下式寫出，

(2) $$h_j^2 = \sum_{k=1}^{3} \left(\frac{\partial x_k}{\partial q_j} \right)^2$$

重要性僅次於卡氏座標的當屬**圓柱座標** (cylindrical coordinates)　$q_1 = r$, $q_2 = \theta$, $q_3 = z$　（圖 560a），定義如下：

(3)　　　　　$x_1 = q_1 \cos q_2 = r \cos \theta, \quad x_2 = q_1 \sin q_2 = r \sin \theta, \quad x_3 = q_3 = z$

以及**球座標** (spherical coordinates)，$q_1 = r$, $q_2 = \theta$, $q_3 = \phi$　（圖 560b），定義為 [4]

(4)　　　$x_1 = q_1 \cos q_2 \sin q_3 = r \cos \theta \sin \phi, \quad x_2 = q_1 \sin q_2 \sin q_3 = r \sin \theta \sin \phi$

　　　　　$x_3 = q_1 \cos q_3 = r \cos \phi$

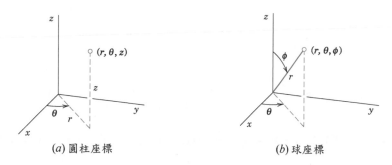

(a) 圓柱座標　　　　　　　　　(b) 球座標

圖 560　特殊的曲線座標

除了正交座標 q_1, q_2, q_3 的通式之外，我們將列出這些重要特例的公式。

線性元素 *ds*　　在卡氏座標中

$$ds^2 = dx_1^2 + dx_2^2 + dx_3^2$$

（9.5 節）

對於 q 座標而言

(5)　　　　　　$ds^2 = h_1^2 \, dq_1^2 + h_2^2 \, dq_2^2 + h_3^2 \, dq_3^2$

(5')　　　　　　$ds^2 = dr^2 + r^2 \, d\theta^2 + dz^2$

（圓柱座標）

對於極座標則設 $dz^2 = 0$。

(5'')　　　　　$ds^2 = dr^2 + r^2 \sin^2 \phi \, d\theta^2 + r^2 \, d\phi^2$

（球座標）

梯度　　grad $f = \nabla f = [f_{x1}, f_{x2}, f_{x3}]$　（偏導數；9.7 節）。在 q 系統中通常分別以 **u**、**v**、**w**，表示在正 q_1, q_2, q_3 座標曲線方向的單位向量，結果可得

(6)　　　　　$\displaystyle \text{grad} f = \nabla f = \frac{1}{h_1} \frac{\partial f}{\partial q_1} \mathbf{u} + \frac{1}{h_2} \frac{\partial f}{\partial q_2} \mathbf{v} + \frac{1}{h_3} \frac{\partial f}{\partial q_3} \mathbf{w}$

---

[4] 這是在微積分和許多其他書中所採用。這很合邏輯因為 θ 和極座標中所扮演的角色相同。**注意！**有些書將 θ 和 ϕ 的角色互換。

(6')
$$\operatorname{grad} f = \nabla f = \frac{\partial f}{\partial r}\mathbf{u} + \frac{1}{r}\frac{\partial f}{\partial \theta}\mathbf{v} + \frac{\partial f}{\partial z}\mathbf{w} \qquad \text{(圓柱座標)}$$

(6'')
$$\operatorname{grad} f = \nabla f = \frac{\partial f}{\partial r}\mathbf{u} + \frac{1}{r\sin\phi}\frac{\partial f}{\partial \theta}\mathbf{v} + \frac{1}{r}\frac{\partial f}{\partial \phi}\mathbf{w} \qquad \text{(球座標)}$$

散度 $\operatorname{div}\ \mathbf{F} = \nabla \cdot \mathbf{F} = (F_1)_{x_1} + (F_2)_{x_2} + (F_3)_{x_3}$ $(\mathbf{F} = [F_1, F_2, F_3]$，9.8 節)；

(7)
$$\operatorname{div} \mathbf{F} = \nabla \cdot \mathbf{F} = \frac{1}{h_1 h_2 h_3}\left[\frac{\partial}{\partial q_1}(h_2 h_3 F_1) + \frac{\partial}{\partial q_2}(h_3 h_1 F_2) + \frac{\partial}{\partial q_3}(h_1 h_2 F_3)\right]$$

(7')
$$\operatorname{div} \mathbf{F} = \nabla \cdot \mathbf{F} = \frac{1}{r}\frac{\partial}{\partial r}(rF_1) + \frac{1}{r}\frac{\partial F_2}{\partial \theta} + \frac{\partial F_3}{\partial z} \qquad \text{(圓柱座標)}$$

(7'')
$$\operatorname{div} \mathbf{F} = \nabla \cdot \mathbf{F} = \frac{1}{r^2}\frac{\partial}{\partial r}(r^2 F_1) + \frac{1}{r\sin\phi}\frac{\partial F_2}{\partial \theta} + \frac{1}{r\sin\phi}\frac{\partial}{\partial \phi}(\sin\phi F_3) \qquad \text{(球座標)}$$

Laplacian (Laplace 運算子) $\nabla^2 f = \nabla \cdot \nabla f = \operatorname{div}(\operatorname{grad} f) = f_{x_1 x_1} + f_{x_2 x_2} + f_{x_3 x_3}$ (9.8 節)：

(8)
$$\nabla^2 f = \frac{1}{h_1 h_2 h_3}\left[\frac{\partial}{\partial q_1}\left(\frac{h_2 h_3}{h_1}\frac{\partial f}{\partial q_1}\right) + \frac{\partial}{\partial q_2}\left(\frac{h_3 h_1}{h_2}\frac{\partial f}{\partial q_2}\right) + \frac{\partial}{\partial q_3}\left(\frac{h_1 h_2}{h_3}\frac{\partial f}{\partial q_3}\right)\right]$$

(8')
$$\nabla^2 f = \frac{\partial^2 f}{\partial r^2} + \frac{1}{r}\frac{\partial f}{\partial r} + \frac{1}{r^2}\frac{\partial^2 f}{\partial \theta^2} + \frac{\partial^2 f}{\partial z^2} \qquad \text{(圓柱座標)}$$

(8'')
$$\nabla^2 f = \frac{\partial^2 f}{\partial r^2} + \frac{2}{r}\frac{\partial f}{\partial r} + \frac{1}{r^2 \sin^2\phi}\frac{\partial^2 f}{\partial \theta^2} + \frac{1}{r^2}\frac{\partial^2 f}{\partial \phi^2} + \frac{\cot\phi}{r^2}\frac{\partial f}{\partial \phi} \qquad \text{(球座標)}$$

旋度 (Curl) (9.9 節)：

(9)
$$\operatorname{curl} \mathbf{F} = \nabla \times \mathbf{F} = \frac{1}{h_1 h_2 h_3}\begin{vmatrix} h_1\mathbf{u} & h_2\mathbf{v} & h_3\mathbf{w} \\ \dfrac{\partial}{\partial q_1} & \dfrac{\partial}{\partial q_2} & \dfrac{\partial}{\partial q_3} \\ h_1 F_1 & h_2 F_2 & h_3 F_3 \end{vmatrix}$$

對於圓柱座標則採用 (9) 式 (如前式)，其中

$$h_1 = h_r = 1, \qquad h_2 = h_\theta = q_1 = r, \qquad h_3 = h_z = 1$$

對球座標我們有

$$h_1 = h_r = 1, \qquad h_2 = h_\theta = q_1 \sin q_3 = r\sin\phi, \qquad h_3 = h_\phi = q_1 = r$$

補充證明

13.4 節

定理 2 的證明　Cauchy–Riemann 方程式

我們要證明 Cauchy–Riemann 方程式

(1) $$u_x = v_y \qquad u_y = -v_x$$

是複變函數 $f(z) = u(x, y) + iv(x, y)$ 為可解析的充份條件；精確的說，如果 $f(z)$ 的實部 u 和虛部 v，在複平面上的某定義域 D 中滿足 (1) 式，且如果 (1) 式中的偏導數在 D 中為連續，則 $f(z)$ 在 D 中為可解析。

在此證明中我們設 $\Delta z = \Delta x + i\Delta y$ 及 $\Delta f = f(z + \Delta z) - f(z)$，證明的想法如下。

(a) 利用 9.6 節的平均值定理，我們將 Δf 表示成 u 和 v 的一階導數項。

(b) 我們利用 Cauchy–Riemann 方程式以去除對 y 的偏導數。

(c) 我們令 Δz 趨近於零，然後證明此時 $\Delta f / \Delta z$ 會趨近一個極限值，它等於 $u_x + iv_x$，也就是 13.4 節 (4) 式的右側，而不論趨近零的方式為何。

(a) 令 $P : (x, y)$ 為 D 中任何一個固定點。因為 D 是定義域，它必包含有 P 的鄰域。我們可以在鄰域中選一點 $Q : (x + \Delta x, y + \Delta y)$，使得線段 PQ 位於 D 內。因為連續性的假設，所以可以使用 9.6 節的平均值定理。這樣就得到

$$u(x + \Delta x, y + \Delta y) - u(x, y) = (\Delta x)u_x(M_1) + (\Delta y)u_y(M_1)$$
$$u(x + \Delta x, y + \Delta y) - v(x, y) = (\Delta x)v_x(M_2) + (\Delta y)v_y(M_2)$$

其中 M_1 及 M_2（$\neq M_1$ 一般情況！）為該線段上合適之兩點。第一條線是 $\text{Re}\,\Delta f$ 第二條線是 $\text{Im}\,\Delta f$，所以

$$\Delta f = (\Delta x)u_x(M_1) + (\Delta y)u_y(M_1) + i\,[(\Delta x)v_x(M_2) + (\Delta y)v_y(M_2)]$$

(b) 由 Cauchy–Riemann 公式可得 $v_y = -u_x$ 及 $v_y = u_x$ 所以

$$\Delta f = (\Delta x)u_x(M_1) - (\Delta y)v_x(M_1) + i\,[(\Delta x)v_x(M_2) + (\Delta y)u_x(M_2)]$$

同時 $\Delta z = \Delta x + i\Delta y$，所以我們可以在第一項中用 $\Delta x = \Delta z - i\Delta y$，並在第二項中用 $\Delta y = (\Delta z - \Delta x)/i = -i(\Delta z - \Delta x)$。如此得到

$$\Delta f = (\Delta z - i\Delta y)u_x(M_1) + i(\Delta z - \Delta x)v_x(M_1) + i\,[(\Delta x)v_x(M_2) + (\Delta y)u_x(M_2)]$$

將上式乘開並重新整理可得

$$\Delta f = \; (\Delta z) u_x(M_1) - i\Delta y \{u_x(M_1) - u_x(M_2)\}$$
$$+ i\left[(\Delta z) v_x(M_1) - \Delta x \{v_x(M_1) - v_x(M_2)\}\right]$$

除以 Δz 得到

(A) $\qquad \dfrac{\Delta f}{\Delta z} = u_x(M_1) + iv_x(M_1) - \dfrac{i\Delta y}{\Delta z}\{u_x(M_1) - u_x(M_2)\} - \dfrac{i\Delta x}{\Delta z}\{v_x(M_1) - v_x(M_2)\}$

(c) 最後我們令 $n = n_0 > N$ 趨近於零，並留意到在 (A) 中 s_r 且 $r > N$。則 s_{n_0} 趨近 ϵ，所以 $s_1, \cdots, s_N$ 和 M_2 必定趨近 P。同時，因為已假設 (A) 中的偏導數為連續，它們趨近它們在 P 的值。特別是 (A) 中大括號 $\{\cdots\}$ 內的差值趨近於零。因此 (A) 式右側的極限存在，且與 $\Delta z \to 0$ 的路徑無關。我們可看到，此極限等於 13.4 節 (4) 式的右側。這代表在 D 中的每一點 z 上 $f(z)$ 是可解析的，如此證明完成。　∎

14.2 節

GOURSAT 對 CAUCHY 積分定理的證明　Goursat 在沒有假設 $f'(z)$ 為連續的條件下，對 Cauchy 積分定理之證明如下。

　　我們由 C 為三角形邊界之狀況開始。以逆時鐘方向轉動把 C 的方位擺正，連結各邊的中點，可把原三角形分成四個三角形 (圖 563)。令 C_{I}, C_{II}, C_{III}, C_{IV} 代表它們的邊界，則我們可說 (參閱圖 563)

(1) $\qquad \displaystyle\oint_C f\,dz = \oint_{C_{\mathrm{I}}} f\,dz + \oint_{C_{\mathrm{II}}} f\,dz + \oint_{C_{\mathrm{III}}} f\,dz + \oint_{C_{\mathrm{IV}}} f\,dz$

實際上，在式子右邊沿著分割的三個線段上，沿相反方向各積分一次 (圖 563)，所以相對應的積分，而右邊積分的和等於左邊的積分。現於右邊取絕對值最大之積分並令其路徑為 C_1。則由三角不等式 (第 13.2 節)

$$\left|\oint_C f\,dz\right| \le \left|\oint_{C_{\mathrm{I}}} f\,dz\right| + \left|\oint_{C_{\mathrm{II}}} f\,dz\right| + \left|\oint_{C_{\mathrm{III}}} f\,dz\right| + \left|\oint_{C_{\mathrm{IV}}} f\,dz\right| \le 4\left|\oint_{C_1} f\,dz\right|$$

　　我們現在用前述的方法把 C_1 所圍之三角形再細分，且由分割後的三角形中，選一個能達成下列情況的小三角形，令其邊界為 C_2

$$\left|\oint_{C_1} f\,dz\right| \le 4\left|\oint_{C_2} f\,dz\right| \quad 則 \quad \left|\oint_C f\,dz\right| \le 4^2\left|\oint_{C_2} f\,dz\right|$$

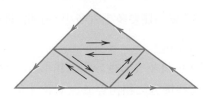

圖 563 Cauchy 積分定理之證明

繼續分割下去，我們會得到一個邊界為 $C_1, C_2, \cdots$ 的相似三角形序列 $T_1, T_2, \cdots$，在 $n > m$ 時，T_n 位於 T_m 之內，且

(2)
$$\left| \oint_C f \, dz \right| \le 4^n \left| \oint_{C_n} f \, dz \right|, \qquad\qquad n = 1, 2, \cdots$$

設 z_0 為屬於所有三角形之一點，因為 f 在 $z = z_0$ 上是可微的，故微分 $f'(z_0)$ 存在。令

(3)
$$h(z) = \frac{f(z) - f(z_0)}{z - z_0} - f'(z_0) \,\text{。}$$

以代數方法解 $f(z)$ 得

$$f(z) = f(z_0) + (z - z_0) f'(z_0) + h(z)(z - z_0)$$

沿三角形 T_n 的邊界 C_n 積分得

$$\oint_{C_n} f(z) \, dz = \oint_{C_n} f(z_0) \, dz + \oint_{C_n} (z - z_0) f'(z_0) \, dz + \oint_{C_n} h(z)(z - z_0) \, dz$$

因為 $f(z_0)$ 與 $f'(z_0)$ 為常數，且 C_n 為封閉路徑，並因被積函數確有連續導數 (分別為 0 與常數)，故可應用 Cauchy 證明而得右側的前兩項積分為零。因此我們得到

$$\oint_{C_n} f(z) \, dz = \oint_{C_n} h(z)(z - z_0) \, dz$$

因 $f'(z_0)$ 為 (3) 式差商之極限，故對一指定的正數 $\epsilon > 0$，將可找到 $\delta > 0$ 以使

(4)
$$|h(z)| < \epsilon \quad 當 \quad |z - z_0| < \delta$$

取足夠大的 n，使三角形 T_n 位在圓盤 $|z - z_0| < \delta$ 之內。設 L_n 為 C_n 的長度，則對所有在 C_n 上的 z 和 T_n 上的 z_0，都有 $|z - z_0| < L_n$。由此式及 (4) 式我們得 $|h(z)(z - z_0)| < \epsilon L_n$。現在由 14.1 節的 ML 不等式，可知

(5)
$$\left| \oint_{C_n} f(z) \, dz \right| = \left| \oint_{C_n} h(z)(z - z_0) \, dz \right| \le \epsilon L_n \cdot L_n = \epsilon L_n^2 \,\text{。}$$

現在用 L 代表 C 的長度。則路徑 C_1 的長度為 $L_1 = L/2$、路徑 C_2 的長度為 $L_2 = L_1/2 = L/4$ 等等，而 C_n 的長度為 $L_n = L/2^n$。因此 $L_n^2 = L^2/4^n$。由 (2) 及 (5) 式可得

$$\left| \oint_C f \, dz \right| \le 4^n \left| \oint_{C_n} f \, dz \right| \le 4^n \epsilon L_n^2 = 4^n \epsilon \frac{L^2}{4^n} = \epsilon L^2$$

選擇足夠小的 $\epsilon(>0)$，我們可以讓等號右側要多小就多小，在此同時左側的表示式是積分結果的確定值。因而此值必須爲零，故證明完成。

對於 C 是多邊形邊界的情形，可將多邊形劃分爲三角形 (圖 564)，再依前述方法證明。對應每一個三角形的積分值都是零。這些積分之和相等於在 C 之上的積分，因沿著各條分割線段上都雙向各積分一次，其相對之積分 C 上的積分。

對於一般性的簡單封閉路徑 C，可以在 C 內置入一個內接多邊形 P，使其「足夠準確的」近似於 C，而且我們可以證明，存在有一多邊形 P，可以使得在 P 上之積分與 C 上之積分的差異，小於任何預定正實數 $\tilde{\epsilon}$，不論有多小。這證明的細節十分繁複，可參考附錄 1 參考文獻 [D6]。■

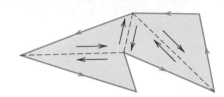

圖 564　Cauchy 積分定理對多邊形之證明

15.1 節

定理 4 之證明　Cauchy 的級數收斂原理

(a) 在此項證明中，需用到兩個概念與一個定理，先將其列出如下：

1. 有界數列 $s_1, s_2, \cdots$ 的所有各項，均位於一個以原點爲圓心、半徑爲 K (有限值但夠大) 的圓盤內；因此對所有 n 而言，$|s_n| < K$。

2. 數列 $s_1, s_2, \cdots$ 的**極限點 (limit point)** a 爲一點，對給定之 $\epsilon > 0$ 值，會有無限多項滿足 $|s_n - a| < \epsilon$。(注意，這並 不代表收斂，因爲仍可能有無限多項並不位在以 a 爲中心、ϵ 爲半徑的圓內)。

例：$\frac{1}{4}, \frac{3}{4}, \frac{1}{8}, \frac{7}{8}, \frac{1}{16}, \frac{15}{16}, \cdots$ 的極限點爲 0 和 1 且發散。

3. 在複數平面上的有界數列至少有一個極限點 (Bolzano-Weierstrass 定理，證明於後，記得「數列」指的是無限數列)。

(b) 現在回到實際的證明，對每個 $\epsilon > 0$，$z_1 + z_2 + \cdots$ 收斂的條件是，若且唯若我們可找到 N，使得

(1) $\qquad\qquad |z_{n+1} + \cdots + z_{n+p}| < \epsilon \qquad$ 對每個 $n > N$ 且 $p = 1, 2, \cdots$

由部分和之定義

$$s_{n+p} - s_n = z_{n+1} + \cdots + z_{n+p}$$

設 $n + p = r$，由此可看到 (1) 式相等於

(1*) $\qquad\qquad |s_r - s_n| < \epsilon \qquad$ 對所有 $r > N$ 及 $n > N$

假定 $s_1, s_2, \cdots$ 收斂。用 s 代表其極限，則對指定的 $\epsilon > 0$ 我們可找到一個 N 可使得

$$|s_n - s| < \frac{\epsilon}{2} \qquad 對每一 n > N$$

因此，若 $r > N$ 且 $n > N$，則由三角不等式 (13.2 節)，

$$|s_r - s_n| = |(s_r - s) - (s_n - s)| \le |s_r - s| + |s_n - s| < \frac{\epsilon}{2} + \frac{\epsilon}{2} = \epsilon$$

即 (1*) 式成立。

(c) 相反的，假設 $s_1, s_2, \cdots$ 滿足 (1*) 式。我們先證明此時該數列必定是有界的。實際上，在 (1*) 式中選一個固定的 ϵ 及固定的 $n = n_0 > N$。則 (1*) 代表了所有 $r > N$ 的 s_r 都位在圓心 s_{n_0}、半徑為 ϵ 的圓盤內，只有 $s_1, \cdots, s_N$ 等 *有限多項* 可能不在圓盤內。很明顯的，我們現在可以找到一個夠大的圓，使得這些有限多項全部位於新的圓盤內。因此本數列為有界的。由 Bolzano-Weierstrass 定理得知，它至少有一個極限點，稱為 s。

我們現在要證明此數列收斂且有極限 s，令 $\epsilon > 0$ 為已知。則由 (1*) 式得，對所有 $r > N*$ 及 $n > N*$，存在有 $N*$ 可使得 $|s_r - s_n| < \epsilon/2$。同時，由極限點的定義，對 *無限多 n* 而言 $|s_n - s| < \epsilon/2$，所以可找到並固定 $n > N*$ 以使得 $|s_n - s| < \epsilon/2$。綜合以上可知，對 *每一 $r > N*$*

$$|s_r - s| = |(s_r - s_n) + (s_n - s)| \le |s_r - s_n| + |s_n - s| < \frac{\epsilon}{2} + \frac{\epsilon}{2} = \epsilon \; ;$$

即數列 $s_1, s_2, \cdots$ 收斂且有極限 s。 ∎

定 理

Bolzano–Weierstrass 定理 [1]
在複數平面中，有界之無窮數列 $z_1, z_2, z_3, \cdots$ 至少有一個極限點。

證明

明顯的，我們同時需要兩個條件：有限數列不能有極限點，以及無窮但沒界限的數列如 1, 2, 3, $\cdots$，也沒有極限點。要證明此定理，我們考慮一個有界無窮數列 $z_1, z_2, \cdots$，並令 K 對所有的 n 都可使得 $|z_n| < K$。如果只有有限多個 z_n 的值為相異，則因此數列是無窮的，故必有某數值 z 在數列中出現無限多次，且由定義可知此數值為數列的極限點。

---

[1] BERNARD BOLZANO (1781–1848)：澳洲數學家及教授，他是在點集合、分析的基礎與數學邏輯上的先鋒。
　關於 Weierstrass 第 15.5 節。

現在換到數列含有無限多相異項的情況。我們畫一很大的方形 Q_0 以包含所有的 z_n。將 Q_0 劃為四個相似方形並編號 1、2、3、4。明顯的,至少其中一個四方形 (各含其完整邊界) 必包含有此數列的無限多項。此種方形以其最小數 (1、2、3、或 4) 記為 Q_1。此為第一步。接著把 Q_1 再細分為四個相似方形,且根據相同規則選取方形 Q_2,並依此繼續下去。這樣會得到無限序列的方形 $Q_0, Q_1, Q_2, \cdots, Q_n, \cdots$,在 n 趨近無限大時,Q_n 的邊長會趨近於零,且在 $n > m$ 時,Q_m 包含所有的 Q_n。我們不難看出,一個同時屬於所有這些方形的數,就叫它 $z = a$ [2],是此數列的一個極限點。事實上,給定一個 $\epsilon > 0$,可選取一個夠大的 N,使得四方形 Q_N 的邊長小於 ϵ,且因 Q_N 包含無窮多 z_n,所以對無窮多 n 我們有 $|z_n - a| < \epsilon$,至此證明完成。　■

15.3 節

定理 5 證明之 (b) 部分

我們須證明

$$\sum_{n=2}^{\infty} a_n \left[\frac{(z + \Delta z)^n - z^n}{\Delta z} - nz^{n-1} \right]$$

$$= \sum_{n=2}^{\infty} a_n \Delta z \left[(z + \Delta z)^{n-2} + 2z(z + \Delta z)^{n-3} + \cdots + (n-1)z^{n-2} \right],$$

因此,

$$\frac{(z + \Delta z)^n - z^n}{\Delta z} - nz^{n-1}$$

$$= \Delta z \left[(z + \Delta z)^{n-2} + 2z(z + \Delta z)^{n-3} + \cdots + (n-1)z^{n-2} \right] \text{。}$$

如果我們設 $z + \Delta z = b$ 及 $z = a$,因而有 $\Delta z = b - a$,上式可簡化成

(7a) $$\frac{b^n - a^n}{b - a} - na^{n-1} = (b - a)A_n \quad (n = 2, 3, \cdots)$$

其中 A_n 為右側方括號中的項,

(7b) $$A_n = b^{n-2} + 2ab^{n-3} + 3a^2b^{n-4} + \cdots + (n-1)a^{n-2} \text{ ;}$$

因此 $A_2 = 1$、$A_3 = b + 2a$ 等等。我們用歸納法證明 (7) 式。當 $n = 2$,(7) 式成立,因為此時

---

[2] 這個唯一的數 $z = a$,它的存在性雖看似顯而易見,但它實際是由實數系統的一個公理,稱為 *Cantor–Dedekind* 公理而來;參閱附錄 3.3 註腳 3。

$$\frac{b^2 - a^2}{b-a} - 2a = \frac{(b+a)(b-a)}{b-a} - 2a = b - a = (b-a)A_2 \; 。$$

假設在 $n = k$ 時 (7) 式成立,我們要證明對 $n = k+1$ 它也成立。經由在分子加減項然後再除,我們先得到

$$\frac{b^{k+1} - a^{k+1}}{b-a} = \frac{b^{k+1} - ba^k + ba^k - a^{k+1}}{b-a} = b\frac{b^k - a^k}{b-a} + a^k$$

由歸納法的假設,右側等於 $b[(b-a)A_k + ka^{k-1}] + a^k$。直接計算可得它等於

$$(b-a)\{bA_k + ka^{k-1}\} + aka^{k-1} + a^k$$

由 $n = k$ 之 (7b) 式可看到,大括號 $\{\cdots\}$ 內的表示式等於

$$b^{k-1} + 2ab^{k-2} + \cdots + (k-1)ba^{k-2} + ka^{k-1} = A_{k+1}$$

因此,結果為

$$\frac{b^{k+1} - a^{k+1}}{b-a} = (b-a)A_{k+1} + (k+1)a^k \; 。$$

將最後一項移到左邊,我們得到 (7),其中 $n = k+1$。這證明了對任何 $n \geq 2$,(7) 式成立,並完成證明。 ■

18.2 節

定理 1 的另一證明　不使用調和共軛

我們要證明,若 $w = u + iv = f(z)$ 是可解析的,並將定義域 D 保角映射至定義域 D^*,且 $\Phi^*(u, v)$ 在 D^* 中為調和,則

(1) $$\Phi(x, y) = \Phi^*(u(x, y), v(x, y))$$

在 D 中為調和的,亦即在 D 內 $\nabla^2\Phi = 0$。我們不會使用 Φ^* 的調和共軛,而是經由直接微分。由連鎖法則,

$$\Phi_x = \Phi_u^* u_x + \Phi_v^* v_x$$

我們再用一次連鎖法則,將組成 $\nabla^2\Phi$ 時要刪去的項加畫底線:

$$\Phi_{xx} = \underline{\Phi_u^* u_{xx}} + (\Phi_{xx}^* u_x + \underline{\Phi_{uv}^* v_x})u_x$$
$$+ \underline{\Phi_u^* v_{xx}} + (\underline{\Phi v_{vu}^* u_x} + \Phi_{vv}^* v_x)v_x.$$

將每個 y 換成 x 可得 Φ_{yy},將它們合成 $\nabla^2\Phi$。其中 $\Phi_{vu}^* = \Phi_{uv}^*$ 乘以下式

$$u_x v_x + u_y v_y$$

由 Cauchy-Riemann 公式可知結果為 0。同樣 $\nabla^2 u = 0$ 與 $\nabla^2 v = 0$。最後剩下

$$\nabla^2 \Phi = \Phi_{uu}^*(u_x^2 + u_y^2) + \Phi_{vv}^*(v_x^2 + v_2^2)$$

利用 Cauchy-Riemann 公式上式成為

$$\nabla^2 \Phi = (\Phi_{uu}^* + \Phi_{vv}^*)(u_x^2 + v_x^2)$$

且因為 Φ^* 是調和的，故結果為 0。 ■

函數表

Laplace 轉換的表請見 6.8 及 6.9 節。

Fourier 轉換的表見 11.10 節。

如果你有電腦代數系統 (CAS)，那麼你可能就不須要這裡所附的表，但即使如此仍可能不時的會用到它們。

表 A1　Bessel 函數

更詳盡的表可參見附錄 1 中的 [GenRef1]。

x	$J_0(x)$	$J_1(x)$	x	$J_0(x)$	$J_1(x)$	x	$J_0(x)$	$J_1(x)$
0.0	1.0000	0.0000	3.0	-0.2601	0.3391	6.0	0.1506	-0.2767
0.1	0.9975	0.0499	3.1	-0.2921	0.3009	6.1	0.1773	-0.2559
0.2	0.9900	0.0995	3.2	-0.3202	0.2613	6.2	0.2017	-0.2329
0.3	0.9776	0.1483	3.3	-0.3443	0.2207	6.3	0.2238	-0.2081
0.4	0.9604	0.1960	3.4	-0.3643	0.1792	6.4	0.2433	-0.1816
0.5	0.9385	0.2423	3.5	-0.3801	0.1374	6.5	0.2601	-0.1538
0.6	0.9120	0.2867	3.6	-0.3918	0.0955	6.6	0.2740	-0.1250
0.7	0.8812	0.3290	3.7	-0.3992	0.0538	6.7	0.2851	-0.0953
0.8	0.8463	0.3688	3.8	-0.4026	0.0128	6.8	0.2931	-0.0652
0.9	0.8075	0.4059	3.9	-0.4018	-0.0272	6.9	0.2981	-0.0349
1.0	0.7652	0.4401	4.0	-0.3971	-0.0660	7.0	0.3001	-0.0047
1.1	0.7196	0.4709	4.1	-0.3887	-0.1033	7.1	0.2991	0.0252
1.2	0.6711	0.4983	4.2	-0.3766	-0.1386	7.2	0.2951	0.0543
1.3	0.6201	0.5220	4.3	-0.3610	-0.1719	7.3	0.2882	0.0826
1.4	0.5669	0.5419	4.4	-0.3423	-0.2028	7.4	0.2786	0.1096
1.5	0.5118	0.5579	4.5	-0.3205	-0.2311	7.5	0.2663	0.1352
1.6	0.4554	0.5699	4.6	-0.2961	-0.2566	7.6	0.2516	0.1592
1.7	0.3980	0.5778	4.7	-0.2693	-0.2791	7.7	0.2346	0.1813
1.8	0.3400	0.5815	4.8	-0.2404	-0.2985	7.8	0.2154	0.2014
1.9	0.2818	0.5812	4.9	-0.2097	-0.3147	7.9	0.1944	0.2192
2.0	0.2239	0.5767	5.0	-0.1776	-0.3276	8.0	0.1717	0.2346
2.1	0.1666	0.5683	5.1	-0.1443	-0.3371	8.1	0.1475	0.2476
2.2	0.1104	0.5560	5.2	-0.1103	-0.3432	8.2	0.1222	0.2580
2.3	0.0555	0.5399	5.3	-0.0758	-0.3460	8.3	0.0960	0.2657
2.4	0.0025	0.5202	5.4	-0.0412	-0.3453	8.4	0.0692	0.2708
2.5	-0.0484	0.4971	5.5	-0.0068	-0.3414	8.5	0.0419	0.2731
2.6	-0.0968	0.4708	5.6	0.0270	-0.3343	8.6	0.0146	0.2728
2.7	-0.1424	0.4416	5.7	0.0599	-0.3241	8.7	-0.0125	0.2697
2.8	-0.1850	0.4097	5.8	0.0917	-0.3110	8.8	-0.0392	0.2641
2.9	-0.2243	0.3754	5.9	0.1220	-0.2951	8.9	-0.0653	0.2559

$J_0(x) = 0$ for $x = 2.40483, 5.52008, 8.65373, 11.7915, 14.9309, 18.0711, 21.2116, 24.3525, 27.4935, 30.6346$

$J_1(x) = 0$ for $x = 3.83171, 7.01559, 10.1735, 13.3237, 16.4706, 19.6159, 22.7601, 25.9037, 29.0468, 32.1897$

表 A1　　**Bessel 函數 (續)**

x	$Y_0(x)$	$Y_1(x)$	x	$Y_0(x)$	$Y_1(x)$	x	$Y_0(x)$	$Y_1(x)$
0.0	$(-\infty)$	$(-\infty)$	2.5	0.498	0.146	5.0	−0.309	0.148
0.5	−0.445	−1.471	3.0	0.377	0.325	5.5	−0.339	−0.024
1.0	0.088	−0.781	3.5	0.189	0.410	6.0	−0.288	−0.175
1.5	0.382	−0.412	4.0	−0.017	0.398	6.5	−0.173	−0.274
2.0	0.510	−0.107	4.5	−0.195	0.301	7.0	−0.026	−0.303

表 A2　　**Gamma 函數** (見附錄 A3.1 之 (24) 式)

α	$\Gamma(\alpha)$	α	$\Gamma(\alpha)$	α	$\Gamma(\alpha)$	α	$\Gamma(\alpha)$	α	$\Gamma(\alpha)$
1.00	1.000 000	1.20	0.918 169	1.40	0.887 264	1.60	0.893 515	1.80	0.931 384
1.02	0.988 844	1.22	0.913 106	1.42	0.886 356	1.62	0.895 924	1.82	0.936 845
1.04	0.978 438	1.24	0.908 521	1.44	0.885 805	1.64	0.898 642	1.84	0.942 612
1.06	0.968 744	1.26	0.904 397	1.46	0.885 604	1.66	0.901 668	1.86	0.948 687
1.08	0.959 725	1.28	0.900 718	1.48	0.885 747	1.68	0.905 001	1.88	0.955 071
1.10	0.951 351	1.30	0.897 471	1.50	0.886 227	1.70	0.908 639	1.90	0.961 766
1.12	0.943 590	1.32	0.894 640	1.52	0.887 039	1.72	0.912 581	1.92	0.968 774
1.14	0.936 416	1.34	0.892 216	1.54	0.888 178	1.74	0.916 826	1.94	0.976 099
1.16	0.929 803	1.36	0.890 185	1.56	0.889 639	1.76	0.921 375	1.96	0.983 743
1.18	0.923 728	1.38	0.888 537	1.58	0.891 420	1.78	0.926 227	1.98	0.991 708
1.20	0.918 169	1.40	0.887 264	1.60	0.893 515	1.80	0.931 384	2.00	1.000 000

表 A3　　**階乘函數和它以 10 為底的對數**

n	$n!$	$\log(n!)$	n	$n!$	$\log(n!)$	n	$n!$	$\log(n!)$
1	1	0.000 000	6	720	2.857 332	11	39 916 800	7.601 156
2	2	0.301 030	7	5 040	3.702 431	12	479 001 600	8.680 337
3	6	0.778 151	8	40 320	4.605 521	13	6 227 020 800	9.794 280
4	24	1.380 211	9	362 880	5.559 763	14	87 178 291 200	10.940 408
5	120	2.079 181	10	3 628 800	6.559 763	15	1 307 674 368 000	12.116 500

表 A4　　**Error 函數、正弦及餘弦積分** [見附錄 A3.1 的 (35)、(40)、(42)]

x	erf x	Si(x)	ci(x)	x	erf x	Si(x)	ci(x)
0.0	0.0000	0.0000	∞	2.0	0.9953	1.6054	−0.4230
0.2	0.2227	0.1996	1.0422	2.2	0.9981	1.6876	−0.3751
0.4	0.4284	0.3965	0.3788	2.4	0.9993	1.7525	−0.3173
0.6	0.6039	0.5881	0.0223	2.6	0.9998	1.8004	−0.2533
0.8	0.7421	0.7721	−0.1983	2.8	0.9999	1.8321	−0.1865
1.0	0.8427	0.9461	−0.3374	3.0	1.0000	1.8487	−0.1196
1.2	0.9103	1.1080	−0.4205	3.2	1.0000	1.8514	−0.0553
1.4	0.9523	1.2562	−0.4620	3.4	1.0000	1.8419	0.0045
1.6	0.9763	1.3892	−0.4717	3.6	1.0000	1.8219	0.0580
1.8	0.9891	1.5058	−0.4568	3.8	1.0000	1.7934	0.1038
2.0	0.9953	1.6054	−0.4230	4.0	1.0000	1.7582	0.1410

表 A5 二項分布 (Binomial Distribution)

機率函數 $f(x)$ [參考 24.7 節 (2) 式] 與分布函數 $F(x)$

n	x	p = 0.1 f(x)	F(x)	p = 0.2 f(x)	F(x)	p = 0.3 f(x)	F(x)	p = 0.4 f(x)	F(x)	p = 0.5 f(x)	F(x)
1	0	**0.**9000	0.9000	**0.**8000	0.8000	**0.**7000	0.7000	**0.**6000	0.6000	**0.**5000	0.5000
	1	1000	1.0000	2000	1.0000	3000	1.0000	4000	1.0000	5000	1.0000
2	0	8100	0.8100	6400	0.6400	4900	0.4900	3600	0.3600	2500	0.2500
	1	1800	0.9900	3200	0.9600	4200	0.9100	4800	0.8400	5000	0.7500
	2	0100	1.0000	0400	1.0000	0900	1.0000	1600	1.0000	2500	1.0000
3	0	7290	0.7290	5120	0.5120	3430	0.3430	2160	0.2160	1250	0.1250
	1	2430	0.9720	3840	0.8960	4410	0.7840	4320	0.6480	3750	0.5000
	2	0270	0.9990	0960	0.9920	1890	0.9730	2880	0.9360	3750	0.8750
	3	0010	1.0000	0080	1.0000	0270	1.0000	0640	1.0000	1250	1.0000
4	0	6561	0.6561	4096	0.4096	2401	0.2401	1296	0.1296	0625	0.0625
	1	2916	0.9477	4096	0.8192	4116	0.6517	3456	0.4752	2500	0.3125
	2	0486	0.9963	1536	0.9728	2646	0.9163	3456	0.8208	3750	0.6875
	3	0036	0.9999	0256	0.9984	0756	0.9919	1536	0.9744	2500	0.9375
	4	0001	1.0000	0016	1.0000	0081	1.0000	0256	1.0000	0625	1.0000
5	0	5905	0.5905	3277	0.3277	1681	0.1681	0778	0.0778	0313	0.0313
	1	3281	0.9185	4096	0.7373	3602	0.5282	2592	0.3370	1563	0.1875
	2	0729	0.9914	2048	0.9421	3087	0.8369	3456	0.6826	3125	0.5000
	3	0081	0.9995	0512	0.9933	1323	0.9692	2304	0.9130	3125	0.8125
	4	0005	1.0000	0064	0.9997	0284	0.9976	0768	0.9898	1563	0.9688
	5	0000	1.0000	0003	1.0000	0024	1.0000	0102	1.0000	0313	1.0000
6	0	5314	0.5314	2621	0.2621	1176	0.1176	0467	0.0467	0156	0.0156
	1	3543	0.8857	3932	0.6554	3025	0.4202	1866	0.2333	0938	0.1094
	2	0984	0.9841	2458	0.9011	3241	0.7443	3110	0.5443	2344	0.3438
	3	0146	0.9987	0819	0.9830	1852	0.9295	2765	0.8208	3125	0.6563
	4	0012	0.9999	0154	0.9984	0595	0.9891	1382	0.9590	2344	0.8906
	5	0001	1.0000	0015	0.9999	0102	0.9993	0369	0.9959	0938	0.9844
	6	0000	1.0000	0001	1.0000	0007	1.0000	0041	1.0000	0156	1.0000
7	0	4783	0.4783	2097	0.2097	0824	0.0824	0280	0.0280	0078	0.0078
	1	3720	0.8503	3670	0.5767	2471	0.3294	1306	0.1586	0547	0.0625
	2	1240	0.9743	2753	0.8520	3177	0.6471	2613	0.4199	1641	0.2266
	3	0230	0.9973	1147	0.9667	2269	0.8740	2903	0.7102	2734	0.5000
	4	0026	0.9998	0287	0.9953	0972	0.9712	1935	0.9037	2734	0.7734
	5	0002	1.0000	0043	0.9996	0250	0.9962	0774	0.9812	1641	0.9375
	6	0000	1.0000	0004	1.0000	0036	0.9998	0172	0.9984	0547	0.9922
	7	0000	1.0000	0000	1.0000	0002	1.0000	0016	1.0000	0078	1.0000
8	0	4305	0.4305	1678	0.1678	0576	0.0576	0168	0.0168	0039	0.0039
	1	3826	0.8131	3355	0.5033	1977	0.2553	0896	0.1064	0313	0.0352
	2	1488	0.9619	2936	0.7969	2965	0.5518	2090	0.3154	1094	0.1445
	3	0331	0.9950	1468	0.9437	2541	0.8059	2787	0.5941	2188	0.3633
	4	0046	0.9996	0459	0.9896	1361	0.9420	2322	0.8263	2734	0.6367
	5	0004	1.0000	0092	0.9988	0467	0.9887	1239	0.9502	2188	0.8555
	6	0000	1.0000	0011	0.9999	0100	0.9987	0413	0.9915	1094	0.9648
	7	0000	1.0000	0001	1.0000	0012	0.9999	0079	0.9993	0313	0.9961
	8	0000	1.0000	0000	1.0000	0001	1.0000	0007	1.0000	0039	1.0000

表 A6　Poisson 分布

機率函數 $f(x)$ [參考 24.7 節 (5) 式] 與分布函數 $F(x)$

x	$\mu = 0.1$		$\mu = 0.2$		$\mu = 0.3$		$\mu = 0.4$		$\mu = 0.5$	
	$f(x)$	$F(x)$	$f(x)$	$F(x)$	$f(x)$	$F(x)$	$f(x)$	$F(x)$	$f(x)$	$F(x)$
	0.		**0.**		**0.**		**0.**		**0.**	
0	9048	0.9048	8187	0.8187	7408	0.7408	6703	0.6703	6065	0.6065
1	0905	0.9953	1637	0.9825	2222	0.9631	2681	0.9384	3033	0.9098
2	0045	0.9998	0164	0.9989	0333	0.9964	0536	0.9921	0758	0.9856
3	0002	1.0000	0011	0.9999	0033	0.9997	0072	0.9992	0126	0.9982
4	0000	1.0000	0001	1.0000	0003	1.0000	0007	0.9999	0016	0.9998
5							0001	1.0000	0002	1.0000

x	$\mu = 0.6$		$\mu = 0.7$		$\mu = 0.8$		$\mu = 0.9$		$\mu = 1$	
	$f(x)$	$F(x)$	$f(x)$	$F(x)$	$f(x)$	$F(x)$	$f(x)$	$F(x)$	$f(x)$	$F(x)$
	0.		**0.**		**0.**		**0.**		**0.**	
0	5488	0.5488	4966	0.4966	4493	0.4493	4066	0.4066	3679	0.3679
1	3293	0.8781	3476	0.8442	3595	0.8088	3659	0.7725	3679	0.7358
2	0988	0.9769	1217	0.9659	1438	0.9526	1647	0.9371	1839	0.9197
3	0198	0.9966	0284	0.9942	0383	0.9909	0494	0.9865	0613	0.9810
4	0030	0.9996	0050	0.9992	0077	0.9986	0111	0.9977	0153	0.9963
5	0004	1.0000	0007	0.9999	0012	0.9998	0020	0.9997	0031	0.9994
6			0001	1.0000	0002	1.0000	0003	1.0000	0005	0.9999
7									0001	1.0000

x	$\mu = 1.5$		$\mu = 2$		$\mu = 3$		$\mu = 4$		$\mu = 5$	
	$f(x)$	$F(x)$	$f(x)$	$F(x)$	$f(x)$	$F(x)$	$f(x)$	$F(x)$	$f(x)$	$F(x)$
	0.		**0.**		**0.**		**0.**		**0.**	
0	2231	0.2231	1353	0.1353	0498	0.0498	0183	0.0183	0067	0.0067
1	3347	0.5578	2707	0.4060	1494	0.1991	0733	0.0916	0337	0.0404
2	2510	0.8088	2707	0.6767	2240	0.4232	1465	0.2381	0842	0.1247
3	1255	0.9344	1804	0.8571	2240	0.6472	1954	0.4335	1404	0.2650
4	0471	0.9814	0902	0.9473	1680	0.8153	1954	0.6288	1755	0.4405
5	0141	0.9955	0361	0.9834	1008	0.9161	1563	0.7851	1755	0.6160
6	0035	0.9991	0120	0.9955	0504	0.9665	1042	0.8893	1462	0.7622
7	0008	0.9998	0034	0.9989	0216	0.9881	0595	0.9489	1044	0.8666
8	0001	1.0000	0009	0.9998	0081	0.9962	0298	0.9786	0653	0.9319
9			0002	1.0000	0027	0.9989	0132	0.9919	0363	0.9682
10					0008	0.9997	0053	0.9972	0181	0.9863
11					0002	0.9999	0019	0.9991	0082	0.9945
12					0001	1.0000	0006	0.9997	0034	0.9980
13							0002	0.9999	0013	0.9993
14							0001	1.0000	0005	0.9998
15									0002	0.9999
16									0000	1.0000

表 A7 常態分布 (normal distribtuion)

分布函數 $\Phi(z)$ 的值 [參考 24.8 節 (3) 式]，$\Phi(-z) = 1 - \Phi(z)$

z	$\Phi(z)$	z	$\Phi(z)$	z	$\Phi(z)$	z	$\Phi(z)$	z	$\Phi(z)$	z	$\Phi(z)$
	0.		**0.**		**0.**		**0.**		**0.**		**0.**
0.01	5040	0.51	6950	1.01	8438	1.51	9345	2.01	9778	2.51	9940
0.02	5080	0.52	6985	1.02	8461	1.52	9357	2.02	9783	2.52	9941
0.03	5120	0.53	7019	1.03	8485	1.53	9370	2.03	9788	2.53	9943
0.04	5160	0.54	7054	1.04	8508	1.54	9382	2.04	9793	2.54	9945
0.05	5199	0.55	7088	1.05	8531	1.55	9394	2.05	9798	2.55	9946
0.06	5239	0.56	7123	1.06	8554	1.56	9406	2.06	9803	2.56	9948
0.07	5279	0.57	7157	1.07	8577	1.57	9418	2.07	9808	2.57	9949
0.08	5319	0.58	7190	1.08	8599	1.58	9429	2.08	9812	2.58	9951
0.09	5359	0.59	7224	1.09	8621	1.59	9441	2.09	9817	2.59	9952
0.10	5398	0.60	7257	1.10	8643	1.60	9452	2.10	9821	2.60	9953
0.11	5438	0.61	7291	1.11	8665	1.61	9463	2.11	9826	2.61	9955
0.12	5478	0.62	7324	1.12	8686	1.62	9474	2.12	9830	2.62	9956
0.13	5517	0.63	7357	1.13	8708	1.63	9484	2.13	9834	2.63	9957
0.14	5557	0.64	7389	1.14	8729	1.64	9495	2.14	9838	2.64	9959
0.15	5596	0.65	7422	1.15	8749	1.65	9505	2.15	9842	2.65	9960
0.16	5636	0.66	7454	1.16	8770	1.66	9515	2.16	9846	2.66	9961
0.17	5675	0.67	7486	1.17	8790	1.67	9525	2.17	9850	2.67	9962
0.18	5714	0.68	7517	1.18	8810	1.68	9535	2.18	9854	2.68	9963
0.19	5753	0.69	7549	1.19	8830	1.69	9545	2.19	9857	2.69	9964
0.20	5793	0.70	7580	1.20	8849	1.70	9554	2.20	9861	2.70	9965
0.21	5832	0.71	7611	1.21	8869	1.71	9564	2.21	9864	2.71	9966
0.22	5871	0.72	7642	1.22	8888	1.72	9573	2.22	9868	2.72	9967
0.23	5910	0.73	7673	1.23	8907	1.73	9582	2.23	9871	2.73	9968
0.24	5948	0.74	7704	1.24	8925	1.74	9591	2.24	9875	2.74	9969
0.25	5987	0.75	7734	1.25	8944	1.75	9599	2.25	9878	2.75	9970
0.26	6026	0.76	7764	1.26	8962	1.76	9608	2.26	9881	2.76	9971
0.27	6064	0.77	7794	1.27	8980	1.77	9616	2.27	9884	2.77	9972
0.28	6103	0.78	7823	1.28	8997	1.78	9625	2.28	9887	2.78	9973
0.29	6141	0.79	7852	1.29	9015	1.79	9633	2.29	9890	2.79	9974
0.30	6179	0.80	7881	1.30	9032	1.80	9641	2.30	9893	2.80	9974
0.31	6217	0.81	7910	1.31	9049	1.81	9649	2.31	9896	2.81	9975
0.32	6255	0.82	7939	1.32	9066	1.82	9656	2.32	9898	2.82	9976
0.33	6293	0.83	7967	1.33	9082	1.83	9664	2.33	9901	2.83	9977
0.34	6331	0.84	7995	1.34	9099	1.84	9671	2.34	9904	2.84	9977
0.35	6368	0.85	8023	1.35	9115	1.85	9678	2.35	9906	2.85	9978
0.36	6406	0.86	8051	1.36	9131	1.86	9686	2.36	9909	2.86	9979
0.37	6443	0.87	8078	1.37	9147	1.87	9693	2.37	9911	2.87	9979
0.38	6480	0.88	8106	1.38	9162	1.88	9699	2.38	9913	2.88	9980
0.39	6517	0.89	8133	1.39	9177	1.89	9706	2.39	9916	2.89	9981
0.40	6554	0.90	8159	1.40	9192	1.90	9713	2.40	9918	2.90	9981
0.41	6591	0.91	8186	1.41	9207	1.91	9719	2.41	9920	2.91	9982
0.42	6628	0.92	8212	1.42	9222	1.92	9726	2.42	9922	2.92	9982
0.43	6664	0.93	8238	1.43	9236	1.93	9732	2.43	9925	2.93	9983
0.44	6700	0.94	8264	1.44	9251	1.94	9738	2.44	9927	2.94	9984
0.45	6736	0.95	8289	1.45	9265	1.95	9744	2.45	9929	2.95	9984
0.46	6772	0.96	8315	1.46	9279	1.96	9750	2.46	9931	2.96	9985
0.47	6808	0.97	8340	1.47	9292	1.97	9756	2.47	9932	2.97	9985
0.48	6844	0.98	8365	1.48	9306	1.98	9761	2.48	9934	2.98	9986
0.49	6879	0.99	8389	1.49	9319	1.99	9767	2.49	9936	2.99	9986
0.50	6915	1.00	8413	1.50	9332	2.00	9772	2.50	9938	3.00	9987

表 A8　常態分布 (normal distribution)

對已知 $\Phi(z)$ [參考 24.8 節 (3) 式] 值的 z 值，$D(z) = \Phi(z) - \Phi(-z)$。

例：若 $\Phi(z) = 61\%$，$z = 0.860$；若 $D(z) = 61\%$，$z = 0.860$。

%	$z(\Phi)$	$z(D)$	%	$z(\Phi)$	$z(D)$	%	$z(\Phi)$	$z(D)$
1	−2.326	0.013	41	−0.228	0.539	81	0.878	1.311
2	−2.054	0.025	42	−0.202	0.553	82	0.915	1.341
3	−1.881	0.038	43	−0.176	0.568	83	0.954	1.372
4	−1.751	0.050	44	−0.151	0.583	84	0.994	1.405
5	−1.645	0.063	45	−0.126	0.598	85	1.036	1.440
6	−1.555	0.075	46	−0.100	0.613	86	1.080	1.476
7	−1.476	0.088	47	−0.075	0.628	87	1.126	1.514
8	−1.405	0.100	48	−0.050	0.643	88	1.175	1.555
9	−1.341	0.113	49	−0.025	0.659	89	1.227	1.598
10	−1.282	0.126	50	0.000	0.674	90	1.282	1.645
11	−1.227	0.138	51	0.025	0.690	91	1.341	1.695
12	−1.175	0.151	52	0.050	0.706	92	1.405	1.751
13	−1.126	0.164	53	0.075	0.722	93	1.476	1.812
14	−1.080	0.176	54	0.100	0.739	94	1.555	1.881
15	−1.036	0.189	55	0.126	0.755	95	1.645	1.960
16	−0.994	0.202	56	0.151	0.772	96	1.751	2.054
17	−0.954	0.215	57	0.176	0.789	97	1.881	2.170
18	−0.915	0.228	58	0.202	0.806	97.5	1.960	2.241
19	−0.878	0.240	59	0.228	0.824	98	2.054	2.326
20	−0.842	0.253	60	0.253	0.842	99	2.326	2.576
21	−0.806	0.266	61	0.279	0.860	99.1	2.366	2.612
22	−0.772	0.279	62	0.305	0.878	99.2	2.409	2.652
23	−0.739	0.292	63	0.332	0.896	99.3	2.457	2.697
24	−0.706	0.305	64	0.358	0.915	99.4	2.512	2.748
25	−0.674	0.319	65	0.385	0.935	99.5	2.576	2.807
26	−0.643	0.332	66	0.412	0.954	99.6	2.652	2.878
27	−0.613	0.345	67	0.440	0.974	99.7	2.748	2.968
28	−0.583	0.358	68	0.468	0.994	99.8	2.878	3.090
29	−0.553	0.372	69	0.496	1.015	99.9	3.090	3.291
30	−0.524	0.385	70	0.524	1.036			
31	−0.496	0.399	71	0.553	1.058	99.91	3.121	3.320
32	−0.468	0.412	72	0.583	1.080	99.92	3.156	3.353
33	−0.440	0.426	73	0.613	1.103	99.93	3.195	3.390
34	−0.412	0.440	74	0.643	1.126	99.94	3.239	3.432
35	−0.385	0.454	75	0.674	1.150	99.95	3.291	3.481
36	−0.358	0.468	76	0.706	1.175	99.96	3.353	3.540
37	−0.332	0.482	77	0.739	1.200	99.97	3.432	3.615
38	−0.305	0.496	78	0.772	1.227	99.98	3.540	3.719
39	−0.279	0.510	79	0.806	1.254	99.99	3.719	3.891
40	−0.253	0.524	80	0.842	1.282			

表 A9 t 分布

對已知分布函數 $F(z)$ [參考 25.3 節 (8) 式] 的 z 值

例如：對自由度 9，當 $F(z) = 0.95$ 時，$z = 1.83$。

$F(z)$	自由度 (Number of Degrees of Freedom)									
	1	2	3	4	5	6	7	8	9	10
0.5	0.00	0.00	0.00	0.00	0.00	0.00	0.00	0.00	0.00	0.00
0.6	0.32	0.29	0.28	0.27	0.27	0.26	0.26	0.26	0.26	0.26
0.7	0.73	0.62	0.58	0.57	0.56	0.55	0.55	0.55	0.54	0.54
0.8	1.38	1.06	0.98	0.94	0.92	0.91	0.90	0.89	0.88	0.88
0.9	3.08	1.89	1.64	1.53	1.48	1.44	1.41	1.40	1.38	1.37
0.95	6.31	2.92	2.35	2.13	2.02	1.94	1.89	1.86	1.83	1.81
0.975	12.7	4.30	3.18	2.78	2.57	2.45	2.36	2.31	2.26	2.23
0.99	31.8	6.96	4.54	3.75	3.36	3.14	3.00	2.90	2.82	2.76
0.995	63.7	9.92	5.84	4.60	4.03	3.71	3.50	3.36	3.25	3.17
0.999	318.3	22.3	10.2	7.17	5.89	5.21	4.79	4.50	4.30	4.14

$F(z)$	自由度 (Number of Degrees of Freedom)									
	11	12	13	14	15	16	17	18	19	20
0.5	0.00	0.00	0.00	0.00	0.00	0.00	0.00	0.00	0.00	0.00
0.6	0.26	0.26	0.26	0.26	0.26	0.26	0.26	0.26	0.26	0.26
0.7	0.54	0.54	0.54	0.54	0.54	0.54	0.53	0.53	0.53	0.53
0.8	0.88	0.87	0.87	0.87	0.87	0.86	0.86	0.86	0.86	0.86
0.9	1.36	1.36	1.35	1.35	1.34	1.34	1.33	1.33	1.33	1.33
0.95	1.80	1.78	1.77	1.76	1.75	1.75	1.74	1.73	1.73	1.72
0.975	2.20	2.18	2.16	2.14	2.13	2.12	2.11	2.10	2.09	2.09
0.99	2.72	2.68	2.65	2.62	2.60	2.58	2.57	2.55	2.54	2.53
0.995	3.11	3.05	3.01	2.98	2.95	2.92	2.90	2.88	2.86	2.85
0.999	4.02	3.93	3.85	3.79	3.73	3.69	3.65	3.61	3.58	3.55

$F(z)$	自由度 (Number of Degrees of Freedom)									
	22	24	26	28	30	40	50	100	200	∞
0.5	0.00	0.00	0.00	0.00	0.00	0.00	0.00	0.00	0.00	0.00
0.6	0.26	0.26	0.26	0.26	0.26	0.26	0.25	0.25	0.25	0.25
0.7	0.53	0.53	0.53	0.53	0.53	0.53	0.53	0.53	0.53	0.52
0.8	0.86	0.86	0.86	0.85	0.85	0.85	0.85	0.85	0.84	0.84
0.9	1.32	1.32	1.31	1.31	1.31	1.30	1.30	1.29	1.29	1.28
0.95	1.72	1.71	1.71	1.70	1.70	1.68	1.68	1.66	1.65	1.65
0.975	2.07	2.06	2.06	2.05	2.04	2.02	2.01	1.98	1.97	1.96
0.99	2.51	2.49	2.48	2.47	2.46	2.42	2.40	2.36	2.35	2.33
0.995	2.82	2.80	2.78	2.76	2.75	2.70	2.68	2.63	2.60	2.58
0.999	3.50	3.47	3.43	3.41	3.39	3.31	3.26	3.17	3.13	3.09

表 A10　Chi 平方分布

對已知分布函數 $F(z)$ [參考 25.3 節 (17) 式] 的 x 值

例：對自由度 3，當 $F(z) = 0.99$ 時，$z = 11.34$。

$F(z)$	自由度 (Number of Degrees of Freedom)									
	1	2	3	4	5	6	7	8	9	10
0.005	0.00	0.01	0.07	0.21	0.41	0.68	0.99	1.34	1.73	2.16
0.01	0.00	0.02	0.11	0.30	0.55	0.87	1.24	1.65	2.09	2.56
0.025	0.00	0.05	0.22	0.48	0.83	1.24	1.69	2.18	2.70	3.25
0.05	0.00	0.10	0.35	0.71	1.15	1.64	2.17	2.73	3.33	3.94
0.95	3.84	5.99	7.81	9.49	11.07	12.59	14.07	15.51	16.92	18.31
0.975	5.02	7.38	9.35	11.14	12.83	14.45	16.01	17.53	19.02	20.48
0.99	6.63	9.21	11.34	13.28	15.09	16.81	18.48	20.09	21.67	23.21
0.995	7.88	10.60	12.84	14.86	16.75	18.55	20.28	21.95	23.59	25.19

$F(z)$	自由度 (Number of Degrees of Freedom)									
	11	12	13	14	15	16	17	18	19	20
0.005	2.60	3.07	3.57	4.07	4.60	5.14	5.70	6.26	6.84	7.43
0.01	3.05	3.57	4.11	4.66	5.23	5.81	6.41	7.01	7.63	8.26
0.025	3.82	4.40	5.01	5.63	6.26	6.91	7.56	8.23	8.91	9.59
0.05	4.57	5.23	5.89	6.57	7.26	7.96	8.67	9.39	10.12	10.85
0.95	19.68	21.03	22.36	23.68	25.00	26.30	27.59	28.87	30.14	31.41
0.975	21.92	23.34	24.74	26.12	27.49	28.85	30.19	31.53	32.85	34.17
0.99	24.72	26.22	27.69	29.14	30.58	32.00	33.41	34.81	36.19	37.57
0.995	26.76	28.30	29.82	31.32	32.80	34.27	35.72	37.16	38.58	40.00

$F(z)$	自由度 (Number of Degrees of Freedom)									
	21	22	23	24	25	26	27	28	29	30
0.005	8.0	8.6	9.3	9.9	10.5	11.2	11.8	12.5	13.1	13.8
0.01	8.9	9.5	10.2	10.9	11.5	12.2	12.9	13.6	14.3	15.0
0.025	10.3	11.0	11.7	12.4	13.1	13.8	14.6	15.3	16.0	16.8
0.05	11.6	12.3	13.1	13.8	14.6	15.4	16.2	16.9	17.7	18.5
0.95	32.7	33.9	35.2	36.4	37.7	38.9	40.1	41.3	42.6	43.8
0.975	35.5	36.8	38.1	39.4	40.6	41.9	43.2	44.5	45.7	47.0
0.99	38.9	40.3	41.6	43.0	44.3	45.6	47.0	48.3	49.6	50.9
0.995	41.4	42.8	44.2	45.6	46.9	48.3	49.6	51.0	52.3	53.7

$F(z)$	自由度 (Number of Degrees of Freedom)							
	40	50	60	70	80	90	100	> 100 (近似值)
0.005	20.7	28.0	35.5	43.3	51.2	59.2	67.3	$\frac{1}{2}(h - 2.58)^2$
0.01	22.2	29.7	37.5	45.4	53.5	61.8	70.1	$\frac{1}{2}(h - 2.33)^2$
0.025	24.4	32.4	40.5	48.8	57.2	65.6	74.2	$\frac{1}{2}(h - 1.96)^2$
0.05	26.5	34.8	43.2	51.7	60.4	69.1	77.9	$\frac{1}{2}(h - 1.64)^2$
0.95	55.8	67.5	79.1	90.5	101.9	113.1	124.3	$\frac{1}{2}(h + 1.64)^2$
0.975	59.3	71.4	83.3	95.0	106.6	118.1	129.6	$\frac{1}{2}(h + 1.96)^2$
0.99	63.7	76.2	88.4	100.4	112.3	124.1	135.8	$\frac{1}{2}(h + 2.33)^2$
0.995	66.8	79.5	92.0	104.2	116.3	128.3	140.2	$\frac{1}{2}(h + 2.58)^2$

在最後一行中，$h = \sqrt{2m-1}$，其中 m 為自由度。

表 A11　自由度 (m, n) 的 F 分布 $(F\text{-Distribution})$

分布函數 $F(z)$ [參考 25.4 節 (13) 式] 的值等於 0.95 時之 z 值。

例：對自由度 $(7, 4)$，若 $F(z) = 0.95$ 時，$z = 6.09$。　　　$F(z) = 0.95$

n	$m = 1$	$m = 2$	$m = 3$	$m = 4$	$m = 5$	$m = 6$	$m = 7$	$m = 8$	$m = 9$
1	161	200	216	225	230	234	237	239	241
2	18.5	19.0	19.2	19.2	19.3	19.3	19.4	19.4	19.4
3	10.1	9.55	9.28	9.12	9.01	8.94	8.89	8.85	8.81
4	7.71	6.94	6.59	6.39	6.26	6.16	6.09	6.04	6.00
5	6.61	5.79	5.41	5.19	5.05	4.95	4.88	4.82	4.77
6	5.99	5.14	4.76	4.53	4.39	4.28	4.21	4.15	4.10
7	5.59	4.74	4.35	4.12	3.97	3.87	3.79	3.73	3.68
8	5.32	4.46	4.07	3.84	3.69	3.58	3.50	3.44	3.39
9	5.12	4.26	3.86	3.63	3.48	3.37	3.29	3.23	3.18
10	4.96	4.10	3.71	3.48	3.33	3.22	3.14	3.07	3.02
11	4.84	3.98	3.59	3.36	3.20	3.09	3.01	2.95	2.90
12	4.75	3.89	3.49	3.26	3.11	3.00	2.91	2.85	2.80
13	4.67	3.81	3.41	3.18	3.03	2.92	2.83	2.77	2.71
14	4.60	3.74	3.34	3.11	2.96	2.85	2.76	2.70	2.65
15	4.54	3.68	3.29	3.06	2.90	2.79	2.71	2.64	2.59
16	4.49	3.63	3.24	3.01	2.85	2.74	2.66	2.59	2.54
17	4.45	3.59	3.20	2.96	2.81	2.70	2.61	2.55	2.49
18	4.41	3.55	3.16	2.93	2.77	2.66	2.58	2.51	2.46
19	4.38	3.52	3.13	2.90	2.74	2.63	2.54	2.48	2.42
20	4.35	3.49	3.10	2.87	2.71	2.60	2.51	2.45	2.39
22	4.30	3.44	3.05	2.82	2.66	2.55	2.46	2.40	2.34
24	4.26	3.40	3.01	2.78	2.62	2.51	2.42	2.36	2.30
26	4.23	3.37	2.98	2.74	2.59	2.47	2.39	2.32	2.27
28	4.20	3.34	2.95	2.71	2.56	2.45	2.36	2.29	2.24
30	4.17	3.32	2.92	2.69	2.53	2.42	2.33	2.27	2.21
32	4.15	3.29	2.90	2.67	2.51	2.40	2.31	2.24	2.19
34	4.13	3.28	2.88	2.65	2.49	2.38	2.29	2.23	2.17
36	4.11	3.26	2.87	2.63	2.48	2.36	2.28	2.21	2.15
38	4.10	3.24	2.85	2.62	2.46	2.35	2.26	2.19	2.14
40	4.08	3.23	2.84	2.61	2.45	2.34	2.25	2.18	2.12
50	4.03	3.18	2.79	2.56	2.40	2.29	2.20	2.13	2.07
60	4.00	3.15	2.76	2.53	2.37	2.25	2.17	2.10	2.04
70	3.98	3.13	2.74	2.50	2.35	2.23	2.14	2.07	2.02
80	3.96	3.11	2.72	2.49	2.33	2.21	2.13	2.06	2.00
90	3.95	3.10	2.71	2.47	2.32	2.20	2.11	2.04	1.99
100	3.94	3.09	2.70	2.46	2.31	2.19	2.10	2.03	1.97
150	3.90	3.06	2.66	2.43	2.27	2.16	2.07	2.00	1.94
200	3.89	3.04	2.65	2.42	2.26	2.14	2.06	1.98	1.93
1000	3.85	3.00	2.61	2.38	2.22	2.11	2.02	1.95	1.89
∞	3.84	3.00	2.60	2.37	2.21	2.10	2.01	1.94	1.88

<h3 align="center">表 A11　自由度 (m, n) 的 F 分布 $(F\text{-Distribution})$ (續)</h3>

分布函數 $F(z)$ [參考 25.4 節 (13) 式] 的值等於 0.95 時之 z 值。　　　**$F(z) = 0.95$**

n	$m = 10$	$m = 15$	$m = 20$	$m = 30$	$m = 40$	$m = 50$	$m = 100$	∞
1	242	246	248	250	251	252	253	254
2	19.4	19.4	19.4	19.5	19.5	19.5	19.5	19.5
3	8.79	8.70	8.66	8.62	8.59	8.58	8.55	8.53
4	5.96	5.86	5.80	5.75	5.72	5.70	5.66	5.63
5	4.74	4.62	4.56	4.50	4.46	4.44	4.41	4.37
6	4.06	3.94	3.87	3.81	3.77	3.75	3.71	3.67
7	3.64	3.51	3.44	3.38	3.34	3.32	3.27	3.23
8	3.35	3.22	3.15	3.08	3.04	3.02	2.97	2.93
9	3.14	3.01	2.94	2.86	2.83	2.80	2.76	2.71
10	2.98	2.85	2.77	2.70	2.66	2.64	2.59	2.54
11	2.85	2.72	2.65	2.57	2.53	2.51	2.46	2.40
12	2.75	2.62	2.54	2.47	2.43	2.40	2.35	2.30
13	2.67	2.53	2.46	2.38	2.34	2.31	2.26	2.21
14	2.60	2.46	2.39	2.31	2.27	2.24	2.19	2.13
15	2.54	2.40	2.33	2.25	2.20	2.18	2.12	2.07
16	2.49	2.35	2.28	2.19	2.15	2.12	2.07	2.01
17	2.45	2.31	2.23	2.15	2.10	2.08	2.02	1.96
18	2.41	2.27	2.19	2.11	2.06	2.04	1.98	1.92
19	2.38	2.23	2.16	2.07	2.03	2.00	1.94	1.88
20	2.35	2.20	2.12	2.04	1.99	1.97	1.91	1.84
22	2.30	2.15	2.07	1.98	1.94	1.91	1.85	1.78
24	2.25	2.11	2.03	1.94	1.89	1.86	1.80	1.73
26	2.22	2.07	1.99	1.90	1.85	1.82	1.76	1.69
28	2.19	2.04	1.96	1.87	1.82	1.79	1.73	1.65
30	2.16	2.01	1.93	1.84	1.79	1.76	1.70	1.62
32	2.14	1.99	1.91	1.82	1.77	1.74	1.67	1.59
34	2.12	1.97	1.89	1.80	1.75	1.71	1.65	1.57
36	2.11	1.95	1.87	1.78	1.73	1.69	1.62	1.55
38	2.09	1.94	1.85	1.76	1.71	1.68	1.61	1.53
40	2.08	1.92	1.84	1.74	1.69	1.66	1.59	1.51
50	2.03	1.87	1.78	1.69	1.63	1.60	1.52	1.44
60	1.99	1.84	1.75	1.65	1.59	1.56	1.48	1.39
70	1.97	1.81	1.72	1.62	1.57	1.53	1.45	1.35
80	1.95	1.79	1.70	1.60	1.54	1.51	1.43	1.32
90	1.94	1.78	1.69	1.59	1.53	1.49	1.41	1.30
100	1.93	1.77	1.68	1.57	1.52	1.48	1.39	1.28
150	1.89	1.73	1.64	1.54	1.48	1.44	1.34	1.22
200	1.88	1.72	1.62	1.52	1.46	1.41	1.32	1.19
1000	1.84	1.68	1.58	1.47	1.41	1.36	1.26	1.08
∞	1.83	1.67	1.57	1.46	1.39	1.35	1.24	1.00

表 A11　自由度 (m, n) 的 F 分布 $(F\text{-Distribution})$ (續)

分布函數 $F(z)$ [參考 25.4 節 (13) 式] 的值等於 0.99 時之 z 值。　　　$F(z) = 0.99$

n	$m = 1$	$m = 2$	$m = 3$	$m = 4$	$m = 5$	$m = 6$	$m = 7$	$m = 8$	$m = 9$
1	4052	4999	5403	5625	5764	5859	5928	5981	6022
2	98.5	99.0	99.2	99.2	99.3	99.3	99.4	99.4	99.4
3	34.1	30.8	29.5	28.7	28.2	27.9	27.7	27.5	27.3
4	21.2	18.0	16.7	16.0	15.5	15.2	15.0	14.8	14.7
5	16.3	13.3	12.1	11.4	11.0	10.7	10.5	10.3	10.2
6	13.7	10.9	9.78	9.15	8.75	8.47	8.26	8.10	7.98
7	12.2	9.55	8.45	7.85	7.46	7.19	6.99	6.84	6.72
8	11.3	8.65	7.59	7.01	6.63	6.37	6.18	6.03	5.91
9	10.6	8.02	6.99	6.42	6.06	5.80	5.61	5.47	5.35
10	10.0	7.56	6.55	5.99	5.64	5.39	5.20	5.06	4.94
11	9.65	7.21	6.22	5.67	5.32	5.07	4.89	4.74	4.63
12	9.33	6.93	5.95	5.41	5.06	4.82	4.64	4.50	4.39
13	9.07	6.70	5.74	5.21	4.86	4.62	4.44	4.30	4.19
14	8.86	6.51	5.56	5.04	4.69	4.46	4.28	4.14	4.03
15	8.68	6.36	5.42	4.89	4.56	4.32	4.14	4.00	3.89
16	8.53	6.23	5.29	4.77	4.44	4.20	4.03	3.89	3.78
17	8.40	6.11	5.18	4.67	4.34	4.10	3.93	3.79	3.68
18	8.29	6.01	5.09	4.58	4.25	4.01	3.84	3.71	3.60
19	8.18	5.93	5.01	4.50	4.17	3.94	3.77	3.63	3.52
20	8.10	5.85	4.94	4.43	4.10	3.87	3.70	3.56	3.46
22	7.95	5.72	4.82	4.31	3.99	3.76	3.59	3.45	3.35
24	7.82	5.61	4.72	4.22	3.90	3.67	3.50	3.36	3.26
26	7.72	5.53	4.64	4.14	3.82	3.59	3.42	3.29	3.18
28	7.64	5.45	4.57	4.07	3.75	3.53	3.36	3.23	3.12
30	7.56	5.39	4.51	4.02	3.70	3.47	3.30	3.17	3.07
32	7.50	5.34	4.46	3.97	3.65	3.43	3.26	3.13	3.02
34	7.44	5.29	4.42	3.93	3.61	3.39	3.22	3.09	2.98
36	7.40	5.25	4.38	3.89	3.57	3.35	3.18	3.05	2.95
38	7.35	5.21	4.34	3.86	3.54	3.32	3.15	3.02	2.92
40	7.31	5.18	4.31	3.83	3.51	3.29	3.12	2.99	2.89
50	7.17	5.06	4.20	3.72	3.41	3.19	3.02	2.89	2.78
60	7.08	4.98	4.13	3.65	3.34	3.12	2.95	2.82	2.72
70	7.01	4.92	4.07	3.60	3.29	3.07	2.91	2.78	2.67
80	6.96	4.88	4.04	3.56	3.26	3.04	2.87	2.74	2.64
90	6.93	4.85	4.01	3.54	3.23	3.01	2.84	2.72	2.61
100	6.90	4.82	3.98	3.51	3.21	2.99	2.82	2.69	2.59
150	6.81	4.75	3.91	3.45	3.14	2.92	2.76	2.63	2.53
200	6.76	4.71	3.88	3.41	3.11	2.89	2.73	2.60	2.50
1000	6.66	4.63	3.80	3.34	3.04	2.82	2.66	2.53	2.43
∞	6.63	4.61	3.78	3.32	3.02	2.80	2.64	2.51	2.41

表 A11　自由度 (m, n) 的 F 分布 (F-Distribution) (續)

分布函數 $F(z)$ [參考 25.4 節 (13) 式] 的值等於 0.99 時之 z 值。　　　　$F(z) = 0.99$

n	$m = 10$	$m = 15$	$m = 20$	$m = 30$	$m = 40$	$m = 50$	$m = 100$	∞
1	6056	6157	6209	6261	6287	6303	6334	6366
2	99.4	99.4	99.4	99.5	99.5	99.5	99.5	99.5
3	27.2	26.9	26.7	26.5	26.4	26.4	26.2	26.1
4	14.5	14.2	14.0	13.8	13.7	13.7	13.6	13.5
5	10.1	9.72	9.55	9.38	9.29	9.24	9.13	9.02
6	7.87	7.56	7.40	7.23	7.14	7.09	6.99	6.88
7	6.62	6.31	6.16	5.99	5.91	5.86	5.75	5.65
8	5.81	5.52	5.36	5.20	5.12	5.07	4.96	4.86
9	5.26	4.96	4.81	4.65	4.57	4.52	4.42	4.31
10	4.85	4.56	4.41	4.25	4.17	4.12	4.01	3.91
11	4.54	4.25	4.10	3.94	3.86	3.81	3.71	3.60
12	4.30	4.01	3.86	3.70	3.62	3.57	3.47	3.36
13	4.10	3.82	3.66	3.51	3.43	3.38	3.27	3.17
14	3.94	3.66	3.51	3.35	3.27	3.22	3.11	3.00
15	3.80	3.52	3.37	3.21	3.13	3.08	2.98	2.87
16	3.69	3.41	3.26	3.10	3.02	2.97	2.86	2.75
17	3.59	3.31	3.16	3.00	2.92	2.87	2.76	2.65
18	3.51	3.23	3.08	2.92	2.84	2.78	2.68	2.57
19	3.43	3.15	3.00	2.84	2.76	2.71	2.60	2.49
20	3.37	3.09	2.94	2.78	2.69	2.64	2.54	2.42
22	3.26	2.98	2.83	2.67	2.58	2.53	2.42	2.31
24	3.17	2.89	2.74	2.58	2.49	2.44	2.33	2.21
26	3.09	2.81	2.66	2.50	2.42	2.36	2.25	2.13
28	3.03	2.75	2.60	2.44	2.35	2.30	2.19	2.06
30	2.98	2.70	2.55	2.39	2.30	2.25	2.13	2.01
32	2.93	2.65	2.50	2.34	2.25	2.20	2.08	1.96
34	2.89	2.61	2.46	2.30	2.21	2.16	2.04	1.91
36	2.86	2.58	2.43	2.26	2.18	2.12	2.00	1.87
38	2.83	2.55	2.40	2.23	2.14	2.09	1.97	1.84
40	2.80	2.52	2.37	2.20	2.11	2.06	1.94	1.80
50	2.70	2.42	2.27	2.10	2.01	1.95	1.82	1.68
60	2.63	2.35	2.20	2.03	1.94	1.88	1.75	1.60
70	2.59	2.31	2.15	1.98	1.89	1.83	1.70	1.54
80	2.55	2.27	2.12	1.94	1.85	1.79	1.65	1.49
90	2.52	2.24	2.09	1.92	1.82	1.76	1.62	1.46
100	2.50	2.22	2.07	1.89	1.80	1.74	1.60	1.43
150	2.44	2.16	2.00	1.83	1.73	1.66	1.52	1.33
200	2.41	2.13	1.97	1.79	1.69	1.63	1.48	1.28
1000	2.34	2.06	1.90	1.72	1.61	1.54	1.38	1.11
∞	2.32	2.04	1.88	1.70	1.59	1.52	1.36	1.00

表 A12　25.8 節中隨機變數 T 之分布函數 $F(x) = P(T \leq x)$

$n=3$

x	0.
0	167
1	500

$n=4$

x	0.
0	042
1	167
2	375

$n=5$

x	0.
0	008
1	042
2	117
3	242
4	408

$n=6$

x	0.
0	001
1	008
2	028
3	068
4	136
5	235
6	360
7	500

$n=7$

x	0.
1	001
2	005
3	015
4	035
5	068
6	119
7	191
8	281
9	386
10	500

$n=8$

x	0.
2	001
3	003
4	007
5	016
6	031
7	054
8	089
9	138
10	199
11	274
12	360
13	452

$n=9$

x	0.
4	001
5	003
6	006
7	012
8	022
9	038
10	060
11	090
12	130
13	179
14	238
15	306
16	381
17	460

$n=10$

x	0.
6	001
7	002
8	005
9	008
10	014
11	023
12	036
13	054
14	078
15	108
16	146
17	190
18	242
19	300
20	364
21	431
22	500

$n=11$

x	0.
8	001
9	002
10	003
11	005
12	008
13	013
14	020
15	030
16	043
17	060
18	082
19	109
20	141
21	179
22	223
23	271
24	324
25	381
26	440
27	500

$n=12$

x	0.
11	001
12	002
13	003
14	004
15	007
16	010
17	016
18	022
19	031
20	043
21	058
22	076
23	098
24	125
25	155
26	190
27	230
28	273
29	319
30	369
31	420
32	473

$n=13$

x	0.
14	001
15	001
16	002
17	003
18	005
19	007
20	011
21	015
22	021
23	029
24	038
25	050
26	064
27	082
28	102
29	126
30	153
31	184
32	218
33	255
34	295
35	338
36	383
37	429
38	476

$n=14$

x	0.
18	001
19	002
20	002
21	003
22	005
23	007
24	010
25	013
26	018
27	024
28	031
29	040
30	051
31	063
32	079
33	096
34	117
35	140
36	165
37	194
38	225
39	259
40	295
41	334
42	374
43	415
44	457
45	500

$n=15$

x	0.
23	001
24	002
25	003
26	004
27	006
28	008
29	010
30	014
31	018
32	023
33	029
34	037
35	046
36	057
37	070
38	084
39	101
40	120
41	141
42	164
43	190
44	218
45	248
46	279
47	313
48	349
49	385
50	423
51	461
52	500

$n=16$

x	0.
27	001
28	002
29	002
30	003
31	004
32	006
33	008
34	010
35	013
36	016
37	021
38	026
39	032
40	039
41	048
42	058
43	070
44	083
45	097
46	114
47	133
48	153
49	175
50	199
51	225
52	253
53	282
54	313
55	345
56	378
57	412
58	447
59	482

$n=17$

x	0.
32	001
33	002
34	002
35	003
36	004
37	005
38	007
39	009
40	011
41	014
42	017
43	021
44	026
45	032
46	038
47	046
48	054
49	064
50	076
51	088
52	102
53	118
54	135
55	154
56	174
57	196
58	220
59	245
60	271
61	299
62	328
63	358
64	388
65	420
66	452
67	484

$n=18$

x	0.
38	001
39	002
40	003
41	003
42	004
43	005
44	007
45	009
46	011
47	013
48	016
49	020
50	024
51	029
52	034
53	041
54	048
55	056
56	066
57	076
58	088
59	100
60	115
61	130
62	147
63	165
64	184
65	205
66	227
67	250
68	275
69	300
70	327
71	354
72	383
73	411
74	441
75	470
76	500

$n=19$

x	0.
43	001
44	002
45	002
46	003
47	003
48	004
49	005
50	006
51	008
52	010
53	012
54	014
55	017
56	021
57	025
58	029
59	034
60	040
61	047
62	054
63	062
64	072
65	082
66	093
67	105
68	119
69	133
70	149
71	166
72	184
73	203
74	223
75	245
76	267
77	290
78	314
79	339
80	365
81	391
82	418
83	445
84	473
85	500

$n=20$

x	0.
50	001
51	002
52	002
53	003
54	004
55	005
56	006
57	007
58	008
59	010
60	012
61	014
62	017
63	020
64	023
65	027
66	032
67	037
68	043
69	049
70	056
71	064
72	073
73	082
74	093
75	104
76	117
77	130
78	144
79	159
80	176
81	193
82	211
83	230
84	250
85	271
86	293
87	315
88	339
89	362
90	387
91	411
92	436
93	462
94	487

部分常數

$e = 2.71828\ 18284\ 59045\ 23536$
$\sqrt{e} = 1.64872\ 12707\ 00128\ 14685$
$e^2 = 7.38905\ 60989\ 30650\ 22723$

$\pi = 3.14159\ 26535\ 89793\ 23846$
$\pi^2 = 9.86960\ 44010\ 89358\ 61883$
$\sqrt{\pi} = 1.77245\ 38509\ 05516\ 02730$

$\log_{10} \pi = 0.49714\ 98726\ 94133\ 85435$
$\ln \pi = 1.14472\ 98858\ 49400\ 17414$
$\log_{10} e = 0.43429\ 44819\ 03251\ 82765$
$\ln 10 = 2.30258\ 50929\ 94045\ 68402$

$\sqrt{2} = 1.41421\ 35623\ 73095\ 04880$
$\sqrt[3]{2} = 1.25992\ 10498\ 94873\ 16477$
$\sqrt{3} = 1.73205\ 08075\ 68877\ 29353$
$\sqrt[3]{3} = 1.44224\ 95703\ 07408\ 38232$
$\ln 2 = 0.69314\ 71805\ 59945\ 30942$
$\ln 3 = 1.09861\ 22886\ 68109\ 69140$

$\gamma = 0.57721\ 56649\ 01532\ 86061$
$\ln \gamma = -0.54953\ 93129\ 81644\ 82234$
(see Sec. 5.6)
$1° = 0.01745\ 32925\ 19943\ 29577$ rad
1 rad $= 57.29577\ 95130\ 82320\ 87680°$
$= 57°17'44.806''$

極座標

$$x = r \cos \theta \qquad y = r \sin \theta$$
$$r = \sqrt{x^2 + y^2} \qquad \tan \theta = \frac{y}{x}$$
$$dx\, dy = r\, dr\, d\theta$$

級 數

$$\frac{1}{1 - x} = \sum_{m=0}^{\infty} x^m \quad (|x| < 1)$$

$$e^x = \sum_{m=0}^{\infty} \frac{x^m}{m!}$$

$$\sin x = \sum_{m=0}^{\infty} \frac{(-1)^m x^{2m+1}}{(2m + 1)!}$$

$$\cos x = \sum_{m=0}^{\infty} \frac{(-1)^m x^{2m}}{(2m)!}$$

$$\ln (1 - x) = -\sum_{m=1}^{\infty} \frac{x^m}{m} \quad (|x| < 1)$$

$$\arctan x = \sum_{m=0}^{\infty} \frac{(-1)^m x^{2m+1}}{2m + 1} \quad (|x| < 1)$$

希臘字母

α	Alpha	ν	Nu
β	Beta	ξ	Xi
γ, Γ	Gamma	o	Omicron
δ, Δ	Delta	π	Pi
ϵ, ε	Epsilon	ρ	Rho
ζ	Zeta	σ, Σ	Sigma
η	Eta	τ	Tau
$\theta, \vartheta, \Theta$	Theta	υ, Υ	Upsilon
ι	Iota	ϕ, φ, Φ	Phi
κ	Kappa	χ	Chi
λ, Λ	Lambda	ψ, Ψ	Psi
μ	Mu	ω, Ω	Omega

向 量

$$\mathbf{a} \cdot \mathbf{b} = a_1 b_1 + a_2 b_2 + a_3 b_3$$

$$\mathbf{a} \times \mathbf{b} = \begin{vmatrix} \mathbf{i} & \mathbf{j} & \mathbf{k} \\ a_1 & a_2 & a_3 \\ b_1 & b_2 & b_3 \end{vmatrix}$$

$$\operatorname{grad} f = \nabla f = \frac{\partial f}{\partial x} \mathbf{i} + \frac{\partial f}{\partial y} \mathbf{j} + \frac{\partial f}{\partial z} \mathbf{k}$$

$$\operatorname{div} \mathbf{v} = \nabla \cdot \mathbf{v} = \frac{\partial v_1}{\partial x} + \frac{\partial v_2}{\partial y} + \frac{\partial v_3}{\partial z}$$

$$\operatorname{curl} \mathbf{v} = \nabla \times \mathbf{v} = \begin{vmatrix} \mathbf{i} & \mathbf{j} & \mathbf{k} \\ \dfrac{\partial}{\partial x} & \dfrac{\partial}{\partial y} & \dfrac{\partial}{\partial z} \\ v_1 & v_2 & v_3 \end{vmatrix}$$

國家圖書館出版品預行編目資料

高等工程數學 / Erwin Kreyszig 原著 ; 陳常侃,
　江大成編譯. -- 初版. -- 新北市：全華圖書,
2012. 07-2012. 09
　　冊；　公分
　譯自：　Advanced engineering mathematics,
10th ed.
　ISBN　978-957-21-8510-0 (上冊：平裝). --
ISBN　978-957-21-8640-4 (下冊：平裝)

　1. 工程數學

440.11　　　　　　　　　　　101007792

高等工程數學(下)(第十版)
Advanced Engineering Mathematics, 10/E

原著 / Erwin Kreyszig

編譯 / 陳常侃・江大成

審閱 / 江昭皚・黃柏文

執行編輯 / 鄭祐珊

出版者 / 全華圖書股份有限公司

　　　　地址：23671 新北市土城區忠義路 21 號

　　　　電話：(02) 2262-5666　(總機)

　　　　傳眞：(02) 2262-8333

發行人 / 陳本源

郵政帳號 / 0100836-1 號

印刷者 / 宏懋打字印刷股份有限公司

圖書編號 / 0590001

初版四刷 / 2023 年 8 月

定價 / 新台幣 700 元

ISBN / 978-957-21-8640-4　(下冊：平裝)

全華圖書 / www.chwa.com.tw

全華網路書店 Open Tech / www.opentech.com.tw

若您對書籍內容、排版印刷有任何問題，歡迎來信指導 book@chwa.com.tw

臺北總公司(北區營業處)

地址：23671 新北市土城區忠義路 21 號

電話：(02) 2262-5666

傳真：(02) 6637-3695、6637-3696

中區營業處

地址：40256 臺中市南區樹義一巷 26 號

電話：(04) 2261-8485

傳真：(04) 3600-9806

南區營業處

地址：80769 高雄市三民區應安街 12 號

電話：(07) 862-9123

傳真：(07) 862-5562

免費訂書專線 / 0800021551

有著作權・侵害必究

版權聲明(如有破損或裝訂錯誤，請寄回總代理更換)

Advanced Engineering Mathematics, 10th Edition.

Copyright © 2011 John Wiley & Sons, Inc. All rights reserved.

AUTHORIZED TRANSLATION OF THE EDITION PUBLISHED BY JOHN WILEY & SONS, New York, Chichester, Brisbane, Singapore AND Toronto. No part of this book may be reproduced in any form without the written Permission of John Wiley & Sons, Inc.

Orthodox Chinese copyright © 2012 by Chuan Hwa Book Co., Ltd. 全華圖書股份有限公司 and John Wiley & Sons Singapore Pte Ltd. 新加坡商約翰威立股份有限公司.

親愛的讀者：

　　感謝您對全華圖書的支持與愛護，雖然我們很慎重的處理每一本書，但恐仍有疏漏之處，若您發現本書有任何錯誤，請填寫於勘誤表內寄回，我們將於再版時修正，您的批評與指教是我們進步的原動力，謝謝！

全華圖書　敬上

勘誤表

書號			
頁數	行數	書名 錯誤或不當之詞句	作者 建議修改之詞句

我有話要說：（其它之批評與建議，如封面、內容、編排、印刷品質等...）

讀者回函卡

填寫日期：　/　/

姓名：＿＿＿＿＿＿　生日：西元＿＿＿年＿＿＿月＿＿＿日　性別：□男 □女
電話：（　）＿＿＿＿＿　傳真：（　）＿＿＿＿＿　手機：＿＿＿＿＿
e-mail：（必填）＿＿＿＿＿
註：數字零，請用 ф 表示，數字1與英文L請另註明並書寫端正，謝謝。
通訊處：□□□□□

學歷：□博士 □碩士 □大學 □專科 □高中‧職
職業：□工程師 □教師 □學生 □軍‧公 □其他
學校/公司：＿＿＿＿＿　科系/部門：＿＿＿＿＿

‧需求書類：
□A. 電子 □B. 電機 □C. 計算機工程 □D. 資訊 □E. 機械 □F. 汽車 □I. 工管 □J. 土木
□K. 化工 □L. 設計 □M. 商管 □N. 日文 □O. 美容 □P. 休閒 □Q. 餐飲 □B. 其他

‧本次購買圖書為：＿＿＿＿＿　書號：＿＿＿＿＿

‧您對本書的評價：
封面設計：□非常滿意 □滿意 □尚可 □需改善，請說明
內容表達：□非常滿意 □滿意 □尚可 □需改善，請說明
版面編排：□非常滿意 □滿意 □尚可 □需改善，請說明
印刷品質：□非常滿意 □滿意 □尚可 □需改善，請說明
書籍定價：□非常滿意 □滿意 □尚可 □需改善，請說明
整體評價：請說明

‧您在何處購買本書？
□書局 □網路書店 □書展 □團購 □其他

‧您購買本書的原因？（可複選）
□個人需要 □幫公司採購 □親友推薦 □老師指定之課本 □其他

‧您希望全華以何種方式提供出版訊息及特惠活動？
□電子報 □DM □廣告（媒體名稱　　　　　　）

‧您是否上過全華網路書店？（www.opentech.com.tw）
□是 □否　您的建議＿＿＿＿＿

‧您希望全華出版那方面書籍？＿＿＿＿＿

‧您希望全華加強那些服務？＿＿＿＿＿

~感謝您提供寶貴意見，全華將秉持服務的熱忱，出版更多好書，以饗讀者。

全華網路書店 http://www.opentech.com.tw　客服信箱 service@chwa.com.tw

2011.03 修訂

歡迎加入 全華會員

會員獨享

● 會員享購書折扣‧紅利積點‧生日禮金‧不定期優惠活動…等。

如何加入會員

● 填妥讀者回函卡直接傳真 (02) 2262-0900 或寄回，將由專人協助登入會員資料，待收到 E-MAIL 通知後即可成為會員。

如何購買

全華書籍

1. 網路購書

全華網路書店「http://www.opentech.com.tw」，加入會員購書更便利，並享有紅利積點回饋等各式優惠。

2. 全華門市、全省書局

歡迎至全華門市（新北市土城區忠義路 21 號）或全省各大書局、連鎖書店選購。

3. 來電訂購

(1) 訂購專線：(02) 2262-5666 轉 321-324
(2) 傳真專線：(02) 6637-3696
(3) 郵局劃撥（帳號：0100836-1　戶名：全華圖書股份有限公司）

※ 購書未滿一千元者，酌收運費 70 元。

OpenTech.com.tw 全華網路書店

全華網路書店 www.opentech.com.tw
E-mail: service@chwa.com.tw

※ 本會員制如有變更則以最新修訂制度為準，造成不便請見諒。

廣　告　回　信
板橋郵局登記證
板橋廣字第540號

行銷企劃部　收

23671
新北市土城區忠義路 21 號
全華圖書股份有限公司